U0129026

电脑应用技巧

本书编委会　编著

電子工業出版社
Publishing House of Electronics Industry
北京·BEIJING

内容简介

本书内容涵盖Windows操作系统、注册表、Office办公软件、邮件收发软件、聊天工具软件以及多种常用应用软件的大量实用的操作技巧。通过本书的学习，可使读者全面掌握操作系统及注册表的高级应用，深刻领略办公软件的强大功能，随心所欲地在网上尽情冲浪。本书语言简洁、图解丰富、内容全面，能使广大读者在娱乐中轻松地掌握计算机操作的应用技巧，为工作和学习带来事半功倍的效果。

本书附带的多媒体自学光盘对大量的技巧进行了实际演示，并提供了技巧的查询功能，从而使读者的学习过程更加直观和便利。

本书适合于想全面提高计算机水平以及在这方面有工作需求的读者使用。

图书在版编目(CIP)数据

电脑应用技巧 / 本书编委会编著.—北京：电子工业出版社，2009.3
（无师通）
ISBN 978-7-121-07802-6

I. 电… II.本… III.电子计算机－基本知识 IV.TP3

中国版本图书馆CIP数据核字（2008）第180189号

责任编辑：刘　舫
印　　刷：北京市通州大中印刷厂
装　　订：三河市鹏成印业有限公司
出版发行：电子工业出版社
　　　　　北京市海淀区万寿路173信箱　　邮编：100036
开　　本：787×1092　1/16　　印张：21.75　　字数：557千字
印　　次：2009年3月第1次印刷
定　　价：39.00元（含光盘一张）

凡所购买电子工业出版社图书有缺损问题，请向购买书店调换。若书店售缺，请与本社发行部联系，联系及邮购电话：（010）88254888。

质量投诉请发邮件至zlts@phei.com.cn，盗版侵权举报请发邮件至dbqq@phei.com.cn。

服务热线：（010）88258888。

前　言

电脑是现在人们工作和生活的重要工具，掌握电脑的使用知识和操作技能已经成为人们工作和生活的重要能力之一。在当今高效率、快节奏的社会中，电脑初学者都希望能有一本为自己“量身打造”的电脑参考书，帮助自己轻松掌握电脑知识。

我们经过多年潜心研究，不断突破自我，为电脑初学者提供了这套学练结合的精品图书，可以让电脑初学者在短时间内轻松掌握电脑的各种操作。

此次推出的这套丛书采用“实用的电脑图书+交互式多媒体光盘+电话和网上疑难解答”的模式，通过配套的多媒体光盘完成书中主要内容的讲解，通过电话答疑和网上答疑解决读者在学习过程中遇到的疑难问题，这是目前读者自学电脑知识的最佳模式。

丛书的特点

本套丛书的最大特色是学练同步，学习与练习相互结合，使读者看过图书后就能够学以致用。

- **突出知识点的学与练**：本套丛书在内容上每讲解完一小节或一个知识点，都紧跟一个“动手练”环节让读者自己动手进行练习。在结构上明确划分出“学”和“练”的部分，有利于读者更好地掌握应知应会的知识。
- **图解为主的讲解模式**：以图解的方式讲解操作步骤，将重点的操作步骤标注在图上，使读者一看就懂，学起来十分轻松。
- **合理的教学体例**：章前提出“本章要点”，一目了然；章内包括“知识点讲解”与“动手练”板块，将所学的知识应用于实践，注重体现动手技能的培养；章后设置“疑难解答”，解决学习中的疑难问题，及时巩固所学的知识。
- **通俗流畅的语言**：专业术语少，注重实用性，充分体现动手操作的重要性，讲解文字通俗易懂。
- **生动直观的多媒体自学光盘**：借助多媒体光盘，直观演示操作过程，使读者可以方便地进行自学，达到无师自通的效果。

丛书的主要内容

本丛书主要包括以下图书：

- Windows Vista操作系统（第2版）
- Office 2007办公应用（第2版）
- Excel 2007电子表格处理（第2版）
- 电脑入门（第2版）
- Word 2007电子文档处理（第2版）
- 网上冲浪（第2版）
- 电脑组装与维护（第2版）
- Photoshop与数码照片处理（第2版）
- PowerPoint 2007演示文稿制作
- Access 2007数据库应用
- Excel 2007财务应用
- Excel 2007公式、函数与图表应用
- 五笔字型与Word 2007排版
- BIOS与注册表
- 系统安装与重装
- 电脑应用技巧

- 电脑常见问题与故障排除
- 常用工具软件
- Photoshop CS3图像处理
- Photoshop CS3特效制作
- Dreamweaver CS3网页制作
- Flash CS3动画制作
- AutoCAD机械绘图
- AutoCAD建筑绘图
- 3ds Max 2009室内外效果图制作
- 3ds Max 2009动画制作

丛书附带光盘的使用说明

本书附带的光盘是《无师通》系列图书的配套多媒体自学光盘，以下是本套光盘的使用简介，详情请查看光盘上的帮助文档。

- **运行环境要求**

  操作系统： Windows 9X/Me/2000/XP/2003/NT/Vista简体中文版

  显示模式： 1024×768像素以上分辨率、16位色以上

  光驱： 4倍速以上的CD-ROM或DVD-ROM

  其他： 配备声卡、音箱（或耳机）

- **安装和运行**

将光盘放入光驱中，光盘中的软件将自动运行，出现运行主界面。如果光盘未能自动运行，请用鼠标右键单击光驱所在盘符，选择【展开】命令，然后双击光盘根目录下的“Autorun.exe”文件。

丛书的实时答疑服务

为更好地服务于广大读者和电脑爱好者，加强出版者和读者的交流，我们推出了电话和网上疑难解答服务。

- **电话疑难解答**

  电话号码： 010-88253801-168

  服务时间： 工作日9:00~11:30，13:00~17:00

- **网上疑难解答**

  网站地址： faq.hxex.cn

  电子邮件： faq@phei.com.cn

  服务时间： 工作日9:00~17:00（其他时间可以留言）

丛书的作者

参与本套丛书编写的作者为长期从事计算机基础教学的老师或学者，他们具有丰富的教学经验和实践经验，同时还总结出了一套行之有效的电脑教学方法，这些方法都在本套丛书中得到了体现，希望能为读者朋友提供一条快速掌握电脑操作的捷径。

本套丛书以教会大家使用电脑为目的，希望读者朋友在实际学习过程中多加强动手操作与练习，从而快速轻松地掌握电脑操作技能。

由于作者水平有限，书中疏漏和不足之处在所难免，恳请广大读者及专家不吝赐教。

目 录

Chapter 01

第1章　Windows 操作系统应用技巧

本章要点

- *系统设置技巧*
- *系统个性化设置技巧*
- *文件系统管理与优化技巧*
- *操作系统的其他技巧*
- *Windows Vista应用技巧*

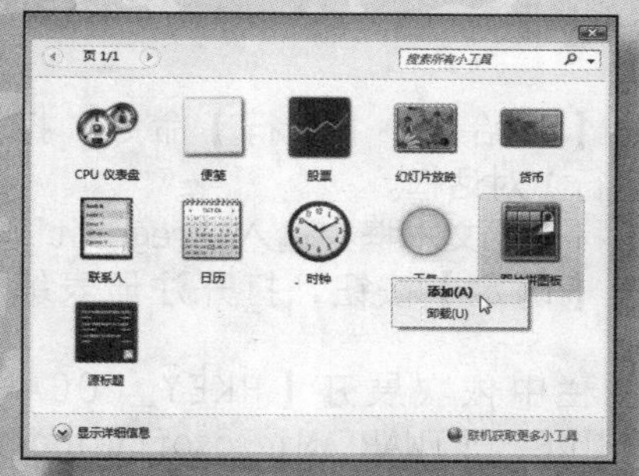

操作系统是管理硬件资源、控制程序运行、改善人机界面和为应用软件提供支持的一种系统软件。操作系统主要通过对计算机的处理器、存储器、文件、设备和作业的管理来实现对计算机的控制与管理。本章介绍一些Windows操作系统的实用技巧，包括系统启动与关机设置、桌面个性化设置、文件系统管理与优化等内容，使读者通过使用这些技巧大大提高工作效率，并使自己的电脑更具个性化。

自动登录

您可以设置您的计算机，使用户登录时不必键入用户名和密码。为此，请在下面指定一个可以自动登录的用户：

用户名(U)：Administrator

密码(P)：******

确认密码(C)：******

确定　取消

1.1 Windows XP应用技巧

1.1.1 系统设置技巧

去掉磁盘扫描前的等待时间

在Windows XP系统中若遇到非正常关机或死机等情况，系统重启时就会自动运行磁盘扫描程序。默认情况下，扫描每个分区前都会等待10秒钟，再加上扫描本身需要的时间，启动过程就会变得很漫长。可以通过下面的方法减少磁盘扫描的等待时间，或者禁止对某个磁盘进行扫描。

1 执行【开始】→【运行】命令，打开【运行】对话框。

2 在【打开】文本框中输入“cmd”后按回车键，进入Windows XP的命令提示符模式。

3 在命令提示符后输入“chkntfs /t:x”命令，可以设置磁盘扫描的等待时间。其中“x”为等待的时间，例如要将等待时间设置为0，则输入“chkntfs /t:0”即可，如图1.1所示。

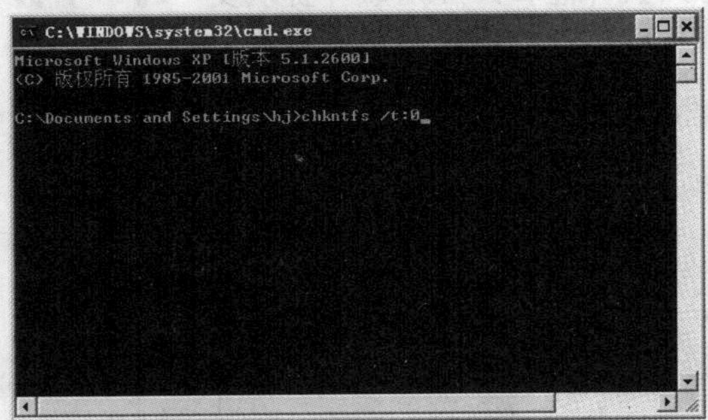

★ 图1.1

如果要禁止对某个磁盘进行扫描，则需要加上“/x”参数，例如要禁止扫描E盘，则输入“chkntfs /x e:”命令。

chkntfs命令还可以结合其他参数使用，在命令提示符下输入“chkntfs /?”即可调出chkntfs命令的帮助信息，如图1.2所示。

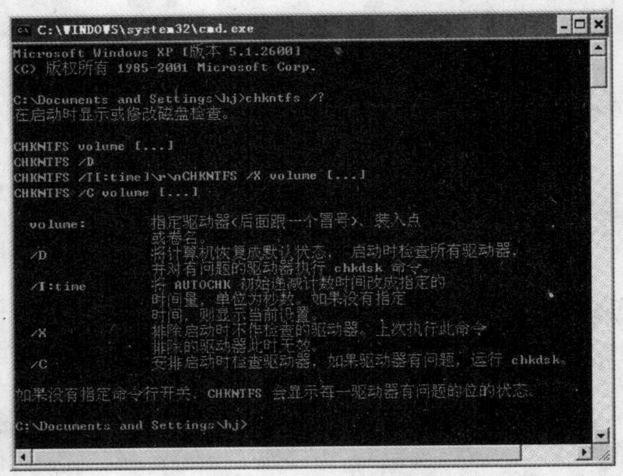

★ 图1.2

把Administrator添加到登录对话框中

在Windows XP操作系统的登录对话框中，一般没有Administrator用户，通过修改注册表可以将其添加到登录对话框中。操作方法如下：

1 执行【开始】→【运行】命令，打开【运行】对话框。

2 在【打开】文本框中输入“regedit”，单击【确定】按钮，打开注册表编辑器。

3 从左栏中依次展开【HKEY_LOCAL_MACHINE\SOFTWARE\Microsoft\Windows NT\Current Version\Winlogon\SpecialAccounts】子键，在【UserList】项中新建一个名为【Administrator】的DWORD值，双击【Administrator】键值，在【编辑DWORD值】对话框中将其值设置为“1”，如图1.3所示。

4 关闭注册表编辑器并重新启动系统，设置即可生效。

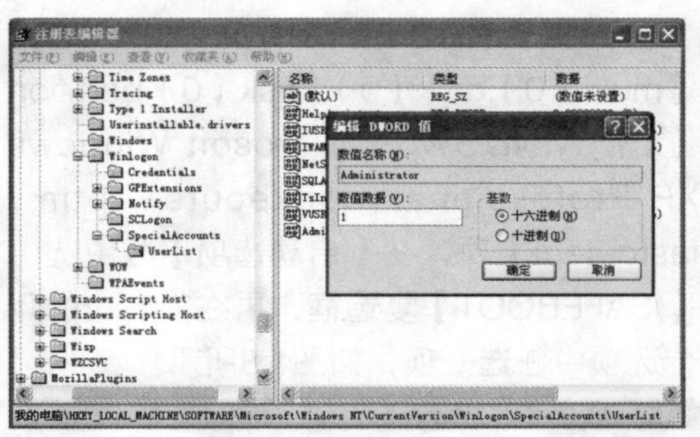

★ 图1.3

缩短Windows的启动时间

如果电脑中安装了多个操作系统，在默认情况下，Windows在启动菜单处会等待30秒，以便于用户进行选择。为了加快启动速度，可以将等待时间缩短。操作方法如下：

1 在桌面上右击【我的电脑】图标，从快捷菜单中选择【属性】命令，打开【系统属性】对话框。

2 选择【高级】选项卡，单击【启动和故障恢复】栏中的【设置】按钮，如图1.4所示。

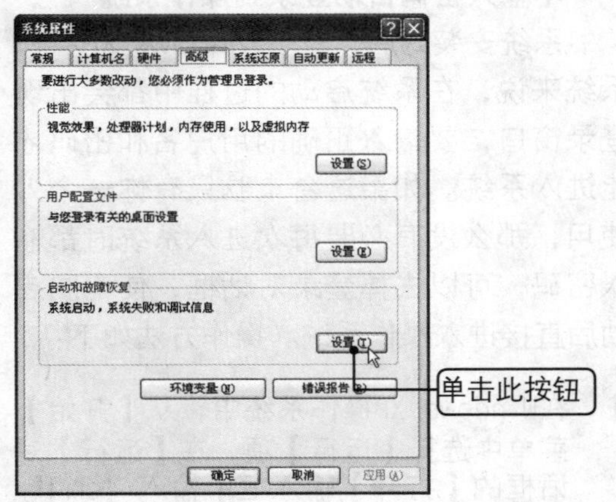

★ 图1.4

3 在打开的【启动和故障恢复】对话框中，将【系统启动】栏中的【显示操作系统列表的时间】项的值设置得小一些，例如5秒，如图1.5所示。

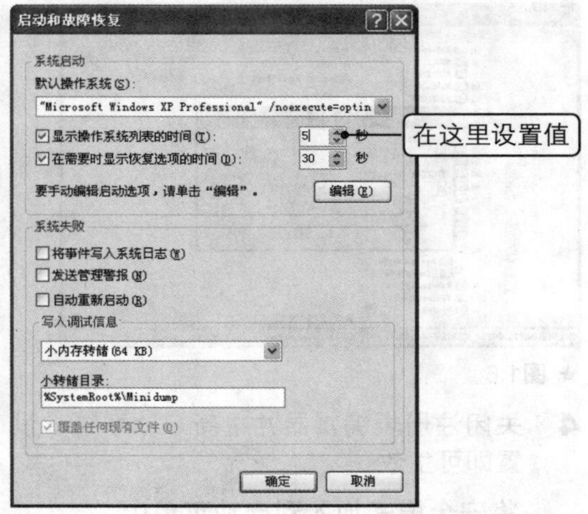

★ 图1.5

如果每次都是直接进入某个系统，将【显示操作系统列表的时间】项的值设置为0秒或取消选中该项的复选框，以后每次启动时就可直接进入这个系统，而不显示启动菜单了。

如果要恢复显示启动菜单，再到这个对话框中将【显示操作系统列表的时间】项的值改回原来的值即可。

禁止在欢迎屏幕中显示未读邮件消息

登录Windows XP系统时，有时会看到登录窗口中有未读邮件的提示。按照下面的方法操作就可以禁止显示这个消息。

1 执行【开始】→【运行】命令，打开【运行】对话框。

2 在【打开】文本框中输入“regedit”，单击【确定】按钮，打开注册表编辑器。

3 在注册表编辑器中展开【HKEY_CURRENT_USER\Software\Microsoft\Windows\CurrentVersion\UnreadMail】项。在右侧窗口中新建或编辑名为“MessageExpiryDays”的DWORD键值项。双击该键值项，在【编辑DWORD值】对话框中将其值设置为“0”，表示禁止显示该消息，如图1.6所示。

★ 图1.6

4 关闭注册表编辑器并重新启动系统，设置即可生效。

将安全模式加入到启动菜单中

在使用电脑的过程中，许多用户常常需要使用安全模式启动电脑，可是每次都需要按【F8】键才能启动。这里介绍一个小技巧可以将安全模式加入到启动菜单中。

使用【记事本】程序打开【C:\WINDOWS\pss】目录下的“Boot.ini.backup”文件，将“multi（0）disk（0）rdisk（0）partition（1）\WINDOWS= "Microsoft Windows XP Professional"/noexecute=optin /fastdetect”复制一行，然后修改为“multi（0）disk（0）rdisk（0）partition（1）\WINDOWS= "Microsoft Windows XP Professional Safeboot"/noexecute=optin /fastdetect”，如图1.7所示。

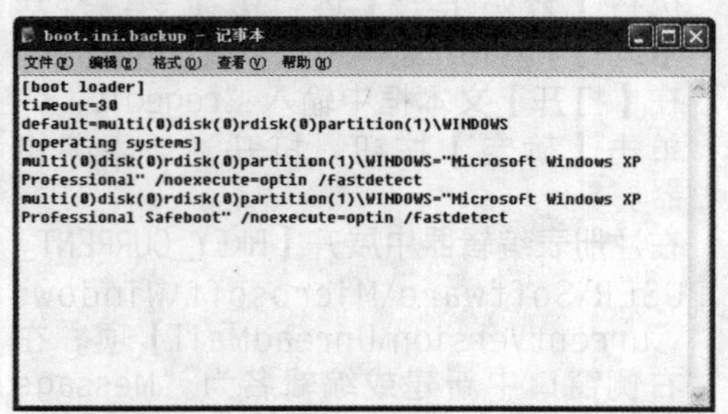
boot.ini.backup - 记事本

文件(F) 编辑(E) 格式(O) 查看(V) 帮助(H)

```
[boot loader]
timeout=30
default=multi(0)disk(0)rdisk(0)partition(1)\WINDOWS
[operating systems]
multi(0)disk(0)rdisk(0)partition(1)\WINDOWS="Microsoft Windows XP
Professional" /noexecute=optin /fastdetect
multi(0)disk(0)rdisk(0)partition(1)\WINDOWS="Microsoft Windows XP
Professional Safeboot" /noexecute=optin /fastdetect
```

★ 图1.7

保存退出后执行【开始】→【运行】命令，在【打开】输入框中输入“msconfig”，启动系统配置实用程序。

切换至【BOOT.INI】选项卡，选择【multi（0）disk（0）rdisk（0）partition（1）\WINDOWS="Microsoft Windows XP Professional"/noexecute=optin / fastdetect】项，在【启动选项】区中选中【/SAFEBOOT】复选框，再在其右边的几个选项中任选一项，如图1.8所示。

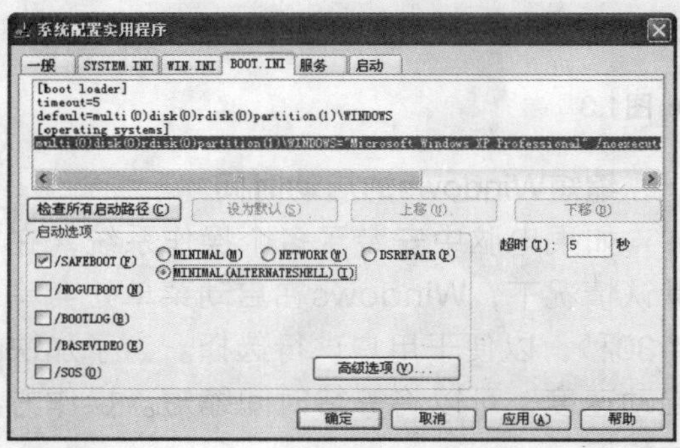

★ 图1.8

单击【确定】按钮后重新启动系统，启动菜单中便会多了一个【Microsoft Windows XP Professional Safeboot】选项，安全模式成功加入到了启动菜单中。

不输入密码自动登录到操作系统

系统安装好后，对于Windows XP操作系统来说，在系统启动的过程中都会出现登录窗口，要输入正确的用户名和密码才能进入系统。如果这台电脑只有你一个人使用，那么没有必要每次进入系统时都输入密码，可以去掉登录对话框，使电脑启动后直接进入操作系统。操作方法如下：

1 在Windows XP操作系统中，从【开始】菜单中选择【运行】项，在【运行】对话框的【打开】输入框中输入“cmd”（不含引号），如图1.9所示。

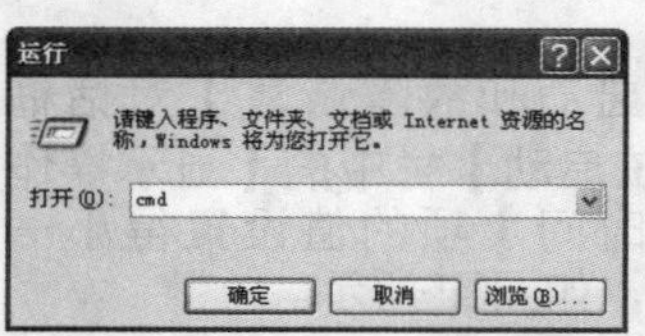

★ 图1.9

2 输入好命令后，单击【确定】按钮，打开命令窗口。在提示符后输入“control userpasswords2”（不含引号），命令行如图1.10所示。

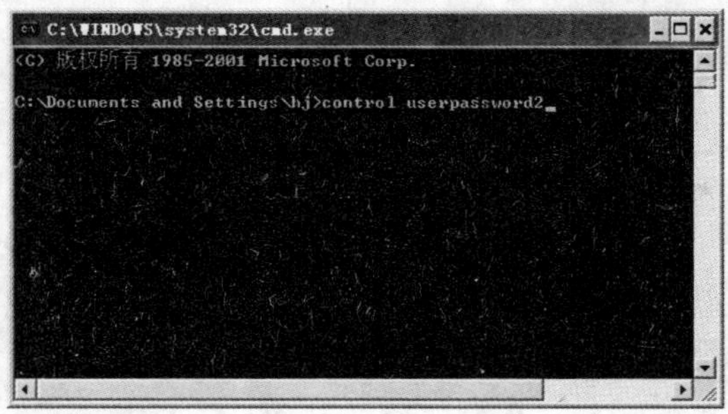

★ 图1.10

3 按回车键，打开【用户账户】对话框，取消选中【要使用本机，用户必须输入用户名和密码】项前的复选框，如图1.11所示。

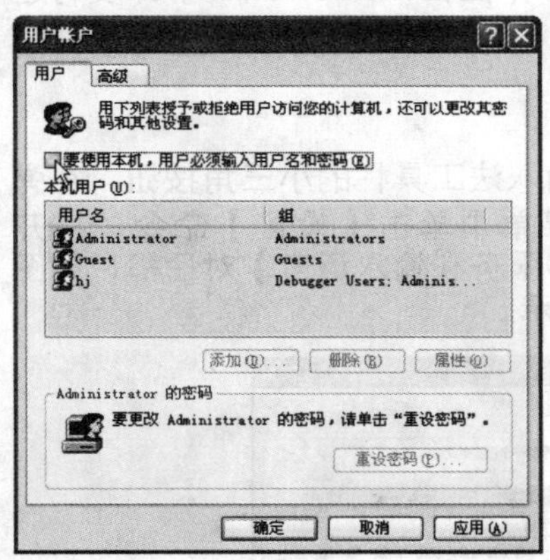

★ 图1.11

4 单击【确定】按钮后，打开【自动登录】对话框，在这个对话框中输入密码，以后再登录系统时就不用输入密码了，如图1.12所示。

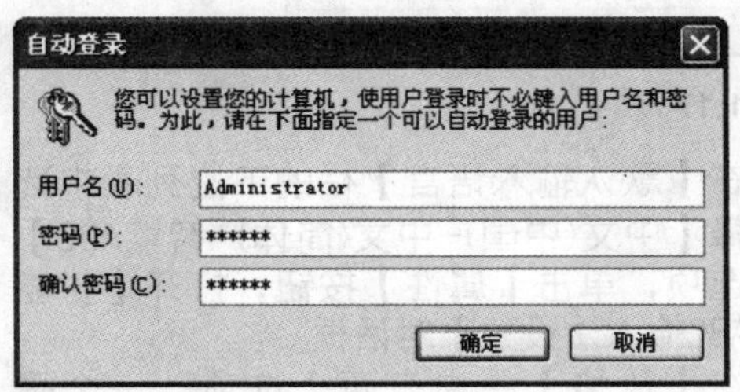

★ 图1.12

提 示

在Windows XP操作系统中，直接在【运行】对话框中输入“rundll32 netplwiz.dll,UsersRunDll”（不含引号）命令，也可打开【用户账户】对话框。

寻找丢失的快速启动栏

将鼠标光标移到任务栏的空白区域，单击右键，从弹出的快捷菜单中选择【属性】选项，在弹出的对话框中选择【任务栏】选项卡，再从【任务栏外观】栏中把【显示快速启动】复选框选中，单击【确定】按钮即可。

让密码永远不过期

在Windows XP操作系统中，在登录密码过期前14天就会提醒更换密码。可以通过这样的操作来取消提醒：

1 执行【开始】→【控制面板】→【管理工具】→【计算机管理】命令，打开【计算机管理】窗口。

2 在窗口的左侧栏中依次选择【计算机管理】→【系统工具】→【本地用户和组】→【用户】选项，在右侧栏中会显示出当前电脑中的用户，如图1.13所示。

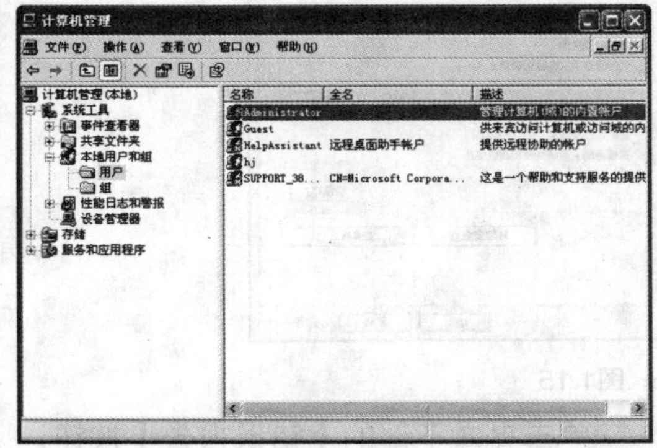

★ 图1.13

3 在右侧窗口中双击要使用的用户名，打开属性对话框，如图1.14所示。将【密码永不过期】项的复选框选中即可使当前用户的密码永远不过期。

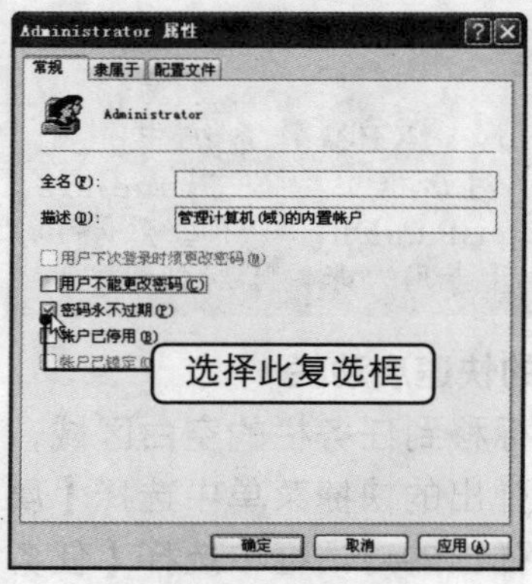

★ 图1.14

不再显示错误提示窗口

在使用Windows XP操作系统时，经常会因为程序的错误而弹出一个错误报告提示框，询问是否发送错误信息到微软公司。这对于一般的用户来说是不需要的，所以通常都选择【不发送】选项。可以通过下面的小技巧屏蔽这个错误提示对话框：进入【控制面板】窗口，双击【系统】选项，弹出【系统属性】对话框。选择【高级】选项卡，如图1.15所示。

★ 图1.15

单击界面下部的【错误报告】按钮，在弹出的窗口中，选中【禁用错误汇报】单选按钮，并将下面的【但在发生严重错误时通知我】复选框选中，单击【确定】按钮即可，设置如图1.16所示。

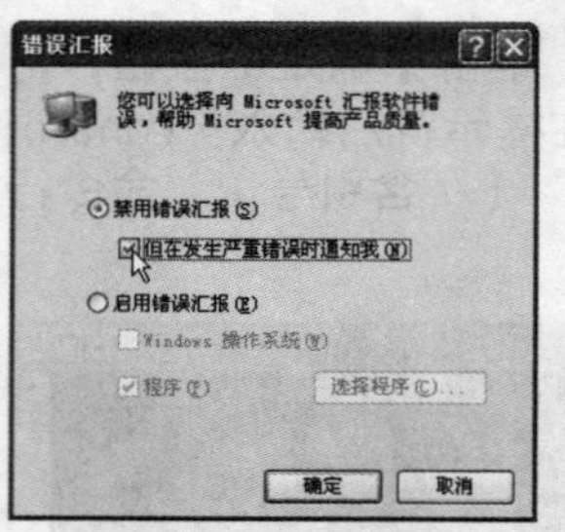

★ 图1.16

以后对于一般的小错误，Windows XP就不会弹出错误报告提示框了，只有出现严重的错误时才会发出通知。

恢复智能ABC的光标跟随

使用智能ABC输入法输入字符时，只要你输入一个字符，在输入的汉字附近就会出现字符提示框，供随时选择后面需要输入的汉字，但在Windows XP中却没有这样的功能。要恢复该功能可以进行这样的设置：

1 单击输入法工具栏的小三角按钮，在弹出的菜单中单击【设置】命令，打开【文字服务和输入语言】对话框，如图1.17所示。

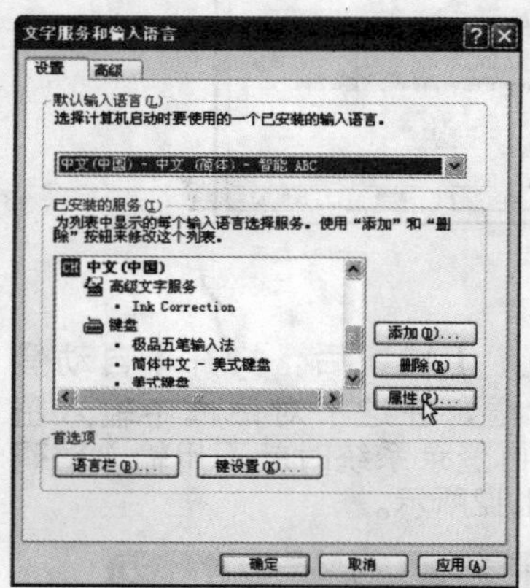

★ 图1.17

2 在【默认输入语言】栏的下拉列表中选择【中文(中国)-中文(简体)-智能ABC】选项，单击【属性】按钮，打开【智能ABC输入法设置】对话框。

3 在【风格】栏中有两个选项，一个是【光标跟随】，一个是【固定格式】(默

认为【固定格式】)，选中【光标跟随】单选按钮，如图1.18所示。

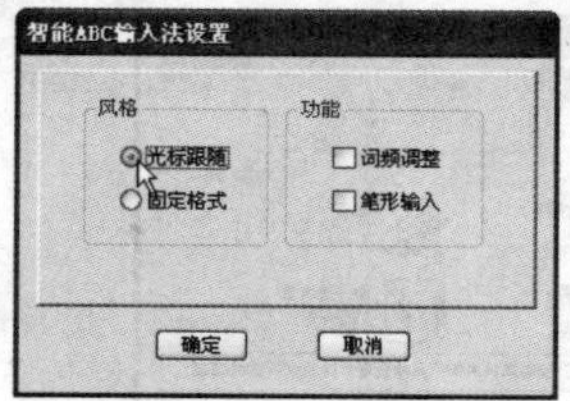

★ 图1.18

4 单击【确定】按钮退出即可。

在关闭对话框中显示睡眠选项

在不使用电脑需要关机时，可以打开【关闭计算机】对话框，默认的【关闭计算机】对话框中没有【睡眠】选项。但通过设置可以将其显示出来，方法是：在要打开【关闭计算机】对话框时按住【Shift】键，就会看到【睡眠】选项。

取消光驱自动运行的操作

在Windows XP操作系统中，禁止光驱自动运行的操作是：进入【我的电脑】窗口，在光驱的图标上单击鼠标右键，从快捷菜单中选择【属性】选项，弹出【属性】对话框，选择【自动播放】选项卡。在【操作】栏中选中【选择一个操作来执行】单选按钮，并选择【不执行操作】选项，单击【确定】按钮关闭该对话框后，就可禁止光驱自动运行了。设置如图1.19所示。

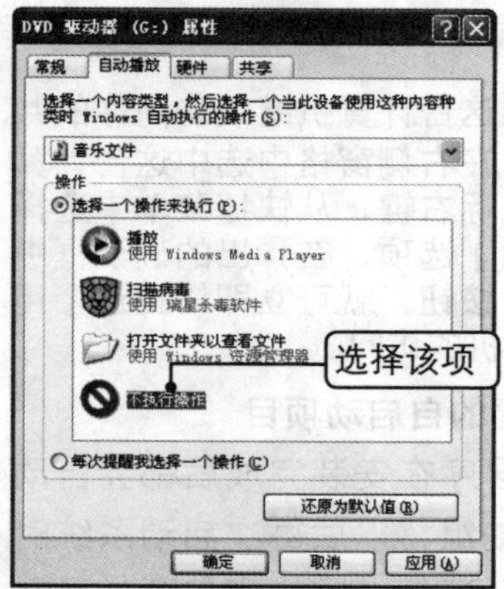

★ 图1.19

修改IDE通道的设置提高开机速度

通过设置禁止系统启动时对IDE通道进行检测可以提高开机启动速度。具体操作步骤如下：

1 在桌面上右击【我的电脑】图标，然后在弹出的快捷菜单中选择【属性】选项，打开【系统属性】对话框。

2 切换到【硬件】选项卡，单击【设备管理器】按钮，打开【设备管理器】窗口，然后展开【IDE ATA/ATAPI控制器】列表项，如图1.20所示。

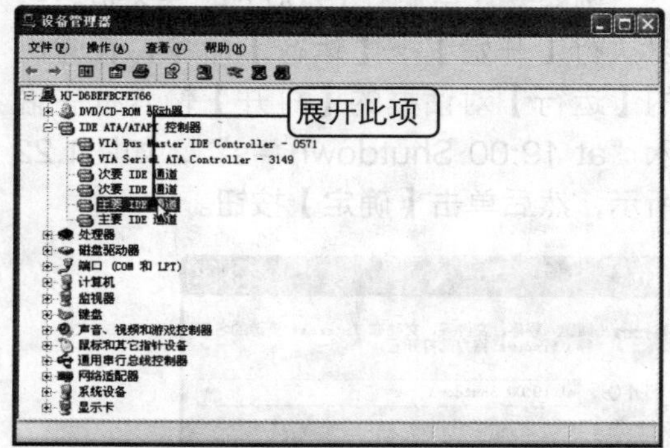

★ 图1.20

3 双击【主要IDE通道】列表项，弹出【主要IDE通道 属性】对话框。

4 切换到【高级设置】选项卡，然后从【设备类型】下拉列表中将设备类型由【自动检测】改为【无】，如图1.21所示。

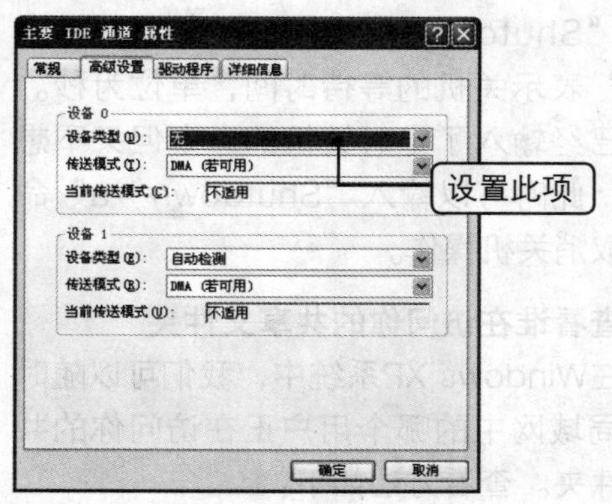

★ 图1.21

5 单击【确定】按钮保存设置，然后用同样的方法将【次要IDE通道】的设备类型设置为【无】即可。

让系统实现定时关机

Windows XP具有定时关机的功能，在想出门而电脑又需要继续进行工作一段时间的时候，就可以用到定时关机的功能。Windows XP的关机功能是由Shutdown.exe程序来控制的，它位于“Windows\system32”文件夹中，通过该程序可以实现让Windows XP系统定时关机。

例如要让电脑在19:00的时候关机，可以执行【开始】→【运行】命令，在弹出的【运行】对话框的【打开】输入框中输入“at 19:00 Shutdown -s”，如图1.22所示，然后单击【确定】按钮。

★ 图1.22

到了19:00的时候电脑就会出现【系统关机】提示框，默认有30秒钟的倒计时并提示保存工作。

如果想以倒计时的方式关机，可以输入“Shutdown-s-t xx”命令，其中“xx”表示关机的等待时间，单位为秒。如果已经输入了定时关机的命令但又不想关机，此时可以输入“Shutdown -a”命令来取消关机操作。

查看谁在访问你的共享文件夹

在Windows XP系统中，我们可以随时看到局域网中的哪个用户正在访问你的共享文件夹。查看方法如下：

1 执行【开始】→【控制面板】命令，打开【控制面板】窗口，双击【管理工具】图标，打开【管理工具】窗口，如图1.23所示。

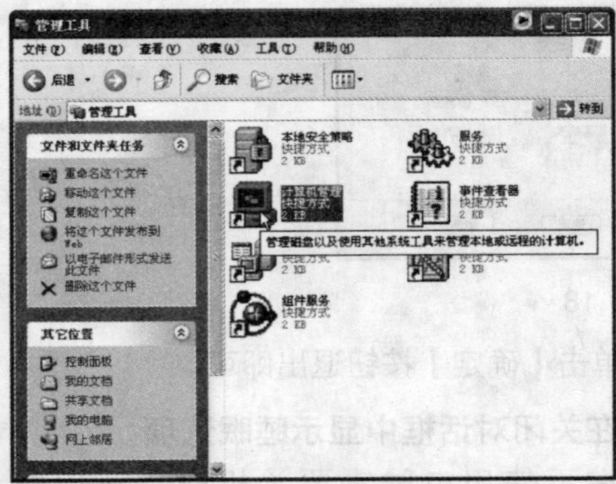

★ 图1.23

2 双击【管理工具】窗口中的【计算机管理】选项，打开【计算机管理】窗口。

3 执行【系统工具】→【共享文件夹】→【会话】命令，在右侧窗格中就可以看到哪台计算机正在访问你的计算机，如图1.24所示。

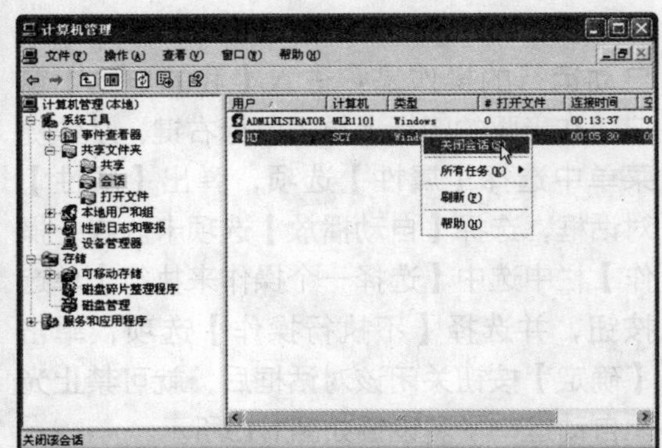

★ 图1.24

4 如果不想让这台计算机继续访问你的共享文件夹，在右侧窗格中选中这台计算机，单击鼠标右键，从快捷菜单中选择【关闭会话】选项，在弹出的确认框中单击【是】按钮，就可立即终止这个用户对你计算机的访问。

删除不必要的自启动项目

很多应用程序在安装完成后都会自动添加至系统启动组，以后每次启动系统时该程序就会自动运行。这样不仅延长了系

统的启动时间，而且还会因为运行了较多的程序而浪费系统资源，因此，我们可以将不必要的程序从启动组清除。

依次执行【开始】→【所有程序】→【启动】命令，打开【启动】级联菜单，如果其中有自启动项目，则将不需要的删除。

依次执行【开始】→【运行】命令，打开【运行】对话框，在其中输入“msconfig”后按回车键，如图1.25所示，启动系统配置实用程序。

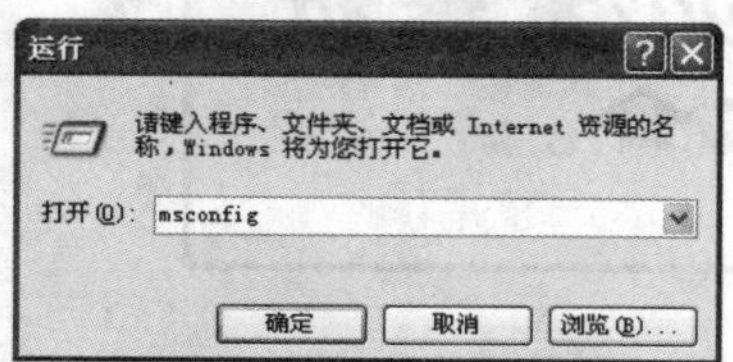

★ 图1.25

在【系统配置实用程序】窗口中切换到【启动】选项卡，根据【命令】栏中的启动文件位置信息来确定是否需要自动加载该项目，如果不需要则取消选中项目前的复选框，如图1.26所示。

★ 图1.26

清除所有不需要自动加载的项目后单击【确定】按钮，然后根据提示重新启动电脑，设置即可生效。

清除自启动项目的操作也可以在注册表中进行，打开注册表编辑器后依次展开如下的键值项：HKEY_LOCAL_MACHINE\SOFTWARE\Microsoft\Windows\CurrentVersion\Run，然后在右边窗口中删除不必要的自启动项目即可。

让计算机实现智能关机

利用Windows XP的【计划任务】功能，可以自动检测用户是否在使用计算机，如果在规定的时间内没有使用计算机，则自动关机；如果别人要使用计算机，则必须知道在BIOS中所设置的开机密码才能使用。

1 在桌面空白处单击鼠标右键，执行【新建】→【快捷方式】命令，打开【创建快捷方式】对话框。

2 在【请键入项目的位置】文本框中输入如下命令：“Shutdown -s -f -t 20”，如图1.27所示。

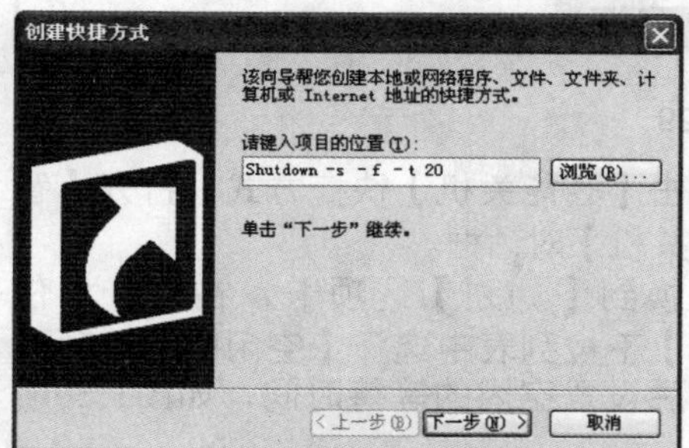

★ 图1.27

3 单击【下一步】按钮，在【键入该快捷方式的名称】文本框中输入一个名称，本例中输入“智能关机”，如图1.28所示。

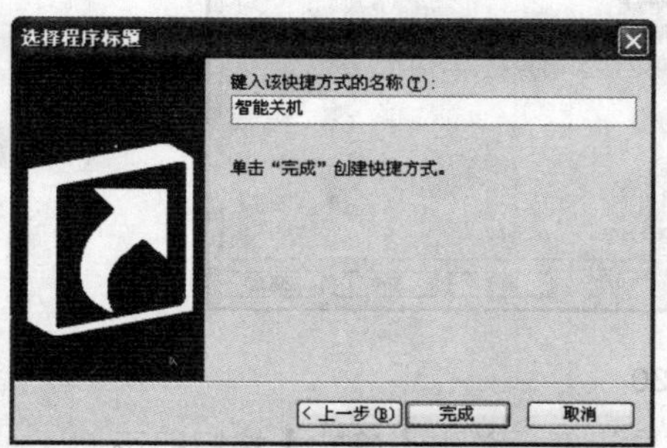

★ 图1.28

4 单击【完成】按钮关闭该对话框，完成快捷方式的创建。如果要为该快捷方式更换图标，可以单击鼠标右键，选择【属性】命令，然后在打开的属性窗口中单击【更改图标】按钮进行更换。

5 依次执行【开始】→【所有程序】→【附件】→【系统工具】→【任务计划】命令，打开【任务计划】窗口。

6 然后将刚才创建的快捷方式拖到【任务计划】窗口中，如图1.29所示。

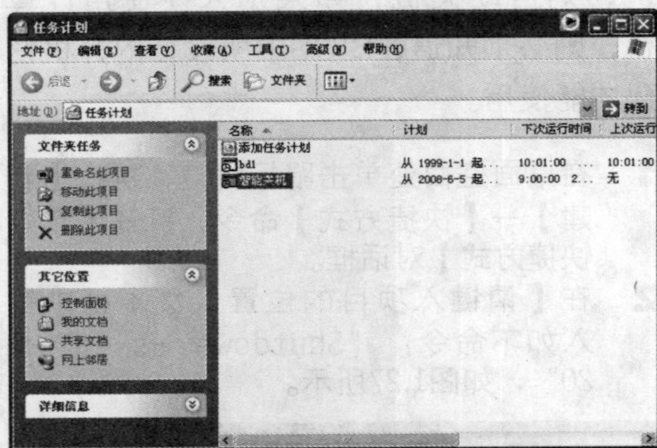

★ 图1.29

7 双击【智能关机】快捷方式，打开【智能关机】对话框。

8 切换到【计划】选项卡，在【计划任务】下拉列表中选择【空闲时】选项，然后设置空闲的等待时间，如图1.30所示。

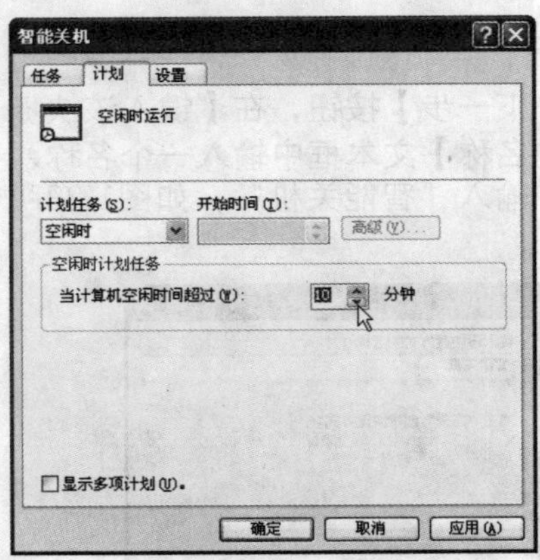

★ 图1.30

9 完成设置后单击【确定】按钮即可。

巧妙设置定时提醒

利用Windows XP系统中的“任务计划”功能可以设置定时提醒，具体操作方法如下：

1 首先通过【记事本】程序建立一个用于提醒的文本文件，并在其中输入相应的提示信息，如图1.31所示。

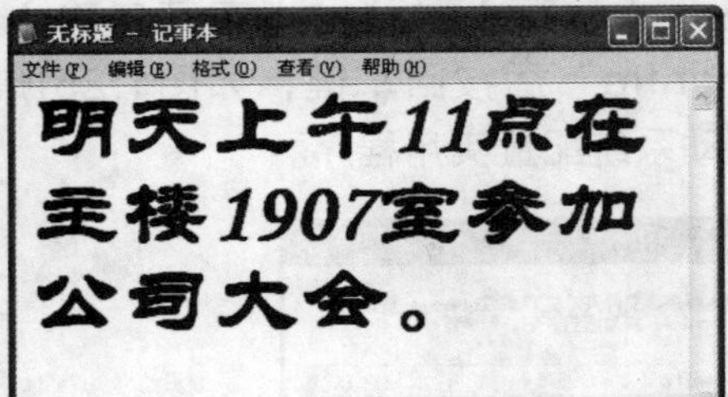

★ 图1.31

2 依次执行【开始】→【所有程序】→【附件】→【系统工具】→【任务计划】命令，打开【任务计划】窗口，如图1.32所示。

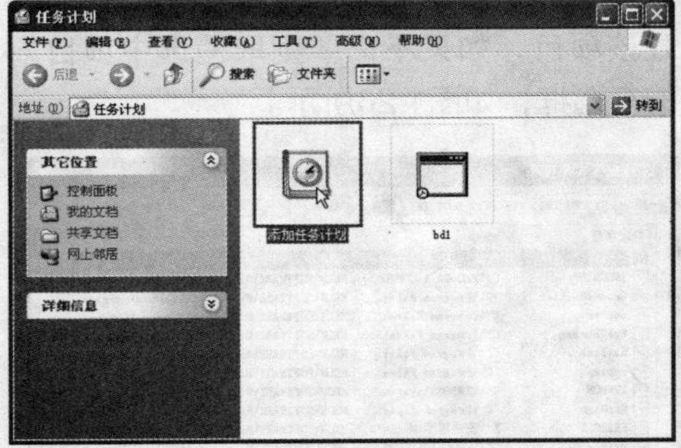

★ 图1.32

3 双击【添加任务计划】图标，打开【任务计划向导】对话框。

4 单击【下一步】按钮，然后在接下来出现的对话框中单击【浏览】按钮，将刚才所建立的【提醒】文件添加进来，如图1.33所示。

5 设置执行这个任务的时间，然后单击【下一步】按钮，选择任务运行的起始时间和日期，如图1.34所示。

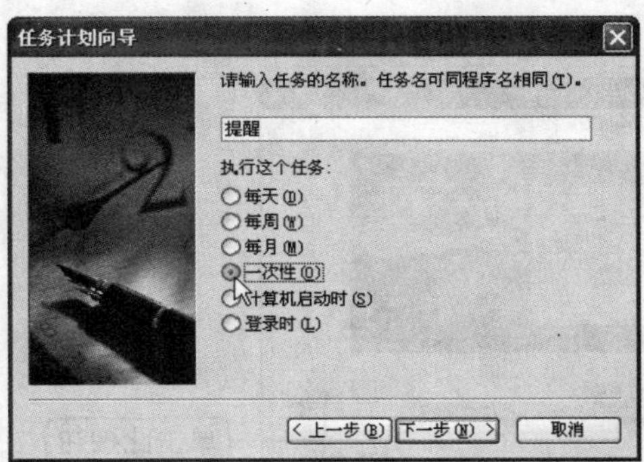

★ 图1.33

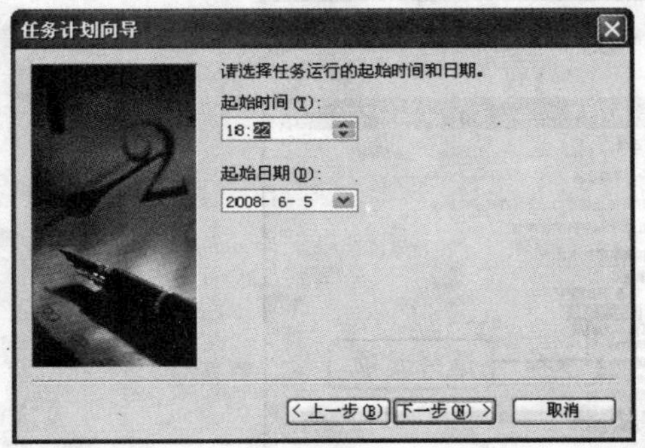

★ 图1.34

6　单击【下一步】按钮，根据提示输入登录用户名和密码，如图1.35所示。

★ 图1.35

7　单击【下一步】按钮，再单击【完成】按钮完成设置。

完成设置后，【任务计划】窗口中将多出一个可执行文件，如图1.36所示，双击该文件后可以对其相关属性进行设置。

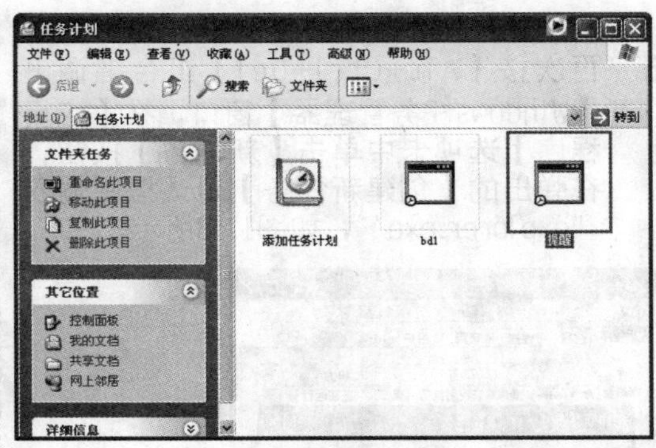

★ 图1.36

这样，到了指定时间提醒文件就会自动运行，从而起到了提醒的作用。

使设置快速生效

在Windows XP系统中安装了新硬件或者更改了系统设置后，通常需要重新启动计算机才能使设置生效，这样往往会浪费很多时间。通过下面的方法可以在更改设置后不重启系统也能生效。

1　当安装新的软件或更改系统设置后出现重新启动的提示框时，单击【否】按钮，不重新启动。

2　按【Alt+Ctrl+Del】组合键调出【Windows任务管理器】窗口。

3　切换到【进程】选项卡，在列表中找到【Explorer.EXE】进程，如图1.37所示。

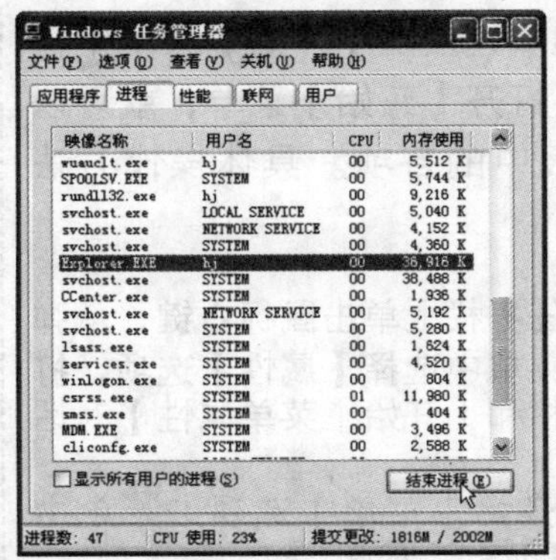

★ 图1.37

4　单击【结束进程】按钮，然后在弹出的提示框中单击【是】按钮。此时桌面上的所有元素都将消失。

5 再次按【Alt+Ctrl+Del】组合键调出【Windows任务管理器】窗口，在【应用程序】选项卡中单击【新任务】按钮，在弹出的【创建新任务】对话框中输入“explorer.exe”，如图1.38所示。

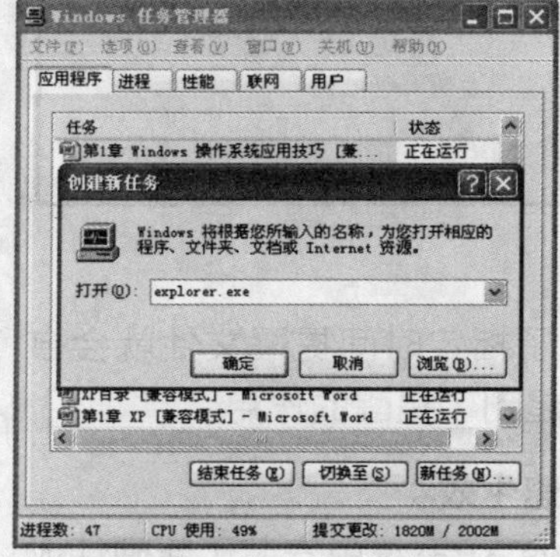

★ 图1.38

6 单击【确定】按钮加载explorer.exe程序，桌面图标和任务栏将重新显示出来，并且系统设置已经生效。

1.1.2 系统个性化设置技巧

将控制面板中的选项直接在【开始】菜单中展开

平时使用电脑时，对控制面板中各选项的使用频率是非常高的，可是打开控制面板的操作却不是很方便。此时可以将控制面板中的选项直接在【开始】菜单中打开，使得只要打开【开始】菜单，就可以展开控制面板中的各项。具体操作方法如下：

1 在桌面的任务栏上单击鼠标右键，从弹出的快捷菜单中选择【属性】选项，打开【任务栏和「开始」菜单属性】对话框。

2 选择【「开始」菜单】选项卡，单击【自定义】按钮，如图1.39所示。

3 打开【自定义「开始」菜单】对话框，单击【高级】选项卡，在【「开始」菜单项目】栏中将【控制面板】设置为【显示为菜单】，如图1.40所示。

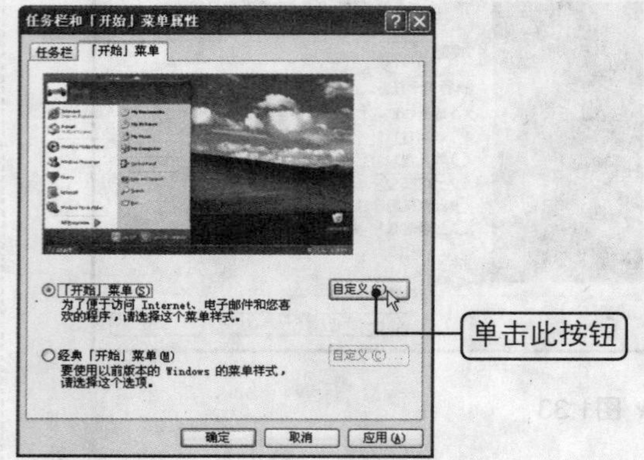

★ 图1.39

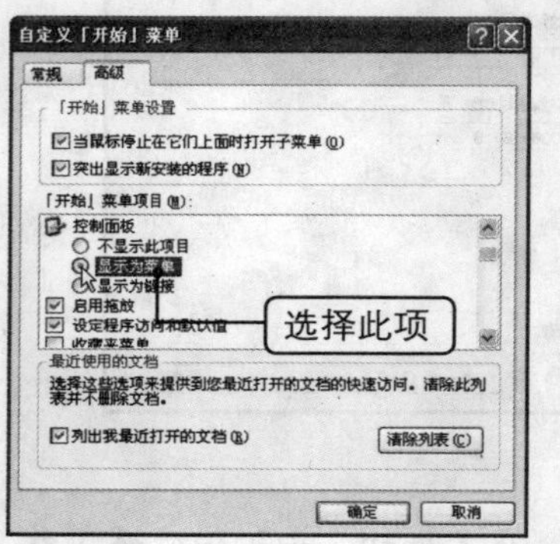

★ 图1.40

4 单击【确定】按钮，再打开【开始】菜单，将鼠标指向【控制面板】项时会显示出控制面板中的所有选项，效果如图1.41所示。

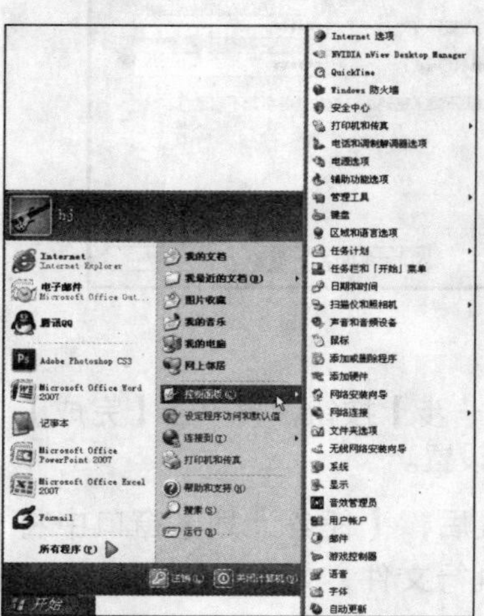

★ 图1.41

恢复经典【开始】菜单

如果觉得Windows XP系统默认的【开始】菜单界面显得过于花哨，可以通过下面的方法恢复为Windows 98风格的经典【开始】菜单界面。

1 用鼠标右键单击任务栏的空白处，在弹出的快捷菜单中选择【属性】选项，打开【任务栏和「开始」菜单属性】对话框。

2 切换至【「开始」菜单】选项卡，选中【经典「开始」菜单】单选按钮，如图1.42所示。

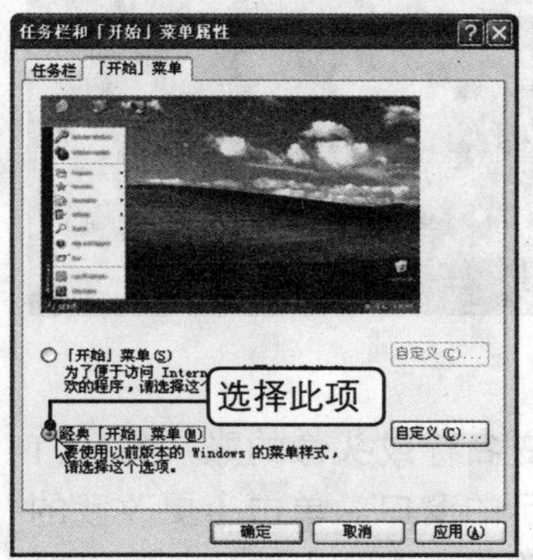

★ 图1.42

3 单击【确定】按钮，即可恢复到以前的经典【开始】菜单视图的模样，如图1.43所示。

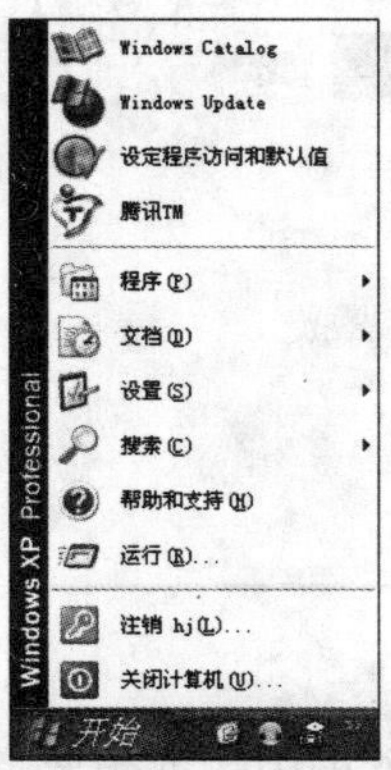

★ 图1.43

禁止显示【开始】菜单中的用户名

默认情况下，登录的用户名会显示在【开始】菜单的顶部，如果希望隐藏用户名，可以通过下面的方法进行操作。

1 执行【开始】→【运行】命令，打开【运行】对话框。

2 输入“regedit”后，单击【确定】按钮，打开注册表编辑器。

3 在注册表编辑器中展开【HKEY_CURRENT_USER\Software\Microsoft\Windows\CurrentVersion\Policies\Explorer】项。在右侧窗口中找到或新建一个名为“NoUserNameInStartMenu”的DWORD键值项，将其值设置为“1”，隐藏用户名；如将其值设置为“0”，则显示用户名，如图1.44所示。

★ 图1.44

4 单击【确定】按钮，关闭注册表编辑器并重新启动系统，设置即可生效。

提示

如需要将此设置应用到所有用户，则依次展开【HKEY_LOCAL_MACHINE\SOFTWARE\Microsoft\Windows\CurrentVersion\Policies\Explorer】子键进行相应的操作即可。

打造个性化的【开始】菜单

用鼠标右击任务栏的空白处，在弹出的菜单中选择【属性】命令。从打开的对话框中单击【「开始」菜单】选项卡，然后单击【自定义】按钮，打开【自定义「开始」菜单】对话框，即可在【常规】和【高级】选项卡中定制【开始】菜单。

【常规】选项卡中各项设置较为简单，唯一需要说明的是【清除列表】按钮，单击该按钮可以在【开始】菜单中清除最近使用的文档列表，这样别人就不知你经常使用哪些程序了。

【高级】选项卡（如图1.45所示）较为复杂，下面分别进行说明。

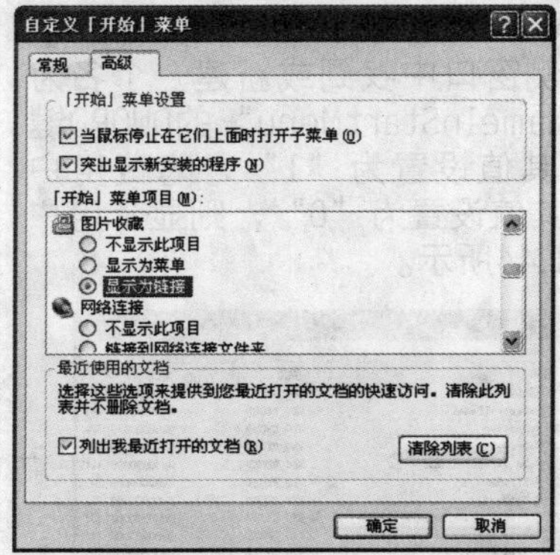

★ 图1.45

- **「开始」菜单设置：**如果选中【当鼠标停止在它们上面时打开子菜单】复选框，那么只要将鼠标光标停留在某项目上时即可打开子菜单，如果不选择，则需要单击一下才可以打开子菜单。
- **「开始」菜单项目：**在这个列表框中可以选择是否显示一些特定项目，例如【我的电脑】、【控制面板】等。一般来说，每个选项可以分别选择【不显示此项目】、【显示为菜单】和【显示为链接】等，其中【显示为菜单】表示该项目以及其下属内容将按照分级菜单的形式显示，而【显示为链接】则表示单击该项目将自动转到下属文件夹。

在【开始】菜单的顶部打上个人印记

要在【开始】菜单的顶部显示用户名和个人图片，用鼠标右击任务栏空白处，在弹出的快捷菜单中选择【属性】选项，切换到【「开始」菜单】选项卡，然后选中【「开始」菜单】单选按钮恢复Windows XP默认的菜单。

执行【开始】→【控制面板】命令，打开【控制面板】窗口，双击【用户账户】图标，打开【用户账户】窗口，如图1.46所示。

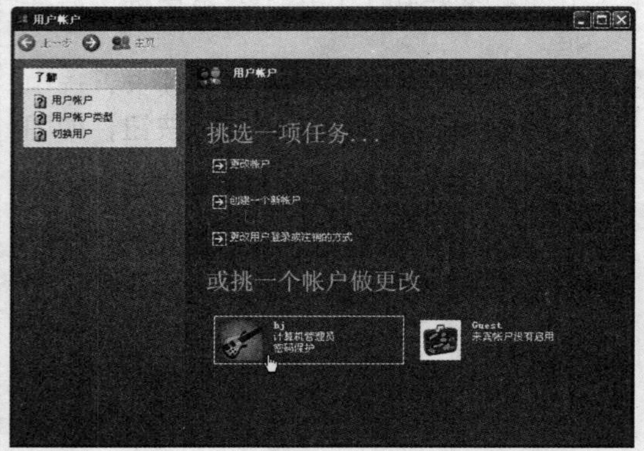

★ 图1.46

单击要改变名称或头像的账户名，打开如图1.47所示的窗口。单击【更改我的名称】或【更改我的图片】选项，就可以对账户进行个性化设置。

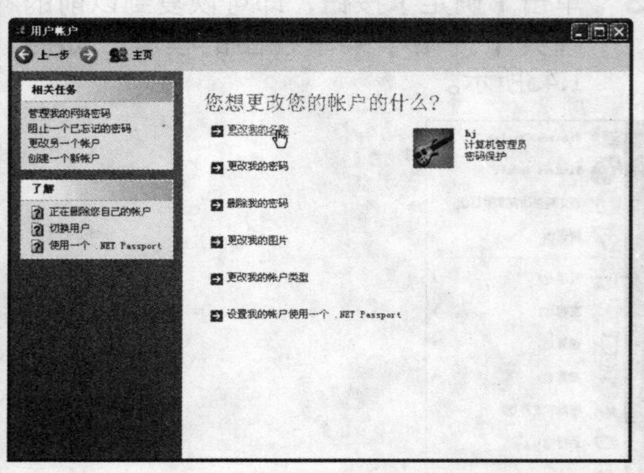

★ 图1.47

- **更改我的名称：**在输入框内输入想要使用的用户名，然后单击【改变名称】按钮即可完成设置，建议输入的用户名不要太长，以免引起问题。

- **更改我的图片**：在图像选择框中选择想要使用的图片，然后单击【更改图片】按钮即可。如果不喜欢Windows XP自带的图片，还可以单击【浏览图片】链接选择自己喜爱的图片，不过建议图片尺寸不要过大，否则缩小后会变得很难看。

把常用的程序移到【开始】菜单顶部

要为了快速打开某个常用的程序，可以把该程序放在【开始】菜单的顶部，方法是：执行【开始】→【所有程序】命令，从中选择某个程序，右击鼠标，并在随后出现的快捷菜单中选择【附到「开始」菜单】选项，如图1.48所示。这样该程序将被永久地移动到列表顶部，仅仅位于浏览器与电子邮件程序的下方。

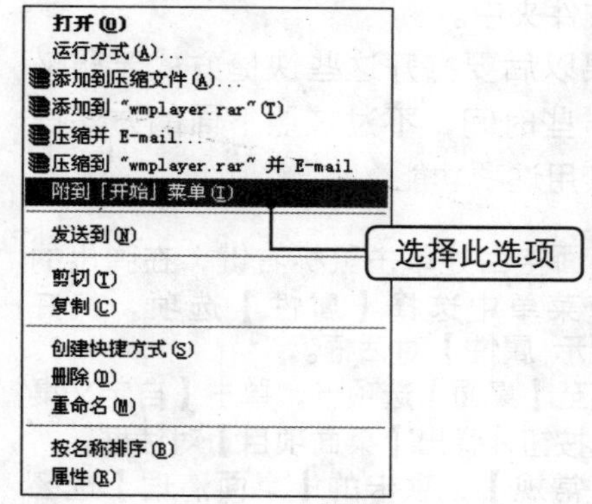

★ 图1.48

重回经典的界面和菜单风格

有的用户不喜欢Windows XP的界面和菜单，要恢复为以前的Windows风格，可以这样操作：右击桌面，在弹出的快捷菜单中选择【属性】选项，打开【显示 属性】对话框。单击【主题】选项卡，在【主题】框的下拉列表中选择【Windows经典】选项，如图1.49所示。

单击【确定】按钮，桌面就恢复成传统的风格。

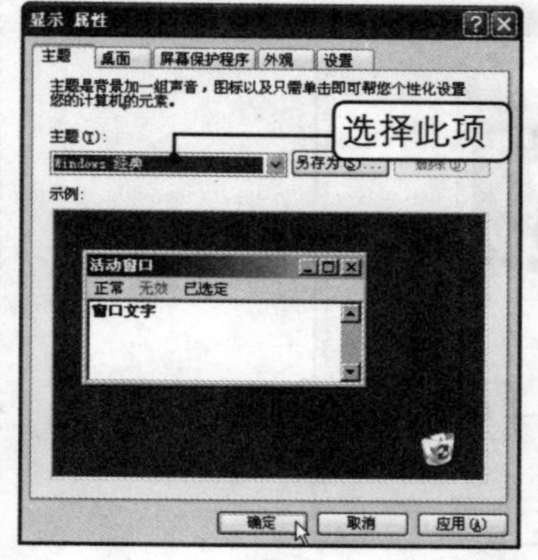

★ 图1.49

建议在【主题】中选择【Windows经典】选项，将【外观】选项卡中的【窗口和按钮】项选择为【Windows XP样式】选项，如图1.50所示。这样【开始】菜单恢复成经典样式后，外观和按钮则是Windows XP样式的。

★ 图 1.50

在桌面上显示系统图标

默认情况下，安装好Windows XP系统后，桌面上只有【回收站】一个图标，如果希望显示出其他系统图标，可按下面的步骤进行操作。

1 在桌面上单击鼠标右键，在弹出的快捷菜单中选择【属性】选项，打开【显示属性】对话框。
2 切换至【桌面】选项卡，单击其中的【自定义桌面】按钮，如图1.51所示。

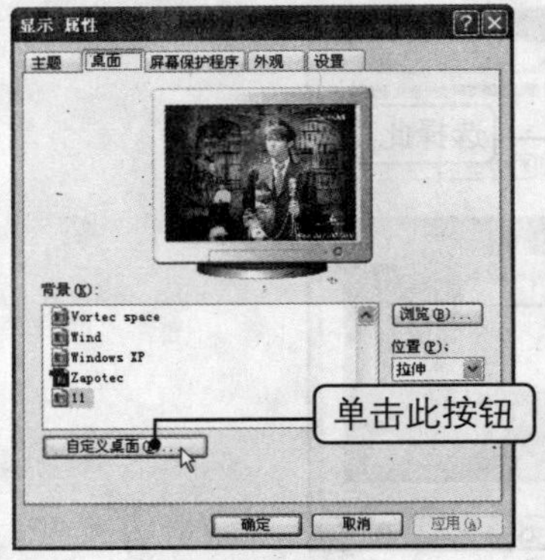

★ 图1.51

3 打开【桌面项目】对话框，在其中选中【我的文档】、【网上邻居】、【我的电脑】和【Internet Explorer】复选框，如图1.52所示。

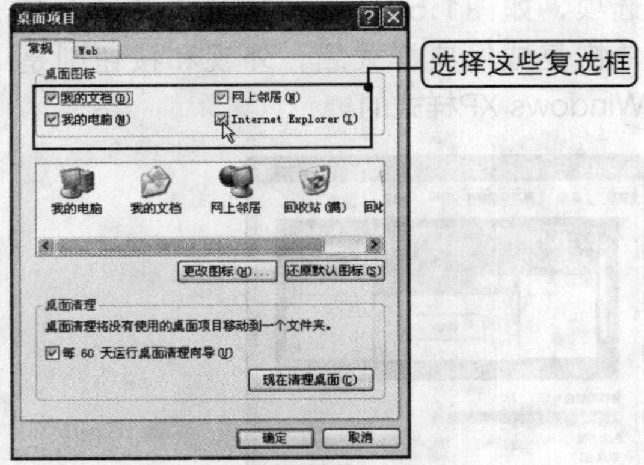

★ 图1.52

4 然后单击【确定】按钮即可。

隐藏桌面上的某些系统图标

在桌面上单击鼠标右键，在弹出的快捷菜单中选择【属性】选项，打开【显示 属性】对话框。单击【桌面】选项卡，并单击【自定义桌面】按钮。只要在【桌面图标】区域中取消选中相应的项目，例如【我的文档】选项，如图1.53所示，就可以在桌面上隐藏该系统图标，最后单击【确定】按钮。

如果在【桌面图标】区域中勾选相应的项目，则可以在桌面上显示该系统图标。

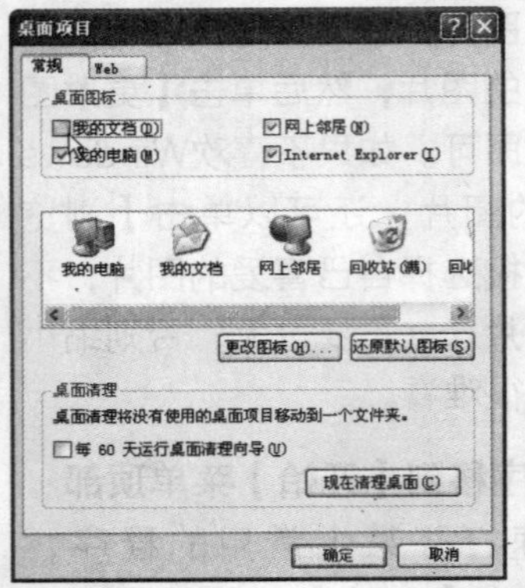

★ 图1.53

禁止桌面清理向导

在默认情况下，Windows XP每隔60天就会自动运行一次桌面清理向导，该向导将会把最近60天内未曾使用的快捷方式图标移动到一个名为“未使用的桌面快捷方式”的文件夹中。

如果以后要打开这些快捷方式无疑又要多花一些时间，不过按照下面的方法操作可以禁用这项功能。

1 在桌面空白处单击鼠标右键，在弹出的快捷菜单中选择【属性】选项，打开【显示 属性】对话框。

2 切换至【桌面】选项卡，单击【自定义桌面】按钮，弹出【桌面项目】对话框。

3 在【常规】选项卡的【桌面清理】选区中，取消选中【每60天运行桌面清理向导】复选框，如图1.54所示。

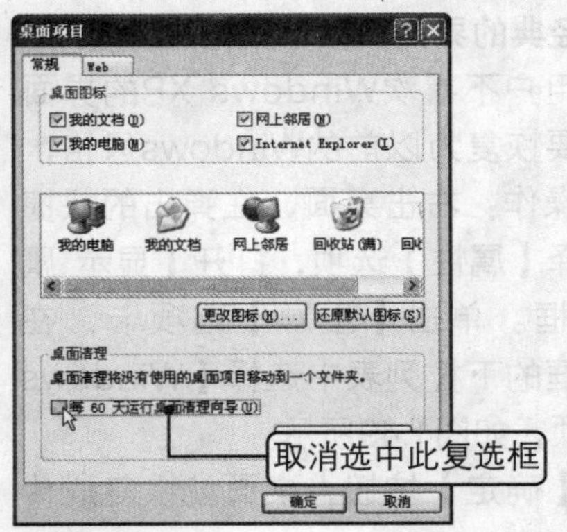

★ 图1.54

4 然后单击【确定】按钮退出即可。

为桌面图标做个“抽屉”

桌面上的图标过多会影响桌面视觉效果。这里介绍一个小技巧，在Windows XP系统中做一个“抽屉”，然后将桌面上的图标都放进去。

在桌面上单击鼠标右键，从弹出的快捷菜单中将【排列图标】子菜单中【显示桌面图标】项前面的钩去掉，将桌面上的全部图标隐藏起来，如图1.55所示。

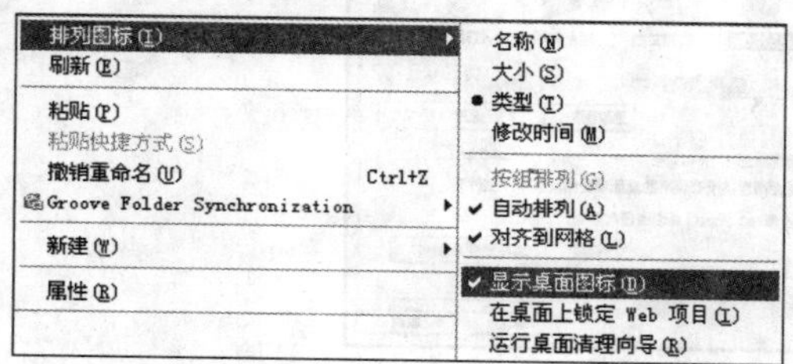

★ 图1.55

右键单击任务栏，在弹出的菜单中依次选中【工具栏】→【桌面】选项，这时在任务栏里就会出现一个名为【桌面】的选项，使用左键单击它，就可以看到桌面上的图标了，如图1.56所示。

★ 图1.56

此外，还可以把它拖动到屏幕的任意一个边上（能够拖动的前提是任务栏没有被锁定，在任务栏的右键菜单中把【锁定任务栏】前面的钩去掉即可为其解锁）。在它上面单击鼠标右键，选中【自动隐藏】选项，这个“抽屉”就可以自动关上了。

创建幻灯片屏幕保护程序

在桌面上单击鼠标右键，在弹出的快捷菜单中选择【属性】选项，打开【显示属性】对话框。切换到【屏幕保护程序】选项卡，单击【屏幕保护程序】下拉按钮，从下拉列表框中选择【图片收藏幻灯片】选项，如图1.57所示。

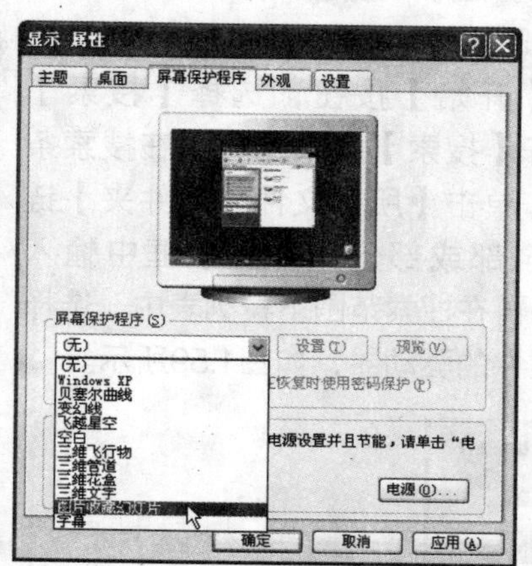

★ 图1.57

单击【设置】按钮，打开【图片收藏屏幕保护程序选项】对话框，按自己的喜好进行设置，如图1.58所示。

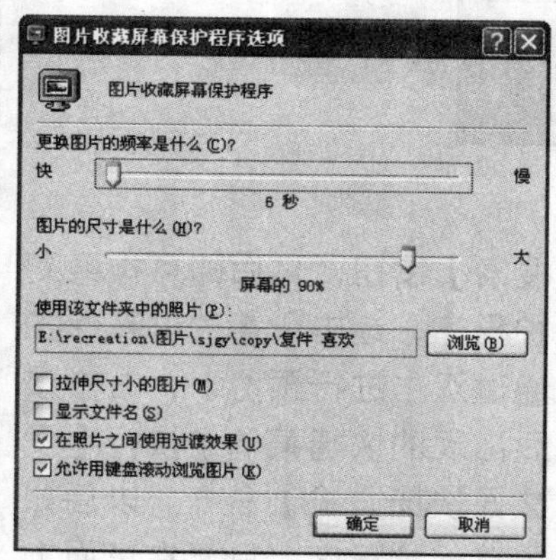

★ 图1.58

用户可以改变图片更换的快慢，指定每幅图片占用的屏幕百分比。如果图片尺寸小，则选中【拉伸尺寸小的图片】复选框。单击【浏览】按钮可以设置图片路径。

如果选中【在照片之间使用过渡效果】复选框，则会出现变换效果；如果选中【允许用键盘滚动浏览图片】复选框，则可以使用键盘上的左右方向键来滚动浏览图片。

手工激活屏幕保护程序

屏幕保护程序一般是系统自动激活的，你也可以随时随地手动激活，方法如下。

单击【开始】按钮，选择【搜索】选项，打开【搜索】结果窗口。在搜索条件窗口中，单击【所有文件和文件夹】链接，在【全部或部分文件名】框中输入“*.scr”，再在搜索范围下拉列表中，选择存储系统文件的驱动器，如图1.59所示。

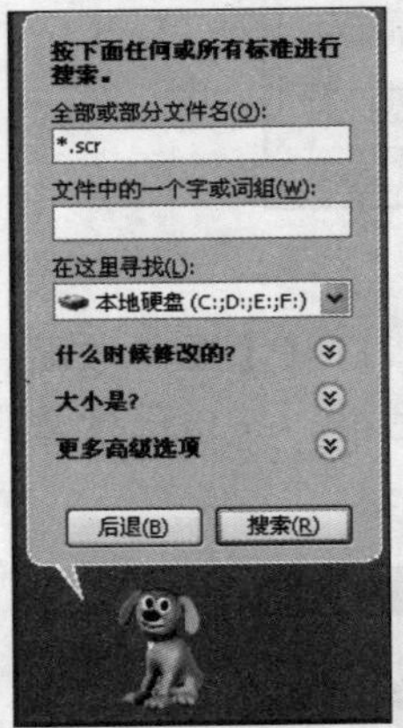

★ 图1.59

单击【搜索】按钮，稍后即可搜索到一些屏幕保护程序，选中所需的屏幕保护程序（可以通过双击进行预览），右击该文件，在随后出现的快捷菜单中执行【发送到】→【桌面快捷方式】命令。以后如果想激活该屏幕保护程序，只要在桌面上双击相应的快捷图标即可。

自定义设置系统图标

作为桌面的一个重要部分，图标可以起到点缀的作用，有时图标太多或者太丑，都会影响桌面的美观。通过下面的方法可以对系统图标进行自定义设置。

1 在桌面上单击鼠标右键，在弹出的快捷菜单中选择【属性】选项，打开【显示属性】对话框。

2 切换至【桌面】选项卡，单击【自定义桌面】按钮，打开【桌面项目】对话框。

3 在中间的系统图标区域选择需要更改的图标，然后单击【更改图标】按钮，如图1.60所示。

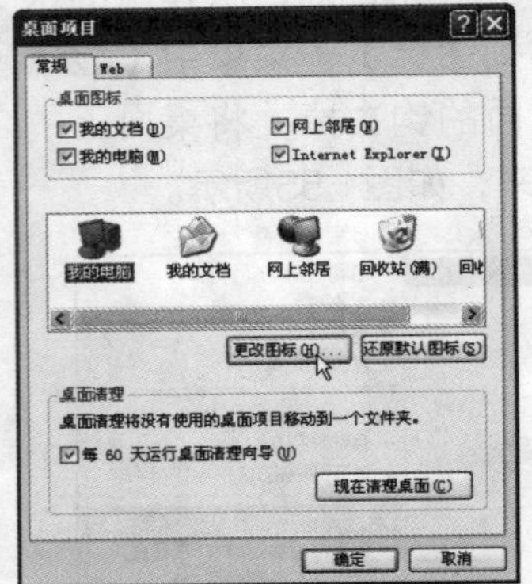

★ 图1.60

4 在弹出的【更改图标】对话框中选择一个喜欢的图标，然后连续单击【确定】按钮保存设置即可，如图1.61所示。

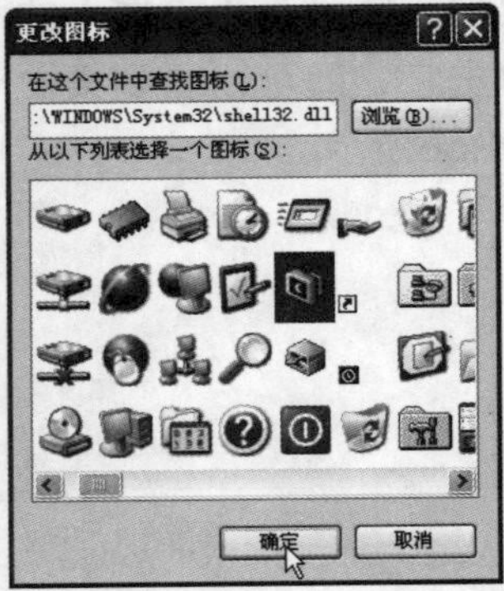

★ 图1.61

提 示

在【更改图标】对话框中单击【浏览】按钮，还可以将其他图标文件应用于系统图标。

使用【图片收藏】文件夹中的图片作为桌面背景

在Windows XP操作系统中有很多方

法可以设置桌面壁纸，其中有一种最简单的方法：将要作为背景的图片存放在【我的文档】的【图片收藏】文件夹中，如图1.62所示。

★ 图1.62

然后在桌面上单击鼠标右键，从快捷菜单中选择【属性】选项，弹出【显示 属性】对话框，切换至【桌面】选项卡，在下面的【背景】列表框中就可以找到放在【图片收藏】文件夹中的图片，如图1.63所示。选中要使用的图片，就可以将它作为桌面的背景了。

★ 图1.63

在Windows XP中将分辨率设为640×480像素

在Windows XP操作系统中，在【显示属性】对话框的【设置】选项卡中，是不能将分辨率直接设为640×480像素的，如图1.64所示。

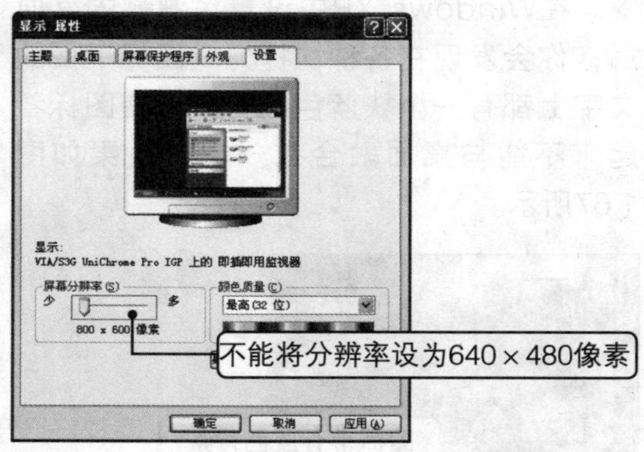

★ 图1.64

要想将分辨率设为640×480像素，单击【设置】选项卡中的【高级】按钮，在弹出的对话框中选择【适配器】选项卡，如图1.65所示。

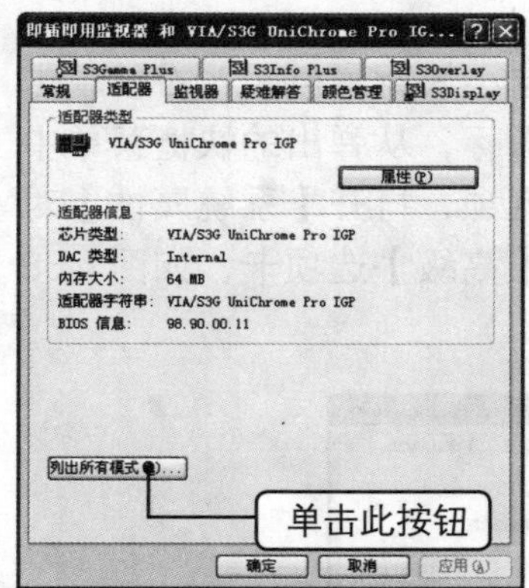

★ 图1.65

单击【适配器】选项卡中的【列出所有模式】按钮，在弹出的【列出所有模式】对话框中就可以选择640×480像素的分辨率了，设置如图1.66所示。

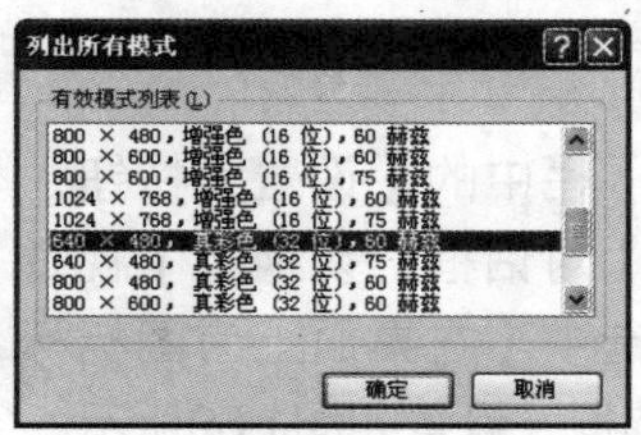

★ 图1.66

将Windows XP中的桌面图标设为透明

在Windows XP中设置了漂亮的桌面后，你会发现在各种快捷方式图标下面的文字上都有一小块蓝色的背景，使图标看起来不能与桌面融合在一起，效果如图1.67所示。

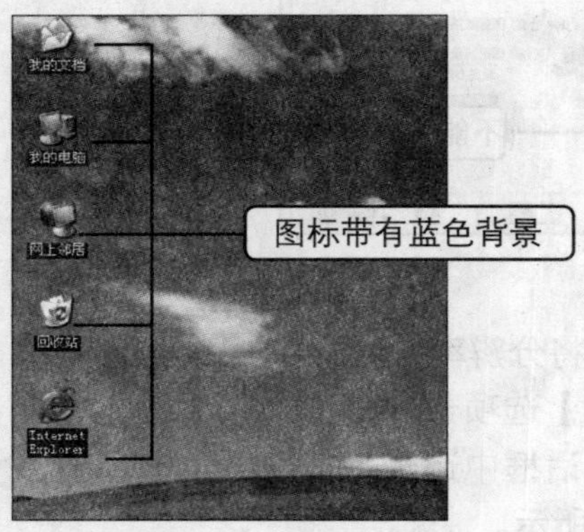

★ 图1.67

如何去掉这小块背景色呢？右键单击【我的电脑】图标，从弹出的快捷菜单中选择【属性】选项，打开【系统属性】对话框，切换至【高级】选项卡，如图1.68所示。

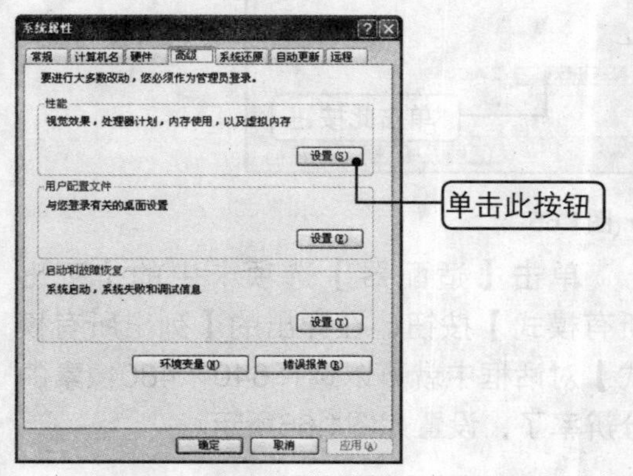

★ 图1.68

单击【性能】栏中的【设置】按钮，弹出【性能选项】对话框。切换至【视觉效果】选项卡，选中【在桌面上为图标标签使用阴影】复选框，设置如图1.69所示。

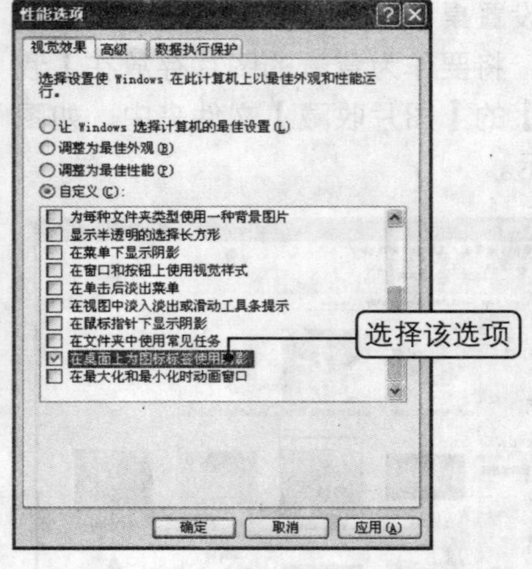

★ 图1.69

连续单击【确定】按钮回到桌面上，会发现图标下的文字背景变为透明的了。效果如图1.70所示。

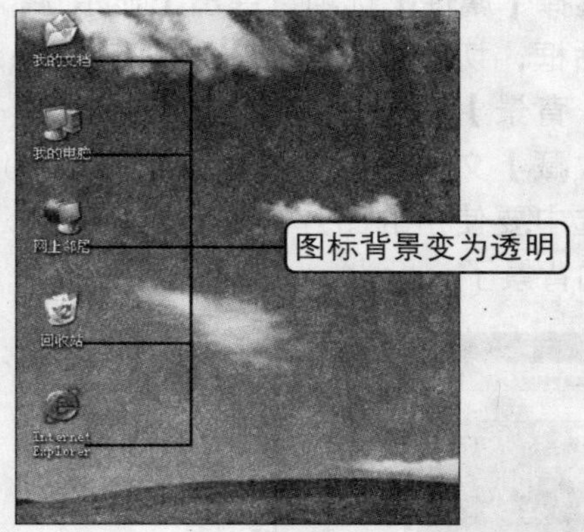

★ 图1.70

找回任务栏中的【显示桌面】图标

通常在桌面任务栏的快速启动栏中有【显示桌面】图标，单击这个图标可以快速返回到桌面，使用起来十分方便。但有时不小心将它拖到其他地方找不到了，该如何恢复呢？打开【记事本】程序，新建一个文件，在其中输入：

```
[Shell]
Command=2
IconFile=explorer.exe,3
```

```
[Taskbar]
Command=ToggleDesktop
```

将这个文件保存为名为“显示桌面.scf”的文件，然后将其拖到快速启动栏中即可。

改变任务栏的位置

如果觉得桌面上的任务栏总是出现在屏幕的下端，缺少个性，此时可以根据自己的喜好随意移动它的位置。先在任务栏上单击鼠标右键，在弹出的快捷菜单中取消对【锁定任务栏】选项的选择，即将该选项前的对钩去掉。然后将鼠标指针放在任务栏的空白处，按下鼠标左键并拖动，将鼠标拖到桌面的边缘再松开，任务栏的位置就移动了，可以将它放置在屏幕的四边。效果如图1.71所示。

★ 图1.71

取消分组相似任务栏功能

在Windows XP中可以设置分组相似任务栏功能，这个功能可以使任务栏中减少窗口的打开个数，使同一类型的窗口按组打开，效果如图1.72所示，这样可保持桌面整洁。

★ 图1.72

但对于一些需要同时打开多个同类窗口的工作，操作起来非常不便。这时就需要将这个功能取消，更改方法如下：在桌面任务栏上单击鼠标右键，从弹出的快捷菜单中选择【属性】选项，打开【任务栏和「开始」菜单属性】对话框，在【任务栏】选项卡中，取消选中【任务栏外观】栏中的【分组相似任务栏按钮】项的复选框即可，设置如图1.73所示。

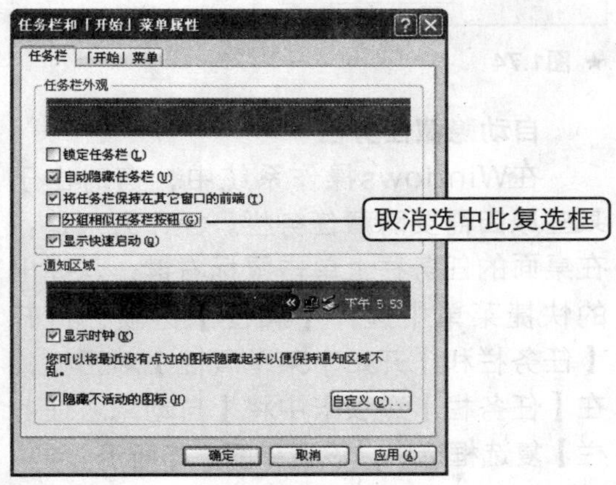

★ 图1.73

这样设置后，每个任务都会在桌面的任务栏中单独打开一个窗口按钮，切换起来比较方便。

解决任务栏无法操作的问题

当系统中的一些程序被强制关闭后，有时会造成任务栏无法使用的情况，此时可通过下面的方法进行解决。

进入【控制面板】窗口，双击【区域和语言选项】图标，打开【区域和语言选项】对话框。

切换到【语言】选项卡，单击【详细信息】按钮，打开【文字服务和输入语言】对话框。

在【首选项】区域中单击【语言栏】按钮，然后勾选【在桌面上显示语言栏】和【在任务栏中显示其他语言栏图标】复选框即可，如图1.74所示。

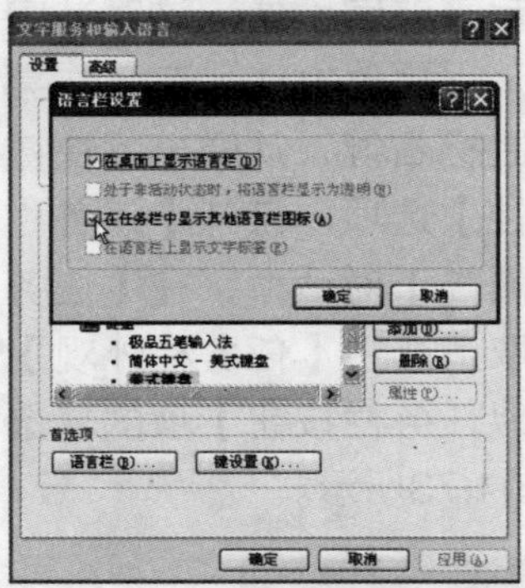

★ 图1.74

自动隐藏任务栏

在Windows操作系统中，有时由于某些原因需要隐藏任务栏。操作方法是：在桌面的任务栏上单击鼠标右键，从弹出的快捷菜单中选择【属性】选项，打开【任务栏和「开始」菜单属性】对话框，在【任务栏】选项卡中将【自动隐藏任务栏】复选框选中，设置如图1.75所示。

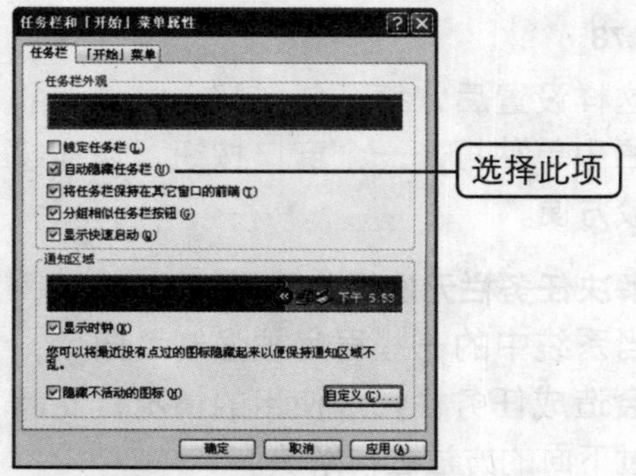

★ 图1.75

任务栏就会自动隐藏了，当把鼠标光标放到屏幕的下边缘时，任务栏就会自动显示出来。但是如果发现将鼠标移到任务栏上时，任务栏出现的速度很慢，要解决这个问题，可以进行这样的设置：右键单击【我的电脑】图标，从弹出的快捷菜单中选择【属性】选项，打开【系统属性】对话框。切换至【高级】选项卡，单击【性能】栏中的【设置】按钮，打开【性能选项】对话框，取消选中【拖拉时显示窗口内容】复选框，这样就可以加快任务栏隐藏和显示的速度了。设置如图1.76所示。

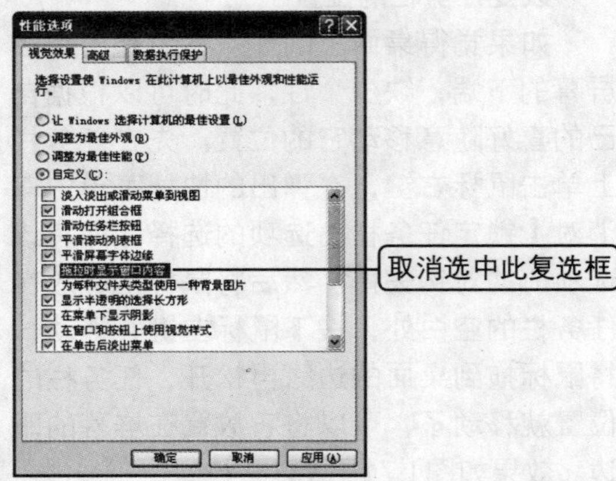

★ 图1.76

整理【所有程序】菜单

通常单击【开始】菜单，进入【所有程序】选项的列表中时，电脑中安装的应用程序的菜单会占用大部分电脑屏幕，要想快速找到要使用的程序比较麻烦。我们可以将【所有程序】菜单整理归纳一下，对各种应用程序进行分类。打开【资源管理器】窗口，对于Windows XP系统，【所有程序】中的内容存放在“C:\Documents and Settings\用户名\「开始」菜单”目录中，菜单如图1.77所示。

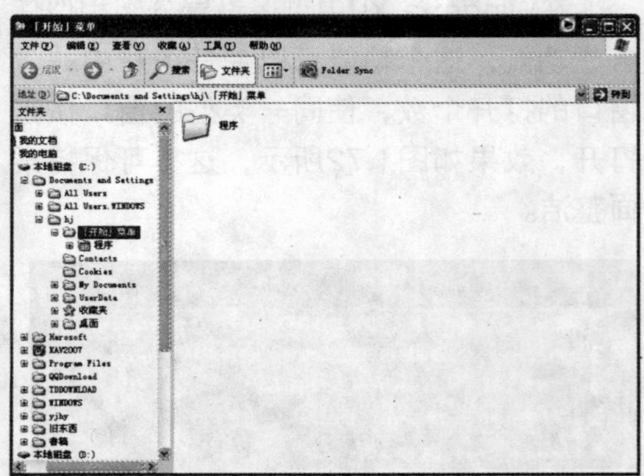

★ 图1.77

如果在系统中建立了多个用户，就在“Documents and Settings”文件夹下找到相应的用户，然后再选择“「开始」菜单”文件夹。双击进入【程序】文件夹内，和新建普通文件夹一样，建立几个新文件夹，并为它们取好分类的名称。新建的文件夹如图1.78所示。

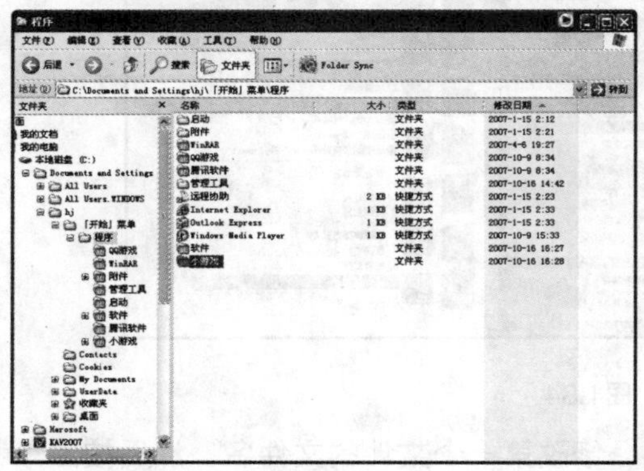

★ 图1.78

再从【开始】菜单进入【所有程序】中时就可以看到新建的文件夹了。现在就可以进行归类操作了，在【所有程序】选项列表中选中一个项目，按住鼠标左键，直接将它拖动到相应类别的文件夹中就可以了，操作如图1.79所示。

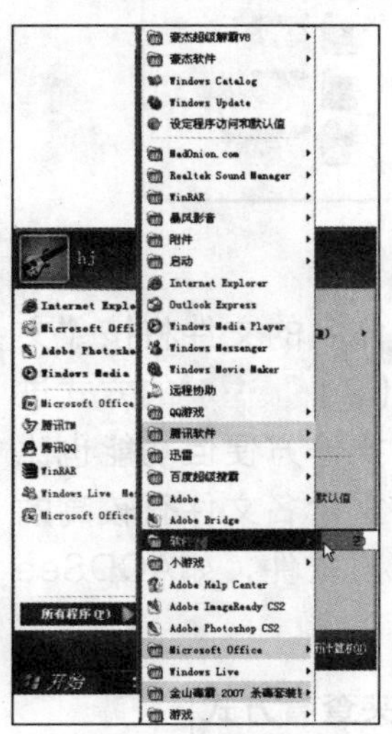

★ 图1.79

将所有的应用程序进行归类后，【所有程序】菜单就显得干净整洁了，查找应用程序的速度也会提高不少。

整理桌面上的快捷方式图标

桌面上的快捷方式图标会随着软件的安装而不断增多，会使桌面显得杂乱无章，有时还会降低计算机的启动速度。要是将它们都删掉，运行程序时又实在很不方便，可以使用清理的方法，整理一下桌面上的快捷方式图标。在Windows XP系统中，可按如下步骤进行操作：

1 在桌面上单击鼠标右键，从弹出的快捷菜单中执行【排列图标】→【运行桌面清理向导】命令，弹出【清理桌面向导】对话框，如图1.80所示。

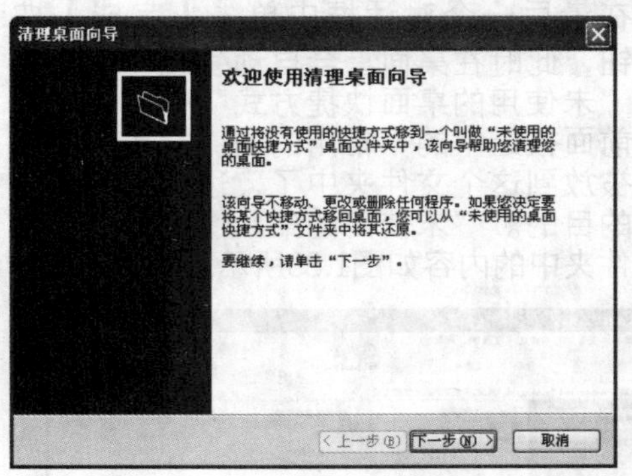

★ 图1.80

2 在第一个对话框中单击【下一步】按钮，紧接着会打开一个带有所有桌面图标的复选界面，如图1.81所示。

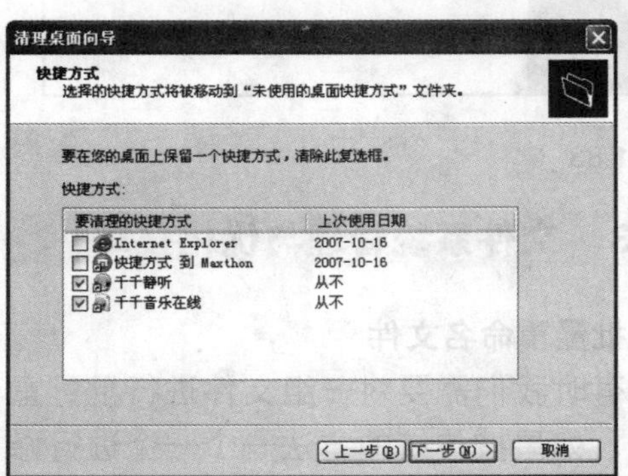

★ 图1.81

3 该界面中的每个图标后面都有其最后一次运行的时间提示，按运行时间的先后顺序选中很久不用的快捷方式图标，单击【下一步】按钮，即可完成桌面图标的清理工作，如图1.82所示。

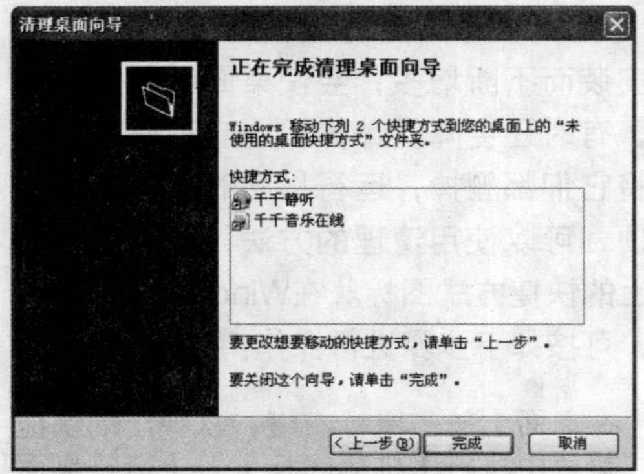

★ 图1.82

4 在最后一个对话框中单击【完成】按钮，此时在桌面上会自动生成一个名为“未使用的桌面快捷方式”的文件夹，前面被选中的不常用的快捷方式图标都被放到这个文件夹中了，达到桌面清洁的目的。“未使用的桌面快捷方式”文件夹中的内容如图1.83所示。

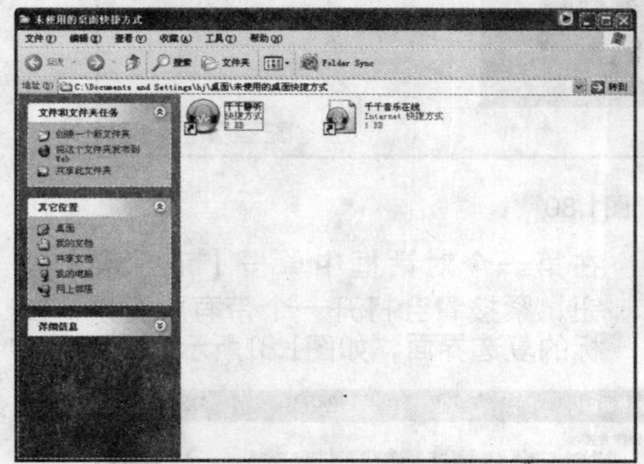

★ 图1.83

1.1.3 文件系统管理与优化技巧

批量重命名文件

有时我们需要对一组文件进行批量重命名，如果按传统的方法一个一个进行修改的话很麻烦，其实Windows XP提供了批量重命名文件的方法，具体操作如下：

1 将所有需要重命名的文件保存在同一文件夹中，将其全部选中后右击鼠标，在弹出的快捷菜单中选择【重命名】选项，如图1.84所示。

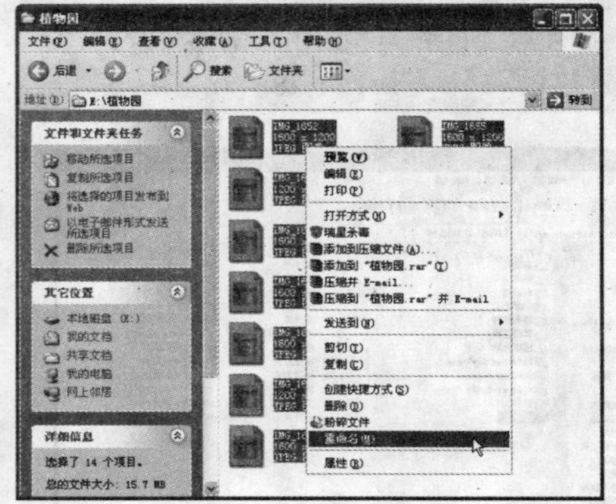

★ 图1.84

2 修改第一个文件的文件名，然后按回车键确认，这时所选文件的名称都自动被修改了，如图1.85所示。

★ 图1.85

使用这种方法重命名的文件将按“文件（1）”、“文件（2）”……的方式进行命名并自动排列，操作方便但功能也比较简单，如果读者对重命名文件有较高的要求，可以使用第三方软件，如ACDSee等。

设置统一的文件夹查看方式

在资源管理器中查看文件的方式有缩

略图、平铺、图标、列表和详细信息等，可以在资源管理器的工具栏的【查看】下拉菜单中进行选择，如图1.86所示。

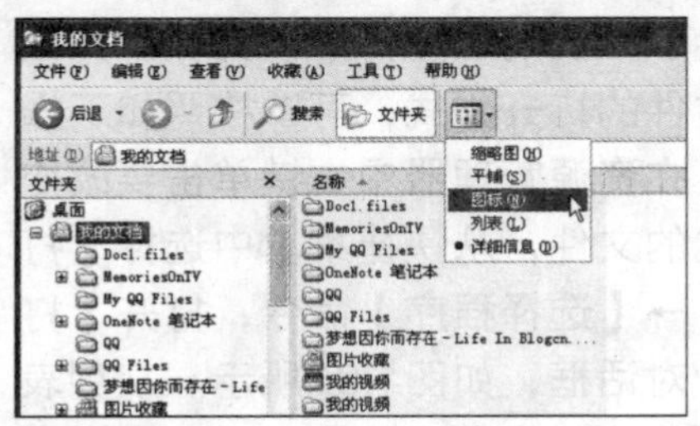

★ 图1.86

如果想让所有的文件夹都以某一种方式进行显示，可以这样操作：先在一个文件夹中设置好显示模式，打开【工具】菜单，选择【文件夹选项】选项，打开【文件夹选项】对话框，选择【查看】选项卡。单击【应用到所有文件夹】按钮，以后再打开其他文件夹时，即可按设置的方式进行显示了，设置如图1.87所示。

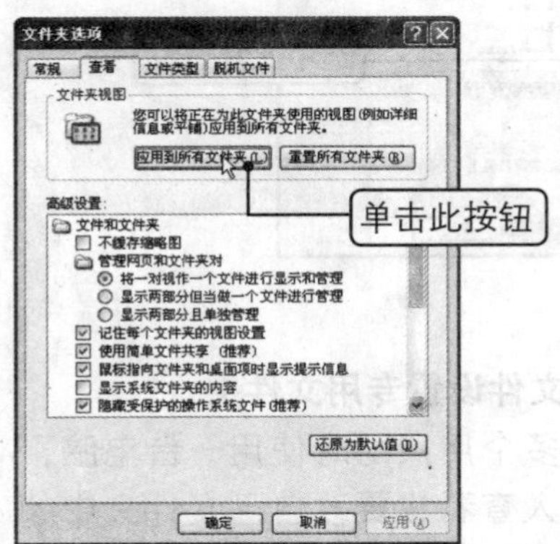

★ 图1.87

快速复制、移动文件

复制文件和移动文件都是Windows系统中的常用操作，一般情况下我们复制或移动文件时常用以下两种方法。

- 用鼠标右键单击需要复制（或移动）的文件，在弹出的快捷菜单中选择【复制】（或【剪切】）命令，然后进入目标位置执行【粘贴】命令即可。
- 选中对象后按【Ctrl+C】组合键进行复制（或按【Ctrl+X】组合键进行剪切），然后进入目标位置后按【Ctrl+V】组合键进行【粘贴】即可。

除了上述的方法外，我们还可以在Windows资源管理器的常用工具栏或右键菜单中添加快速复制、移动文件的命令，从而简化操作步骤，加快复制、移动文件的速度。

方法一：在工具栏中添加按钮

默认情况下Windows XP资源管理器中的常用工具栏中并没有【复制到】和【移至】两个按钮，如果需要显示这两个按钮，可以按下面的步骤进行操作。

1 在Windows资源管理器的工具栏中单击鼠标右键，在弹出的快捷菜单中选择【自定义】命令，打开【自定义工具栏】对话框。

2 在【可用工具栏按钮】列表中拖动滚动条找到【复制到】和【移至】两个按钮，分别选中后单击【添加】按钮，将它们添加到【当前工具栏按钮】列表中，如图1.88所示。

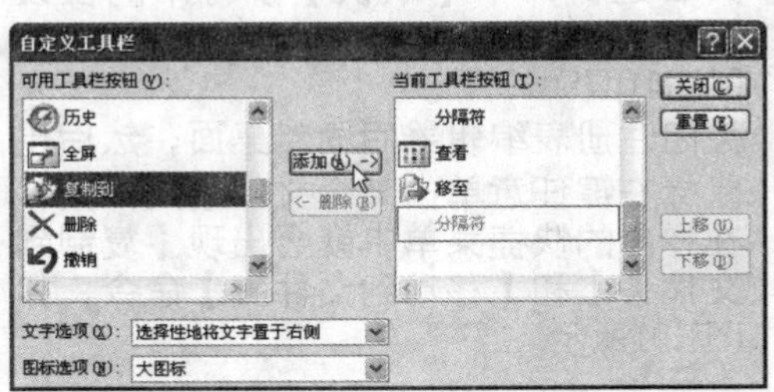

★ 图1.88

3 单击【关闭】按钮返回Windows资源管理器，即可看到工具栏中多出了两个按钮，如图1.89所示。

★ 图1.89

方法二：在右键菜单中添加命令

1 执行【开始】→【运行】命令，在【运行】对话框的【打开】输入框中输入“regedit”后按回车键，打开注册表编辑器。

2 依次展开【HKEY_CLASSES_ROOT\AllFilesystemObjects\shellex\ContextMenuHandlers】项，然后在右边窗口中单击鼠标右键，执行【新建】→【项】命令，并将新建的项命名为【复制到】。

3 选择新建的【复制到】项，然后在右边窗口中双击【默认】字符串键值，在弹出的对话框中将其值设置为“{c2fbb630-2971-11d1-a18c-00c04fd75d13}”，如图1.90所示。

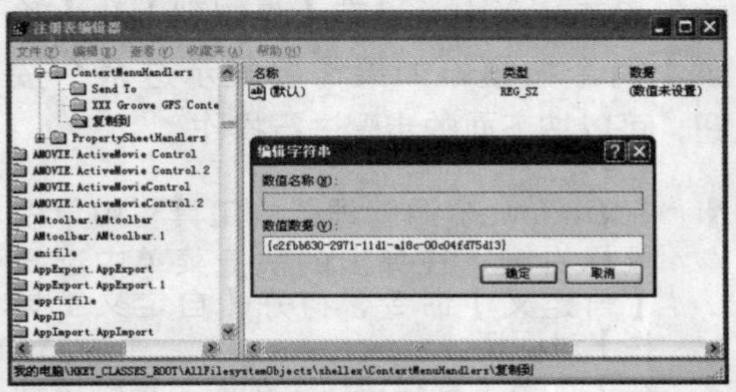

★ 图1.90

4 单击【确定】按钮返回注册表窗口。用同样的方法新建【移至】项，并将其右边窗口中【默认】字符串的值设置为“{c2fbb631-2971-11d1-a18c-00c04fd75d13}”。

5 关闭注册表编辑器后刷新桌面，然后用鼠标右键任意单击某个文件或文件夹，在弹出的快捷菜单中就会出现【复制到文件夹】和【移动到文件夹】命令，如图1.91所示。

★ 图1.91

更改文件的默认打开程序

一般情况下，双击某文件或者右键单击某文件并选择快捷菜单中的【打开】命令时，会以默认的程序打开该文件。如果想改变文件的打开方式，可以按照如下操作进行：在资源管理器中右键单击要改变打开方式的文件，从快捷菜单中选择【打开方式】→【选择程序】命令，打开【打开方式】对话框，如图1.92所示。从列表中选择要使用的程序，并将对话框下部的【始终使用选择的程序打开这种文件】复选框选中，该文件的默认打开程序就被改变了。

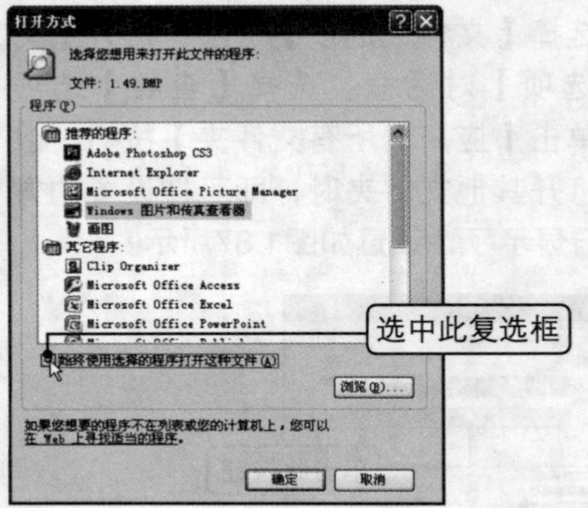

★ 图1.92

为重要文件设置专用文件夹

如果有多个用户同时使用一台电脑，为了防止他人查看或更改自己文件夹中的内容，我们可以将这些文件夹设置成专用文件夹。具体操作步骤如下：

1 双击【我的电脑】图标，然后进入系统的【Documents and Settings】文件夹。

2 选择指定的用户文件夹，然后用鼠标右键单击需要设置的文件夹，在弹出的快捷菜单中选择【属性】命令。

3 在打开的窗口中切换到【共享】选项卡，选择【将这个文件夹设为专用】选项，然后单击【确定】按钮保存设置即可。

提 示

如果要设置专用文件夹，系统分区必须是NTFS格式，并且必须在【文件夹选项】对话框中启用了“使用简单文件共享”功能。

快速永久删除文件

默认情况下，Windows XP系统中被删除的文件将被移动到【回收站】中，以便在误删除的情况下还可以将其还原。对于确实需要删除的文件，必须执行【清空回收站】命令才能将其彻底清除，下面介绍一种直接永久删除文件的小技巧。

在桌面上的【回收站】图标上单击鼠标右键，在弹出的快捷菜单中选择【属性】选项，打开【回收站 属性】对话框，在其中选中【删除时不将文件移入回收站，而是彻底删除】复选框，然后单击【确定】按钮即可，如图1.93所示。

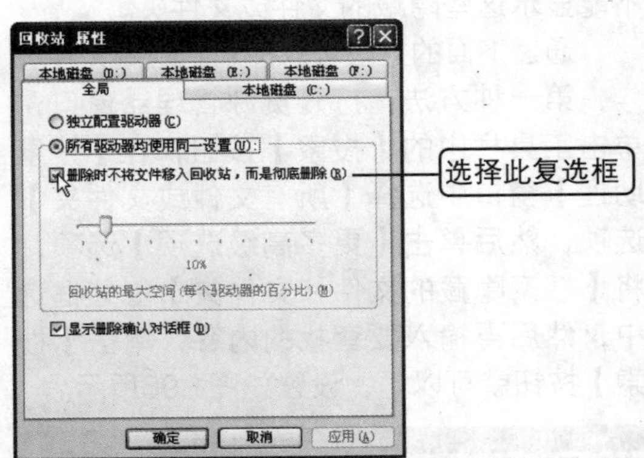

★ 图1.93

技 巧

如果不进行上述设置，删除文件时按住【Shift】键也可以不经过【回收站】直接将文件删除。

注 意

在Windows XP中彻底删除文件后只要不对硬盘进行写操作，即不新建文件或不向硬盘中复制文件，此时就可以通过专用的文件恢复工具将文件恢复。常用的文件恢复工具有EasyRecovery，FinalData等。

取消删除文件时出现的确认对话框

默认情况下，在Windows XP系统中删除文件或文件夹时将出现一个确认对话框，如果希望以后删除文件时不再出现确认对话框，可以按下面的方法进行操作。

在桌面上用鼠标右键单击【回收站】图标，在弹出的快捷菜单中选择【属性】选项，打开【回收站 属性】对话框。

在【回收站 属性】对话框中取消选中【显示删除确认对话框】复选框，然后单击【确定】按钮保存即可，如图1.94所示。

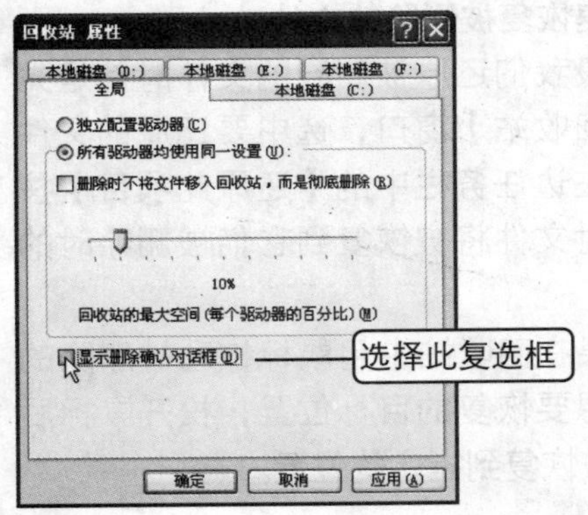

★ 图1.94

提 示

在【回收站 属性】窗口中如果选中【独立配置驱动器（C）】单选按钮，则可分别对各个驱动器进行不同的设置。

快速找到最近被删除的文件

有时【回收站】中有很多被删除的文件，而此时想恢复最近删除的某个文件，怎么找呢？双击进入【回收站】窗口，在其中的空白处单击鼠标右键，在弹出的快捷菜单中执行【排列图标】→【删除日期】命令，如图1.95所示。

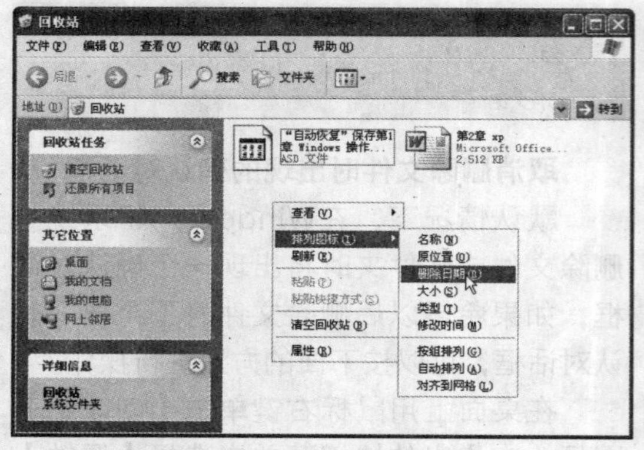

★ 图1.95

这样，所有被删除的项目将按删除日期进行排列，后删除的文件将排列在靠后的位置，这样就可以很方便地找到需要恢复的文件了。

快速恢复被删除的文件

一般我们还原被删除的文件时都是先进入【回收站】窗口，选中要还原的文件后单击左边任务栏中的【还原此项目】按钮，此时文件将被恢复到它们被删除时的位置。

如果在回收站中用鼠标拖动被删除的文件到想要恢复的目标位置，松开鼠标后文件即被恢复到指定的位置。

恢复【回收站】中的删除项到任意位置

【回收站】的使用方式有多种，只要合理运用可以大大地提高工作效率。

当打开【回收站】后，一般只能将它恢复到被删除文件的初始位置，其实可以不执行还原命令，而通过鼠标直接将其拖放就可以实现将文件移动或复制到指定的文件夹中。当然，拖放的目标窗口也必须是打开的。同样，如果想快速删除文件，只要用鼠标将它们拖至【回收站】窗口中或图标上即可。

删除无法删除的文件

有时删除某个文件或文件夹时会弹出一个对话框，提示文件或文件夹不能被删除，此时可以尝试通过以下方法进行解决。

- 注销或重启计算机，然后再进行删除。
- 进入安全模式进行删除。
- 如果文件夹中有较多的子目录或文件，可以先删除其中的子目录和文件，然后再删除该文件夹。
- 在【Windows任务管理器】中结束explorer.exe进程，然后在命令提示符下删除。
- 运行磁盘扫描程序全面扫描文件所在的分区，扫描结束后再进行删除。

在Windows XP中搜索隐藏的文件

为了安全起见，在默认情况下搜索文件时，Windows XP是不搜索隐藏文件和文件夹的。即使在【文件夹选项】对话框中设置了【显示所有文件和文件夹】选项也不能显示这些隐藏的文件或文件夹。

通过下面的方法可以搜索到隐藏文件。

第一种方法：打开资源管理器窗口，单击工具栏中的【搜索】按钮，在【搜索助理】窗口中选择【所有文件或文件夹】选项，然后单击【更多高级选项】选项，将【搜索隐藏的文件和文件夹】复选框选中，然后再输入要查找的内容，单击【搜索】按钮就可以了，设置如图1.96所示。

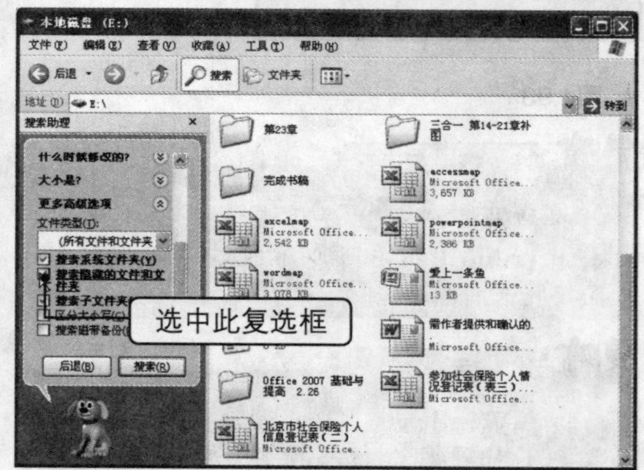

★ 图1.96

第二种方法：可以使用修改注册表的方法设置在Windows XP中搜索隐藏的文件和文件夹。从【开始】菜单中选择【运行】项，在【运行】对话框的【打开】输入框中输入“regedit”（不含引号），然后按回车键，打开注册表编辑器窗口。在左侧栏中依次展开【HKEY_CURRENT_USER\Software\Microsoft\Windows\CurrentVersion\Explorer】项，在右侧栏中找到【SearchHidden】项，双击该键值项，打开【编辑DWORD值】对话框，在【数值数据】输入框中将其值改为1即可。设置如图1.97所示。

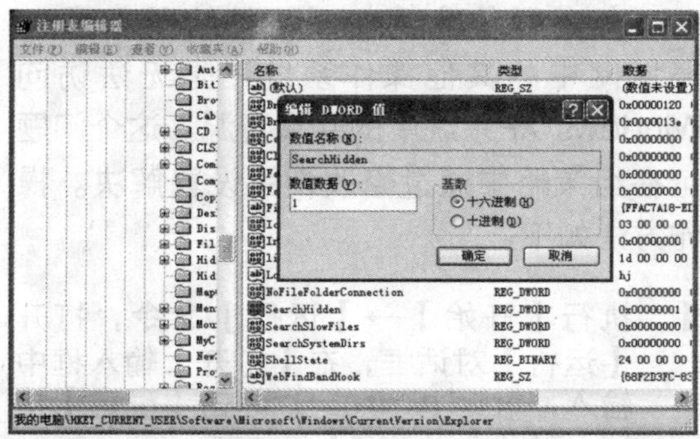

★ 图1.97

为文件夹或文件加密

在我们的工作和学习生活中，存放于电脑中的一些私密的文件或文件夹不想让别人看到。此时，如果你的磁盘分区是NTFS格式，就可以将这些私密的文件或文件夹加密。具体操作步骤如下：

1 用鼠标右键单击需要加密的文件或文件夹，在弹出的快捷菜单中选择【属性】选项，进入该文件的属性对话框，如图1.98所示。

2 在【常规】选项卡中单击【高级】按钮，弹出【高级属性】对话框。在【压缩或加密属性】选项区中选中【加密内容以便保护数据】复选框，如图1.99所示。

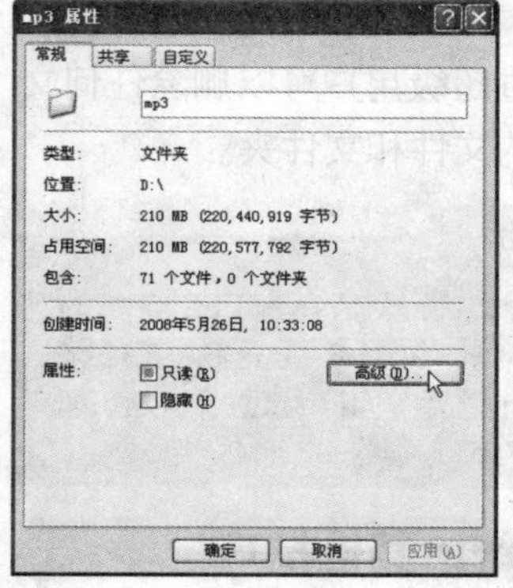

★ 图1.98

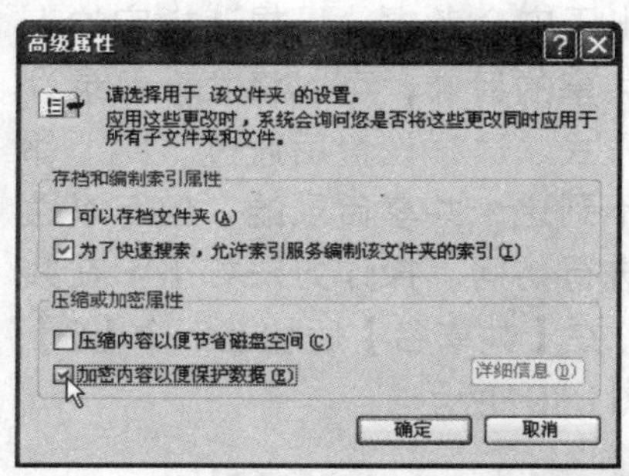

★ 图1.99

3 单击【确定】按钮返回属性对话框，再单击【确定】按钮保存设置。如果加密的是文件，则直接进行加密；如果加密的是文件夹，将弹出如图1.100所示的【确认属性更改】对话框。

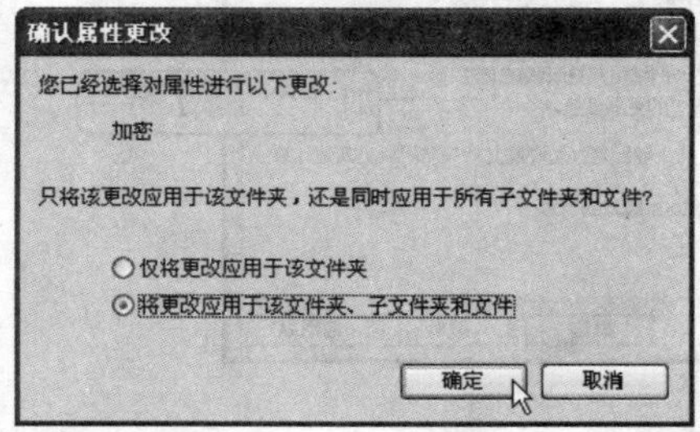

★ 图1.100

4 单击【确定】按钮完成加密操作。这时再进入刚才的目录可以看到被加密的文件或文件夹已变成绿色显示了。

这些加密的文件和文件夹只能被加密者打开，其他用户登录后访问时将弹出【拒绝访问】的提示框，即使以超级用户的身份登录也是如此。不过超级用户可以删除任何文件，包括被加密的文件和文件夹。

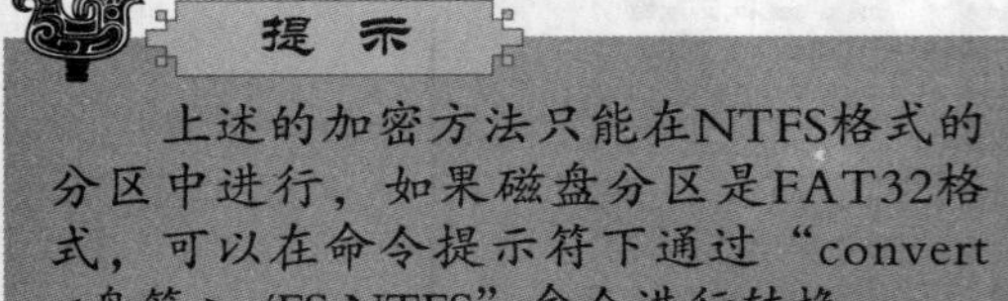

提 示

上述的加密方法只能在NTFS格式的分区中进行，如果磁盘分区是FAT32格式，可以在命令提示符下通过“convert <盘符:> /FS:NTFS”命令进行转换。

1.1.4 操作系统的其他技巧

隐藏共享目录

有时出于安全考虑，只想让指定的人访问自己共享的目录，可以将共享目录设置为隐藏方式。这样设置后通过“网上邻居”是看不到这个共享目录的，但可以通过地址栏进行访问。操作方法如下：在共享目录时，在【共享名】后加上一个【$】符号，如图1.101所示。

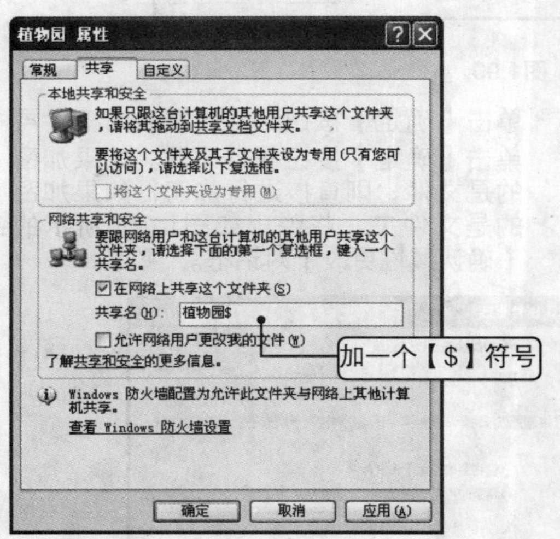

★ 图1.101

这样，一般人访问你的计算机时，是看不到这个共享目录的。

如果要访问该共享目录，在资源管理器的地址栏中输入“\\要访问的计算机名称\共享目录名”，例如：\\jw-04\植物园$（其中 jw-04为要访问的计算机名称），就可以打开此目录了。访问设置如图1.102所示。

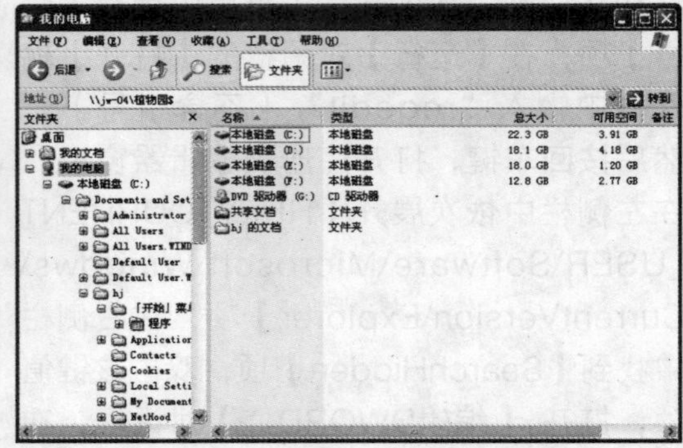

★ 图1.102

自定义用户权利指派

有时即使启用guest并给予权限，局域网中的其他操作系统还是无法访问Windows XP系统中的共享资源。这个问题可在组策略中通过修改相关设置解决。操作方法如下：

1 执行【开始】→【运行】命令，打开【运行】对话框，在【打开】输入框中输入“gpedit.msc”，单击【确定】按钮，打开【组策略】对话框。

2 展开【计算机配置】→【Windows设置】→【安全设置】→【本地策略】→【用户权利指派】选项，在右边窗口中便能看到【用户权利指派】选项下的所有设置，如图1.103所示。

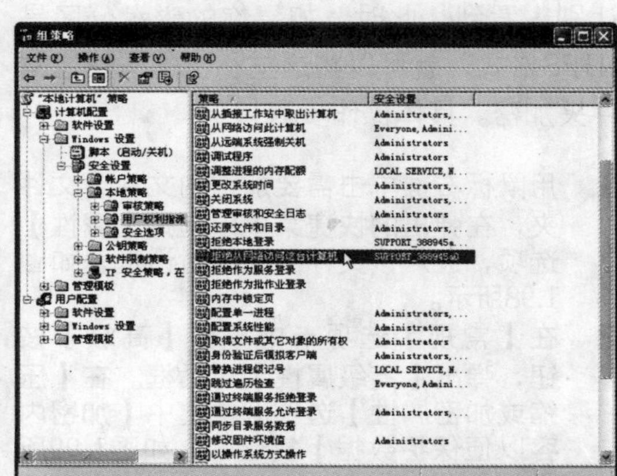

★ 图1.103

3 双击【拒绝从网络访问这台计算机】设置项，弹出【拒绝从网络访问这台计算机 属性】对话框，如图1.104所示。

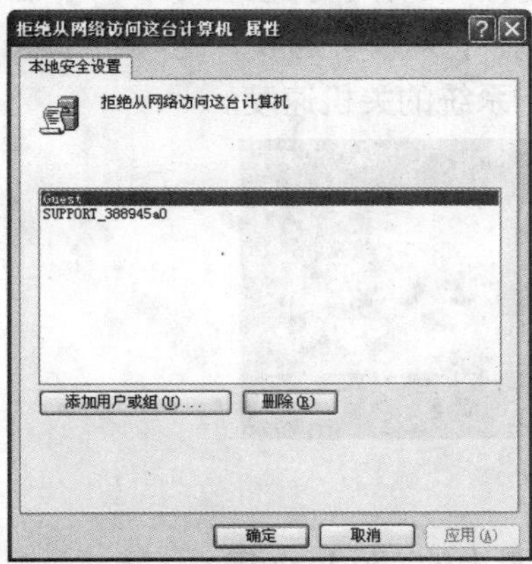

★ 图1.104

4 选择【guest】选项，然后单击【删除】按钮，最后单击【确定】按钮即可。

卸载图片和传真查看器

如果不想使用Windows XP操作系统自带的Windows图片和传真查看器，可以执行【开始】→【运行】命令，打开【运行】对话框。在【打开】输入框中输入"regsvr32 /u shimgvw.dll"（不含引号）命令，如图1.105所示，单击【确定】按钮即可执行卸载操作。

★ 图1.105

如果想恢复使用Windows图片和传真查看器，在【运行】对话框的【打开】输入框中输入"regsvr32/ shimgvw.dll"（不含引号）命令并按回车键即可。

禁止病毒启动服务

现在的很多计算机病毒都设计得很狡猾，不像以前的病毒那样只会通过注册表中的Run键值或系统配置实用程序中的启动项目进行加载，一些高级病毒会通过系统服务进行加载。不过我们可以通过设置使病毒或木马没有启动服务的相应权限。

1 执行【开始】→【运行】命令，在【运行】对话框的【打开】输入框中输入"regedit"，单击【确定】按钮，打开注册表编辑器。

2 依次展开【HKEY_LOCAL_MACHINE\SYSTEM\CurrentControlSet\Services】子项，在注册表编辑器的菜单栏中执行【编辑】→【权限】命令，如图1.106所示。

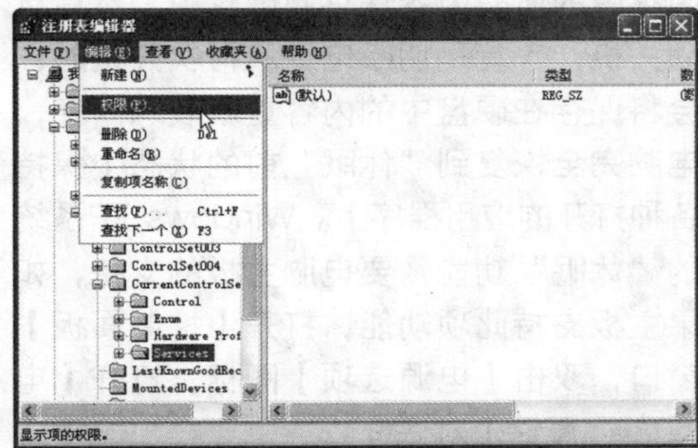

★ 图1.106

3 在弹出的对话框中单击【添加】按钮，将Everyone账号导入进来。然后选中Everyone账号，取消【完全控制】权限，将【读取】权限设置为【允许】，如图1.107所示。

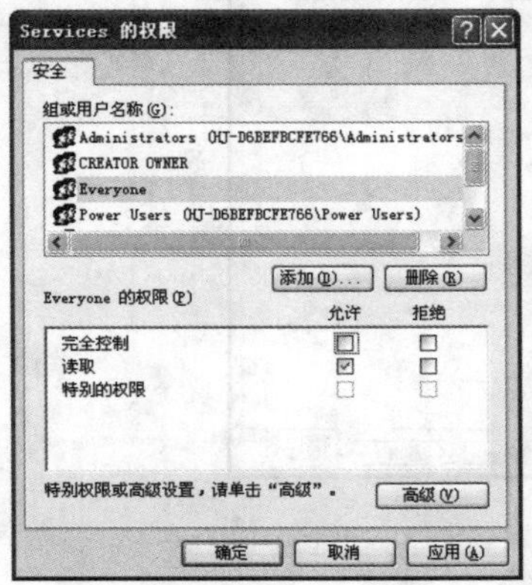

★ 图1.107

4 单击【确定】按钮，然后关闭注册表编辑器即可。

这样，任何木马或病毒都无法自行启动系统服务了。当然，该方法只对没有获得管理员权限的病毒和木马有效。

巧用鼠标滚轮改变字体的大小

带滚轮的鼠标的功能不只是可以方便地在页面上进行滚动显示。在IE浏览器、Office程序中，按住【Ctrl】键，上下滚动鼠标的滚轮，可以改变页面上文字的大小。

使用休眠功能

在Windows XP系统中，“休眠”是将内存中的所有内容保存到硬盘中，然后自动关机，也就是切断电源。再次开机时，会将保存在硬盘中的内容重新装入内存，电脑完全恢复到“休眠”前的状态（保持各种打开的应用程序）。Windows XP系统的“休眠”功能需要电脑主板的支持，如果主板支持此项功能，打开【控制面板】窗口，双击【电源选项】图标，打开【电源选项 属性】对话框。

单击【休眠】选项卡，选中【启用休眠】复选框后，就可以使用这个功能了。设置如图1.108所示。

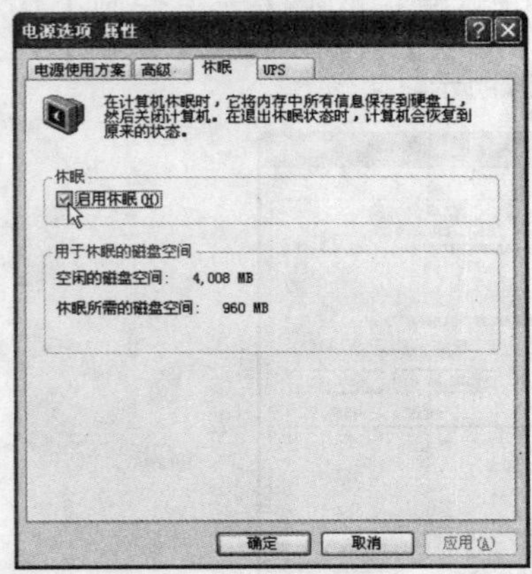

★ 图1.108

加快关机速度

Windows XP操作系统的关机速度慢是有目共睹的，可以通过下面这个小技巧加快关机的速度：在Windows XP系统中选择【关机】命令后，弹出【关闭计算机】窗口，如图1.109所示。按住【Ctrl】键的同时再选择【关闭】选项，这样可加快Windows XP系统的关机速度。

★ 图1.109

巧用键盘上的Windows键

键盘上的Windows键是一个功能十分强大的键。Windows键是键盘上左侧【Ctrl】键和【Alt】键中间的那个带有微软视窗标记的键，有些键盘的右侧也有一个，如图1.110所示。

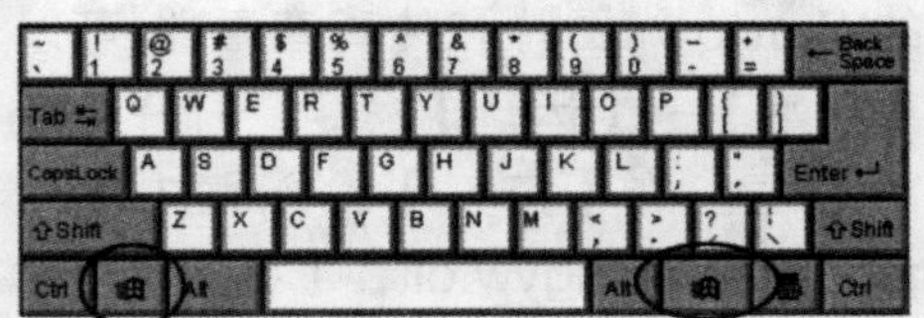

★ 图1.110

在Windows XP操作系统中，同时按下键盘上的Windows键和【L】键，可以锁定计算机。单独按下Windows键可以打开【开始】菜单，与其他键相组合还具有很多快捷功能。下面列出了一些常用的快捷键：

+【E】：启动【我的电脑】。

+【D】：快速显示桌面。

+【R】：执行【运行】命令。

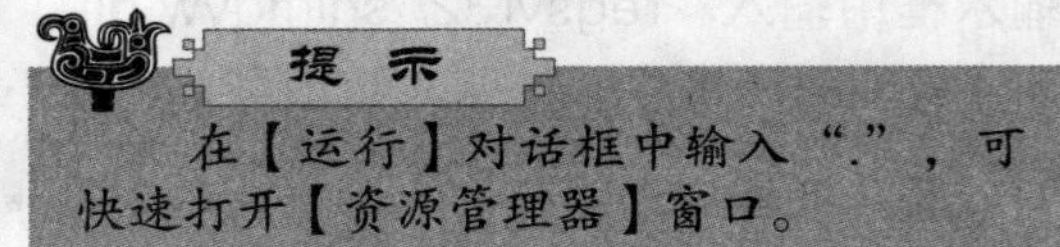

提示

在【运行】对话框中输入“.”，可快速打开【资源管理器】窗口。

+【U】：打开【辅助工具管理器】对话框。

⊞+【M】：将所有窗口最小化。

⊞+【F】：搜索文件或者文件夹。

⊞+【F1】：显示Windows帮助。

⊞+【Shift】+【M】：将最小化的窗口还原。

⊞+【Ctrl】+【F】：搜索计算机。

⊞+【PauseBreak】：打开【系统属性】对话框。

在关机时清空页面文件

在电脑中一般都设有一定大小的虚拟内存，在物理内存不够用的时候，虚拟内存就会发挥作用，所以虚拟内存是提高电脑性能的很重要的因素。为了提高虚拟内存的使用效率，可以设置在关机时清空页面文件，为下次启动Windows XP系统更好地利用虚拟内存做好准备。操作方法如下：

1 执行【开始】→【控制面板】→【管理工具】→【本地安全策略】命令，进入【本地安全设置】窗口，如图1.111所示。

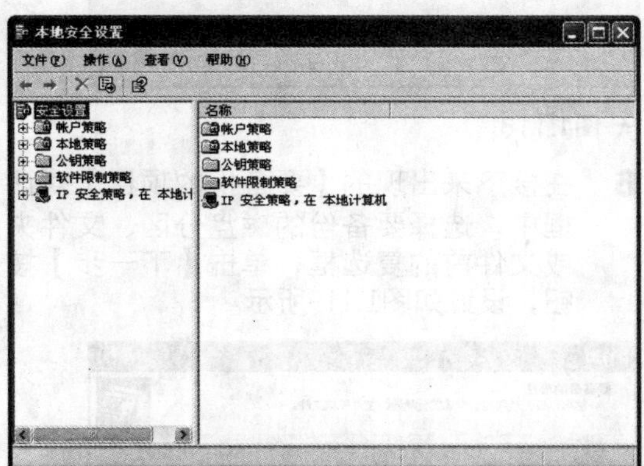

★ 图1.111

2 从左侧栏中依次选择【安全设置】→【本地策略】→【安全选项】项，在右侧栏中找到【关机：清理虚拟内存页面文件】项，如图1.112所示。

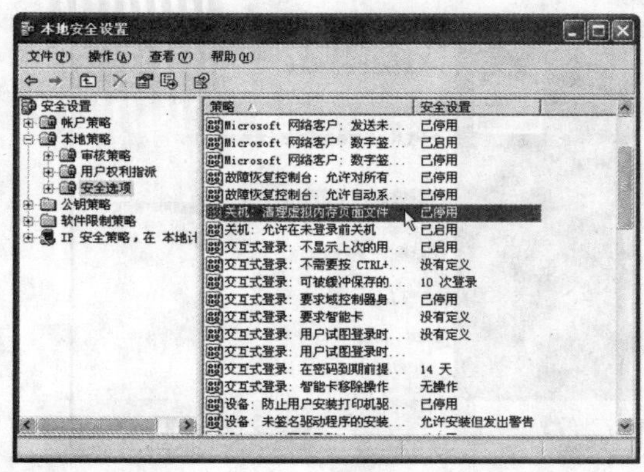

★ 图1.112

3 双击【关机：清理虚拟内存页面文件】项，选中弹出对话框中的【已启用】单选按钮，设置如图1.113所示。

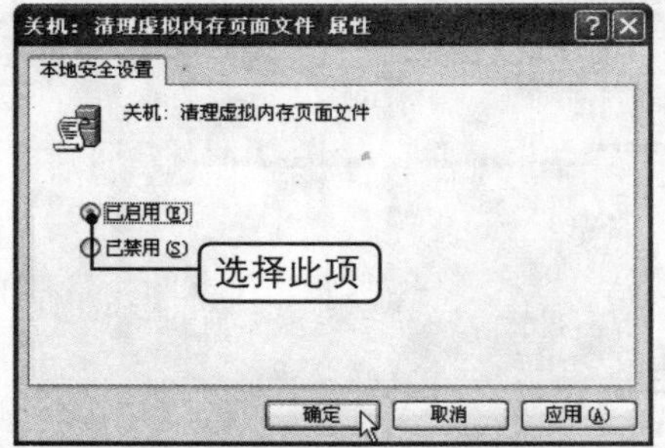

★ 图1.113

4 然后单击【确定】按钮。这样在每次关机时，系统都会自动清空页面文件。

备份和还原系统文件

一提到备份，大家都会想到使用Ghost这个功能强大的备份工具软件。其实要在Windows XP系统中进行备份，使用Windows XP自带的备份工具就可以很好地完成备份工作。具体操作步骤如下：

1 打开【开始】菜单，执行【所有程序】→【附件】→【系统工具】→【备份】命令，打开【备份或还原向导】对话框，如图1.114所示。

2 单击对话框中的【高级模式】链接，打开【备份工具】对话框，如图1.115所示。

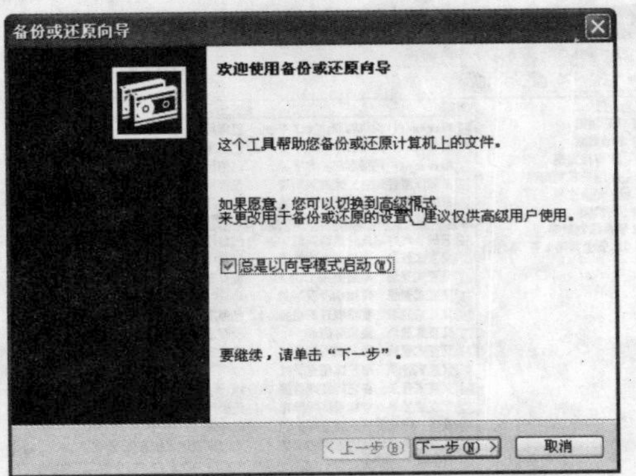

★ 图1.114

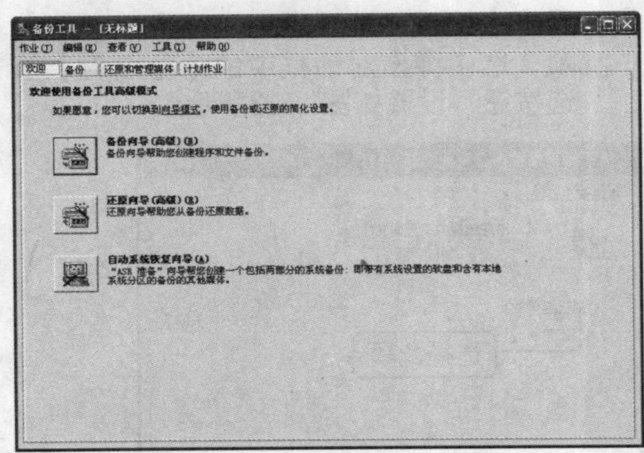

★ 图1.115

3 切换至【计划作业】选项卡，选择一个要执行备份任务的日期，如图1.116所示。

★ 图1.116

4 单击【添加作业】按钮，弹出【备份向导】对话框，如图1.117所示。

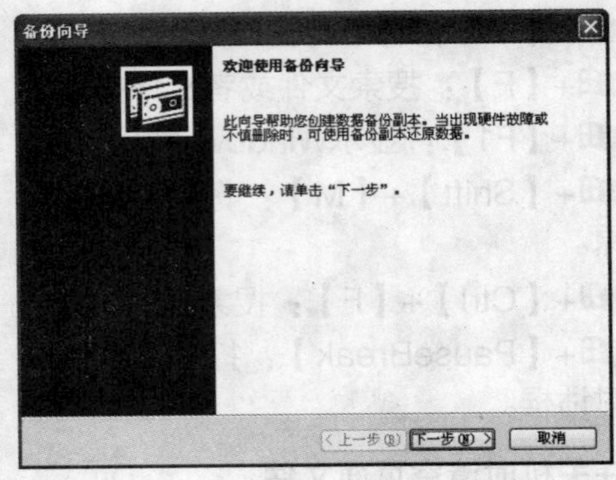

★ 图1.117

5 在第一个对话框中单击【下一步】按钮，然后在【要备份的内容】对话框中选择【备份选定的文件、驱动器或网络数据】单选按钮，单击【下一步】按钮，设置如图1.118所示。

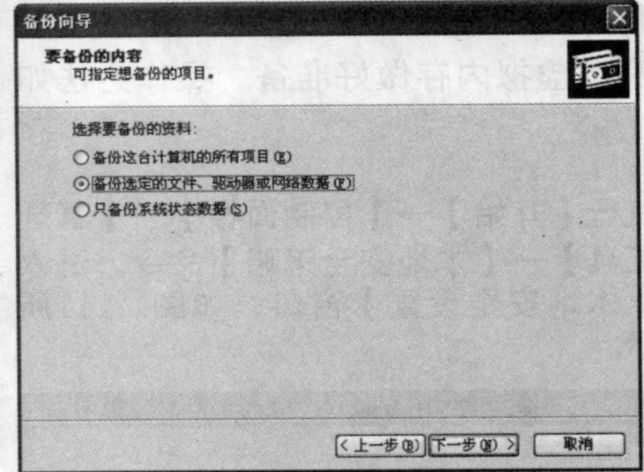

★ 图1.118

6 在接下来出现的【要备份的项目】对话框中，选择要备份的磁盘分区、文件夹或文件前的复选框，单击【下一步】按钮，设置如图1.119所示。

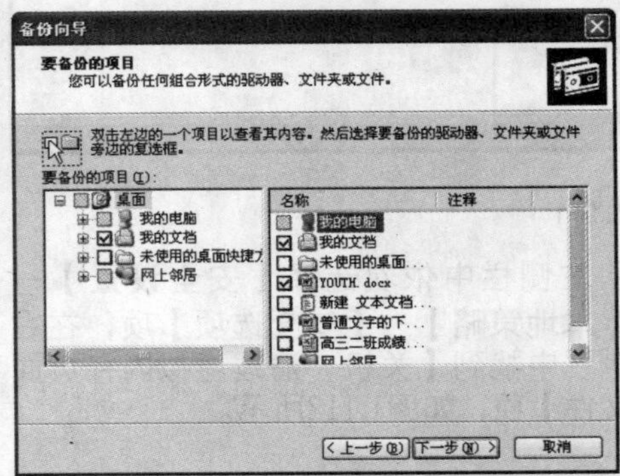

★ 图1.119

7 在【备份类型、目标和名称】对话框中，单击【选择保存备份的位置】项后的【浏览】按钮，为备份文件选择保存的路径。在【键入这个备份的名称】栏中可以更改备份文件的名称，然后单击【下一步】按钮，设置如图1.120所示。

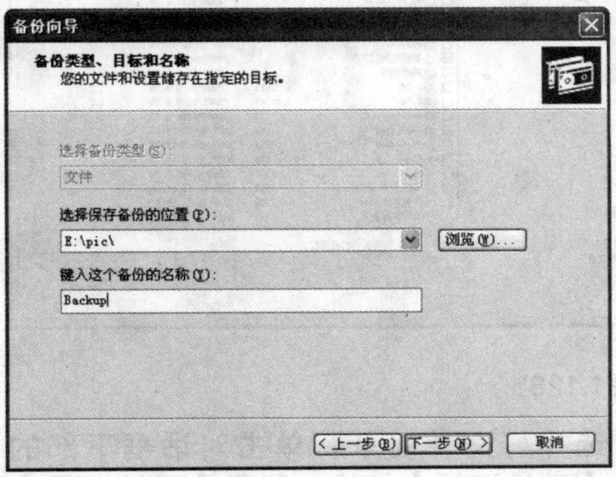

★ 图1.120

8 在【备份类型】对话框中，将【选择要备份的类型】项设置为【正常】选项，继续单击【下一步】按钮，设置如图1.121所示。

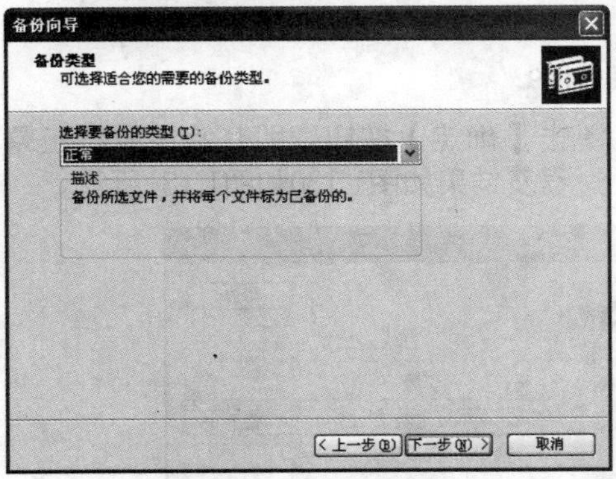

★ 图1.121

9 在【如何备份】对话框中，选中【备份后验证数据】复选框，单击【下一步】按钮，设置如图1.122所示。

10 在【备份选项】对话框中，保持默认选中的【将这个备份附加到现有备份】单选项，单击【下一步】按钮，如图1.123所示。

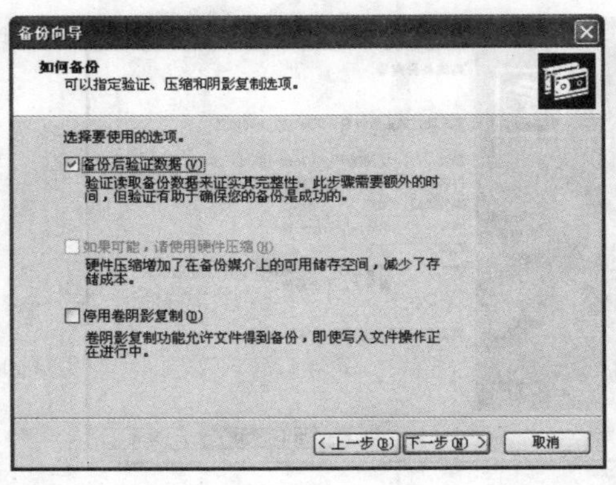

★ 图1.122

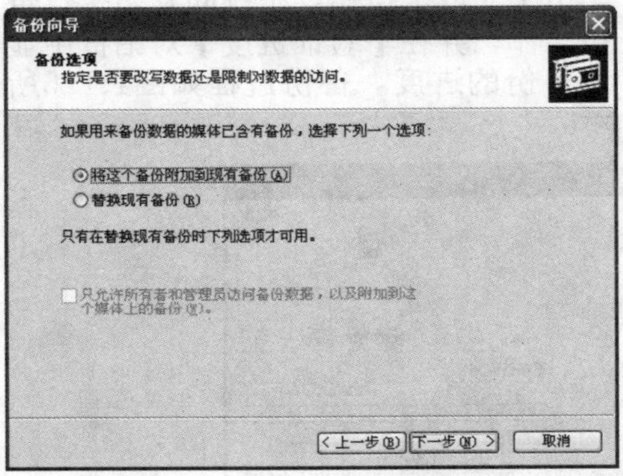

★ 图1.123

11 出现【备份时间】对话框，如果想立即进行备份的话，选中【现在】单选按钮，然后单击【下一步】按钮，设置如图1.124所示。

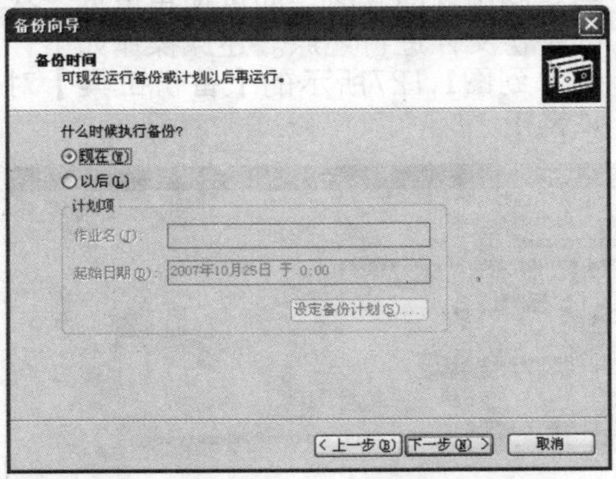

★ 图1.124

12 准备工作完成，出现备份设置的清单页，清单如图1.125所示。

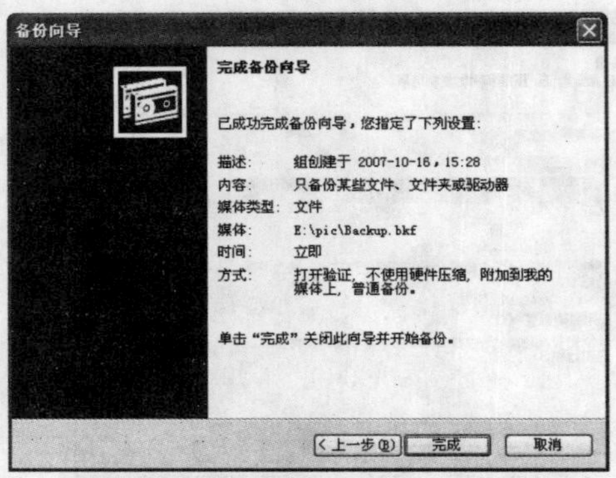

★ 图1.125

13 单击【完成】按钮，系统即开始执行备份工作，并在【验证进度】对话框中显示备份的进度。备份过程如图1.126所示。

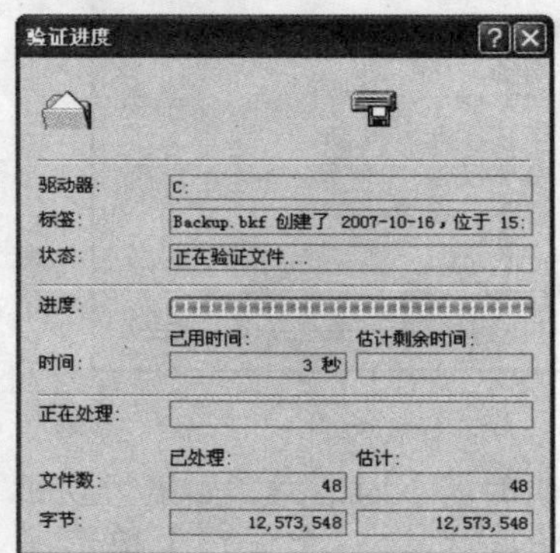

★ 图1.126

14 当电脑出现问题时，即可使用最近一次的备份文件进行还原。还原操作如下：进入到图1.127所示的【备份工具】对话框中。

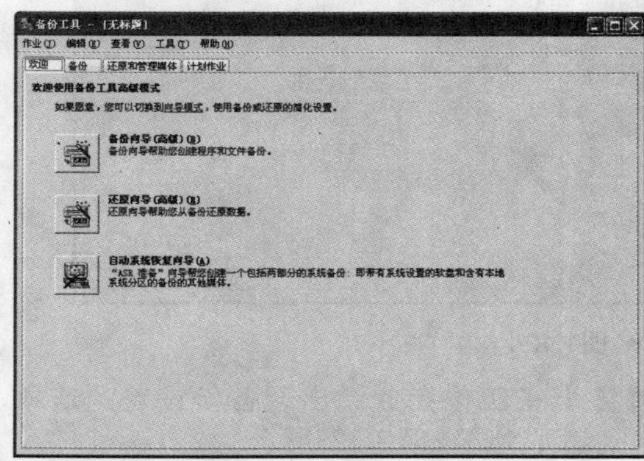

★ 图1.127

15 切换至【还原和管理媒体】选项卡，找到最近一次的备份文件，如图1.128所示。

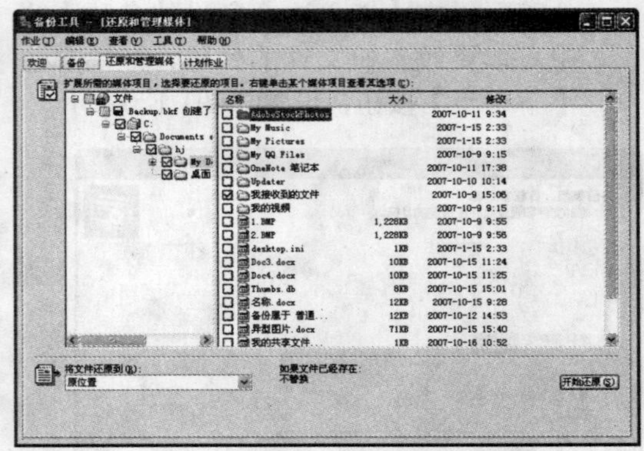

★ 图1.128

16 选择好文件目录，单击对话框下部的【开始还原】按钮，弹出【确认还原】对话框，如图1.129所示。

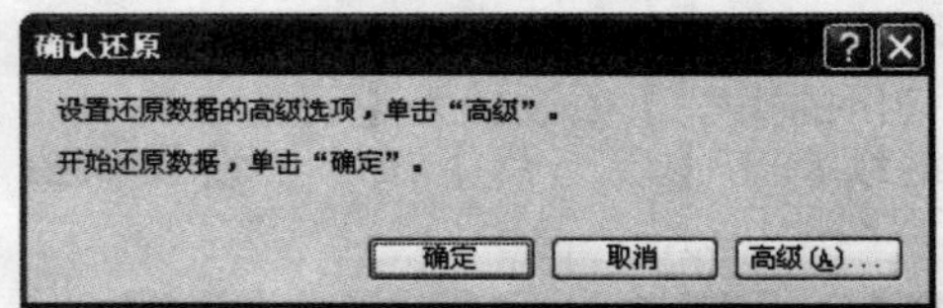

★ 图1.129

17 单击【确定】按钮，即开始还原。还原过程及结果如图1.130和图1.131所示。

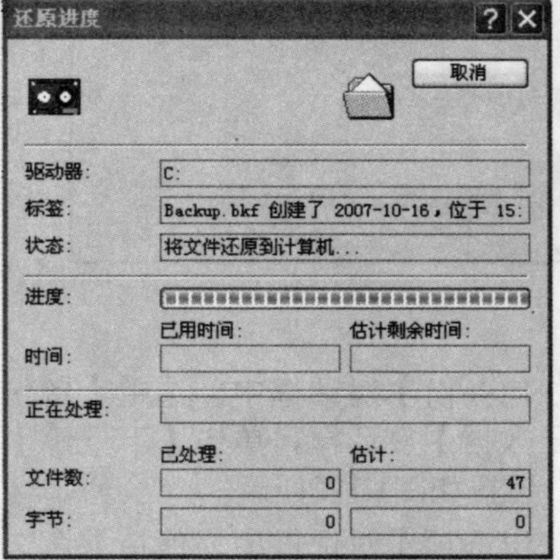

★ 图1.130

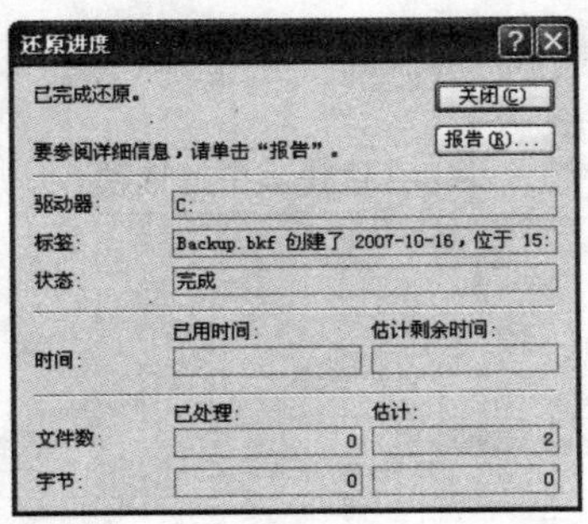

★ 图1.131

提 示

在【备份工具】对话框的【欢迎】选项卡中单击【自动系统恢复向导】按钮，可以对系统进行还原。

1.2 Windows Vista应用技巧

显示与隐藏桌面

“桌面”类似于日常使用的写字台，在上面可以完成很多任务。桌面上有时会干干净净，有时会排列许多图标，有时又会布满打开的应用程序窗口。当打开的窗口较多时，就会妨碍查找桌面上的图标。此时需要暂时隐藏这些窗口，显示出桌面。当找到图标并执行完相关的操作后，可以再显示出这些窗口。

按照以下方法之一可以显示与隐藏桌面。

- 单击快速启动栏中的【显示桌面】按钮可以显示桌面。再次单击该按钮会隐藏桌面。
- 按【Windows+D】组合键可以显示桌面。再次按下该组合键会隐藏桌面。

添加桌面图标

在日常使用电脑的过程中，很多人喜欢将常用的程序、文件或文件夹的图标放到桌面上。这样可以快速访问这些程序、文件或文件夹，节省寻找它们的时间。如果想实现在桌面上快速访问常用程序或文件，在Windows Vista操作系统中，可以为它们创建桌面快捷方式。

说 明

“快捷方式”指的是链接到某个程序、文件或文件夹的图标，而不是这些项目本身。通过双击快捷方式图标，可以打开它连接到的项目。

例如，如果经常使用【画图】程序，进行如下操作即可为它们添加桌面快捷方式。

1 执行【开始】→【所有程序】→【附件】命令，展开【附件】程序组，如图1.132所示。

2 右击【画图】程序图标，然后在弹出的快捷菜单中执行【发送到】→【桌面快捷方式】命令，如图1.133所示。

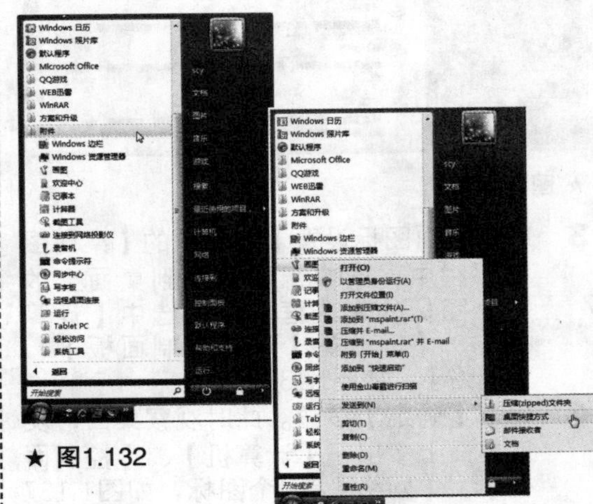

★ 图1.132

★ 图1.133

此时桌面上新添了【画图】工具的快捷方式图标，如图1.134所示。

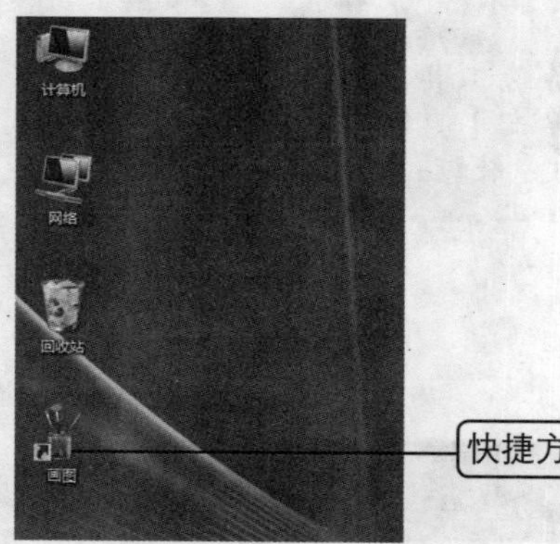

★ 图1.134

还可以使用【控制面板】来更改常用桌面图标的显示，具体操作步骤如下：

1 右击桌面上的空白区域，在弹出的快捷菜单中选择【个性化】选项，打开【个性化】窗口。
2 单击【个性化】窗口左侧窗格中的【更改桌面图标】链接，如图1.135所示。

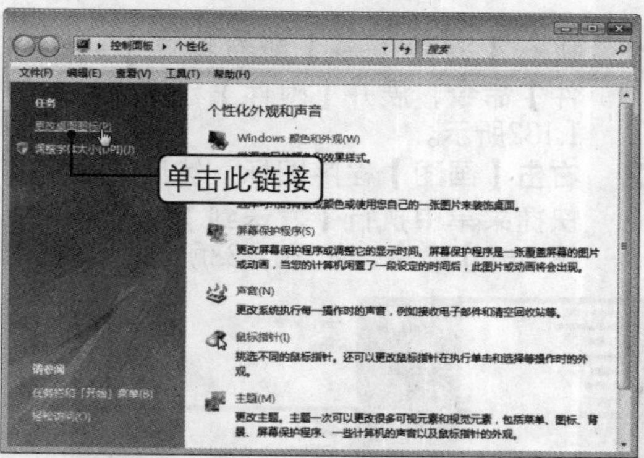

★ 图1.135

3 在【桌面图标设置】窗口中的【桌面图标】栏中，选中想要添加到桌面上的每个图标的复选框。这里选中【计算机】、【回收站】、【控制面板】、【网络】，如图1.136所示。
4 单击【确定】按钮。此时观察桌面，发现桌面上多出了【计算机】、【控制面板】、【网络】等4个图标，如图1.137所示。

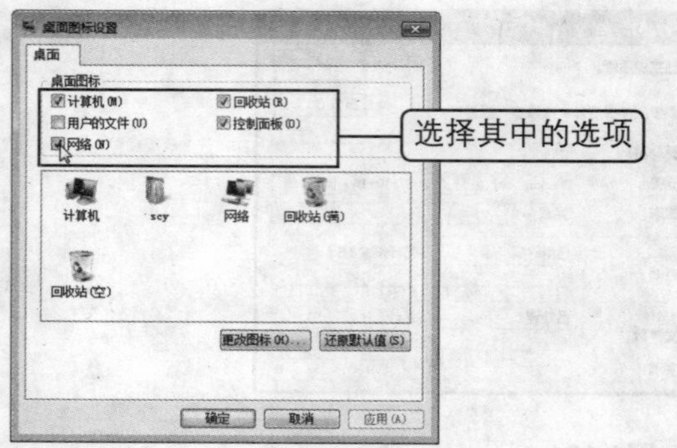

★ 图1.136

★ 图1.137

删除桌面图标

对于不再使用的桌面图标，可以将其删除。下面以删除【画图】图标为例，练习删除桌面图标的方法。

1 在桌面的【画图】图标上单击鼠标右键，在弹出的快捷菜单中选择【删除】选项，如图1.138所示。

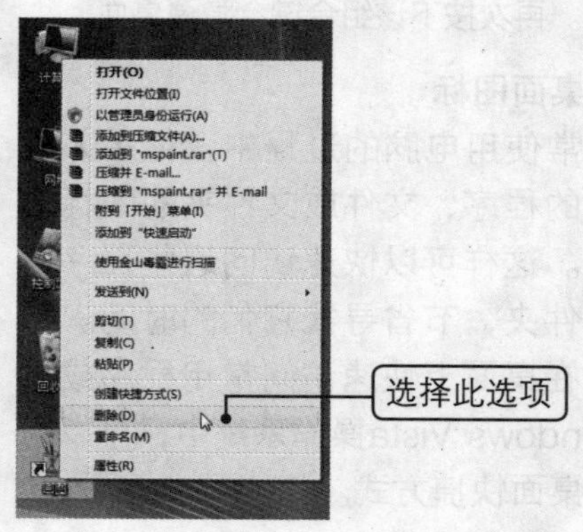

★ 图1.138

2 打开【删除文件】对话框，单击【是】按钮，确认删除，如图1.139所示。

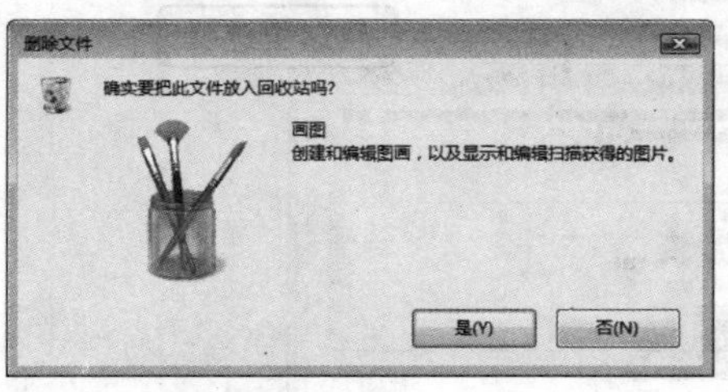

★ 图1.139

此时【画图】图标从桌面上消失，实际上是被放进了【回收站】。观察【回收站】图标，会发现变成了装满废纸的样子。

如果确实不再需要已经删除的【画图】图标，可以右击【回收站】图标，然后选择【清空回收站】选项，如图1.140所示。

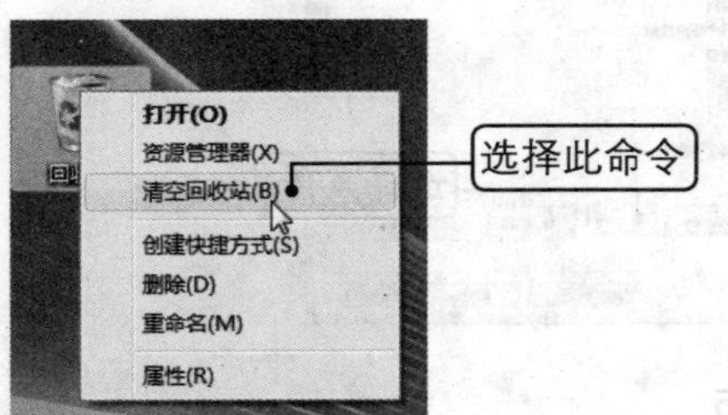

★ 图1.140

由于桌面上的【画图】图标只是一个快捷方式，并不是程序本身，因此以上操作并不会删除【画图】程序。

排列桌面图标

默认情况下，桌面上的图标会按照类型的不同自动排列，而且会显得很整齐。桌面图标有多种排列方式，分别是按照图标的名称、大小、类型和修改日期。桌面图标可以整齐地排列，也可以乱序排列。

可以随时按照自己的喜好改变桌面图标的排列方式，方法如下：

右击桌面空白处，然后指向快捷菜单中的【排列方式】命令。在Windows Vista操作系统中，在【排列方式】子菜单中选择一种排列方式，如图1.141所示，这里选择【名称】选项。

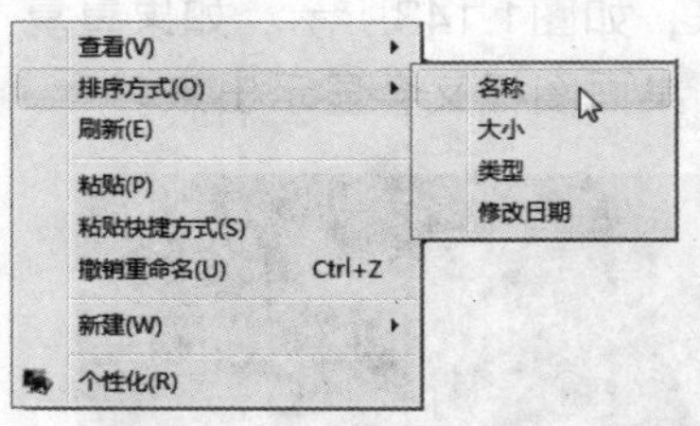

★ 图1.141

如果希望自己手动排列桌面图标，则直接用鼠标拖动图标到新的位置即可。

如果希望每次创建新桌面图标时都重新排列图标，则右击桌面空白处，执行【查看】→【自动排列】命令，如图1.142所示。如果以后又想关闭自动排列，也是按照同样的步骤操作。

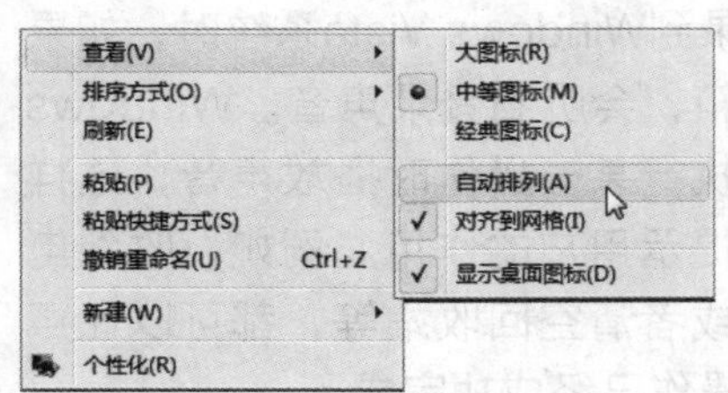

★ 图1.142

默认情况下，桌面图标整齐有序，这是因为选中了图1.142所示的【对齐到网格】选项。如果有时发现图标杂乱无章，可以检查一下这一选项是否已被选中。

隐藏桌面图标

随着使用电脑时间的增长，桌面上的图标也会日益增多。有时会希望桌面上干净一些，只显示桌面背景，没有任何图标。按如下步骤操作可以实现桌面图标的隐藏。

在桌面空白处单击鼠标右键，从弹出的快捷菜单中选择【查看】→【显示桌面图标】命令。

经过上述操作后，桌面上的图标就会暂时隐藏起来，如图1.143所示。如果重复同样的步骤，桌面图标又会显示出来。

★ 图1.143

自定义系统声音

当登录到Windows Vista系统时，如果打开了音箱，会听到登录声音。Windows会在用户执行某一操作时播放声音，这样可以起到提示用户的作用。例如，收到电子邮件，或者清空回收站等，都可以让声音来提示操作已经成功完成了。

可以自己设置系统的声音方案，具体操作步骤如下：

1 右击桌面空白区域，然后选择快捷菜单中的【个性化】选项，打开 【个性化】窗口。
2 单击【声音】选项卡，打开如图1.144所示的【声音】对话框。
3 从【声音方案】下拉列表中选择一种预设的声音方案。此处保持默认的方案不变。
4 单击【程序事件】列表框中的【关闭程序】事件。
5 单击【声音】下拉按钮，从列表中选择【Windows Shutdown.wav】选项，如图1.145所示。

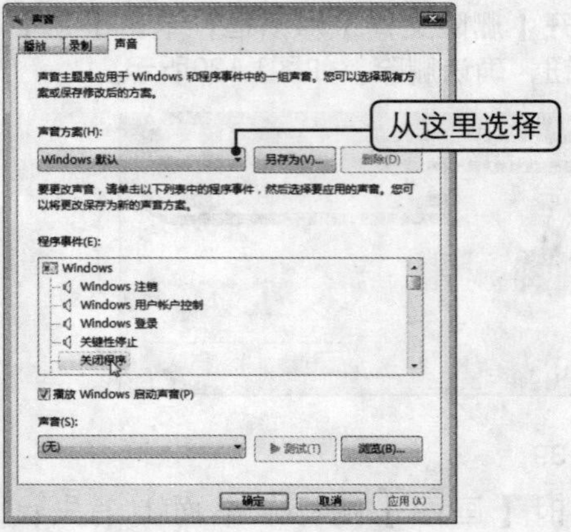

★ 图1.144

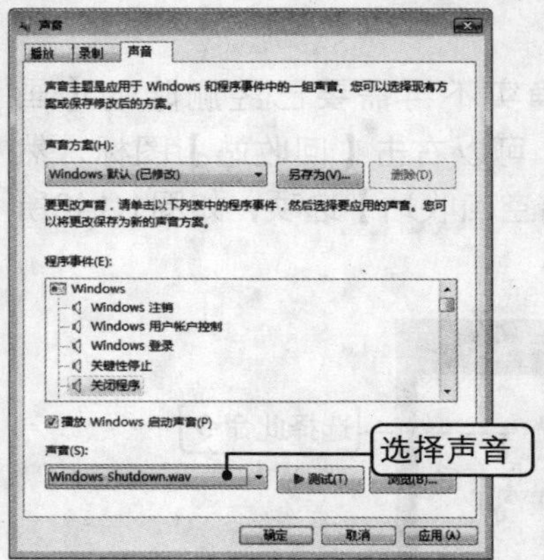

★ 图1.145

6 单击【测试】按钮，测试声音是否能够正常播放，以及是否适合当前程序事件。
7 最后单击【确定】按钮即可。

自定义鼠标指针

在Windows Vista系统中，可以根据个人喜好更改鼠标指针的外观设置。Windows Vista系统提供了多种鼠标指针方案供用户选择使用。具体设置如下：

1 右击桌面空白区域，然后选择快捷菜单中的【个性化】命令，打开【个性化】窗口。
2 单击【鼠标指针】选项，打开【鼠标 属性】对话框，如图1.146所示。

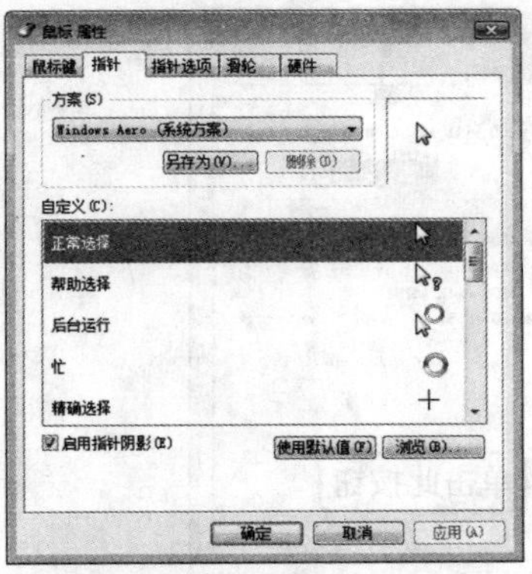

★ 图1.146

3 单击【方案】下拉按钮，从其下拉列表中选择一种指针方案。此处选择【恐龙（系统方案）】选项，它的指针外观如图1.147所示。

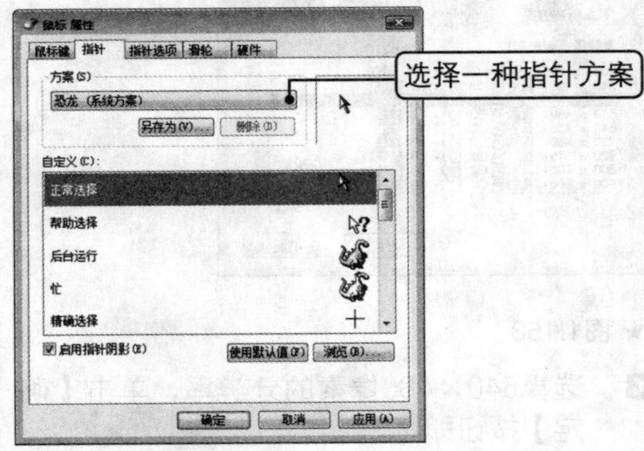

★ 图1.147

4 单击【确定】按钮，应用刚才选择的指针方案。

改变Windows的视觉效果

Windows Vista系统提供了多种视觉效果，例如窗口动画、菜单阴影、淡入淡出等。使用这些视觉效果可以获得最佳的外观体验，但也会影响系统的性能。用户可以根据自己的电脑硬件配置高低来设置是否采用某些视觉效果。

自定义Windows视觉效果的具体操作如下：

1 右击桌面上的【计算机】图标，然后单击快捷菜单中的【属性】命令，打开【查看有关计算机的基本信息】窗口，如图1.148所示。

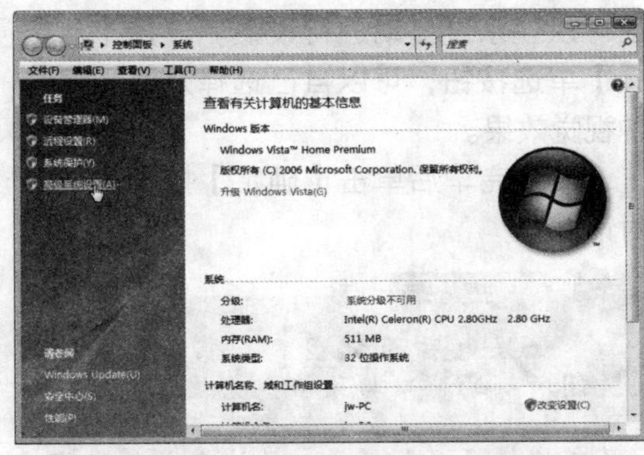

★ 图1.148

2 单击【高级系统设置】链接，打开【系统属性】对话框。

3 单击【高级】选项卡，如图1.149所示。

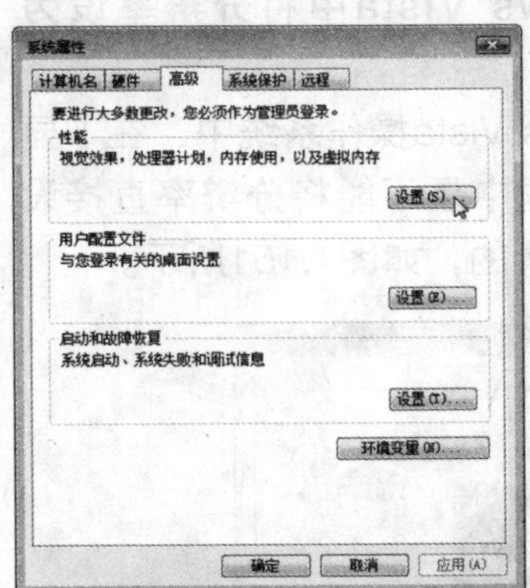

★ 图1.149

4 单击【性能】栏中的【设置】按钮，打开【性能选项】对话框，如图1.150所示。

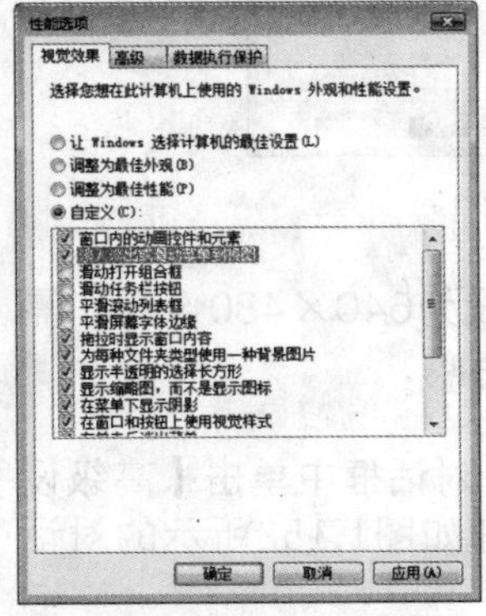

★ 图1.150

在【性能选项】对话框中的【视觉效果】选项卡中进行具体设置。选择前三项可以让系统自动进行设置。选择【自定义】单选按钮，可以自己选择是否采用某种视觉效果。

设置完毕后单击【确定】按钮，关闭对话框。

提示

如果电脑的配置不是很高，建议关闭所有的窗口与菜单视觉效果。因为Windows Vista系统本身对硬件的要求已经比较高，如果再打开这么多外观效果，必定会影响系统的性能。在这种情况下，选择【调整为最佳性能】是一种比较快捷的方式。

在Windows Vista中将分辨率设为640×480像素

在Windows Vista操作系统中，在【显示设置】对话框中是不能将分辨率直接设为640×480像素的，如图1.151所示。

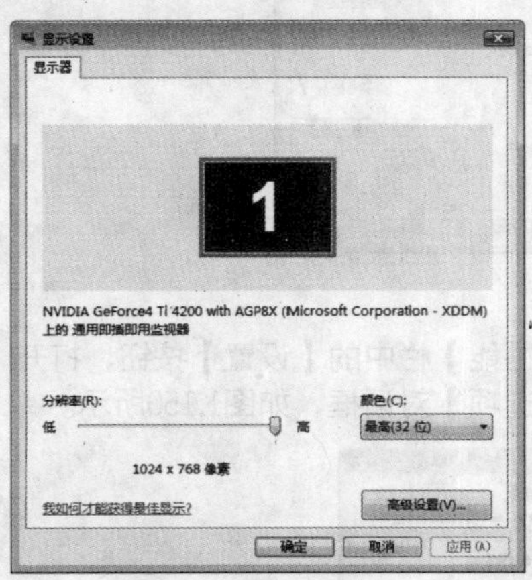

★ 图1.151

要想将分辨率设为640×480像素，需要执行下面的操作步骤：

1 在【显示设置】对话框中单击【高级设置】按钮，打开如图1.152所示的对话框。

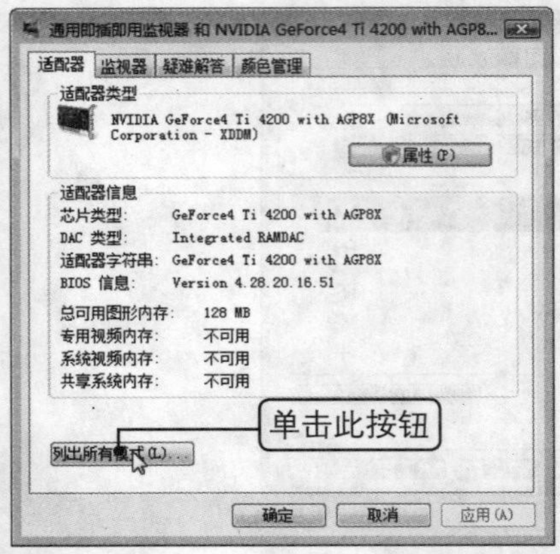

★ 图1.152

2 单击【列出所有模式】按钮，打开【列出所有模式】对话框，如图1.153所示。

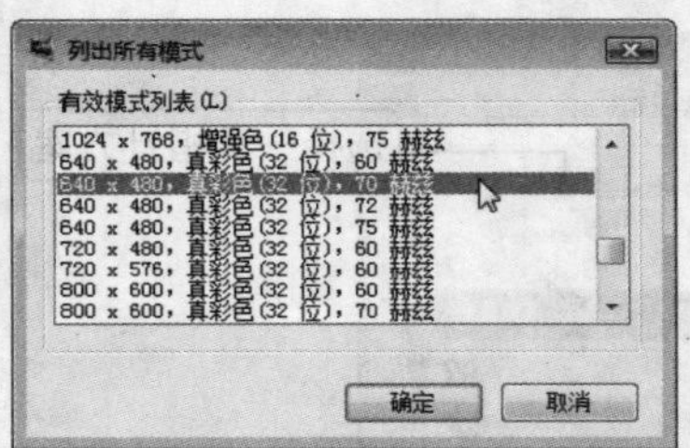

★ 图1.153

3 选择640×480像素的分辨率，单击【确定】按钮即可。

巧妙设置Windows边栏

Windows Vista中新增加了Windows边栏（sidebar）。Windows边栏指的是在桌面边缘显示的一个垂直长条，其中包含许多小工具。这些小工具其实是一些实用的小程序，如日历、便笺、时钟等。

Windows边栏默认情况下并不会运行。如果要使用Windows边栏，需要执行【开始】→【所有程序】→【附件】→【Windows边栏】命令，如图1.154所示。默认情况下，Windows边栏启动后会停靠在桌面的右侧，如图1.155所示。

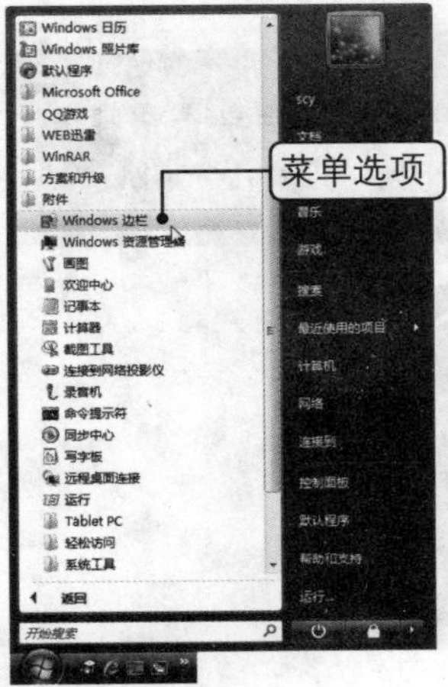

★ 图1.154

★ 图1.155

下面以时钟小工具为例，简要介绍Windows边栏的使用方法。

1 将鼠标指针指向时钟，会看到在右上角出现【关闭】按钮和【选项】按钮，如图1.156所示。

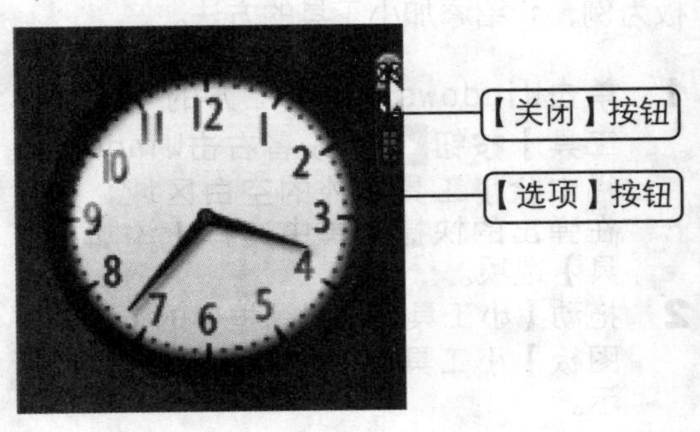

★ 图1.156

说　明

其中【关闭】按钮用于关闭时钟小工具，【选项】按钮用于设置时钟小工具的具体选项。

2 单击【选项】按钮，打开【时钟】对话框，单击【上一页】或【下一页】按钮可改变时钟的外观，如图1.157所示。

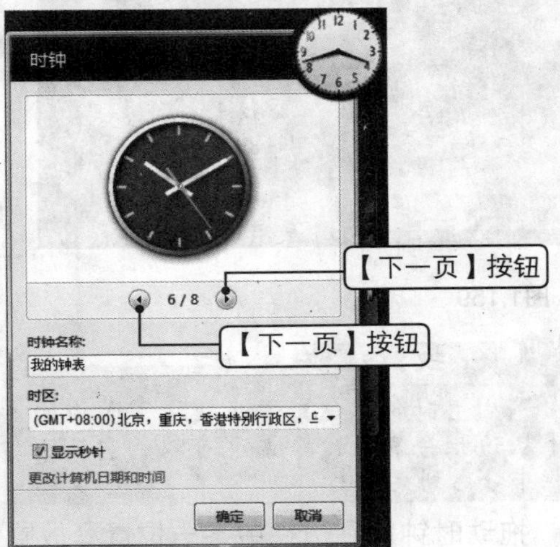

★ 图1.157

3 在【时钟名称】下方的文本输入框中根据自己的喜好输入时钟的名称，输入的名称将来会显示在时钟上。在【时区】下拉列表中选择自己所处位置的时区。此处选择【北京，重庆、香港特别行政区，乌鲁木齐】。选中【显示秒针】复选框，则会在时钟上显示出秒针。

4 设置完毕后单击【确定】按钮。更改选项后的时钟如图1.158所示。

★ 图1.158

将鼠标指向时钟，然后在任意位置按

鼠标左键拖动，可以将时钟从边栏中分离出来。例如可以将它拖动到桌面中间，如图1.159所示。

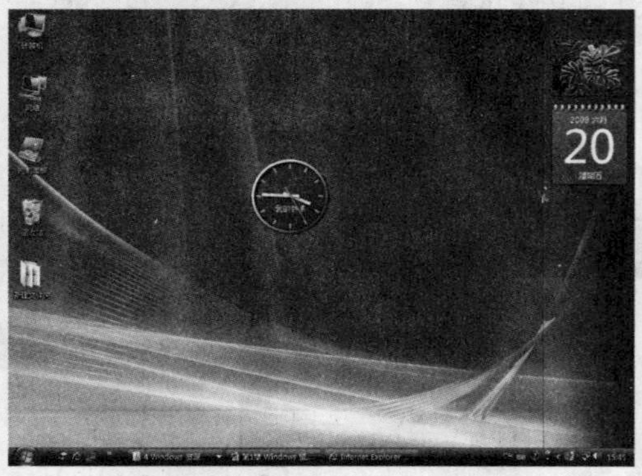

★ 图1.159

技 巧

右击时钟，然后单击快捷菜单中的【从边栏分离】命令，也可以将它从边栏中分离到桌面上。

拖动时钟，到边栏中某一位置释放鼠标左键，可以将它再加入到边栏中去。例如可以将它放置到日历的下方，如图1.160所示。

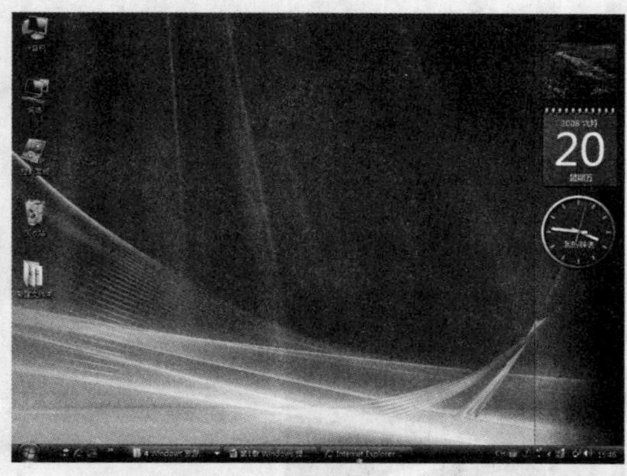

★ 图1.160

如果要关闭时钟小工具，可以将鼠标光标指向时钟，然后单击时钟右上角的【关闭】按钮。

提 示

也可以右击时钟，然后单击快捷菜单中的【关闭小工具】命令，如图1.161所示。

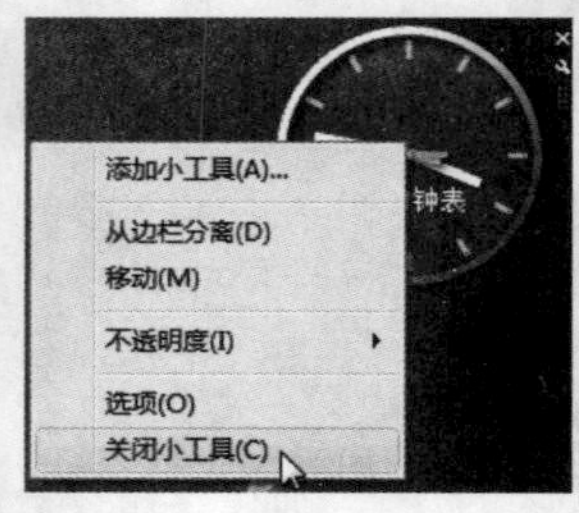

★ 图1.161

如果要关闭整个边栏，可以右击边栏中小工具以外的空白区域，然后单击快捷菜单中的【关闭边栏】命令。

说 明

关闭边栏会停止在桌面上显示边栏。此时Windows边栏仍处于运行状态，通知区域仍有Windows边栏图标，表示边栏还没有退出。

如果要退出Windows边栏，可以右击通知区域中的Windows边栏图标，然后在弹出的快捷菜单中选择【退出】选项。

添加小工具

Windows边栏中提供了多种实用的小工具，如联系人、股票、图片拼图板等。默认情况下在边栏中只显示几种小工具，其他的小工具需要手动添加。下面以添加图片拼图板为例，介绍添加小工具的方法。

1 单击Windows边栏最上方的【添加小工具】按钮，或者右击Windows边栏中除小工具以外的空白区域，然后在弹出的快捷菜单中选择【添加小工具】选项。

2 拖动【小工具库】对话框中的【图片拼图板】小工具到边栏中，如图1.162所示。

★ 图1.162

提 示

也可以右击【小工具库】对话框中的【图片拼图板】小工具，然后单击快捷菜单中的【添加】命令，如图1.163所示。

★ 图1.163

获取更多小工具

除了可以使用系统提供的这些小工具以外，还可以从网上获取更多实用的小工具。网上提供的小工具有些是微软公司制作的，有些是其他公司或小工具爱好者制作的。

从网上联机获取更多小工具的具体步骤如下（以添加【农历】小工具为例）：

1 单击Windows边栏最上方的【添加小工具】按钮，打开【小工具库】对话框。

2 单击【小工具库】对话框中的【联机获取更多小工具】链接。此时会打开浏览器并链接到Windows Vista边栏网站，如图1.164所示。

★ 图1.164

3 单击页面中【农历】下方的【下载】按钮，开始下载。稍后出现提示对话框，如图1.165所示。

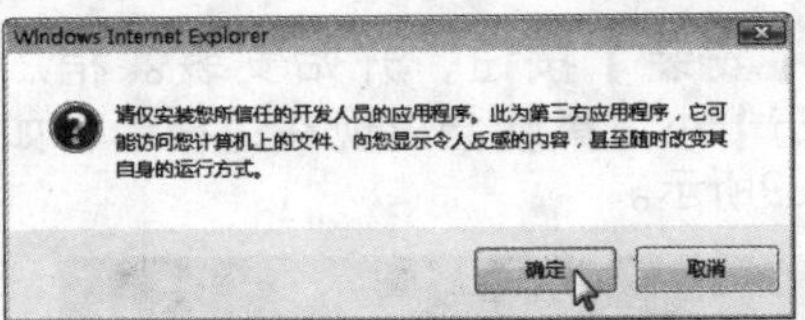

★ 图1.165

4 单击【确定】按钮，弹出【文件下载】对话框，如图1.166所示。

★ 图1.166

5 单击【打开】按钮。此时将弹出【Internet Explorer安全】对话框，如图1.167所示。

6 单击【允许】按钮。此时将弹出【Windows边栏—安全警告】对话框，如图1.168所示。

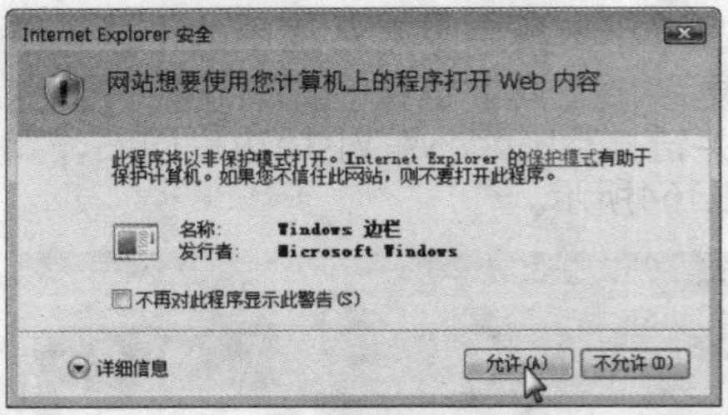

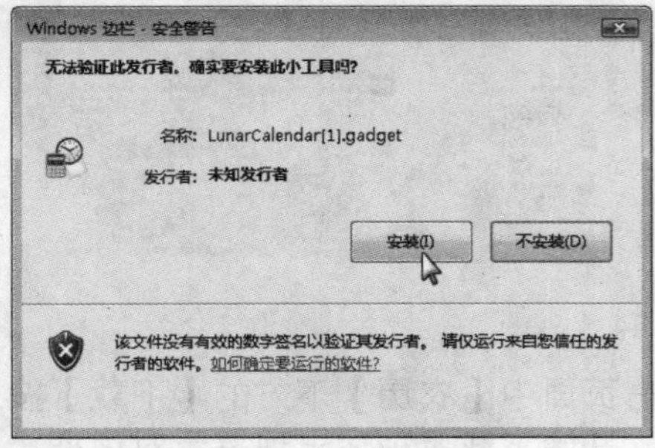

★ 图1.167

★ 图1.168

7 单击【安装】按钮，开始安装。稍后【农历】小工具就会出现在边栏中，如图1.169所示。

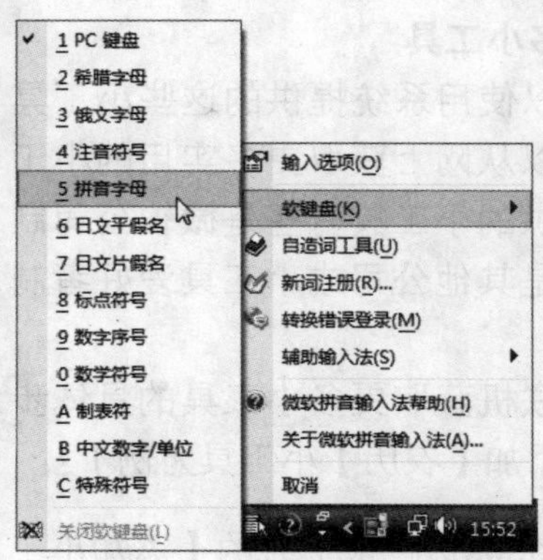

★ 图1.169

输入偏旁部首

偏旁是汉字的基本组成单位，有些偏旁本身就是独立的汉字，如山、马、日、月等。这些偏旁按其实际读音输入就可以了。

但是，大多数偏旁部首本身并不单独成字，而且没有读音，如氵(三点水儿)、钅(金字旁)等。对于这些没有明确读音的汉字偏旁，在微软拼音输入法中以偏旁部首名称的首字读音作为其拼音。比如【氵】用【san】输入、【钅】用【jin】输入、【冖】(秃宝盖儿)用【tu】输入等。

> **提示**
>
> 偏旁部首的名称及其在微软拼音输入法中对应的拼音可以在输入法帮助中找到。打开帮助的方法是：选择微软拼音输入法后，单击语言栏中的【帮助】按钮。

输入特殊字符

有时需要输入一些特殊字符，例如汉语的拼音字母、希腊字母、数学符号等。使用微软拼音输入法的软键盘可以轻松实现特殊字符的输入。下面以输入拼音字母为例，介绍使用软键盘输入特殊字符的方法。

单击【开始】按钮，打开【开始】菜单。执行【所有程序】→【附件】→【记事本】命令，打开【记事本】程序窗口。然后在语言栏中选择微软拼音输入法。

单击语言栏中的【功能菜单】按钮，在弹出的快捷菜单中选择 【软键盘】→【拼音字母】选项，如图1.170所示。

★ 图1.170

此时将弹出一个软键盘，如图1.171所

示。单击软键盘中的拼音字母键，或者按键盘上对应的键。

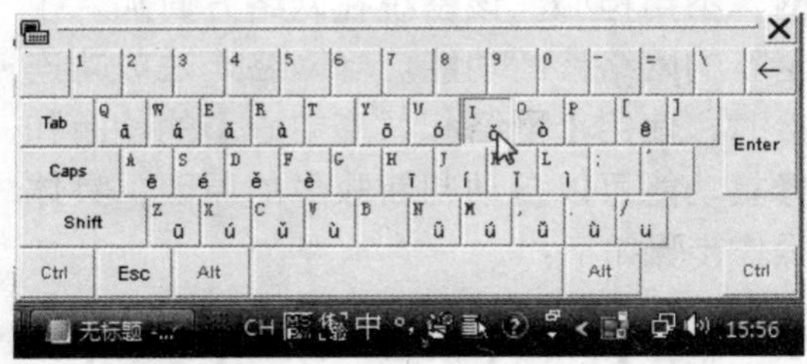

★ 图1.171

例如此处单击【ǒ】，或者按键盘上的【I】键，即可在【记事本】窗口中输入拼音字母【ǒ】，如图1.172所示。

★ 图1.172

如果不再需要输入其他拼音字母，可以单击软键盘右上角的【关闭】按钮✕将其关闭。

输入其他特殊字符的方法与上面介绍的方法类似，在此不再赘述。

输入自造词

微软拼音输入法提供了一个自造词工具。对于一些经常使用的长词语或句子，可以用自造词工具自编词条，并设置快捷键。自造词对于简化输入、提高输入速度很有帮助。下面以自造词“奥林匹克风”为例，介绍输入自造词的具体方法。

1 单击【开始】按钮打开【开始】菜单，执行【所有程序】→【附件】→【记事本】命令，打开【记事本】程序窗口。在语言栏中选择微软拼音输入法。

2 单击语言栏中的【功能菜单】按钮，从弹出的菜单中选择【自造词工具】命令，如图1.173所示。

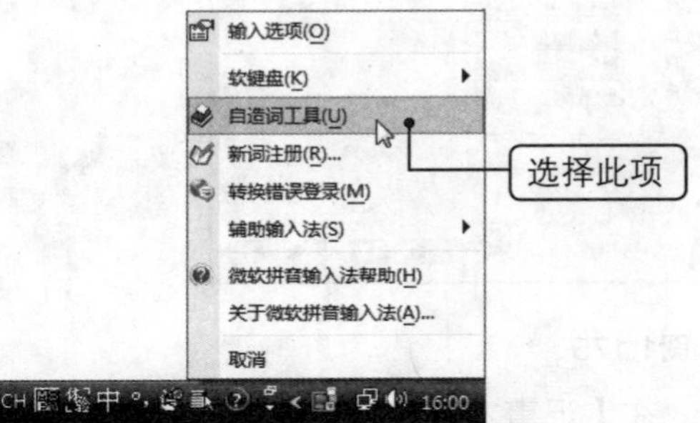

★ 图1.173

3 打开自造词工具窗口，单击【增加一个空白词条】按钮，如图1.174所示。

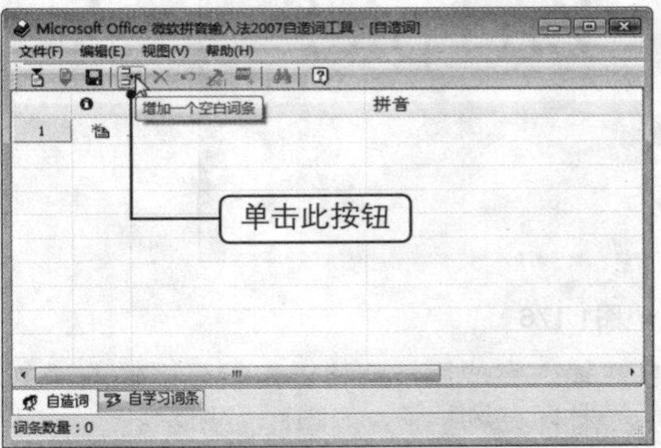

★ 图1.174

4 在【词条编辑】对话框的【自造词】输入框中输入“奥林匹克风”，并在【快捷键】输入框中输入“alpkf”，如图1.175所示。

5 单击【确定】按钮，此时又会出现一个【词条编辑】对话框。由于此处不再需要继续输入词条，所以单击【取消】按钮关闭【词条编辑】对话框。

6 单击自造词工具窗口中的【保存修改】按钮，然后单击【关闭】按钮关闭窗口。

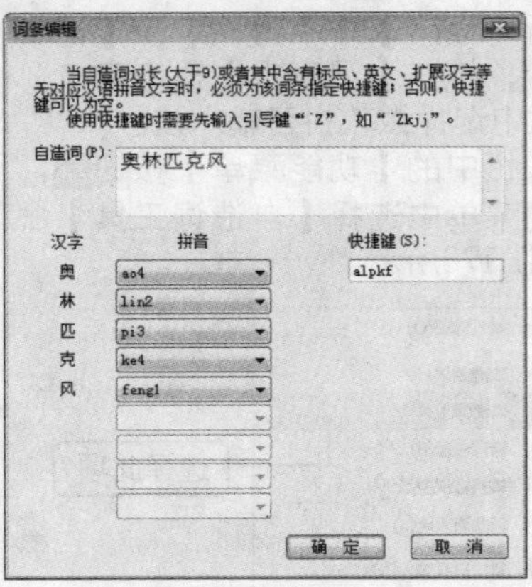

★ 图1.175

7 在【记事本】窗口中练习输入刚才的自造词，例如此处输入“`Zalpkf”，如图1.176所示。

★ 图1.176

8 输入完成后按空格键，就可以输入“奥林匹克风”了，如图1.177所示。

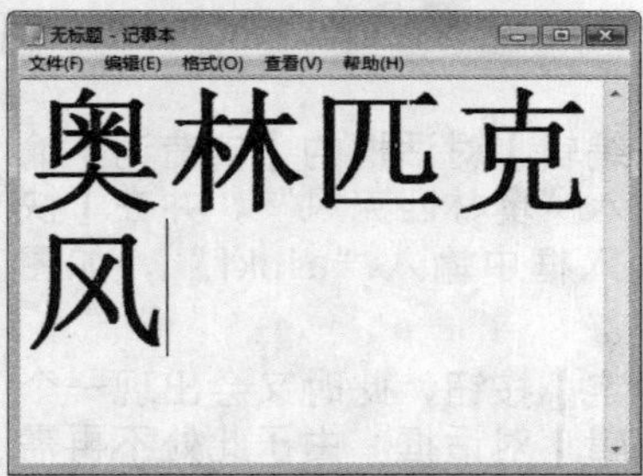

★ 图1.177

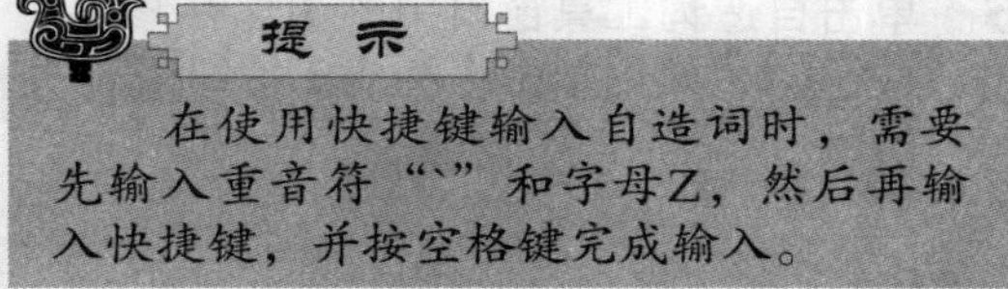

提 示

在使用快捷键输入自造词时，需要先输入重音符“`”和字母Z，然后再输入快捷键，并按空格键完成输入。

让Windows Vista自己修复网络

如果在Windows Vista系统中无法上网，不用担心，该系统在网络方面加入了全新的网络诊断功能。当网络无法成功连接时，使用【网络和共享中心】的诊断和修复功能可以自动判断故障的原因，具体操作步骤如下：

1 单击【开始】按钮，打开【开始】菜单。选择【控制面板】选项，打开【控制面板】窗口。

2 单击【查看网络状态和任务】链接，打开【网络和共享中心】窗口，如图1.178所示。

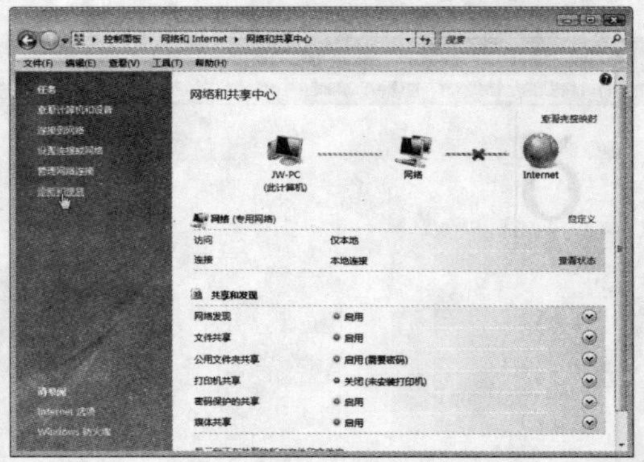

★ 图1.178

3 在左侧窗格中单击【诊断和修复】链接，打开如图1.179所示的【Windows网络诊断】窗口，开始诊断网络中断的原因。等待一段时间后，出现如图1.180所示的诊断结果。

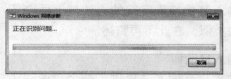

★ 图1.179

★ 图1.180

在Windows Vista系统中添加字体

在Windows XP操作系统中将所需要的字体下载以后，将文件解压，然后打开要使用的字体，选中该字体后将其复制或剪切。然后打开C:\WINDOWS\Fonts文件夹，在文件夹的空白处单击鼠标右键，在弹出的快捷菜单中选择【粘贴】选项，然后即可在QQ上或者Photoshop等软件中使用此字体了。下面介绍在Windows Vista操作系统中添加并使用字体的方法。具体操作方法如下：

1 单击【开始】按钮，打开【开始】菜单。选择【控制面板】选项，打开【控制面板】窗口，如图1.181所示。

★ 图1.181

2 在【控制面板】窗口中双击字体图标，打开【字体】窗口，如图1.182所示。

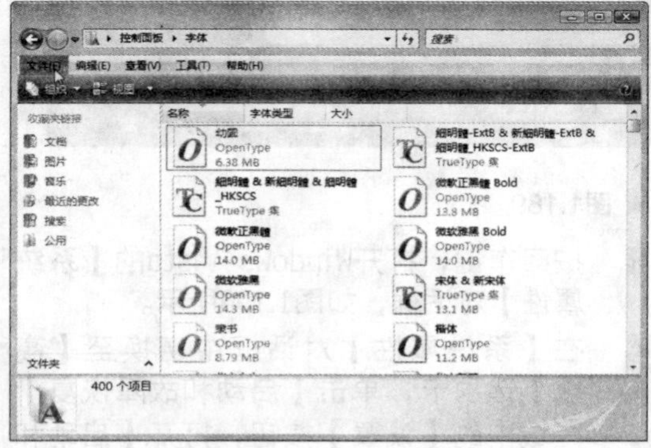

★ 图1.182

3 执行【文件】→【安装新字体】命令，打开【添加字体】对话框。

4 在下方选择添加字体的目录，在上方字体列表中选择需要添加的字体，如图1.183所示。

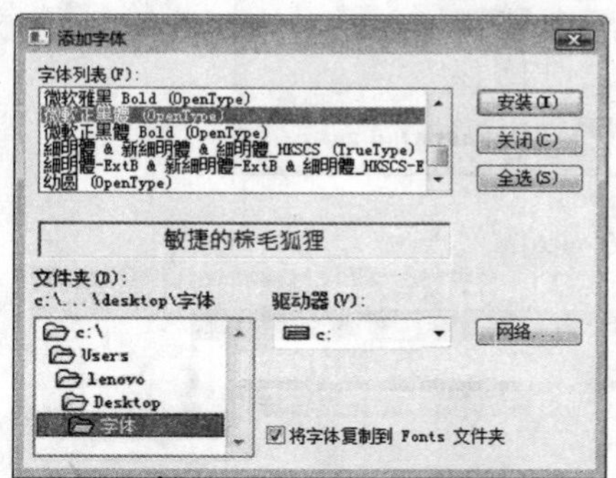

★ 图1.183

5 单击【安装】按钮，等待字体安装，如图1.184所示。

★ 图1.184

6 如果Windows Vista字体库中已经存在相应字体会提示已经存在，提示是否替换，如图1.185所示。

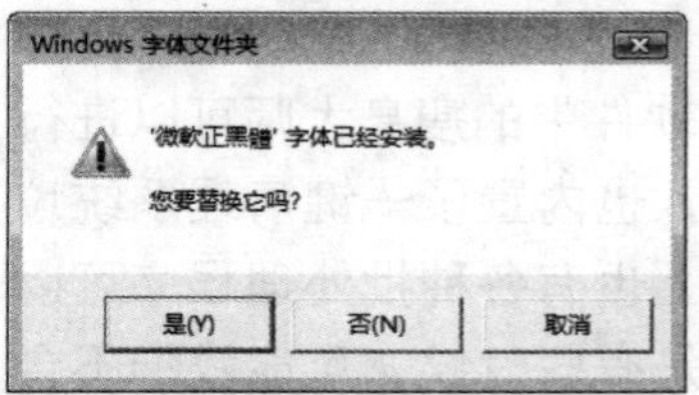

★ 图1.185

7 添加字体时，在【添加字体】对话框的下面有一个【将字体复制到fonts文件夹】的复选框。可以取消选择该复选框，如图1.186所示。

8 单击【安装】按钮安装字体时则会有提示，询问用户是否继续，如图1.187所示。

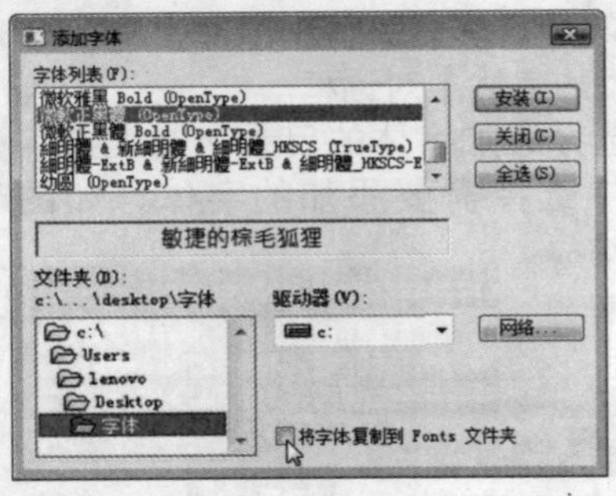

★ 图1.186

★ 图1.187

9 取消此复选框安装字体后，会发现安装在Fonts文件夹中的只是原字体的快捷方式。如果删除原字体，则该字体在系统中也无法使用。

快速打开并清理临时文件夹

在安装软件或使用杀毒软件等应用软件以后，总会在系统内产生垃圾，而且，这些垃圾并不会随着软件的退出或者系统启动而自动退出。

于是，便有了各种解决方案，例如Vista优化大师软件中的瘦身大师可以进行垃圾文件清理，也内置了一键清理系统垃圾的功能，网上也有各种批处理程序可以进行清理。但是有些时候，可能我们不会把几百个批处理程序放在桌面上。下面介绍一个简便的方法：

1 单击【开始】按钮，在【开始】菜单中选择【运行】选项，打开【运行】对话框。

2 在【运行】对话框的【打开】输入框中输入“%temp%”或者“%tmp%”，打开如图1.188所示的窗口。

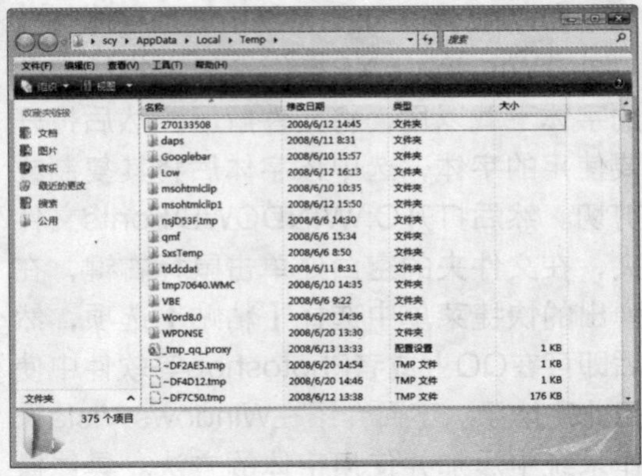

★ 图1.188

3 按【Ctrl+A】组合键，选中所有文件，然后按【Delete】键，删除它们即可。

注意

此技巧在Windows XP下同样适用。

Windows Vista自动重启的解决方法

很多人安装了Windows Vista系统后有时出现错误就自动重新启动。目前还有一些程序和Windows Vista系统有兼容性问题，其实出错后可以设置Windows Vista不自动重启。操作如下：

1 单击【开始】按钮，打开【开始】菜单。

2 在【开始搜索】输入框中输入“systempropertiesAdvanced”，如图1.189所示。

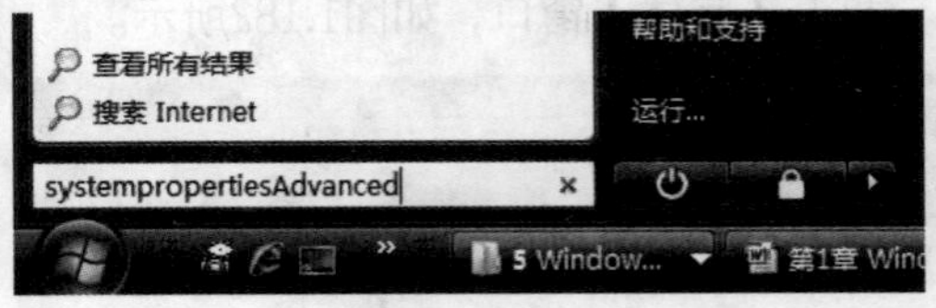

★ 图1.189

3 按回车键，打开Windows Vista的【系统属性】对话框，如图1.190所示。

4 在【系统属性】对话框中切换至【高级】选项卡，单击【启动和故障恢复】区域中的【设置】按钮，打开【启动和故障恢复】对话框。

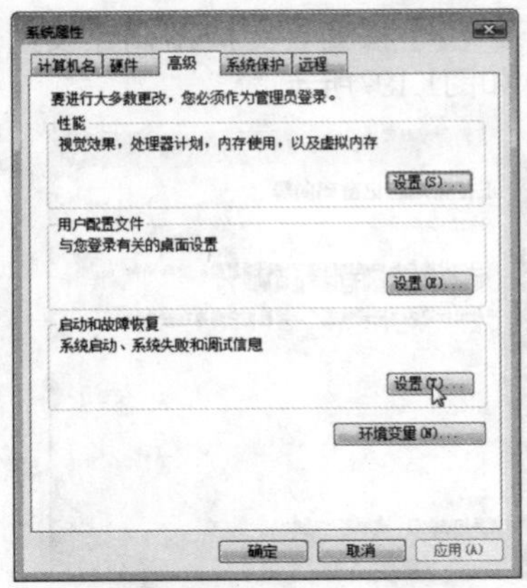

★ 图1.190

5 取消选中【自动重新启动】复选框即可，如图1.191所示。

★ 图1.191

制作密码重设盘

如果打算为账户设置密码保护，那么为了防止以后忘记密码，可以创建密码重设盘。使用这张密码重设盘，可以在忘掉密码的时候也能进入系统，以便不会失去对文件和信息的访问权限。

要创建密码重设盘，需要一个可移动介质，如 USB 闪存驱动器或 CD。具体操作步骤如下：

1 将可移动介质（例如USB闪存驱动器）连接到计算机上。

2 单击【开始】按钮，打开【开始】菜单。

3 选择【控制面板】选项，打开【控制面板】窗口。

4 单击【用户账户和家庭安全】链接，在打开的窗口中单击【用户账户】链接。

5 打开【用户账户】窗口，如图1.192所示。在左侧窗格中单击【创建密码重设盘】链接。

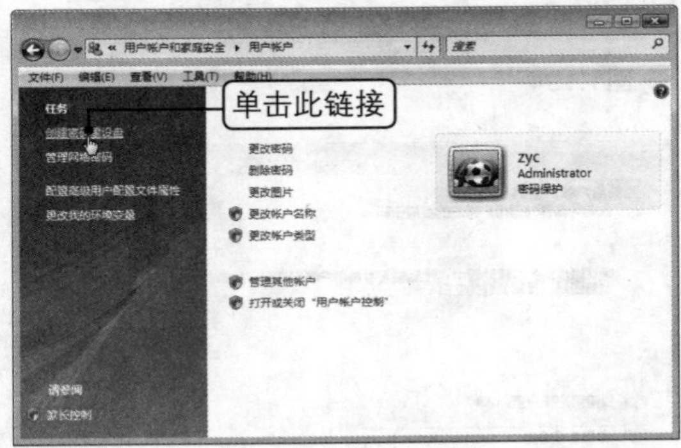

★ 图1.192

6 打开如图1.193所示的【忘记密码向导】对话框，单击【下一步】按钮。

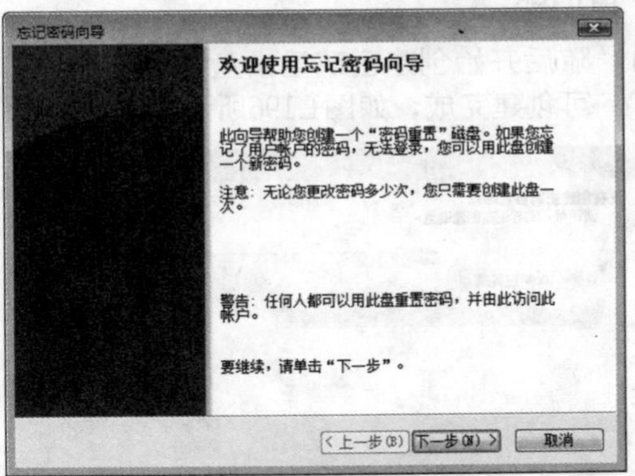

★ 图1.193

7 打开如图1.194所示的窗口，选择要创建密码的磁盘，然后单击【下一步】按钮。

8 打开如图1.195所示的窗口，输入当前用户的密码，然后单击【下一步】按钮。

忘记密码向导

创建密码重置盘

向导将把此用户帐户的密码信息保存到下面的驱动器中的磁盘上。

我想在下面的驱动器中创建一个密码密钥盘(W):

<上一步(B) 下一步(N)> 取消

★ 图1.194

忘记密码向导

当前用户帐户密码

此向导需要知道用户帐户的当前密码。

确认磁盘仍然在驱动器中，然后输入当前用户帐户密码。如果此帐户没有密码，保留此框为空白。

当前用户帐户密码(C):

●●●●●●

<上一步(B) 下一步(N)> 取消

★ 图1.195

9 随后开始创建密码重设盘，稍等片刻即可创建完成，如图1.196所示。

忘记密码向导

正在创建密码重置磁盘

请稍候，向导正在创建磁盘。

进度：100% 已完成

<上一步(B) 下一步(N)> 取消

★ 图1.196

10 单击【下一步】按钮，完成密码重设盘的设定，如图1.197所示。

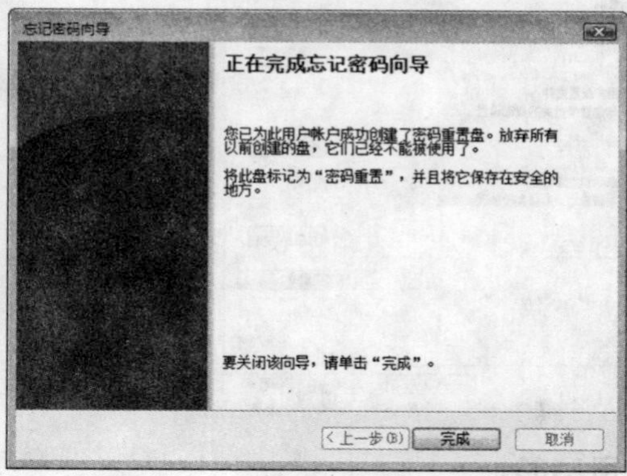

★ 图1.197

11 单击【完成】按钮，完成操作。

注 意

要把做好的密码盘放在安全的地方，因为任何人在拿到这张盘后都可以通过重设密码进入你的用户账户。即使你更改过密码，但没有更新过密码重设盘，原来的密码重设盘照样可以工作。

提 示

在忘掉了密码后是无法创建密码重设盘的。所以需要在问题出现之前创建密码重设盘。

如果忘掉了密码，可以使用已经做好的密码重设盘进入账户，具体操作步骤如下：

1 启动电脑进入Windows Vista系统。

2 单击【重设密码】选项，然后按照说明进行操作即可。

Chapter 02

第2章　注册表应用技巧

本章要点

- *个性化电脑技巧*
- *系统性能优化技巧*
- *网络设置技巧*
- *电脑安全技巧*
- *Windows Vista注册表应用技巧*

注册表是Windows系统的核心，它控制着Windows整个系统的运行，包含系统的所有应用程序和软硬件的相关信息。

2.1 注册表基础操作

Windows的注册表（Registry）实质上是一个庞大的数据库，它存储下面这些内容：软件和硬件的有关配置和状态信息，应用程序和资源管理器外壳的初始条件、首选项和卸载数据，计算机的整个系统的设置和各种许可，文件扩展名与应用程序的关联，硬件的描述、状态和属性，计算机性能记录和底层的系统状态信息，以及各类其他数据。

由于注册表文件在电脑工作时起着重要的作用，注册表文件一旦损坏，会导致整个系统崩溃。因此，在讲解具体的技巧之前，我们先要对注册表的基本操作做一些必要的讲解。

修改注册表要在【注册表编辑器】窗口中进行，打开【注册表编辑器】窗口的方法是：单击【开始】按钮，打开【开始】菜单，选择【运行】项，打开【运行】对话框，在【打开】输入框中输入“regedit.exe”，然后按回车键或单击【确定】按钮，如图2.1所示。

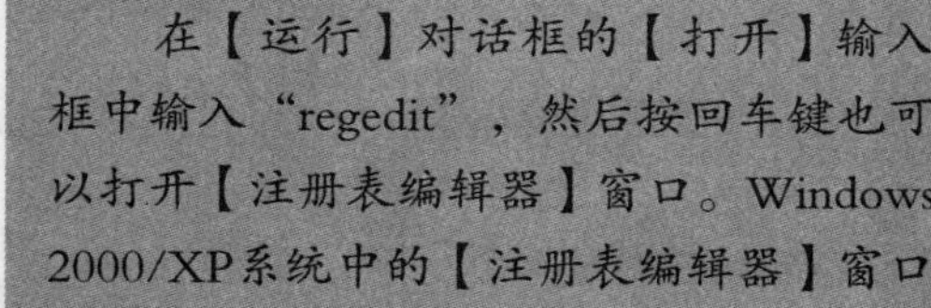

★ 图2.1

提 示

在【运行】对话框的【打开】输入框中输入“regedit”，然后按回车键也可以打开【注册表编辑器】窗口。Windows 2000/XP系统中的【注册表编辑器】窗口和Windows Vista系统下的【注册表编辑器】窗口的菜单栏略有不同，但核心是一样的。

随后在桌面上会打开【注册表编辑器】窗口，注册表编辑器的结构如图2.2所示。

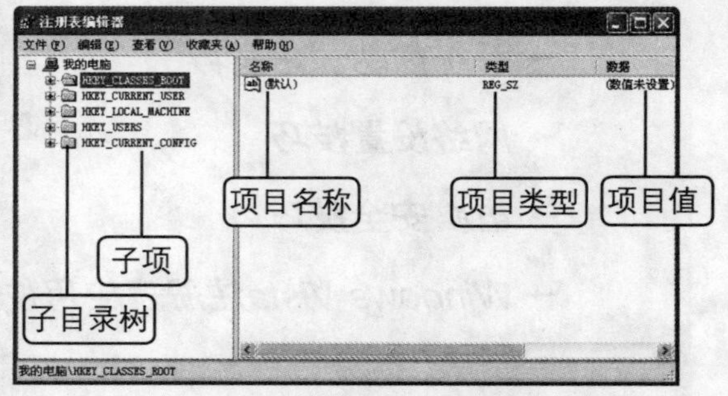

★ 图2.2

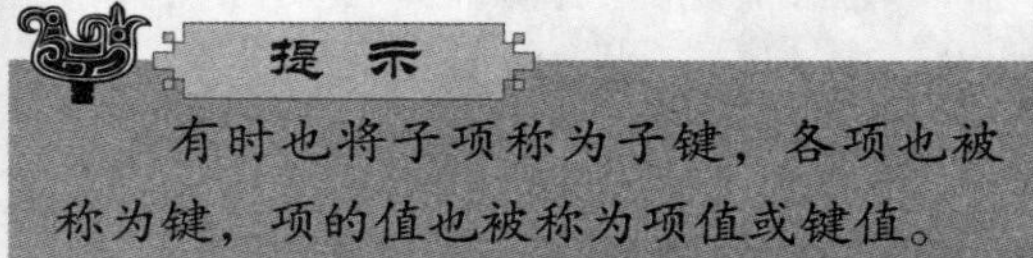

提 示

有时也将子项称为子键，各项也被称为键，项的值也被称为项值或键值。

在修改注册之表前最好将现有的注册表进行备份，以便系统注册表损坏时，可以导入正常运行时的注册表文件。

备份和导入注册表文件的方法很简单。首先按照前面介绍的方法进入【注册表编辑器】窗口，打开【文件】菜单（Windows XP/Vista操作系统中），选择【导出】命令，打开【导出注册表文件】对话框，如图2.3所示。像保存普通文件一样，选择文件的保存位置并为文件取一个文件名，然后单击【保存】按钮即可。

这样就在指定的位置保存了一个扩展名为reg的文件，这个文件一定要保存好，当注册表出现问题的时候，可以再将其导

入注册表中。这就是备份注册表文件的方法。

★ 图2.3

导入注册表的方法是：打开注册表编辑器，在【文件】菜单中选择【导入】命令，打开【导入注册表文件】对话框，选择先前备份的注册表文件，单击【打开】按钮，注册表文件就被成功地导入了。

注 意

导入注册表文件的时候，建议将启动的应用程序全部关闭，否则可能不能完全导入注册表文件。

修改注册表的操作包括创建、删除和修改子项或项的值。创建新的子项的方法很简单，首先在【注册表编辑器】窗口的左侧栏中依次展开目录树，找到要在其中添加子项的子项目录，在其上单击鼠标右键，从弹出的快捷菜单中选择【新建】子菜单中的【项】命令，即可在【注册表编辑器】中选定的子项中新建一个名为【新项#1】的子项。新建子项的菜单如图2.4所示。

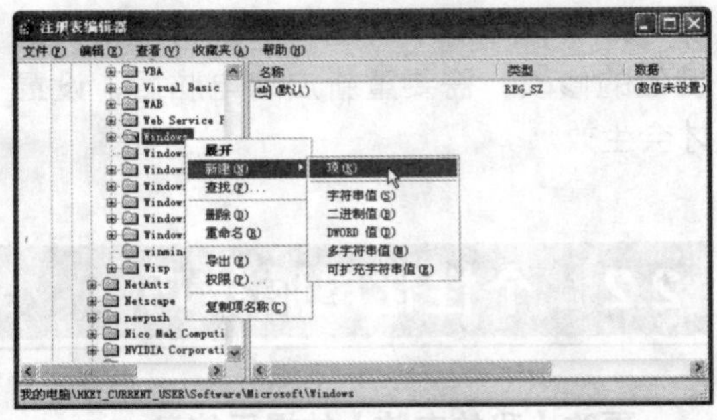

★ 图2.4

这个操作类似于在Windows操作系统的资源管理器中新建文件夹的操作。子项建立好后，按【F2】键可以更改子项的名称。

提 示

在新建的子项上单击鼠标右键，从弹出的快捷菜单中选择【重命名】命令也可更改子项的名称。

创建子项中的项的方法和创建子项的方法类似，不过在创建具体项之前必须要确定该项属于哪种类型：字符串值（字串值）、二进制值还是DWORD值（双字节值）。通常，添加项时，都是在技术说明书或是专业人员的指导下进行的，因此对于添加哪种类型的项，并不用过多考虑，按照说明进行添加就可以了。

在【注册表编辑器】窗口中可以删除任何一级（根目录下的5个子目录树不能删除）子项及项。在窗口中选中要删除的子项或项，单击鼠标右键，选择弹出菜单中的【删除】命令，再单击【确认项删除】对话框中的【是】按钮，就可以将其删除了。

使用右键菜单中的选项即可修改项值，修改完后，关闭【注册表编辑器】窗口或按【F5】键，对有些键值的修改就可以生效了，但对于有些与系统特性相关的键值的修改，需要重新启动电脑后，设置才会生效。

了解了注册表的这些基础知识之后，就来看看通过修改注册表，可以达到哪些意想不到的效果吧！

2.2 个性化电脑技巧

更改【我的电脑】的提示信息

当我们把鼠标指向【我的电脑】图标时，会显示一条信息——“显示连接到此计算机的驱动器和硬件。”，如图2.5所示。

★ 图2.5

看惯了这条提示，觉得有些乏味，可根据自己的习惯将其改为其他内容，如改为“显示电脑中的详细内容。”，只需按照下面的做法修改注册表即可。

1 执行【开始】→【运行】命令，打开【运行】对话框。

2 在【打开】输入框中输入“regedit”后，单击【确定】按钮，打开注册表编辑器。

3 从左栏中依次展开【HKEY_LOCAL_MACHINE\SOFTWARE\Classes\CLSID\{20D04FE0-3AEA-1069-A2D8-08002B30309D}】子项。在右栏中双击名为【InfoTip】的项，打开【编辑字符串】对话框，如图2.6所示。

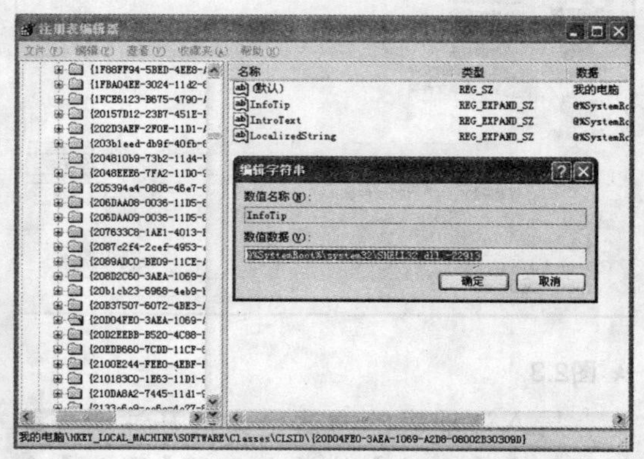

★ 图2.6

4 在该对话框的【数值数据】文本框中将其键值设置为想要显示的信息，如图2.7所示。

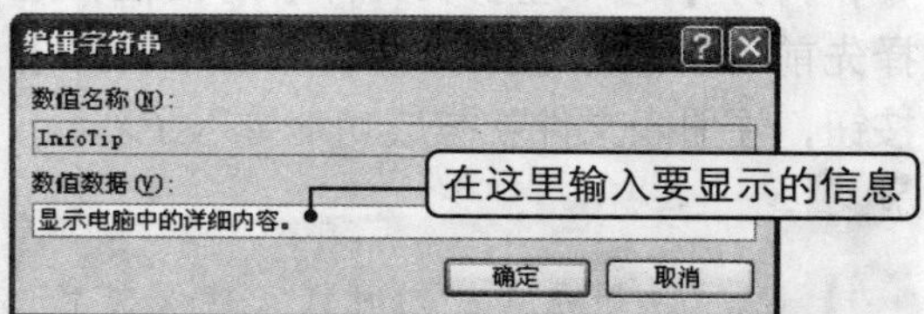

★ 图2.7

5 单击【确定】按钮，关闭对话框。

6 回到桌面上按【F5】键刷新桌面，再将鼠标光标移到【我的电脑】图标上即可看到效果，如图2.8所示。

★ 图2.8

更改桌面上图标的间距

你有没有觉得桌面上的各种图标的间距不合适呢？可以通过修改注册表，对它们做一些调整。具体操作方法如下：

1　执行【开始】→【运行】命令，打开【运行】对话框。

2　在【打开】输入框中输入“regedit”后，单击【确定】按钮，打开注册表编辑器。

3　在左栏中依次展开【HKEY_CURRENT_USER\Control Panel\Desktop\WindowMetrics】子项，在右栏中找到【IconSpacing】和【IconVerticalspacing】项，通过调整这两项的值，可以调整图标的水平间距和垂直间距的大小，窗口如图2.9所示。

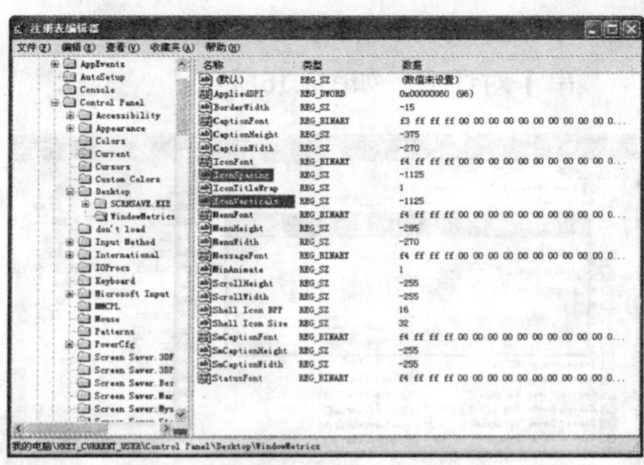

★ 图2.9

这两项的默认值如图2.10和图2.11所示。

★ 图2.10

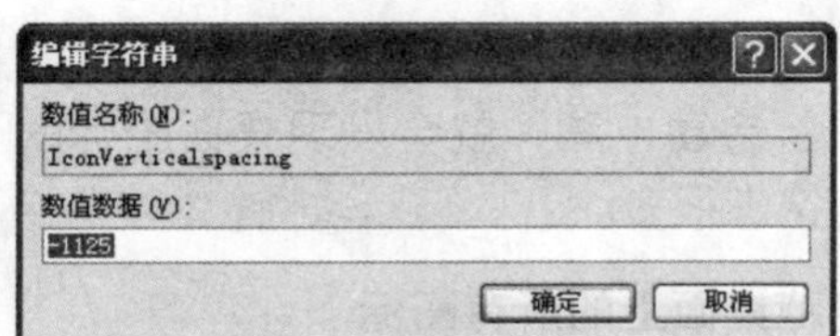

★ 图2.11

将它们适当增加或减小，就会改变桌面图标之间的距离，图2.12所示为将图标间距增大后的效果。

★ 图2.12

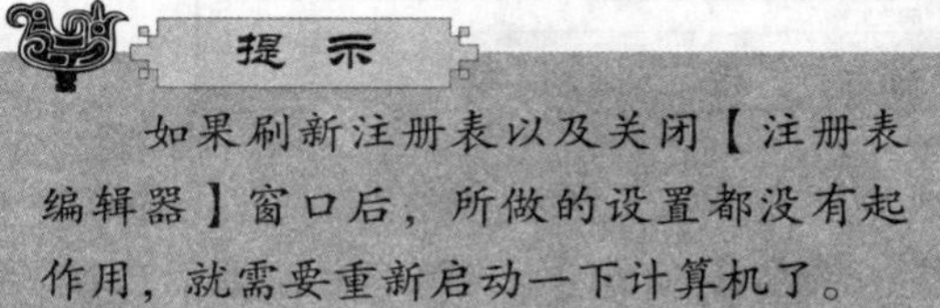

提　示

如果刷新注册表以及关闭【注册表编辑器】窗口后，所做的设置都没有起作用，就需要重新启动一下计算机了。

更改桌面上图标的大小

桌面上的图标的默认大小是32×32像素的，可以通过修改注册表更改图标的大小。具体操作步骤如下：

1　执行【开始】→【运行】命令，打开【运行】对话框。

2　在【打开】输入框中输入“regedit”后，单击【确定】按钮，打开注册表编辑器。

3　从左侧栏中依次展开【HKEY_CURRENT_USER\Control Panel\Desktop\WindowMetrics】子项，在右侧栏中双击【Shell Icon Size】项，弹出【编辑字符串】对话框，如图2.13所示。

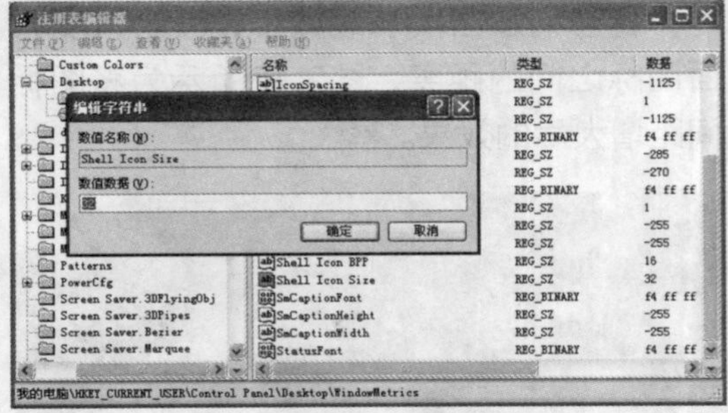

★ 图2.13

4 在【数值数据】栏中可以看到图标的默认大小是32，将它修改为60，如图2.14所示。

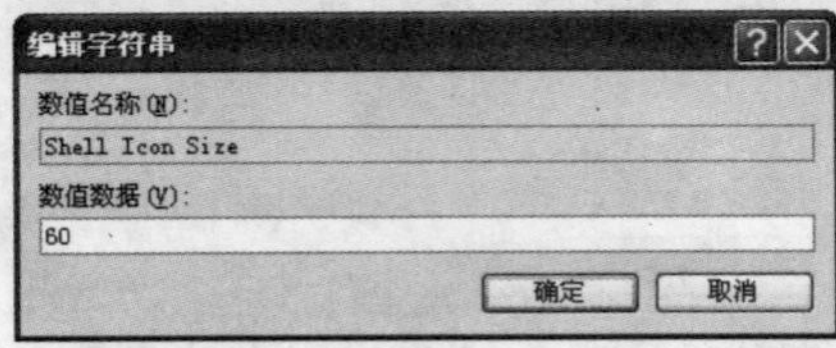

★ 图2.14

5 单击【确定】按钮。关闭注册表编辑器，重新启动计算机后，可以看到桌面上的图标变大了，如图2.15所示。

★ 图2.15

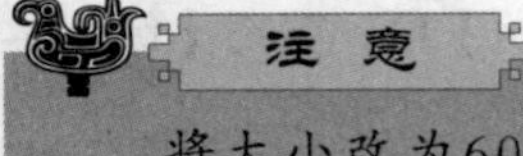

将大小改为60后，图标比原来大了，还可以尝试将值改为比32小的值，看看效果如何。

使桌面上的图标色彩变得鲜艳

桌面上图标的显示色彩与系统设置的颜色深度有关系，可通过修改注册表对它进行更改。具体操作步骤如下：

1 执行【开始】→【运行】命令，打开【运行】对话框。

2 输入"regedit"后，单击【确定】按钮，打开注册表编辑器。

3 在左栏中依次展开【HKEY_CURRENT_USER\Control Panel\Desktop\WindowMetrics】子项。在右栏中双击【Shell Icon BPP】项，弹出【编辑字符串】对话框，如图2.16所示。

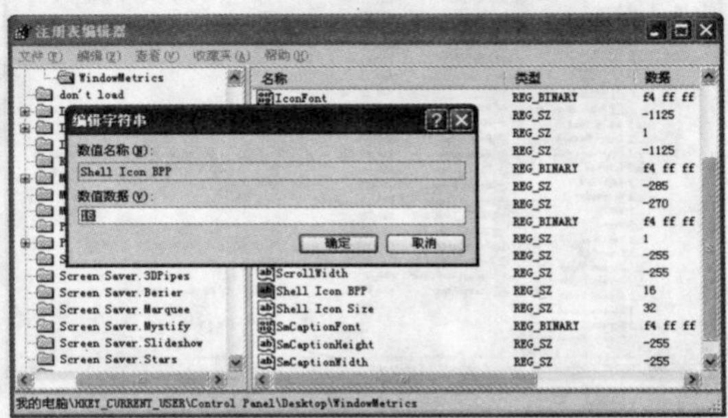

★ 图2.16

4 将【数值数据】项的值由默认的16改为32，如图2.17所示。

★ 图2.17

重新启动电脑，就会发现桌面图标的色彩会饱满很多。

隐藏桌面上的所有图标

有时对桌面有特殊要求，需要将桌面上的图标全部隐藏起来，通过修改注册表

可以达到这一目的。具体操作步骤如下：

1　执行【开始】→【运行】命令，打开【运行】对话框。

2　在【打开】输入框中输入“regedit”后，单击【确定】按钮，打开注册表编辑器。

3　在左侧栏中依次展开【HKEY_CURRENT_USER\Software\Microsoft\Windows\CurrentVersion\Policies\Explorer】子项。

4　在右侧栏中单击鼠标右键，执行【新建】→【DWORD值】命令，将新建的项命名为【NoDesktop】，并将其值改为1。参数设置如图2.18所示。

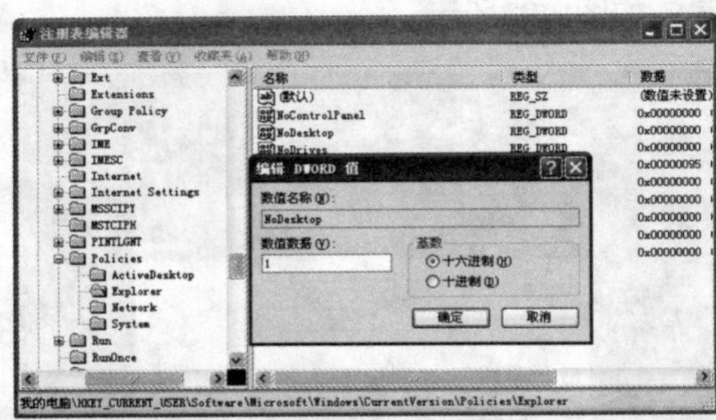

★ 图2.18

重新启动电脑后，桌面上的图标就全部隐藏起来了。

禁止其他人对桌面进行任意设置

如果在培训时每台计算机的桌面设置都一样，那么老师说到什么图标或者执行什么操作，每个学员都能迅速找到目标。相反，一旦桌面中的设置被任意修改后，每一台计算机中的设置就会不一样，那么在教学时，就很难保证教学操作的同步性。为此，不少学校机房或者培训机房，都对桌面进行了锁定设置。具体的设置步骤如下：

1　执行【开始】→【运行】命令，打开【运行】对话框。

2　在【打开】输入框中输入“regedit”后，单击【确定】按钮，打开注册表编辑器。

3　从左侧栏中依次展开【HKEY_CURRUNT_Users\Software\Microsoft\Windows\CurentVersion\Polioies\Explores】子项。

4　在右栏中找到或新建一个DWORD值类型的名为【NoSaveSetting】的项，并将其键值从0改为1，如图2.19所示。

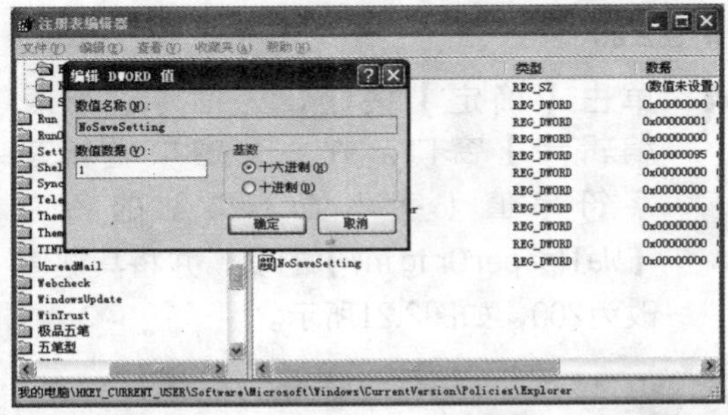

★ 图2.19

然后重新启动电脑，上述设置即可生效。

设置墙纸在桌面上的放置位置

使用图片作为桌面墙纸，在桌面上可以设置为三种显示方式：居中、平铺和拉伸。通过修改注册表，可以随意定位墙纸在桌面上的位置。具体的设置步骤如下：

1　执行【开始】→【运行】命令，打开【运行】对话框。

2　在【打开】输入框中输入“regedit”后，单击【确定】按钮，打开注册表编辑器。

3　从左侧栏中依次展开【HKEY_CURRENT_USER\Control Panel\Desktop】子项，在右侧窗口中找到或新建字符串值（字串值）类型的名为【WallpaperOriginX】

的项，并将其键值改为140，如图2.20所示。

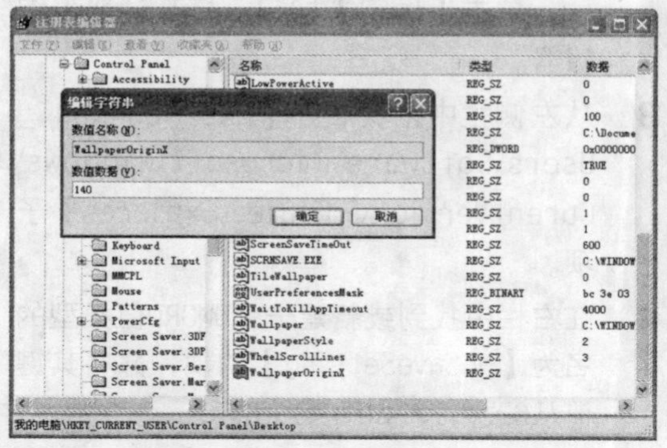

★ 图2.20

4 单击【确定】按钮，返回【注册表编辑器】窗口。在右侧窗口中新建字符串值（字串值）类型的名为【WallpaperOriginY】的项，并将其键值改为200，如图2.21所示。

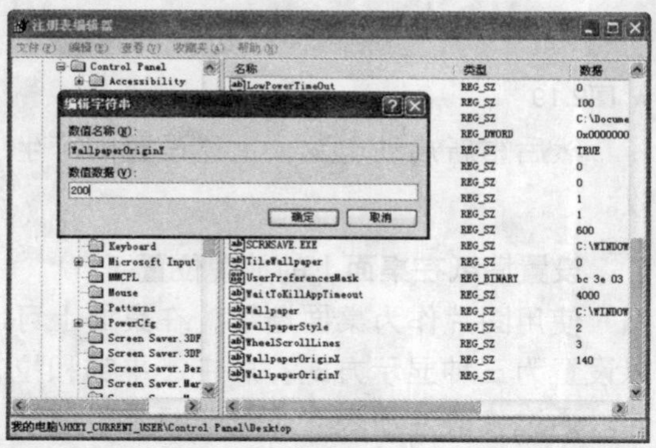

★ 图2.21

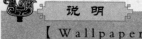

【WallpaperOriginX】和【WallpaperOriginY】这两项的值分别表示墙纸左侧的水平坐标值和墙纸顶端的垂直坐标值，它们的单位是像素。

5 单击【确定】按钮，然后关闭【注册表编辑器】窗口。重新启动电脑后，墙纸效果如图2.22所示。

★ 图2.22

更改登录时的桌面背景

系统在启动时，桌面的背景十分单调，是一片蓝色或是一片暗绿色，没有图案，如图2.23所示。

★ 图2.23

通过更改注册表，可以设置登录时的桌面背景。

登录时的背景指的是在启动屏幕上出现【登录到Windows】对话框时出现的背景图案。

进行设置前，先准备好一张漂亮的BMP格式的背景图片文件。然后按照下列步骤进行操作：

1 执行【开始】→【运行】命令，打开【运行】对话框。

2 在【打开】输入框中输入“regedit”后，单击【确定】按钮，打开注册表编辑器。

3 从左侧栏中依次展开【HKEY_USERS\.DEFAULT\Control Panel\Desktop】子项。在右侧栏中，双击【Wallpaper】项，在打开的【编辑字符串】对话框中输入作为背景的图片的完整路径，设置如图2.24所示。

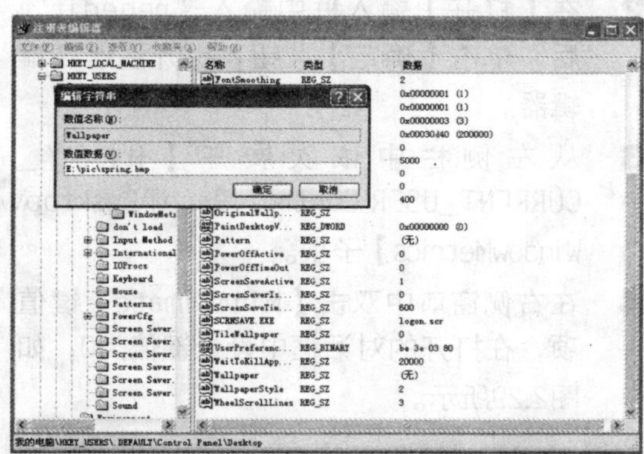

★ 图2.24

4 再在右侧窗口中找到【TileWallpaper】项，将其值设置为1，设置对话框如图2.25所示。

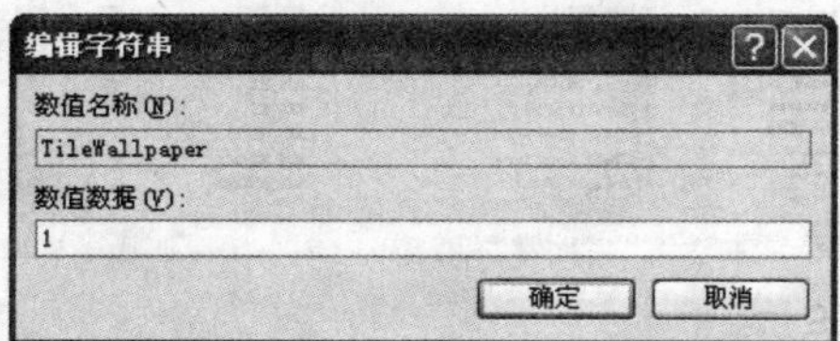

★ 图2.25

说 明

将【TileWallpaper】项的值设置为0，背景图片将居中显示；值设置为1，背景图片平铺显示；值设置为2，则背景图片拉伸显示。

设置好的桌面背景效果如图2.26所示。

★ 图2.26

这个技巧需要关闭电脑后，再重新开机才能生效。

调整程序菜单的显示速度

在【开始】菜单中打开程序菜单时会有一定的延迟时间，通过修改注册表，可以缩短这个延迟时间，加快菜单的显示速度。具体操作步骤如下：

1 执行【开始】→【运行】命令，打开【运行】对话框。

2 在【打开】输入框中输入“regedit”后，单击【确定】按钮，打开注册表编辑器。

3 从左侧栏中依次展开【HKEY_CURRENT_USER\Control Panel\Desktop】子项。

4 在右侧窗口中双击【MenuShowDelay】键值项，在【编辑字符串】对话框中设置其值为10，如图2.27所示。对话框中的数值表示子菜单的弹出速度，单位为毫秒，键值越小，子菜单弹出速度越快，反之则越慢。

5 单击【确定】按钮，关闭对话框。

6 注销当前用户或重启电脑进入操作系统后，即可感受打开子菜单时提速的感觉。

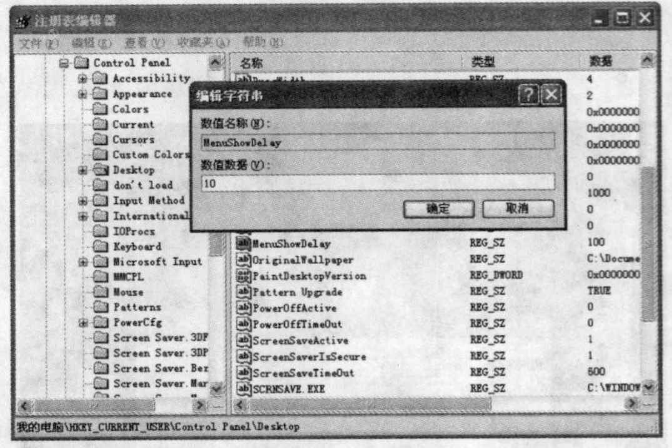

★ 图2.27

调整【开始】菜单中的分隔线

在Windows的【开始】菜单中，分隔线将菜单分为了3部分，通过修改注册表，可以对【开始】菜单的分隔线进行新建或删除。具体操作步骤如下：

1 执行【开始】→【运行】命令，打开【运行】对话框。

2 在【打开】输入框中输入“regedit”后，单击【确定】按钮，打开注册表编辑器。

3 从左侧栏中依次展开【HKEY_CURRENT_USER\Software\Microsoft\Windows\CurrentVersion\Policies\Explorer】子项。

4 在右侧窗口中新建DWORD值类型的名为【EditLevel】的项。并将其键值设为0，表示新建分隔线，如图2.28所示。

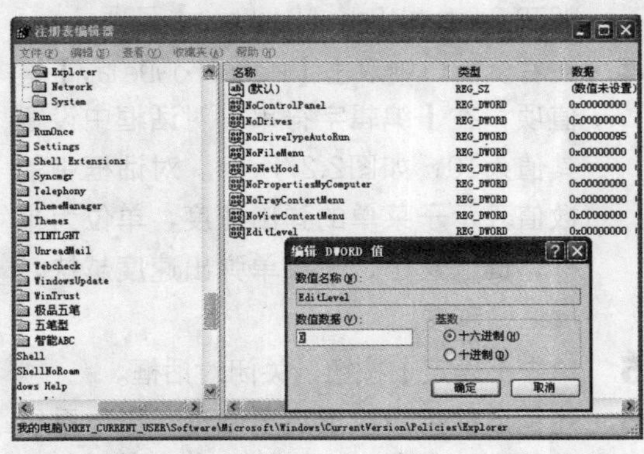

★ 图2.28

5 单击【确定】按钮，关闭对话框。

6 注销当前用户或重启电脑进入操作系统后，设置即可生效。

取消窗口变化时的动画效果

在Windows中打开和最小化窗口时默认会有动画过渡效果，根据需要可以取消窗口变化时的动画效果，以加快完成速度。具体操作步骤如下。

1 执行【开始】→【运行】命令，打开【运行】对话框。

2 在【打开】输入框中输入“regedit”后，单击【确定】按钮，打开注册表编辑器。

3 从左侧栏中依次展开【HKEY_CURRENT_USER\Control Panel\Desktop\WindowMetrics】子项。

4 在右侧窗口中双击【MinAnimate】键值项，在打开的对话框中设置键值为0，如图2.29所示。

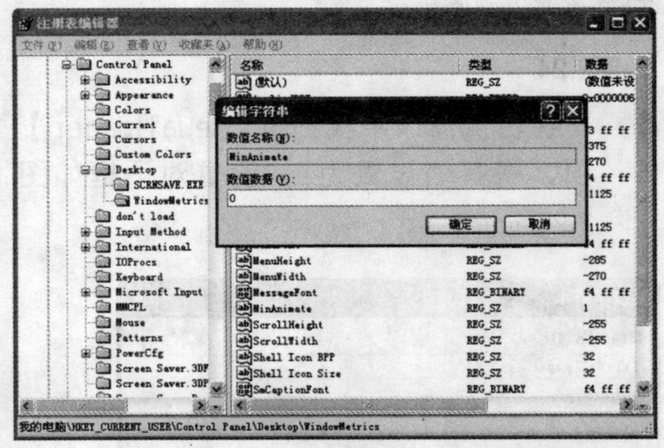

★ 图2.29

5 单击【确定】按钮关闭对话框。

6 注销当前用户或重启进入操作系统后，即可看到还原或最小化窗口时没有动画过渡效果了。

拖动窗口时只显示边框

在默认情况下拖动窗口时，窗口中的内容会跟着一起移动，通过修改注册表，

可以让窗口在移动过程中，只显示其边框，其中的内容停在原处。具体操作步骤如下：

1 执行【开始】→【运行】命令，打开【运行】对话框。

2 在【打开】输入框中输入“regedit”后，单击【确定】按钮，打开注册表编辑器。

3 从左侧栏中依次展开【HKEY_CURRENT_USER\Control Panel\Desktop】子项。

4 双击右侧窗口中的【DragFullWindows】键值项，在打开的对话框中设置其键值为0，如图2.30所示。

★ 图2.30

5 单击【确定】按钮关闭对话框。

6 注销当前用户或重启进入操作系统后，拖动窗口时的效果如图2.31所示。

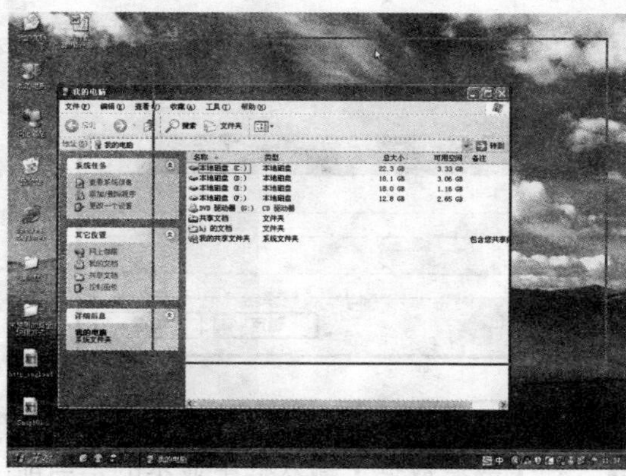

★ 图2.31

减少右键菜单中【新建】菜单的长度

当使用系统一段时间后，根据工作需要会安装很多应用程序，这样会造成鼠标右键菜单中【新建】菜单的长度增加。如果想减轻【新建】菜单的“负担”，可以通过修改注册表来实现。

如果想要删除右键菜单中的一些项目，首先要知道想要删除的这个项目新建的是什么类型的文件，如“WinZip File”新建的文件的扩展名是zip，要删除【新建】菜单中的【WinZip File】项，可以通过如下方法来实现：

1 执行【开始】→【运行】命令，打开【运行】对话框。

2 在【打开】输入框中输入“regedit”后，单击【确定】按钮，打开注册表编辑器。

3 从左侧栏中依次展开【HKEY_LOCAL_MACHINE\SOFTWARE\Classes\.zip\ShellNew】子项。

4 右键单击该项，从弹出的快捷菜单中选择【删除】选项，如图2.32所示。

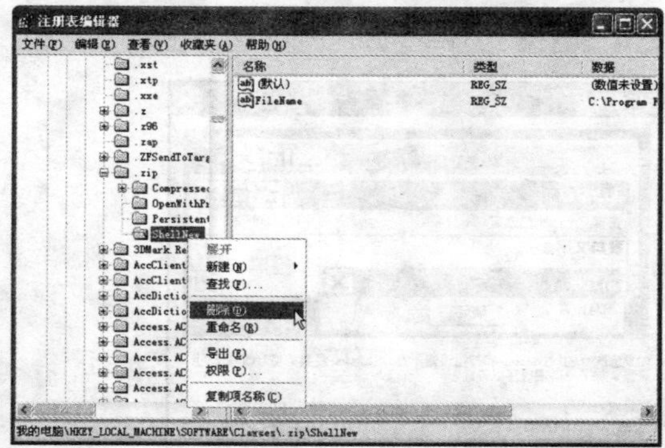

★ 图2.32

5 在弹出的对话框中单击【确定】按钮确认删除，然后关闭【注册表编辑器】窗口。

6 注销当前用户或重启进入操作系统后，

即可删除【新建】菜单中的【WinZip File】项。

定制控件的局部颜色

在Windows系统的桌面上，单击鼠标右键，从快捷菜单中选择【属性】选项，会弹出【显示 属性】对话框，切换至【外观】选项卡，如图2.33所示。

★ 图2.33

单击【高级】按钮，可打开【高级外观】对话框。在【项目】下拉列表中，可以设置Windows系统中各种控件的颜色、大小等，对话框如图2.34所示。

★ 图2.34

但是尽管这个对话框为我们提供了定制控件的诸多方案，但要定制控件中某一个部位的颜色，例如想将对话框中的按钮上的文字变为红色，通过这个对话框是没有办法做到的。但是通过修改注册表，可以达到此目的。具体操作步骤如下：

1 执行【开始】→【运行】命令，打开【运行】对话框。

2 在【打开】输入框中输入"regedit"后，单击【确定】按钮，打开注册表编辑器。

3 从左侧栏中依次展开【HKEY_CURRENT_USERS\Control Panel\Colors】子项，在右侧栏中会出现很多项，如图2.35所示。

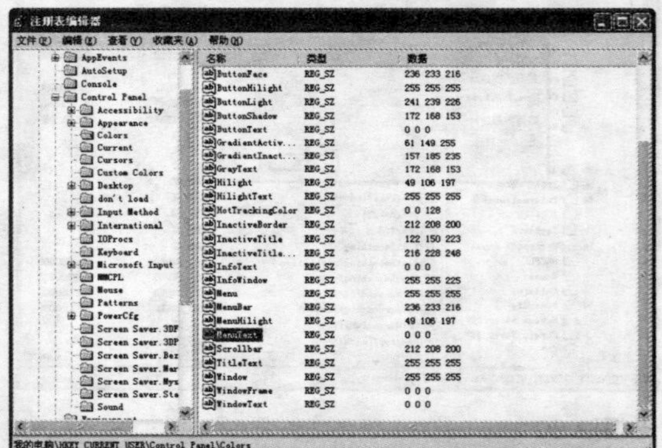

★ 图2.35

4 这些项都是设置系统控件属性的，双击【MenuText】项，弹出如图2.36所示的对话框。这一项设置的是菜单中文字的颜色。

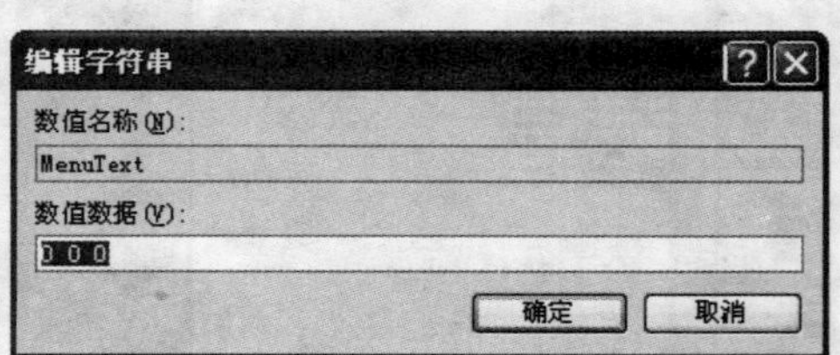

★ 图2.36

5 在【数值数据】输入框中显示的是当前

系统中各种对话框中按钮上文字的颜色，这三个值表示的是颜色的R，G，B值，【0 0 0】表示是黑色，要将按钮上文字的颜色改为红色，将值改为【255 0 0】，设置如图2.37所示。

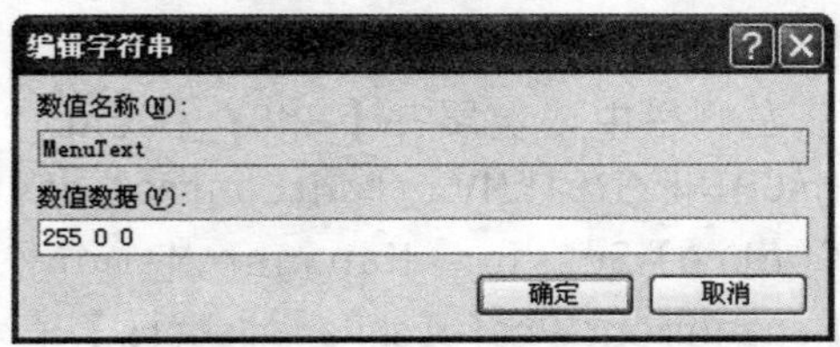

★ 图2.37

6 设置好后，单击【确定】按钮。重新启动电脑，就可以看到有些系统窗口中的菜单中的文字、箭头变为了红色，如图2.38所示。

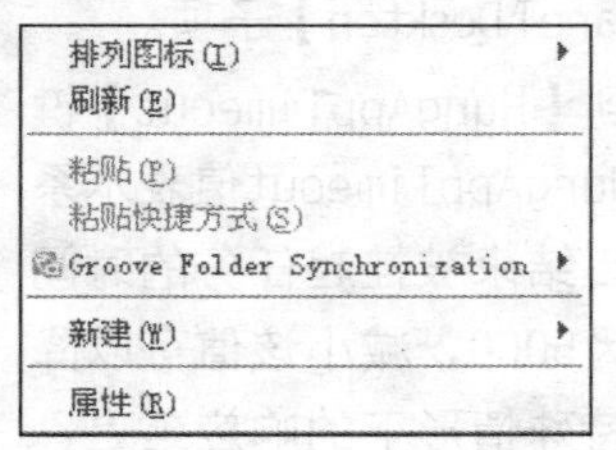

★ 图2.38

【Colors】子项中的【ButtonText】项可以设置按钮上文字的颜色。对于其他各项，自己可以尝试修改。

2.3 系统性能优化技巧

调整菜单反应时间

有时为了提高工作效率，需要加快菜单的反应时间，通过修改注册表就可以实现。具体操作步骤如下：

1 执行【开始】→【运行】命令，打开【运行】对话框。

2 在【打开】输入框中输入“regedit”后，单击【确定】按钮，打开注册表编辑器。

3 从左侧栏中依次展开【HKEY_CURRENT_USER\Control Panel\Desktop】子项。

4 在右侧窗口中找到一个名为【MenuShowDelay】的字符串值，双击它，在【编辑字符串】对话框中将其值修改为500，如图2.39所示。

5 单击【确定】按钮关闭对话框。

6 注销当前用户或重启进入操作系统后，即可将弹出一级菜单的反应时间调节为0.5秒。

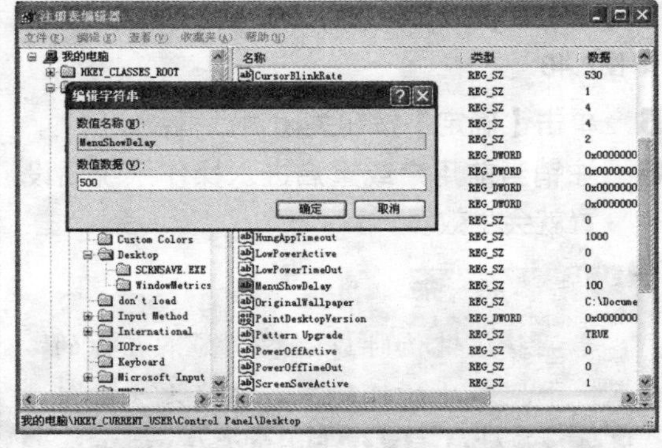

★ 图2.39

提高Windows XP的响应速度

运行某些软件时，有时会花费很长时间，通过修改注册表可以提高Windows XP的响应速度，具体设置方法如下：

1 执行【开始】→【运行】命令，打开【运行】对话框。

2 输入“regedit”后，单击【确定】按

钮，打开注册表编辑器。

3 从左侧栏中依次展开【HKEY_CURRENT_USER\Control Panel\Desktop】子项。

4 在右侧栏中找到【HungAppTimeout】键值，双击它。HungAppTimeout值表示系统要求用户手工结束被挂起任务的时间极限，默认值为5000，减小该值可以降低系统在某些特殊情形下的响应延迟，例如，可以把该值设置为1000，如图2.40所示。

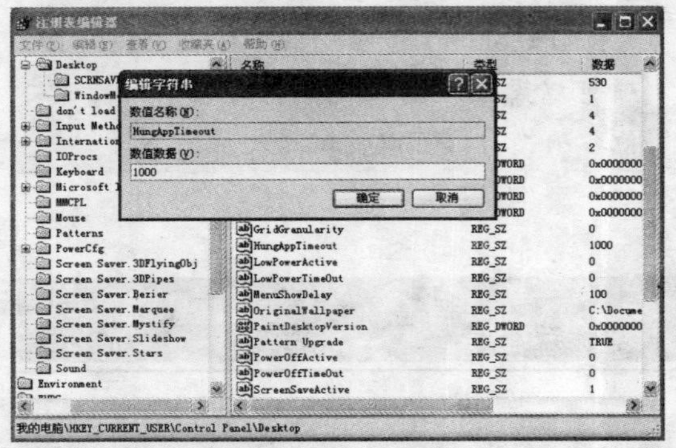

★ 图2.40

5 单击【确定】按钮关闭对话框。

6 注销当前用户或重启进入操作系统后设置就会生效。

提　示

调整该键值时应注意：如果在你的系统中，某些软件的运行速度本来就很慢，把该键值设置得太小可能使Windows XP误认为正在运行的软件已经被挂起。如果出现这种情况，可以逐步增加HungAppTimeout值，每次增加1000，直到Windows XP不再把正在运行的软件误认为停止响应。

加快预读能力以改善开机速度

Windows XP操作系统中预读设定可提高系统的运行速度从而加快开机速度。通过修改注册表就可以实现，具体操作步骤如下：

1 执行【开始】→【运行】命令，打开【运行】对话框。

2 输入“regedit”后，单击【确定】按钮，打开注册表编辑器。

3 从左侧栏中依次展开【HKEY_LOCAL_MACHINE\SYSTEM\CurrentControlSet\Control\Session Manager\Memory Management\PrefetchParameters】子项。

4 在右侧栏中双击【EnablePrefetcher】子项，打开【编辑DWORD值】对话框，将其值修改为5，如图2.41所示。

★ 图2.41

5 单击【确定】按钮关闭对话框。

6 注销当前用户或重启进入操作系统后，设置即可生效。

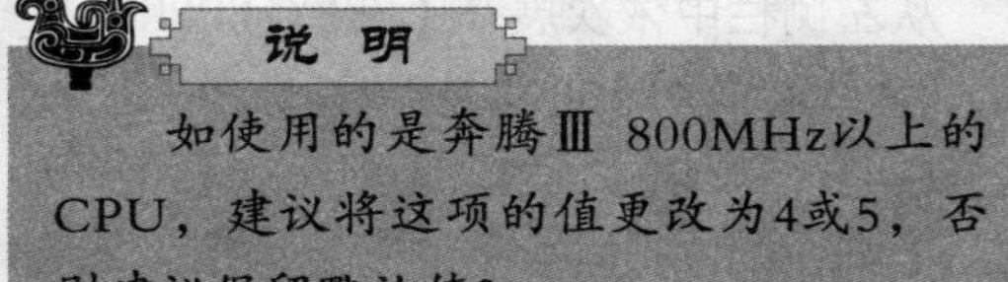

说　明

如使用的是奔腾Ⅲ 800MHz以上的CPU，建议将这项的值更改为4或5，否则建议保留默认值3。

重启时跳过自检

电脑在使用过程中有时会由于突然断电而导致重新启动，在启动过程中系统会自动进行自检。如果觉得自检操作浪费时间，可

以通过修改注册表来跳过自检操作。

具体操作步骤如下：

1 执行【开始】→【运行】命令，打开【运行】对话框。

2 在【打开】输入框中输入“regedit”后，单击【确定】按钮，打开注册表编辑器。

3 从左侧栏中依次展开【HKEY_LOCAL_MACHINE\SOFTWARE\Microsoft\Windows NT\CurrentVersion\Winlogon】子键。

4 在右侧窗口中新建一个字符串值类型的名为【SystemStartOptions】的项，双击该字符串，打开【编辑字符串】对话框，在该对话框的【数值数据】文本框中设置其键值为“Nodetect”（不检测），如图2.42所示。

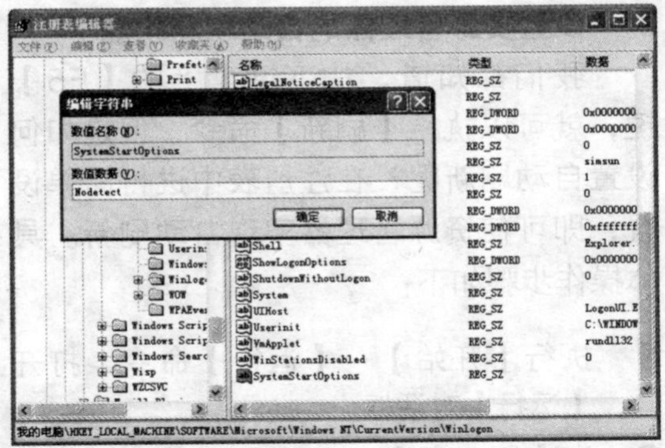

★ 图2.42

5 单击【确定】按钮关闭对话框。

6 注销当前用户进入操作系统，当下次由于断电重启时将自动跳过自检过程而直接启动系统。

清除内存中多余的DLL文件

删除内存中多余的DLL文件，可以提高系统的运行性能。通过修改注册表，可以查看内存中的DLL文件是否使用完全，其中未被使用的DLL文件可以通过修改注册表来自动删除。具体操作步骤如下：

1 执行【开始】→【运行】命令，打开【运行】对话框。

2 在【打开】输入框中输入“regedit”后，单击【确定】按钮，打开注册表编辑器。

3 从左侧栏中依次展开【HKEY_LOCAL_MACHINE\SOFTWARE\Microsoft\Windows\CurrentVersion\Explorer】子项。

4 在右侧窗口中新建一个DWORD值类型的名为【AlwaysUnloadDLL】的项，双击该键值项，打开【编辑DWORD值】对话框。在该对话框的【数值数据】文本框中设置其键值为“1”，如图2.43所示。

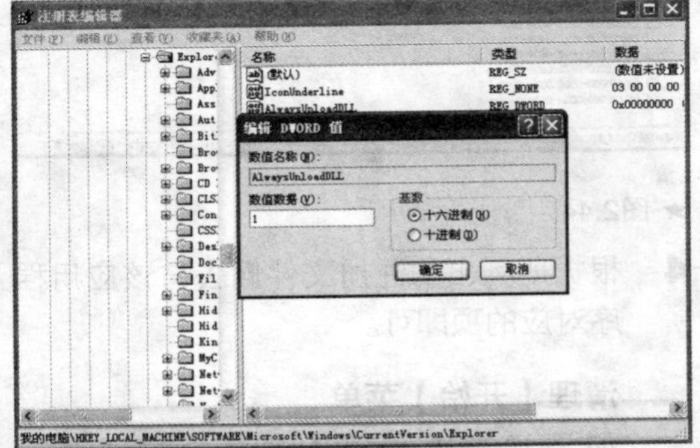

★ 图2.43

5 单击【确定】按钮关闭对话框。

6 注销当前用户或重启计算机进入操作系统后，内存中多余的DLL文件即会被自动删除。

处理无法卸载的应用程序

我们有时会碰到这样的情况：在控制面板的【添加或删除程序】窗口中卸载某应用程序之后，却发现该程序还是在列表中。这时可用下述方法将其从列表中删去：

1 执行【开始】→【运行】命令，打开【运行】对话框。

2 在【打开】输入框中输入“regedit”

后，单击【确定】按钮，打开注册表编辑器。

3 从左侧栏中依次展开【HKEY_LOCAL_MACHINE\SOFTWARE\Microsoft\Windows\CurrentVersion\Uninstall】子项，在其下面显示的是系统中安装的程序，如图2.44所示。

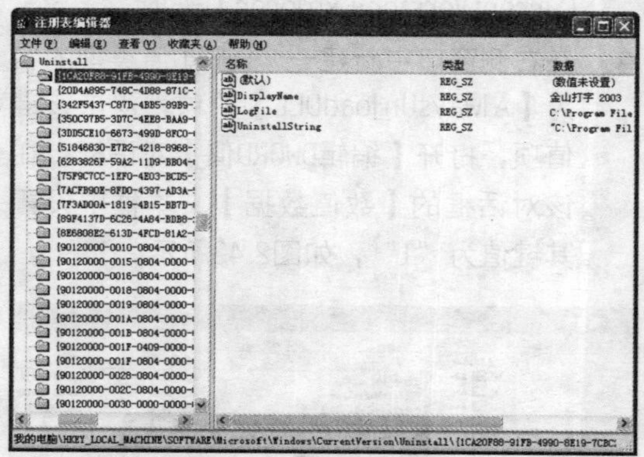

★ 图2.44

4 根据所列出的注册文件删去与该应用程序对应的项即可。

清理【开始】菜单

如果觉得【开始】菜单中的项目过多，可以通过修改注册表清理【开始】菜单，具体操作方法如下：

1 打开【注册表编辑器】窗口，从左侧栏中依次展开【HKEY_CURRENT_USER\Software\Microsoft\Windows\CurrentVersion\Policies\Explorer】子键，如图2.45所示。

2 如果想把除了【我的文档】之外的所有用户文件夹清除，那么，将【NoStartMenuMyMusic】，【NoSMMyPictures】，【NoFavoritesMenu】和【NoRecentDocsMenu】项的值设置为1。如果还想禁用【我的文档】菜单，那么把【NoSMMyDocs】也设置成1。

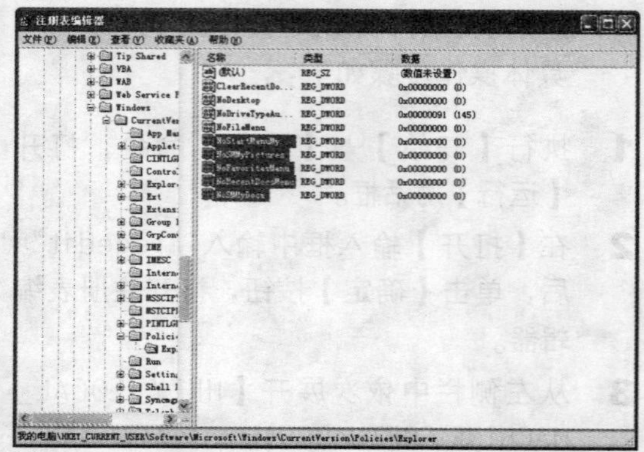

★ 图2.45

提 示

如果在【Explorer】子项中没有上述子项，可以自己创建相应的项。这些项的类型都为DWORD值。

设置资源管理器的自动刷新功能

我们都知道，按下键盘上的【F5】键，就可以执行【刷新】命令，但是如何设置自动刷新呢？在注册表中进行简单设置，即可使资源管理器实现自动刷新。具体操作步骤如下：

1 执行【开始】→【运行】命令，打开【运行】对话框。

2 在【打开】输入框中输入“regedit”后，单击【确定】按钮，打开注册表编辑器。

3 从左侧栏中依次展开【HKEY_LOCAL_MACHINE\SYSTEM\CurrentControlSet\Control\Update】子项。

4 双击右栏中的【UpdateMode】项，在【编辑DWORD值】对话框中将其值由1改为0，即可实现自动刷新功能。参数设置如图2.46所示。

5 单击【确定】按钮关闭对话框。

★ 图2.46

6 注销当前用户或重启计算机进入操作系统后，设置即可生效。

删除注册表中无效的文件路径

在Windows系统中，某些应用程序的安装和卸载，可能会在注册表中或多或少地残留一些无效的文件路径，通过删除注册表中的这些信息，可以减小注册表文件的大小。具体操作步骤如下。

1 执行【开始】→【运行】命令，打开【运行】对话框。

2 在【打开】输入框中输入"regedit"后，单击【确定】按钮，打开注册表编辑器。

3 从左侧栏中依次展开【HKEY_LOCAL_MACHINE\SOFTWARE\Microsoft\Windows\CurrentVersion\App Paths】子项。

4 在【App Paths】子键下面有很多应用程序的路径，选中已经删除的应用程序或不需要的文件信息，按【Del】键，在打开的提示对话框中单击【是】按钮，如图2.47所示，完成删除注册表中无效的文件路径的操作。

5 注销当前用户或重启计算机使设置生效。

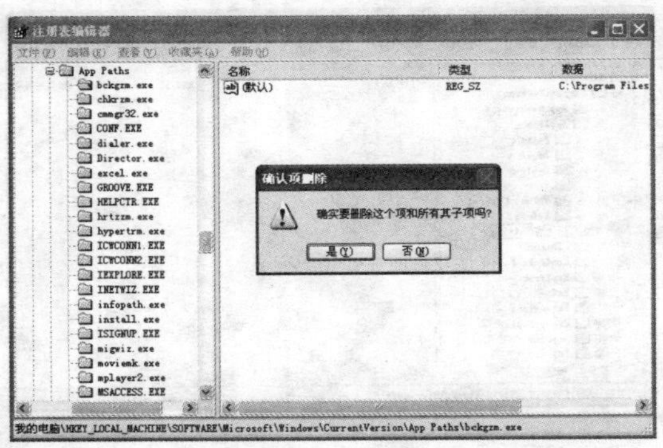

★ 图2.47

在整理磁盘时自动关闭屏幕保护程序

Windows操作系统在进行磁盘整理前必须要停止其他运行的程序，以保证磁盘整理的顺利进行。通常我们都会将正在运行的应用程序进行关闭，但有时会忽略屏幕保护程序。当磁盘整理正在进行时，屏幕保护程序会自动运行，从而导致磁盘整理程序出错。为避免这一现象的发生，可以修改注册表，使屏幕保护程序在进行磁盘整理时自动关闭。

下面练习通过修改注册表，使屏幕保护程序在进行磁盘整理前自动关闭，具体操作步骤如下：

1 执行【开始】→【运行】命令，打开【运行】对话框。

2 在【打开】输入框中输入"regedit"后，单击【确定】按钮，打开注册表编辑器。

3 从左侧栏中依次展开【HKEY_CURRENT_USER\Software\Microsoft\Windows\CurrentVersion\Applets】子项。

4 在【Applets】项下新建【Defrag】子项，接着在【Defrag】子项下再创建一个新的子项【Settings】，如图2.48所示。

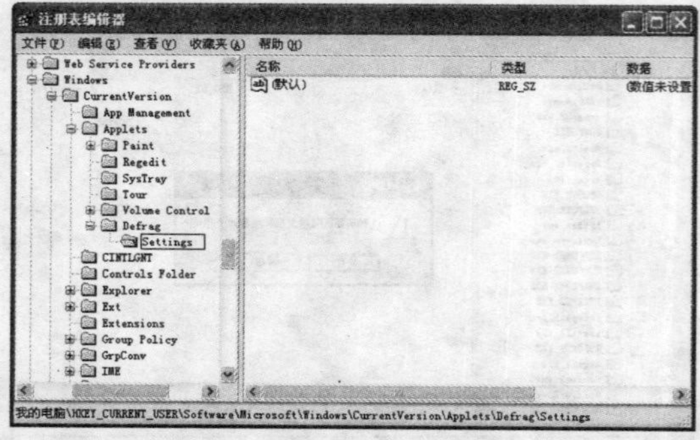

★ 图2.48

5 在右侧窗口中新建一个字符串值类型的名为【DisableScreenSaver】的项，并设置其键值为“YES”，如图2.49所示。

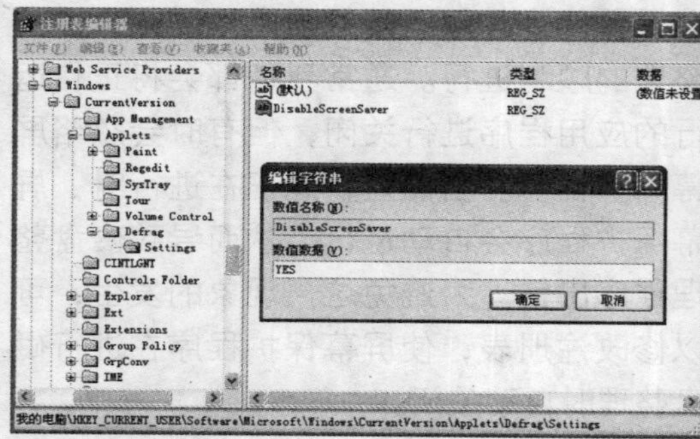

★ 图2.49

6 单击【确定】按钮关闭对话框。

7 注销当前用户或重启计算机使设置生效。

关闭Windows发生错误时发出的警告声音

在使用电脑的过程中，Windows在用户操作错误时，总会不时地发出声音进行提醒，如果你觉得没有必要提醒，可以关闭这个声音。具体操作步骤如下：

1 执行【开始】→【运行】命令，打开【运行】对话框。

2 在【打开】输入框中输入“regedit”后，单击【确定】按钮，打开注册表编辑器。

3 从左侧栏中依次展开【HKEY_CURRENT_USER\Control Panel\Sound】子项。

4 在右侧栏中找到【Beep】项，双击它，在打开的【编辑字符串】对话框中，将【数值数据】栏中的值改为“No”，就可以关闭警告声音了。设置界面如图2.50所示。

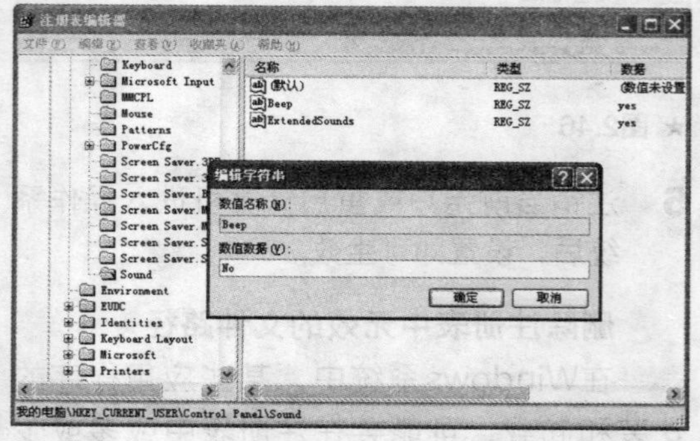

★ 图2.50

5 单击【确定】按钮关闭对话框。

6 注销当前用户或重启计算机进入操作系统后，设置即可生效。

提 示

如果【Sound】子项下没有【Beep】项，请自己创建，【Beep】项是字符串值类型的。如果需要发出警告声音时，再将【Beep】项的值改为【Yes】即可。

卸载无用的动态链接文件

在Windows操作系统中，经常会在内存中留下很多无用的动态链接文件，从而使内存的使用效率下降。通过修改注册表，可以消除这种现象。具体操作步骤如下：

1 执行【开始】→【运行】命令，打开【运行】对话框。

2 在【打开】输入框中输入“regedit”后，单击【确定】按钮，打开注册表编

辑器。

3 从左侧栏中依次展开【HKEY_LOCAL_MACHINE\SOFTWARE\Microsoft\Windows\CurrentVersion\Explorer】子项。

4 在右栏中找到或新建一个DWORD值类型的项，将其命名为【AlwaysUnloadDLL】，双击它，将其值设置为0，这一功能就会被关闭，如图2.51所示。

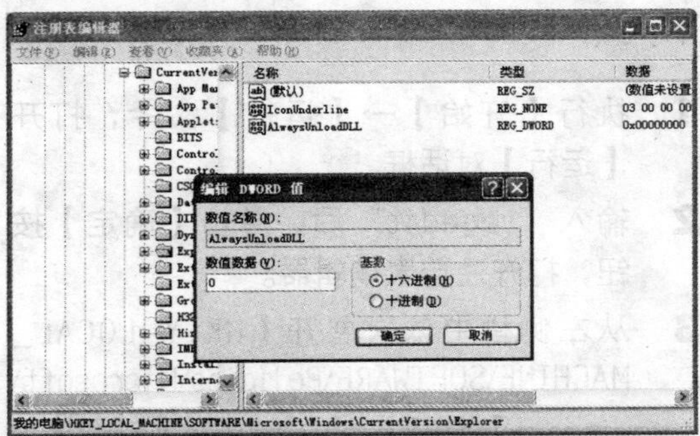

★ 图2.51

5 单击【确定】按钮关闭对话框。

6 注销当前用户或重启计算机进入操作系统后，设置就会生效。

自动关闭Windows中停止响应的程序

在操作计算机的时候，经常有些程序突然就没有响应了，同时电脑慢得让人难以忍受。造成程序没有响应的原因有很多，例如，内存不够、程序内部产生错误等。可以通过更改注册表设置让没有响应的程序自动关闭。具体操作步骤入如下：

1 执行【开始】→【运行】命令，打开【运行】对话框。

2 在【打开】输入框中输入“regedit”后，单击【确定】按钮，打开注册表编辑器。

3 从左侧栏中依次展开【HKEY_CURRENT_USER\Control Panel\Desktop】子项。

4 在右栏中将【AutoEndTasks】项的值改为1。以后再有停止响应的程序时就会自动关闭了，设置如图2.52所示。

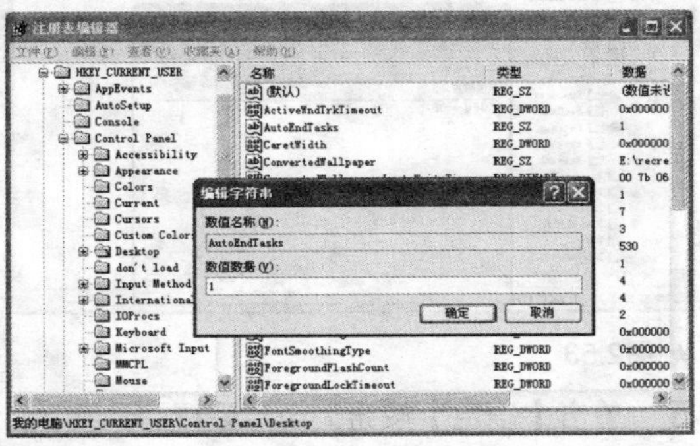

★ 图2.52

5 单击【确定】按钮关闭对话框。

6 注销当前用户或重启计算机进入操作系统后，设置就会生效。

指定密码的最小长度

为了保证电脑的安全，一定要设置登录密码。而对密码做一些限制，也是十分必要的，如密码的长度、密码的组成等，这些限制都可以通过修改注册表来完成。具体操作步骤如下：

1 执行【开始】→【运行】命令，打开【运行】对话框。

2 在【打开】输入框中输入“regedit”后，单击【确定】按钮，打开注册表编辑器。

3 从左侧栏中依次展开【HKEY_LOCAL_MACHINE\SOFTWARE\Microsoft\Windows\CurrentVersion\policies\Network】子项。

> **提示**
>
> 如果没有相应子项，请自己创建。

4 在右侧栏中找到或新建一个二进制值类型的名为【MinPwdLen】的项，将其值设置为08，表示密码的最小长度为8位，如图2.53所示。

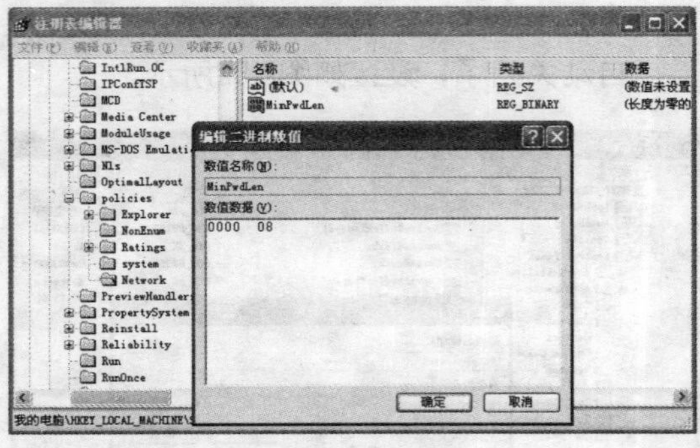

★ 图2.53

5　单击【确定】按钮关闭对话框。

6　注销当前用户或重启计算机进入操作系统后，设置即可生效。

设置让密码必须为数字或字母

上面介绍了限制密码位数的设置，下面看一下如何限制让密码只能由数字和字母组成。具体操作步骤如下：

1　执行【开始】→【运行】命令，打开【运行】对话框。

2　输入“regedit”后，单击【确定】按钮，打开注册表编辑器。

3　从左侧栏中依次展开【HKEY_LOCAL_MACHINE\SOFTWARE\Microsoft\Windows\CurrentVersion\policies\Network】子项。

4　在右侧栏中找到或新建一个DWORD值（双字节值）类型的名为【AlphanumPwds】的项，将其值设置为1，设置对话框如图2.54所示。

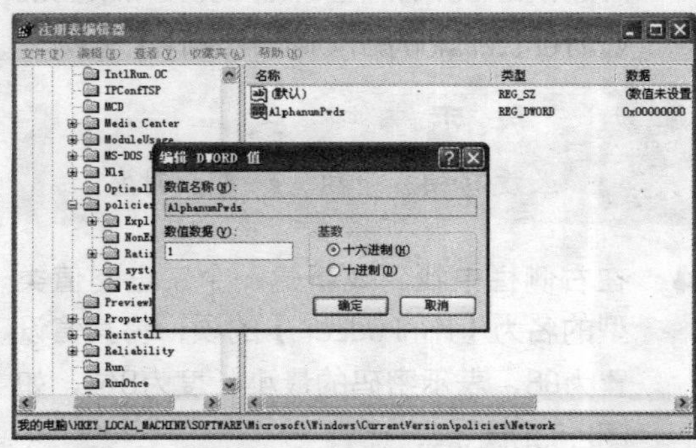

★ 图2.54

5　单击【确定】按钮关闭对话框。

6　注销当前用户或重启计算机进入操作系统后，设置的密码就只能由数字和字母组成了。

加快宽带接入速度

在使用宽带上网时，有时会感觉宽带的接入速度太慢。通过修改注册表可以让宽带接入速度变快一些。具体操作步骤如下：

1　执行【开始】→【运行】命令，打开【运行】对话框。

2　输入“regedit”后，单击【确定】按钮，打开注册表编辑器。

3　从左侧栏中依次展开【HKEY_LOCAL_MACHINE\SOFTWARE\Policies\Microsoft\Windows】子项。

4　在【Windows】项下新建【Psched】项，如图2.55所示。

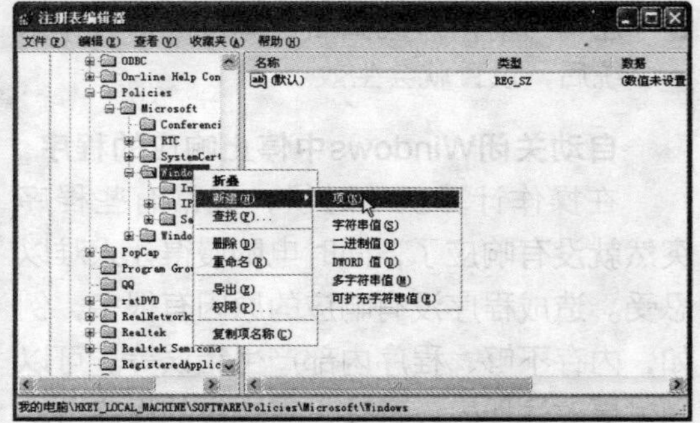

★ 图2.55（a）

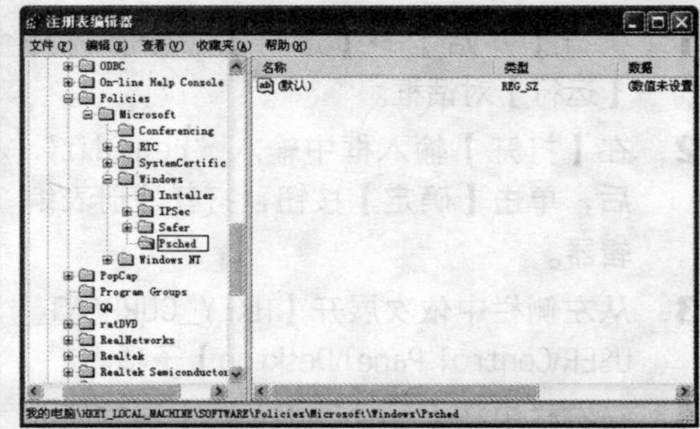

★ 图2.55（b）

5 在【Psched】子键的右侧窗口中新建一个DWORD值类型的名为【NoBestEffortLimit】的项，并设置其键值为0，如图2.56所示。

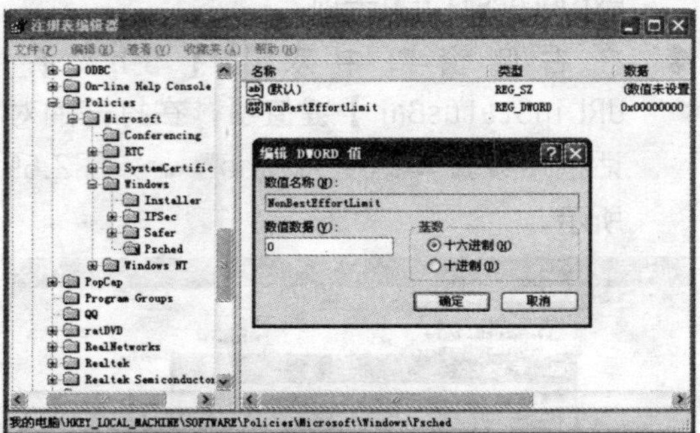

★ 图2.56

6 单击【确定】按钮关闭对话框。

7 注销当前用户或重启计算机进入操作系统后，接入网络时的速度即会有一定的提高。

2.4 网络设置技巧

在Windows XP中重新安装IE浏览器

在Windows XP操作系统中，通过修改注册表，可以重新安装IE。具体操作步骤如下：

1 执行【开始】→【运行】命令，打开【运行】对话框。

2 在【打开】输入框中输入“regedit”后，单击【确定】按钮，打开注册表编辑器。

3 从左侧栏中依次展开【HKEY_LOCAL_MACHINE\SOFTWARE\Microsoft\Active Setup\Installed Components\{89820200-ECBD-11cf-8B85-00AA005B4383}】子项。

4 在右侧栏中双击【IsInstalled】项，将其值由1改为0，如图2.57所示。

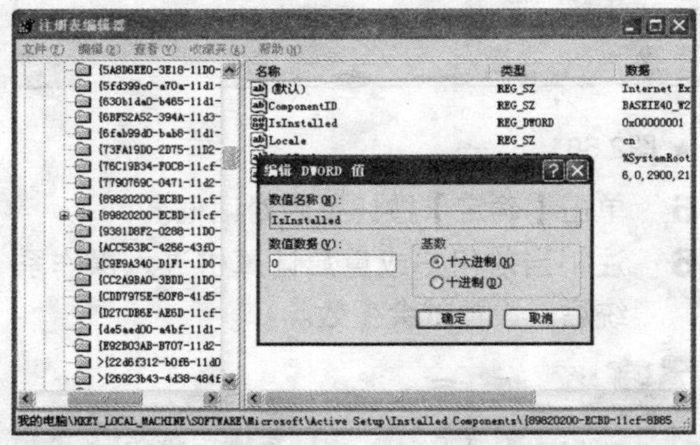

★ 图2.57

5 单击【确定】按钮关闭对话框。

6 注销当前用户或重启计算机进入操作系统后，设置就会生效。

优化上网速度

拨号网络的传输速度有时很慢，通过修改注册表就可以优化上网速度，具体操作步骤如下：

1 执行【开始】→【运行】命令，打开【运行】对话框。

2 在【打开】输入框中输入“regedit”后，单击【确定】按钮，打开注册表编辑器。

3 从左侧栏中依次展开【HKEY_LOCAL_MACHINE\SYSTEM\CurrentControlSet\Services\VXD\MSTCP】子项。

4 在右侧窗口中新建字符串值类型的名为【DefaultTTL】的项，并将其值设置为128，如图2.58所示。

★ 图2.58

5 单击【确定】按钮关闭对话框。

6 注销当前用户或重启计算机进入操作系统后，设置就会生效。

提 示

如果在【Services】子项中没有上述子项，可以自己创建相应的项。

禁止显示URL地址

打开IE浏览器窗口后，将鼠标光标移至超链接上，在状态栏中会显示网页的URL地址，如果不希望地址显示在状态栏中，可以通过修改注册表进行设置。具体操作步骤如下。

1 执行【开始】→【运行】命令，打开【运行】对话框。

2 在【打开】输入框中输入“regedit”后，单击【确定】按钮，打开注册表编辑器。

3 从左侧栏中依次展开【HKEY_CURRENT_USER\Software\Microsoft\Internet Explorer\Main】子项。

4 在右侧窗口中双击【Show_URLinStatusBar】键值项，在打开的对话框中设置其键值为“no”，如图2.59所示。

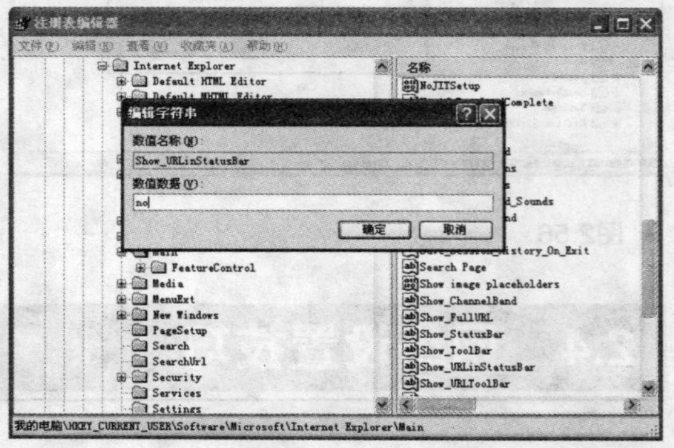

★ 图2.59

5 单击【确定】按钮关闭对话框。

6 注销当前用户进入操作系统后，打开IE浏览器即可看到设置后的效果。

删除网页中的下划线

打开一个网页时，会发现在超链接文本下方都有下划线，这主要是让用户更容易分清超链接文本与普通文本。但有时为了达到某种版面效果，不希望显示超链接的下划线，可以通过修改注册表进行设置。具体操作步骤如下。

1 执行【开始】→【运行】命令，打开【运行】对话框。

2 在【打开】输入框中输入“regedit”后，单击【确定】按钮，打开注册表编辑器。

3 从左侧栏中依次展开【HKEY_CURRENT_USER\Software\Microsoft\Internet Explorer\Main】子项。

4 在右侧窗口中双击【Ancher Underline】键值项，在打开的对话框中设置其键值为“no”，表示始终不显示下划线，如图2.60所示。

★ 图2.60

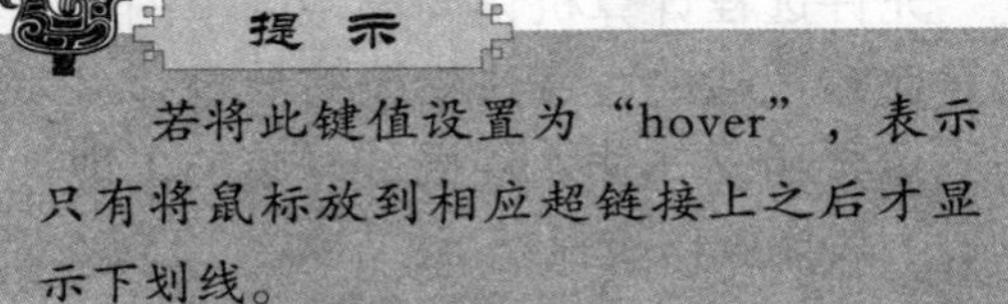

提 示

若将此键值设置为“hover”，表示只有将鼠标放到相应超链接上之后才显示下划线。

5 单击【确定】按钮关闭对话框。

6 注销当前用户再进入操作系统使设置生效。

禁用IE浏览器记忆密码的功能

IE浏览器提供了记忆密码的功能，当在网页中输入了密码后，系统会自动记住其密码。虽然可以单击打开的提示对话框中的【否】按钮不进行记忆，但每次都这样操作显得很麻烦。通过修改注册表可以将记忆密码的功能禁用，这样既安全又方便。具体操作步骤如下：

1 执行【开始】→【运行】命令，打开【运行】对话框。

2 在【打开】输入框中输入“regedit”后，单击【确定】按钮，打开注册表编辑器。

3 从左侧栏中依次展开【HKEY_CURRENT_USER\Software\Microsoft\Windows\CurrentVersion\Internet Settings】子项。

4 在右侧窗口中新建一个DWORD值类型的键值项，命名为【DisablePasswordCaching】，并设置其键值为1，如图2.61所示。

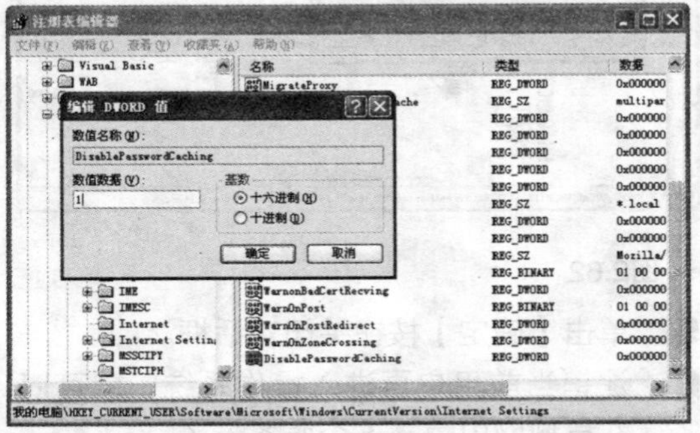

★ 图2.61

5 单击【确定】按钮关闭对话框。

6 注销当前用户进入操作系统，在浏览器中进行账号及密码的输入时，系统不会自动进行记忆，也不会进行提示了。

隐藏局域网中的一个服务器

为了保证局域网中服务器上的资源不受其他人的非法访问和攻击，从安全的角度考虑，有时需要把局域网中指定的服务器计算机名称隐藏起来，以便让局域网中的其他用户无法访问到。通过修改注册表就可以实现，具体操作步骤如下：

1 执行【开始】→【运行】命令，打开【运行】对话框。

2 在【打开】输入框中输入“regedit”后，单击【确定】按钮，打开注册表编辑器。

3 从左侧栏中依次展开【HKEY_LOCAL_MACHINE\SYSTEM\CurrentControlSet\Services\lanmanserver\parameters】子项。

4 在右栏中找到或新建一个DWORD值类型的名为【Hidden】的项，将其值改为1，如图2.62所示。

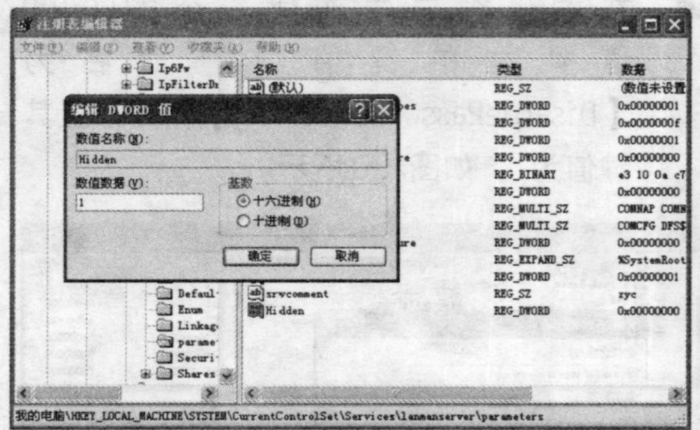

★ 图2.62

5 单击【确定】按钮关闭对话框。

6 注销当前用户再进入操作系统，就可以在局域网中隐藏这个服务器了。

设置域控制器地址

局域网中通常会设置一个域控制器，用于管理用户对网络的访问，包括登录、身份验证以及访问目录和共享资源等。通过修改域控制器所在的计算机中的注册表可进行域控制器地址的设置。具体操作步骤如下：

1 执行【开始】→【运行】命令，打开【运行】对话框。

2 在【打开】输入框中输入“regedit”后，单击【确定】按钮，打开注册表编辑器。

3 从左侧栏中依次展开【HKEY_LOCAL_MACHINE\SYSTEM\CurrentControlSet\Services\Tcpip\Parameters】子项。

4 双击右侧窗口中的【Domain】键值项，在打开的【编辑字符串】对话框中将其键值设为需要的域控制器地址，如图2.63所示。

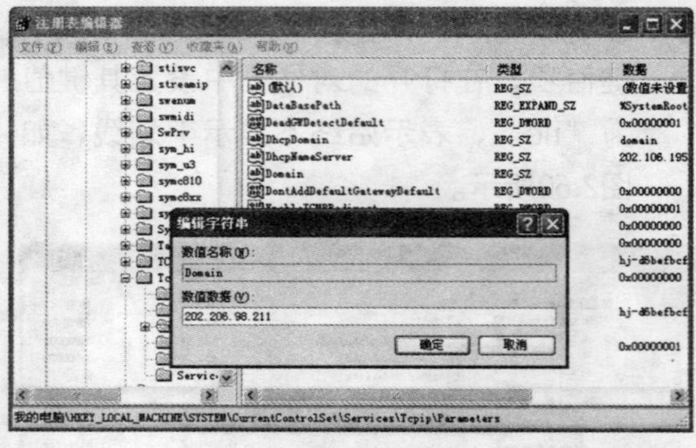

★ 图2.63

5 单击【确定】按钮关闭对话框。

6 注销当前用户再进入操作系统即可使设置生效。

防止远程用户非法入侵

允许远程计算机访问局域网中的计算机是比较危险的，通过修改注册表，可以防范远程用户非法入侵局域网中的本地计算机。具体操作步骤如下：

1 执行【开始】→【运行】命令，打开【运行】对话框。

2 在【打开】输入框中输入“regedit”后，单击【确定】按钮，打开注册表编辑器。

3 从左侧栏中依次展开【HKEY_LOCAL_MACHINE\SYSTEM\CurrentControlSet\Services\lanmanserver\parameters】子项。

4 在右侧窗口中新建一个DWORD值类型的名为【AutoShareWks】的项，双击该键值项，在打开的【编辑DWORD值】对话框中设置其键值为“3d0”，如图2.64所示。

5 单击【确定】按钮关闭对话框。

6 注销当前用户再进入操作系统即可使设置生效。

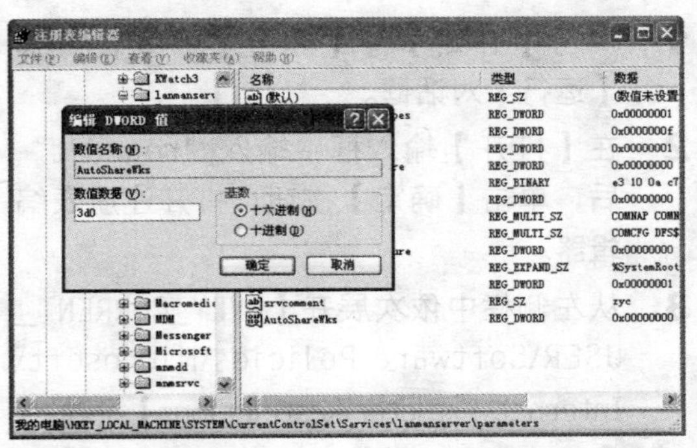

★ 图2.64

设置IE浏览器的自动拨号功能

IE的自动拨号功能是指在没有拨号上网时，打开IE浏览器窗口，输入网址后IE自动拨号来连接网站。可以通过修改注册表的相应键值来实现。具体操作步骤如下：

1 执行【开始】→【运行】命令，打开【运行】对话框。

2 在【打开】输入框中输入“regedit”后，单击【确定】按钮，打开注册表编辑器。

3 从左侧栏中依次展开【HKEY_CURRENT_CONFIG\Software\Microsoft\Windows\CurrentVersion\Internet Settings】子项。

4 在右侧窗口中新建一个二进制值类型的名为【EnableAutoDial】的项，双击该键值项，在打开的【编辑二进制数值】对话框中设置其键值为“01 00 00 00”，如图2.65所示。

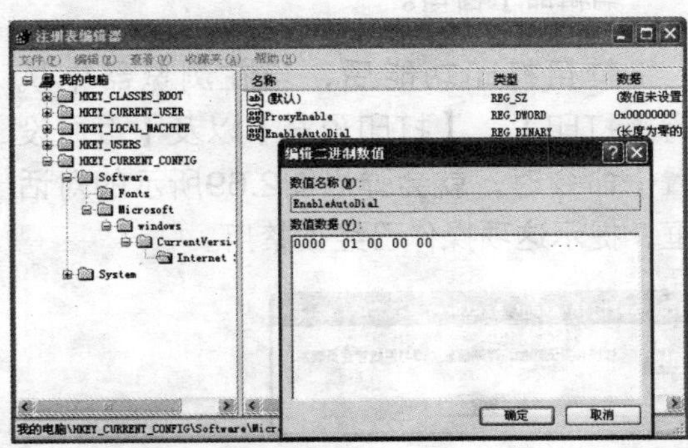

★ 图2.65

5 单击【确定】按钮关闭对话框。

6 注销当前用户再进入操作系统即可使设置生效。

设置IE浏览器的连接保持时间

连接到Internet后，即使长时间没有浏览网络，系统也会一直连接在网上，这就造成了不必要的浪费。通过设置IE连接保持的时间，可以在用户长时间没有使用网络时自动断开与网络的连接。

下面介绍通过修改注册表设置IE连接保持的时间，具体操作步骤如下：

1 执行【开始】→【运行】命令，打开【运行】对话框。

2 在【打开】输入框中输入“regedit”后，单击【确定】按钮，打开注册表编辑器。

3 从左侧栏中依次展开【HKEY_CURRENT_USER\Software\Microsoft\Windows\CurrentVersion\Internet Settings】子项。

4 在右侧窗口中新建一个DWORD值类型的键值项，命名为【KeepAliveTimeout】，并设置其键值为相应的连接保持时间，如图2.66所示。

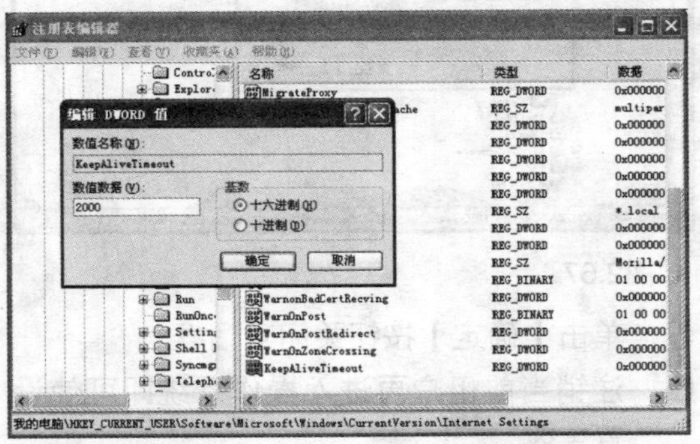

★ 图2.66

5 单击【确定】按钮关闭对话框。

6 注销当前用户再进入操作系统即可使设置生效。

强制使用明文密码

在访问Linux或UNIX等服务器时，有时需要使用明文密码，在Windows系统中也可以使用明文密码。

下面练习通过修改注册表设置明文密码的使用，具体操作步骤如下：

1 执行【开始】→【运行】命令，打开【运行】对话框。

2 在【打开】输入框中输入“regedit”后，单击【确定】按钮，打开注册表编辑器。

3 从左侧栏中依次展开【HKEY_LOCAL_MACHINE\SYSTEM\CurrentControlSet\Services\lanmanworkstation\parameters】子项。

4 在右侧窗口中双击【enableplaintextpassword】键值项，打开【编辑DWORD值】对话框，在【数值数据】文本框中将键值设为1，如图2.67所示。

★ 图2.67

5 单击【确定】按钮关闭对话框。

6 注销当前用户再进入操作系统即可使设置生效。

禁用IE浏览器的打印功能

通过修改注册表，可以禁用IE浏览器中的打印功能。具体操作步骤如下：

1 执行【开始】→【运行】命令，打开【运行】对话框。

2 在【打开】输入框中输入“regedit”后，单击【确定】按钮，打开注册表编辑器。

3 从左侧栏中依次展开【HKEY_CURRENT_USER\Software\Policies\Microsoft\Internet Explorer\Restrictions】子项。

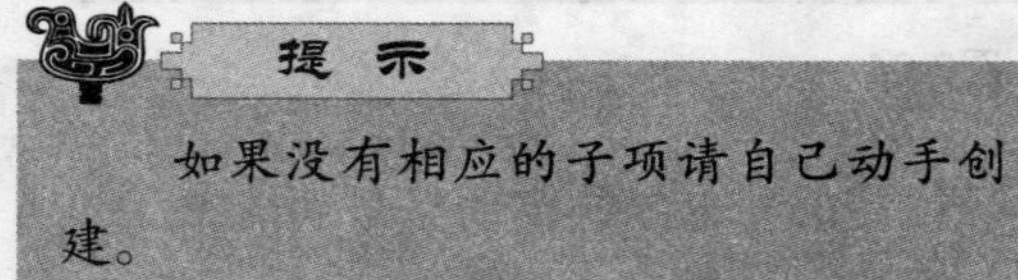

提示

如果没有相应的子项请自己动手创建。

4 在右侧栏中找到或新建一个字符串值类型的名为【NoPrinting】的项，双击它，打开【编辑字符串】对话框，在【数值数据】文本框中设置该键值为1，设置对话框如图2.68所示。

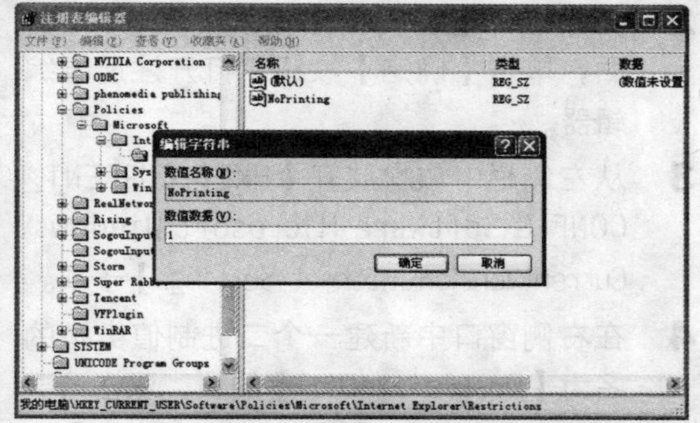

★ 图2.68

5 单击【确定】按钮，然后关闭【注册表编辑器】窗口。

禁用打印功能后，当在浏览器中执行【打印】、【打印预览】以及【页面设置】命令时，就会弹出图2.69所示的对话框，提示这项操作已经被禁用。

★ 图2.69

禁用【Internet选项】对话框

在IE浏览器中打开【工具】菜单，选择【Internet 选项】命令后，会弹出图2.70所示的【Internet选项】对话框。在这个对话框中，可以对IE浏览器的很多属性进行设置，如主页、代理服务器设置等。

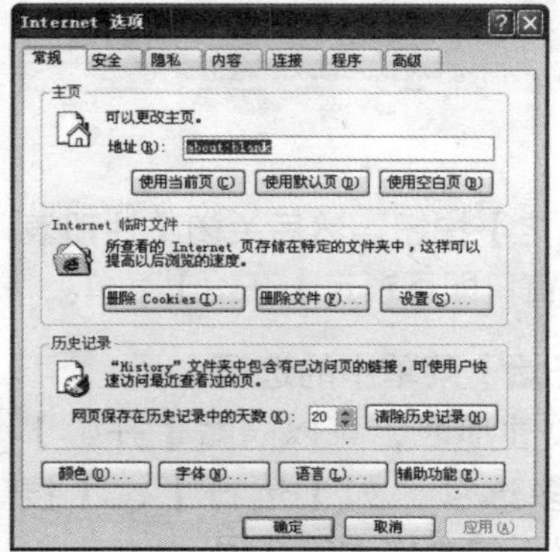

★ 图2.70

有时为了安全，需要禁止使用这个对话框。通过修改注册表就可以实现，具体操作步骤如下：

1 执行【开始】→【运行】命令，打开【运行】对话框。

2 在【打开】输入框中输入“regedit”后，单击【确定】按钮，打开注册表编辑器。

3 从左侧栏中依次展开【HKEY_CURRENT_USER\Software\Policies\Microsoft\Internet Explorer\Restrictions】子项。

4 从右侧栏中找到或新建一个字符串值（字串值）类型的名为【NoBrowserOptions】的项，双击它，打开【编辑字符串】对话框，将它的值设为1，如图2.72所示。

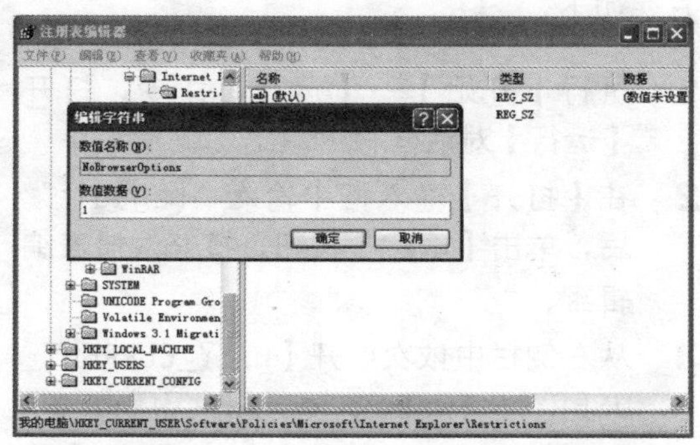

★ 图2.71

5 单击【确定】按钮，然后关闭【注册表编辑器】对话框。

将【NoBrowserOptions】项的值设置为1后，再在IE浏览器的【工具】菜单中选择【Internet选项】命令时，将弹出图2.79所示的提示框，告知这项命令已经被禁用。

★ 图2.72

如果要恢复对【Internet 选项】对话框的使用，在【注册表编辑器】窗口中将【NoBrowserOptions】项的值设置为0或将这项删掉就可以了。

2.5　电脑安全技巧

禁止使用【开始】菜单

在默认情况下，可以随意拖动【开始】菜单中的各菜单项，将它们归类，以使它们符合自己的使用习惯。如果不希望其他人更改【开始】菜单中的设置，可以通过更改注册表将【开始】菜单锁住。具体操作方法如下：

1 执行【开始】→【运行】命令，打开【运行】对话框。

2 在【打开】输入框中输入“regedit”后，单击【确定】按钮，打开注册表编辑器。

3 从左侧栏中依次展开【HKEY_CURRENT_USER\Software\Microsoft\Windows\CurrentVersion\Policies\Explorer】子项。

4 在右侧栏中找到或新建一个DWORD值（双字节值）类型的名为【NoChangeStartMenu】的项，双击该键值项，打开【编辑DWORD值】对话框，在【数值数据】文本框中将其值设为1，如图2.73所示。

★ 图2.73

5 单击【确定】按钮，然后关闭【注册表编辑器】窗口即可锁定【开始】菜单。

屏蔽【开始】菜单中的选项

通过修改注册表，可以隐藏【开始】菜单中的很多选项，如【运行】、【搜索】、【我最近的文档】等选项。

打开【注册表编辑器】窗口，从左侧栏中依次展开【HKEY_CURRENT_USER\Software\Microsoft\Windows\CurrentVersion\Policies\Explorer】子项，在右侧栏中新建表2.1中所示的项，并设置相应的值，即可隐藏相应选项。

表2.1 隐藏菜单项

项的名称	类型	值	作用
NoRun	DWORD值（双字节值）	1	隐藏【运行】菜单
		0	显示【运行】菜单
NoFind	DWORD值（双字节值）	1	隐藏【搜索】菜单
		0	显示【搜索】菜单
NoClose	DWORD值（双字节值）	1	隐藏【关机】菜单
		0	显示【关机】菜单
NoRecentDocsMenu	DWORD值（双字节值）	1	隐藏【我最近的文档】菜单
		0	显示【我最近的文档】菜单

提 示

对于表2.1中列出的这些选项，有些选项在更改完注册表并刷新后，立刻就可生效，而有些则需要重新启动电脑后才能使设置生效。

在桌面上单击鼠标右键时禁止弹出快捷菜单

为了防止其他用户修改设定好的桌面属性，可以通过修改注册表来禁止在桌面上单击鼠标右键时弹出快捷菜单，具体操作步骤如下：

1 执行【开始】→【运行】命令，打开【运行】对话框。

2 在【打开】输入框中输入“regedit”后，单击【确定】按钮，打开注册表编辑器。

3 从左侧栏中依次展开【HKEY_CURRENT_USER\Software\Microsoft\Windows\CurrentVersion\Policies\Explorer】子项。

4 在右侧栏中找到或新建一个DWORD值（双字节值）类型的名为【NoViewContextMenu】的项，双击该键值项，打开【编辑DWORD值】对话框，在【数值数据】文本框中将其值设为1，如图2.74所示。

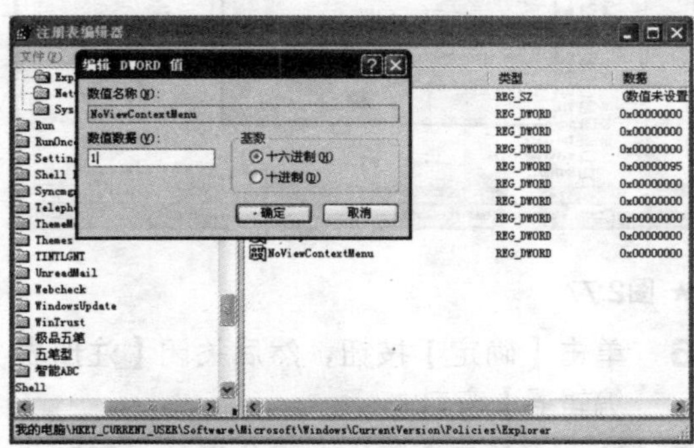

★ 图2.74

5 单击【确定】按钮，然后关闭【注册表编辑器】窗口。

6 注销当前用户再进入操作系统即可使设置生效。

隐藏资源管理器中的磁盘驱动器

有时为了安全，需要隐藏资源管理器中的磁盘驱动器。这个任务可以通过修改注册表来完成。打开【注册表编辑器】窗口，在左侧栏中依次展开【HKEY_CURRENT_USER\Software\Microsoft\Windows\CurrentVersion\Explorer】子项，在右侧窗口中新建一个二进制值类型的项，将其命名为【NoDrives】。该项的值可以设置为表2.2中所示的值，设置不同的值可以隐藏不同的磁盘驱动器。

表2.2　【NoDrives】项的取值及作用

值	作用
00000000	不隐藏任何盘
01000000	隐藏A盘
02000000	隐藏B盘
04000000	隐藏C盘
08000000	隐藏D盘
10000000	隐藏E盘
20000000	隐藏F盘
40000000	隐藏G盘
80000000	隐藏H盘
00010000	隐藏I盘
00020000	隐藏J盘
00040000	隐藏K盘
00080000	隐藏L盘
00100000	隐藏M盘
00200000	隐藏N盘
00400000	隐藏O盘
00800000	隐藏P盘
00000100	隐藏Q盘
00000200	隐藏R盘
00000400	隐藏S盘
00000800	隐藏T盘
00001000	隐藏U盘
00002000	隐藏V盘
00004000	隐藏W盘
00008000	隐藏X盘
00000001	隐藏Y盘
00000002	隐藏Z盘
FFFFFFFF	隐藏所有盘
21000000	隐藏A盘和F盘

设置好值后，只要刷新注册表，就可以隐藏相应的驱动器了。

将文件彻底隐藏

很多人都抱怨，Windows中隐藏文件的功能太弱了，根本起不到真正隐藏文件的目的。的确，常规隐藏文件的方法是在文件名上单击鼠标右键，从快捷菜单中选择【属性】选项，在打开的如图2.75所示的文件属性对话框中，在【属性】设置区中选中【隐藏】复选框，表面上这个文件在资源管理器窗口中就看不见了。

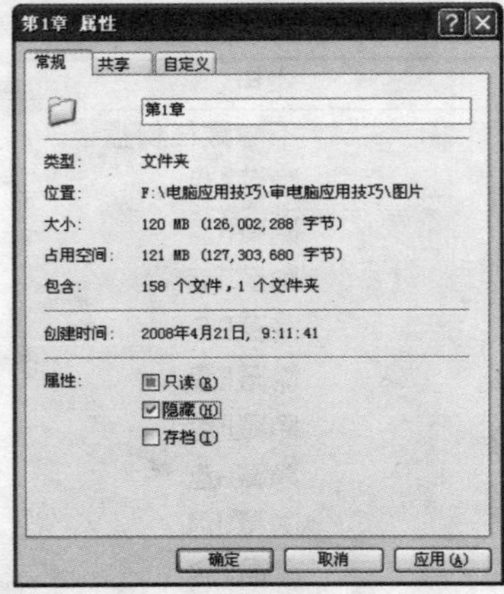

★ 图2.75

但是在资源管理器窗口中，打开【工具】菜单，选择【文件夹】选项，打开【文件夹选项】对话框，选择图2.76所示的【查看】选项卡，在【高级设置】栏中选中【显示所有文件和文件夹】单选按钮，单击【确定】按钮后，被隐藏的文件就都被显示出来了。

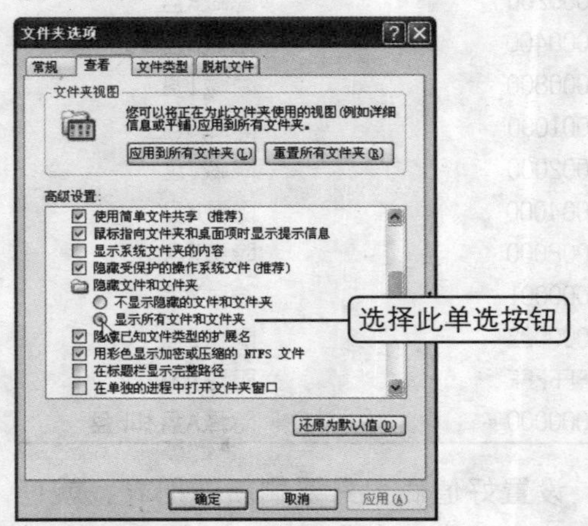

★ 图2.76

通过修改注册表可以将文件彻底隐藏。具体操作步骤如下：

1 首先按照常规的方法将要隐藏的文件的属性设置为【隐藏】。

2 执行【开始】→【运行】命令，打开【运行】对话框。

3 在【打开】输入框中输入“regedit”后，单击【确定】按钮，打开注册表编辑器。

4 从左侧栏中依次展开【HKEY_LOCAL_MACHINE\SOFTWARE\Microsoft\Windows\CurrentVersion\Explorer\Advanced\Folder\Hidden\SHOWALL】子项。

5 在右侧栏中找到【CheckedValue】项，双击该键值，在打开的【编辑DWORD值】对话框中将其值改为0，如图2.77所示。

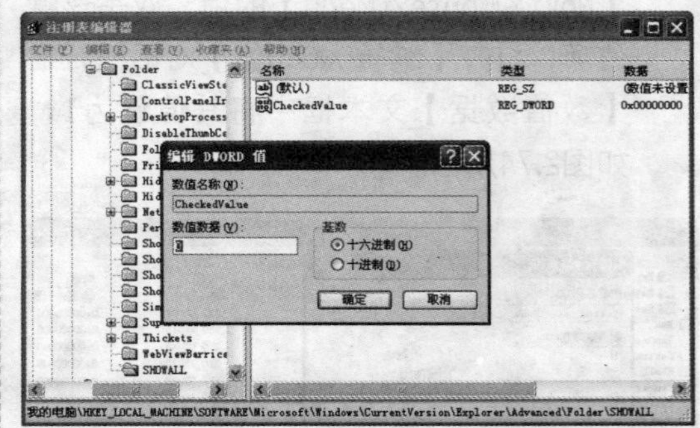

★ 图2.77

6 单击【确定】按钮，然后关闭【注册表编辑器】窗口。

7 注销当前用户再进入操作系统，即可将设置为隐藏状态的文件彻底隐藏。

注 意

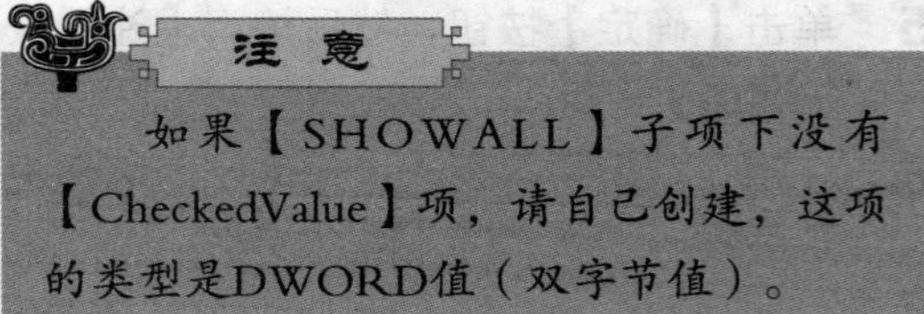
如果【SHOWALL】子项下没有【CheckedValue】项，请自己创建，这项的类型是DWORD值（双字节值）。

禁止使用【Windows任务管理器】

在Windows XP操作系统中，在桌面

的任务栏上单击鼠标右键，在弹出的快捷菜单中选择【任务管理器】选项，会弹出【Windows 任务管理器】窗口。单击【进程】选项卡，其中显示各种正在运行的程序，如图2.78所示。

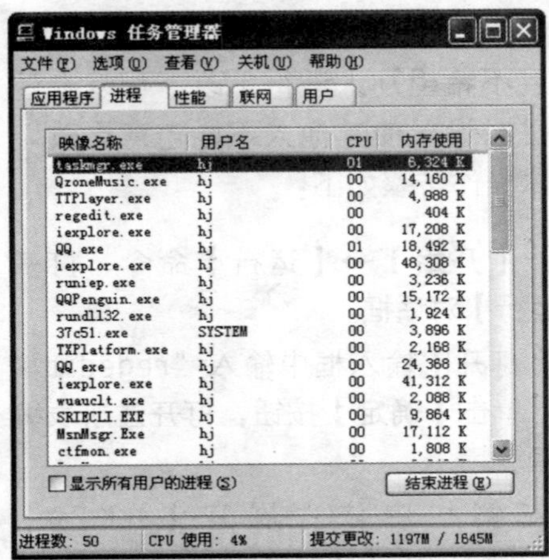

★ 图2.78

在这个窗口中可以方便地终止或启动各种程序的运行、监视所运行的所有程序、查看计算机的性能等，在很多方面可以提高工作效率。有时为了安全，要禁止其他人乱动【Windows任务管理器】窗口，可以通过设置注册表，禁止使用Windows的任务管理器。具体操作方法如下：

1 执行【开始】→【运行】命令，打开【运行】对话框。

2 在【打开】输入框中输入“regedit”后，单击【确定】按钮，打开注册表编辑器。

3 从左侧栏中依次展开【HKEY_LOCAL_MACHINE\SOFTWARE\Microsoft\Windows\CurrentVersion\policies\system】子项。

4 在右侧栏中找到【DisableTaskMgr】项，如果没有这项，就在右侧窗口中建立一个DWORD值类型的项，将其命名为【DisableTaskMgr】，然后双击该键值项，在打开的【编辑DWORD值】对话框中将它的数值改为1，如图2.79所示。

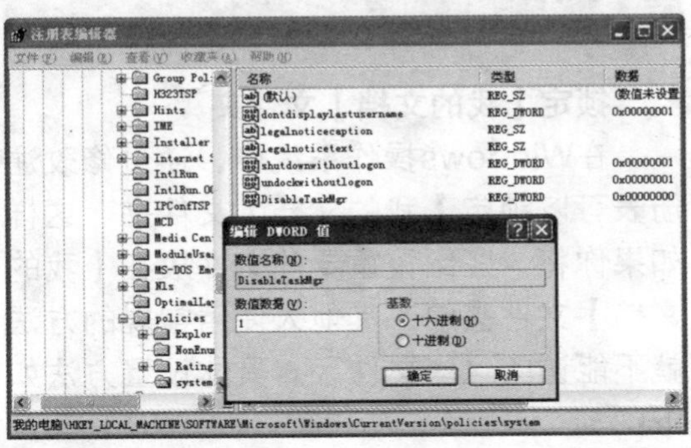

★ 图2.79

5 再在【注册表编辑器】窗口中依次展开【HKEY_CURRENT_USER\Software\Microsoft\Windows\CurrentVersion\Policies\System】子项（如果没有相应的子项，请自己创建）。

6 找到或新建一个名为【DisableTaskMgr】的DWORD值（双字节值）类型的项，将其值改为1，如图2.80所示。

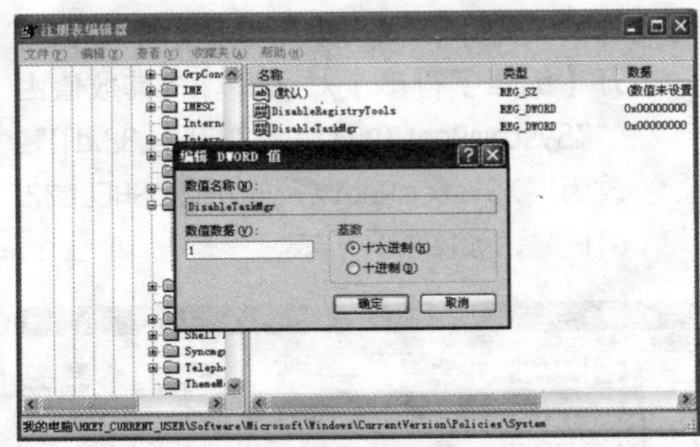

★ 图2.80

7 单击【确定】按钮，然后关闭【注册表编辑器】对话框。这样就可以禁用【Windows任务管理器】了，也就是说再选择调出【Windows任务管理器】的命令已经不起作用了。

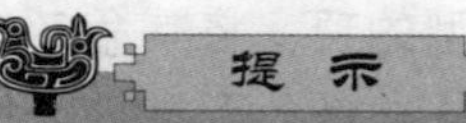

如果需要恢复对【Windows任务管理器】的操作，将【DisableTaskMgr】项的值改为0或将这项删除就可以了。

锁定【我的文档】文件夹

在Windows操作系统中，通过修改注册表可以锁定【我的文档】文件夹。这样如果你将一些比较重要的文件放在【我的文档】文件夹中，其他人使用常规的方法就不能访问这些文件了。具体设置方法如下：

1 执行【开始】→【运行】命令，打开【运行】对话框。

2 在【打开】输入框中输入“regedit”后，单击【确定】按钮，打开注册表编辑器。

3 从左侧栏中依次展开【HKEY_CLASSES_ROOT\CLSID\{450D8FBA-AD25-11D0-98A8-0800361B1103}\InProcServer32】子项。

4 在右侧栏中，双击【（默认）】项，打开【编辑字符串】对话框。将其数值由“%SystemRoot%\system32\SHELL32.dll”改为“%SystemRoot%\system32\SHELL32.dll-”，如图2.81所示。

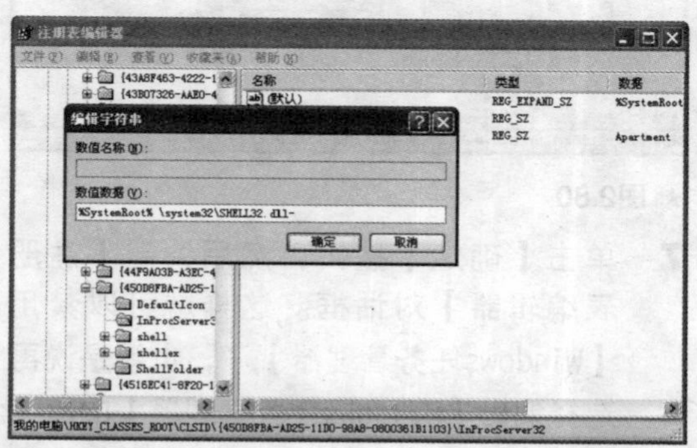

★ 图2.81

5 单击【确定】按钮，然后关闭【注册表编辑器】窗口。

6 注销当前用户再进入操作系统，【我的文档】文件夹就不能被打开了。

禁止更改墙纸

如果你为电脑设置了一张漂亮的墙纸，并且不希望别人进行更改，可以在注册表中进行设置使其他人不能随意更改墙纸。具体操作步骤如下：

1 执行【开始】→【运行】命令，打开【运行】对话框。

2 在【打开】输入框中输入“regedit”后，单击【确定】按钮，打开注册表编辑器。

3 从左侧栏中依次展开【HKEY_CURRENT_USER\Software\Microsoft\Windows\CurrentVersion\Policies\ActiveDesktop】子项。

4 在右侧栏中找到或新建一个DWORD值类型的名为【NoChangingWallPaper】的项，将其值设置为1，如图2.82所示。

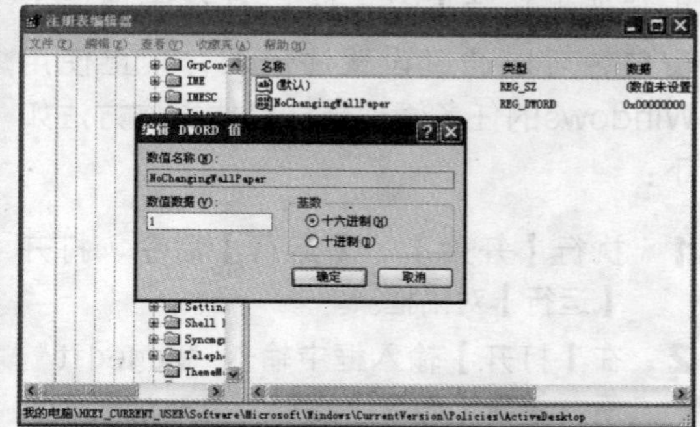

★ 图2.82

5 单击【确定】按钮，然后关闭【注册表编辑器】窗口。

6 在桌面上单击鼠标右键，从弹出的快捷菜单中选择【属性】选项，打开【显示属性】对话框。

7 切换到【桌面】选项卡中，可以看到这个选项卡中的设置按钮都变为了灰色，表示它们目前是不可设置的，因而不能设置墙纸，如图2.83所示。

★ 图2.83

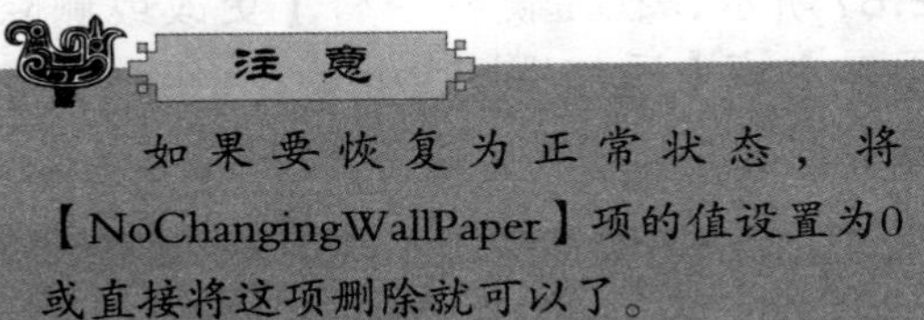

注　意

如果要恢复为正常状态，将【NoChangingWallPaper】项的值设置为0或直接将这项删除就可以了。

禁用屏幕保护设置

如果不想让其他人更改你的屏幕保护设置，可以通过修改注册表进行设置。具体操作步骤如下：

1 执行【开始】→【运行】命令，打开【运行】对话框。

2 在【打开】输入框中输入“regedit”后，单击【确定】按钮，打开注册表编辑器。

3 从左侧栏中依次展开【HKEY_CURRENT_USER\Software\Policies\Microsoft\Windows\Control Panel\Desktop】子项。

4 在右侧栏中找到或新建一个DWORD值（双字节值）类型的名为【ScreenSaveActive】的项，双击该键值项，在打开的【编辑DWORD值】对话框中将其值设为0，如图2.84所示。

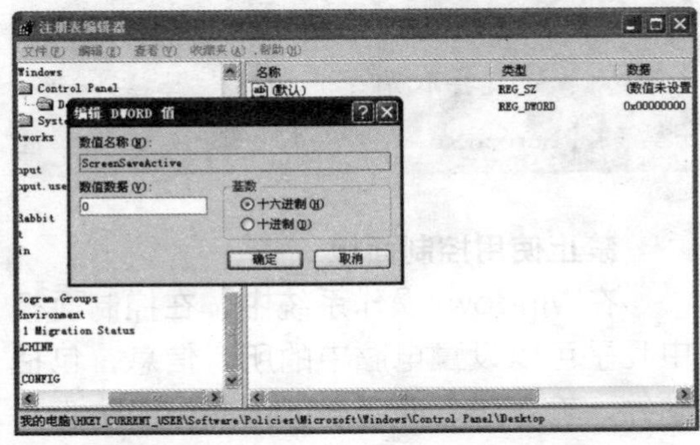

★ 图2.84

5 单击【确定】按钮，关闭【注册表编辑器】窗口。

6 注销当前用户再进入操作系统，即可使设置生效。

7 在桌面上单击鼠标右键，在弹出的快捷菜单中选择【属性】选项，打开【显示属性】对话框。

8 切换到【屏幕保护程序】选项卡中，可以看到这个选项卡中的设置按钮都变为了灰色，表示它们目前是不可设置的，因而不能设置屏幕保护设置，如图2.85所示。

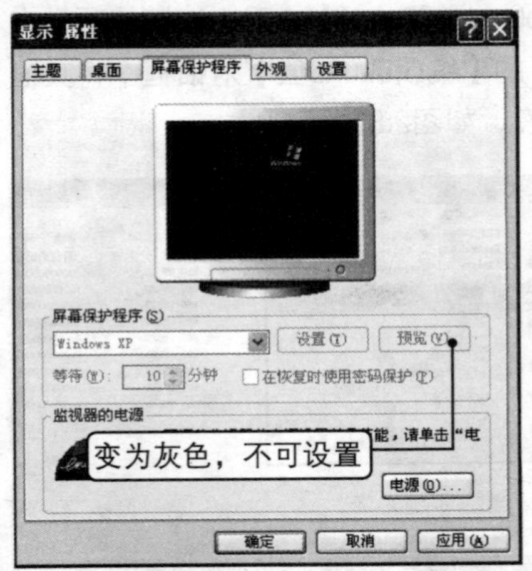

★ 图2.85

注 意

可能很多用户的注册表中从【Windows】子项开始就没有了，按照文中介绍的子项名称一级一级地创建就可以了。如果要取消禁用设置，需要将新建的【ScreenSaveActive】项删除。

禁止使用控制面板

在Windows操作系统中，在控制面板中几乎可以设置电脑中的所有信息，包括硬件、输入法、网络等。因此为了防止其他人随意改动电脑的各项设置，可以在注册表中进行设置，禁止使用控制面板。具体操作步骤如下：

1 执行【开始】→【运行】命令，打开【运行】对话框。

2 在【打开】输入框中输入"regedit"后，单击【确定】按钮，打开注册表编辑器。

3 从左侧栏中依次展开【HKEY_CURRENT_USER\Software\Microsoft\Windows\CurrentVersion\Policies\Explorer】子项。

4 在右侧栏中新建一个DWORD值（双字节值）类型的项，将其命名为【NoControlPanel】，双击该键值项，在打开的【编辑DWORD值】对话框中将其值设为1，如图2.86所示。

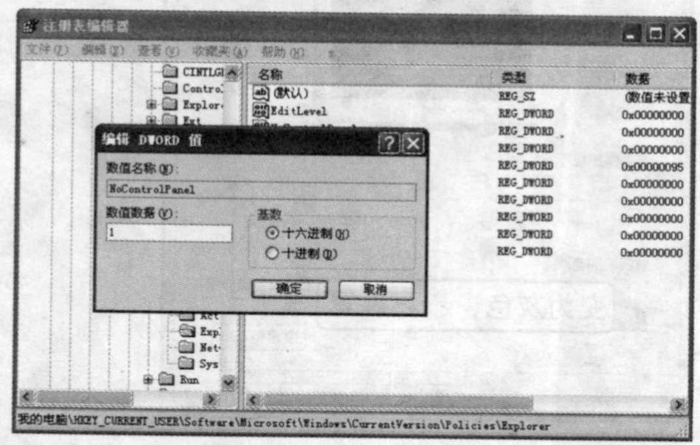

★ 图2.86

5 单击【确定】按钮，然后关闭【注册表编辑器】窗口。

6 注销当前用户再进入操作系统，即可禁用控制面板了。

这样设置后，打开【开始】菜单时，将不能看到【控制面板】选项。打开资源管理器窗口，也将看不到控制面板的身影了。

提 示

如果要恢复使用控制面板，可将新建的【NoControlPanel】项的值改为0或将这项直接删除即可。

隐藏【添加/删除Windows组件】按钮

在默认情况下，打开控制面板窗口中的【添加或删除程序】窗口后，显示如图2.87所示，在左侧栏中有【更改或删除程序】、【添加/删除Windows组件】等共4项。

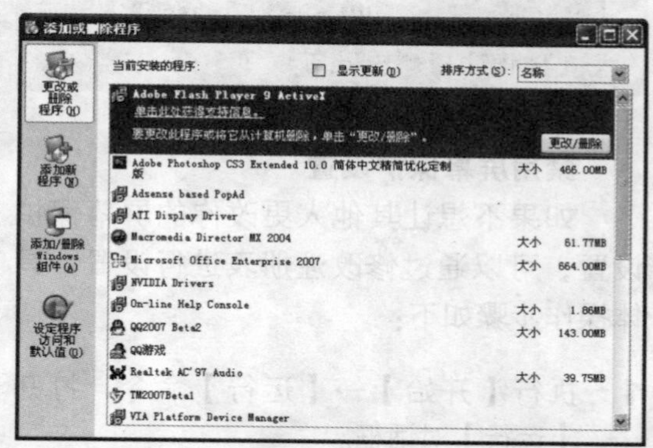

★ 图2.87

通过【添加/删除Windows组件】选项可以安装在默认状态下没有安装的Windows组件。如果为了电脑的安全，可以通过修改注册表禁用这一项，具体操作步骤如下：

1 执行【开始】→【运行】命令，打开【运行】对话框。

2 在【打开】输入框中输入“regedit”后，单击【确定】按钮，打开注册表编辑器。

3 从左侧栏中依次展开【HKEY_CURRENT_USER\Software\Microsoft\Windows\CurrentVersion\Policies\Uninstall】子项（如果没有相应子项，请自己创建）。

4 在右侧栏中找到或新建一个DWORD值（双字节值）类型的名为【NoWindowsSetupPage】的项，双击该键值项，在打开的【编辑DWORD值】对话框中将它的值设置为1。设置对话框如图2.88所示。

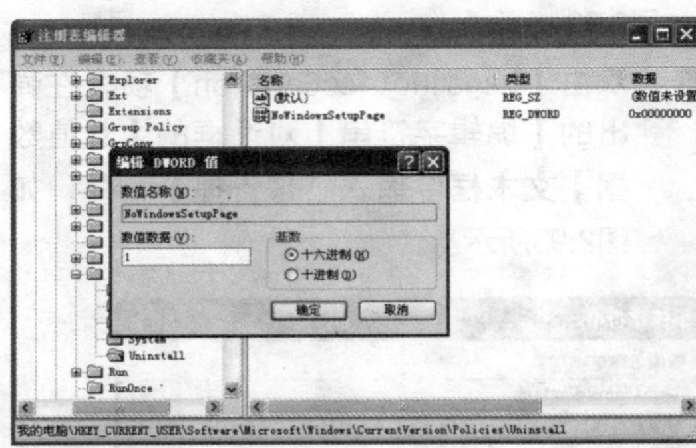

★ 图2.88

5 单击【确定】按钮，然后关闭【注册表编辑器】窗口。

6 注销当前用户再进入操作系统，即可将【添加/删除Windows组件】一项隐藏，此时的【添加或删除程序】窗口变为如图2.89所示的样子。【添加/删除Windows组件】项不见了。

提　示

如果要恢复为正常的窗口，请将【NoWindowsSetupPage】项的值设置为0或将此项删除。

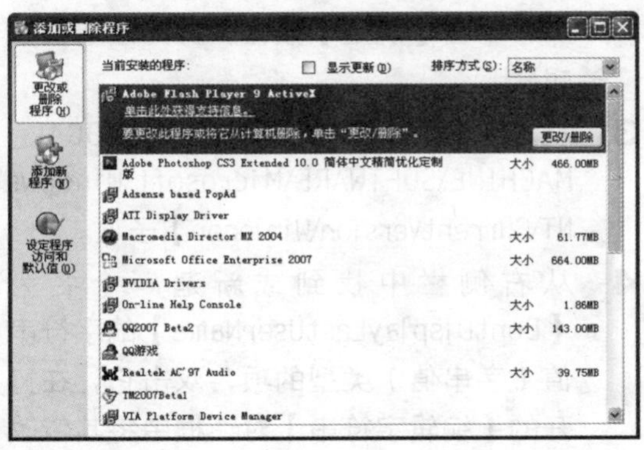

★ 图2.89

禁止显示前一个登录者的名称

在Windows XP操作系统中，当按下【Windows+L】组合键后，都会弹出图2.90所示的对话框，要求输入用户名和密码。

★ 图2.90

在登录对话框的【用户名】栏中总会显示上一次登录者的名称，这对于多人共用一台电脑的情况来说很不方便。通过修改注册表可以改变这种情况，具体操作步骤如下：

1 执行【开始】→【运行】命令，打开【运行】对话框。

2 在【打开】输入框中输入“regedit”

后，单击【确定】按钮，打开注册表编辑器。

3 从左侧栏中依次展开【HKEY_LOCAL_MACHINE\SOFTWARE\Microsoft\Windows NT\CurrentVersion\Winlogon】子项。

4 从右侧栏中找到或新建一个名为【DontDisplayLastUserName】的字符串值（字串值）类型的项，双击它，在打开的【编辑字符串】对话框中将其值改为1，如图2.91所示。

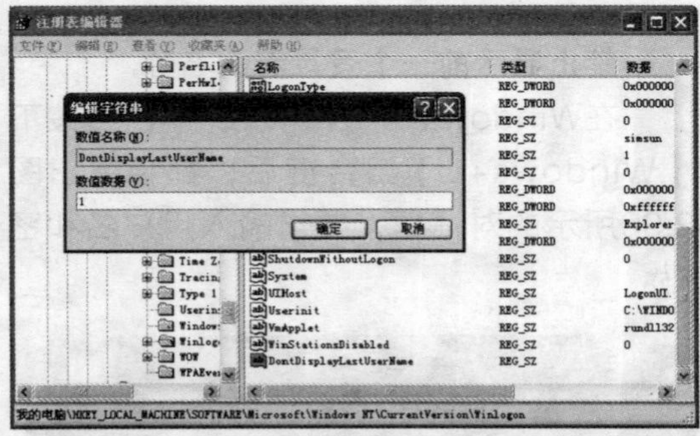

★ 图2.91

5 单击【确定】按钮，然后关闭【注册表编辑器】窗口。

6 重新启动计算机，登录对话框中将不显示上一次登录者的用户名。

让想要动你电脑的人自动走开

使用注册表编辑器可以制作一些系统弹出的警告框，有时巧妙地利用一下这个功能，可以吓走想要擅自动你电脑的人，具体操作步骤如下：

1 执行【开始】→【运行】命令，打开【运行】对话框。

2 在【打开】输入框中输入“regedit”后，单击【确定】按钮，打开注册表编辑器。

3 从左侧栏中依次展开【HKEY_LOCAL_MACHINE\SOFTWARE\Microsoft\Windows NT\CurrentVersion\Winlogon】子项。

4 在右栏中新建两个字符串值类型的项，将它们的名字分别命名为【LegalNoticeCaption】和【LegalNoticeText】，如图2.92所示。

★ 图2.92

5 双击【LegalNoticeCaption】项，在弹出的【编辑字符串】对话框的【数值数据】文本框中输入“警告提示：”，如图2.93所示。

★ 图2.93

6 再双击【LegalNoticeText】项，在【编辑字符串】对话框的【数值数据】文本框中可以多输入一些警告语，总之，能起到警告作用就好，如图2.94所示。

★ 图2.94

7 单击【确定】按钮，关闭【注册表编辑器】窗口。

8 重新启动电脑，在出现登录对话框之前，就会弹出如图2.95所示的警告框，胆小的人就不敢继续操作了。

其实单击【确定】按钮后是什么也不会发生的。为了安全起见，还是建议为自己的电脑设置登录密码。

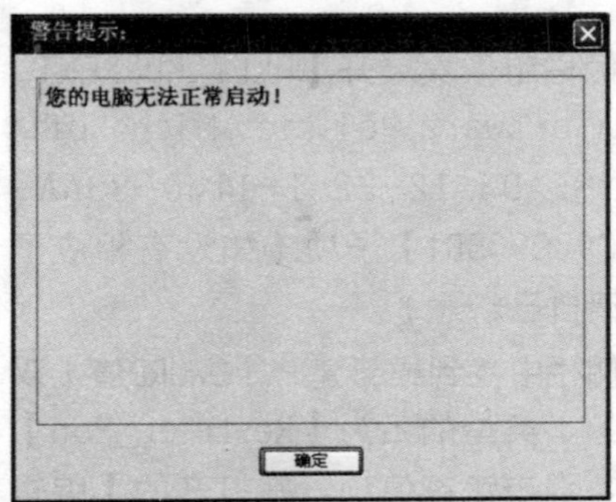

★ 图2.95

禁止使用【计算机管理】窗口

在Windows XP中，用鼠标右键单击【我的电脑】图标，在弹出的快捷菜单中选择【管理】选项，打开图2.96所示的【计算机管理】窗口，在这个窗口中可以对计算机中的一些服务、用户管理、事件查看等高级功能进行设置。

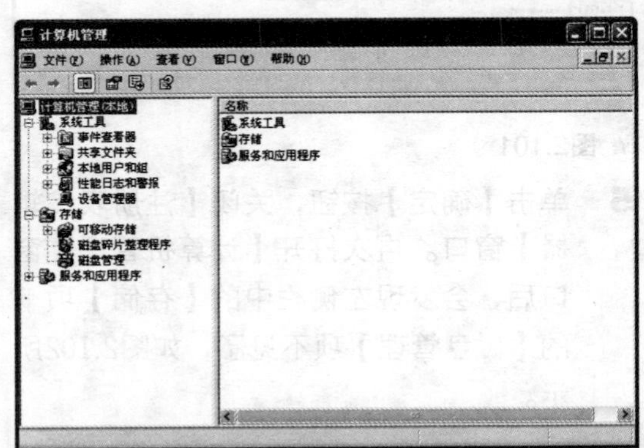

★ 图2.96

为了计算机的安全，有时需要修改注册表文件禁用这个窗口，具体操作步骤如下：

1 执行【开始】→【运行】命令，打开【运行】对话框。

2 在【打开】输入框中输入“regedit”后，单击【确定】按钮，打开注册表编辑器。

3 从左侧栏中依次展开【HKEY_CURRENT_USER\Software\Policies\Microsoft\MMC\{58221C67-EA27-11CF-ADCF-00AA00A80033}】子项（如没有相应子项，请自己新建）。

4 在右侧栏中找到或新建一个DWORD值（双字节值）类型的名为【Restrict_Run】的项，在打开的【编辑DWORD值】对话框的【数值数据】文本框中将其值设置为1，如图2.97所示。

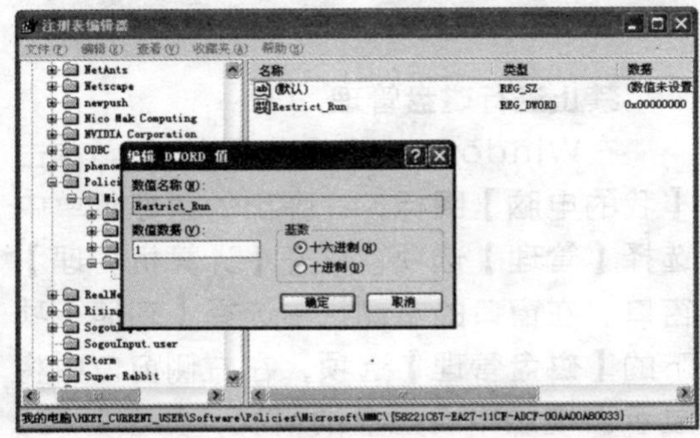

★ 图2.97

5 单击【确定】按钮，关闭【注册表编辑器】窗口。

经过这样设置后，在【我的电脑】图标的右键菜单中选择【管理】选项时，将显示出图2.98所示的警告框，单击【确定】按钮，会出现如图2.99所示的对话框，不能对【计算机管理】窗口中的内容进行修改了。

★ 图2.98

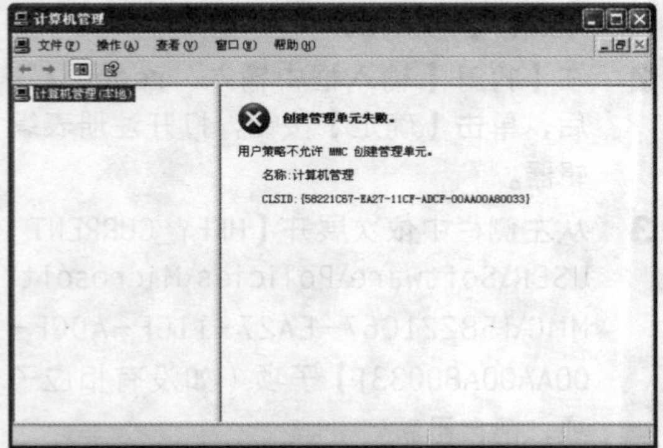

★ 图2.99

要恢复使用【计算机管理】窗口，将【Restrict_Run】项的值设置为0或删除该项即可。

禁止进行磁盘管理

在Windows XP操作系统中，右击【我的电脑】图标，在弹出的快捷菜单中选择【管理】选项，打开【计算机管理】窗口。在窗口的左侧栏中选择【存储】项下的【磁盘管理】选项，在右侧窗口中将显示出电脑中各磁盘的情况，如图2.100所示。在这里可以方便地对各磁盘进行管理，例如，格式化、重新分区等。

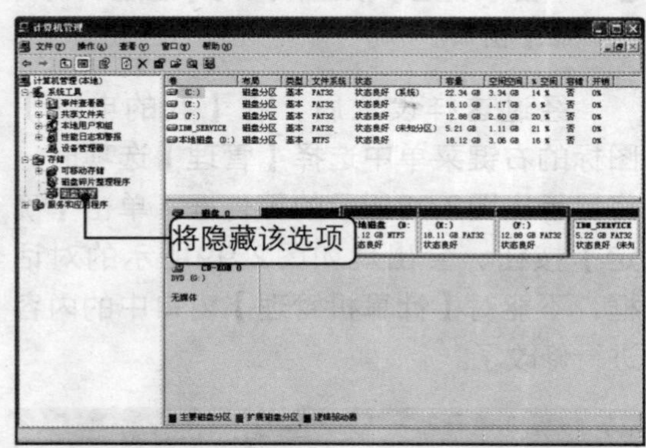

★ 图2.100

这个窗口方便了用户对自己的磁盘进行管理，同时也方便了黑客的入侵，通过修改注册表文件，可以禁用这项功能，具体操作步骤如下：

1 执行【开始】→【运行】命令，打开【运行】对话框。

2 在【打开】输入框中输入“regedit”后，单击【确定】按钮，打开注册表编辑器。

3 从左侧栏中依次展开【HKEY_CURRENT_USER\Software\Policies\Microsoft\MMC\{8EAD3A12-B2C1-11d0-83AA-00A0C92C9D5D}】子项（如没有相应子项，请自己新建）。

4 在右侧栏中找到或新建一个DWORD值（双字节值）类型的名为【Restrict_Run】的项，双击该键值项，在打开的【编辑DWORD值】对话框中将其值设置为1，设置窗口如图2.101所示。

★ 图2.101

5 单击【确定】按钮，关闭【注册表编辑器】窗口。再次打开【计算机管理】窗口后，会发现左侧栏中的【存储】项下的【磁盘管理】项不见了，如图2.102所示。

要恢复使用磁盘管理的设置，将【Restrict_Run】项的值设置为0即可。

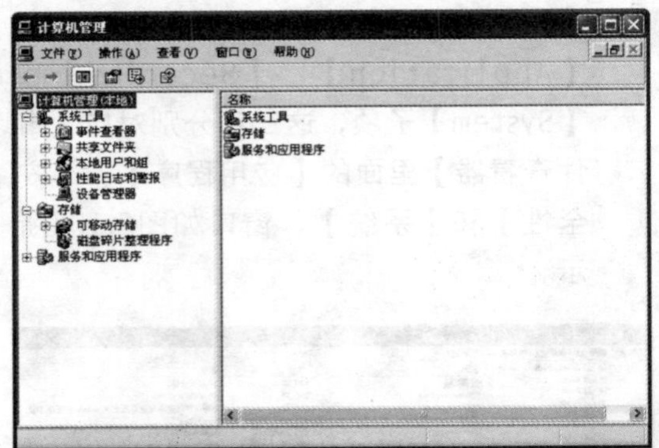

★ 图2.102

禁止运行磁盘碎片整理程序

在【计算机管理】窗口中，有【磁盘碎片整理程序】一项，单击它，可以在右侧栏中对各磁盘进行碎片整理，如图2.103所示。

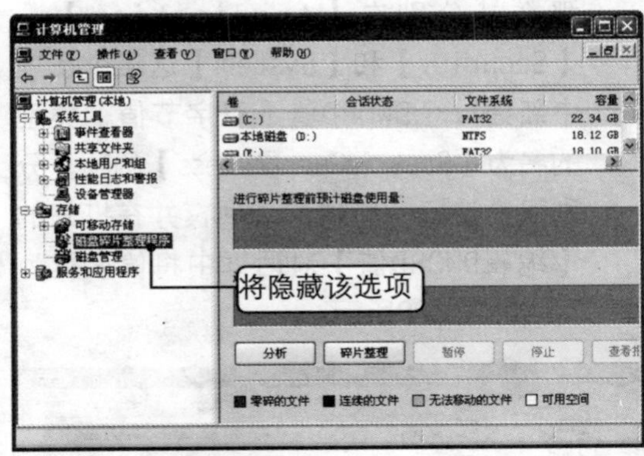

★ 图2.103

有时候，为了保障计算机的安全，可以通过修改注册表将这项功能禁用，具体操作步骤如下：

1 执行【开始】→【运行】命令，打开【运行】对话框。

2 在【打开】输入框中输入“regedit”后，单击【确定】按钮，打开注册表编辑器。

3 从左侧栏中依次展开【HKEY_CURRENT_USER\Software\Policies\Microsoft\MMC\{43668E21-2636-11D1-A1CE-0080C88593A5}】子项（如没有相应子项，请自己新建）。

4 在右侧栏中找到或新建一个DWORD值（双字节值）类型的名为【Restrict_Run】的项，双击该键值项，在打开的【编辑DWORD值】对话框中将其值设置为1，设置窗口如图2.104所示。

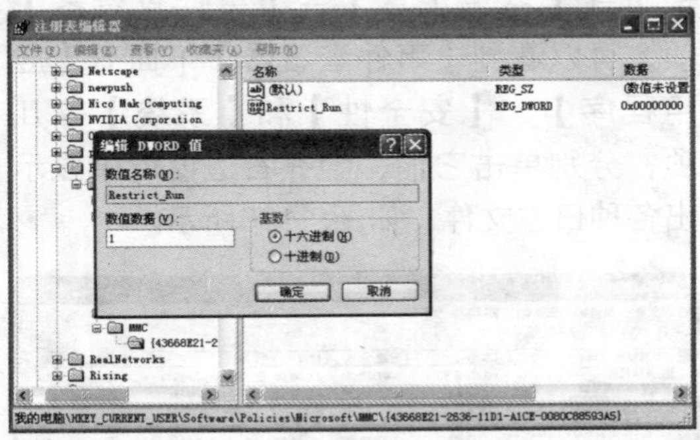

★ 图2.104

5 单击【确定】按钮，关闭【注册表编辑器】窗口。再次打开【计算机管理】窗口后，会发现左侧栏中的【磁盘碎片整理程序】项不见了，窗口如图2.105所示。

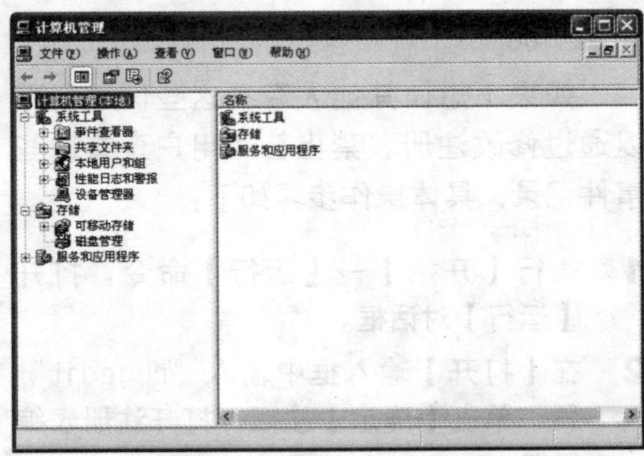

★ 图2.105

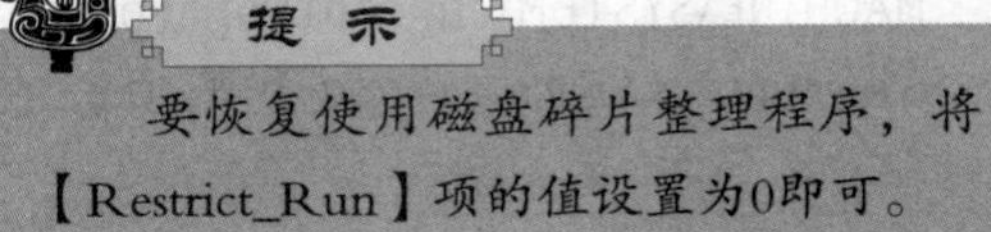

提　示

要恢复使用磁盘碎片整理程序，将【Restrict_Run】项的值设置为0即可。

禁止查看电脑中的事件记录

在电脑中运行的所有程序以及进行的所有操作，电脑都会记录在日志文件中。从各种日志文件中，可以找到一些关于系统安全方面的信息。在桌面上右击【我的电脑】图标，在弹出的快捷菜单中选择【管理】选项，打开【计算机管理】窗口。在窗口的左侧栏中展开【计算机管理】→【系统工具】→【事件查看器】项，可以看到【事件查看器】下面有【应用程序】、【安全性】和【系统】等几项，分别单击它们，会在右边窗口中显示出各种日志文件，如图2.106所示。

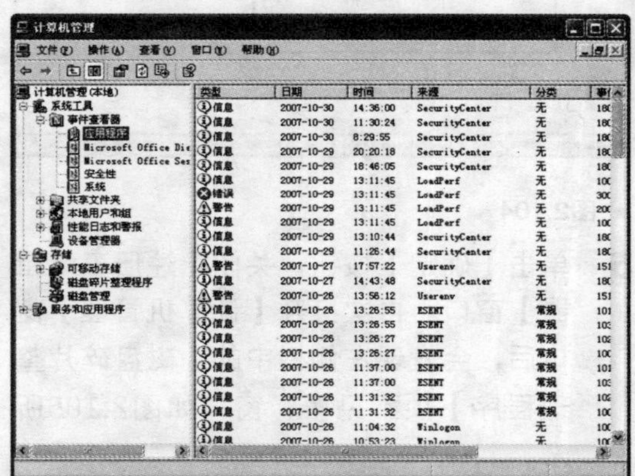

★ 图2.106

如果不想让其他人查看这些信息，可以通过修改注册表禁止普通用户查看这些事件记录，具体操作步骤如下：

1 执行【开始】→【运行】命令，打开【运行】对话框。

2 在【打开】输入框中输入“regedit”后，单击【确定】按钮，打开注册表编辑器。

3 从左侧栏中依次展开【HKEY_LOCAL_MACHINE\SYSTEM\CurrentControlSet\Services\Eventlog】子项，在【Eventlog】子项下，可以看到有【Application】、【Security】和【System】子项，这三项分别对应【事件查看器】里面的【应用程序】、【安全性】和【系统】，窗口如图2.107所示。

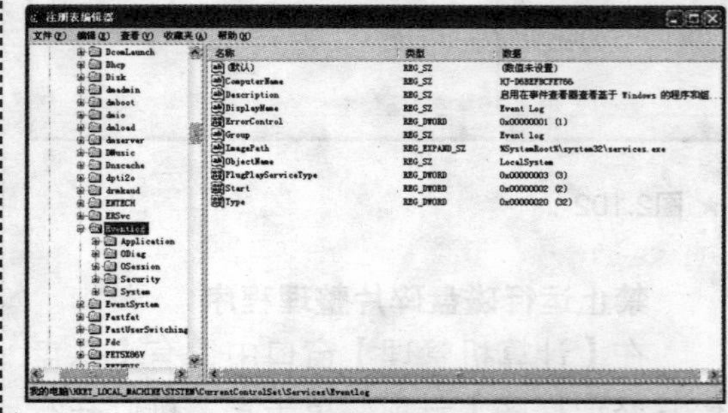

★ 图2.107

4 如果要禁止其他人查看日志文件，那么就分别在【Application】、【Security】和【System】这三个子项中新建一个DWORD值（双字节值）类型的名为【RestricGuestAccess】的项，分别双击这三个新建的子项，并在打开的【编辑DWORD值】对话框中将值设置为1，如图2.108所示。

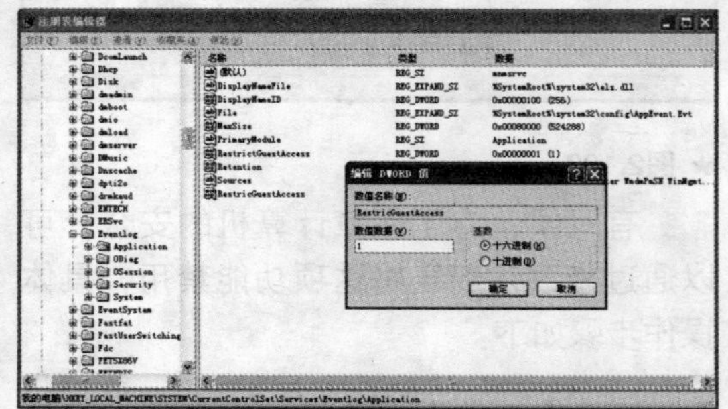

★ 图2.108

5 单击【确定】按钮，然后关闭【注册表编辑器】对话框。

6 注销当前用户再进入操作系统，设置即可生效。

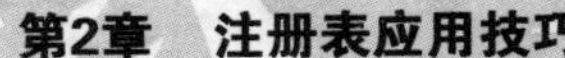

禁止使用键盘上的Windows键

在键盘的左下角，【Ctrl】键和【Alt】键之间的那个键，我们称之为Windows键。按下此键后，可以打开【开始】菜单。同时按下这个键和其他一些键可以进行一些快捷操作。不过如果不想使用这个键，可以通过修改注册表禁用它，具体操作步骤如下：

1 执行【开始】→【运行】命令，打开【运行】对话框。

2 在【打开】输入框中输入“regedit”后，单击【确定】按钮，打开注册表编辑器。

3 从左侧栏中依次展开【HKEY_LOCAL_MACHINE\SYSTEM\CurrentControlSet\Control\Keyboard Layout】子项。

4 在右侧栏中找到或新建一个二进制值类型的名为【Scancode Map】的项，双击它，在打开的【编辑二进制数值】对话框中将这项的值改为【00 00 00 00 00 00 00 00 03 00 00 00 00 00 5B E0 00 00 5C E0 00 00 00 00】，如图2.109所示。

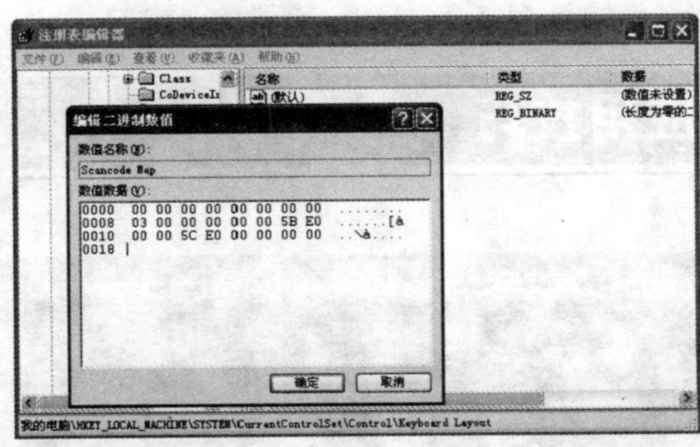

★ 图2.109

5 单击【确定】按钮，关闭【注册表编辑器】对话框。

6 重新启动计算机，键盘上的Windows键就不起作用了。

禁用和恢复注册表编辑器的使用

通过前面讲解的技巧，可以看出使用注册表可以做很多事情，它可以大大优化系统，但如果有人恶意更改了电脑的注册表，则可能造成很严重的后果。所以有时为了计算机的安全，可以通过修改注册表禁止其他人更改注册表的设置，具体操作步骤如下：

1 执行【开始】→【运行】命令，打开【运行】对话框。

2 在【打开】输入框中输入“regedit”后，单击【确定】按钮，打开注册表编辑器。

3 从左侧栏中依次展开【HKEY_CURRENT_USER\Software\Microsoft\Windows\CurrentVersion\Policies\System】子项。

4 在右侧栏中找到或新建一个DWORD值类型的名为【Disableregistrytools】的项，双击该键值项，在打开的【编辑DWORD值】对话框中将其值改为1，如图2.110所示。

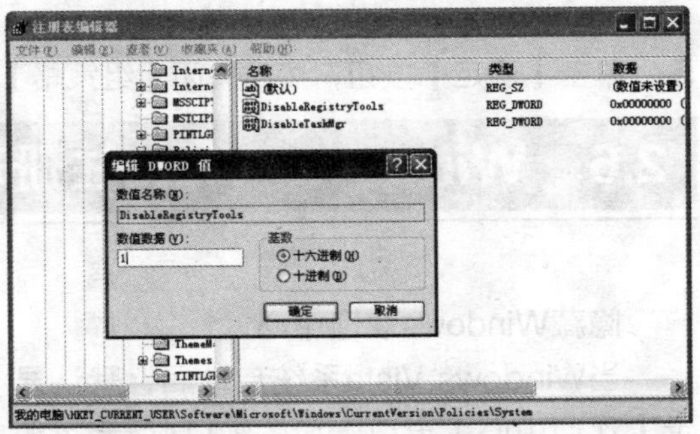

★ 图2.110

5 单击【确定】按钮，然后关闭【注册表编辑器】窗口。

再次打开注册表编辑器时，将会弹出禁止修改的提示框，如图2.111所示。

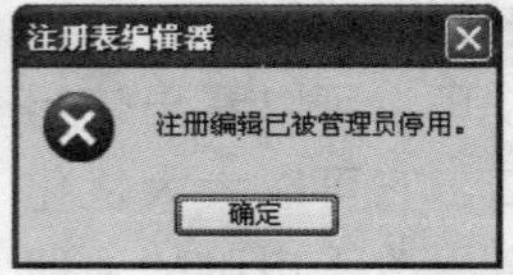

★ 图2.111

禁止别人使用注册表编辑器的同时，自己也没法使用了，如何恢复禁用的注册表编辑器呢？执行如下操作就可以恢复使用注册表：

1 执行【开始】→【运行】命令，打开【运行】对话框。

2 在【打开】输入框中输入“gpedit.msc”（不含引号），单击【确定】按钮，即可打开【组策略】窗口。

3 从左侧栏中依次选择【用户配置】→【管理模板】→【系统】项，在右侧栏中双击【阻止访问注册表编辑工具】项，如图2.112所示。

4 打开【阻止访问注册表编辑工具 属性】对话框，选择【已禁用】单选按钮，如图2.113所示。

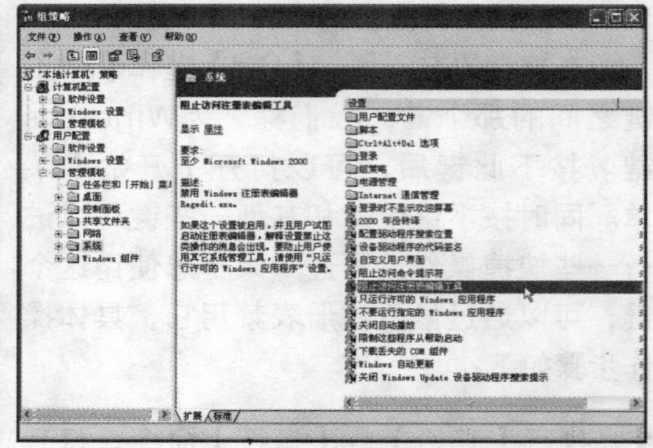

★ 图2.112

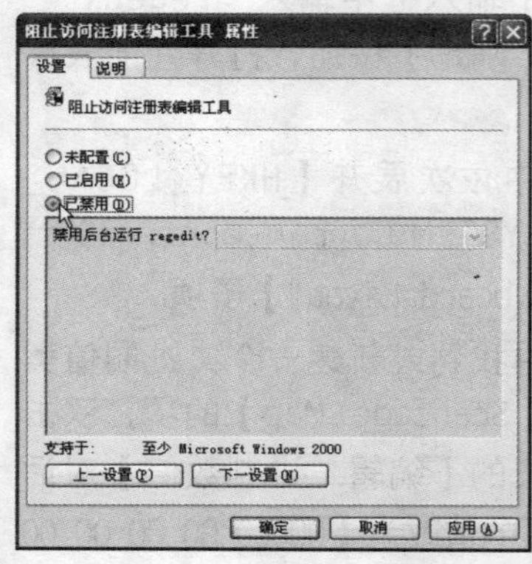

★ 图2.113

5 单击【确定】按钮，然后关闭【组策略】对话框，即可恢复禁用的注册表编辑器。

2.6 Windows Vista注册表应用技巧

隐藏Windows欢迎中心

当Windows Vista系统启动后，默认显示【欢迎中心】窗口，如图2.114所示。如果不希望显示该窗口，可以通过修改注册表实现，重新启动再进入系统后就不会弹出【欢迎中心】窗口了。

★ 图2.114

下面练习通过修改注册表隐藏【欢迎中心】窗口，具体操作步骤如下：

1 单击【开始】按钮，打开【开始】菜单。

2 在【开始搜索】输入框中输入“regedit”，按【Enter】键启动注册表编辑器。

3 从左侧栏中依次展开【HKEY_CURRENT_USER\Software\Microsoft\Windows\CurrentVersion\Run】子项。

4 双击右侧窗口中的【WindowsWelcomeCenter】键值项，在打开的对话框中将其键值设置为“Welcome.exe/R”，如图2.115所示。

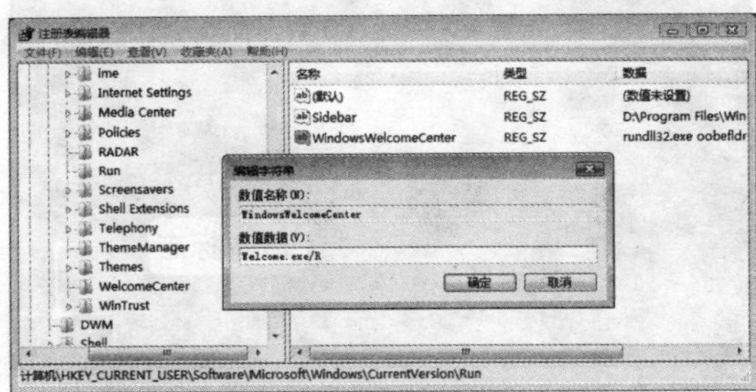

★ 图2.115

5 单击【确定】按钮关闭对话框。

6 注销当前用户或重启后再进入操作系统，就不会弹出【欢迎中心】窗口了。

取消快捷方式图标中的箭头

快捷方式图标通常在左下角有一个小箭头，通过修改注册表可以取消小箭头的显示，具体操作步骤如下：

1 单击【开始】按钮，打开【开始】菜单。

2 在【开始搜索】输入框中输入“regedit”，按【Enter】键启动注册表编辑器。

3 在左侧栏中依次展开【HKEY_CLASSES_ROOT\lnkfile】子项。

4 在右侧窗口中选择【IsShortcut】键值项，如图2.116所示。【IsShortcut】键值项指桌面上的.LNK快捷方式图标上的小箭头。

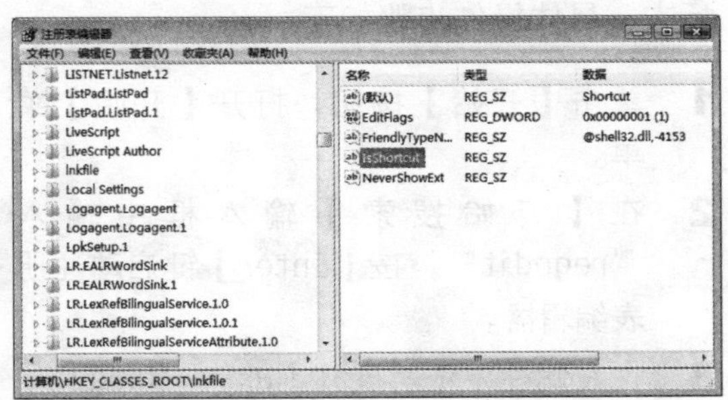

★ 图2.116

5 按【Del】键，在打开的询问对话框中单击【确定】按钮，如图2.117所示。

★ 图2.117

6 大多数快捷方式都是.LNK格式的，但也有.PIF（指向MS-DOS程序的快捷方式）格式的，可以将【HKEY_CLASSES_ROOT\piflife】项上的【IsShortcut】键值项删除。

7 注销当前用户或重新启动计算机再进入操作系统后设置即可生效，修改前后效果对比如图2.118的所示。

★ 图2.118

在桌面上显示Windows版本标志

默认情况下，Windows Vista桌面上不会显示Windows版本标志，可以通过修改注册表，在桌面右下角显示Windows版本标志，具体操作步骤如下：

1 单击【开始】按钮，打开【开始】菜单。

2 在【开始搜索】输入框中输入“regedit”，按【Enter】键启动注册表编辑器。

3 在左侧栏中依次展开【HKEY_CURRENT_USER\Control Panel\Desktop】子项。

4 在右侧窗口中选中【PaintDesktopVersion】键值项，如图2.119所示。

★ 图2.119

5 双击该键值项，在打开的【编辑DWORD值】对话框的【数值数据】文本框中将其键值更改为1，如图2.120所示。

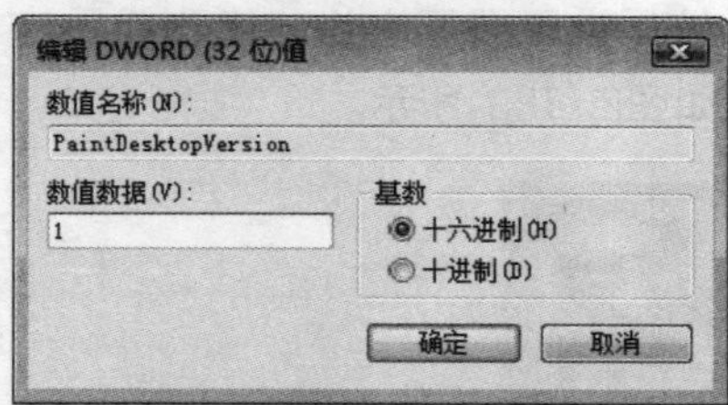

★ 图2.120

6 单击【确定】按钮关闭对话框。

7 注销当前用户或重启计算机后再进入操作系统，设置即可生效，修改前后效果对比如图2.121所示。

★ 图2.121（a）

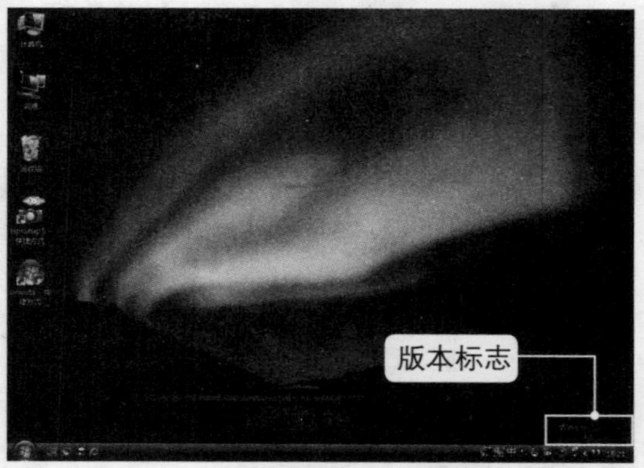

★ 图2.121（b）

隐藏【所有程序】命令项

【开始】菜单中的【所有程序】命令包含了计算机中安装的所有程序，为防止其他用户删除程序，可以通过修改注册表的方法将它隐藏，具体操作步骤如下：

1 单击【开始】按钮，打开【开始】菜单。

2 在【开始搜索】输入框中输入“regedit”，按【Enter】键启动注册表编辑器。

3 从左侧栏中依次展开【HKEY_CURRENT_USER\Software\Microsoft\Windows\CurrentVersion\Policies\Explorer】子项。

4 在右侧窗口中新建一个DWORD值类型的键

值项【NoStartMenuMorePrograms】。

5 双击该键值项，在【编辑DWORD（32位）值】对话框中设置其值为“1”，如图2.122所示。

★ 图2.122

6 单击【确定】按钮关闭对话框。

7 注销或重启计算机后再进入操作系统，设置即可生效。修改前后的【开始】菜单效果对比如图2.123所示。

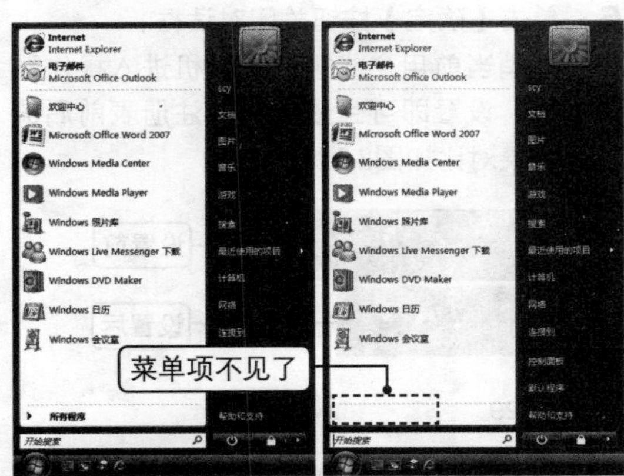

★ 图2.123

禁止常用程序的显示

【开始】菜单左侧会根据使用频率显示一些常用的程序选项，通过修改注册表可以不显示这部分程序，具体操作步骤如下：

1 单击【开始】按钮，打开【开始】菜单。

2 在【开始搜索】输入框中输入“regedit”，按【Enter】键启动注册表编辑器。

3 从左侧栏中依次展开【HKEY_CURRENT_USER\Software\Microsoft\Windows\CurrentVersion\Policies\Explorer】子项。

4 在右侧窗口中新建DWORD值类型的键值项【NoStartMenuMFUprogramsList】，双击该键值项，在【编辑DWORD（32位）值】对话框中设置其值为“1”，如图2.124所示。

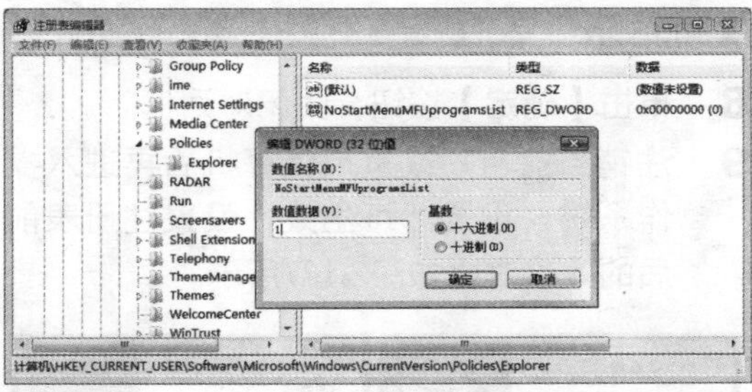

★ 图2.124

5 单击【确定】按钮，关闭对话框。返回注册表编辑器，再依次展开【HKEY_LOCAL_MACHINE\SOFTWARE\Microsoft\Windows\CurrentVersion\Policies】子键。

6 右击【Policies】键，执行【新建】→【项】命令，新建一个子项，如图2.125所示。

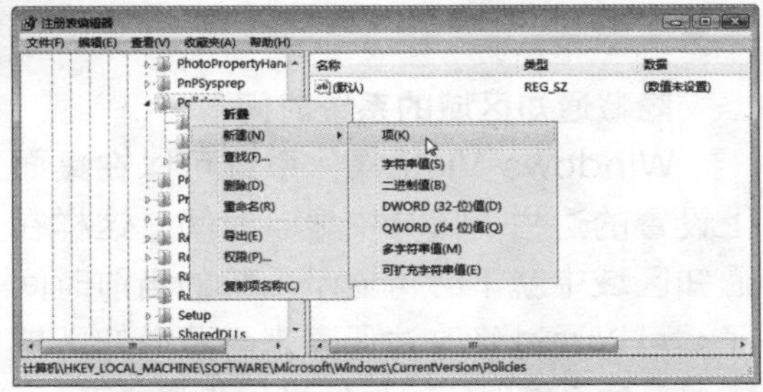

★ 图2.125

7 将新建的子键重命名为【Explorer】，在该子键的右侧窗口中新建一个名为【NoStartMenuMFUprogramsList】的DWORD值类型的键值项。双击该键值项，在【编辑DWORD（32位）值】对话框中设置其值为1，如图2.126所示。

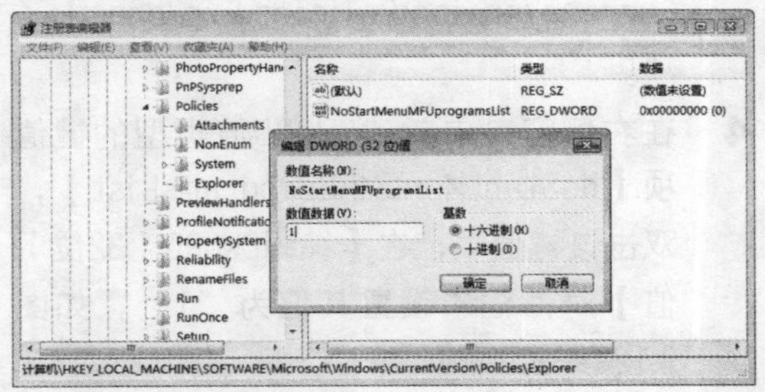

★ 图2.126

8 单击【确定】按钮，关闭对话框。

9 注销当前用户或重启计算机后再进入操作系统，设置即可生效，设置注册表前后的效果对比如图2.127所示。

★ 图2.127

隐藏通知区域的系统时间

Windows Vista操作系统可以在桌面上设置的边栏小工具中显示时间，这样在通知区域中就不必再显示系统的当前时间了。可以通过修改注册表来隐藏通知区域中显示的系统时间，具体操作步骤如下：

1 单击【开始】按钮，打开【开始】菜单。

2 在【开始搜索】输入框中输入"regedit"，按【Enter】键启动注册表编辑器。

3 从左侧栏中依次展开【HKEY_CURRENT_USER\Software\Microsoft\Windows\CurrentVersion\Policies\Explorer】子项。

4 在右侧窗口中新建一个DWORD值类型的键值项，命名为"HideClock"。双击该键值项，在打开的【编辑DWORD值】对话框中并将其键值设置为1，如图2.128所示。

★ 图2.128

5 单击【确定】按钮关闭对话框。

6 注销当前用户或重启计算机进入操作系统，设置即可生效，设置注册表前后的效果对比如图2.129所示。

★ 图2.129

缩小任务栏中程序窗口图标的尺寸

在Windows Vista操作系统中，有时会运行多个程序，当这些程序最小化在任务栏中时显得很拥挤。可以通过修改注册表使程序最小化时只在任务栏上显示一个程序图标，具体操作步骤如下：

1 单击【开始】按钮，打开【开始】菜单。

2 在【开始搜索】输入框中输入"regedit"，按【Enter】键启动注册表编辑器。

3 从左侧栏中依次展开【HKEY_CURRENT_USER\Control Panel\Desktop\WindowMetrics】子项。

4 在右侧窗口中新建一个字符串值类型的键值项【MinWidth】，双击该键值项，在打开的【编辑字符串】对话框中设置【数值数据】为“-285”，如图2.130所示。

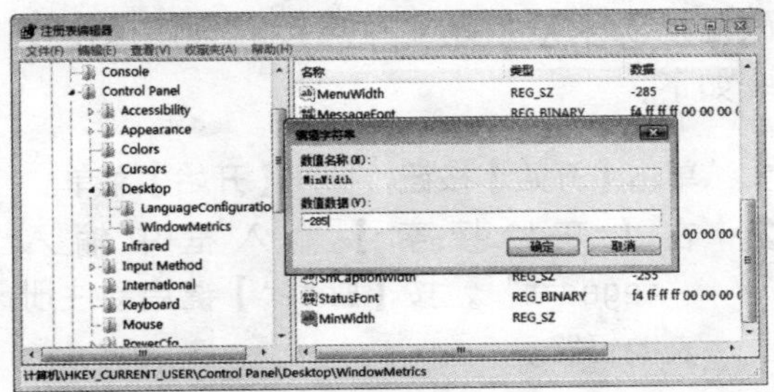

★ 图2.130

5 单击【确定】按钮关闭对话框。

6 注销当前用户或重启计算机进入操作系统后，设置即可生效，设置注册表前后的效果对比如图2.131所示。

★ 图2.131

利用CPU的L2 Cache增强整体效能

在Windows Vista操作系统中提高CPU的L2 Cache的数值，可以增强计算机的整体效能，可以通过修改注册表来实现提高CPU的L2 Cache的数值的目的。具体操作步骤如下：

1 单击【开始】按钮，打开【开始】菜单。

2 在【开始搜索】输入框中输入“regedit”，按【Enter】键启动注册表编辑器。

3 从左侧栏中依次展开【HKEY_LOCAL_MACHINE\SYSTEM\CurrentControlSet\Control\Session Manager\Memory Management】子项。

4 双击右侧窗口中的【SecondLevelDataCache】键值项，在打开的【编辑DWORD值】对话框的【数值数据】文本框中将键值更改为与CPU L2 Cache相同的十进制数值，如CPU L2 Cache为512KB，则将键值更改为十进制数值的512，如图2.132所示。

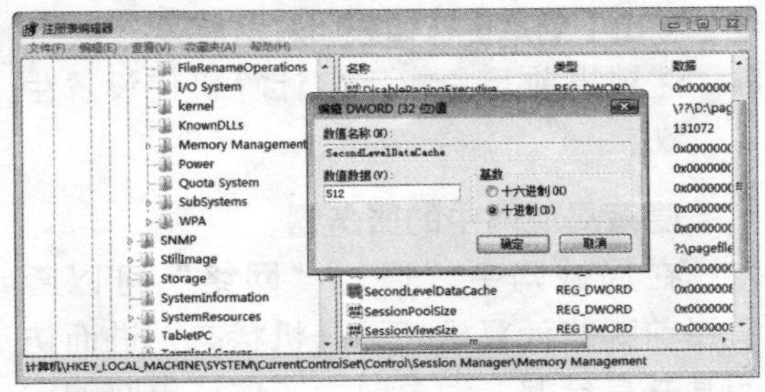

★ 图2.132

5 单击【确定】按钮关闭对话框。

6 注销当前用户或重启计算机使设置生效。

更改文件关联的类型

在Windows Vista系统中，每一种类型的文件都关联了相应的打开程序。但有时由于一些恶意程序的非法修改，导致双击该类文件时不是使用正确的程序进行打开，而是使用病毒程序打开，此时需要修改注册表，以使该类型的关联程序为正确的程序。具体操作步骤如下：

1 单击【开始】按钮，打开【开始】菜单。

2 在【开始搜索】输入框中输入“regedit”，按【Enter】键启动注册表编辑器。

3 从左侧栏中打开【HKEY_CLASSES_ROOT】子项，在其中找到相应的类型，如“.png”图像类型。

4 在右侧的窗口中双击【默认】键值项，修改其键值为正确的应用程序的位置及名称，如图2.133所示。

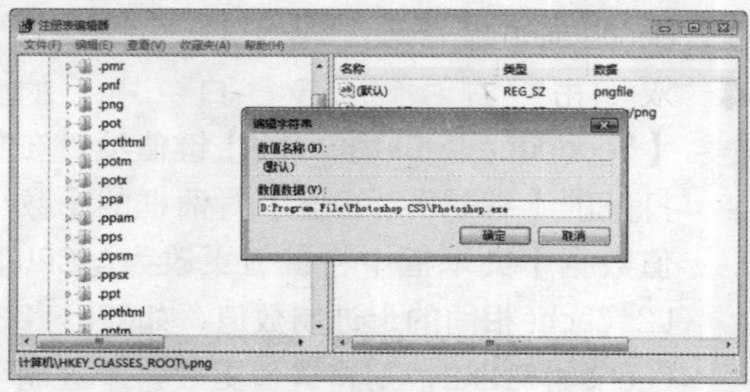

★ 图2.133

5 单击【确定】按钮关闭对话框。

6 注销当前用户或重启计算机使设置生效。

隐藏局域网中的服务器

在局域网中，通过“网络”可以查看当前哪些计算机处于开机状态，进而访问其共享资源。但有时为了保证电脑的安全，尤其是局域网中服务器的安全，有必要将服务器隐藏起来，以提高其安全性，可以通过修改注册表的相应键值来实现服务器的隐藏。具体操作步骤如下：

1 单击【开始】按钮，打开【开始】菜单。

2 在【开始搜索】输入框中输入“regedit”，按【Enter】键启动注册表编辑器。

3 从左侧栏中依次展开【HKEY_LOCAL_MACHINE\SYSTEM\CurrentControlSet\Services\lanmanserver\parameters】子项。

4 在右侧窗口中新建一个DWORD值类型的键值项，命名为“Hidden”，并设置其键值为1，如图2.134所示。

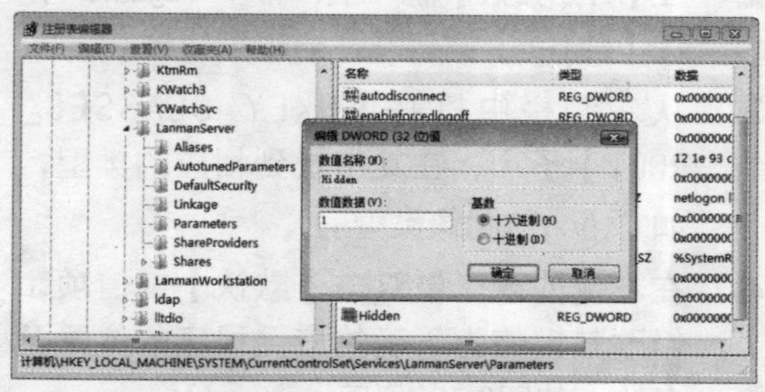

★ 图2.134

5 单击【确定】按钮关闭对话框。

6 注销当前用户进入操作系统即可使设置生效。

禁止建立空连接

在Windows Vista服务器默认的情况下，任何用户都可以通过空连接与服务器相连，这样可能造成用户账户或密码的丢失。为了保障服务器的安全，可以通过修改注册表来禁止建立空连接。具体操作步骤如下：

1 单击【开始】按钮，打开【开始】菜单。

2 在【开始搜索】输入框中输入“regedit”，按【Enter】键启动注册表编辑器。

3 从左侧栏中依次展开【HKEY_LOCAL_MACHINE\SYSTEM\CurrentControlSet\Control】子项。

4 在右侧窗口中新建一个DWORD值类型的键值项【LSA-RestrictAnonymous】，并设置其键值为1，如图2.135所示。

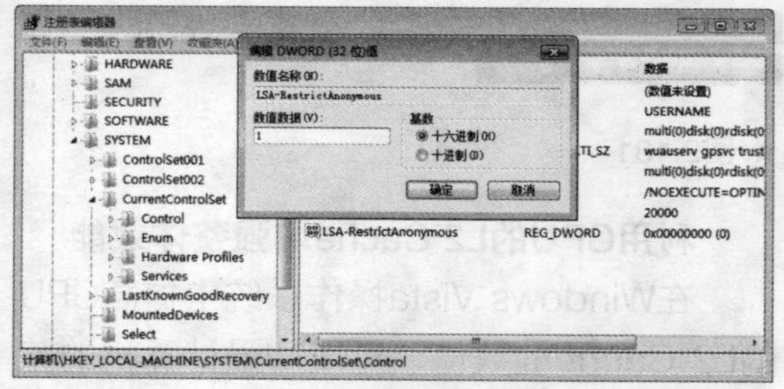

★ 图2.135

5 单击【确定】按钮关闭对话框。

6 注销当前用户进入操作系统即可使设置生效。

修改状态栏中显示的信息

Windows默认的任务栏显示的信息比较单调，通过修改注册表，可以为任务栏添加个性化的问候语，具体操作步骤如下：

1 单击【开始】按钮，打开【开始】菜单。

2 在【开始搜索】输入框中输入“regedit”，按【Enter】键启动注册表编辑器。

3 从左侧栏中依次展开【HKEY_CURRENT_USER\Control Panel\International】子项。

4 双击【sTimeFormat】键值项，在打开的对话框中设置值为“tttttt HH'点'mm'分'”，如图2.136所示。

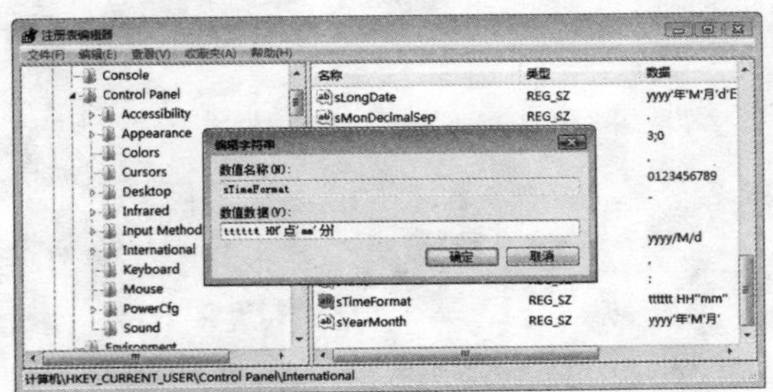

★ 图2.136

5 双击【s1159】键值项，在打开的对话框中设置中午12点以前任务栏显示的问候语，如设置为“上午好”，如图2.137所示。

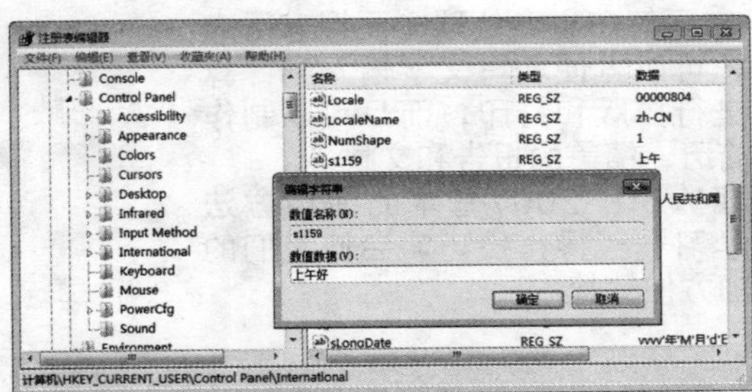

★ 图2.137

6 单击【确定】按钮关闭对话框。再双击【s2359】键值项，在打开的对话框中设置12点到24点之间任务栏显示的问候语为“下午好”，如图2.138所示。

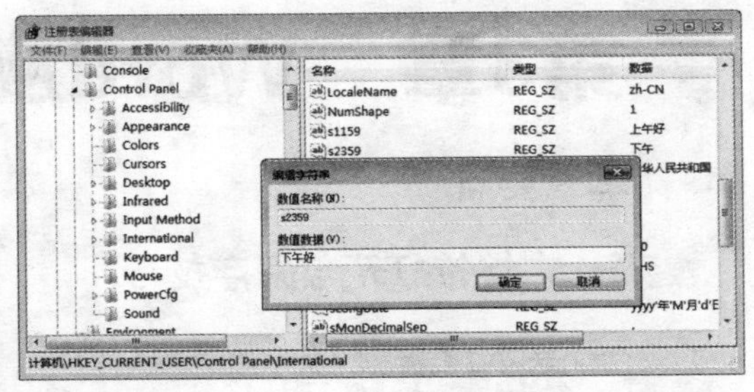

★ 图2.138

7 单击【确定】按钮关闭对话框，注销当前用户或重启计算机后再进入操作系统，设置即可生效，设置注册表前后的效果对比如图2.139所示。

★ 图2.139

Chapter 03

第3章　Word应用技巧

本章要点

- *文档的打开与保存技巧*
- *基本设置技巧*
- *文档编辑技巧*
- *图片应用技巧*
- *表格处理技巧*
- *打印输出与文档安全操作技巧*

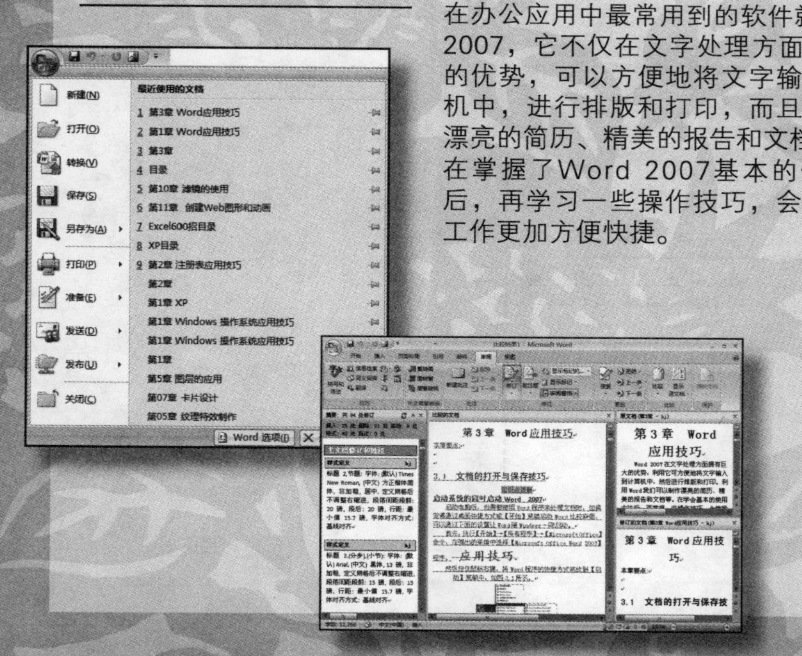

在办公应用中最常用到的软件就是Word 2007，它不仅在文字处理方面拥有巨大的优势，可以方便地将文字输入到计算机中，进行排版和打印，而且可以制作漂亮的简历、精美的报告和文档等。
在掌握了Word 2007基本的使用方法后，再学习一些操作技巧，会使我们的工作更加方便快捷。

说 明

本章的技巧除特殊说明外，都是以Word 2007版本进行讲解的。

3.1 文档的打开与保存技巧

启动系统的同时启动Word 2007

启动电脑后，当需要使用Word程序来处理文档时，如果觉得通过桌面快捷方式或【开始】菜单启动Word比较麻烦，可以通过下面的设置让Word随Windows一同启动。

1 执行【开始】→【所有程序】→【Microsoft Office】命令，在弹出的菜单中选择【Microsoft Office Word 2007】程序。

2 按住鼠标右键，将Word程序的快捷方式拖放到【启动】菜单中，如图3.1所示。

★ 图3.1

这样，当Windows系统启动完毕后，Word程序会自动启动运行。

快速打开最近编辑过的文档

一般来说，打开Word文档前通常都要先启动Word程序，然后通过执行【Office】→【打开】命令打开文档。或者在资源管理器中找到文档所在的位置，然后双击该文件将其打开。

按照下面的方法可快速打开最近编辑过的文档。

1 用鼠标双击桌面上的Word图标或者通过【开始】菜单启动Word程序。

2 在Word程序窗口中，单击【Office】按钮打开下拉菜单，在其中显示了最近编辑过的文档，选择需要打开的文档即可，如图3.2所示。

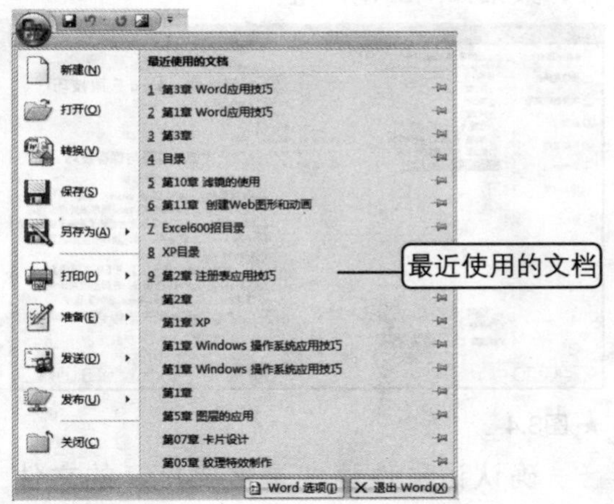

★ 图3.2

不打开文档就进行文件预览

有时我们会遇到这样的问题，很早以前用Word写过一篇文章，现在需要将它找出来，可是已经想不起文章的文件名称了，如果将硬盘中所有的Word文档一篇篇地打开既烦琐又浪费时间。其实遇到这种问题大可不必烦恼，使用Word文档的预览功能，就可以解决这个问题。

启动Word，单击【Office】按钮，从打开的下拉菜单中选择【打开】选项，打开【打开】对话框，单击【视图】按钮右侧的下拉箭头，从下拉菜单中选择【预览】项，如图3.3所示。

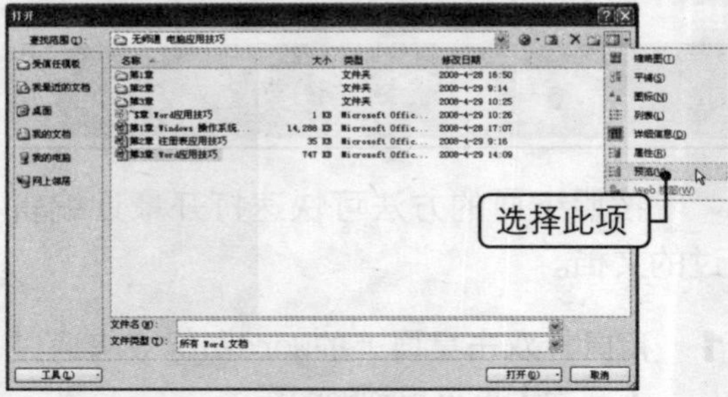

★ 图3.3

这样只要在文件列表栏中选中Word文件，在右侧的预览框中即可看到Word文档中的内容，而不必逐一地打开每一个文件，效果如图3.4所示。

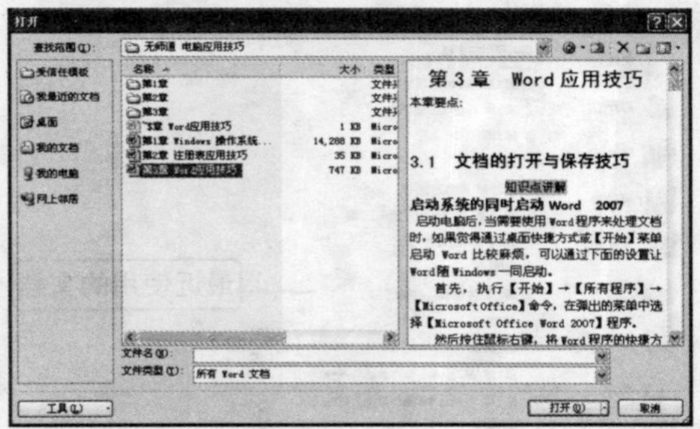

★ 图3.4

确认该文件确实是需要打开的文件后，单击【打开】按钮。

打开文档时建立备份

为了避免因误操作而造成重要文档数据的丢失，在打开文档时，可以为文档快速生成一个备份，具体步骤如下：

1 在Word程序窗口中执行【Office】→【打开】命令，弹出【打开】对话框，从文档列表中选中要打开的文档。

2 单击【打开】按钮右边的向下小三角形按钮，从展开的下拉列表中选中【以副本方式打开】命令，如图3.5所示。

选择此打开方式后，在打开文档的同时将在该文件夹中自动生成一个副本。接下来对该文档副本进行编辑操作，可避免因误操作使原文档的数据丢失。

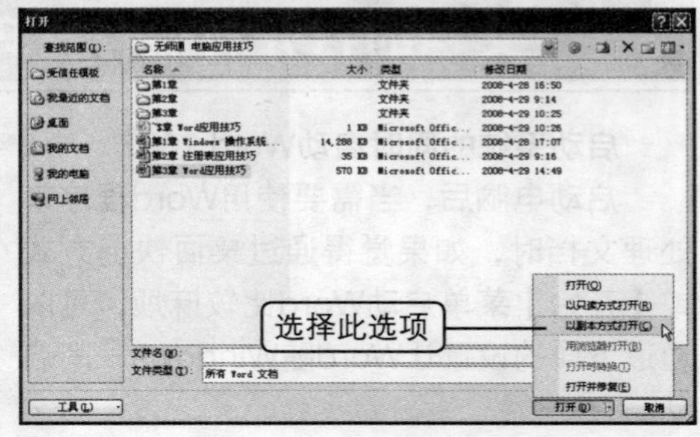

★ 图3.5

同时打开多个Word文档

如果需要一次性打开多个Word文档，可以通过【打开】对话框来实现，具体操作方法如下：

1 在Word程序窗口中执行【Office】→【打开】命令，弹出【打开】对话框。

2 依次选中需要打开的文档，然后单击【打开】按钮，即可一次性打开所选择的多个文档，如图3.6所示。

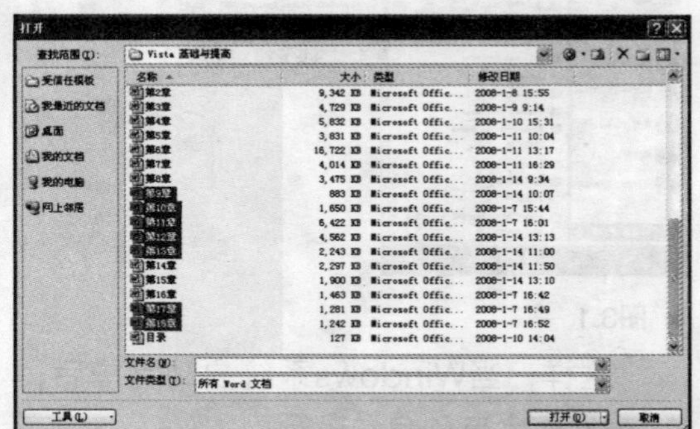

★ 图3.6

提 示

如果要打开的文档连续，可单击第一个文档后按住【Shift】键，再单击最后一个文档；如果打开的文档不连续，可先按住【Ctrl】键后再依次进行选择。

快速显示多个Word文档

在Word程序中单击【视图】选项卡，在【窗口】组中单击【全部重排】命令，会将所有已打开但未被最小化的文档显示在屏幕上，如图3.7所示。

★ 图3.7

每个文档都显示在一个小窗口中，但只有标题栏高亮显示的窗口中的文档是被激活的。若需要切换，在要激活的窗口中的任意位置单击鼠标即可。还可以用鼠标单击某窗口的标题栏拖动该窗口，也可将鼠标放在窗口边界上拖动鼠标调整窗口的大小。

更改文件的默认保存位置

每次保存新的Word文件时，打开的保存文件夹都是【我的文档】文件夹，这是Word 2007的默认设置，通过设置可以更改它。

1 单击【Office】按钮，在其下拉菜单中选择【Word选项】按钮，打开【Word选项】对话框，如图3.8所示。

2 单击【保存】选项，在对话框右侧的【保存文档】区中，单击【默认文件位置】框右边的【浏览】按钮，打开【修改位置】对话框，如图3.9所示。

3 选择想要保存到的默认位置后单击【确定】按钮，返回【Word选项】对话框。这样，以后保存Word文档时，就会默认保存到这个新设置的位置了。

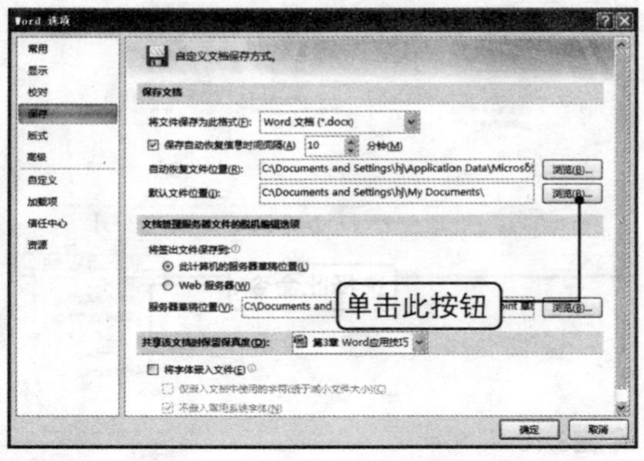

★ 图3.8

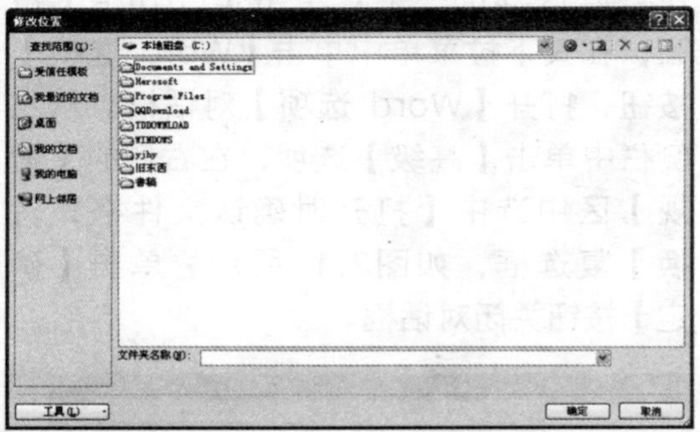

★ 图3.9

修复受损的文件

有时打开一个Word文档时，系统会弹出可怕的警告框说这个文件已经被损坏，不能被打开了。但有时这些文件并没有完全被损坏，还是可以打开的，不妨试试下面的方法：单击【Office】按钮，选择【打开】选项，从弹出的【打开】对话框中选择受损的文件，单击【打开】按钮旁边的下拉箭头，从弹出的列表中选择【打开并修复】命令，如图3.10所示。

随后程序会自动提示文件的受损部位并继续进行自动修复，修复完成后，还会提示保存修复的文件。

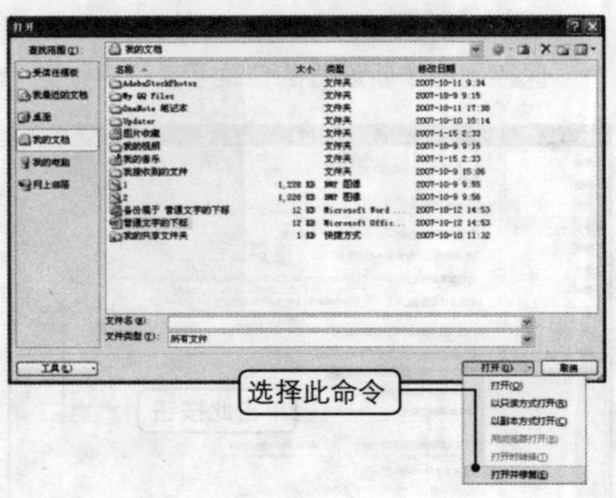

★ 图3.10

如果这种方法不能修复受损的文件，还可以这样试一下：单击【Office】按钮，在其下拉菜单中单击【Word 选项】按钮，打开【Word 选项】对话框。从左侧栏中单击【高级】选项，在右侧的【常规】区中选中【打开时确认文件格式转换】复选框，如图3.11所示。单击【确定】按钮关闭对话框。

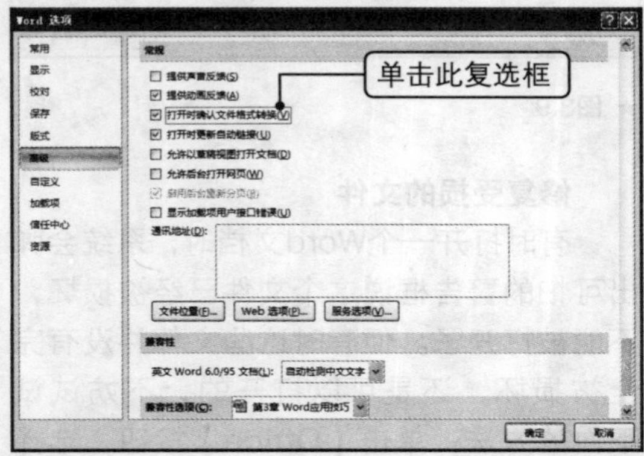

★ 图3.11

执行【Office】→【打开】命令，弹出【打开】对话框，在【文件类型】下拉列表中选择【从任意文件中恢复文本(*.*)】项。然后选择要恢复的文件，再单击【打开】按钮，即可开始恢复文件了。

如果在【文件类型】下拉列表中没有看到【从任意文件中恢复文本(*.*)】这个选项，则需要安装恢复文本转换器。

使Word 2007默认保存为Word 2003文档格式

Microsoft Office Word 2007默认保存格式为.docx文档，比起旧的.doc格式文档有体积小等优点。但它却不能被低版本的Word（比如Word 2003）识别。只要在Word 2007中稍加设置，即可将Word 2007中的文档保存为想要的.doc文档。

具体步骤如下：

1 打开Word 2007，新建一空白文档，不要输入任何内容，单击左上角的【Office】按钮，然后在其下拉菜单中单击【Word 选项】按钮，打开【Word选项】对话框。

2 单击【保存】选项，在【将文件保存为此格式】下拉列表中选择【Word 97-2003文档(*.doc)】选项，如图3.12所示。

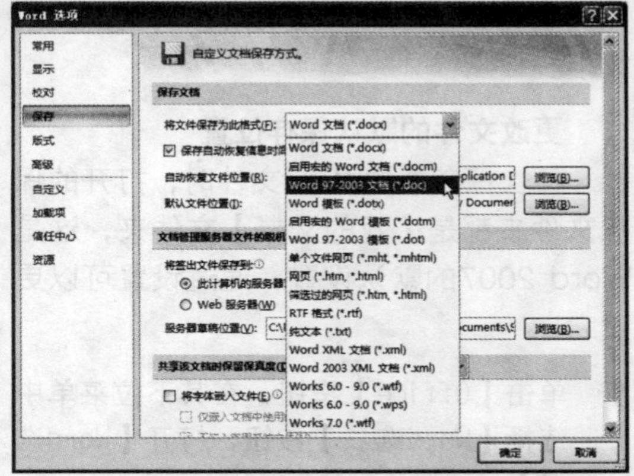

★ 图3.12

3 单击【确定】按钮退出，再关闭该空白文档，以后所有新建文档的默认保存格式即更改为.doc文档。

注 意

这种方法同样适用于Microsoft Office 2007的其他组件。

设置自动保存文档的时间

为了避免因突然断电、死机等意外情况导致文档数据丢失，可以为Word文档设置自动保存时间。设置方法如下：

1 单击【Office】按钮，在其下拉菜单中单击【Word选项】按钮，打开【Word 选项】对话框。

2 选择【保存】选项，在【保存文档】区中选中【保存自动恢复信息时间间隔】复选框，然后在后面的时间框中设置自动保存时间间隔值，如图3.13所示。

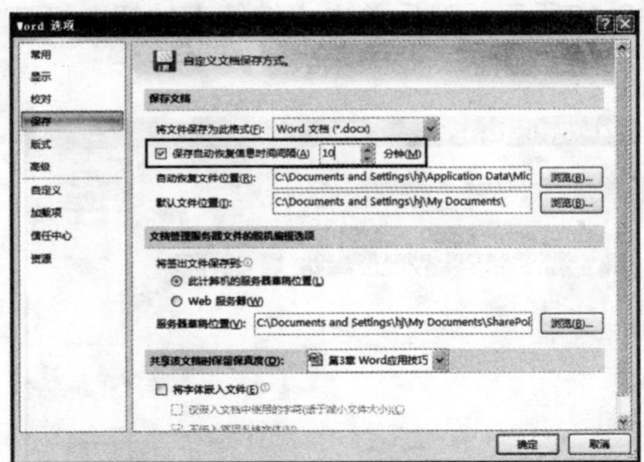

★ 图3.13

设置完成后单击【确定】按钮。

如果设置的时间间隔太小，将会频繁地对文档进行保存，影响文档编辑速度。因此建议读者设置的时间间隔不要太小。

将Word文件直接制作为幻灯片

在PowerPoint 2007中可以打开一篇Word文档，系统会自动把文档的每个段落都当做一张新的幻灯片，这样就可在PowerPoint中编辑幻灯片文档了。

具体操作步骤如下：

1 执行【开始】→【所有程序】→【Microsoft Office】→【Microsoft Office PowerPoint 2007】命令，打开PowerPoint程序。

2 单击【Office】按钮，打开下拉菜单，选择【打开】选项。

3 出现【打开】对话框，在【文件类型】下拉列表中选择【所有文件】选项，如图3.14所示。

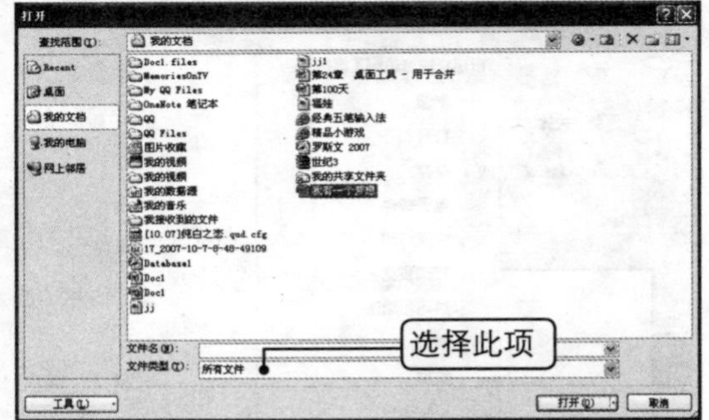

★ 图3.14

3 选择要打开的Word文档。

4 单击【打开】按钮，这样就会打开一个PowerPoint演示文稿，如图3.15所示。

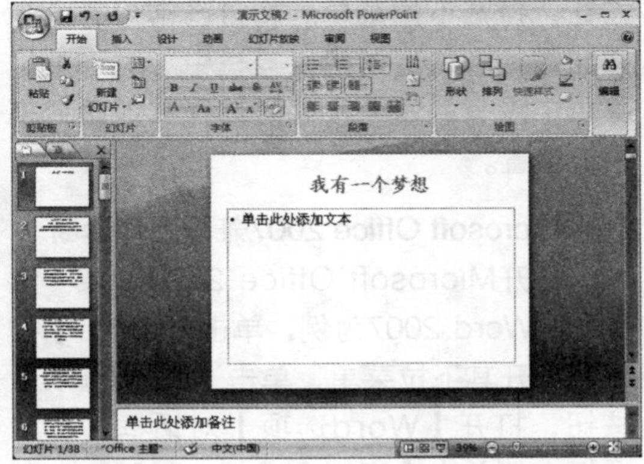

★ 图3.15

3.2 基本设置技巧

在Microsoft Office Word 2007中添加【常用命令】按钮

与Microsoft Office Word 之前版本相比，Microsoft Office Word 2007中的快速访问工具栏中少了很多命令按钮。比如【新建】、【打印】、【打印预览】等。其实在Word 2007中这些命令按钮只是被隐藏起来了，如图3.16所示。通过自定义的方法可以在快速访问工具栏中添加这些命令按钮，使它们显示在界面中。

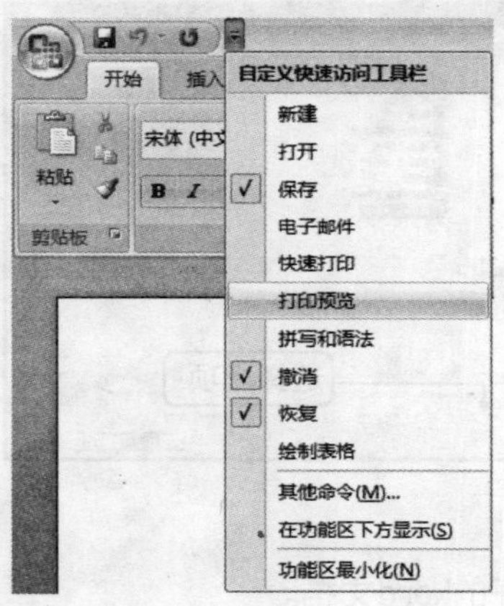

★ 图3.16

单击【自定义快速访问工具栏】下拉按钮，打开下拉菜单。将自己常用的命令按钮添加到快速访问工具栏中。对于下拉菜单中没有的命令，可以选择其他命令来进行设置。

Microsoft Office 2007兼职硬件诊断

打开Microsoft Office 2007的某一组件，以Word 2007为例，单击【Office】按钮，打开其下拉菜单，单击【Word选项】按钮，打开【Word选项】对话框。在对话框左侧单击【资源】选项，如图3.17所示。

★ 图3.17

单击右侧的【诊断】按钮，打开【Microsoft Office诊断】对话框，如图3.18所示。然后单击【继续】按钮，打开如图3.19所示的对话框。

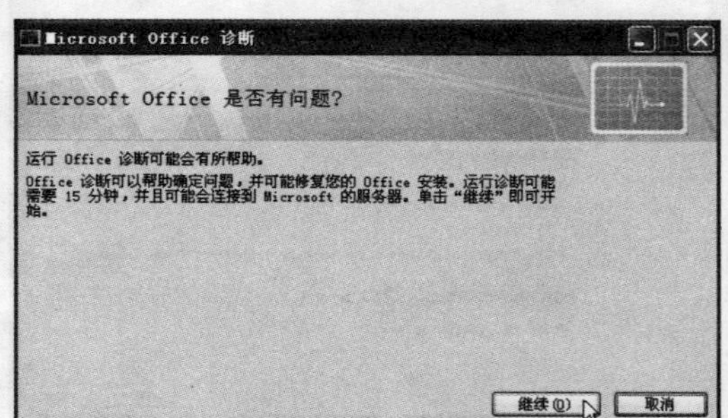

★ 图3.18

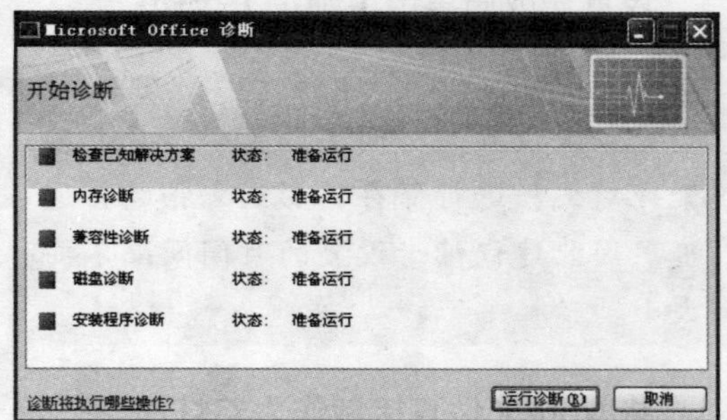

★ 图3.19

单击【运行诊断】按钮，开始进行诊断。在这一诊断过程中，主要测试硬盘及内存的问题，其中硬盘测试主要依赖于硬盘的自监控、分析与报告技术功能（这是某些磁盘驱动器制造商提供的一种功能，可以预先通知用户硬盘存在的潜在故障）。而内存诊断主要验证计算机的随机存取内存（RAM）的完整性。

改变Word页面的默认设置

Word中的默认页面大小为A4，但在很多情况下要用到其他页面尺寸。如果把Word的默认页面纸张和页边距修改一下，可以大大提高工作的灵活性，具体操作步骤如下：

1 打开Word文档，单击【页面布局】选项卡，然后单击【页面设置】对话框启动器，打开【页面设置】对话框。

2 设置好页边距、纸张大小、版式和文档网格后，如图3.20所示。

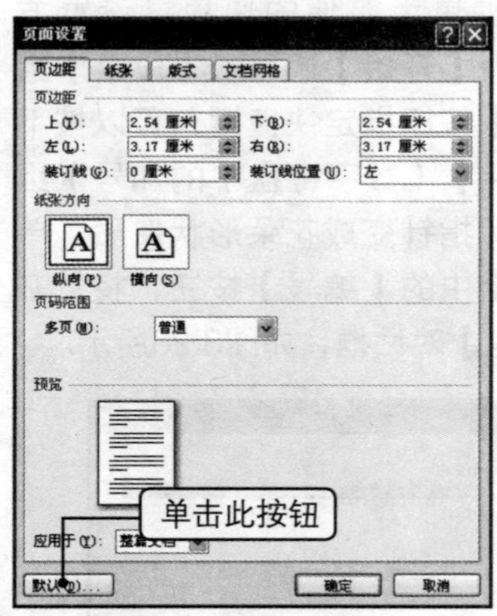

★ 图3.20

3 单击对话框左下角的【默认】按钮，弹出如图3.21所示的提示窗，单击【是】按钮即可。以后每次新建文档，都会以设置好的默认页面显示。

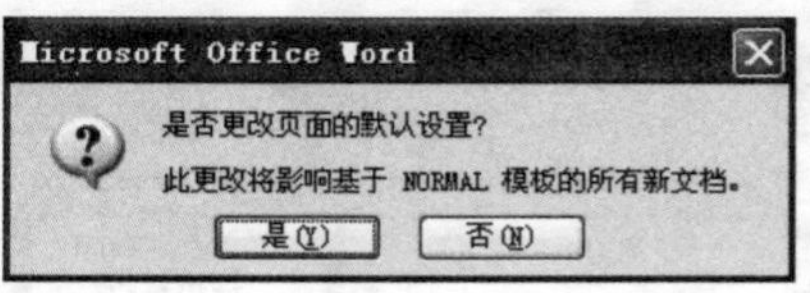

★ 图3.21

快速更改英文字母的大小写

选中想要更改大小写的英文字母并不停地按下【Shift+F3】快捷键，文字格式将在全部大写、首字大写和全部小写之间切换。

更直观地比较文档内容

在进行文档的修订时，很难区分修订前的内容和修订后的内容，Office Word 2007 增强了文档比较功能，可以更加直观地浏览文档修订前后的不同。

首先，单击功能区中的【审阅】选项卡，然后单击【比较】组中的【比较】按钮，并在其下拉菜单中选择【比较】选项，打开【比较文档】对话框，如图3.22所示。选择所要比较的【原文档】和【修订的文档】。

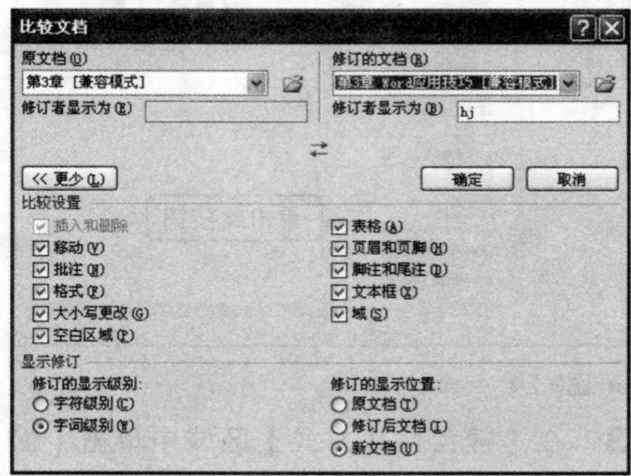

★ 图3.22

稍后，即可看到修订的具体内容，同时，比较的文档、原文档和修订的文档也将出现在比较结果文档中，如图3.23所示。

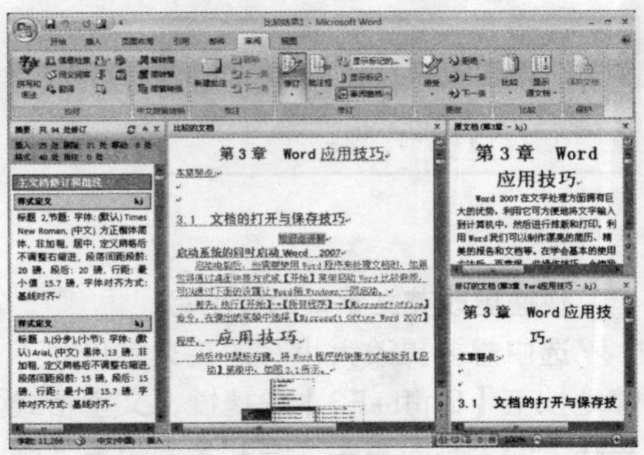

★ 图3.23

更改命令的快捷键

如果认为系统默认的常用命令的快捷键太复杂，可以通过下面的方法对其进行修改。

1 单击【Office】按钮，在其下拉菜单中单击【Word选项】命令，打开【Word 选项】对话框。

2 选择【自定义】选项卡，如图3.24所示。

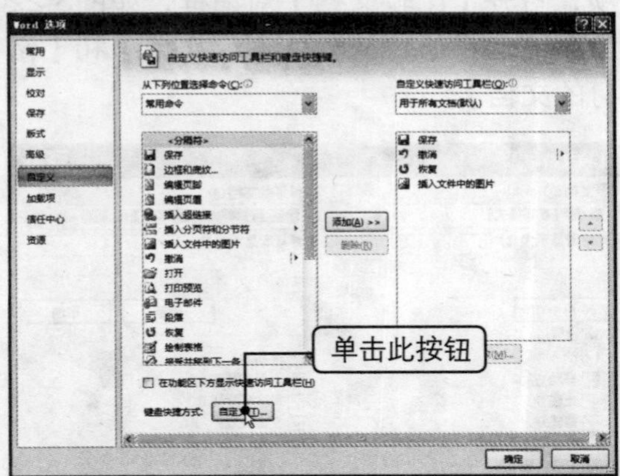

★ 图3.24

3 在【键盘快捷方式】区域中单击【键盘】按钮，打开【自定义键盘】对话框，如图3.25所示。

4 在【类别】列表框内选中所需的类别，在【命令】列表框内选择需更改快捷键的命令，【说明】区域会马上显示该命令的功能说明。

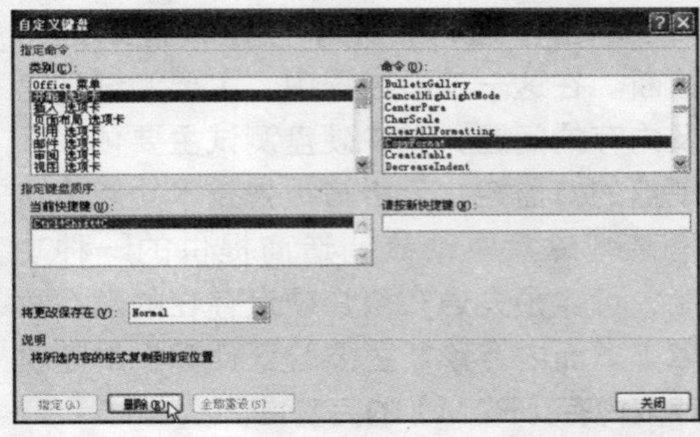

★ 图3.25

5 在【当前快捷键】下拉列表框中选择之前的快捷键，单击【删除】按钮将其删除。

6 在【请按新快捷键】设置框中根据需要重新设置快捷键，如果该框下方出现“目前指定到：[未指定]”字样，则说明与原定义的快捷键没有冲突，否则应重新输入其他快捷键。

7 设置完成后，单击【指定】按钮，再单击【关闭】按钮回到文档编辑状态。

快速设置快捷键

还有一种更为简便的快捷键设置方法。例如，为【开始】选项卡【段落】组中的【编号】按钮指定快捷键，可以按下【Ctrl+Alt++】（数字键盘中的加号）组合键，当鼠标指针变成花朵形状⌘后，单击【段落】组中的【编号】按钮，将打开【自定义键盘】对话框，如图3.26所示。

★ 图3.26

在【请按新快捷键】框内按下想使用的快捷键，如【Ctrl+W】（快速编号或取消编号），再单击【指定】和【关闭】按钮即可。

同样，为【项目符号和编号】对话框指定快捷键，可以按下【Ctrl+Alt++】（数字键盘中的加号）组合键，待鼠标指针变成花朵形状⌘后，单击【段落】组中的【项目符号】按钮，在打开的【自定义键盘】对话框中按下想要使用的快捷键，完成设置后，单击【指定】按钮和【关闭】按钮即可。

快速删除文档中的空行

从网上复制内容到Word文档中会出现很多空行，如果逐行进行删除会很麻烦。其实，空行无非就是一个段落标记连着上一个段落标记，因此可以使用【查找与替换】的方法进行一次性删除，具体操作步骤如下：

1 在【开始】选项卡的【编辑】组中单击【替换】命令按钮，打开【查找和替换】对话框，将光标定位在【查找内容】文本框中。

2 单击【更多】按钮，在展开的扩展部分中单击【特殊格式】按钮，选择两次其中的【段落标记】选项，如图3.27所示。这时在文本框中显示为“^p^p”。

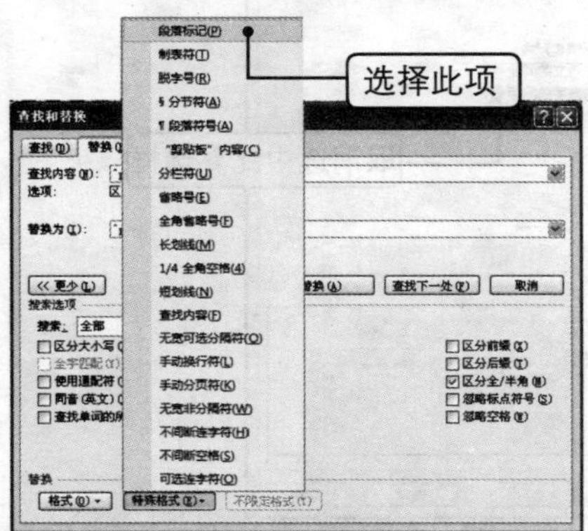

★ 图3.27

3 再将光标定位在【替换为】文本框中，用上面的方法插入一个【段落标记】，即“^p”。

4 单击【全部替换】按钮，即可删除文档中的所有空行。

边预览边修改

在打印预览状态下，将鼠标移到文档上时，光标如果变为“放大镜”形状，那就取消选中【预览】组中的【放大镜】复选框，鼠标立即变为“I”字形，这时就可以在预览状态下修改文档的内容了。

关闭拼写和语法错误标记

如果文档中的内容出现了拼写或语法错误，Word将会用红色和绿色的波浪线标识出来。如果认为这些标识影响了版式的美观，可以使用下面的方法将其隐藏。

1 单击【Office】按钮，在其下拉菜单中单击【Word选项】按钮，打开【Word 选项】对话框。

2 选择【校对】选项，如图3.28所示。

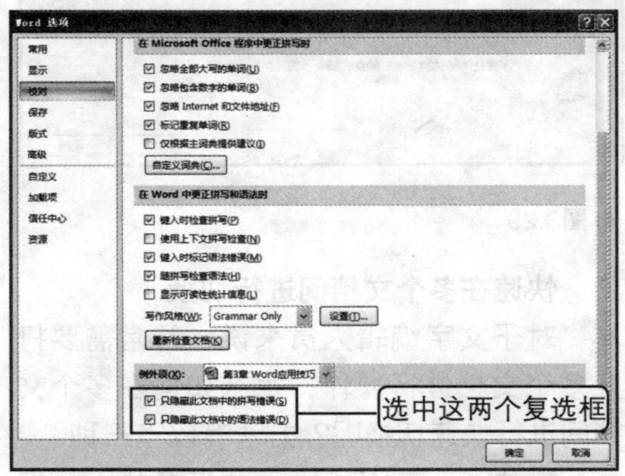

★ 图3.28

3 在【例外项】区域中分别勾选【只隐藏此文档中的拼写错误】和【只隐藏此文档中的语法错误】复选框，然后单击【确定】按钮，错误标记就会立即消失。

将网页以无格式文本形式粘贴到Word中

在制作文档时经常会执行复制和粘贴操作。但是，直接粘贴的文本有时会出现错误的格式，如把网页文字复制后粘贴到Word文档中，四周就会留下表格边框，这是因为从其他文档粘贴过来的文字延续了原文件中的格式。通过【选择性粘贴】命令，可以让这些文字按照设置好的格式显示。

将需要的文字复制到剪贴板后，在【开始】选项卡的【剪贴板】组中执行【编辑】→【选择性粘贴】命令，在弹出的【选择性粘贴】对话框中选择【无格式文本】形式，如图3.29所示。单击【确定】按钮后，粘贴的文字就是无格式的，也就是说，它会按照光标所处的位置的格式粘贴显示。

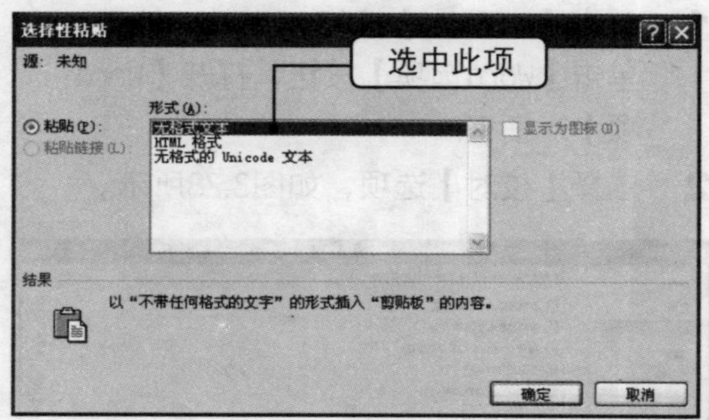

★ 图3.29

快速在多个文档间进行切换

对于文字编辑人员来说，常常需要打开多个文档进行操作，那么如何在多个文档间进行快速切换呢？方法有以下三种：

方法一：在Windows的任务栏上，每个文档显示为一个图标按钮，单击相应文档图标按钮即可进行切换。

方法二：单击Word程序中的【视图】选项卡，在【窗口】组中单击【切换窗口】按钮，在打开的下拉菜单中显示当前打开的所有文档名称，单击其中某个文档名称即可进行切换，如图3.30所示。

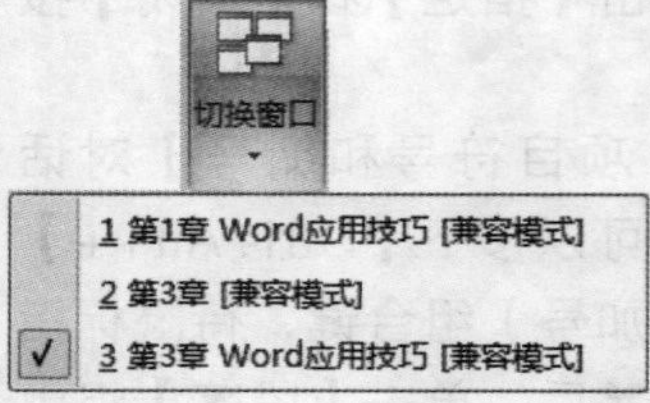

★ 图3.30

方法三：按下【Ctrl+Shift+F6】快捷键，可切换到【切换窗口】下拉菜单所列的文件名列表中的下一个文档。

调整汉字与英文字母之间的距离

当在文档中输入了包括中文和英文的字符时，Word会自动调整中文和英文之间的间距。如果希望禁用此功能，可执行下面的操作。

1 按【Ctrl+A】组合键选中所有内容，单击【开始】选项卡，在【段落】组中单击对话框启动器，打开【段落】对话框。

2 切换到【中文版式】选项卡，取消选中【字符间距】区域中的【自动调整中文与西文的间距】复选框，如图3.31所示。

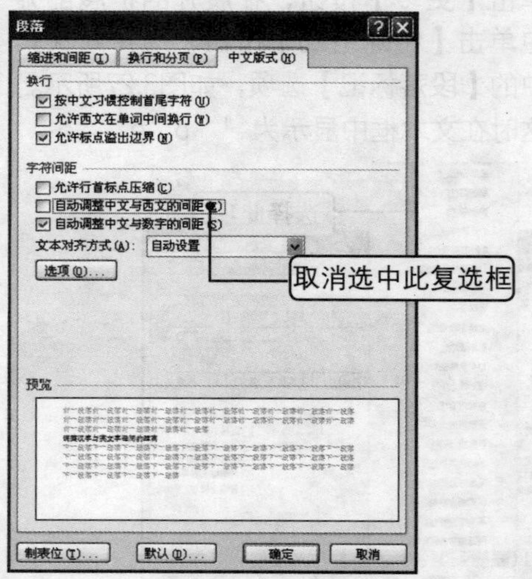

★ 图3.31

3 完成设置后单击【确定】按钮即可。

增加最近使用文档的数目

单击【Office】按钮，在其下拉菜单中显示了最近打开的文档列表，单击选择其中的某个文档即可将其打开，这是一种快速打开最近常用文档的方法。默认情况下，这里显示的文档数目为17个，用户可通过下面的方法改变它的个数。

1 单击【Office】按钮，在其下拉菜单中选择【Word选项】按钮，打开【Word选项】对话框。

2 从左栏中选择【高级】选项，在右侧的【显示】区中的【显示此数目的"最近使用的文档"】文本框中输入需要显示的文件数目，如图3.32所示。

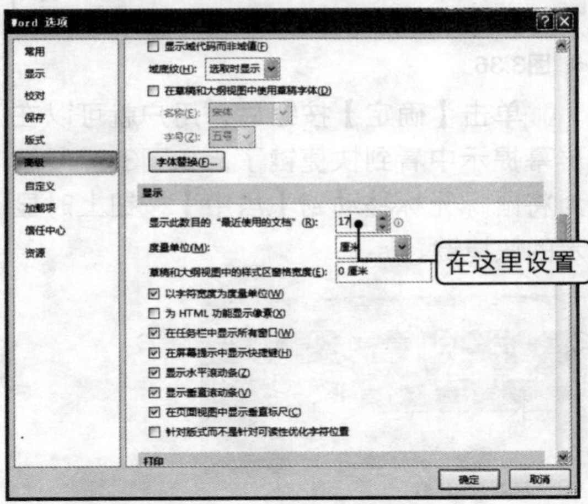

★ 图3.32

设置完毕后单击【确定】按钮即可。

"插入模式"的使用

Word 2007中新增了一种被称为"插入模式"的功能，它允许用户使用【Insert】键控制改写模式。当启动【插入模式】时，用户可以使用【Insert】键切换插入或改写状态。如果处于改写状态，用户可以将光标所在处的文本直接改写为其他文本。

当然在使用此功能之前，首先要将其启用。下面介绍启用Word 2007插入模式的具体操作步骤。

1 单击Word 2007窗口左上角的【Office】按钮。在其下拉菜单中单击【Word选项】按钮，打开【Word选项】对话框。单击左侧的【高级】选项，在右侧的【编辑选项】区中选中【用Insert控制改写模式】复选框，如图3.33所示。

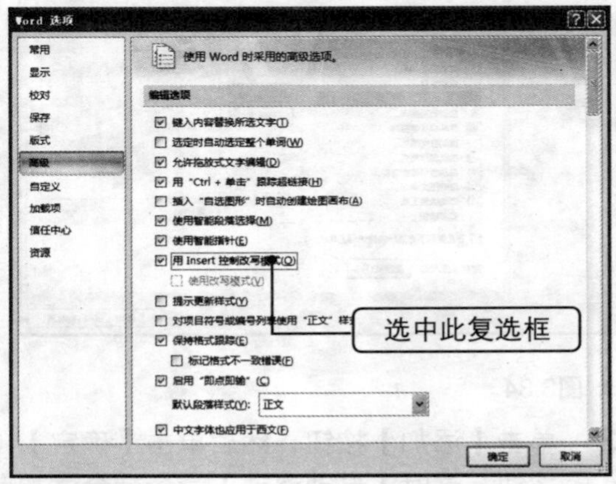

★ 图3.33

> **提示**
> 如果要在启用插入模式的同时使用改写模式，则同时选中【使用改写模式】复选框。如果要禁用插入模式功能，则不选该复选框。

2 单击【确定】按钮。

选中【用Insert控制改写模式】复选框后，就可以通过按【Insert】键来切换Word 2007的插入与改写状态了。

让Word页面自动滚动

大家都知道利用鼠标中间的滚轮键上下移动一定位置，便可以实现页面的自动滚动功能。其实在Word中也有这种页面自动滚动的功能，具体设置方法如下：

1 单击Word 2007窗口左上角的【Office】

按钮。在其下拉菜单中单击【Word选项】按钮，打开【Word选项】对话框。

2 单击左侧的【自定义】选项，在右侧的【从下列位置选择命令】下拉列表中选择【所有命令】选项，在【命令】列表框中找到【自动滚动】命令，如图3.34所示。

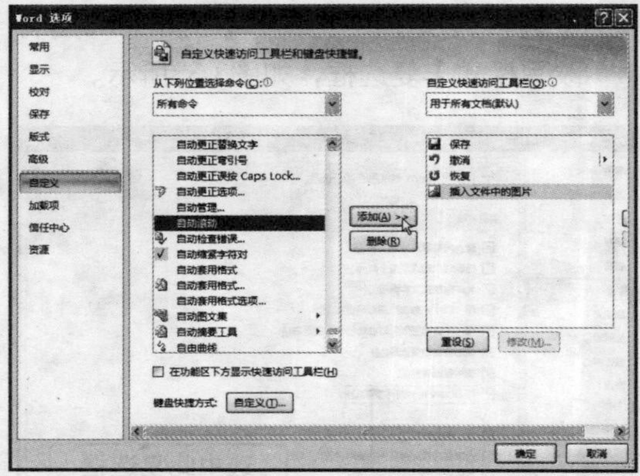

★ 图3.34

3 单击【添加】按钮，然后单击【确定】按钮，这时【自动滚动】命令就会添加到快速访问工具栏中，如图3.35所示。

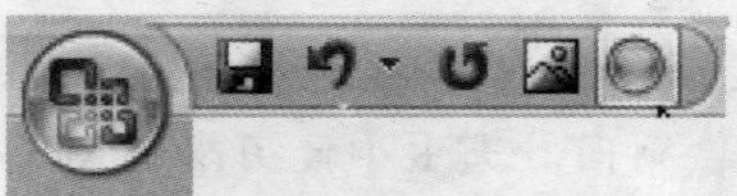

★ 图3.35

使用时，只需打开一个文档，然后单击【自动滚动】按钮。此时，在文档右侧滚动条区域中鼠标光标会变成一个倒立的黑色三角，将黑色三角移动到滚动条的上部则文本自动向上滚动，移动到下半部则文本自动向下滚动，放到中部则暂停翻页。黑色三角越靠近滚动条的两端，文本滚动的速度越快。另外，在滚动条上有一个随文本一起移动的方框，随时标注文本显示的进度。单击鼠标左键，自动返回到编辑状态。

在屏幕提示中显示快捷键

单击Word 2007窗口左上角的【Office】按钮。在其下拉菜单中单击【Word选项】按钮，打开【Word选项】对话框。单击左侧的【高级】选项，在右侧的【显示】区域中，选中【在屏幕提示中显示快捷键】复选框，如图3.36所示。

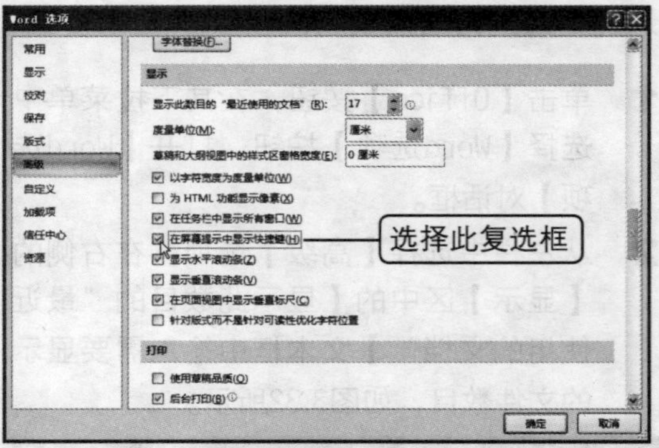

★ 图3.36

单击【确定】按钮后，用户就可以在屏幕提示中看到快捷键了，如图3.37所示为将鼠标光标移动到【居中】按钮上时显示的快捷键。

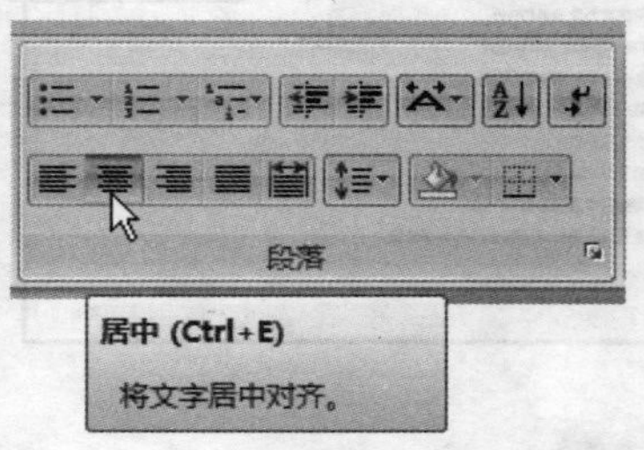

★ 图3.37

注 意

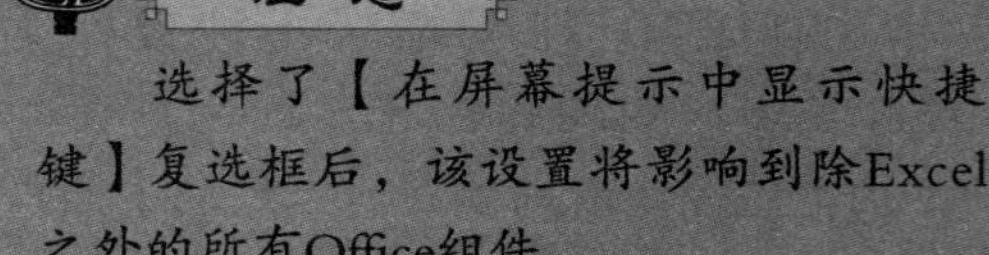
选择了【在屏幕提示中显示快捷键】复选框后，该设置将影响到除Excel之外的所有Office组件。

首页不编页码

大家都有过这样的体会，在给Word

2007插入页码时，发现是从第一页开始插入的，但是如果我们需要将第一页作为目录，即不需要插入页码，这样是不是就没有办法了呢？不是，只要进行以下的设置就可以轻松搞定。

1 单击【插入】选项卡，在【页眉和页脚】组中单击【页码】命令按钮，打开下拉菜单。

2 选择【设置页码格式】选项，打开【页码格式】对话框，如图3.38所示。

★ 图3.38

3 在【页码编号】区中单击选中【起始页码】单选按钮，然后在其后的文本框中输入数字“0”，最后单击【确定】按钮即可。

自定义页眉和页脚

如果想让首页、奇偶页的页眉和页脚内容不相同，或者是想自己设置页眉和页脚的边界，可以执行下面的操作。

1 单击【页面布局】选项卡，然后单击【页面设置】对话框启动器，打开【页面设置】对话框，切换到【版式】选项卡。

2 在【页眉和页脚】区域中根据需要勾选【首页不同】和【奇偶页不同】单选项，然后再分别设置页眉和页脚距页面边界的距离，如图3.39所示。

3 完成设置后单击【确定】按钮即可。

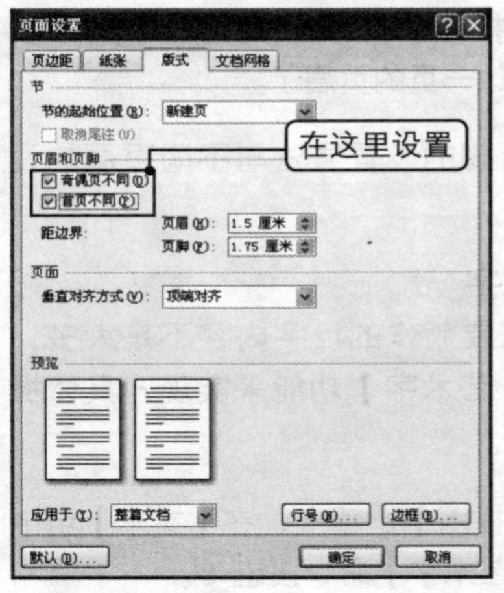

★ 图3.39

在同一文档中创建不同的页眉

有时在一个Word文档中，需要在不同页显示不同的页眉。使用如下的操作可以实现这个效果：

1 首先按照常规的方法为文档加入统一的页眉，然后将光标移到要显示不同页眉的文字处。

2 单击【页面布局】选项卡，在【页面设置】组中单击【分隔符】命令按钮，在弹出的下拉列表中选择【下一页】选项。现在文字已经被分为了两节，将鼠标定位到下面一节的文字中。

3 单击【插入】选项卡，在【页眉和页脚】组中单击【页眉】命令按钮，打开下拉菜单，选择【编辑页眉】选项。

4 这时会出现页眉和页脚工具的【设计】选项卡，且【导航】组中的【链接到前一条页眉】按钮处于选中状态，如图3.40所示。

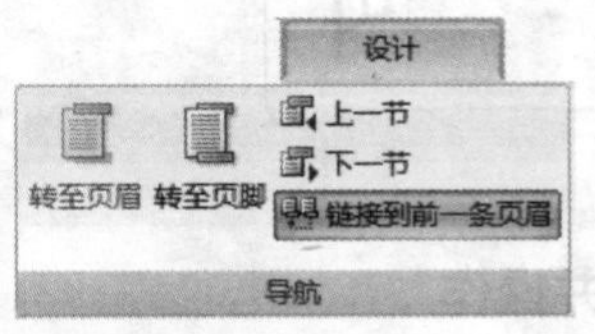

★ 图3.40

5 单击该按钮，取消选中状态，就可以自由编辑这一页的页眉了。

不同页脚的设置方法与不同页眉的设置方法相同。

制作反字

如果需要制作的反字内容不是太多，可以通过【艺术字】功能来实现，具体操作步骤如下。

1 单击【插入】选项卡，在【文本】组中单击【艺术字】命令按钮。

2 在打开的【艺术字库】列表中选择一种合适的艺术字样式，进入【编辑艺术字文字】对话框。

3 在【文字】文本框中输入需要的文本（例如输入"在Word中制作反字"），并设置好字体、字型和字号等。

4 单击【确定】按钮返回Word编辑区。

5 此时出现艺术字工具的【格式】选项卡，在【格式】选项卡的【排列】组中单击【文字环绕】命令按钮，从弹出的列表中选择【四周型环绕】命令，改变艺术字的环绕方式。

6 将鼠标光标移至右边的编辑控制点，待鼠标光标变成双向对拉箭头形状时，按下鼠标左键向左边拖拉，并越过左边边界继续向左拖拉至合适位置后，松开鼠标，效果如图3.41所示。

★ 图3.41

对文件进行合并操作

在Word的众多功能中，利用【插入文件】对话框可以合并文档，操作方法如下：

1 打开第一个文档，然后将插入点定位到文档的末尾，再单击【插入】选项卡。

2 在【文本】组中单击【对象】下拉按钮，在下拉菜单中选择【文件中的文字】选项，如图3.42所示，打开【插入文件】对话框。

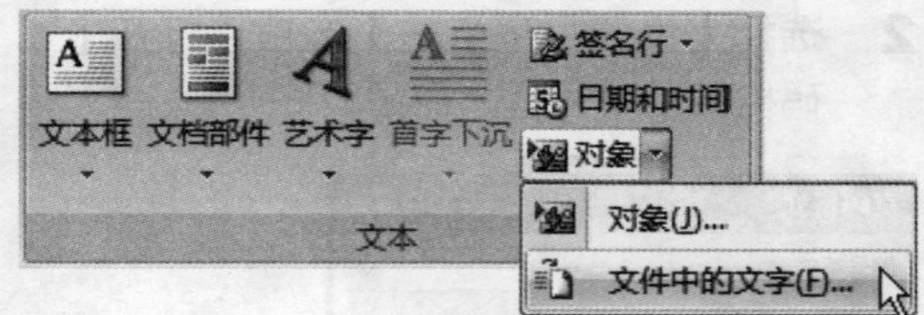

★ 图3.42

3 在对话框的列表框中，找到需要合并的文档后双击，即可将文档内容插入到光标所在的位置。

针对所有要合并的文档进行同样的操作，就可以达到将多个文档合并起来的目的。

去除页眉中的横线

在Word 2007文档中插入页眉时，在页眉文字的下面通常有一条横线，如图3.43所示。

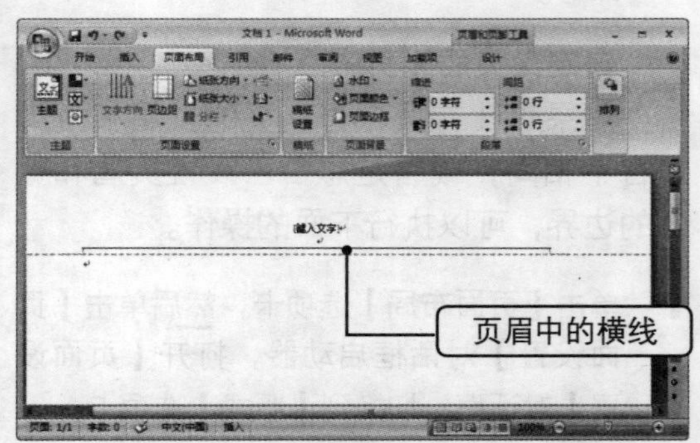

★ 图3.43

可通过下面的方法将横线去掉，具体操作步骤如下：

1 用鼠标单击选中页眉横线上的回车符。

2　然后单击【页面布局】选项卡，在【页面背景】组中单击【页面边框】命令按钮，出现【边框和底纹】对话框。

3　单击【边框】选项卡，在【设置】区中选择【无】选项。

4　单击【应用于】列表框的下拉按钮，从出现的下拉列表中选择【段落】选项，如图3.44所示。

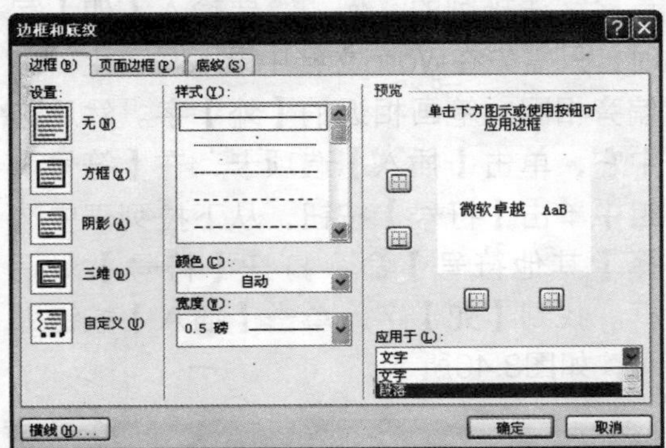

★ 图3.44

5　单击【确定】按钮，回到正常编辑状态，就可以看到页眉文字下方的横线已经没有了，如图3.45所示。

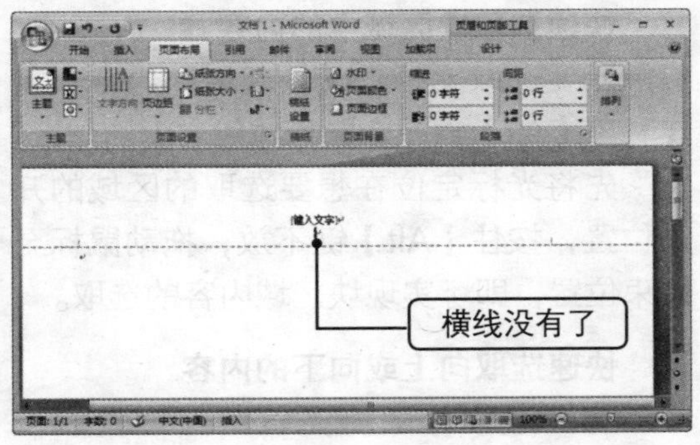

★ 图3.45

3.3　文档编辑技巧

在中文输入法状态下输入省略号

许多人都误以为：在Word中，只有切换到英文输入法状态下才可以输入省略号，否则按下键盘上的【.】键，就只能输入中文标点符号中的句号而非英文的省略号了。其实不然，在中文输入法状态下只要同时按下【Ctrl+Alt+.】组合键就可以快速输入省略号。

快速输入重复内容

在Word 2007中，当输入完一些内容后，有很多方法可以快速重复输入刚键入的内容。方法如下：

按【Alt+Enter】组合键，刚输入的内容会被自动复制一次，此方法还适用于复制粘贴后的重复粘贴。

按【Ctrl+Y】组合键，可复制刚输入的内容。

按【F4】功能键，可以重复最近一次的操作。

快速选取一个句子

按住【Ctrl】键，在文档中的某处单击鼠标左键即可选中以句号、问号或感叹号结束的整个句子。

快速选取不连续的区域

首先选中第一个文字区域，然后在按住【Ctrl】键的同时，用鼠标选择下一个文字区域，直到最后一个区域选取完毕，松开【Ctrl】键就可以了。

快速选取整个段落

若要快速选取整个段落，在需要选择的段落中连续单击鼠标左键3次即可。

快速选取块区域中的内容

若要选取文档中某块区域的内容，需要利用【Alt】键配合鼠标才能实现。

先将光标定位在想要选取的区域的开始位置，按住【Alt】键不放，拖动鼠标至结束位置，即可实现块区域内容的选取。

快速选取向上或向下的内容

向上选取，即将光标所在位置以上的文档内容全部选中。方法为：先将光标定位到需要选取内容的结束位置，按【Ctrl+Shift+Home】组合键，即可将光标之前的文档内容全部选中。

向下选取与向上选取正好相反，即将光标所在位置以下的文档内容全部选中。方法为：将光标定位在选取内容的起始位置，按【Ctrl+Shift+End】组合键，即可将光标之后的文档内容全部选中。

快速选取跨页内容

如果想要选取的内容不在同一页上，使用鼠标拖动的方法就很不方便，这时可以通过下面的方法快速选取跨页内容。

先将光标定位到想要选取内容的开始位置，然后利用鼠标中间的滚轮滚动到需要选取的结束位置。

按住【Shift】键，在所选内容的结束处单击鼠标左键，即可实现文档的跨页选取。

巧输生僻字

对于文字编辑工作者来说，经常会遇到要求录入生僻字的情况。如使用造字程序造字，不仅麻烦，而且造出来的字比例失调，很不美观。其实，可以使用Word的【CJK统一汉字】字库来输入这些生僻字。

选择【插入】选项卡，单击【符号】组中的【符号】下拉按钮，在下拉列表中选择【其他符号】选项，然后在打开的【符号】对话框中找到并插入它们就能轻松解决这个问题。但是，如何在大型汉字库中，迅速找到需要的字呢？方法很简单，因为字库中的字是按字典常用的部首检字法排列的。例如，要输入【夗】字时，只需先在Word文档中录入与该生僻字偏旁相同、笔画相近的【外】字。然后选中它，单击【插入】选项卡，在【符号】组中单击【符号】按钮，从下拉列表中选择【其他符号】命令打开【符号】对话框。找到【夗】字，单击【插入】按钮即可，如图3.46所示。

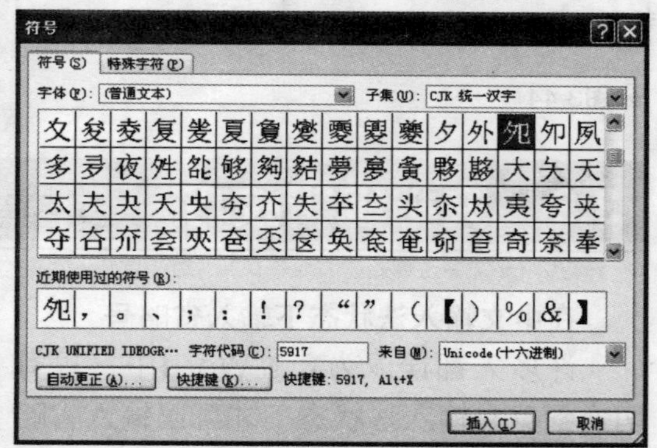

★ 图3.46

中文简繁互译

平时在阅读文档时，可能会碰到繁体文本，这无疑为阅读增加了一些障碍。此时，需要使用Word提供的繁简转换功能对其进行相应的调整。方法是：选中需要转换的文本，然后单击【审阅】选项卡，在【中文简繁转换】组中单击【简繁转换】按钮，如图3.47所示。打开【中文简繁转换】对话框，如图3.48所示。

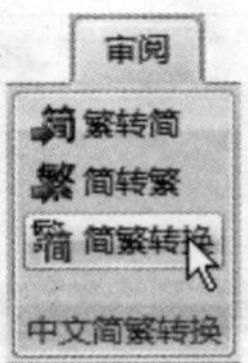

★ 图3.47

中文简繁转换
转换方向
○ 繁体中文转换为简体中文(T)
◉ 简体中文转换为繁体中文(S)
☑ 使用港澳台地区的异体字(V)
常用词汇
☑ 转换常用词汇(C)
自定义词典(D)...　确定　取消

★ 图3.48

在【转换方向】区域中可以选择转换的方式。单击【自定义词典】按钮，打开【简体繁体自定义词典】对话框，如图3.49所示。在该对话框中可以设置转换方向，并可以导入或导出词典。

简体繁体自定义词典
编辑
转换方向(D):　简到繁(双向)
添加或修改(T):　例词
转换为(M):　例詞
词性(P):　名词
修改(O)　删除(R)
导入 / 导出
您可以将自定义词典导出成 csv 文档，以便与他人共享或使用Excel来编辑管理。
导入(I)...　导出(E)...
全部删除(L)
关闭

★ 图3.49

自动创建项目符号和编号

当需要在文档中插入项目符号和编号时，一般都会使用【项目符号】按钮和【编号】按钮来创建。其实还有一种更加快捷的方式，即在输入时自动创建。

1 单击【Office】按钮，在其下拉菜单中单击【Word选项】按钮，打开【Word选项】对话框。

2 从左侧选择【校对】选项，单击右侧的【自动更正选项】按钮，如图3.50所示。

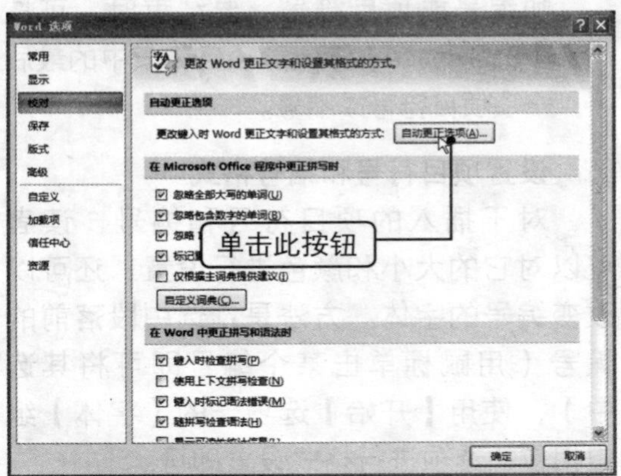

★ 图3.50

3 打开【自动更正】对话框，在自动创建项目符号和编号之前，将【自动项目符号列表】和【自动编号列表】复选框选中，如图3.51所示。

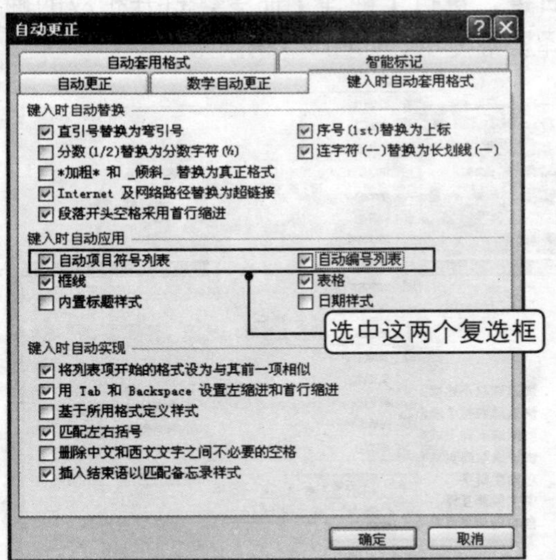

★ 图3.51

4 自动创建项目符号和编号的方法是：在段前先输入【1】（编号）或【*】（项目符号），然后再输入一个空格或一个制表符，按回车键。这时，Word会自动在下一段的段首也插入一个编号或项目符号，以后每次按回车键创建一个新段落时，都会自动在下一段段首添加编号或项目符号。要结束时，可按【Backspace】键删除项目列表中的最后一项项目符号或编号。

设置项目符号和编号格式

对于插入的项目符号和编号，读者可以对它的大小和颜色进行设置，还可以改变编号的字体。方法是：选中段落前的编号（用鼠标单击某个编号即可将其选中），使用【开始】选项卡的【字体】组中相应的选项进行格式设置即可。

轻松解决语言障碍

在Word 2007 中提供了强大的语言支持功能，可以更有效地帮助用户无障碍地阅读文档。比如，当遇到不熟悉的单词或短语时，可以选中该文档内容后单击鼠标右键，执行【翻译】命令，打开相应的翻译屏幕提示，如图3.52所示。

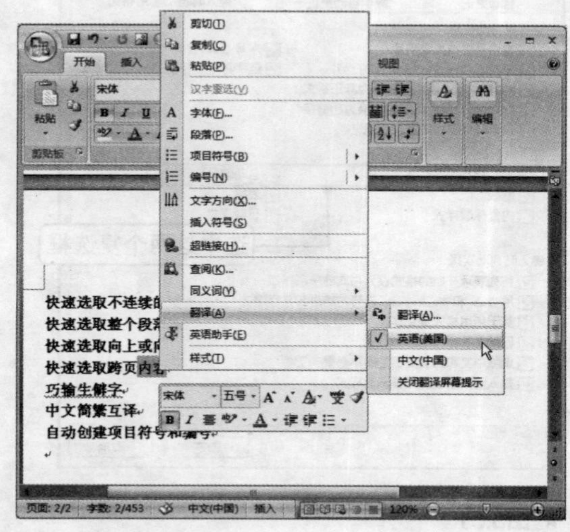

★ 图3.52

将鼠标移动到单词或短语的上方，就可以即时看到翻译的结果，如图3.53所示。

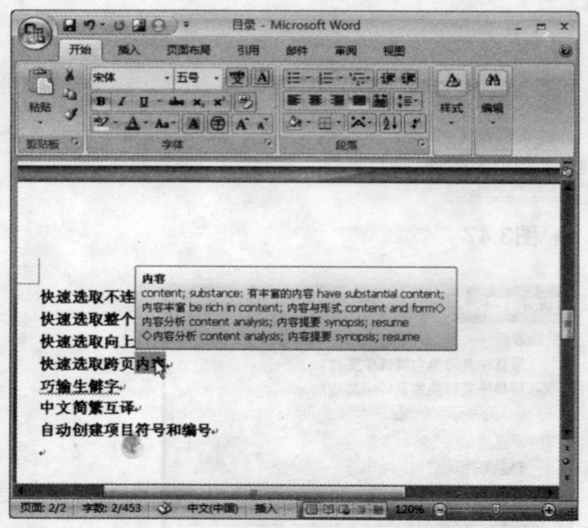

★ 图3.53

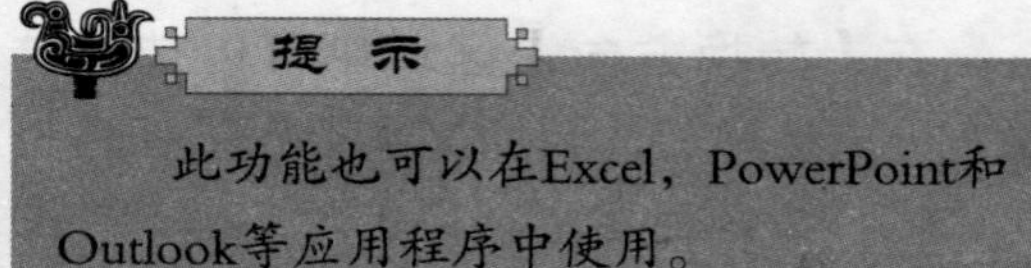

此功能也可以在Excel，PowerPoint和Outlook等应用程序中使用。

双击鼠标的特殊应用

在使用Word进行文本编辑时，双击动作带来了许多方便。下面列出了双击鼠标时的一些特殊应用：

- 双击【垂直标尺】或【水平标尺】空白处，可弹出【页面设置】对话框。
- 双击水平标尺上的标记，可弹出【段落】对话框。
- 双击【滚动条】上方的拆分框，可将窗口拆分成两个窗口。
- 选中被复制的文本后，双击【开始】选项卡的【剪贴板】组中的【格式刷】按钮，可进行连续的格式复制。
- 双击【状态栏】中的某个按钮或模式，可将其打开或关闭。

制作带圈的字符

经常可以看到带圈的文字，比如好、丽等，在Word 2007中可以快速地制作这种文字。在【开始】选项卡的【字体】

组中，单击【带圈字符】命令按钮，会弹出【带圈字符】对话框。在【圈号】栏的【文字】输入框中输入想加圈的文字，并在右侧的【圈号】列表框中选择一种圈的形状，如图3.54所示。

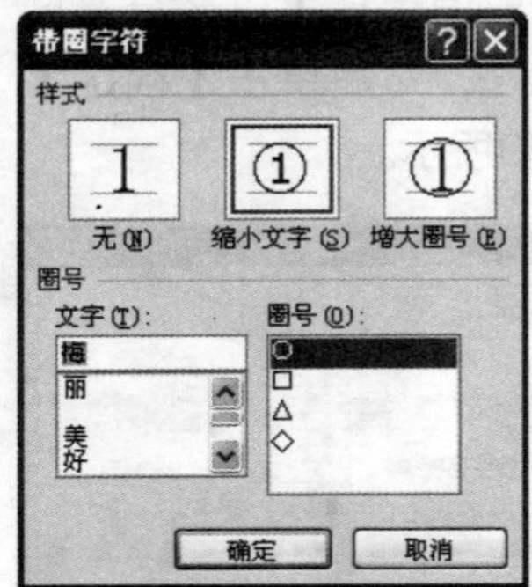

★ 图3.54

设置好后，单击【确定】按钮，这个带圈的字就插入到文档中了。

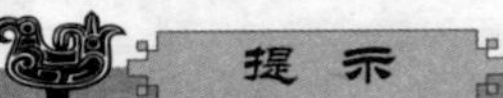

也可以在页面上先选中要加圈的文字，然后再执行上面介绍的操作，可以省去在输入框中输入文字的步骤。

制作多个字的带圈效果

上面一个技巧讲述了如何在Word 2007中制作带圈文字，但是使用这种方法不能制作三位数字或多个中文字的带圈文字，那假如要为数字“888”制作带圈文字，怎么办呢？可以这样进行操作：

1 按照正常方法，先将“88”设置为带圈字符，然后按【Alt+F9】组合键，切换到域代码状态，如图3.55所示。

{ eq \o\ac(○,88) }

★ 图3.55

2 选中域代码中的圈号，按【Ctrl+[】组合键或【Ctrl+]】组合键调整字号的大小，大小调整合适后，将“88”改为“888”，设置如图3.56所示。

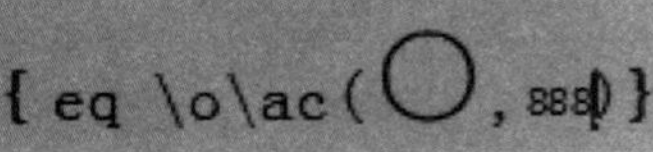

★ 图3.56

3 再次按下【Alt+F9】组合键切换回编辑模式，如图3.57所示，可以看到三位数字的带圈效果了，但这时圆圈和数字的位置不太合适，需要调整一下。

★ 图3.57

4 再次切换回域代码状态，在数字前添加“\s\up6”代码，这句代码的作用是将数字上移6磅，同时将数字的前后加上一对半角括号，如图3.58所示。

★ 图3.58

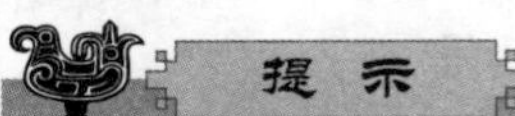

如圆圈和数字的位置仍然不合适，可再次调解“\s\up6”中的数字，直至位置合适。

5 切换回编辑状态，就可以看到位置合适的多位带圈数字了。

使用Unicode字符输入带圈数字

其实，还有一种方法可以快速输入20以内的带圈数字，即键入Unicode字符。例如输入⑩，只需键入“2469”（不含引号），然后按【Alt+X】组合健，“2469”立即转换成⑩，非常方便。

表3.1列出了20以内的带圈数字与

Unicode字符的对照表。

表3.1　20以内的带圈数字与Unicode字符的对照表

①	②	③	④	⑤
2460	2461	2462	2463	2464
⑥	⑦	⑧	⑨	⑩
2465	2466	2467	2468	2469
⑪	⑫	⑬	⑭	⑮
246a	246b	246c	246d	246e
⑯	⑰	⑱	⑲	⑳
246f	2470	2471	2472	2473

解决全角引号变半角引号的问题

有时候我们在某个网页上看到一篇文章写得非常好，将它直接复制到Word文档中以后，文章中的全角标点符号都变为半角标点符号了，看起来实在不舒服。解决这个问题有个非常好的方法，将网页中的文字先全部复制到一个【记事本】文件中，然后再从【记事本】文件中将其复制到Word文档中，就不会发生符号产生变化的问题了。

快速插入一对大括号

将光标置于需要插入大括号的地方，然后按下【Ctrl+F9】组合键，就可以快速在插入点插入一对大括号，并且将输入光标置于大括号中。

让光标在段落间快速移动

在编辑Word文档时，如果需要光标在段落之间移动，可以在按住【Ctrl】键的同时，然后再按上方向键或下方向键，这样就可以使光标依次向上或向下移动一个段落。

修改标尺的单位

Word窗口中的标尺默认为2，4，6，…，40这些字符单位，如果需要，可以通过下面的方法将标尺的单位设置为“厘米”。

执行【Office】按钮→【Word选项】命令，打开【Word选项】对话框。

从左栏中选择【高级】选项卡，在右侧的【显示】区中取消选择【以字符宽度为度量单位】复选框，然后单击【确定】按钮即可，如图3.59所示。

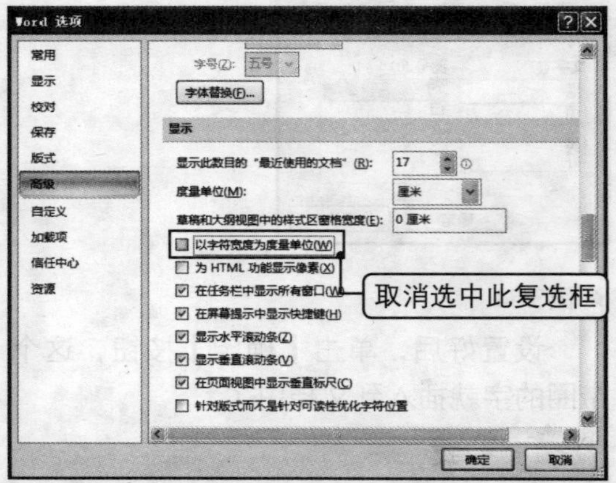

★ 图3.59

快速设置上下标文字

在Word文档中，可以在【开始】选项卡的【字体】组中单击对话框启动器，调出【字体】对话框，在对话框中将文字设置为上标文字或下标文字，设置位置如图3.60所示。

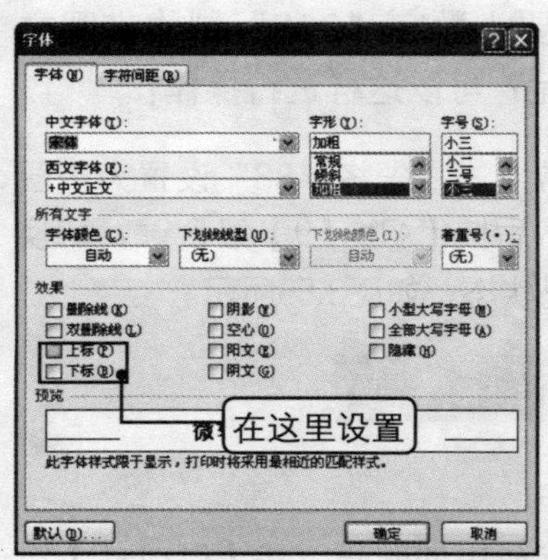

★ 图3.60

其实只要在页面中选中要作为上标的文字，按【Ctrl+Shift+=】组合键，即可快速将文字设为上标文字。按【Ctrl+=】组合键，即可快速将文字设置为下标文字。

快速批量设置上下标文字

设置上下标文字可以通过使用【字体】对话框（在【开始】选项卡的【字体】组中单击对话框启动器，调出【字体】对话框）或使用组合键（【Ctrl+Shift+=】组合键可将文字设为上标文字，【Ctrl+=】组合键可将文字设置为下标文字）的方法。但如果在一篇文档中有多处文字需要设置为上下标，还可以借助Word中的格式刷来完成工作。首先设置好一个上下标文字，使其处于选中状态，双击【剪贴板】组中的【格式刷】按钮，使用"刷子"去一一单击其他要设为上下标的文字就可以了。

> **提　示**
>
> 这个技巧中介绍的使用格式刷的方法，可用在任意复制格式的情况下。

只给段落中的文字加下划线

在Word文档中，有时需要给一段文字加上下划线，但这段文字中有一些不连续的空格，而不想给这些空格添加下划线，该如何操作呢？有一个特别方便的方法，选中整段文字，按下【Ctrl+Shift+W】组合键，即可只给段落中的文字添加下划线而不给空格添加下划线。添加好下划线的效果如图3.61所示。

快速输入常用符号

在插入一些常用线条、箭头、笑脸等符号时，通常会选择插入符号或绘制直线的方法来完成。为了快捷地编辑文档，可以使用下面的方法实现常用符号的快速输入。

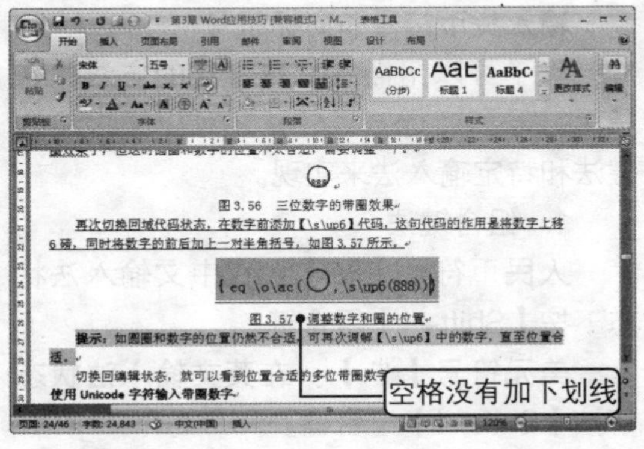

★ 图3.61

- **实心线：** 输入三个【-】号成【---】后按回车键即可。
- **实心加粗线：** 输入三个下划线成【___】后按回车键即可。
- **实心等号线：** 输入三个等号成【===】后按回车键即可。
- **加粗黑心线：** 输入三个【#】号成【###】后按回车键即可。
- **省略线：** 输入三个【*】号成【***】后按回车键即可。
- **波浪线：** 输入三个【~】号成【~~~】后按回车键即可。
- 【←】**向左细箭头：** 输入成【<--】按回车键即可。
- 【⬅】**向左粗箭头：** 输入成【<==】按回车键即可。
- 【⇔】**双向空箭头：** 输入成【<=>】按回车键即可。
- 【➔】**向右粗箭头：** 输入成【==>】按回车键即可。
- 【→】**向右细箭头：** 输入成【-->】按回车键即可。
- 【☹】**难过符号：** 输入【:(】或【:-(】按回车键即可。
- 【☺】**笑脸符号：** 输入【:)】或【:-)】按回车键即可。
- 【😐】**不说话符号：** 输入【:|】或【:-|】按回车键即可。

输入货币符号和商标符号

除了可以用插入特殊符号的方法输入货币符号和商标符号外，还可以通过组合键法和特定输入法来实现。

1. 组合键法

人民币符号【￥】：在中文输入法状态下按【Shift+4】组合键。

美元符号【＄】：在英文输入法状态下按【Shift+4】组合键。

商标符【™】：按【Ctrl+Alt+T】组合键。

注册商标符【®】：按【Ctrl+Alt+R】组合键。

版权符【©】：按【Ctrl+Alt+C】组合键。

2. 特定输入法

人民币符号【￥】：在输入【FFE5】后选中它，然后按【Alt+X】组合键。

美元符号【＄】：在输入【FF04】后选中它，然后按【Alt+X】组合键。

欧元符号【€】：按下【Alt】键，再在数字小键盘上依次键入【0】，【1】，【2】和【8】，松开【Alt】键即可。

商标符【™】：输入【(tm)】。

注册商标符【®】：输入【(r)】。

版权符【©】：输入【(c)】。

快速输入重音号等其他特殊符号

在Word 2007中，要想在元音上加一个重音符号，只需按【Ctrl+’】组合键，然后输入元音字符即可。例如，要输入é、á、ó，只需先按【Ctrl+’】组合键，再按e、a、o键即可。

按【Ctrl+Shift+Alt+？】组合键，即可输入上下颠倒的问号【¿】。

按【Ctrl+Shift+Alt+！】组合键，即可输入上下颠倒的感叹号【¡】。

利用输入法软键盘快速插入特殊符号

Windows内置的中文输入法提供了13种软键盘，在输入法的工具条上单击鼠标右键，弹出如图3.62所示的列表。包括PC键盘、希腊字母键盘、俄文字母键盘、注音符号键盘、拼音键盘、日文平假名键盘、日文片假名键盘等，用户可以根据需要进行不同的特殊符号选择。

PC键盘	标点符号
希腊字母	数字序号
俄文字母	数学符号
注音符号	单位符号
拼　音	制表符
日文平假名	特殊符号
日文片假名	

中 极品五笔

★ 图3.62

具体操作如下：

1 在输入法工具条上单击鼠标右键，在弹出的列表中选择一种符号类型，如【特殊符号】。

此时就会弹出如图3.63所示的软键盘，需要哪个符号直接用鼠标单击即可。

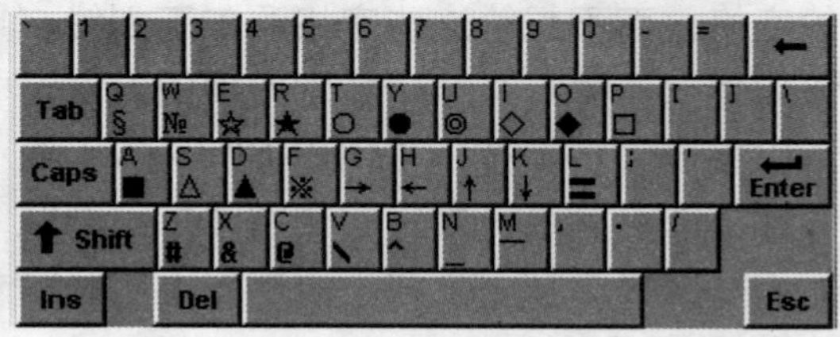

★ 图3.63

使用快捷键实现段落的左对齐和右对齐

在Word 2007中，将光标定位在要设置文字对齐的行中，按【Ctrl+R】组合键

可实现段落右对齐，按【Ctrl+L】组合键可实现段落左对齐。

快速改变行距

在Word 2007中，选中需要设置行距的文本，按【Ctrl+1】组合键，可将段落设置成单倍行距；按【Ctrl+2】组合键，可将段落设置成双倍行距；按【Ctrl+5】组合键，可将段落设置成1.5倍行距。

快速进行翻译

从Word 2002起新增加了翻译功能，可以进行多国语言的互译。具体使用方法如下：在Word 2007中打开一篇英文文章，单击【审阅】选项卡，在【校对】组中单击【翻译】命令按钮，在屏幕的右侧会展开【信息检索】任务窗格，如图3.64所示。

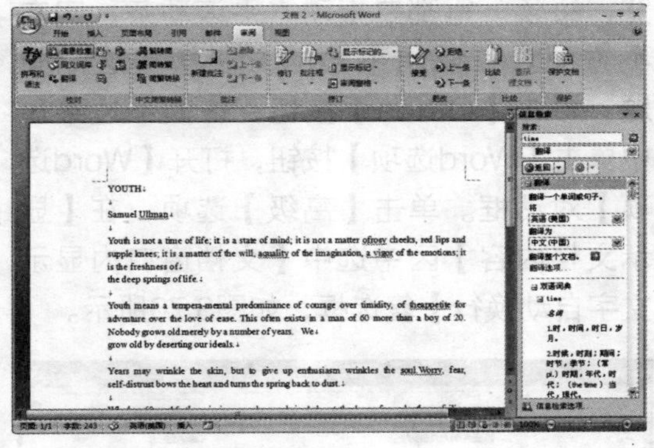

★ 图3.64

在【搜索】输入框中输入要翻译的英文单词，并在【翻译】栏中选择将哪种语言翻译为哪种语言，然后单击【搜索】栏后的转到按钮。这时这个英文单词的中文解释就会出现在下面的结果框中了，翻译结果如图3.65所示。

对文档进行分栏

若想将Word文档分为双栏或多栏，可按下面的方法进行设置。

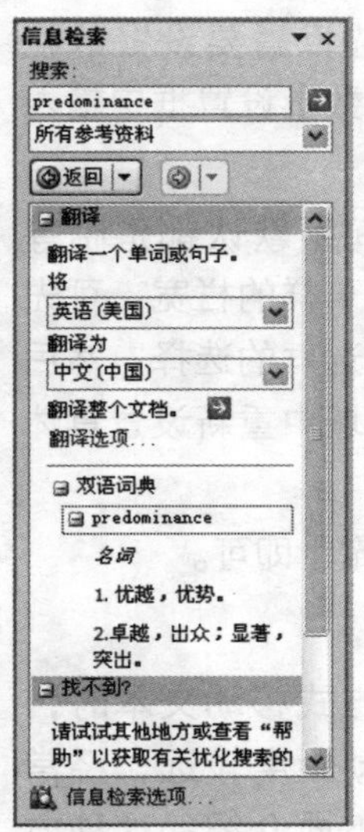

★ 图3.65

1 单击【页面布局】选项卡，在【页面设置】组中单击【分栏】按钮，从打开的下拉列表中选择【更多分栏】选项，如图3.66所示，打开如图3.67所示的【分栏】对话框。

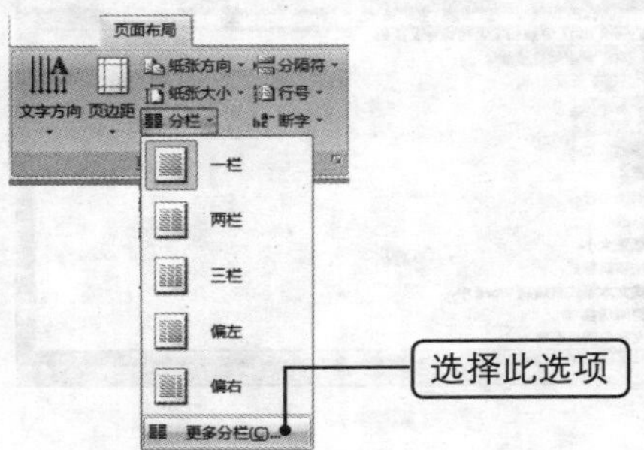

★ 图3.66

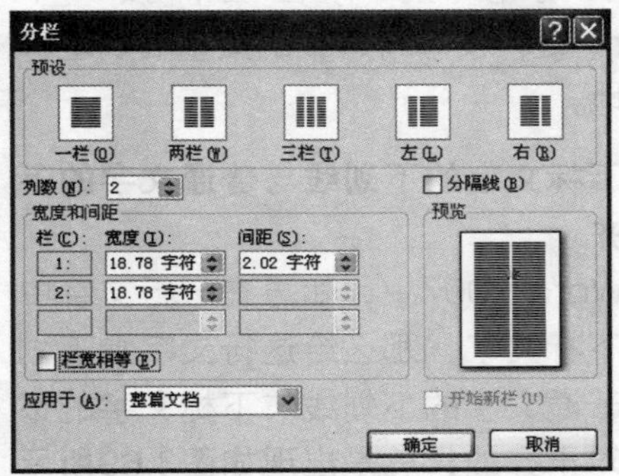

★ 图3.67

2 在【预设】区域中选择需要设置的栏数，或者直接在【列数】设置框中输入需要的栏数。

3 分栏的每个栏宽和间距默认都是相等的，如果想要设置不一样的栏宽，可先取消【栏宽相等】复选框的选择，然后在【宽度和间距】区域中重新设置具体的宽度值。

4 设置完毕后单击【确定】即可。

准确移动文本

当使用鼠标拖动的方式移动文本时，有时由于文档过长，移动距离较远，经常会移错位置。可以采用下面介绍的这种方法：选中要移动的文本，按一下【F2】键，此时屏幕下端的状态栏上会显示出“移至何处？”的字样，如图3.68所示。

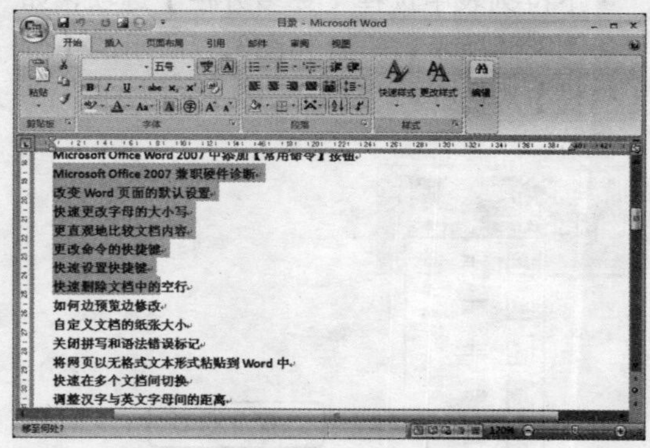

★ 图3.68

将光标移到目标位置，按一下【Enter】键，便可将选中的文字准确地移至目的地。

使下标文字的下划线与普通文字的下划线对齐

在Word 2007中，如果在一行文字中包含有下标文字，那么给这行文字加下划线时，普通文字的下划线与下标文字的下划线是对不齐的，总是出现如图3.69所示的样子，如何解决这个问题呢？

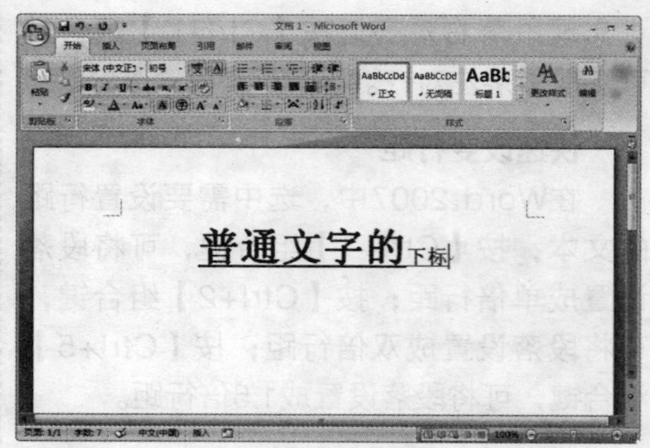

★ 图3.69

可以单击【插入】选项卡，在【插图】组中单击【形状】命令按钮，从中选择【直线】工具，按住【Shift】键，在文字下方“画”一条水平的直线。

怎样阅读显示过宽的文档

如果一篇Word文档的页面设置得很宽，每读一行都要拖动水平滚动条，实在不方便。可以用下面的方法解决这个问题：单击【Office】按钮，在其下拉菜单中单击【Word选项】按钮，打开【Word选项】对话框。单击【高级】选项，在【显示文档内容】区中选中【文档窗口内显示文字自动换行】复选框，如图3.70所示。

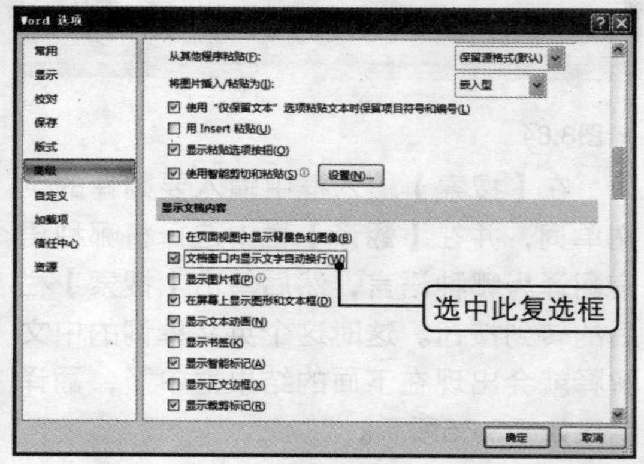

★ 图3.70

单击【确定】按钮后，即可改变文档在屏幕上的显示外观。

提　示

这个设置只改变文档在屏幕上的显示效果，并不影响文档的原始页面设置，也不会影响打印效果。

改变默认的超链接的颜色

在Word 2007中可以将带蓝色直下划线的超链接的文字改为任意想要的文字格式以及下划线类型。

将光标定位在超链接的文字中，单击【开始】选项卡，在【样式】组中单击对话框启动器，打开【样式】窗格，选择【超链接】样式，单击它的下拉箭头，从下拉菜单中选择【修改】命令，如图3.71所示。

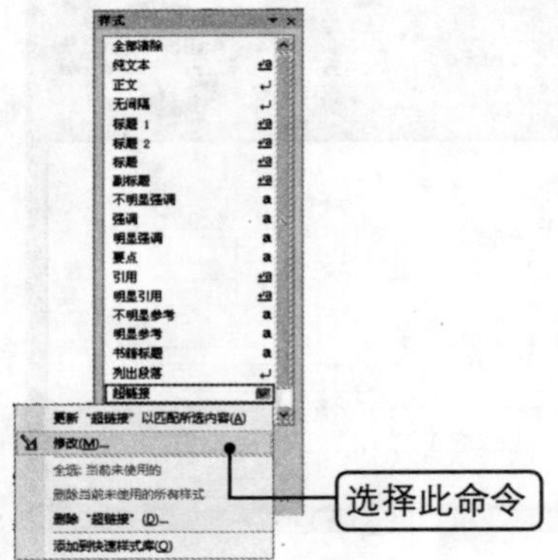

★ 图3.71

弹出【修改样式】对话框，单击对话框底部的【格式】按钮，从弹出菜单中选择【字体】选项，如图3.72所示。

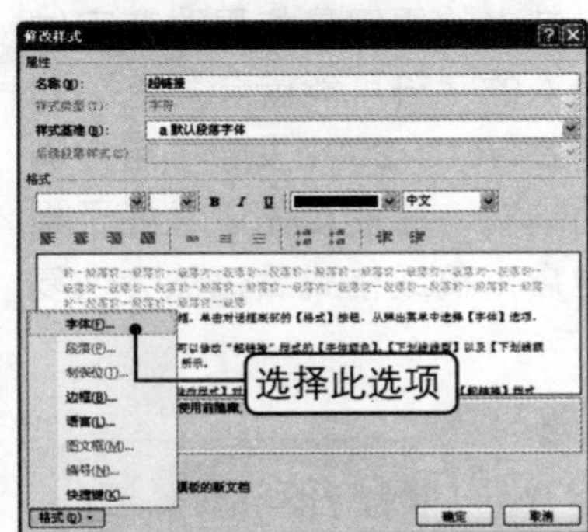

★ 图3.72

在【字体】对话框中就可以修改【超链接】样式的【字体颜色】、【下划线线型】以及【下划线颜色】等格式了，如图3.73所示。

★ 图3.73

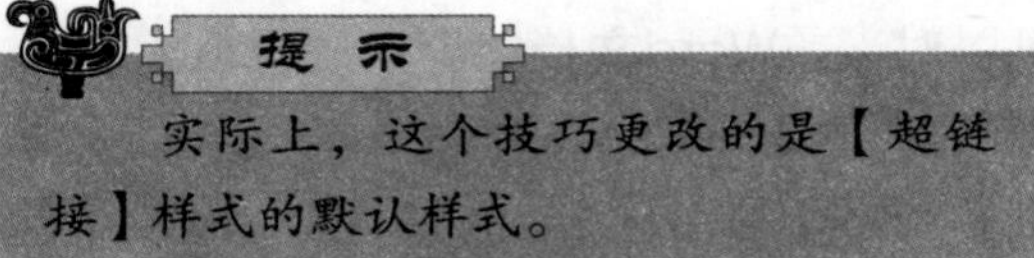

提　示

实际上，这个技巧更改的是【超链接】样式的默认样式。

实现文字竖排

在Word 2007中可以方便地实现文字的竖排。选中要竖排的文字，单击【页面布局】选项卡，在【页面设置】组中单击【文字方向】命令按钮，从打开的下拉列表中选择【垂直】选项，如图3.74所示。

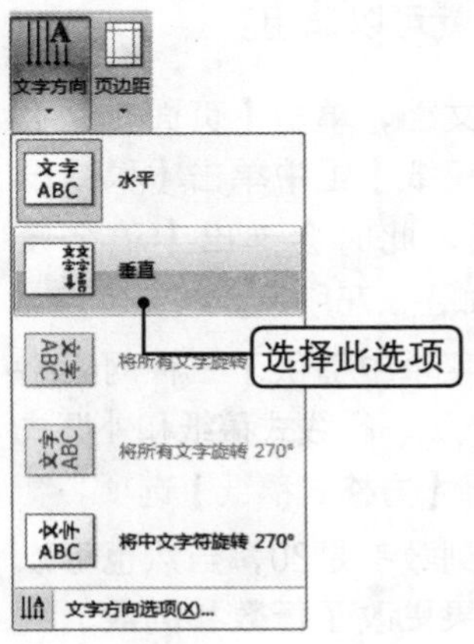

★ 图3.74

要竖排的文字立即被进行了竖排排列，效果如图3.75所示。

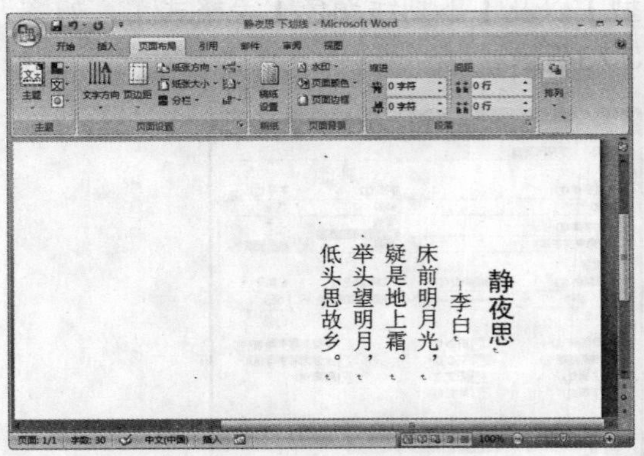

★ 图3.75

最大化和还原窗口

在Word 2007中有一个极快捷的方法可以对当前Word文档的窗口进行最大化和还原窗口的操作。用鼠标在水平滚动条和垂直滚动条的交叉处双击，即可在窗口的最大化和还原之间进行切换。

设置稿纸格式

这是微软特别针对中国用户所开发的一项功能，在Office 2000/2003时代，如果需要调用稿纸格式，用户需要访问Office资源站点手工下载稿纸加载项并安装，而现在Word 2007已经内置了稿纸格式的加载项，直接就可以调用。

1 新建一个空白文档，单击【页面布局】选项卡，在【稿纸】组中单击【稿纸设置】命令按钮，此时会弹出【稿纸设置】对话框，如图3.76所示。

2 【格式】下拉菜单中提供了三种网络格式，即方格式稿纸、行线式稿纸和外框式稿纸，这里选择【方格式稿纸】选项。

3 默认的行数和列数都是20，当然也可以重新调整，如果更改了行数和列数、线条颜色或页面方向，那么右上方的图像上会动态显示预览结果，确认后稍候片刻即可显示如图3.77所示的稿纸格式。

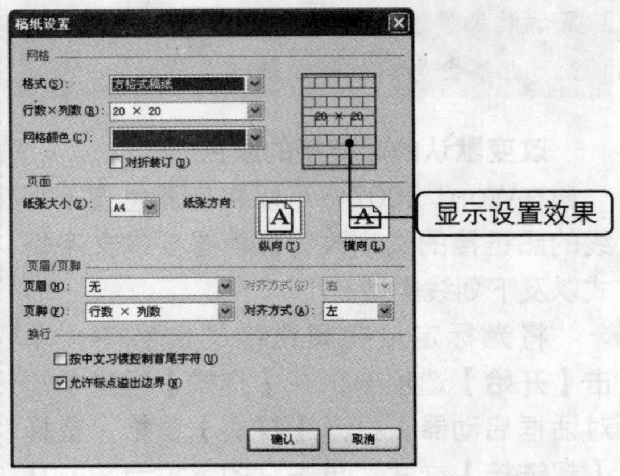

★ 图3.76

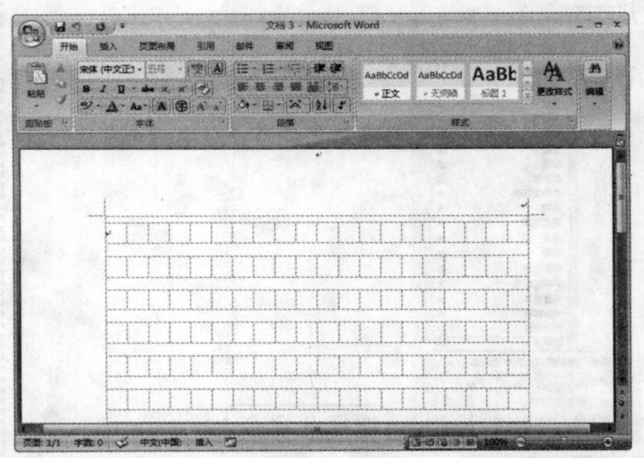

★ 图3.77

默认设置下，稿纸设置中输入的字符使用的是宋体五号字，虽然字体可以随便选择，但五号字是无法调整的（图中呈灰色的按钮），其中的原因是如果改变字体大小后，所输入的字符可能就会“跑”到格式外面，因此Word 2007去除了用户调整字号大小的功能，即使事先设置好了相应的字号，但启用稿纸格式后仍然会恢复成默认的五号字。

提　示

在图3.77中，【换行】区中的版式非常实用，建议选中这里的两个选项，这

样可以按中文习惯控制行的首尾字符，还可以允许文档中的标点溢出边界。

快速复制样式

辛辛苦苦在一个Word文档中建立了一些新样式，如果想在其他文档中使用怎么办呢？打开制作好新样式的Word文件，在【开始】选项卡的【样式】组中单击对话框启动器按钮，打开【样式】窗格。单击下方的【管理样式】按钮，打开【管理样式】对话框，如图3.78所示。

★ 图3.78

单击【导入/导出】按钮，出现【管理器】对话框，如图3. 79所示。

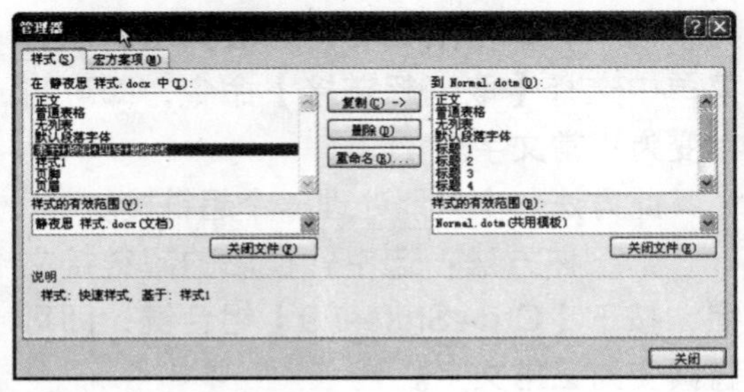

★ 图3.79

要将一种样式复制到一个不同的文档或模板中，或者将一种样式从一个不同的文档或模板复制过来，需要先选中这种样式，然后单击【关闭文件】按钮，如图3.80所示。

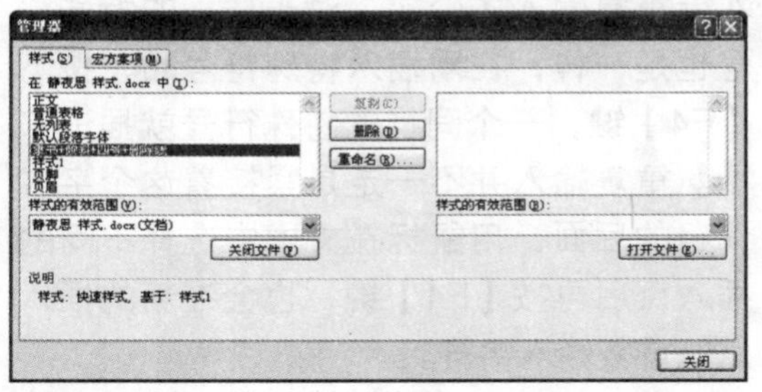

★ 图3.80

然后单击【打开文件】按钮以便打开所需的含有该样式的文档或模板。

在左边的列表框中选择所需的样式，接着单击【复制】按钮，从而将该样式复制到其他文档或模板中，如图3.81所示。单击【关闭】按钮即可完成设置。

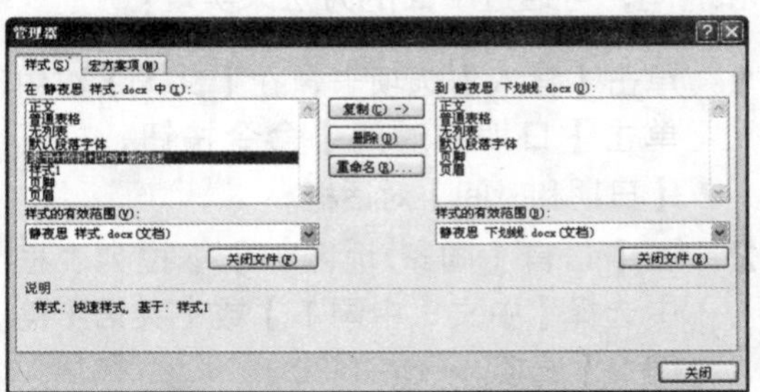

★ 图3.81

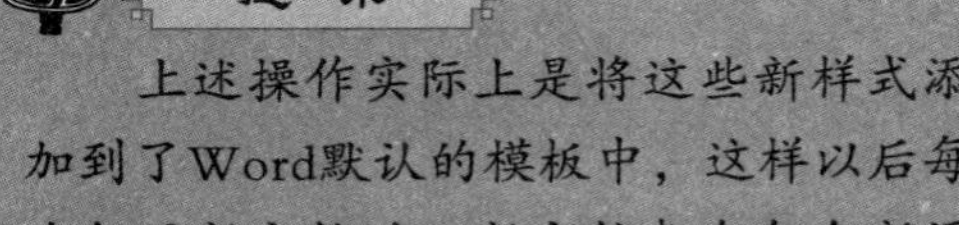

上述操作实际上是将这些新样式添加到了Word默认的模板中，这样以后每次打开新文档时，新文档都会包含新添加的样式。

在Word 2000中，可以执行【格式】→【样式】命令，在【样式】对话框中可以找到【管理器】按钮，其他操作就完全一样了。

使用【F4】键重复输入

在Word中刚输完一个字后，只要按下【F4】键即可重复输入这个字，按多少次就重复输入多少次。对于插入的特殊符号也是一样，在刚插入特殊符号后，按下【F4】键，一个同样的特殊符号就插进来了。重复输入并不一定是紧接着这个字或词组的后面，用鼠标在文本中选择不同的插入点后再按【F4】键，也会在新的插入点处重复输入字符。

不仅对字符输入是这样，对于图形输入也同样有效。例如，用户在Word中画一个椭圆，如果要继续画一个同样的椭圆，只要按下【F4】键，一个同样的椭圆就画出来了。

插入当前的日期和时间

如果需要在Word文档中插入当前日期和时间，可通过下面的方法来实现：

1 单击【插入】选项卡，在【文本】组中单击【日期和时间】命令按钮，打开【日期和时间】对话框。

2 在【语言（国家/地区）】下拉列表框中选择【中文（中国）】或【英语（美国）】选项。

3 在左边的【可用格式】列表框中选择一种合适的日期和时间格式，单击【确定】按钮，如图3.82所示。

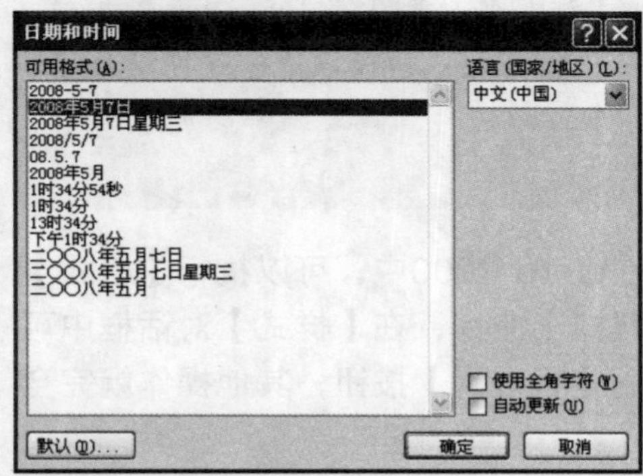

★ 图3.82

另外，再介绍一种快速插入的方法：按【Alt+Shift+D】组合键可插入默认格式的当前系统日期；按【Alt+Shift+T】组合键可以插入默认格式的当前系统时间。

自动更新插入的日期和时间

使用【日期和时间】对话框不仅可以插入当前系统的日期和时间，还可以随时更新插入的日期和时间。

插入日期和时间时，在【日期和时间】对话框中的右下角选中【自动更新】复选框，则每次打开该文档时，日期和时间都会及时更新成当前的日期和时间。

去除文档中自动添加的超链接

在Word中有很多智能化的功能，例如，在文档中键入了一个网址或电子邮件地址后，Word会自动将其转换为一个超链接，这样按住【Ctrl】键再单击该超链接即可直接跳转到该目标。这虽然大大方便了某些操作，但有时并不需要这个转换功能，如何去除这个自动添加超链接的功能呢？有很多方法都可以去除这个功能。

第一种方法：在键入一个网址或电子邮件地址且Word将其自动转换为超链接后，立即按下【←】键或【Ctrl+Z】组合键，即可将其转化为正常文字。

第二种方法：将光标定位在超链接的文字当中，单击鼠标右键，在弹出的快捷菜单中选择【取消超链接】命令，即可将其变为正常文字。

此方法一次只能处理一个超链接。

第三种方法：选中转换后的超链接文字，按下【Ctrl+Shift+F9】组合键，即可将其变为正常文字。

此方法可以一次选中多个超链接，一起处理。

如果需要在文档中经常输入网址和E-mail地址，又不希望Word自动将其转换

为超链接，则可使用以下操作来禁止Word的自动转换功能：单击【Office】按钮，在其下拉菜单中单击【Word选项】按钮，打开【Word选项】对话框。单击【高级】选项，在【常规】区中，取消选中【打开时更新自动链接】复选框，如图3.83所示。

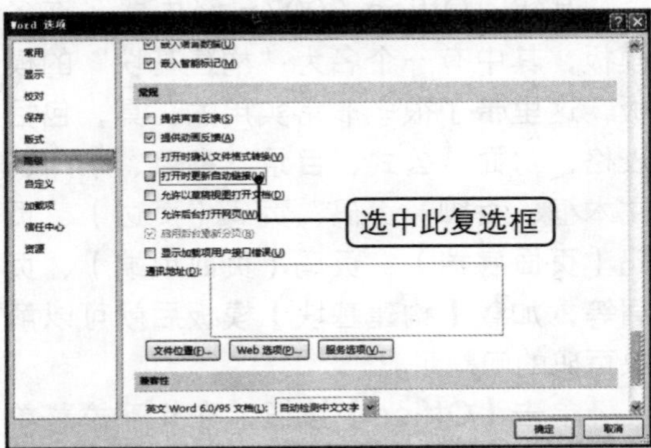

★ 图3.83

设定每行的文字数

若要求写一篇文章，格式有如下规定：要求使用A4纸，每页要40行，每行要求42个字，目的是为了使页面更整洁美观。可是这些参数是在哪里设置的呢？新建一个Word文档，单击【页面布局】选项卡，在【页面设置】组中单击对话框启动器，弹出【页面设置】对话框。选择【纸张】选项卡，在【纸张大小】栏中选择A4纸，如图3.84所示。

再单击【文档网格】选项卡，在【网格】栏中选择【指定行和字符网格】单选按钮；在【字符数】栏中，将【每行】项后的参数设置为“42”；将【行数】栏中的【每页】项的参数设为“40”，这样就符合要求了，设置如图3.85所示。

妙用状态栏

我们平时很少对Word的状态栏进行操作，其实这个状态栏中的秘密武器还真不少呢！

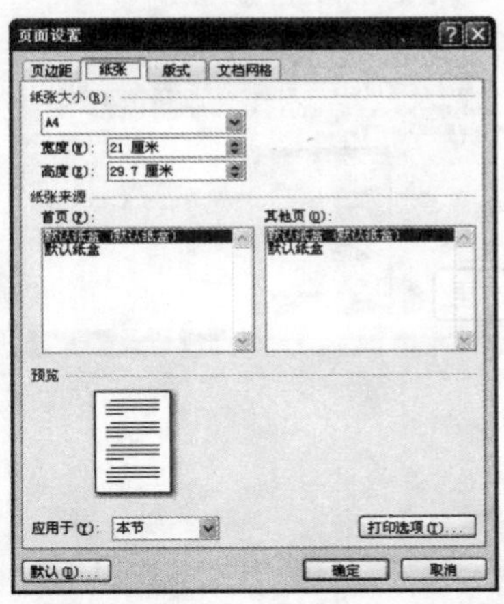

★ 图3.84

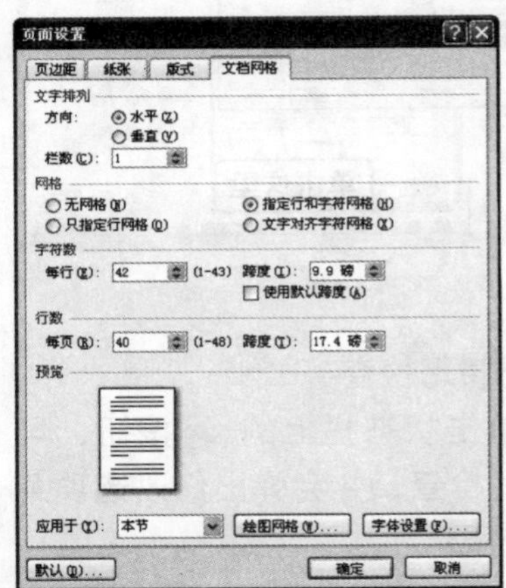

★ 图3.85

快速调出【查找和替换】对话框

用鼠标单击状态栏的【位置】处，可以快速打开【查找和替换】对话框，鼠标单击的位置及【查找和替换】对话框如图3.86所示。

快速打开【录制宏】对话框

单击状态栏上的【录制】按钮，可快速打开【录制宏】对话框，如图3.87所示。

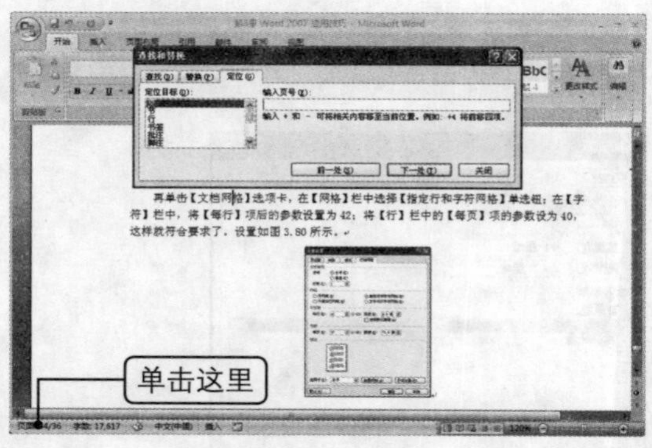

★ 图3.86

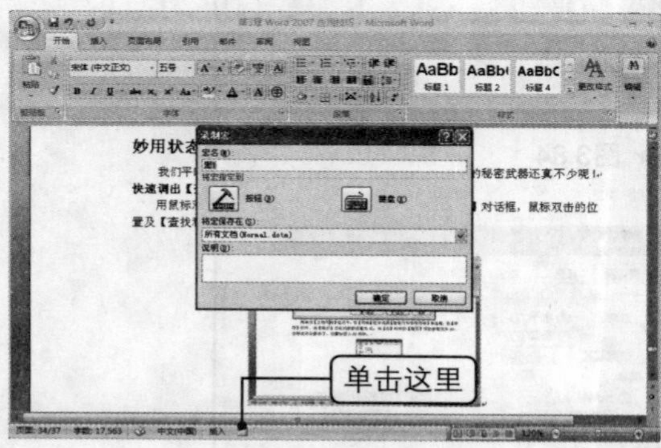

★ 图3.87

快速执行拼写检查

用鼠标单击状态栏上的按钮，可快速执行拼写检查，并会弹出修改选项菜单，如图3.88所示。

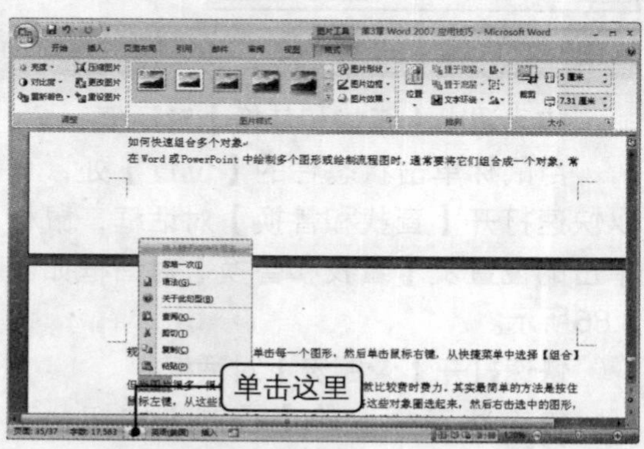

★ 图3.88

巧妙插入页码

在Office 2007中，如果你试图插入页码，会发现下拉菜单中的选项都是灰色的，根本无法使用。在Office 2003中插入页码后，再在Office 2007中重新打开文档，会发现仍然无法使用页码功能，这是怎么回事呢？

其实，Office 2007已经内置了许多模板，其中有一个名为“构建基块”的模板，这里带了很多非常实用的工具，包括表格、封面、公式、目录、书目、水印、文本框、页脚、页码、页码（页边）、页码（页面底端）、页码（页面顶端）、页眉等，加载【构建基块】模板后就可以解决页码的问题了。

单击【Office】按钮，在其下拉菜单中单击【Word选项】按钮，打开【Word选项】对话框。单击【加载项】选项，如图3.89所示，可以看到这里已经加载了稿纸向导、书法、人名等加载项。

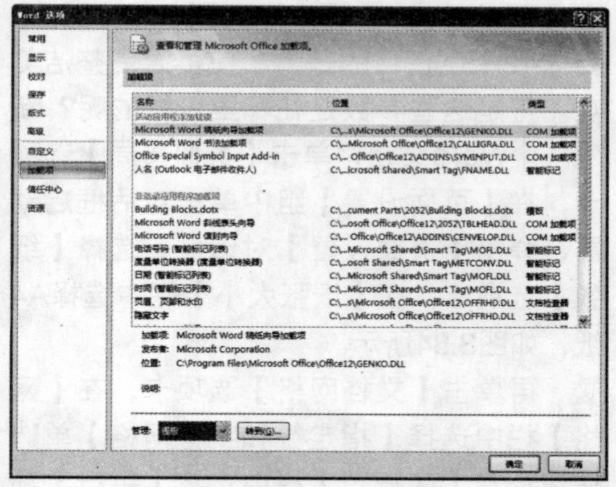

★ 图3.89

在【管理】下拉列表框中选择【模板】选项，然后单击右侧的【转到】按钮，打开【模板和加载项】对话框，如图3.90所示。

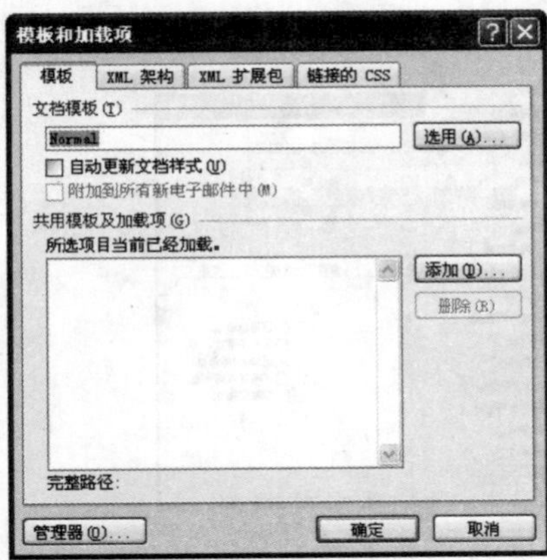

★ 图3.90

单击【添加】按钮，打开【添加模板】对话框。在【查找范围】区中找到C:\Program Files\Microsoft Office\OFFICE12\Document Parts\2052\Building Blocks.dotx这个文件，如图3.91所示。

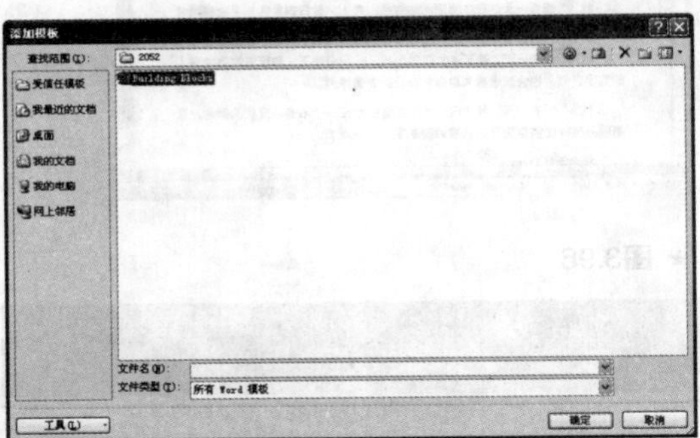

★ 图3.91

然后单击【确定】按钮，加载后会出现在【所选项目当前已经加载】所示的列表框中，如图3.92所示，单击【确定】按钮退出。

现在，我们就可以在文档的相应位置任意插入不同风格的页码了，而插入页码时可以事先预览到相应的页码格式。

将文字变换为图形

Word中的替换功能不仅能实现文字与文字之间的替换，还可以实现文字与图

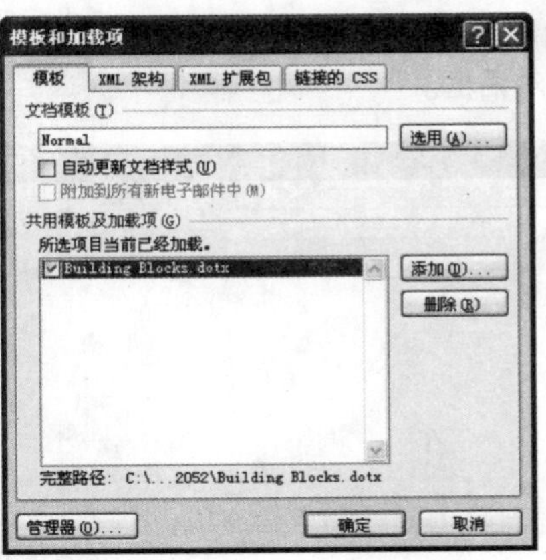

★ 图3.92

片、图形或表格等特殊内容的替换，下面我们就把图3.93所示的文档中的“梦”字替换为艺术字，具体操作方法如下：

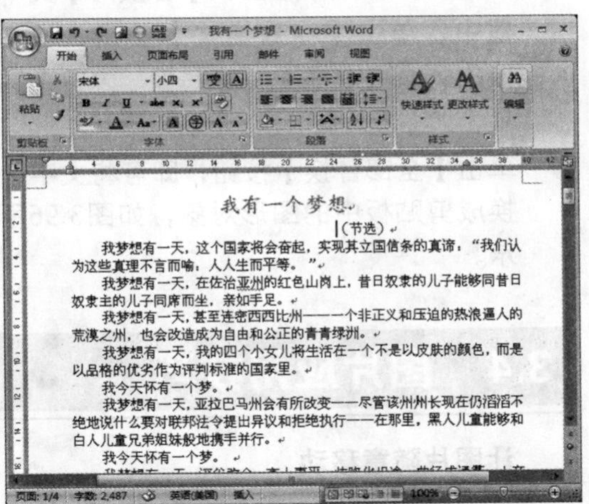

★ 图3.93

1 打开文档。

2 单击【插入】选项卡，在【文本】组中单击【艺术字】按钮，打开【艺术字】下拉列表，从中选择一种艺术字样式，打开【编辑艺术字文字】对话框，输入“梦”字，如图3.94所示。

3 单击【确定】按钮，然后选中艺术字，按下【Ctrl+X】组合键将文字剪切到剪贴板中。

4 单击【开始】选项卡，在【编辑】组中

单击【替换】按钮，打开【查找和替换】对话框。

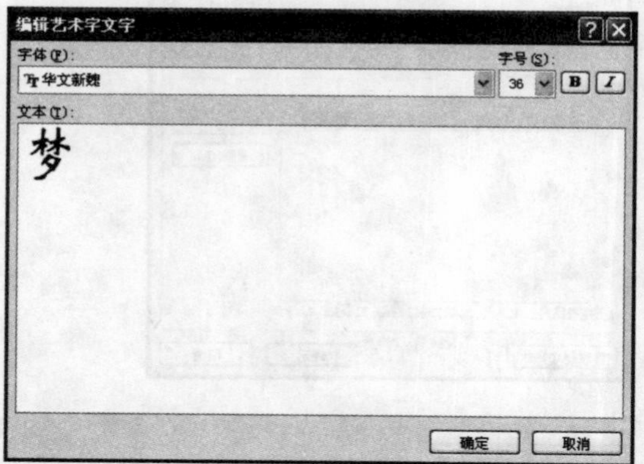

★ 图3.94

5 单击【更多】按钮，展开【搜索选项】选项组。将光标定位在【替换为】文本框中，单击【特殊格式】按钮，在弹出的列表中选择【'剪贴板'内容】选项，如图3.95所示。

6 单击【全部替换】按钮，即可将文字替换成剪贴板中的图形对象，如图3.96所示。

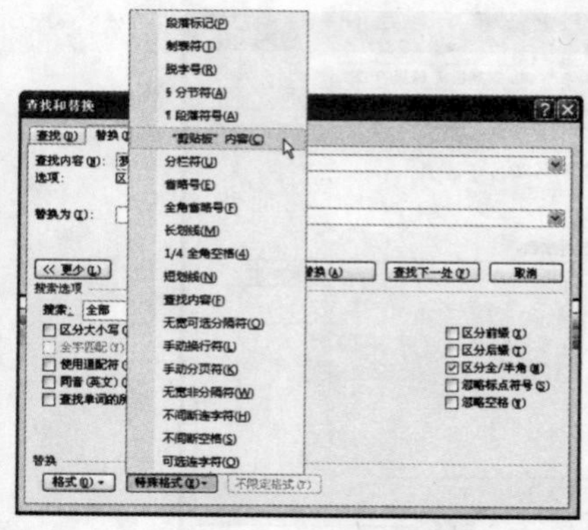

★ 图3.95

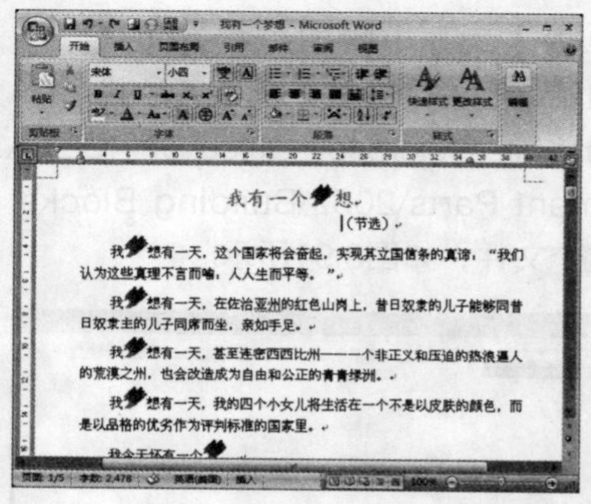

★ 图3.96

3.4 图片应用技巧

让图片随意移动

默认情况下，刚插入的图片是嵌在文本段落中的，所以只能以文本的形式对其进行位置调整。若想要让图片随意移动，可通过下面的方法进行设置。

1 单击【Office】按钮，在其下拉菜单中单击【Word选项】按钮，打开【Word选项】对话框。

2 从左侧栏中单击【高级】选项，在【剪切、复制和粘贴】区域中单击【将图片插入/粘贴为】下拉按钮，打开其下拉列表框，从中选择一种插入或粘贴的方式，如图3.97所示。

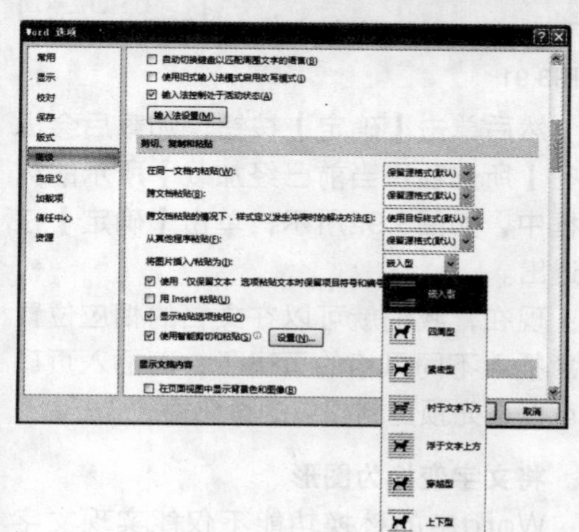

★ 图3.97

3　设置完毕后单击【确定】按钮。

此外，还有一种方法也可达到此目的，具体操作方法如下：

双击文档中的图片，出现【图片工具】的【格式】选项卡，在【排列】组中单击【文字环绕】按钮，从打开的下拉菜单中选择【其他布局选项】选项，打开【高级版式】对话框，选择【四周型】环绕方式，如图3.98所示。

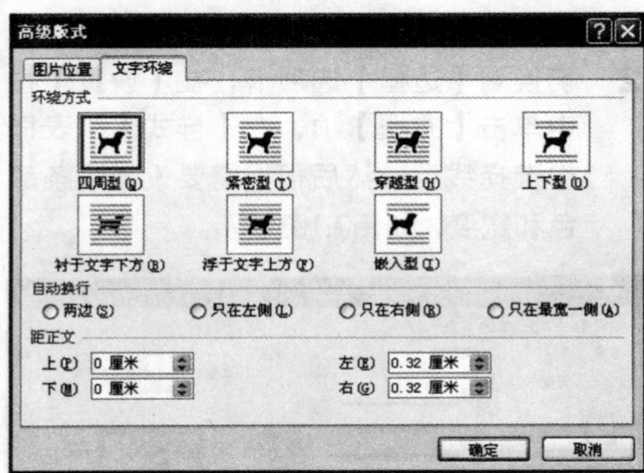

★ 图3.98

单击【确定】按钮后，图片就可以任意移动了。

将图片以链接方式插入

在一些展示新产品的文档中，需要对以前插入的图片进行更新替换。当遇到这种情况时，不必重新插入图片，只要对原始插入的图片进行以下设置，就可以使图片进行自动更新。

1　单击【插入】选项卡，在【插图】组中单击【图片】按钮，打开【插入图片】对话框。

2　在【查找范围】下拉列表框中找到插入图片所在的文件夹，然后选择需要的图片文件。

3　单击【插入】按钮右边的下拉按钮，在弹出的菜单中选择【链接到文件】命令，如图3.99所示。

★ 图3.99

所选图片被插入到文档中。如果以后想要替换当前图片，可将新图片保存到与旧图片同一个目录下，并以同一文件名保存（即替换原有文件）。

当再次打开包含图片的文档时，用户就可以发现，文档中的旧图片已经被新图片所替代。

利用文本框嵌入图片

利用文本框嵌入图片，可以方便地对图片进行修剪，使图文编排更加灵活，具体实现步骤如下：

1　单击【插入】选项卡，在【文本】组中单击【文本框】按钮，从打开的下拉菜单中选择【绘制文本框】选项，然后用鼠标在文档中绘制一个横排文本框。

2　在文本框的边框上单击鼠标右键，从弹出的快捷菜单中选择【设置文本框格式】命令，打开【设置文本框格式】对话框。

3　选择【版式】选项卡，选中【四周型】环绕方式，如图3.100所示。

4　然后切换到【文本框】选项卡，将内部边距都设置为“0”，如图3.101所示。

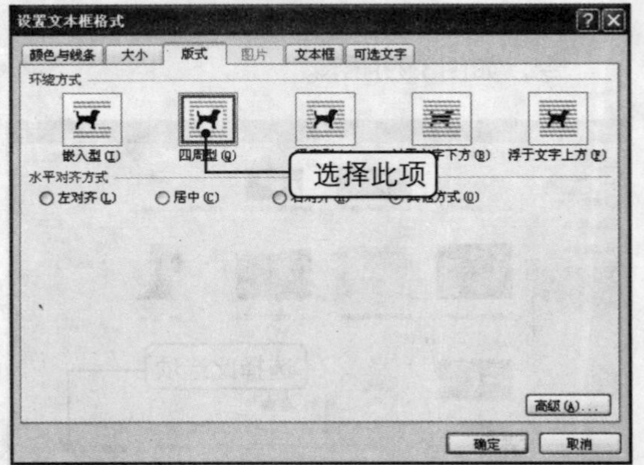

★ 图3.100

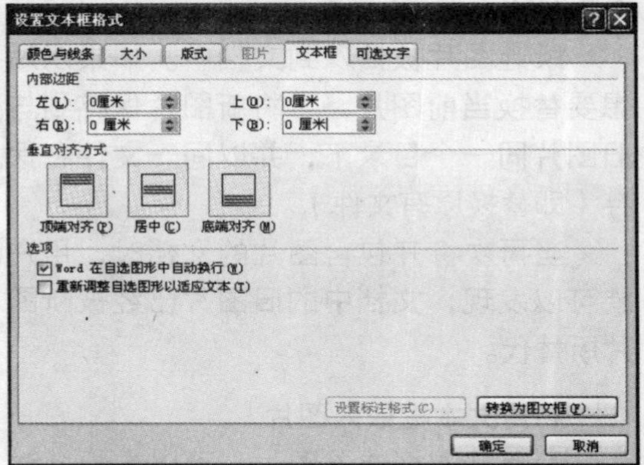

★ 图3.101

5 单击【确定】按钮，将光标置于文本框中，然后单击【插入】选项卡，在【插图】组中单击【图片】按钮，打开【插入图片】对话框。

6 在该对话框中找到并选择所需插入的图片，单击【插入】按钮，图片即可插入到文本框中。然后调整图片的大小以适应文本框，如图3.102所示。

★ 图3.102

7 双击文本框，打开【格式】选项卡，在【文本框样式】组中单击【形状轮廓】按钮，从打开的下拉菜单中选择【无轮廓】命令，去除文本框的边框。

为图片添加边框效果

如果需要对文档中的图片添加边框效果，可按下面的方法进行操作。

1 选中图片后，右击图片，从弹出的快捷菜单中选择【边框和底纹】选项，打开【边框】对话框。

2 切换到【边框】选项卡，在【设置】栏中单击【方框】项，在【样式】列表框中选择线型，然后根据需要设置线条颜色和宽度，如图3.103所示。

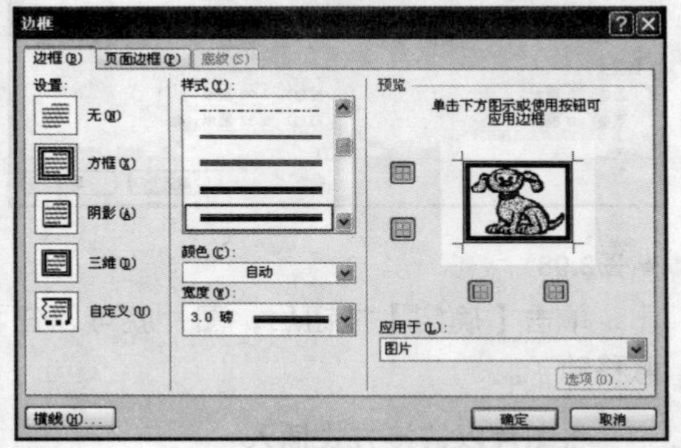

★ 图3.103

3 设置完毕后单击【确定】按钮。

快速裁剪图片

如果需要对插入到Word文档中的图片进行修剪，可使用【图片】工具栏中的【裁剪】工具，操作方法如下：

1 双击图片，打开【图片工具】的【格式】选项卡。

2 在【大小】组中单击【裁剪】按钮，然后在图片的控制点上单击鼠标并拖动，即可对图片进行裁剪，如图3.104所示。

★ 图3.104

将彩色图片变成灰度图片

如果想将彩色图片变为灰度图片，可在双击选中该图片后，在【图片工具】的【格式】选项卡中，单击【调整】组中的【重新着色】按钮，在打开的下拉菜单中选择【灰度】选项，如图3.105所示。

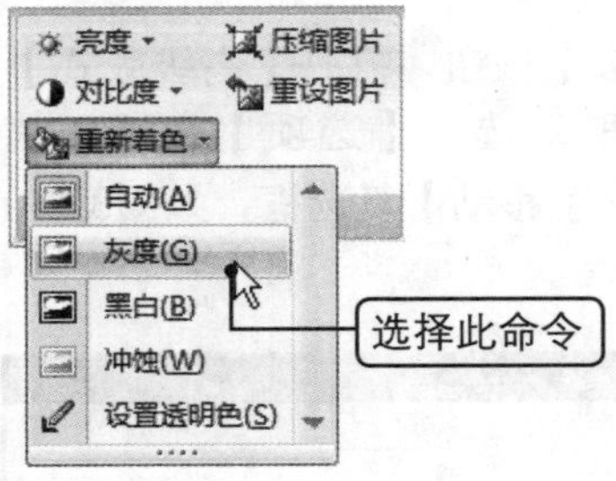

★ 图3.105

利用填充效果把图片裁剪成异形

在Word文档中，如果想把图片裁剪成异形，可以通过图形的填充效果来实现。具体操作步骤如下：

1 新建一个Word文档，单击【插入】选项卡，在【插图】组中单击【形状】命令按钮，从打开的下拉菜单中选择一种形状（如【标注】区中的【云形标注】图形）。然后在Word窗口中拖动鼠标，画出一个图形。

2 在【文本框工具】的【格式】选项卡中，单击【文本框样式】组中的对话框启动器，打开【设置自选图形格式】对话框，如图3.106所示。

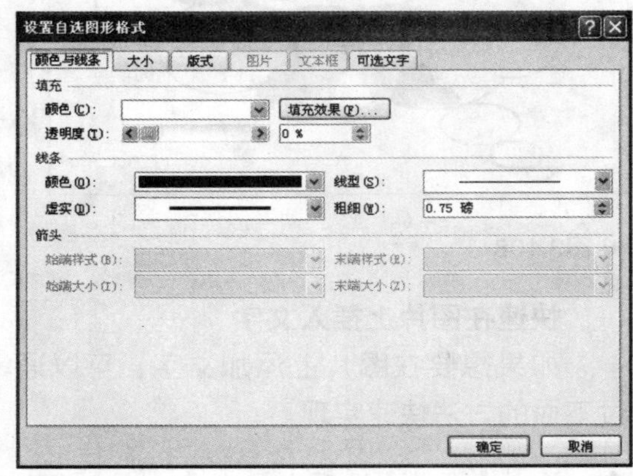

★ 图3.106

3 单击【颜色】右侧的【填充效果】按钮，打开【填充效果】对话框。

4 切换到【图片】选项卡下，单击【选择图片】按钮，选择一幅图片，然后单击【确定】按钮返回【填充效果】对话框，如图3.107所示。

★ 图3.107

5 单击【确定】按钮，图片就被裁剪成我们所需要的异形样式，如图3.108所示。

★ 图3.108

快速在图片上插入文字

如果想要在图片上添加文字，可以通过下面的方法快速实现。

1 单击【插入】选项卡，在【文本】组中单击【文本框】按钮，从打开的下拉菜单中选择【绘制文本框】命令，然后用鼠标在文档中绘制一个横排文本框。

2 接着在该文本框中输入所需文字，并设置文字属性。

3 如果不需要文本框的填充颜色和边框线，可在【文本框工具】的【格式】选项卡中单击【文本框样式】组中的【形状填充】按钮，从打开的下拉菜单中选择【无填充颜色】命令，去除文本框的填充颜色。单击【形状轮廓】按钮，从打开的下拉菜单中选择【无轮廓】命令，去除文本框的边框。

快速调整图形的大小

除了可以使用【设置图片格式】对话框设置图形具体的宽、高值外，还可以直接用鼠标拖拉控制点进行调整。选中图形后，可以看到其四周有8个控制点。拖动角上的控制点可同时改变对象的宽和高值，而拖动边上的控制点只能改变对象的宽或高。

使图形不随段落移动

在Word中，浮动的图形总是随段落变化而移动，这样会给编辑带来很多不便，这时，可执行下面的操作让图形不随段落移动。

1 在浮动的图形上右击鼠标，在弹出的快捷菜单中选择【设置图片格式】选项，打开【设置图片格式】对话框，如图3.109所示。

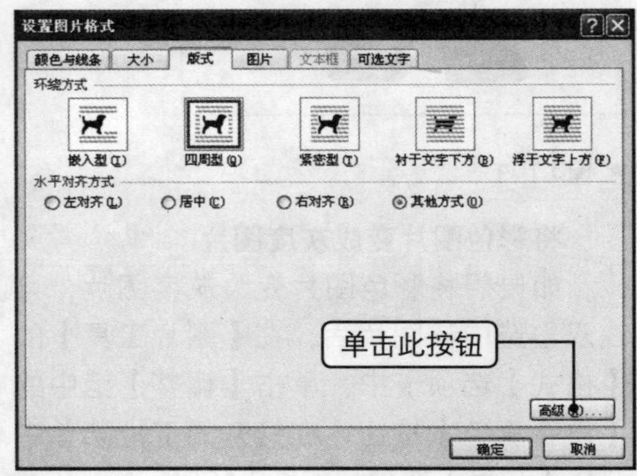

★ 图3.109

2 单击【高级】按钮，打开【高级版式】对话框，取消选中【选项】区域中的【对象随文字移动】复选框，如图3.110所示。

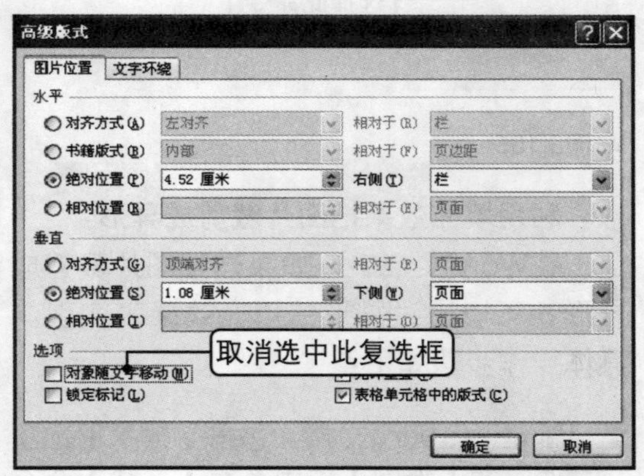

★ 图3.110

3 单击【确定】按钮即可。

快速制作停车标志

在公共场合，常常会看到停车的标志，这种停车标志利用Word就能制作出

来，具体操作步骤如下：

1　单击【插入】选项卡，在【符号】组中单击【符号】命令按钮，从打开的下拉菜单中选择【其他符号】选项，打开【符号】对话框。

2　选择【符号】选项卡，在【字体】下拉列表框中选择【Webdings】字体，在符号列表框中就可以看到停车标志了。选定该符号后单击【插入】按钮，如图3.111所示，关闭对话框。

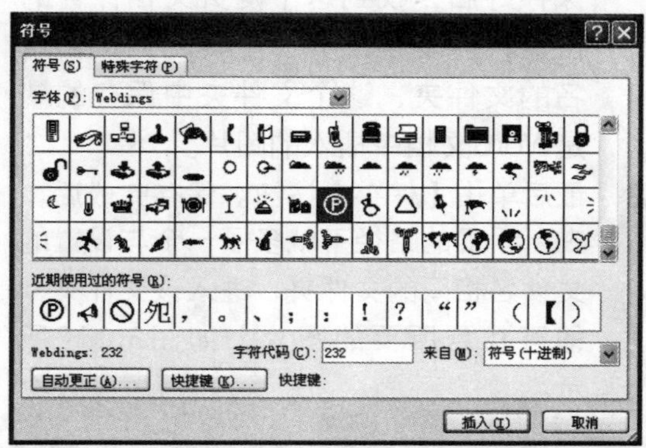

★ 图3.111

在文档中选定插入的停车标志，将其字号设置得大一些，效果如图3.112所示。

★ 图3.112

将图形的实心线变为虚线条

默认情况下，刚绘制出的图形线框是0.75磅的黑色实线，如果想要重新设置它的线型，可在选中这个图形后，单击【绘图工具】的【格式】选项卡，在【形状样式】组中单击【形状轮廓】下拉按钮，从下拉菜单中选择【虚线】选项，再在弹出的列表中选择一种虚线线型，如图3.113所示。

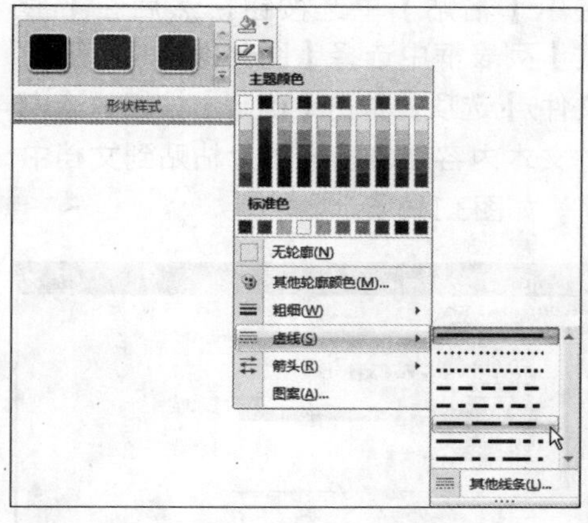

★ 图3.113

快速恢复对图片的编辑

在对图片进行大小设置等修改后，如果想返回到初始状态，可在双击选中图片对象后，在【绘图工具】的【格式】选项卡中单击【调整】组中的【重设图片】命令按钮，如图3.114所示，图片将快速还原。

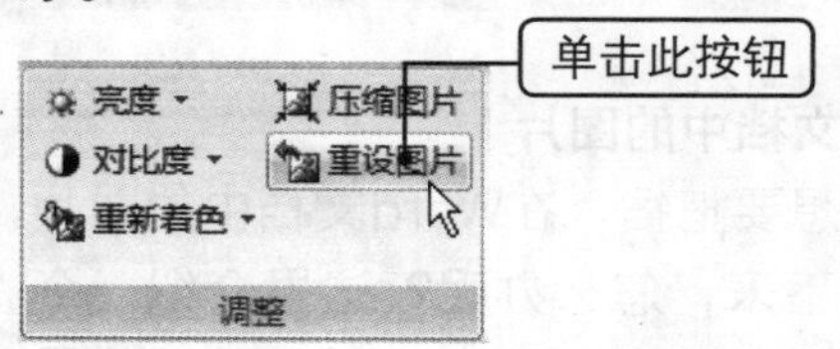

★ 图3.114

将文本转换为图片

在Word中，可以通过【选择性粘贴】命令将文本转换为图片，具体操作方法如下：

1　选中要转换为图片的文本内容，按【Ctrl+C】组合键，将其复制到剪贴板中。

2　在【开始】选项卡的【剪贴板】组中单击【粘贴】命令按钮，从打开的下拉菜单中选【选择性粘贴】命令，打开【选择性粘贴】对话框。

3　选中【粘贴】单选按钮，然后在【形式】列表框中选择【图片(Windows图元文件)】选项，单击【确定】按钮。选中的文本内容就转换成图片粘贴到文档中了，如图3.115所示。

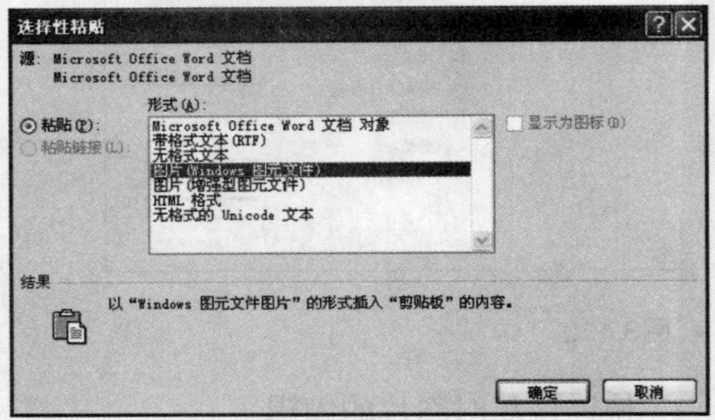

★ 图3.115

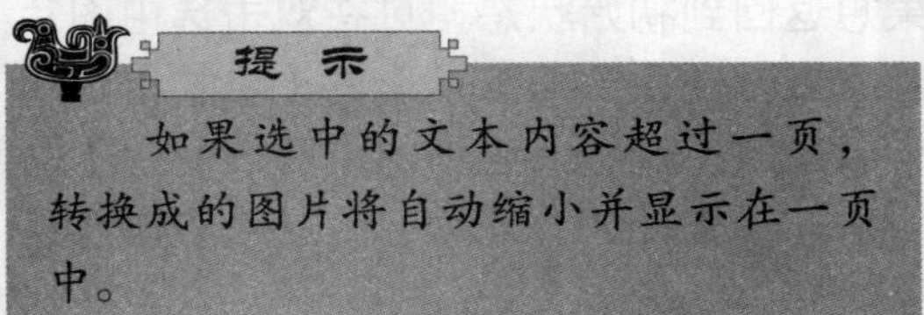

提　示

如果选中的文本内容超过一页，转换成的图片将自动缩小并显示在一页中。

导出文档中的图片

如果想要把插入在Word文档中的图片单独保存下来，怎么办呢？这里介绍一个极其简单、实用的将Word文档中的图片导出为独立的图片文件的方法。具体操作如下：

1　打开包含图片的Word 2007文档，单击【Office】按钮，在其下拉菜单中选择【另存为】选项，打开【另存为】对话框。从【保存类型】项的下拉列表中选择【网页】类型，将这个文档保存为一个html格式的文档，【另存为】对话框如图3.116所示。

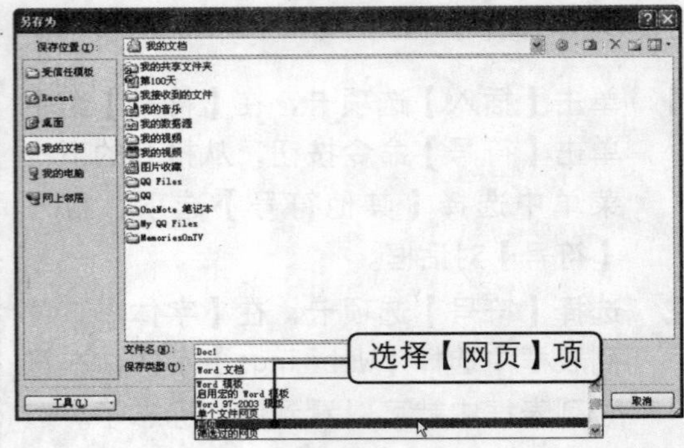

★ 图3.116

保存好后，找到这个网页文档保存的位置，会发现还有一个与网页文件同名的文件夹，这个文件夹中保存的就是Word文档中插入的图片。

2　最后单击【保存】按钮。保存完成后，在所设置的路径下就多了一个与设置的文件名相同的文件夹，进入该文件夹，即可找到所要的图片，如图3.117所示。

★ 图3.117

通过减小图片的大小来减小文档的大小

减小Word文档存储尺寸大小的方法有如下两种：

插入到Word文档中的图片，最好使用JPG格式的，它的质量好且存储尺寸相对较小。一般不要使用BMP格式的图片，它

占用的空间很大。虽然GIF图片的存储尺寸较小，但质量往往不能满足要求。

在Word中插入图片时，最好使用【插入】选项卡下【插图】组中的【图片】命令按钮来进行插入操作，而不要直接将其他地方的图片粘贴进来。

下载网上的剪辑

如果Word中自带的图形、声音及其他剪辑不能满足使用的需要，用户可以到微软公司的网站上去下载，具体操作步骤如下：

1 单击【剪贴画】任务窗格中的【Office网上剪辑】超链接，马上就可进入微软公司相关的剪贴画下载网站。

网站中列出了大量的剪贴画、声音、动画等多媒体文件，单击某个超链接，会打开对应的网页。

2 在打开的网页中选择要下载的图片，然后单击【下载】按钮，如图3.118所示。

★ 图3.118

3 打开如图3.119所示的窗口，单击【立即下载】按钮，开始下载。

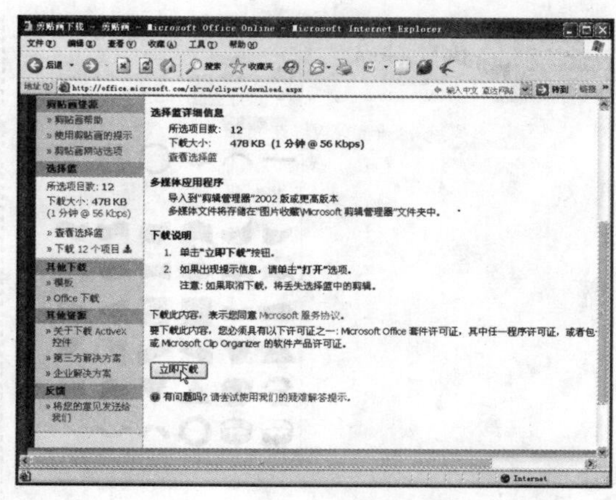

★ 图3.119

下载完成后，在保存剪辑的位置打开剪辑管理器，就可以看到下载的剪辑了，如图3.120所示。

★ 图3.120

更改艺术字的形状

插入到文档中的艺术字，可以修改其形状使之成为弧形、三角形或波形等，具体操作方法如下：

1 双击选中需要改变形状的艺术字。

2 出现【艺术字工具】的【格式】选项卡。在【格式】选项卡的【艺术字样式】组中单击【更改形状】命令按钮，在弹出的列表中选择一种艺术字形状，如图3.121所示。

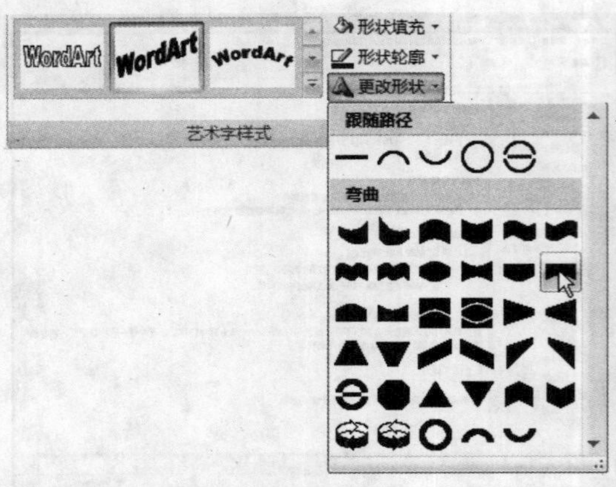

★ 图3.121

艺术字的形状改变前后的效果如图3.122所示。

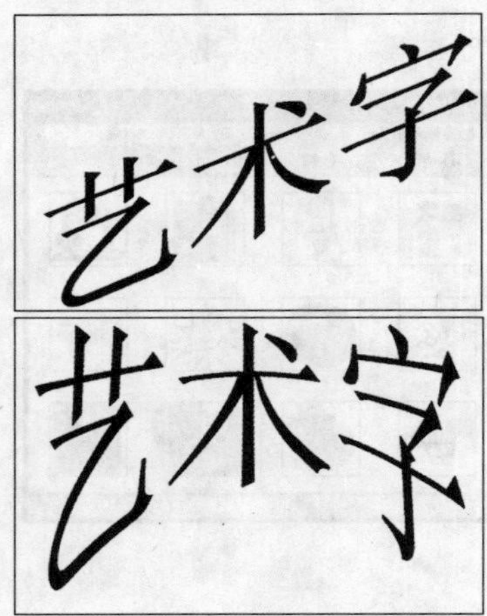

★ 图3.122

更改艺术字的颜色

Word中默认提供的艺术字效果有30种，在插入了这些艺术字后，还可以根据需要对它们的颜色进行修改，具体方法如下：

1. 双击选中需要修改的艺术字，然后在【格式】选项卡的【艺术字样式】组中单击【形状填充】命令按钮，如图3.123所示。
2. 从弹出的列表中选择某种颜色即可。

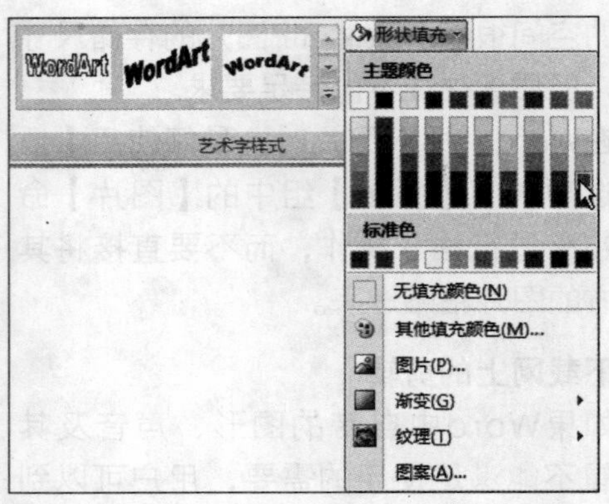

★ 图3.123

巧绘圆形

在Word中可以绘制一般的椭圆，如果要绘制正圆，先选择椭圆工具，然后可以使用下面介绍的方法。

- 按住【Shift】键可画出一个正圆。
- 按住【Ctrl】键可画一个从起点向四周扩张的椭圆。
- 同时按住【Shift】键和【Ctrl】键可画出一个从起点向四周扩张的正圆。

随心所欲画矩形

在Word中可以绘制一般的矩形，如果要绘制出正方形，先选择矩形工具，然后可以使用下面介绍的方法。

- 按住【Shift】键拖动鼠标可画出一个正方形。
- 按住【Ctrl】键可画一个从起点向四周扩张的矩形。
- 同时按住【Shift】键和【Ctrl】键可画出从起点向四周扩张的正方形。

巧画直线

在绘制线条的过程中，经常需要绘制水平、垂直或30°、45°、60°的直线。只要固定一个端点后，按住【Shift】键，上下拖动鼠标，就可出现上述几种直线的选择，确定后松开【Shift】键即可。

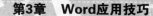

隐藏图片从而加速屏幕滚动

文档中如果插入了大量的图片，则在滚动屏幕时会很慢，如果想加速屏幕滚动，可先将图片隐藏起来，具体设置方法如下：

1 单击【Office】按钮，在其下拉菜单中单击【Word选项】按钮，打开【Word选项】对话框。

2 单击【高级】选项，在【显示文档内容】区域中选中【显示图片框】复选框，如图3.124所示。

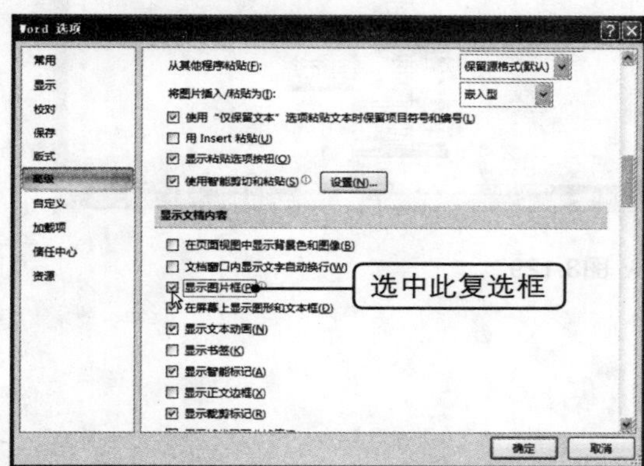

★ 图3.124

2 单击【确定】按钮，即可隐藏以嵌入方式插入的图片。这样，在屏幕滚动过程中将只显示一个图片大小的边框而不显示整个图片。

自动给图片添加序号

在图书编辑过程中，有时需要在图的下方标注"图×"的字样，而在正文中还要有"如图×所示"的标注。在编写、校对过程中，内容的变动、增减是常有的事，所以图片的编号也会经常发生变化。因此，核对图片编号就成了一件必要的工作。下面介绍一种方法，让Word自动给图片添加序号。具体操作步骤如下：

1 在文档的适当位置插入图片，然后在图片上单击鼠标右键，选择快捷菜单中的【插入题注】命令，打开【题注】对话框，如图3.125所示。

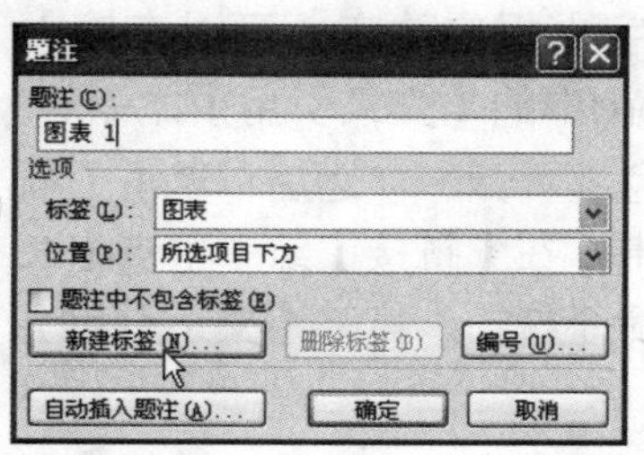

★ 图3.125

2 单击【新建标签】按钮，在新打开的对话框中新建一个标签【图1-】，后面的数字Word会自动生成，如图3.126所示。

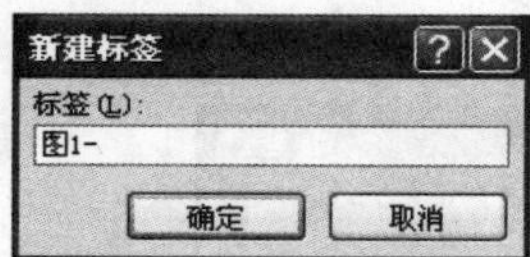

★ 图3.126

3 单击【确定】按钮，返回【题注】对话框。这时在【题注】文本框中出现【图1-1】的字样，如图3.127所示。选择位置为【所选项目下方】。确定后，题注就添加到图片的下方了。

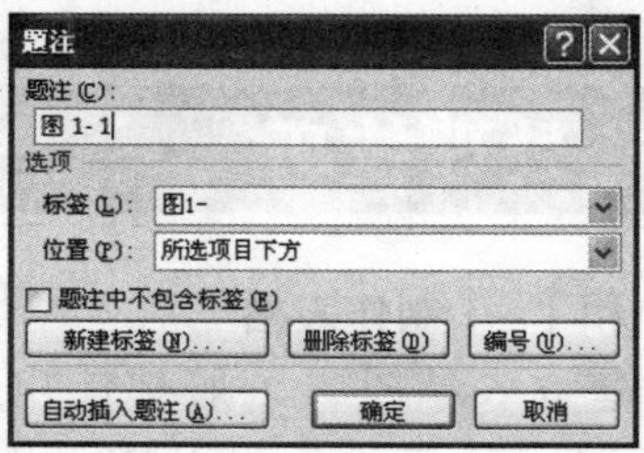

★ 图3.127

4 同理，为其他图片添加题注，分别得到了"图1-2"、"图1-3"等字样。如果不小心漏掉了第二张图片，也不用担心，用户可以重新再为这张图设置题注，其后面的图片序号也会顺次加1。

经过上面的操作，图片下方的题注序

号变了，但正文中的“如图×所示”中的数字并不会产生变化。为了让正文中的数字也相应改变，可以在输入时使用Word中的【交叉引用】命令。

5 将光标定位在“如”字之后，单击【插入】选项卡，在【链接】组中单击【交叉引用】命令按钮，打开【交叉引用】对话框。

6 在【引用类型】下拉列表框中选择【图1-】，在【引用内容】下拉列表框中选择【只有标签和编号】选项，在【引用哪一个题注】列表框中选择相关的编号（比如【图1-1】），单击【插入】按钮，如图3.128所示。

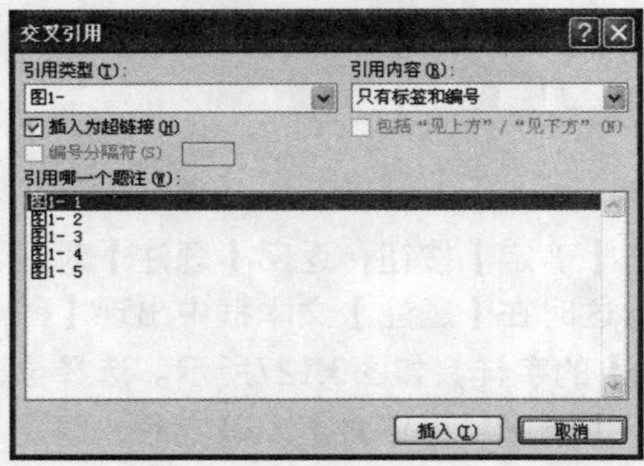

★ 图3.128

这时，“图1-1”就会直接插入到“如”字的后面。另外，由于在使用交叉引用时，选择了【插入为超链接】复选框，所以只要在按下【Ctrl】键的同时，单击正文中的“图1-1”，就可以直接切换到相应的图形，如图3.129所示。

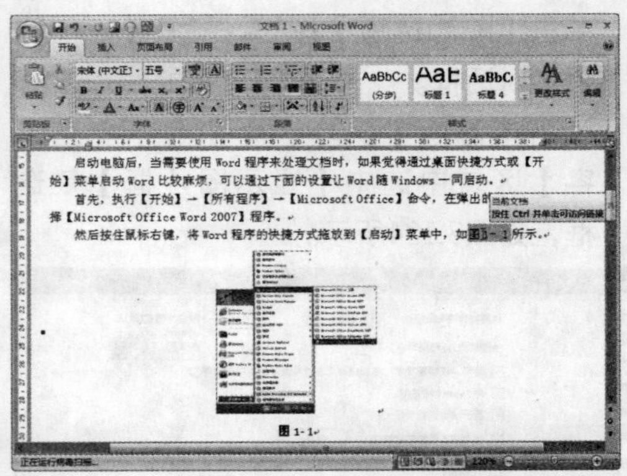

★ 图3.129

3.5 表格处理技巧

使用【+】和【-】制作表格

通常，在建立表格时，一般都使用【插入表格】对话框来进行。从Word 2002开始，有这样一种制作表格的有趣的方法，具体操作步骤如下：

1 在文档中新起一行，首先按下【+】键，然后连续按下【-】键，直到想要的表格宽度，再输入一个【+】，如图3.130所示。

2 按【Enter】键，这样就可以生成一个表格了，如图3.131所示。

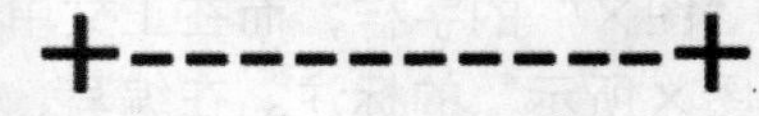

图3.130

★ 图3.131

要想制作多列表格，首先按下【+】，然后连续按下【-】，到想要的表格宽度后输入【+】，然后再输入【-】。此时，就会发现Word已经把这行由【+】和【-】构成的文本转换成了一个一行多列的表格，图3.132所示为一个1行2列的表格。

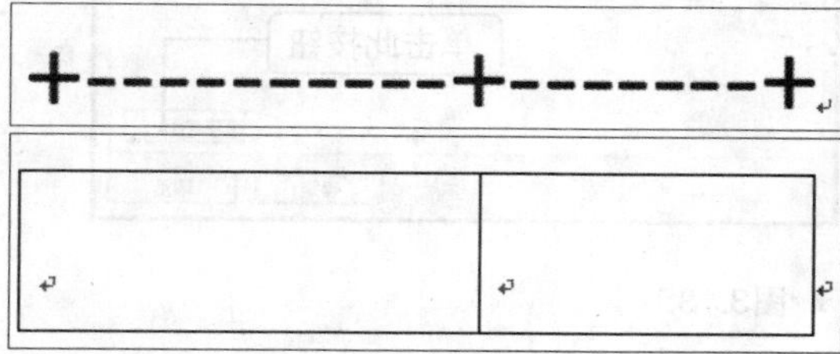

★ 图3.132

提 示

要想向表格中添加更多的行，只需将插入点移到表格的最后一个单元格并按【Tab】键即可。

快速选定整个表格

如果想要快速选中整个表格，可使用下面两种方法之一：

- 单击表格左上角的⊞图标。
- 先将光标移入表格，按【Alt+5】组合键即可（按数字键盘上的【5】，并且确定【Num Lock】灯已关闭）。

调整表格列宽

我们都知道可以用鼠标拖动单元格右侧的边线来调整表格的列宽，但这种方法会影响右侧单元格的列宽。除此之外，我们还可以这样来调整列宽：

按下【Ctrl】键后再用鼠标调整列边线，其结果是在不改变整体表格宽度的情况下，调整当前列宽。当前列以后的其他各列，依次向后进行压缩，但表格的右边线是不变的，除非当前列以后的各列已经压缩至极限。

按下【Shift】键后再用鼠标调整列边线，其效果是当前列宽发生变化但其他各列宽度不变，表格整体宽度会因此增加或减少。

而按下【Ctrl+Shift】组合键后再用鼠标调整边线，其效果是在不改变表格宽度的情况下，调整当前列宽，并将当前列之后的所有列宽调整为相同。但如果当前列之后的其他列的列宽往表格尾部压缩到极限时，表格会向右延。

调整表格中指定单元格的列宽

在对Word绘制的表格调整列宽时，通常一整列的宽度都会改变。如果只要求改变某一行或者几行的列宽时，只要先选中要调整列宽的单元格所在的行，然后再调整列宽，这样就不会改变其他单元格的列宽了，如图3.133所示。

★ 图3.133

快速添加单元格编号

有时我们需要为表格中的某一部分单元格添加编号。逐个添加显然很麻烦，比较好的办法是：选中要添加编号的各单元格（如果单元格不连续，可以按下【Ctrl】键进行选取），然后切换至【开始】选项卡，单击【段落】组中的【编号】按钮右侧的小三角形按钮，在弹出的列表中选择一种编号格式就可以为选中的单元格添加编号了，如图3.134所示。

1.	2.			3.		4.	
		5.		6.			
7.	8.		9.			10.	
	11.	12.	13.	14.			
15.		16.			17.		
	18.				19.	20.	

★ 图3.134

调整单元格内的字符与边框的距离

单元格内的字符与边框在默认情况下有一定的距离，这会增加表格的美感。但有时它会妨碍我们在单元格内放下更多的文字，尤其是单元格的高度和宽度均被固定的情况下。要想调整字符与边框的距离，需执行下列操作：

1 选中要调整的单元格，单击鼠标右键，在弹出的快捷菜单中选择【表格属性】命令，在打开的【表格属性】对话框中单击【单元格】选项卡，如图3.135所示。

2 单击右下方的【选项】按钮，打开【单元格选项】对话框，如图3.136所示。

3 先取消选中【与整张表格相同】复选框，然后用【上】、【下】、【左】、【右】4个微调按钮调整相应的数值，单击【确定】按钮即可。

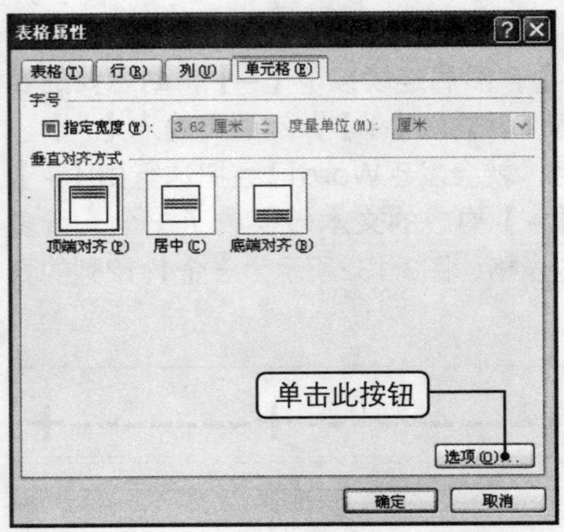

★ 图3.135

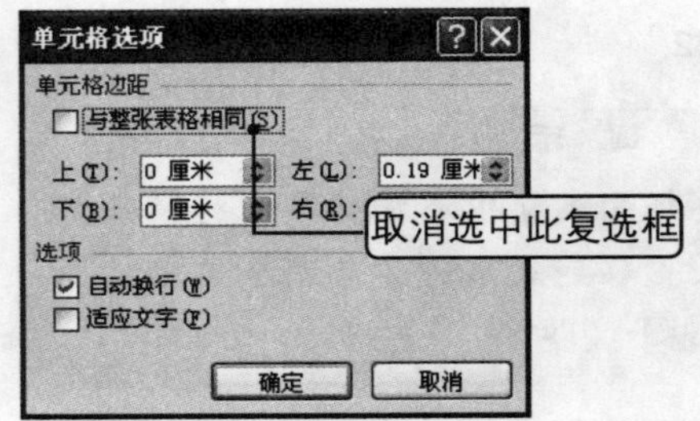

★ 图3.136

但如果要整张表格都调小到这个距离的话那就简单多了。先将鼠标定位于任意一个单元格中，然后选择功能区中【表格工具】下的【布局】选项卡，单击【对齐方式】组中的【单元格边距】按钮，打开【表格选项】对话框，如图3.137所示，在此对话框中调整相应数值即可。

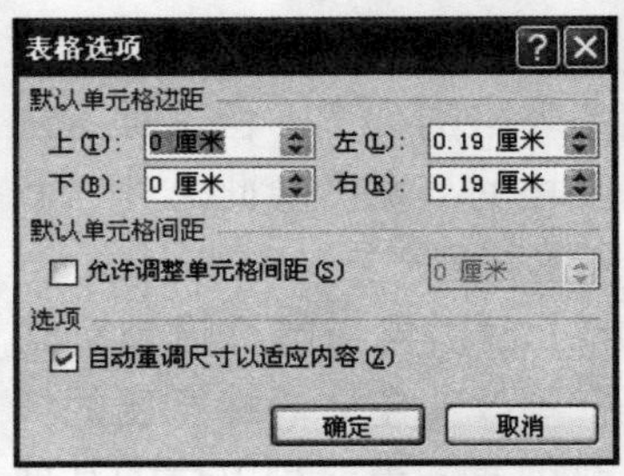

★ 图3.137

删除表格后的空白页

如果表格占据了页面的最后一行，那么Word会自动在表格后添加一个空白页。如果感觉这个空白页多余的话，可以选中空白页上的段落标记，然后单击【开始】选项卡，在【段落】组中单击对话框启动器，打开【段落】对话框。单击【缩进和间距】选项卡，在【行距】下拉列表中选择【固定值】选项，并设置其后的数值为【1磅】，如图3.138所示。单击【确定】按钮，空白页就看不见了。

★ 图3.138

表格数据的简单计算

表格中总少不了对数据进行一些计算。其实一些简单的运算比如求和、求平均值等，在Word中就可以完成。

比如我们要对某行数据求和，那么只要单击该行数据右侧的空单元格，然后单击【表格工具】下的【布局】选项卡，在【数据】组中单击【公式】命令按钮，打开【公式】对话框。然后就可以在【公式】输入栏中看到公式了，如图3.139所示。

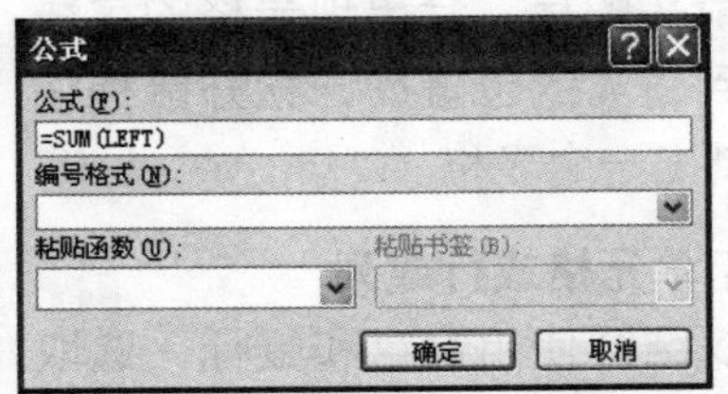

★ 图3.139

单击【确定】按钮，完成公式的运算，如图3.140所示。

2	1	

2	1	3

★ 图3.140

还可以在对话框的【粘贴函数】下拉列表中选择相应的函数并编辑公式，以满足计算需要。

快速添加表格中的行

快速添加表格中的行的方法有很多，其中最方便、最快速的两种方法如下：

- 将鼠标定位在表格最后一行最后一列的单元格中，按【Tab】键，即可在表格的最后添加一行。
- 将光标定位在每行最后一个单元格外的回车标志前，按一下回车键，即可在当前行下插入一个新行。

快速复制表格

打开一个含有表格的文档，将鼠标移到表格的左上角，会出现一个方框内有一个四向箭头的图标，单击它即可选中整个表格。按住【Ctrl】键，拖动出现在表格左上角的四向箭头图标，会出现表格的虚线框，将其移到适当的位置后，松开鼠标按键，即可复制出一个表格。

选择一组单元格或行或列

用户可以结合使用键盘和鼠标，选取表格中一组连续的单元格或行或列。

1 先用鼠标选中第一个单元格。

2 按住【Shift】键，在最后一个单元格处单击鼠标左键，即可选中这两个单元格之间所有的部分。

直观移动表格中的行

将光标移至要移动的行中，或用鼠标选定要移动的多个行。同时按【Shift+Alt】组合键和向上或向下方向键，就可以看到所选行向上或向下移动了。另外，在【大纲】视图中单击【大纲】选项卡的【大纲工具】组中的【上移】或【下移】按钮也可以达到同样的效果。使用这个方法可以将行移出表格，变成一个独立行。

快速缩放表格

将鼠标指针移动到表格中的任意位置，稍等片刻在表格的右下角就会看到一个“口”形的尺寸控制点。将鼠标指针移动到该尺寸控制点上，按下鼠标左键并拖动，即可实现表格的整体缩放，如图3.141所示。

★ 图3.141

表格的整体移动

将鼠标指针移动到表格的任意位置，稍等片刻可以在表格左上角看到一个移动控制点⊞。将鼠标指针移到这个控制点上，当指针变成四个方向上的箭头形状时，按下鼠标左键并拖动，即可实现表格的整体移动，如图3.142所示。

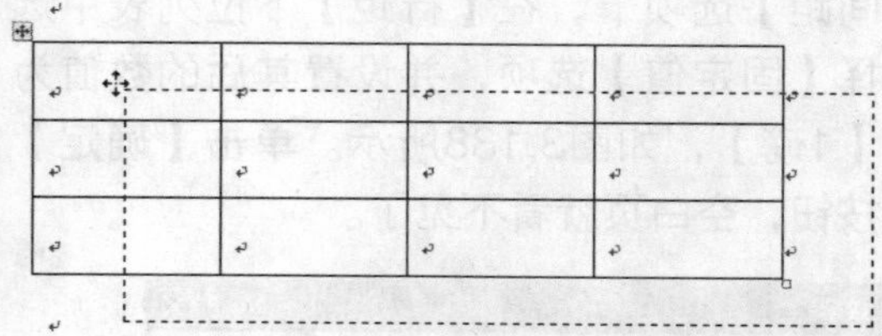

★ 图3.142

快速拆分表格

要拆分表格，除了把光标移至要作为第二个表格第一行的位置，然后单击【表格工具】下的【布局】选项卡，在【合并】组中单击【拆分表格】命令按钮外，还有一种快捷方式：

把光标移至要作为第二个表格第一行的位置，按【Ctrl+Shift+Enter】组合键，即可在光标前插入一个空行，将原来的表格分为两个。

快速选择表格中的内容

在Word中可以使用以下快捷键对表格中的内容进行快速选取。

- 按【Tab】键，选定下一单元格中的内容。
- 按【Shift+Tab】组合键，选定上一单元格中的内容。
- 按【Ctrl＋Tab】组合键，会在单元格内插入制表符。
- 按住【Shift】键，重复按下向上、向下、向左、向右方向键，将所选内容扩展到相邻单元格。

- 将光标定位在第一个单元格中，然后按住【Shift】键，在最后一个单元格处单击鼠标左键，即可选中这两个单元格之间的所有部分。
- 按【Shift+F8】组合键，将会缩小所选内容。

快速删除表格中的数据

若只是想删除表格中的内容，而不删除整个表格框架，只需选中要删除的行、列或单元格，按【Delete】键即可。

快速变换线条的虚实

在编辑表格的过程中，经常会遇到不需要边框线的时候，这时可以通过下面的方法将表格的边框线虚化，具体设置方法如下：

如果只是想把表格中的某些线条虚化，可先选中表格，然后选择【表格工具】的【设计】选项卡，在【绘图边框】组中单击【擦除】命令按钮，在需要虚化的表格线条上绘制一遍，即可将绘制过程中经过的表格线条虚化，如图1.143所示。

★ 图1.143

如果要虚化整个表格，可先将鼠标光标定位在需要虚化的表格中，然后切换至【表格工具】的【设计】选项卡，再单击【绘图边框】组的对话框启动器，打开【边框和底纹】对话框。

在【边框】选项卡的【设置】区域中单击【无】图标，然后单击【确定】按钮，如图1.144所示。

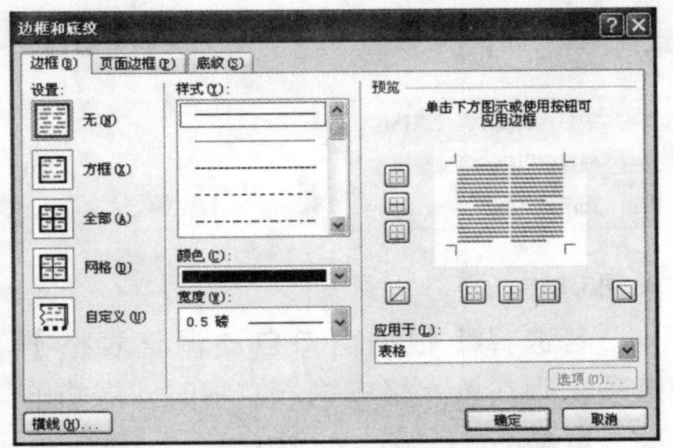

★ 图1.144

在【绘制表格】和【擦除】按钮间快速转换

绘制表格时，在【绘图边框】组中以单击的方式切换【绘制表格】按钮和【擦除】按钮非常麻烦。这时，可以在【绘制表格】按钮的选中状态下，按住【Shift】键不放，即可使【绘制表格】按钮暂时变为【擦除】按钮，在松开【Shift】键后又重新回到【绘制表格】按钮状态。

让文字自动适应单元格大小

在Word文档的表格中输入文字时，默认情况下，如果文字的宽度超过列宽，文字会自动折行，同时增加行高。有时这种设置不能满足要求，我们可以将表格中的文字设置为自动调整文字间距以适应单元格，使表格保持原始行高及列宽不变。

设置方法如下：选中要进行调整的单元格，如果要对整个表格中的单元格都进行设置，就选中整个表格。单击【布局】选项卡，在【单元格大小】组中单击【自动调整】命令按钮，从打开的下拉菜单中选择【根据内容自动调整表格】选项，如

图3.145所示。这时在单元格中输入文字时，表格的高、宽都会随着输入文字个数的多少来自动调整。

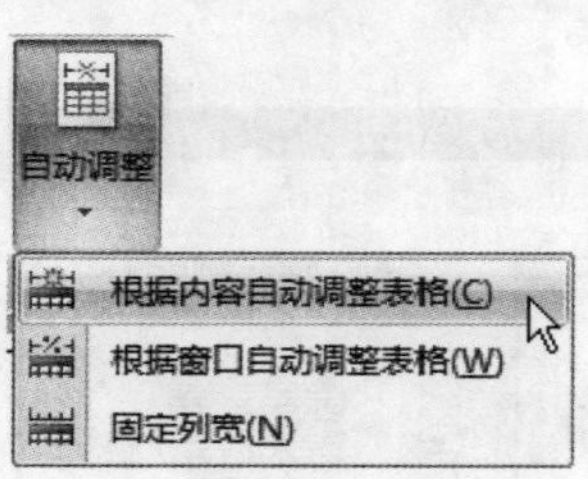

★ 图3.145

若选择【根据窗口自动调整表格】选项，则在单元格中输入文字时，表格的高、宽都不会改变，Word会自动调整文字间距以适合于表格。

让跨页的表格自动添加表头

在Excel中可以给一个多页表格的每页都添加表头，在Word 2007中也可以实现这个功能。

操作方法如下：选择一行或多行标题行。选定内容必须包括表格的第一行。

切换至【表格工具】下的【布局】选项卡，单击【数据】组中的【重复标题行】命令按钮，如图3.146所示。在预览状态下就可以看出每页都添加上了表头，如图3.147所示。

提 示

Microsoft Office Word 能够依据分页符自动在新的一页上重复表格标题。如果在表格中插入了手动分页符，则 Word 无法重复表格标题。

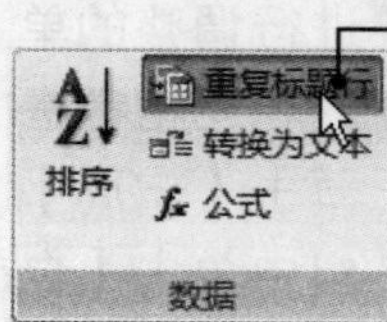

★ 图3.146

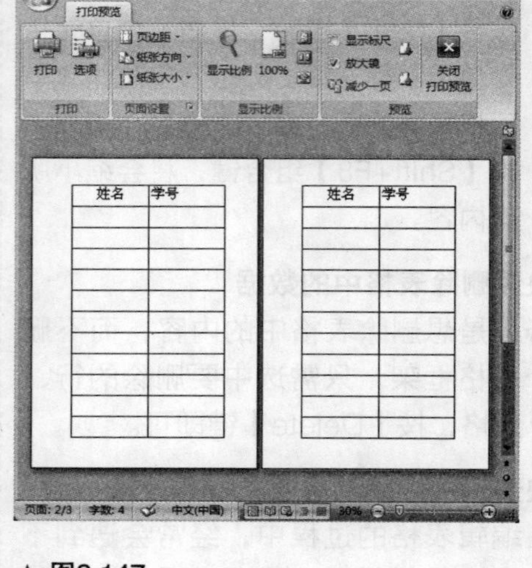

★ 图3.147

绘制斜线表头

在Word中绘制斜线表头有两种方法：

▸ 手工绘制

单击【插入】选项卡，在【插图】组中单击【形状】按钮，从打开的下拉菜单中选择【直线】工具，在需要制作表头的单元格中绘制斜线，然后再调整斜线的长度和位置，如图3.148所示。

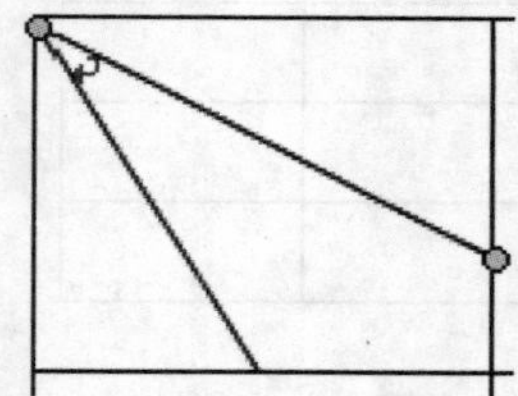

★ 图3.148

用斜线条将表头单元格分隔开后，分别在3个被分隔开的区域中添加需要的文字就可以了。

▸ 插入斜线表头

Word中自带插入斜线表头的功能，使用该功能可以快速插入斜线表头，例如，课程表。具体步骤如下：

1 将鼠标光标定位在第一个单元格中，然

后在【布局】选项卡的【表】组中，单击【绘制斜线表头】命令按钮，打开【插入斜线表头】对话框，如图3.149所示。

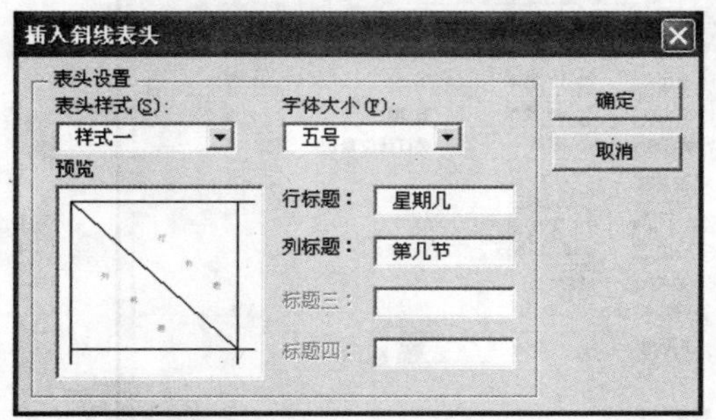

★ 图3.149

2 在该对话框的【表头样式】下拉列表中选择【样式一】，在【字体大小】下拉列表中选择【五号】。

3 在该对话框的【行标题】中输入“星期几”，在【列标题】中输入“第几节”。

4 单击【确定】按钮，表格变成了如图3.150的样子。

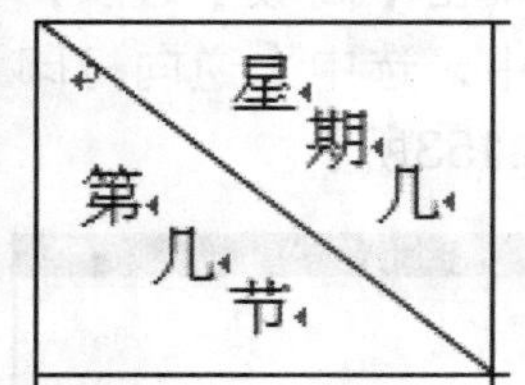

★ 图3.150

3.6 打印输出与文档安全操作技巧

进行缩页打印

当一篇Word文档的最后一页只有少数几行时，可以使用Word的“缩页”功能，整体减少文档中文字的字号，以使最后几行压缩至整页。打开要进行缩页的文档，单击【Office】按钮，从打开的下拉菜单中选择【打印】选项，然后在【打印】选项的下拉菜单中选择【打印预览】选项，进入预览状态，文档的预览状态如图3.151所示。

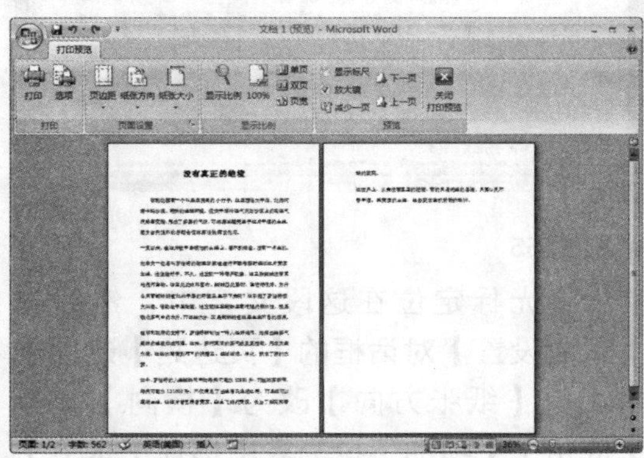

★ 图3.151

在【预览】组中单击【减少一页】按钮，Word 2007即会根据需要进行缩至整页的调整，效果如图3.152所示。

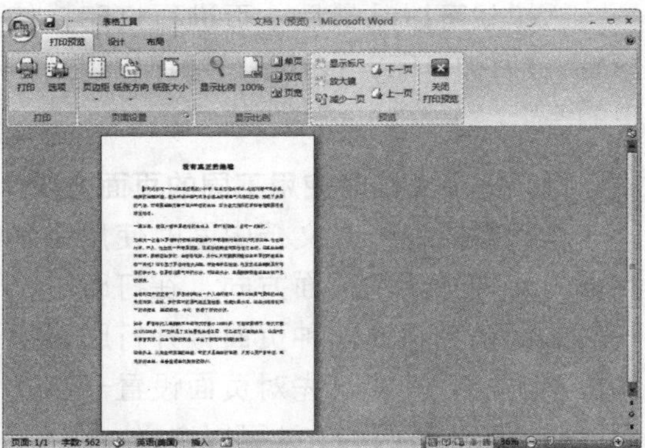

★ 图3.152

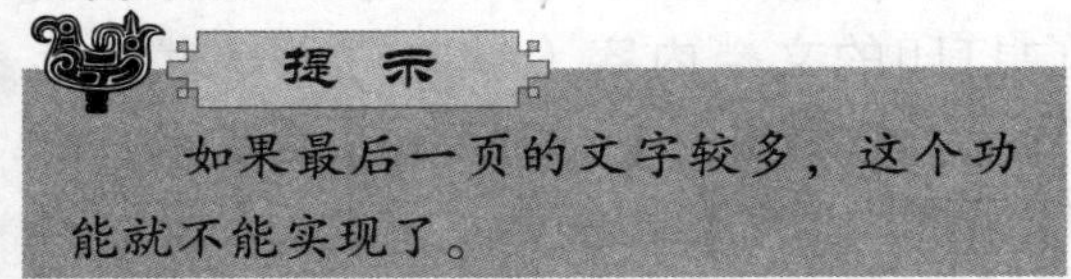

提　示

如果最后一页的文字较多，这个功能就不能实现了。

逆序打印文档

在打印文档的过程中可能会遇到这样

的情况，打印一份多页的Word文档，打印完后发现第1页在最后，还要从后向前一页一页地按页码进行整理。其实只要在打印前设置一下，即可轻松解决这个问题。单击【Office】按钮，在其下拉菜单中单击【Word 选项】按钮，打开【Word 选项】对话框。从左侧栏中单击【高级】选项，在右侧的【打印】区中，选中【逆向打印页面】复选框，如图3.153所示。

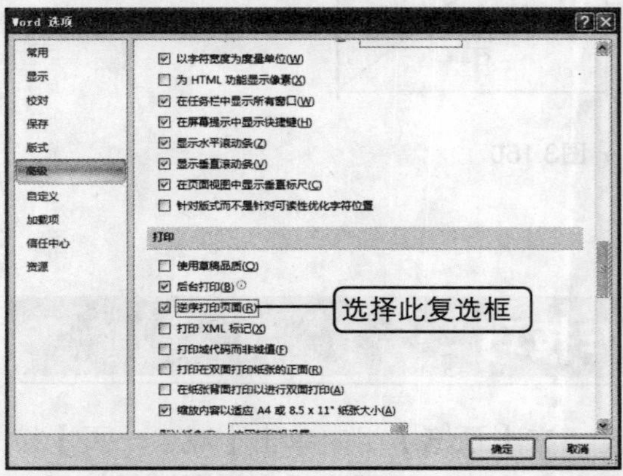

★ 图3.153

这样就可以从最后一页进行打印，使第1页最后被打印，也就是按顺序出现文档中的各页。

打印一个文档时使用不同的页面方向

有时需要在一篇文档中同时使用竖向和横向两种不同的页面方向。在打印时，一般的做法是将这两种页面分开打印，操作很不方便。其实可先对页面设置一下，再进行打印。有两种方法可以选择。

第一种方法是在文档中选中需要横向打印的文档内容（纵向打印是默认选项），然后单击【页面布局】选项卡，在【页面设置】组中单击对话框启动器，打开【页面设置】对话框。在【页边距】选项卡的【纸张方向】栏中选择【横向】，在【预览】栏的【应用于】项的下拉列表中选择【所选文字】选项，单击【确定】按钮，设置如图3.154所示。

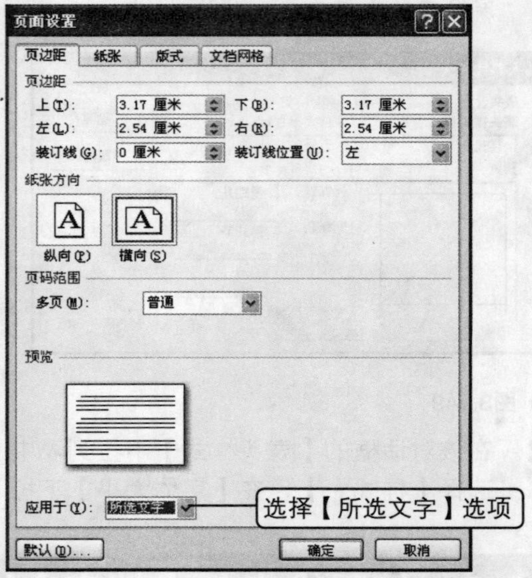

★ 图3.154

打印时，这些选定的文字就会按照设置被横向打印了。

第二种方法是将要横向打印的文字段落前后各插入一个分节符，如图3.155所示。

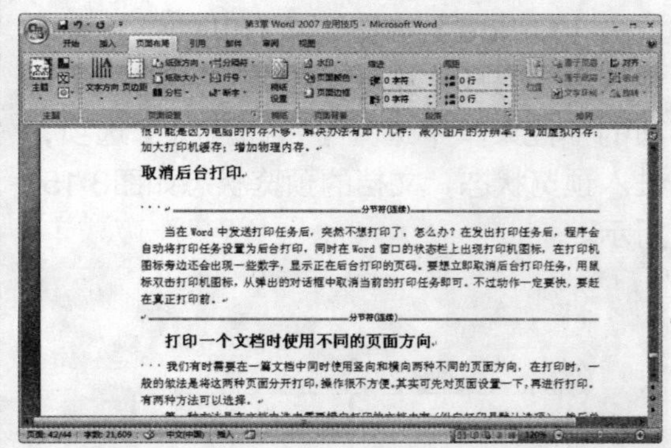

★ 图3.155

将光标定位在这段文字中，然后在【页面设置】对话框的【页边距】选项卡中，将【纸张方向】改为【横向】，在【应用于】项的下拉列表中选择【本节】

项就可以了，设置如图3.156所示。

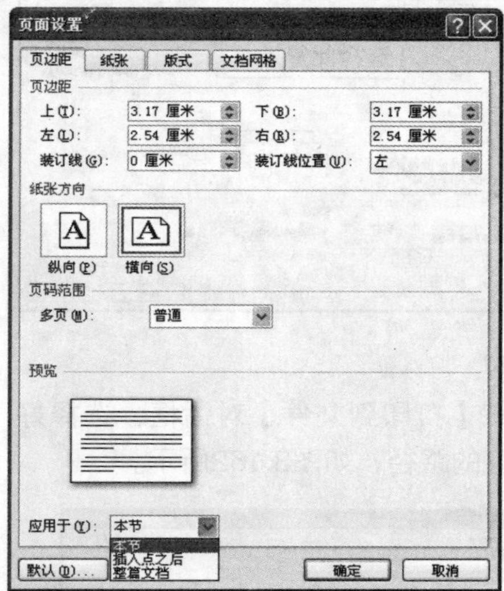

★ 图3.156

避免打印不必要的附加信息

在Word 2007中，有时打印一篇文档时会莫名其妙地出现一些附加信息，如隐藏文字、域代码等。要避免打出这些不必要的附加信息，需要设置一下。单击【Office】按钮，在其下拉菜单中单击【Word选项】按钮，打开【Word选项】对话框。从左侧栏中单击【显示】选项，在右侧的【打印选项】区中取消选中【打印文档属性】和【打印隐藏文字】复选框就不会出现这个问题了，设置如图3.157所示。

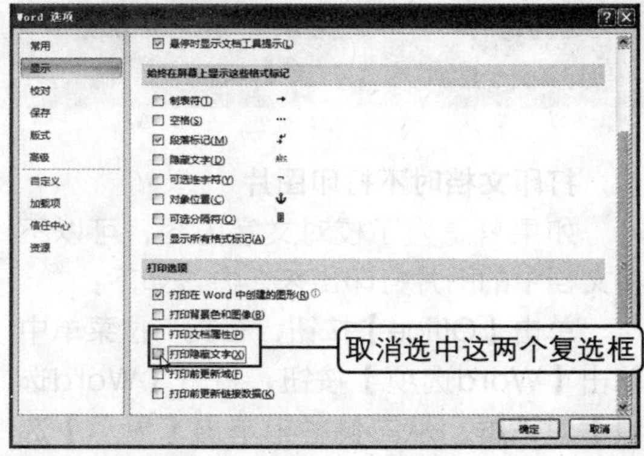

★ 图3.157

防止将信封上的文字打偏

在使用Word 2007打印信封上的文字时，每次都要将信封放在打印机手动送纸盒的中间才能正确打印信封，可是由于手动送纸盒上没有刻度标识，因此经常将信封上的文字打偏。其实在打印之前进行一些设置，就能使信封对齐打印机手动送纸盒的某一边，这样即可防止信封上的文字被打偏。

单击【邮件】选项卡，在【创建】组中单击【信封】命令按钮，打开【信封和标签】对话框，如图3.158所示。

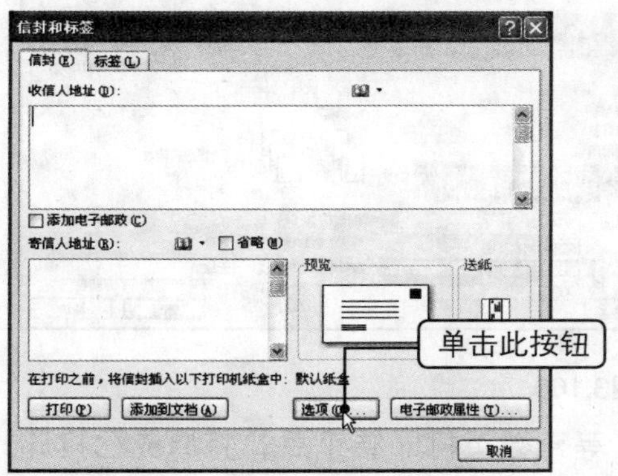

★ 图3.158

在【信封】选项卡中单击【选项】按钮，弹出【信封选项】对话框，选择【打印选项】选项卡，如图3.159所示。

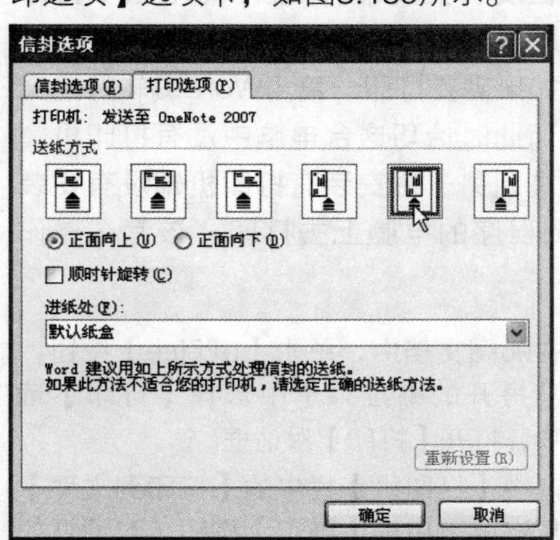

★ 图3.159

从【送纸方式】栏中选择一种送纸方式，在打印信封时，按照设置的方式放置信封，信封上的文字就不会被打印偏了。

快速进行双面打印

在工作中经常要进行双面打印，比较简单的一种方法是：单击【Office】按钮，从打开的下拉菜单中选择【打印】选项，打开【打印】对话框。从对话框底部的【打印】下拉列表框中选择【奇数页】选项，参见图3.160所示。

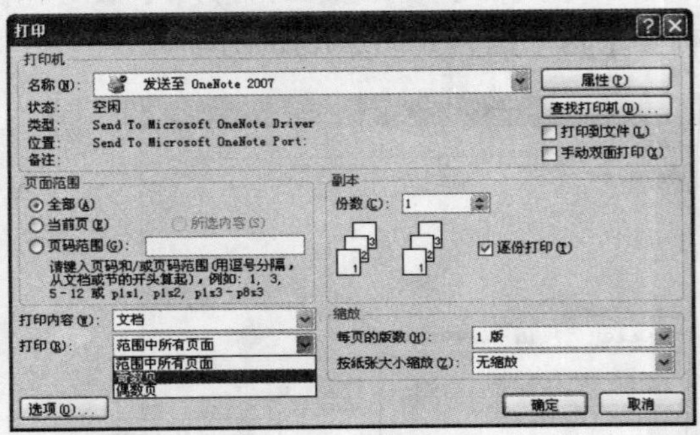

★ 图3.160

等奇数页打印结束后，将原先已打印好的纸翻过来重新放到打印机上，再选择【偶数页】选项，这样通过两次打印命令就可以实现双面打印。

在没有安装Word程序的电脑中打印Word文档

如果需要打印一篇用Word编辑好的文档，而此时恰巧这台电脑中没有打印机，需要拿到另一台安装有打印机却没有安装Word程序的电脑上去打印，该怎么操作呢?

1 在Word文档中，单击【Office】按钮，从打开的下拉菜单中选择【打印】选项，打开【打印】对话框。

2 选中【打印机】栏中的【打印到文件】复选框，单击【确定】按钮，对话框如图3.161所示。

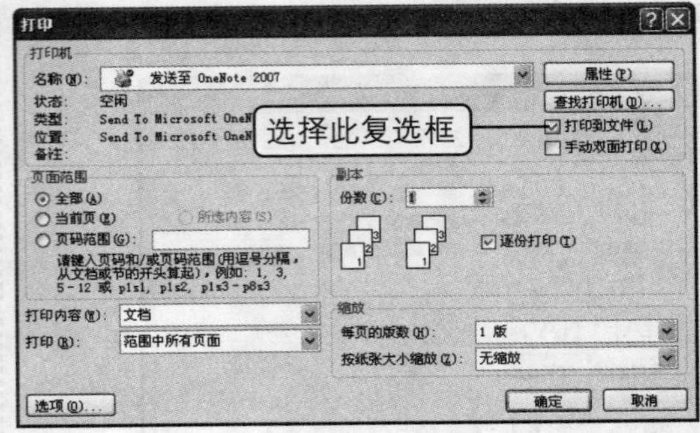

★ 图3.161

打开【打印到文件】对话框，选择好文件保存的路径，如图3.162所示。

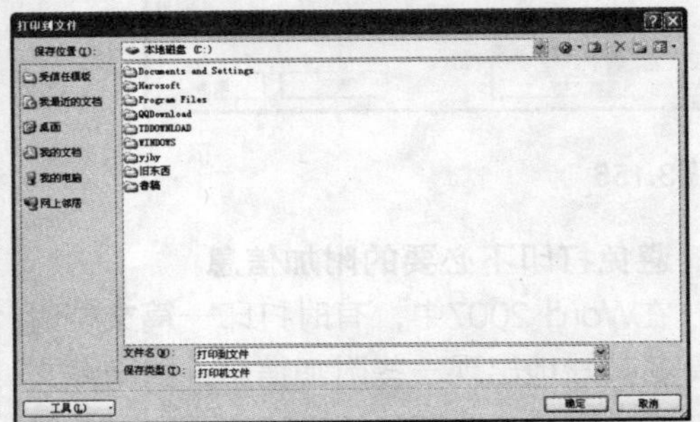

★ 图3.162

单击【确定】按钮就可以了。这样保存的文件是扩展名为prn格式的打印机文件，将这个文件放到装有打印机的电脑中就可以直接打印了。

提 示

将扩展名为prn的文件直接更改为扩展名为ps的文件，还可以直接送到出胶片的印刷机上。

打印文档时不打印图片

如果只是为了校对文字内容，可以不将文档中的图片打印出来，方法如下：

单击【Office】按钮，在其下拉菜单中单击【Word选项】按钮，打开【Word选项】对话框。从左侧栏中单击【显示】选项，在右侧的【打印选项】区中取消选中

【打印在Word中创建的图形】复选框。单击【确定】按钮后再执行打印操作，如图3.163所示。

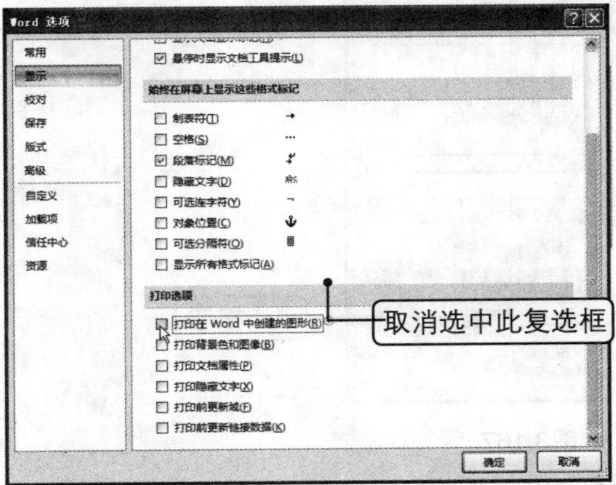

★ 图3.163

取消后台打印

当在Word中发送打印任务后，突然不想打印了，怎么办？在发出打印任务后，程序会自动将打印任务设置为后台打印，同时在Word窗口的状态栏上出现打印机图标。在打印机图标旁边还会出现一些数字，显示正在后台打印的页码。要想取消后台打印任务，用鼠标立即双击打印机图标，弹出如图3.164所示的对话框。取消当前的打印任务即可。不过动作一定要快，要赶在真正打印前。

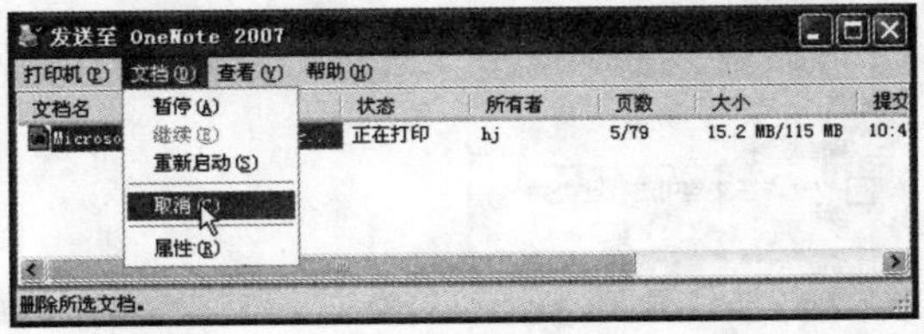

★ 图3.164

解决Word无法打开以前保存的文件的问题

文档存盘退出后，在不关闭电脑的情况下再次打开刚才保存的文件时，系统可能会提出“该文件正在被另一个用户使用，是否打开副本？”的询问。

出现这种情况的原因主要是Word在打开一个文件时，同时也在其默认的工作文件夹内建立该文件的一个副本（~$+原文件名）。为了保护原文件不会受损，Word实际上是在对这个副本进行编辑。当用户正常退出后，Word就会用副本的内容对文档进行更新，然后再删除副本。

在非正常退出时，副本就会留在磁盘内，并导致上述情况发生。若要解决这个问题，其实也很简单，只要在重新启动系统后将其副本更名，便可以得到更新后的文档内容了。

将文档设置为只读文档和隐藏文档

可以把文档设置为只读文档，在这种状态下，用户就不能修改文档了。把文档设置为只读文档的步骤如下：

1 在资源管理器或【我的电脑】窗口中，找到要设置的文件，然后右击它，在弹出的快捷菜单中，选择【属性】选项，得到如图3.165所示的属性对话框。

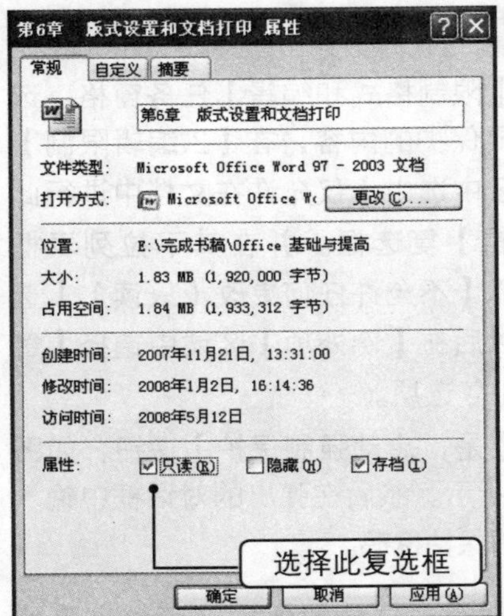

★ 图3.165

2 单击【常规】选项卡，选中【只读】复选框。

提示

选中【隐藏】复选框，可把文档设置为隐藏状态。

3 单击【确定】按钮。这样就把该文档设置为只读文档了。

保护文档中的部分内容

在Word 2007中，如果想让某篇文档中的部分内容不被别人修改，可以将这部分内容保护起来，具体操作步骤如下：

1 打开Word文档，切换至【审阅】选项卡，单击【保护】组中的【保护文档】按钮，从打开的下拉菜单中选择【限制格式和编辑】选项，如图3.166所示。

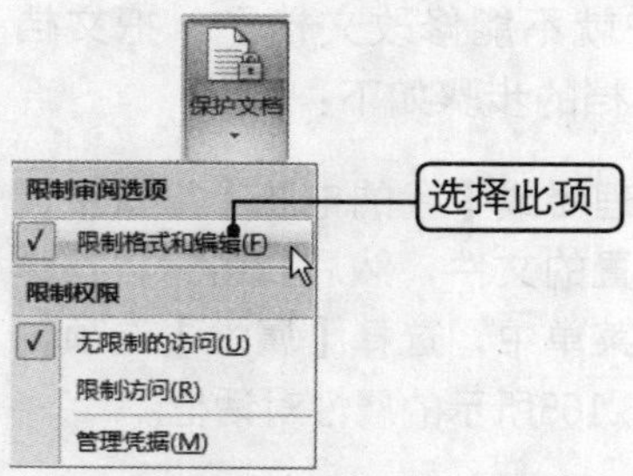

★ 图3.166

2 打开【限制格式和编辑】任务窗格。选中需要保护的内容，在【2.编辑限制】选项区中选中【仅允许在文档中进行此类编辑】复选框。并在其下拉列表框中选择【不允许任何更改（只读）】选项，然后在【例外项】区域中选择【每个人】复选项。

3 单击【是，启动强制保护】按钮，如图3.167所示。然后在弹出的对话框中输入相应的保护密码。

若要撤销对文档的保护，可单击【停止保护】按钮，并输入相应的保护密码即可。

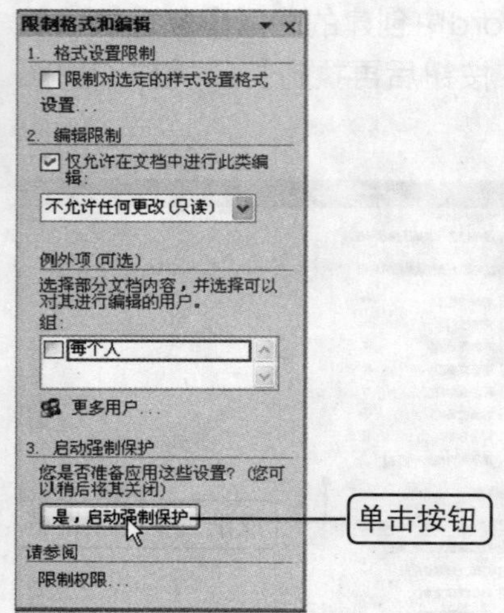

★ 图3.167

为文档设置打开和修改密码

在Word 2007中，还可以为文档设置开启它的密码，只有知道这个密码才能打开该文档。设置保护文档密码的步骤如下：

1 在Word 2007中打开要设置密码的文档。

2 单击【审阅】选项卡，在【保护】组中单击【保护文档】按钮，从打开的下拉菜单中单击选中【限制格式和编辑】选项，如图3.166所示。

3 在文档编辑区域的右边打开【限制格式和编辑】窗格，如图3.168所示。

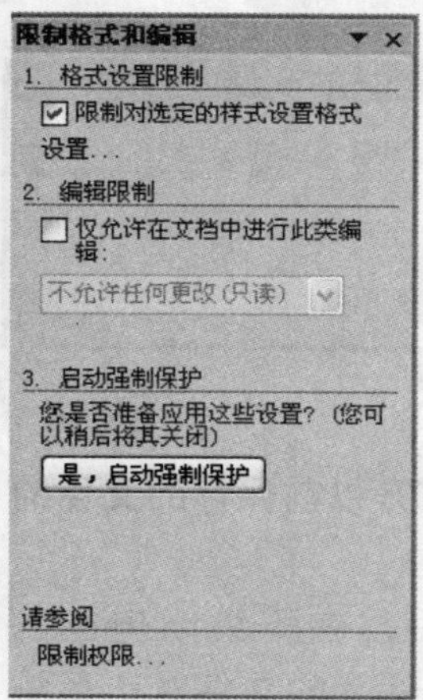

★ 图3.168

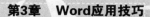

4 在【1.格式设置限制】选项区中选中【限制对选定的样式设置格式】复选框。

5 单击选项下面的【设置】链接，打开如图3.169所示的【格式设置限制】对话框。通过选定样式限制格式，可以防止样式被修改，也可以防止对文档直接应用格式。

★ 图3.169

6 设置完成后，单击【确定】按钮，返回到【限制格式和编辑】任务窗格，在【3.启动强制保护】选项区中单击【是，启动强制保护】按钮，打开【启动强制保护】对话框，如图3.170所示。

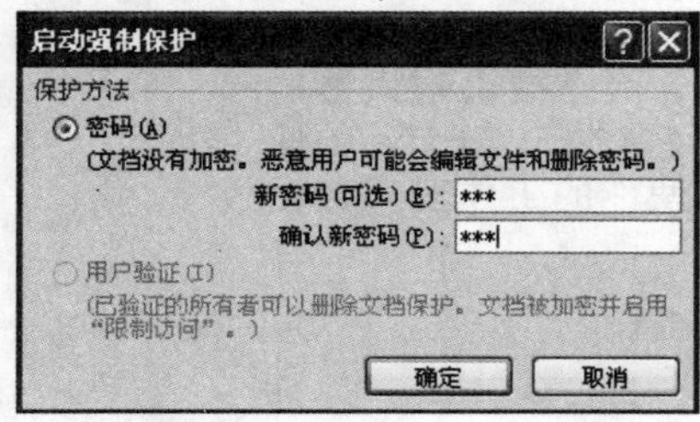

★ 图3.170

7 设置好密码后，单击【确定】按钮。【限制格式和编辑】任务窗格变为图3.171所示的样子。

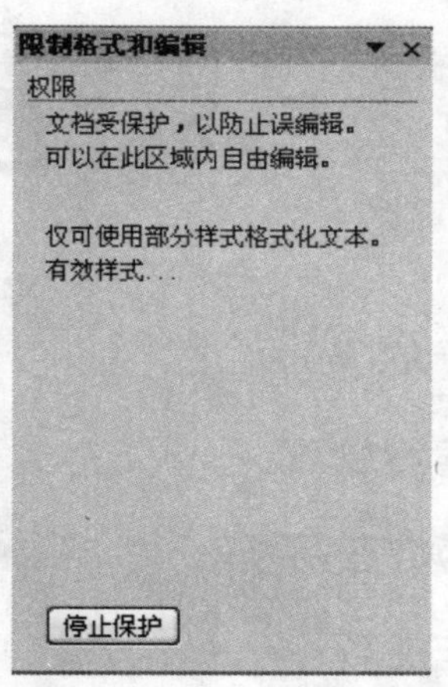

★ 图3.171

以后要修改文档的格式时，如果修改的样式不在允许范围之内，那么并不会对文档中设置好的格式进行修改。当要停止保护的时候，可以单击【停止保护】按钮，将打开如图3.172所示的【取消保护文档】对话框，输入正确的密码后，才能取消保护。

★ 图3.172

Chapter 04

第4章 Excel 应用技巧

本章要点

- *基本设置技巧*
- *工作表编辑技巧*
- *公式与函数应用技巧*
- *图表操作技巧*
- *打印与文档安全操作技巧*

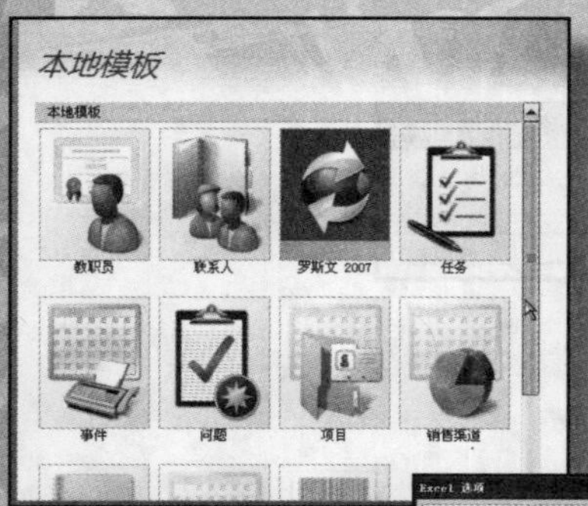

Excel的应用非常广泛，它可以将数据以行和列的形式排列出来，在计算机上设计报表，并完成排序、筛选和自动计算等操作。只要是需要处理的表格数据，包括财务数据和家庭财产，甚至简单到一个课程表，都可以通过Excel 2007实现。

在日常办公应用中，经常要面对大量的数据与表格时，熟练掌握一些Excel的使用操作技巧，可以使你的工作变得方便而快捷。

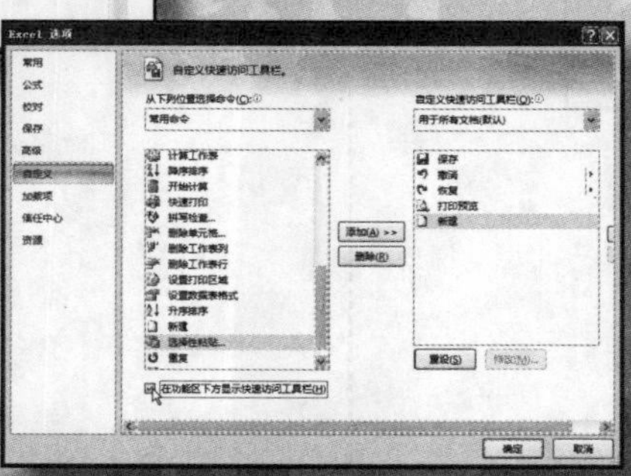

说 明

本章的技巧除特殊说明外，都是以Excel 2007版本进行讲解的。

4.1 基本设置技巧

把【快速访问工具栏】放在功能区的下面

【快速访问工具栏】在标题栏上和文件标题同处一栏，常用命令显示的数量有限，有时不得不单击下拉按钮来寻找常用的命令。如果把【快速访问工具栏】放到功能区的下方，就可以显示很多常用命令，就像以前版本的Excel的工具栏一样，用起来很方便。具体操作步骤如下：

1 单击【Office】按钮，在下拉菜单右下方单击【Excel选项】按钮，打开【Excel选项】对话框。

2 单击左侧栏中的【自定义】选项，在右面会出现【自定义快速访问工具栏】设置界面，如图4.1所示。

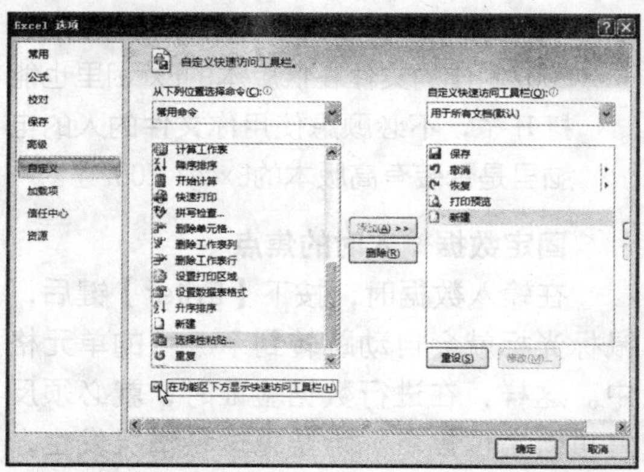

★ 图4.1

3 在左侧列表中选择日常工作中常用的命令，然后单击【添加】按钮，就会添加到右侧列表中。

4 添加完以后，选中【在功能区下方显示快速访问工具栏】复选框。

5 单击【确定】按钮，这样就把【快速访问工具栏】设置到功能区下面来了，如图4.2所示。

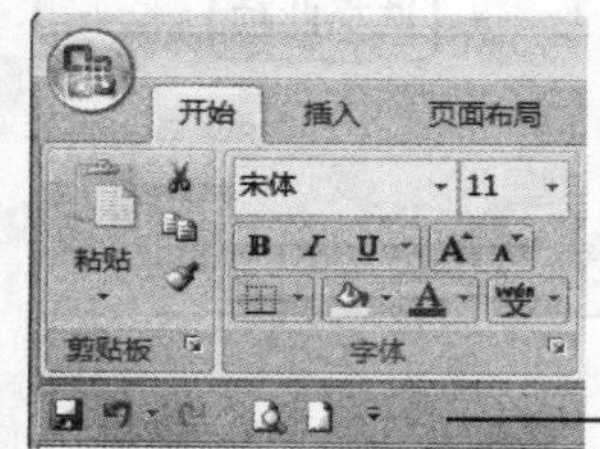

★ 图4.2

隐藏功能区让工作区视野更开阔

不知你有没有这样的感觉，当工作表中内容太多时，总觉得工作区太小。双击功能区上面的任何一个选项卡（如【开始】选项卡），功能区就可隐藏起来。这样就加大了工作区的空间。用的时候只要单击一下功能区上的选项卡，功能区一下子就显示出来了。

和以前版本的Excel比较一下，你会发现原来Excel 2007的功能区就像以前版本的菜单栏的下拉菜单，功能区上面的“选项卡”其实就是以前版本的菜单栏。

更改Excel 2007的外观颜色

有时在网上看到别人的Excel 2007界面是黑色的，也想换换自己的 Excel 2007的颜色，可按下面的方法进行更改，具体操作步骤如下：

1 单击【Office】按钮，在下拉菜单右下方单击【Excel选项】按钮，打开【Excel选项】对话框。单击【配色方案】后面的下拉箭头，出现了三种配色方案，里面就有黑色的，如图4.3所示。

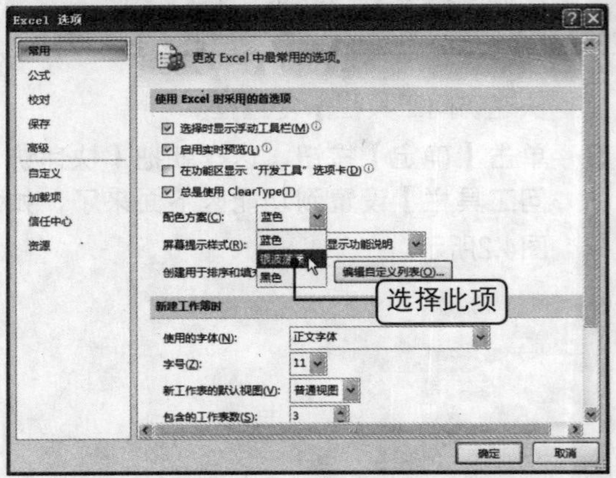

★ 图4.3

2 选择【银波荡漾】选项，然后单击【确定】按钮，这时界面就变成了银色，如图4.4所示。

★ 图4.4

让低版本Excel顺利打开Excel 2007制作的文件

Excel 2007制作的文件后缀名为xlsx，而以前版本的Excel文件的后缀名为xls，这样用Excel 2007制作的文件在以前版本的Excel里是打不开的。按照如下方法就可以在低版本的Excel中打开Excel 2007制作的文件。

1 单击【Office】按钮，在下拉菜单右下方单击【Excel选项】按钮，打开【Excel选项】对话框。

2 在左侧窗格中单击【保存】选项，然后在右侧区域中单击【将文件保存为此格式】右侧的下拉箭头，打开下拉菜单，如图4.5所示。

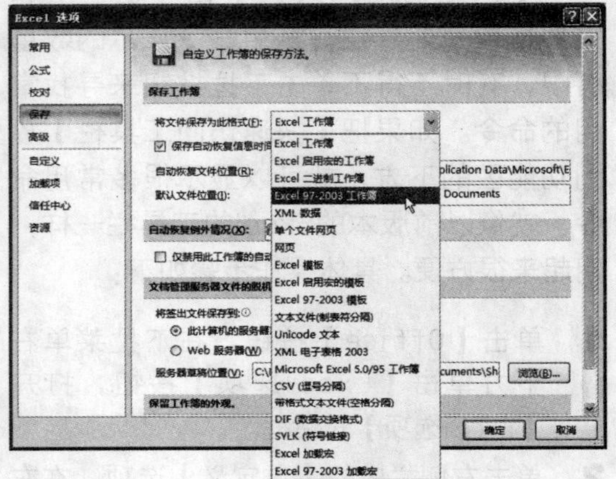

★ 图4.5

3 选择【Excel 97-2003工作簿】选项。

4 单击【确定】按钮，这样以后用Excel 2007制作的文件在低版本的Excel里也能打开了，不必顾虑使用你文件的人的电脑里是否装有高版本的Excel 2007了。

固定数据输入时的焦点

在输入数据时，按下【Enter】键后，鼠标光标就会自动跳转到下一行的单元格中。这样，在进行数据验证时，就必须反复重新定位焦点。为避免这种情况发生，可使用如下办法：

1 首先选中要在其中反复输入数据的单元格。

2 按住【Ctrl】键，再次单击选中此单元格。此时，选中单元格的边线是细线，不是直接单击选中时的样子。

3　输入数据，按回车键。这时，不管按多少次【Enter】键，光标始终不会移动到其他单元格中。

提　示

解决此问题还有一个办法：打开【Excel选项】对话框。切换到【高级】选项卡，取消选中【按Enter键后移动所选内容】复选框，最后单击【确定】按钮。

插入特殊符号

在Excel工作表中，除了比较常用的数字、文本、日期和公式外，有时还需要在单元格中插入符号，例如中文标点符号、拼音、数字序号、数字符号、单位符号和其他特殊符号。这里以输入“★”为例介绍特殊符号的插入。

1　首先，将光标定位于要插入符号的单元格中。

提　示

单击单元格后输入新内容，可以覆盖原有的单元格内容；双击单元格，可以将光标置于要插入符号的位置；单击单元格再按【F2】键，可以在原单元格末尾进行输入。

2　单击【插入】选项卡，在【特殊符号】组中单击【符号】命令按钮，从打开的下拉列表中选择【更多】选项，打开【插入特殊符号】对话框。

3　单击【特殊符号】选项卡，找到并单击要插入的“★”，如图4.6所示。

4　然后单击【确定】按钮即可完成插入。

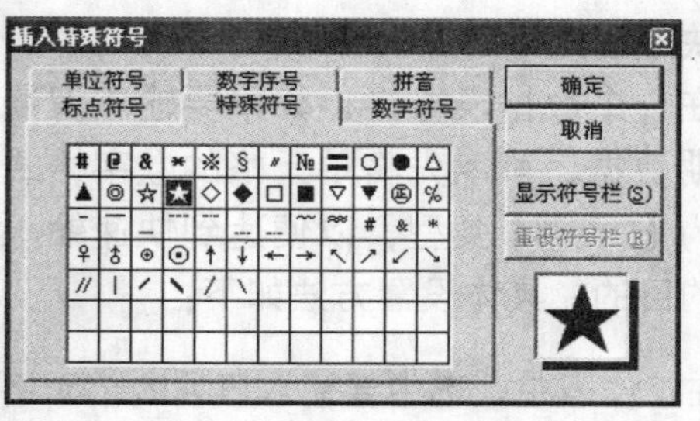

★ 图4.6

在信息输入前给予提示

在进行数据输入时，为了防止输入错误，用户可能希望在出错时得到提示，具体操作如下：

1　选取需要给予输入提示信息的所有单元格区域。

2　单击【数据】选项卡，在【数据工具】组中单击【数据有效性】命令按钮，打开【数据有效性】对话框。

3　单击【输入信息】选项卡，在【标题】和【输入信息】文本框中输入提示信息的标题和内容即可，如图4.7所示。

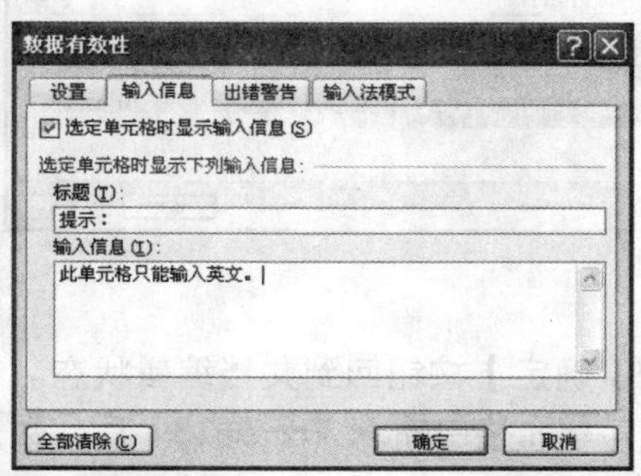

★ 图4.7

4　输入数据时，单击该单元格就会看见提示信息，如图4.8所示。

★ 图4.8

快速输入日期

在一个数据表格中，如果要输入大量的日期数据，可以先将单元格的数字格式设置为【日期】类型，以便达到快速输入日期的目的，具体设置方法如下：

1 在工作表中，选中要输入日期的单元格区域。

2 单击鼠标右键，在弹出的快捷菜单中选择【设置单元格格式】命令，打开【设置单元格格式】对话框。

3 单击【数字】选项卡。在左侧的【分类】栏中，选择【日期】类型，在右侧【类型】列表框中选择一种需要的日期表示方法（如“*2001年3月14日”），如图4.9所示。

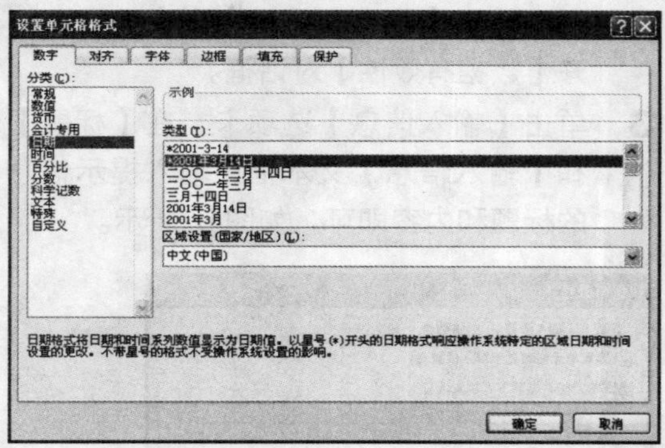

★ 图4.9

4 单击【确定】按钮回到文档编辑状态。在选定单元格中输入“8-5-13”后，数据会自动转变为“2008年5月13日”日期格式。

快速重复填充

如果要填充的数据与活动单元格上方或左侧的数据相同，可用以下方法快速填充：

- 按【Ctrl+D】组合键，可将活动单元格上方的数据填充进来。
- 按【Ctrl+R】组合键，可将活动单元格左侧的数据填充进来。

快速选中包含数据的所有单元格

大家都知道选中整个工作表有很多种方法，如按【Ctrl+A】组合键、单击全选按钮等。可有时需要选中所有包含数据内容的单元格区域，该怎么操作呢？可以这样操作：首先选中一个包含数据的单元格，然后按下【Ctrl+Shift+8】组合键，即可将所有包含数据的单元格选中，效果如图4.10所示。

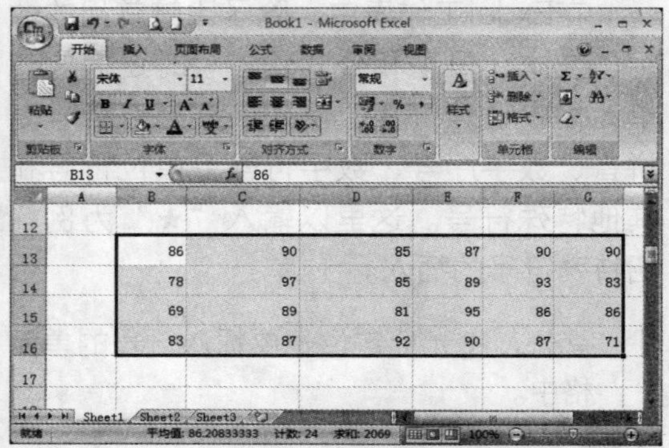

★ 图4.10

选定的区域是这样定义的：根据选定的单元格向四周辐射所涉及到的所有数据单元格的最大区域。

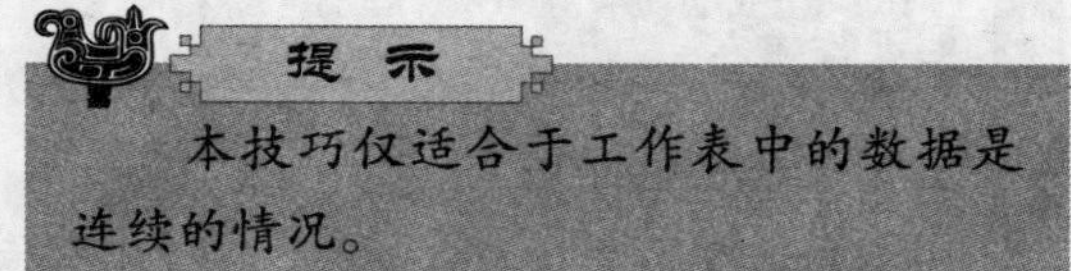

提 示

本技巧仅适合于工作表中的数据是连续的情况。

快速选中特定区域

按【F5】键可以快速选中特定的单元格区域。例如，要选中C13:D15区域，最为快捷的方法是按【F5】键，打开如图4.11所示的【定位】对话框。在【引用位置】文本框中输入“C13:D15”即可。单击【确定】按钮，即选中了特定的单元格区域，如图4.12所示。

★ 图4.11

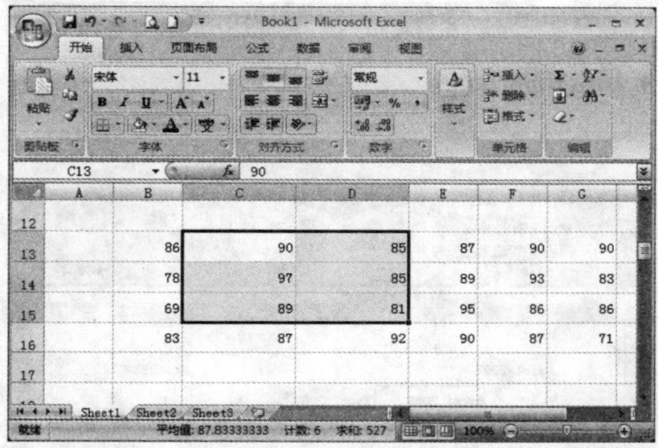

★ 图4.12

创建单元格的超链接

在Excel中，可以在单元格或单元格区域中输入文本，并把文本作为超链接。单击这些文本时可以快速跳转到目标文件或位置。创建方法如下：

1 选定包含文本的单元格或单元格区域，例如包含文本的A1单元格。

2 单击【插入】选项卡，在【链接】组中单击【超链接】命令按钮，打开【插入超链接】对话框。

3 链接对象可以是本地目录中的文件、本文档中的其他位置，或者一个网址、一个电子邮件地址。假设这里将A1单元格中的文本链接到C7单元格，那么单击【链接到】列表中的【本文档中的位置】选项，然后选中当前工作簿中的目标工作表，并在【请键入单元格引用】框中输入链接目标（本例为C7单元格），如图4.13所示。

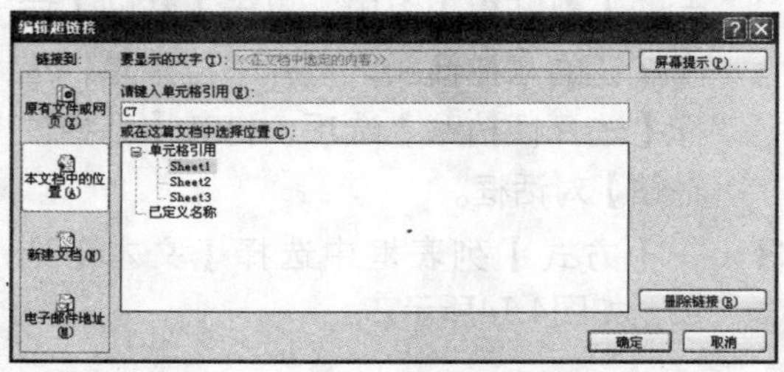

★ 图4.13

4 单击【确定】按钮返回编辑窗口。只要单击A1单元格中的文本，就会自动跳转到C7单元格。

提　示

若是链接到外部文件，则会打开指定文件；若是链接到网址，则会打开指定网页；若是链接到电子邮件地址，则会打开默认邮件客户端软件的邮件撰写窗口。

选中超链接单元格

在Excel中，若在单元格中设置了超链接，直接单击会打开超链接目标，此时可采用以下两种方法选中超链接单元格：

- 单击单元格后按住鼠标左键不放，直到光标变为空心十字后松开左键，即可选中这个含有超链接的单元格。
- 先选中超链接单元格周围的某个单元格，用键盘中的方向键将光标移到含超链接的单元格中也可。

将Word中的表格复制到Excel中

Excel的数据处理功能比Word强大得多。当在Word文档中插入的表格需要进行一些较为复杂的数据运算时，可以将其移到Excel中进行，具体操作如下：

1 首先，将Word文档中的表格选中，将其复制到剪贴板上。

2 切换到Excel编辑窗口，在【开始】选项卡的【剪贴板】组中，单击【粘贴】命令按钮的下拉箭头，打开下拉菜单，选择【选择性粘贴】选项，打开【选择性粘贴】对话框。

3 在【方式】列表框中选择【文本】选项，如图4.14所示。

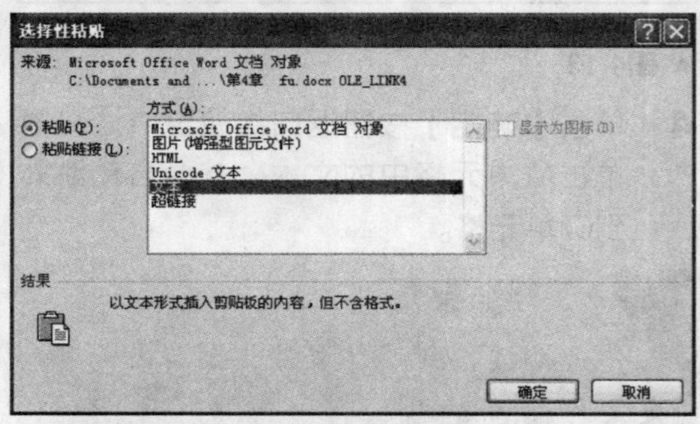

★ 图4.14

4 单击【确定】按钮，即可将Word表格中的数据提取到Excel相应的单元格中。

在单元格中输入等号

在使用Excel时，想在一个单元格中只输入一个等号，会遇到这样的问题：输入完等号后，Excel会认为用户要编辑公式，如果单击其他单元格，就表示引用了。这时可以不单击其他单元格，而是单击编辑栏前面的绿色对钩，或直接按回车键确认即可。

一次在多个单元格中输入相同的内容

按住【Ctrl】键，在工作表中选择要填充相同内容的单元格，可以选中不连续的单元格，如图4.15所示。

选择好后，在最后一个选中的单元格中输入内容，然后按【Ctrl+Enter】组合键，所有选中的单元格中就会被同时填充相同的内容，效果如图4.16所示。

★ 图4.15

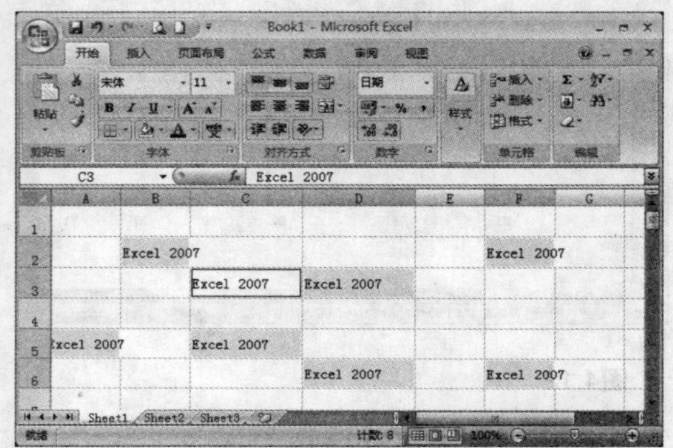

★ 图4.16

记忆式输入

记忆式输入是指用户在输入单元格数据时，系统会自动根据用户已经输入过的数据提出建议，减少用户的录入工作量。

在输入数据时，如果输入数据的起始字符与该列其他单元格数据中的起始字符相同，Excel会自动将符合的数据作为建议显示出来，如图4.17所示。并将建议部分反白显示。此时可以根据具体情况选择以下操作：

- 如果接受建议，按【Enter】键，建议的数据会自动输入。
- 如果不接受建议，则不必理会，可继续输入数据，当输入一个与建议不符合的字符时，建议会自动消失。

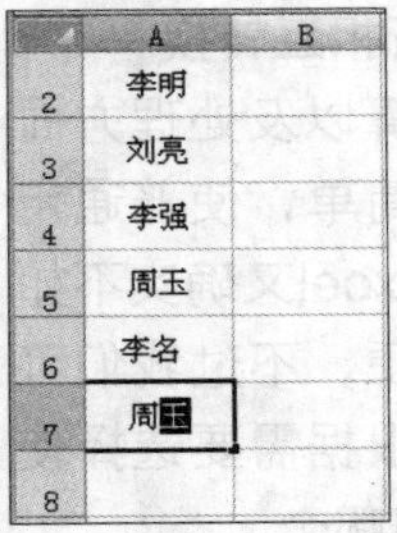

★ 图4.17

此外，如果需要输入的数据与当前列中的其他单元格中的数据相同，还可以按【Alt+↓】快捷键或是单击鼠标右键，在弹出的快捷菜单中选择【从下拉列表中选择】选项，显示当前列已有数据的列表，用户可从中选择需要的数据项，如图4.18所示。

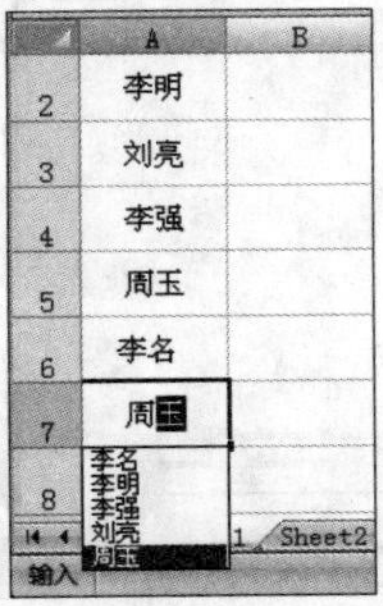

★ 图4.18

完整显示出身份证号码

在Excel中输入身份证号码时可能会遇到这样的情况，在Excel的单元格中输入15位或18位的身份证号时，当输入的数字过长时，Excel会自动将身份证号码变为用科学计数法表示的形式，如图4.19所示。

★ 图4.19

这显然不能满足要求，那怎么办呢？如果在整个工作表中只需输入少数几个身份证号码，那么在单元格中，在输入数字前先输入一个英文半角的单引号，然后再输入身份证号码，按回车键后，单元格中的数字就会保持不变，如图4.20所示。

★ 图4.20

如果在一个连续的区域中要输入很多这样的数字，可以选中这些单元格，单击鼠标右键，在弹出的快捷菜单中选择【设置单元格格式】命令，在弹出的【设置单元格格式】对话框中选择【数字】选项卡，在【分类】栏中选择【文本】项，如图4.21所示。

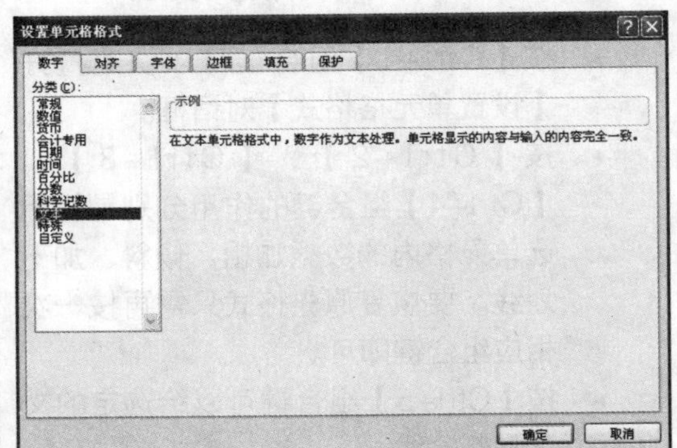

★ 图4.21

单击【确定】按钮，以后在这些单元格中输入数字时，Excel 2007会将它们作为文本看待，不会更改它们的格式。

巧妙合并文本

如果要将多列中的内容合并到一列中，不用使用函数，使用连字符“&”

就可完成操作。例如，要将A，B，C和D列中的内容合并到E列中，可以这样操作：选中E1单元格，在公式栏中输入"=A1&B1&C1&D1"。第一行中前四列的内容就合并到了E列中，如图4.22所示。

A	B	C	D	E
使用	连字符	合并	文本	=A1&B1&C1&D1

A	B	C	D	E
使用	连字符	合并	文本	使用连字符合并文本

★ 图4.22

如果有多行数据需要进行上述操作，选中E1单元格，单击自动填充柄向下拖动，其他行中的数据即可自动完成列之间的合并。

【Ctrl】键与数字键的妙用

在Excel中，使用【Ctrl】键与数字键的组合，可以为操作带来很多方便。

- 按【Ctrl+1】组合键可以快速打开【设置单元格格式】对话框。
- 按【Ctrl+2】、【Ctrl+3】、【Ctrl+4】组合键的作用分别是将所选单元格内的数据加粗、倾斜、加下划线。要恢复原先格式只需再按一次相应组合键即可。
- 按【Ctrl+5】组合键可以给选定的文字加删除线。
- 按【Ctrl+9】组合键可以隐藏选定的行；要恢复显示隐藏的行则可按【Ctrl+Shift+9】组合键。
- 按【Ctrl+0】和【Ctrl+Shift+0】组合键，可以隐藏和显示选中的列。

注 意

这里的数字键为大键盘上的数字键。

与其他数据库文件进行相互转换

Excel 2007在数据计算以及处理方面功能比较强大且使用比较简单，使普通用户比较容易上手。但有时Excel又确实不如专业的数据库软件操作方便，不过我们可以把两者结合起来使用，根据需要选择使用哪类软件，需要哪个就用哪个。

- 将数据库文件转化为Excel文件

在Excel 2007中，单击【Office】按钮，在打开的下拉菜单中选择【打开】选项，在【打开】对话框的【文件类型】项的下拉列表中选择【dBase文件】选项，并在文件列表中找到相应的数据库文件，如图4.23所示。

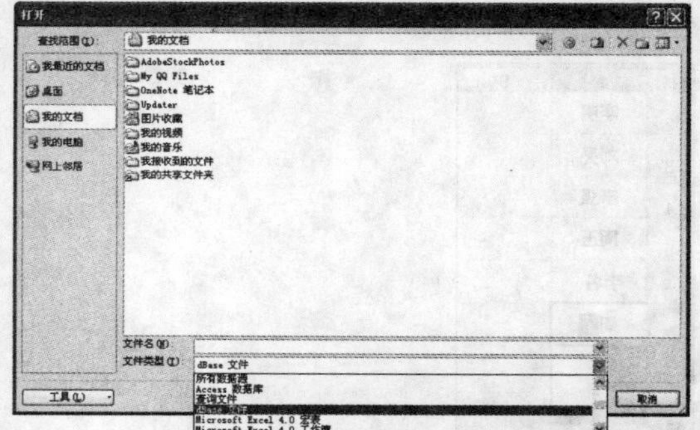

★ 图4.23

单击【打开】按钮即可。有时可能会遇到打不开的问题，那就需要运行一下数据库文件，在其应用程序内将数据库文件转化为Excel文件，然后再到Excel中打开就可以了。

说 明

现在很多数据库软件都有将其文件格式转换为Excel格式的选项。

- 将Excel文件转化为数据库文件

在Excel 2007中，执行【Office】→【另存为】命令，打开【另存为】对话框，在【保存类型】项的下拉列表中选择

相应的数据库文件类型即可。也可以在相应的数据库应用程序中直接导入Excel文件。

让单元格中的数据斜方向显示

有时需要将单元格中的数据斜方向显示，这在Excel中可以轻松实现，操作步骤如下：

1 选取需要斜方向显示数据的单元格。

2 在【开始】选项卡的【单元格】组中，单击【格式】命令按钮，从打开的下拉菜单中选择【设置单元格格式】选项，打开【设置单元格格式】对话框。

3 切换到【对齐】选项卡，在【方向】区域中设置合适的角度（比如45度），如图4.24所示。

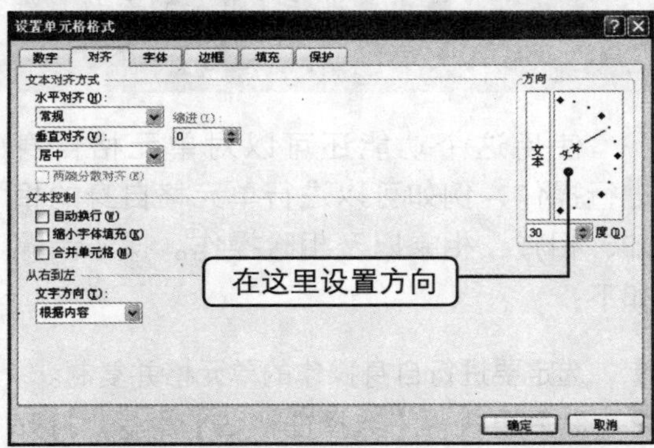

★ 图4.24

4 单击【确定】按钮返回编辑窗口，效果如图4.25所示。

86	90	85	87	90	90
78	97	85	89	93	83
69	89	81	95	86	86
83	87	92	90	87	71

★ 图4.25

输入人名时使用"分散对齐"

在录入人名时，通常都想让两个字的姓名与三个字的姓名两端对齐，就是在两个字的姓名中间加一个空格，但是这样太麻烦了，可以采用设置单元格格式的方式解决。具体操作步骤如下：

1 选中人名列，单击鼠标右键，在弹出的快捷菜单中选择【设置单元格格式】选项，打开【设置单元格格式】对话框。

2 选择【对齐】选项卡，在【水平对齐】项的下拉列表中选择【分散对齐（缩进）】项，整齐的名单就做好了，参数设置如图4.26所示。

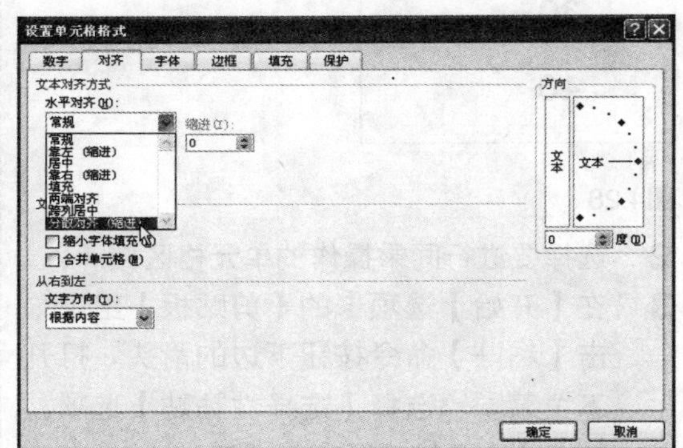

★ 图4.26

3 单击【确定】按钮，设置分散对齐前后效果对比如图4.27所示。

设置前	→	设置后
刘芸妍		刘 芸 妍
游佳		游　　佳
邱志铭		邱 志 铭
苏鸿宇		苏 鸿 宇
周和		周　　和

图4.27

对单元格进行同增同减操作

在Excel中，如果要对某一单元格或

某一区域中的每个单元格中的数值进行同加、同减、同乘或同除操作时，可以使用【选择性粘贴】功能轻松实现。

例如，想让选定区域中的每个单元格都同时乘以5，可以按照如下步骤进行操作：

1 首先在选定区域外的某个单元格中输入5，选择这个单元格并复制，如图4.28所示。

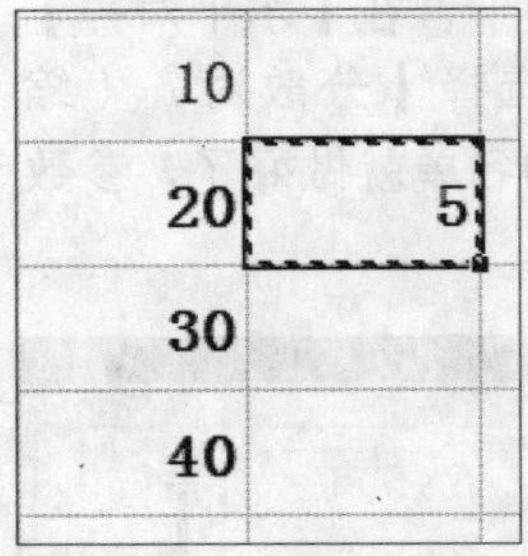

图4.28

2 选择要进行同乘操作的单元格区域。

3 在【开始】选项卡的【剪贴板】组中单击【粘贴】命令按钮下边的箭头，打开下拉菜单。选择【选择性粘贴】选项，打开【选择性粘贴】对话框。

4 在【运算】栏中选择【乘】单选项，单击【确定】按钮，对话框中的设置如图4.29所示。

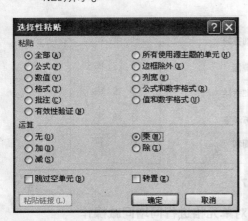

选择性粘贴

粘贴
- 全部(A)
- 所有使用源主题的单元(H)
- 公式(F)
- 边框除外(X)
- 数值(V)
- 列宽(W)
- 格式(T)
- 公式和数字格式(R)
- 批注(C)
- 值和数字格式(U)
- 有效性验证(N)

运算
- 无(O)
- 乘(M)
- 加(D)
- 除(I)
- 减(S)

跳过空单元(B)　转置(E)

粘贴链接(L)　确定　取消

★ 图4.29

选择区域中的每个单元格就都进行了乘以5的操作，而且已经将结果显示在了每个单元格中，如图4.30所示。

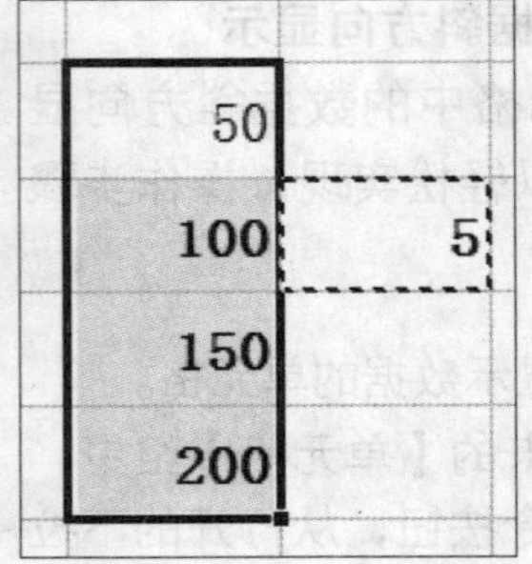

★ 图4.30

提 示

对于这个操作一定要注意操作顺序：选定并复制要乘的数所在的单元格，接下来选中要进行运算的单元格区域，然后再执行【选择性粘贴】命令。

使用这个功能还可以对单元格自身进行操作，例如可以进行单元格自身的相加、相减、相乘以及相除操作。操作步骤如下：

1 选定要进行自身操作的单元格并复制。

2 然后再执行【选择性粘贴】命令，打开【选择性粘贴】对话框，在【运算】栏中选择相应的运算操作。

3 单击【确定】按钮，即可实现单元格自身的操作。

给单元格区域加边框

使用Excel制作工作表时，单击【打印预览】按钮查看预览效果时，或者实际打印出来之后，单元格区域都是没有边框的，影响工作表的美观。因此，打印之前，需要给工作表加上边框，操作方法如下：

1 首先，选取需要加边框的单元格区域。

2 在【开始】选项卡的【字体】组中单击【边框】命令按钮，从打开的下拉菜单中选择合适的边框类型，如图4.31所示。

★ 图4.31

解决在单元格中不能输入小数点的问题

不知你是否遇到过这种问题，在单元格中输入小数点时，它总会自动变为逗号，这是怎么回事呢？打开【控制面板】窗口，选择其中的【区域和语言选项】项，打开【区域和语言选项】对话框，如图4.32所示。

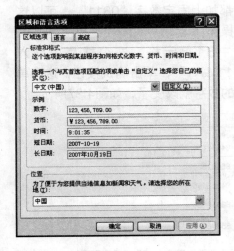

区域和语言选项
区域选项　语言　高级
标准和格式
这个选项影响到某些程序如何格式化数字、货币、时间和日期。
选择一个与其首选项匹配的项或单击"自定义"选择您自己的格式(S):
中文(中国)　自定义(Z)...
示例
数字: 123, 456, 789.00
货币: ¥123, 456, 789.00
时间: 9:01:35
短日期: 2007-10-19
长日期: 2007年10月19日
位置
为了便于为您提供当地信息如新闻和天气，请选择您的所在地(L):
中国
确定　取消　应用(A)

★ 图4.32

在【区域选项】选项卡中单击【自定义】按钮，打开【自定义区域选项】对话框。看一下【小数点】项中的内容，如果这里显示的是“,”，那问题就是出在这里了，将它改为“.”，问题就解决了。【自定义区域选项】对话框如图4.33所示。

自定义区域选项
数字　货币　时间　日期　排序
示例
正: 123, 456, 789.00　负: -123, 456, 789.00
小数点(D): ,
小数位数(I): 2
数字分组符号(G): ,
数字分组(I): 123, 456, 789
负号(E): -
负数格式(P): -1.1
零起始显示(Z): .7
列表分隔符(L): ,
度量衡系统(M): 公制
数字替换(S): 无
确定　取消　应用(A)

★ 图4.33

快速输入具有重复部分的数据

在Excel工作表中输入的数据，经常要涉及到身份证号码、学籍号、准考证号码、电话号码等类型的数据，这些数据的特点是数据中有一部分是重复的。在Excel中输入一批这种类型的数据时，可以只输入数据中不同的部分，通过设置单元格格式，将重复部分自动填充。

以输入石家庄地区的电话号码为例来介绍操作步骤。

石家庄地区的电话号码的前四位是0311。

操作步骤如下：选中要输入数据的单元格区域，单击鼠标右键，在弹出的快捷菜单中选择【设置单元格格式】选项，打开【设置单元格格式】对话框。选择【数字】选项卡，在【分类】栏中选择【自定义】选项，在右侧的【类型】输入框中输入“"0311"@”，单击【确定】按钮。设置如图4.34所示。

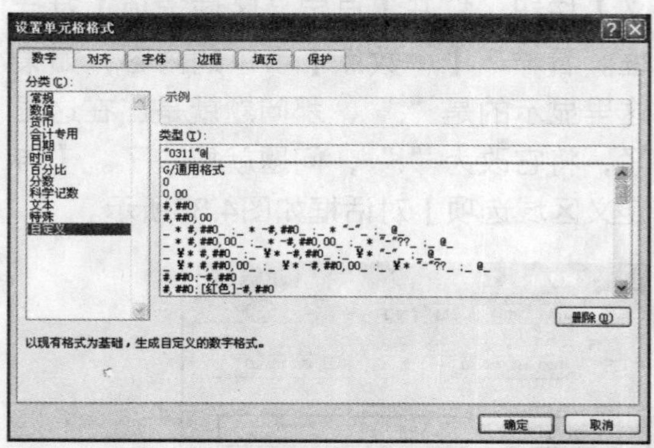

★ 图4.34

提 示

一定要在数字“0311”上加引号。

现在在设置了格式的单元格中输入不带区位号的电话号码并按回车键后，单元格中的数字会自动填充上前面的数字“0311”，如图4.35所示。

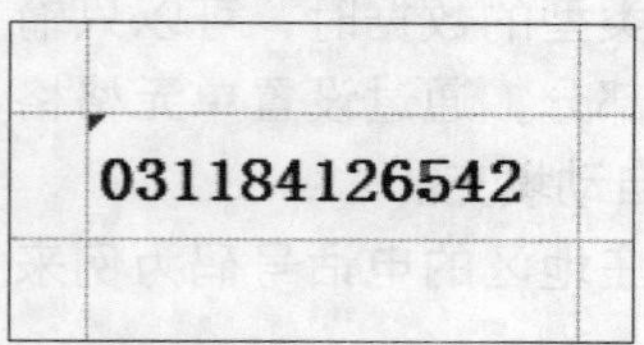

★ 图4.35

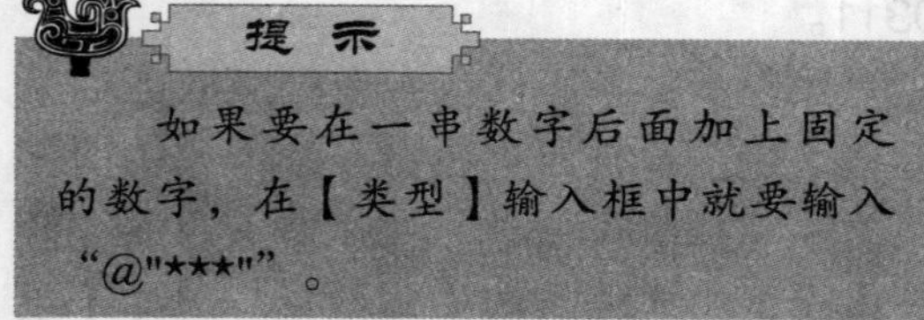
提 示

如果要在一串数字后面加上固定的数字，在【类型】输入框中就要输入“@"★★★"”。

上面只谈到了添加固定数字的情况，如果需要添加固定的文字，操作方法与添加数字的操作类似，只是在【类型】输入框中输入“文字@”，这里一定要注意固定文字的前后不要加引号，设置如图4.36所示。

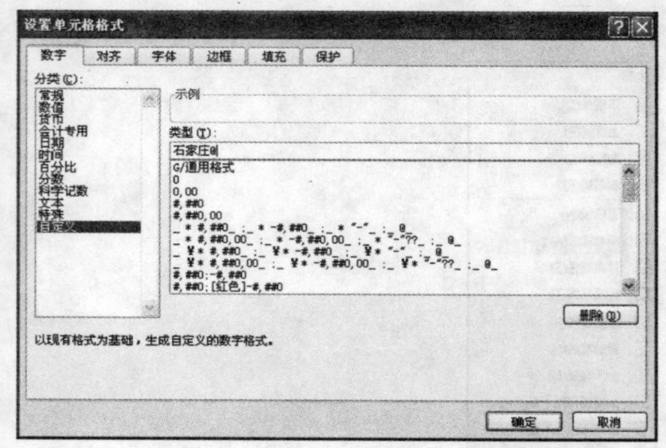

★ 图4.36

提 示

本技巧适合于在输入数字前对单元格格式进行设定，如果单元格内已经有数据了，那么这个方法就不适用了，执行下列操作即可实现。

如果数据已经录入了，需要在某些数据前面或后面再加入固定字符该怎么操作呢？可以使用前面介绍过的使用【&】的方法来实现。

例如，要将A列中每个单元格中的数据后面都加上固定数字“0311”，可以这样进行操作：

选中B1单元格，在公式栏中输入“="0311"&A1”，单击确认按钮，这个单元格中的数字就改变了，如图4.37所示。

SUM　=”0311”&A1

	A	B	C
1	84652456	=”0311”&A1	
2	85461520		
3	84312085		
4	83015026		
5	85206314		

★ 图4.37

提　示

在编辑栏中输入的引号一定要是英文半角引号。

然后使用自动填充功能，拖动自动填充柄就可以将这一列中的数据都改变了，如图4.38所示。

C7

	A	B	C
1	84652456	031184652456	
2	85461520	031185461520	
3	84312085	031184312085	
4	83015026	031183015026	
5	85206314	031185206314	

★ 图4.38

4.2 工作表编辑技巧

随意设置工作表数量

Excel 2007在插入工作表方面做了改进，单击窗口底部的【插入工作表】按钮（如图4.39所示）或按【Shift+F11】组合键可以很方便地插入一张工作表。

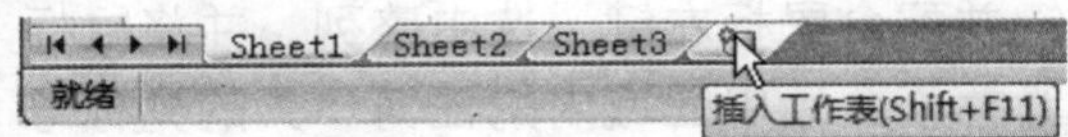

★ 图4.39

但是有时候我们有特殊的需要，一次要在工作簿中做好多工作表，这样做速度还是有些慢。现在单击【Office】按钮，在下拉菜单右下方单击【Excel选项】按钮，打开【Excel选项】对话框。在【包含的工作表数】列表框中根据自己的实际情况设置工作表的数量即可，默认数字是3，如图4.40所示。

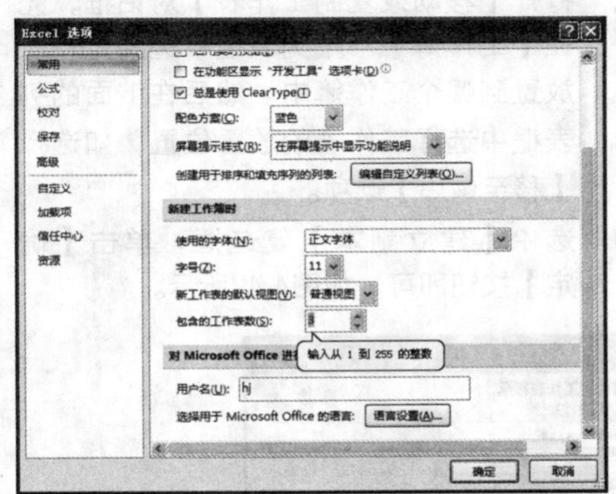

★ 图4.40

设置好后单击【确定】按钮即可。

注　意

只能输入1~255之间的数。

选择工作簿中的所有工作表

要选择工作簿中的所有工作表，只需用鼠标右键单击工作表标签，在弹出的快捷菜单中选择【选定全部工作表】命令即可，如图4.41所示。

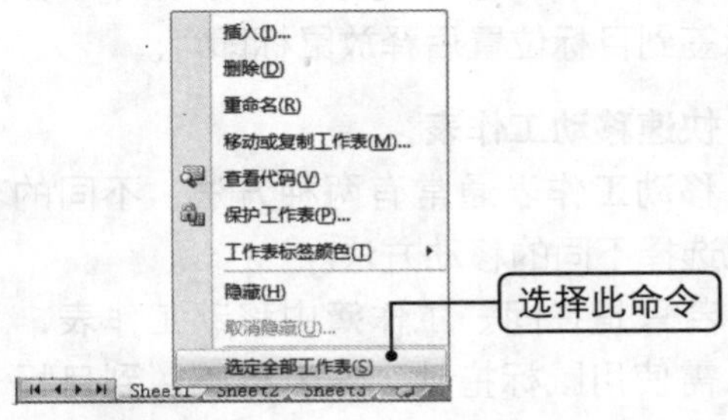

★ 图4.41

快速复制工作表

在使用Excel制表时，常常需要建立许多张相同格式的表格，很多人喜欢选中工作表中的全部内容，然后用复制和粘贴命令来得到另一个工作表，这样比较麻烦。其实运用Excel中移动或复制工作表功能就能轻松实现上述要求，具体步骤如下。

1 首先打开原来工作簿中的工作表，如果要将工作表跨工作簿复制，还需要打开目标工作簿。在需要的原工作表的标签上单击鼠标右键，选择快捷菜单中的【移动或复制工作表】命令。

2 打开【移动或复制工作表】对话框，先在【工作簿】下拉列表框中选择工作表放置到哪个工作簿中。然后在下面的列表框中选择工作表的放置位置，如选择【移至最后】选项。

3 选中【建立副本】复选框，单击【确定】按钮即可，如图4.42所示。

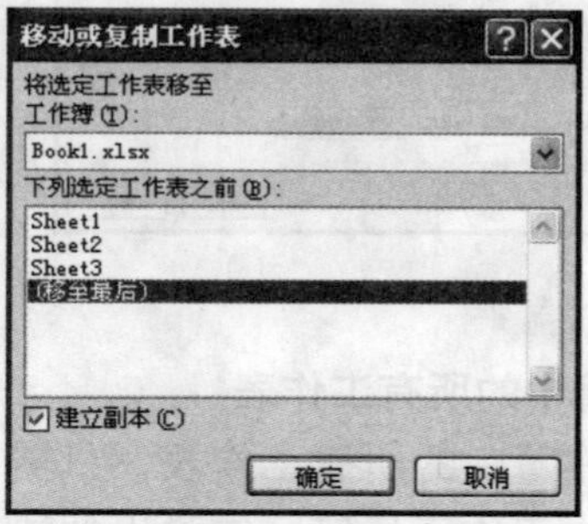

★ 图4.42

另外，如果在同一工作簿中复制工作表，还可以按住【Ctrl】键不放，拖动工作表标签到目标位置后释放鼠标即可。

快速移动工作表

移动工作表通常有两种方法，不同的情况选择不同的移动方法。

若只是在同一工作簿中移动工作表，则只需使用鼠标拖动工作表标签，到目标位置释放鼠标即可。

若是在不同的工作簿中移动工作表，则需要在移动的工作表标签上单击鼠标右键，在弹出的快捷菜单中选择【移动或复制工作表】选项，打开【移动或复制工作表】对话框。接着在该对话框中选择移动到哪个工作簿中，并定位于新工作簿中的指定工作表之前，然后单击【确定】按钮即可。

批量调整列宽或行高

对于相邻的多列，在其列标号处用鼠标选中整列，将鼠标光标移至选中区域内任何一列的列标号处，当鼠标变成十字形时，按下左键并拖动，则将选中的所有列的宽度调整成相同的尺寸。此时双击左键，则可将选中的所有列的宽度调整成最合适的尺寸，以便与每列中输入最多内容的单元格匹配。行的操作与列的操作相同。

对于不相邻的多列，先按下【Ctrl】键并配合鼠标左键，选中整列，并将鼠标光标移至选中区域内的任何一列的列标号处，当鼠标变成十字形时，按下左键并拖动，则将选中的所有列的宽度调整成相同尺寸，而此时双击左键，则可将选中的所有列的宽度调整成最合适的尺寸。行的操作与列的操作相同。

使行高和列宽自动与单元格中的文字相适应

在Excel 2007中，要想使单元格的宽度正好能够容纳这列单元格中最长的文字，可将鼠标光标放到这列列标单元格右侧的边框线上，当光标形状变为左右双箭头形时，双击鼠标即可自动调整列宽。

自动调整行高的方法与此类似，将鼠标光标放到要调整行高的行标号的下边框线上，待光标形状变为上下双箭头形时，双击鼠标就可调整行高。

同时查看其他工作表中的内容

有时在处理工作表中的数据时，特别是在进行了单元格之间的相互引用时，需要同时查看其他工作表中某一个或某几个单元格的内容，这个问题可以通过Excel 2007中的【监视窗口】来实现。具体操作方法如下：

1 选择要监视的单元格。在【公式】选项卡上的【公式审核】组中，单击【监视窗口】命令按钮，打开【监视窗口】对话框，如图4.43所示。

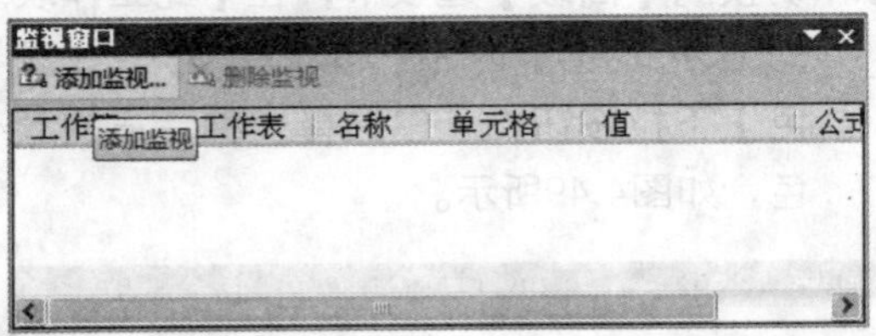

★ 图4.43

2 单击【添加监视】按钮，从弹出的【添加监视点】对话框中可以选择要监视的工作表中的单元格，如图4.44所示。

★ 图4.44

3 单击【添加】按钮，将所选单元格添加到【监视窗口】中，如图4.45所示。

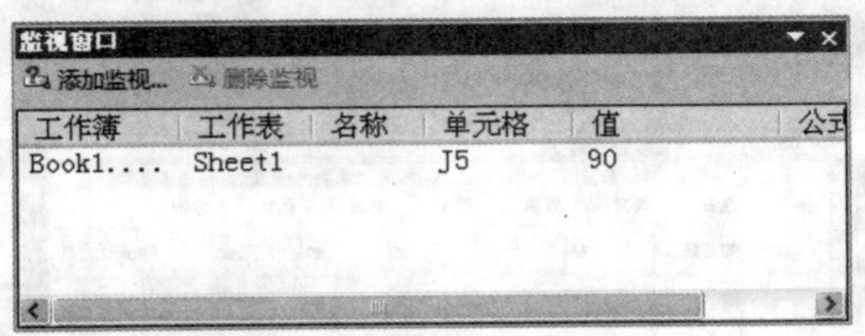

★ 图4.45

4 重复操作，在【监视窗口】对话框中可以添加多个监视点。这样在对工作表中的数据进行操作时，可以随时看到监视窗口中设定的单元格的变化情况。

提　示

只有当其他工作簿处于打开状态时，包含指向这些工作簿的外部引用（外部引用：对其他 Excel 工作簿中的工作表单元格或区域的引用，或对其他工作簿中的定义名称的引用。）的单元格才显示在【监视窗口】工具栏中。

工作表的选取技巧

在对工作表进行编辑之前，首先要选中工作表，快速选取工作表的方法有以下几种：

- 直接单击工作表标签即可选中该工作表。
- 若要选择多张连续的工作表，可首先选中要选取的第一张工作表，然后按住【Shift】键，再选取最后一张工作表，即可选中中间的多张工作表。
- 若要选择多张不连续的工作表，可首先选中要选取的第一张工作表，然后按住【Ctrl】键，再逐一选取其他工作表，选择完成后释放【Ctrl】键即可。
- 若要选择所有的工作表，可在任意一张工作表标签上单击鼠标右键，从快捷菜单中选择【选定全部工作表】选项即可。

使用【Ctrl+*】组合键选中表格中的数据

一般来说，当处理很多数据表格时，通常是先选定表格中的某个单元格，然后按下【Ctrl＋*】组合键即可选定整个表格。【Ctrl＋*】组合键选定的区域是这样决定的：根据选定单元格向四周辐射，涉及到有数据的单元格的最大区域。例如，如图4.46所示的是某个工作表中的表格，其中有的单元格中有数据，有的没有数据。若选定D1单元格，按【Ctrl+*】组合键，因其周围单元格都没有数据，所以选中的区域只有D1；若选定D4单元格，按【Ctrl+*】组合键，则选定区域是A1:G5；若选定E4单元格，按【Ctrl+*】组合键，则选定的单元格区域是E4:G5。

	A	B	C	D	E	F	G
1	456	677		568			
2	458	594					
3	861	525	986				
4	789	210			461	869	458
5	791	895			856	356	964
6							

★ 图4.46

灵活使用【Ctrl+*】组合键，能有效避免使用拖动鼠标的方法选取较大单元格区域时屏幕乱滚的现象。

设置工作表标签的颜色

当一个工作簿中有多张工作表时，为了方便快速地对工作表进行浏览，可以将工作表标签（Sheet1，Sheet2……）设置成不同的颜色。

例如右击Sheet2工作表的标签，从弹出菜单中选择【工作表标签颜色】选项，如图4.112所示，打开颜色菜单。

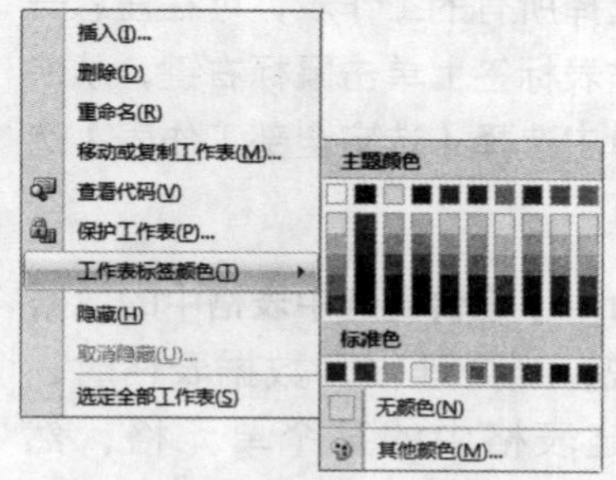

★ 图4.47

从可选颜色范围内选择想要使用的一种颜色，工作表标签的颜色就变了，如图4.48所示。

Sheet1 Sheet2 Sheet3

★ 图4.48

更改工作表网格线的颜色

一般情况下，工作表的网格线颜色是灰色的。如果希望换一种颜色，可以通过下列步骤来实现：

1 选中需要更改网格线颜色的工作表。

2 单击【Office】按钮，在打开的下拉菜单中单击【Excel选项】按钮，打开【Excel选项】对话框。

3 切换到【高级】选项卡，在【此工作表的显示选项】区中，单击【网格线颜色】下拉按钮，从中选择一种合适的颜色，如图4.49所示。

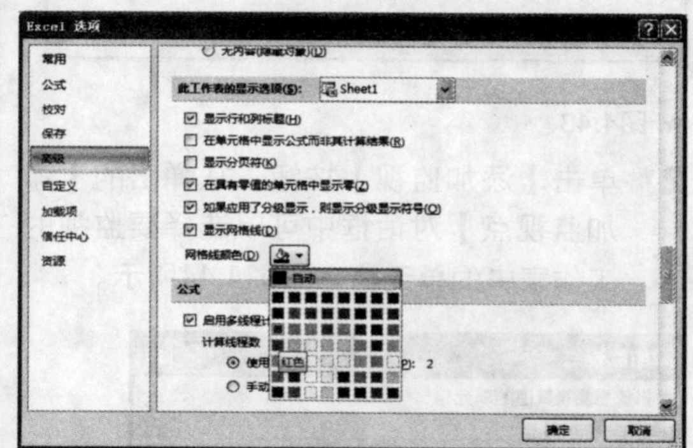

★ 图4.49

4 单击【确定】按钮，该工作表的网格线颜色就改变了，如图4.50所示。

	D	E	F	G	H	I	J
10	姓名	语文	数学	英语	物理	化学	生物
11	刘芸妍	86	90	85	87	90	90
12	游　佳	78	97	85	89	93	83
13	邱志格	69	89	81	95	86	86
14	苏鸿宇	83	87	92	90	87	71
15	周　和						

★ 图4.50

去除工作表中默认的网格线

若想让Excel中显示出的表格更清晰，通常的做法是去掉工作表编辑窗口中的网格线。方法有以下两种：

- 单击【Office】按钮，在打开的下拉菜单中单击【Excel选项】按钮，打开【Excel选项】对话框。在左侧栏中单击【高级】选项，在右侧的【此工作表的显示选项】区域中取消选中【显示网格线】复选框，如图4.51所示。单击【确定】按钮即可。

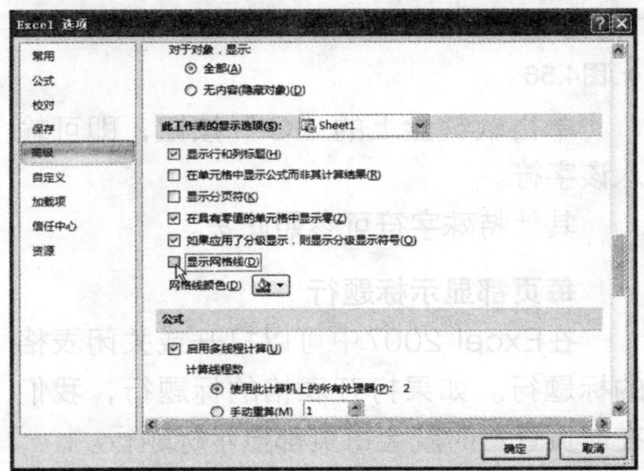

★ 图4.51

- 单击【视图】选项卡，在【显示/隐藏】组中取消选中【网格线】复选框即可，如图4.52所示。

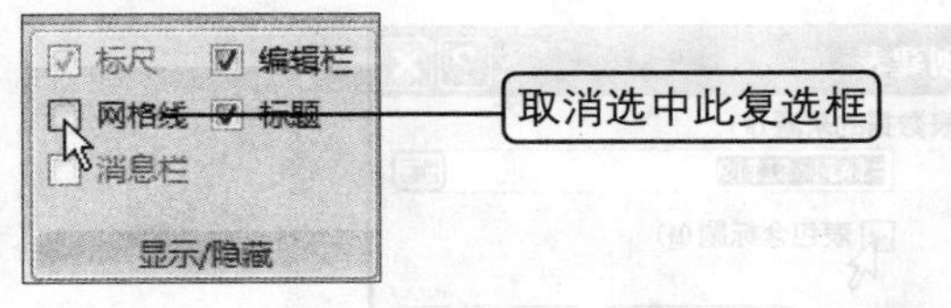

★ 图4.52

批量为单元格数据添加单位

当需要为单元格数据添加单位时，如果每输入一个数据后都添加一个单位，这样操作起来十分麻烦，可以使用下面的方法批量输入单位：

1 选取所有要添加单位的单元格区域。

2 在【开始】选项卡的【单元格】组中，单击【格式】命令按钮，从打开的下拉菜单中选择【设置单元格格式】选项，打开【设置单元格格式】对话框。

3 在【数字】选项卡的【分类】列表中选择【自定义】选项，在右边的【类型】列表框中根据需要选择适合的数字格式。例如，对于小数形式，选择【0】选项。

4 在【类型】框中所选数字格式后添加单位名称，如“台”，如图4.53所示。

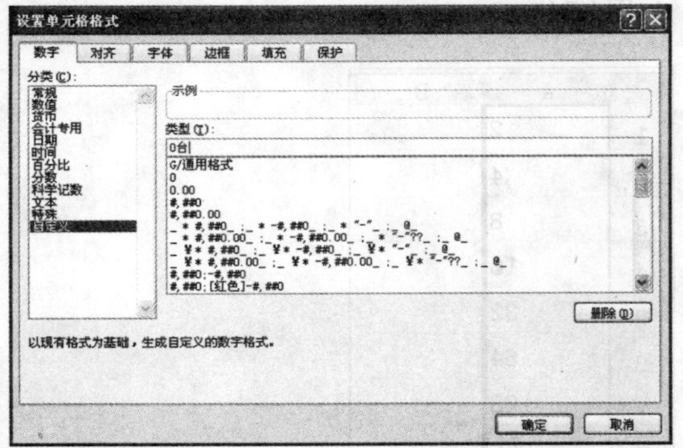

★ 图4.53

5 单击【确定】按钮返回。

这样前面选择的所有单元格中的数据后面就会自动加上设置好的单位了。

使用右键输入有规律的数字

有时需要输入一些非自然递增的数值（如等比序列3，9，27…），这时可以用右键拖动的方法来完成。

先在第1个和第2两个单元格中输入该序列的前两个数值（例如2和4）。

同时选中上述两个单元格，将鼠标移至第2个单元格的填充柄上，按下鼠标右键拖动至该序列的最后一个单元格后松开按键。接着就会弹出一个菜单，从中选择【等比序列】选项，如图4.54所示，则该序列（2，4，8，16，32…）即可快速填充，如图4.55所示。

★ 图4.54

	A	B
1	2	
2	4	
3	8	
4	16	
5	32	
6	64	
7	128	
8	256	
9	512	

★ 图4.55

如果需要填充等差数列，可以在右键快捷菜单中选择【等差序列】选项。

提 示

按下鼠标左键拖动至该序列的最后一个单元格后松开按键，也可以实现自动填充等差数列。

使用软键盘输入年中的“〇”

报表中常常用到像“二〇〇八年”中的“〇”这样的字。很多用户都是简单地输入数字“0”或字母“o”代替，这当然是不正确的。其实，使用中文输入法中的软键盘可以轻松地输入包括“〇”在内的常用符号，操作方法如下：

打开中文输入法，先输入“二”。

在中文输入法状态下，右键单击输入法的“软键盘”标志，在快捷菜单中选择【中文数字】命令，打开软键盘，如图4.56所示。

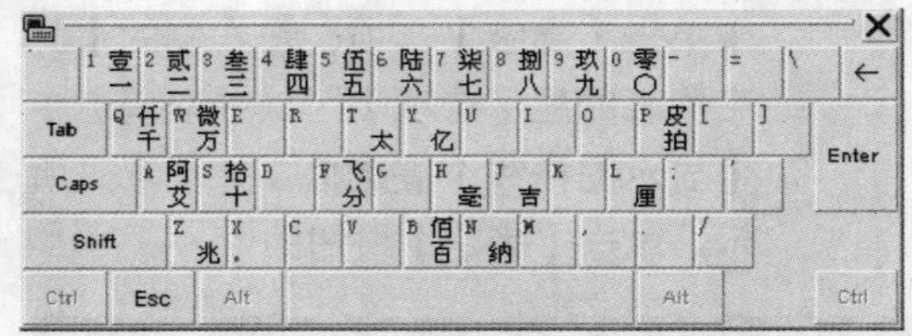

★ 图4.56

单击软键盘上的“〇”按钮，即可输入该字符。

其他特殊字符可参照此法。

每页都显示标题行

在Excel 2007中可以打开或关闭表格的标题行。如果打开表格的标题行，我们在翻页查看时就会每页都显示标题行。

如果是原有的在Excel 2000或Excel 2003中创建的表格，利用Excel 2007打开后，单击【插入】选项卡，在【表】组中单击【表】命令按钮，出现【创建表】对话框，如图4.57所示。

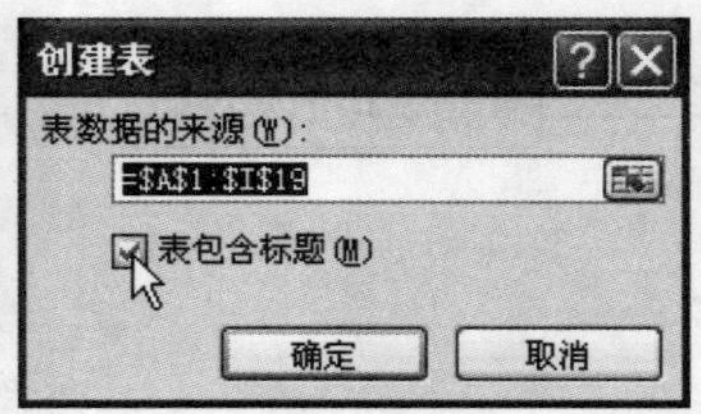

★ 图4.57

选中【表包含标题】复选框，然后单击【确定】按钮。但这个新工作表的标题行与原工作表标题行显示的方式略有不同，如图4.58所示。

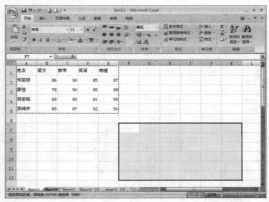

★ 图4.58

滚动鼠标查看下边的内容会发现列坐标被标题所替代，如图4.59所示。

★ 图4.59

实现行列转置

操作Excel工作表时，有时需要进行行列互换。可以这样操作：选中Excel 2007工作表中要转置的数据，按【Ctrl+C】组合键将其复制，在工作表的其他地方，选中一块足够大的区域，如图4.60所示。

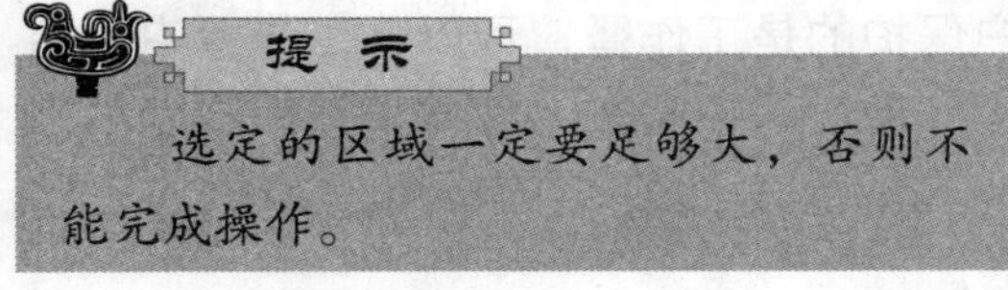

提　示

选定的区域一定要足够大，否则不能完成操作。

★ 图4.60

在【开始】选项卡的【剪贴板】组中，单击【粘贴】命令按钮，在弹出的下拉菜单中选择【选择性粘贴】选项，打开【选择性粘贴】对话框，如图4.61所示。

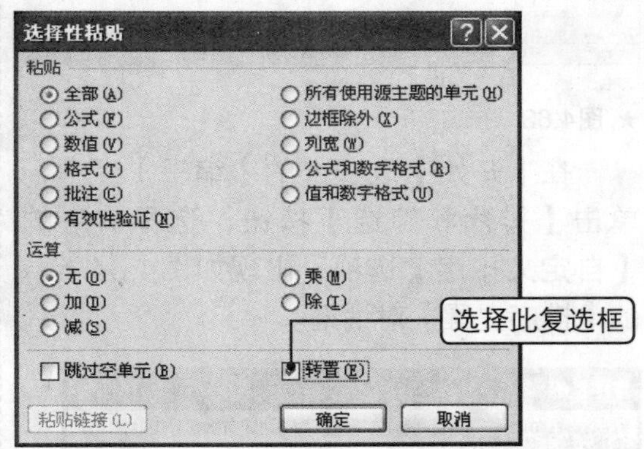

★ 图4.61

选中【转置】复选框，然后单击【确定】按钮，在选定区域的范围内，就出现了经过行列交换后的表格，效果如图4.62所示。

按行排序

在进行排序操作时，可以按列排序，也可以按行排序。下面我们介绍按行排序的具体步骤：打开一个Excel文档。选择B3:G3作为排序区域，如图4.63所示的。

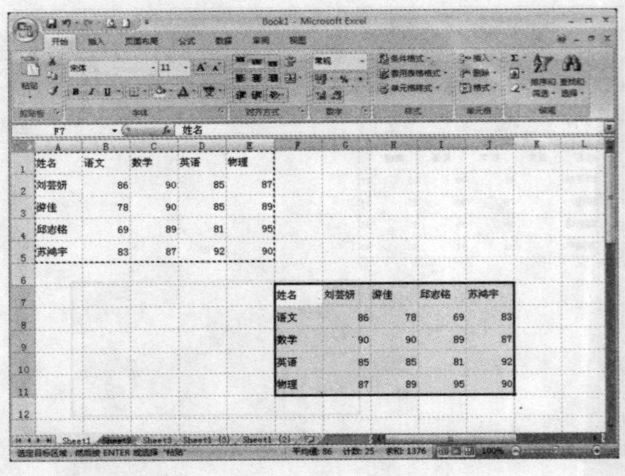

姓名	语文	数学	英语	物理
刘芸妍	86	90	85	87
游佳	78	90	85	89
邱志铭	69	89	81	95
苏鸿宇	83	87	92	90

姓名	刘芸妍	游佳	邱志铭	苏鸿宇
语文	86	78	69	83
数学	90	90	89	87
英语	85	85	81	92
物理	87	89	95	90

★ 图4.62

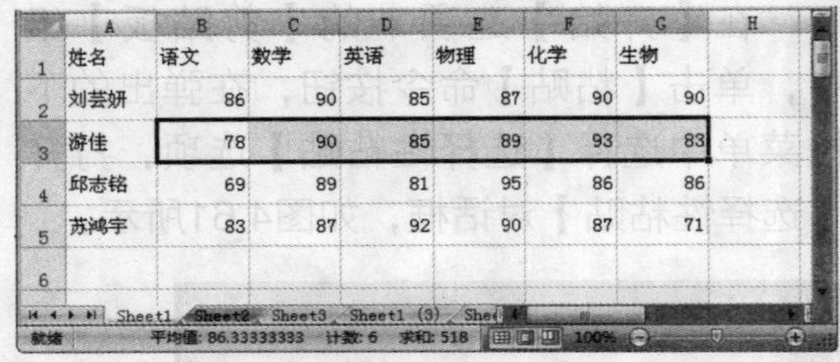

姓名	语文	数学	英语	物理	化学	生物
刘芸妍	86	90	85	87	90	90
游佳	78	90	85	89	93	83
邱志铭	69	89	81	95	86	86
苏鸿宇	83	87	92	90	87	71

★ 图4.63

在【开始】选项卡的【编辑】组中，单击【排序和筛选】按钮，选择其中的【自定义排序】选项，出现如图4.64所示的【排序提醒】对话框。

排序提醒

Microsoft Office Excel 发现在选定区域旁边还有数据。该数据未被选择，将不参加排序。

给出排序依据

◉ 扩展选定区域(E)

○ 以当前选定区域排序(C)

排序(S)... 取消

★ 图4.64

单击【排序】按钮，打开【排序】对话框。单击【选项】按钮，打开如图4.65所示的【排序选项】对话框。

选中【方向】区中的【按行排序】单选按钮。单击【确定】按钮，返回【排序】对话框，如图4.66所示。

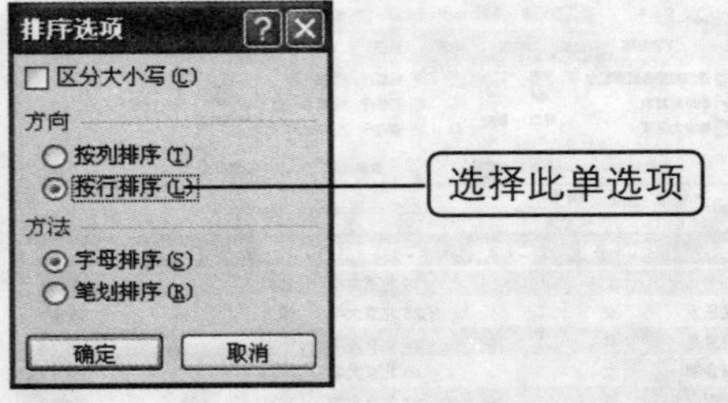

★ 图4.65

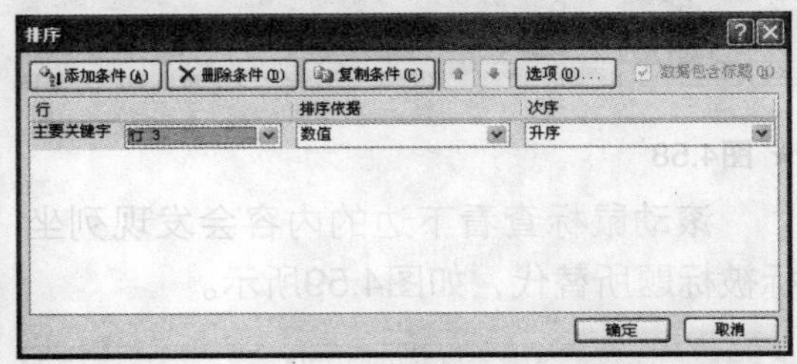

图4.66

单击【主要关键字】区的下拉按钮，在下拉列表中选择【行3】选项。单击【次序】区的下拉按钮，在下拉列表中选择【降序】选项，然后单击【确定】按钮得到如图4.67所示的排序结果。

姓名	化学	数学	物理	英语	生物	语文
刘芸妍	90	90	87	85	90	86
游佳	93	90	89	85	83	78
邱志铭	86	89	95	81	86	69
苏鸿宇	87	87	90	92	71	83

★ 图4.67

保护工作表和工作簿

保护工作表可以保护工作表中的单元格、Excel宏、图表和图形对象等。如果用户保护的是工作簿，可以将工作簿中的结构和窗口保护起来。工作表被保护以后，他人就无法修改和查看用户编辑的工作表。

保护工作表的操作步骤如下：

1 选中需要进行保护的工作表。

2 单击【审阅】选项卡，在【更改】组中单击【保护工作表】命令按钮，如图4.68所示，打开【保护工作表】对话框，如图4.69所示。

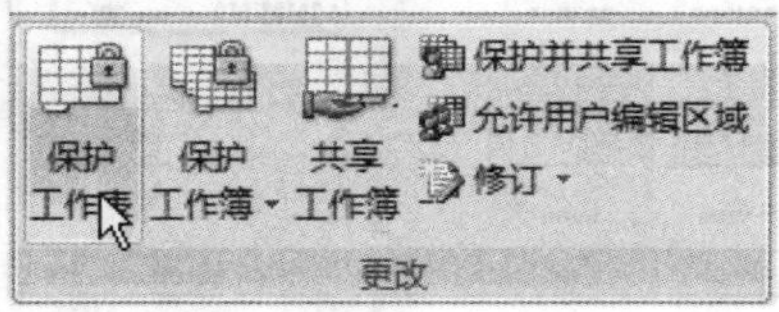

★ 图4.68

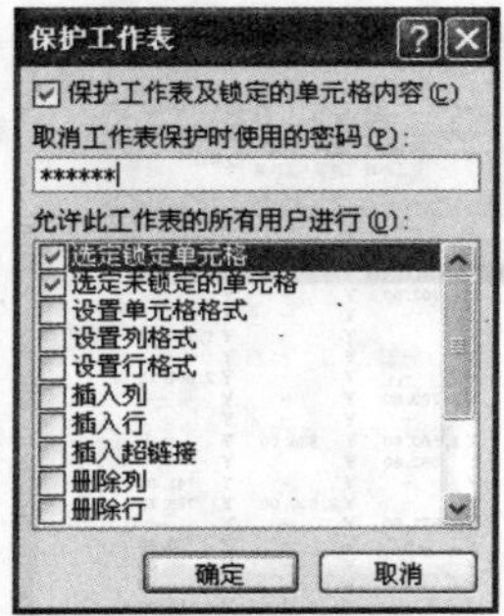

★ 图4.69

3 选中【保护工作表及锁定的单元格内容】复选框。

4 在【取消工作表保护时使用的密码】文本框中输入设置的密码，输入的密码均显示为星号。

5 在【允许此工作表的所有用户进行】列表框中设置用户可以在工作表中所进行的操作。如果选中某一复选框，则允许用户在工作表中进行该复选框所对应的操作，否则将不允许进行该操作。

6 单击【确定】按钮，打开【确认密码】对话框，如图4.70所示。

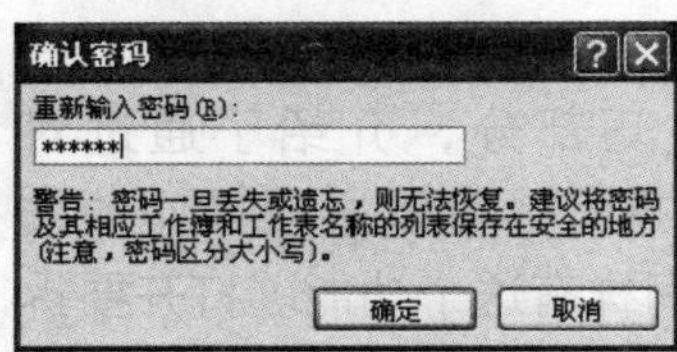

★ 图4.70

7 在【重新输入密码】文本框中再输入一次密码。

8 单击【确定】按钮，完成对工作表的保护。

当工作表处于保护状态时，如果用户试图在活动单元格中输入内容，系统将弹出一个提示信息框，如图4.71所示。

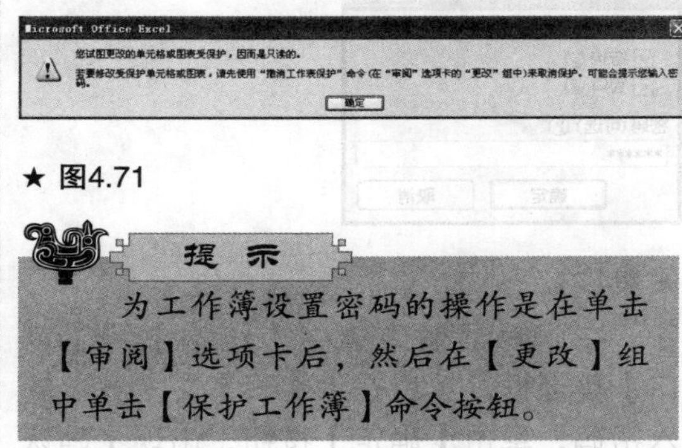

★ 图4.71

提 示

为工作簿设置密码的操作是在单击【审阅】选项卡后，然后在【更改】组中单击【保护工作簿】命令按钮。

用户要修改保护单元格或图表的内容，需要取消工作表保护。

具体操作步骤如下：

1 在【审阅】选项卡的【更改】组中，单击【撤销工作表保护】命令按钮（参见图4.72），打开【撤销工作表保护】对话框，如图4.73所示。

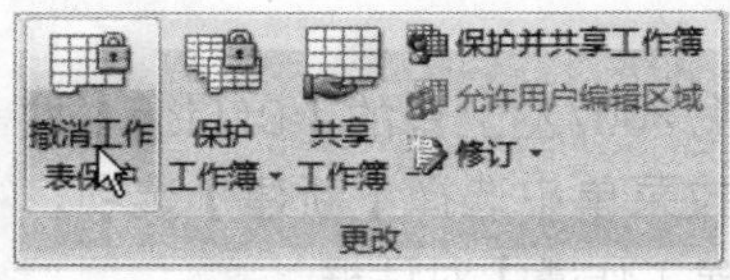

★ 图4.72

★ 图4.73

2 在【密码】文本框中输入密码。

3 单击【确定】按钮，取消对工作表的保护。

同样，如果要保护工作簿，可以先选定要保护的工作簿，在【审阅】选项卡的【更改】组中，单击【保护工作表】命令按钮，在其下拉菜单中选择【保护结构和窗口】选项，打开【保护结构和窗口】对话框，如图4.74所示。

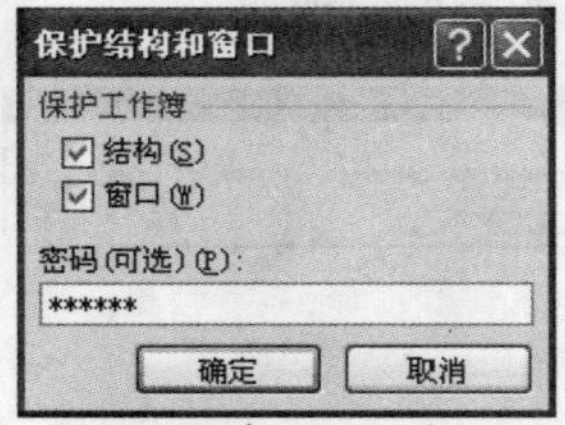

★ 图4.74

在此对话框中选中【结构】和【窗口】复选框，然后在【密码】文本框中输入密码，单击【确定】按钮，出现【确认密码】对话框。在【重新输入密码】文本框中再输入一遍密码，然后单击【确定】按钮，即可对工作簿进行保护。

快速制作想要的工作表

Excel提供了一些模板，这些模板内置了许多格式，使用这些模板可以创建用户所需要的工作簿。使用Excel模板的步骤如下：

1 单击Excel 2007左上角的【Office】按钮，在下拉菜单中选择【新建】选项，打开【新建工作簿】对话框。

2 在【模板】窗格中单击【已安装的模板】命令按钮，选择需要的模板，我们在这里选择【个人月预算】模板，如图4.75所示。

3 单击【创建】按钮。此时在Excel窗口中即出现所应用的模板，如图4.76所示，可以根据需要在模板中输入自己的数据。

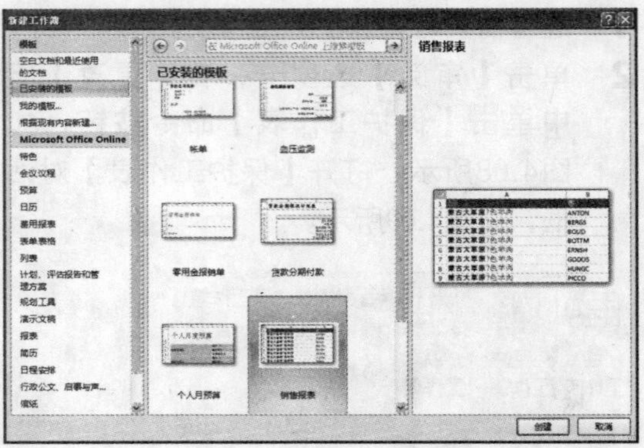

★ 图4.75

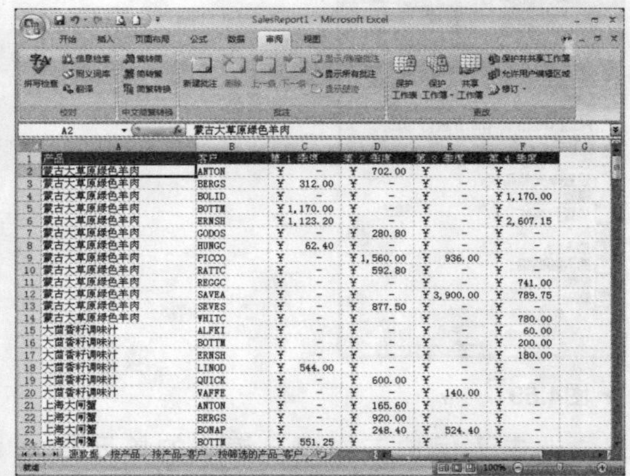

★ 图4.76

除了使用本机安装的模板外，也可以在Microsoft Office官方网站上下载新的模板。

单击【搜索Microsoft Office Online】窗格中的任意一种Excel模板样式，在【新建工作簿】对话框的右边将会出现模板的浏览样式，如图4.77所示。

在其中选择适当的模板后，单击【下载】按钮，从官方网站上下载所选模板。

拆分窗口

在Word技巧部分，介绍了通过对Word窗口进行拆分，可以方便操作的技巧，在Excel中同样有这个功能。打开要拆分窗口的工作表，单击【视图】选项卡，

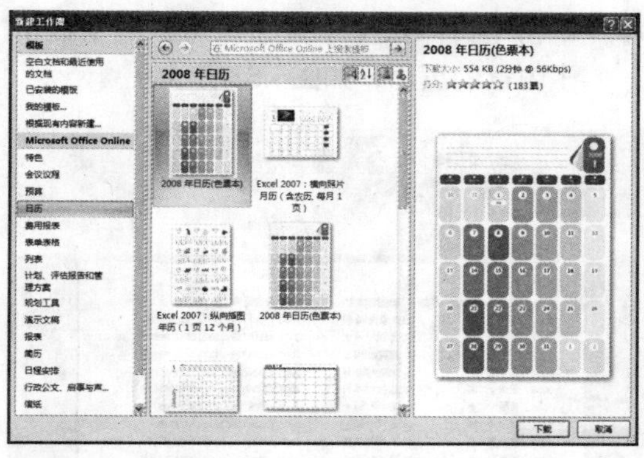

★ 图4.77

在【窗口】组中单击【拆分】命令按钮，屏幕上的窗口就被拆分为4个部分，现在就可以分别进行操作了。拆分后的窗口如图4.78所示。

★ 图4.78

要取消拆分的窗口时，再次单击【视图】选项卡，在【窗口】组中单击【拆分】命令按钮即可。

取消拆分的窗口还有一个更快捷的方法：用鼠标双击水平拆分线和垂直拆分线的交点处，即可快速取消拆分的窗口。

使工作表适应页宽

如果打印预览时发现工作表的宽度超过了页面，可以尝试以下两种方法使工作表适应页宽。

▸ 将打印方向更改为【横向】

单击【页面布局】选项卡，在【页面设置】组中单击对话框启动器，打开【页面设置】对话框。在【页面】选项卡的【方向】栏中，选择【横向】单选按钮，如图4.79所示。

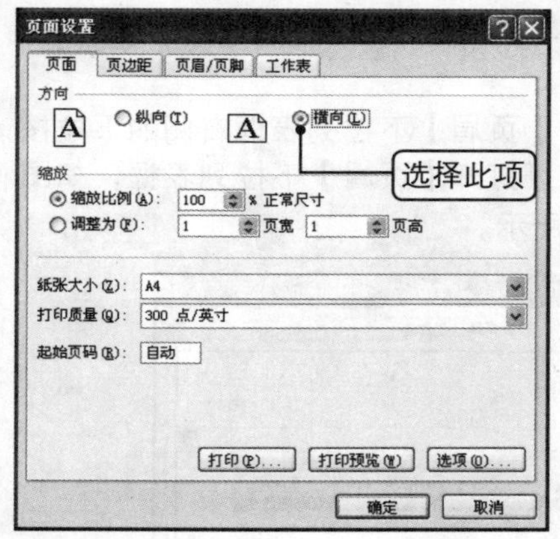

★ 图4.79

▸ 缩小工作表的大小以适应页面

仍然是打开【页面设置】对话框的【页面】选项卡，在【缩放】栏中，选择【调整为】单选项，并在【页宽】框中输入“1”，设置如图4.80所示。

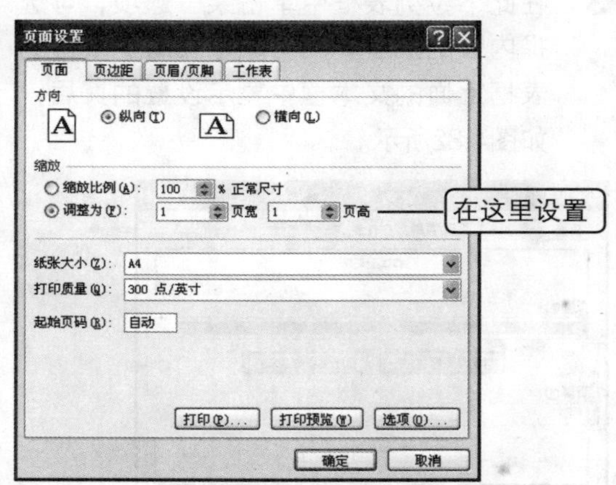

★ 图4.80

为工作表添加页眉和页脚

Excel提供了大量的页眉和页脚的格

式。如果要使用内部提供的页眉和页脚的格式，可单击【页眉】和【页脚】文本框右边的下拉按钮，从弹出的列表中选择需要的格式。具体操作步骤如下：

1 单击【页面布局】选项卡，在【页面设置】组中单击对话框启动器，打开【页面设置】对话框，单击【页眉/页脚】选项卡。

2 单击【页眉】下拉列表框右侧的下拉按钮，可打开【页眉】下拉列表框，如图4.81所示。

★ 图4.81

3 在此下拉列表框中单击某一选项，可选择内置的页眉，同时在【页眉】下拉列表框上面的文本框中显示设置的页眉，如图4.82所示。

★ 图4.82

4 单击【打印预览】按钮，可以看到显示了内置的页眉，如图4.83所示。

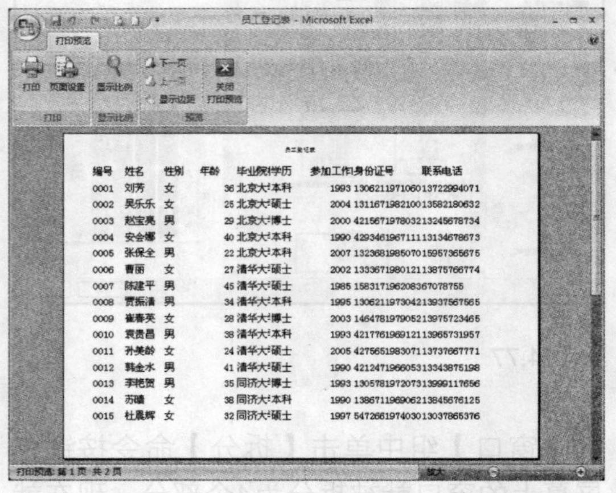

★ 图4.83

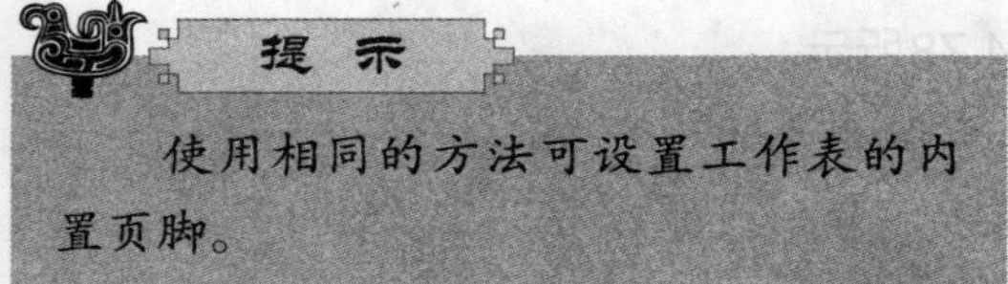

提 示

使用相同的方法可设置工作表的内置页脚。

如果希望工作表的页眉和页脚在奇数页和偶数页有不同的显示，可选中【奇偶页不同】复选框；如果希望工作表的页眉和页脚在首页有不同的显示，则选中【首页不同】复选框；如果希望工作表的页眉和页脚的字体随文本的字体自动缩放，则选中【随文档自动缩放】复选框；如果希望工作表的页眉和页脚与页边距对齐，则选中【与页边距对齐】复选框。

快速删除工作表中的空行

如果在一个工作表中分布着没有规律的空行，要想将这些空行删掉十分麻烦。通常的做法是将空行都找出来，然后逐行删除。其实在遇到这种情况时，不妨试试下面介绍的这两种方法。

第一种方法：

1 在数据区域外，选择一列，在其中使用自动填充功能输入顺序排列的数字，如

图4.84所示，图中E列是新添加的列。

	A	B	C	D	E	F
1	56	rt	89		1	
2					2	
3	12	48	79		3	
4					4	
5					5	
6	ui	35	hi		6	
7					7	
8					8	
9					9	
10	784	vjj	kod		10	
11					11	
12					12	
13					13	

★ 图4.84

2 选中所有包含空行的数据区域，单击【数据】选项卡，在【排序和筛选】组中单击【排序】命令按钮，打开【排序】对话框，设置如图4.85所示。

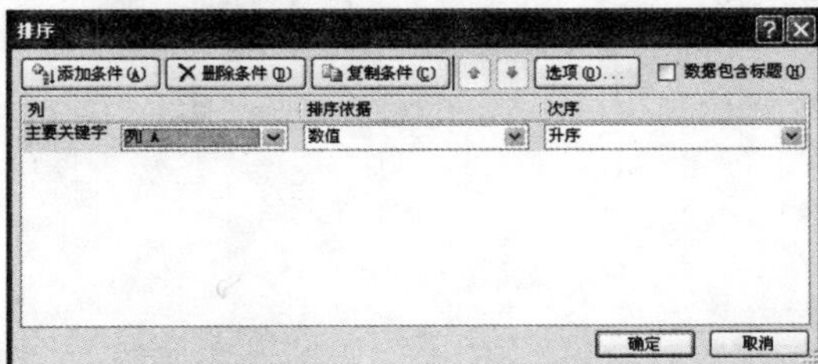

★ 图4.85

3 单击【确定】按钮，这时会将所有空行排列到工作表的下部，如图4.86所示。

	A	B	C	D	E
1	12	48	79		3
2	56	rt	89		1
3	784	vjj	kod		10
4	ui	35	hi		6
5					2
6					4
7					5
8					7
9					8
10					9
11					11
12					12
13					13

★ 图4.86

4 删除空行中添加的列中的数字，再选中已排好序的数据，如图4.87所示。

	A	B	C	D	E
1	12	48	79		3
2	56	rt	89		1
3	784	vjj	kod		10
4	ui	35	hi		6

★ 图4.87

5 再次打开【排序】对话框，在【主要关键字】栏中选中新添加的E列，设置如图4.88所示。

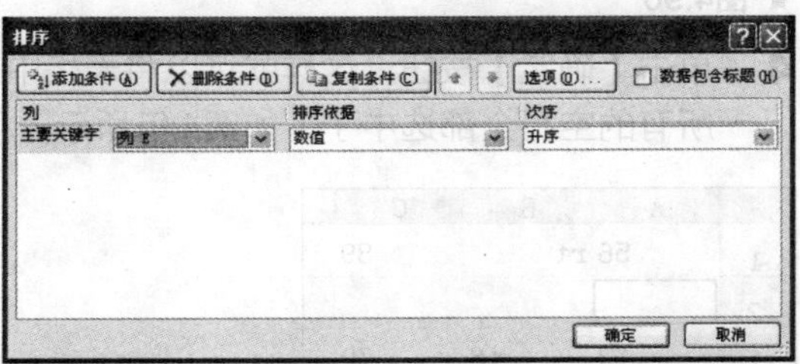

★ 图4.88

6 单击【确定】按钮，数据顺序就恢复了原样，而且空行也都被删除了。最后将添加的列删掉就可以了，如图4.89所示。

	A	B	C	D
1	56	rt	89	
2	12	48	79	
3	ui	35	hi	
4	784	vjj	kod	

★ 图4.89

第二种方法：

利用Excel中提供的【定位】功能，一次性定位表格中的所有空行，然后将它们一起删掉。

1 选中所有包含空行的数据区域。

2 在【开始】选项卡的【编辑】组中，单击【查找与替换】命令按钮，从打开的下拉菜单中选择【定位条件】选项，打开【定位条件】对话框。

3 选择【空值】单选按钮，如图4.90所示。

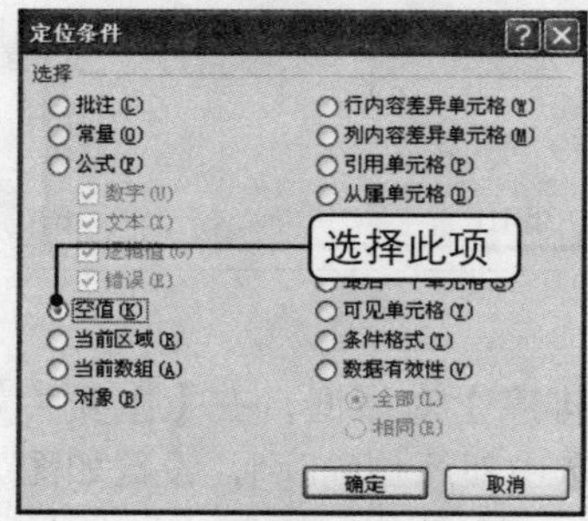

★ 图4.90

4 单击【确定】按钮，这样就可以将表格中所有的空行全部选中了，如图4.91所示。

	A	B	C
1	56	rt	89
2			
3	12	48	79
4			
5			
6	ui	35	hi
7			
8			
9			
10	784	vjj	kod

★ 图4.91

5 用鼠标右击选中的区域，在弹出的快捷菜单中选择【删除】命令，打开【删除】对话框。

6 选择【整行】单选按钮，如图4.92所示。

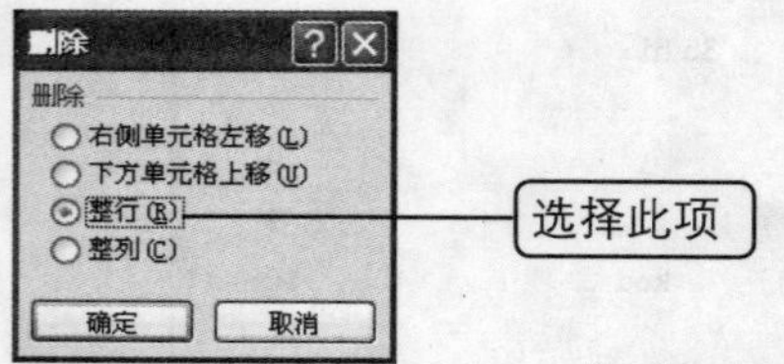

★ 图4.92

7 单击【确定】按钮即可

使用第二种方法删除时要确保其他非空行中的所有单元格内均填有数值，否则会出现误删除的现象。

4.3 公式与函数应用技巧

利用函数自动输入日期和时间

利用快捷键可以输入当前日期和时间，美中不足的是输入的时间和日期是固定不变的。如果希望日期和时间随当前系统的日期和时间自动更新，则可以利用函数来实现。

要使日期随当前系统日期而改变，只需在单元格中输入“=Today()”函数，就会得到类似“2008-5-16”的数值。

要使时间随当前系统时间改变，只需在单元格中输入“=Now()”函数，就会得到类似“2007-5-16 10:08”的数值。

快速显示单元格中的公式

在Excel 2007中，可以通过【显示公式】命令将工作表中包含的公式快速显示出来。打开要查找公式的工作表，可以选定要查找的数据范围，也可以就在整个工作表中进行查找。单击【公式】选项卡，在【公式审核】组中单击【显示公式】命令按钮，如图4.93所示。随即在工作表中所用的公式就会显示出来，如图4.94所示。

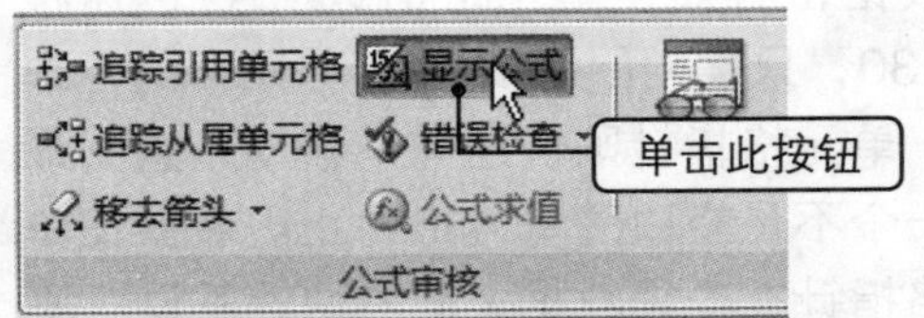

★ 图4.93

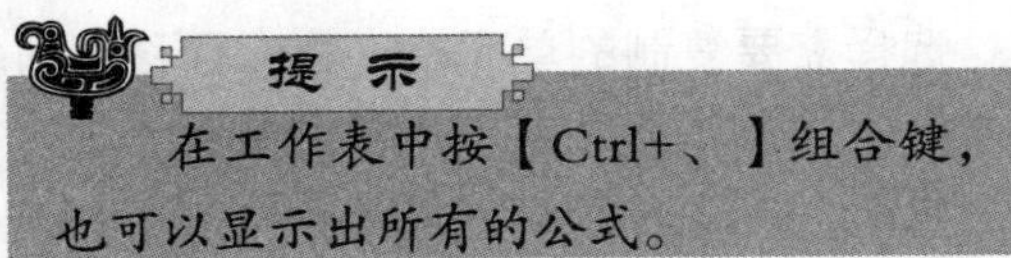

	A	B	C	D	E	F	G	H
1	姓名	化学	数学	物理	英语	生物	语文	总成绩
2	刘芸妍	90	90	87	85	90	86	=SUM(B2:G2)
3	游佳	93	90	89	85	83	78	=SUM(B3:G3)
4	邱志铭	86	89	95	81	86	69	=SUM(B4:G4)
5	苏鸿宇	87	87	90	92	71	83	=SUM(B5:G5)

★ 图4.94

提　示

在工作表中按【Ctrl+、】组合键，也可以显示出所有的公式。

获取公式中某一部分的值

在Excel中调试一个复杂的公式时可能需要知道公式某一部分的值，这时可以用下面的办法来获得的。

双击含有公式的单元格，选定公式中需要获得值的部分公式，再按【F9】键，Excel就会将选定的部分替换成计算的结果，按【Ctrl+Z】组合键可以恢复刚才的替换。如果选定的是整个公式，可以看到最后的结果。

例如，有一个公式为（A1+B1）*C1-D1。现在想测公式中（A1+B1）*C1（假设A1，B1和C1的值分别为25，10和50）的值，按【F9】键，Excel会将（A1+B1）*C1这部分转换为1750，如图4.95所示。

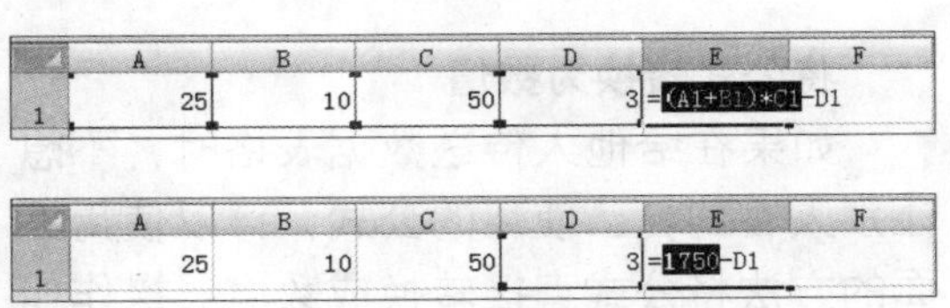

	A	B	C	D	E	F
1	25	10	50	3	=(A1+B1)*C1-D1	

	A	B	C	D	E	F
1	25	10	50	3	=1750-D1	

★ 图4.95

这时，公式变成1750-D1。如果继续选定D1（假设D1的值为3），并按【F9】键，Excel会将公式转换为1747，完成公式的计算。

提　示

要想恢复成原来的公式，按【Ctrl+Z】组合键即可。

快速输入公式

初学者可能都是通过键盘来输入公式中的每一个字符的，其实有更简单的方法，方法如下：

选中H2单元格，输入“=”后，用鼠标左键单击一下B2单元格，可以看到H2单元格等号后显示了蓝色的“B2”字符，上方编辑栏中的等号后面也同时显示“B2”字符。

接着通过键盘输入符号“+”，再用鼠标单击一下C2单元格，依次这样操作，即可完成公式的输入，如图4.96所示。按回车键后，H2单元格中就会显示出公式的计算结果。

说　明

用这种方法输入公式不仅快速，而且不容易出错，建议初学者使用。

	A	B	C	D	E	F	G	H	I
1	姓名	化学	数学	物理	英语	生物	语文	总成绩	
2	刘芸妍	90	90	87	85	90	86	=B2+C2+D2+E2+F2+G2	
3	游佳	93	90	89	85	83	78		
4	邱志铭	86	89	95	81	86	69		
5	苏鸿宇	87	87	90	92	71	83		

★ 图4.96

将公式转换为数值

如果在给他人传送数据表格时，不想让别人看到自己使用的公式，可以使用下面的方法将公式直接转换成数值。操作如下：

1 选取整个工作表数据区域，按下【Ctrl+C】组合键，将表格数据复制到剪贴板中。

2 新建一个工作簿，将光标定位到要保存数据的第一个单元格中，在【开始】选项卡的【剪贴板】组中单击【粘贴】命令下拉按钮，从打开的下拉菜单中选择【选择性粘贴】选项，打开【选择性粘贴】对话框。

3 在【选择性粘贴】对话框中，选中【数值】复选框，如图4.97所示。

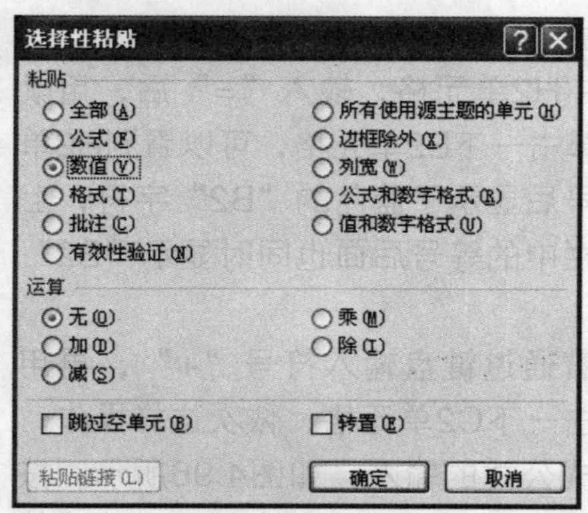

★ 图4.97

4 单击【确定】按钮即可。

快速在多个单元格中输入同一个公式

在Excel工作表中，可以使用下面的方法快速在多个单元格中输入相同的公式并计算出结果。具体操作步骤如下：

1 按住【Ctrl】键依次选择需要输入同一个公式的单元格区域。

2 在编辑框中输入相应的公式。

3 按【Ctrl+Enter】组合键，选中的单元格区域就会一次性输入相同的公式。

使用鼠标双击快速移动数据

利用鼠标可使单元格指针快速移动很长的距离。假如在A1:A30区域内有连续的数据，若要使单元格指针从A1迅速移到A30，只需用鼠标双击A1单元格的下边框，单元格指针则快速向下移动，直到最后一个不是空白的单元格为止。若要使单元格指针在连续数据上向右快速移动，则双击单元格的右边框。同理，双击上边框和左边框，可向上和向左快速移动。

快速复制公式和格式

使用Excel中的自动填充功能不仅能够复制数据，还可以复制公式和格式，具体操作步骤如下：

1 选择需要复制的单元格。将光标移动到选中单元格的右下角，光标变成一个黑色的十字形状。

2 按下鼠标左键并向下拖动，当虚线框框选住要填充的单元格后释放鼠标。

快速选定包含公式的单元格

在Excel中，可以通过【定位】功能快速找到工作表中包含公式的单元格。打开要查找公式的工作表，可以选定要查找的数据范围，也可以在整个工作表中进行查找。

在【开始】选项卡的【编辑】组中单击【查找与替换】命令按钮，从打开的下拉菜单中选择【定位条件】选项，打开【定位条件】对话框，选中【公式】单选按钮，如图4.98所示。

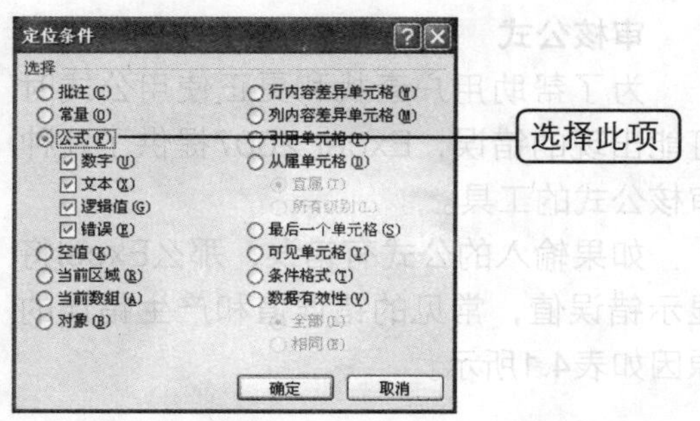

★ 图4.98

单击【确定】按钮。随即工作表中凡是含有公式的单元格都会被自动选中。

巧用IF函数

假如C1单元格的计算公式为“=A1/B1”，当A1和B1单元格中没有输入数据时，C1单元格会出现“＃DIV/0！”错误信息。这不仅破坏了屏幕显示的美观，而且在报表打印时出现“＃DIV/0！”信息更不是用户所希望看到的。此时，可以使用IF函数将C1单元格的计算公式更改为“=IF(B1=0，"", A1/B1)”。这样，只有当B1单元格的值为非零时，C1单元格的值才按照公式“=A1/B1”进行计算，从而有效地避免了上述情况的出现。

假如C2单元格的计算公式为“=A2＋B2”，当A2和B2中没有输入数值时，C2中出现的结果是“0”。同样，利用IF函数把C2单元格的计算公式更改为“=IF(AND(A2="", B2=""), "", A2+B2)”。这样，如果A2与B2单元格中都没有输入数值时，C2单元格就不进行加法计算，也就不会出现“0”了。

假如C3单元格存放有关学生成绩的数据，D3单元格根据C3情况给出相应的“及格”或“不及格”信息。用IF条件函数即可实现D3单元格的自动填充，D3的计算公式为“=IF(C3<60,"不及格","及格")”。

求和函数∑的快捷输入法

求和函数SUM是在工作表中使用最多的函数之一。在使用过程中，SUM函数不必每次都直接输入，可以使用键盘快捷键：先选择单元格，然后按下【Alt+=】组合键即可。

这样不但可以快速输入函数名称，同时还能智能地确认函数的参数。

用快捷键插入函数的参数

在Excel中，如果需要使用某个函数，但只记得函数的名字，想不起来函数的具体格式和参数，可使用下面的方法进行操作：

1 选中需要插入公式的单元格。

2 在编辑栏中输入一个等号，并在其后键入函数的名称。

3 按【Ctrl+A】组合键打开【函数参数】对话框，在此对话框中就可以知道此函数的格式和有关参数了，如图4.99所示。

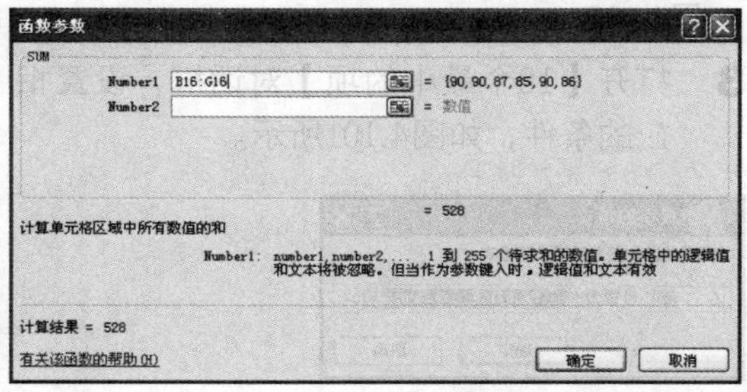

★ 图4.99

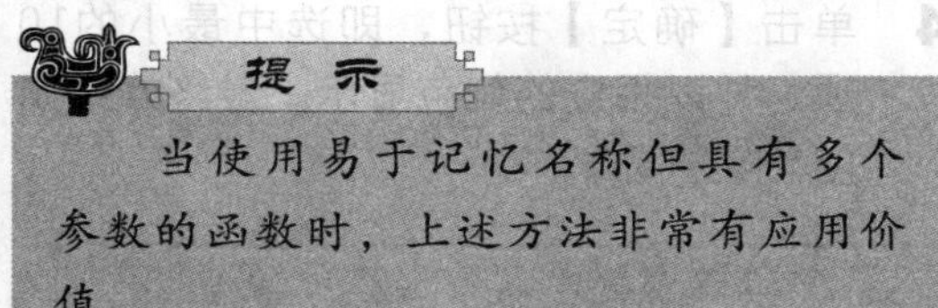

当使用易于记忆名称但具有多个参数的函数时，上述方法非常有应用价值。

设置条件格式

在工作表中，如果用户希望突出显示

内容符合某种特定条件的单元格，使用条件格式会非常方便。设置条件格式的具体操作步骤如下：

1 选取需要设置条件格式的单元格区域。

2 在【开始】选项卡的【样式】组中，单击【条件格式】命令按钮，在打开的下拉列表中选择【项目选取规则】选项，在其下拉菜单中选择【值最小的10项】选项，如图4.100所示。

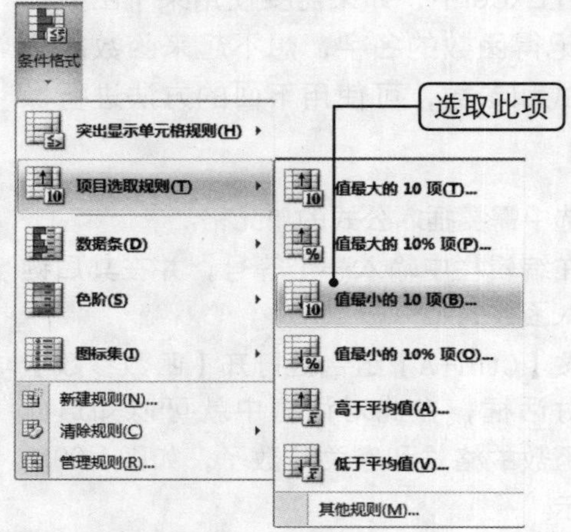

★ 图4.100

3 打开【10个最小的项】对话框，设置相应的条件，如图4.101所示。

10 个最小的项
为值最小的那些单元格设置格式：
10 设置为 浅红填充色深红色文本
确定 取消

★ 图4.101

4 单击【确定】按钮，即选中最小的10项，并以相应的颜色显示。最终效果如图4.102所示。

	A	B	C	D	E	F	G
1	姓名	化学	数学	物理	英语	生物	语文
2	刘芸妍	90	90	87	85	90	86
3	游佳	93	90	89	85	83	78
4	邱志铭	86	89	95	81	86	69
5	苏鸿宇	87	87	90	92	71	83

★ 图4.102

审核公式

为了帮助用户查找和更正使用公式时可能出现的错误，Excel 2007提供了几种审核公式的工具。

如果输入的公式有错误，那么Excel将显示错误值，常见的错误值和产生错误的原因如表4.1所示。

表4.1　错误值和产生错误的原因

错误值	错误产生的原因
#VALUE!	需要数字或逻辑值时输入了文本
#DIV/0	除数为0
#####!	公式计算的结果太长，超出了单元格的字符范围
#N/A	公式中没有可用的数值或缺少函数参数
#NAME?	删除了公式中使用的名称，使用了不存在的名称或名称的拼写有错误
#NULL!	使用了不正确的区域运算或不正确的单元格引用
#NUM!	使用了不能接受的参数
#REF!	删除了由其他公式引用的单元格

Excel 2007提供了一定的规则用来检查公式中的错误。出现公式错误的单元格左上角会出现一个绿色的三角形，选中这个单元格会自动出现提示按钮◈，单击此按钮，可弹出一个快捷菜单，如图4.103所示。

值错误
关于此错误的帮助(H)
显示计算步骤(C)...
忽略错误(I)
在公式编辑栏中编辑(F)
错误检查选项(O)...

★ 图4.103

在此快捷菜单中显示了公式的错误信息，用户使用此快捷菜单可对错误信息进

行检查或处理。

单击【公式】选项卡下【公式审核】组中的【错误检查】命令按钮，Excel就会自动检查工作表中的所有单元格，如果发现错误，将打开【错误检查】对话框，如图4.104所示。

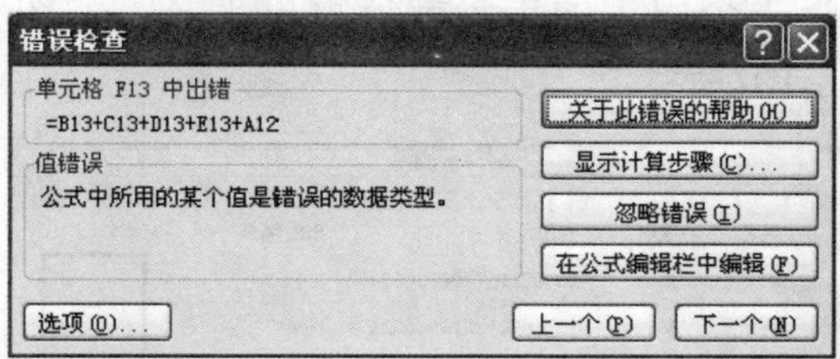

★ 图4.104

此对话框中会显示公式错误的详细信息，用户使用此对话框可对错误信息进行检查或处理。

从身份证号中计算年龄

在企业中，需要登记每个职工的信息，其中有一栏“年龄”必须填写，但是由于在个人资料表格中忘了登记年龄，就连出生年月也没有，是不是要一个个挨着去询问呢？其实只需知道每个人的身份证号，就能利用Excel中的函数计算出职工的年龄。

本例通过使用MID函数快速计算员工年龄。在具体讲解如何操作之前，先来了解一下MID函数。

MID函数返回文本字符串中从指定位置开始的特定数目的字符，该数目由用户指定。

MID函数始终将每个字符（不管是单字节还是双字节）按 1 计数。

MID函数的语法如下：

MID(text,start_num,num_chars)

- **text**：包含要提取字符的文本字符串。
- **start_num**：文本中要提取的第一个字符的位置。文本中第一个字符的start_num为1，依此类推。
- **num_chars**：指定希望MID函数从文本中返回字符的个数。

注 意

如果 start_num 大于文本长度，则MID 返回空文本 ("")。

如果start_num小于文本长度，但 start_num加上num_chars超过了文本的长度，则MID至多只返回到文本末尾的字符。

如果 start_num 小于 1，则 MID 返回错误值 #VALUE!。

如果 num_chars 是负数，则 MID 返回错误值 #VALUE!。

了解了MID函数后，我们来快速计算出某企业员工的年龄，具体操作步骤如下：

1 在Excel中录入员工的相关数据。

2 选中D2单元格，在编辑栏中输入函数“=MID(C2,7,4)”，表示第一个职工的身份证号在C列第2行中，要从这个单元格数据的第7个文本开始返回4个长度的字符。

3 按回车键确认后，C3单元格中的值变为“1971”，表示该职工是1971年出生的，如图4.105（a）和图4.105（b）所示。

SUM =MID(C2,7,4)

	A	B	C	D	E
1	姓名	性别	身份证号	出生年月	年龄
2	刘芳	女	130621197106020622	=MID(C2,7,4)	
3	吴乐乐	女	131167198210010231		
4	赵宝亮	男	421567197803272873		
5	安会娜	女	429346196711116762		
6	张保全	男	132368198507035687		
7	曹丽	女	133367198012104437		
8	陈建平	男	158317196208309881		

★ 图4.105（a）

D3

	A	B	C	D	E
1	姓名	性别	身份证号	出生年月	年龄
2	刘芳	女	130621197106020622	1971	
3	吴乐乐	女	131167198210010231		
4	赵宝亮	男	421567197803272873		
5	安会娜	女	429346196711116762		
6	张保全	男	132368198507035687		
7	曹丽	女	133367198012104437		
8	陈建平	男	158317196208309881		

★ 图4.105（b）

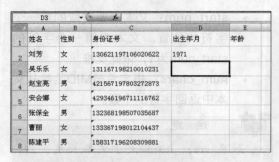

4 选中D2单元格，将鼠标放到单元格的右下角，当鼠标变为黑色十字形状时，拖动鼠标，完成自动填充，如图4.106所示。

D2 =MID(C2, 7, 4)

	A	B	C	D	E
1	姓名	性别	身份证号	出生年月	年龄
2	刘芳	女	130621197106020622	1971	
3	吴乐乐	女	131167198210010231	1982	
4	赵宝亮	男	421567197803272873	1978	
5	安会娜	女	429346196711116762	1967	
6	张保全	男	132368198507035687	1985	
7	曹丽	女	133367198012104437	1980	
8	陈建平	男	158317196208309881	1962	

★ 图4.106

现在来计算员工的年龄。

如果当年是2008年，则可以在E2单元格中输入公式“=2008-D2”，就可求出该职工的实际年龄。选中E2单元格，将鼠标放到单元格的右下角，当鼠标变为黑色十字形状时，拖动鼠标，完成自动填充，近千个职工的年龄就计算出来了，如图4.107所示。

E2 =2008-D2

	A	B	C	D	E
1	姓名	性别	身份证号	出生年月	年龄
2	刘芳	女	130621197106020622	1971	37
3	吴乐乐	女	131167198210010231	1982	26
4	赵宝亮	男	421567197803272873	1978	30
5	安会娜	女	429346196711116762	1967	41
6	张保全	男	132368198507035687	1985	23
7	曹丽	女	133367198012104437	1980	28
8	陈建平	男	158317196208309881	1962	46

★ 图4.107

4.4 图表操作技巧

更改图表的默认类型

在Excel 2007中，可以改变图表的默认类型。具体操作步骤如下：

1 单击【插入】选项卡，在【图表】组中单击任意一种图表类型，打开下拉菜单。

2 选择【所有图表类型】选项，打开【插入图表】对话框，如图4.108所示。

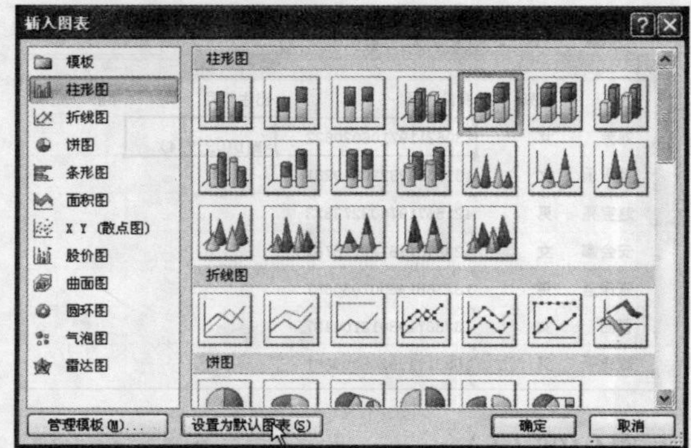

★ 图4.108

3　在左侧框中选择图表类型，在右侧框中单击要设置为默认值的类型。

4　单击【设置为默认图表】按钮，然后单击【确定】按钮即可。

冻结图表

当用户创建完基础图表，并精心进行各个图标元素的格式化设置，最终得到一幅满意的图表以后，此时当然不希望图表中的各个图标元素受到工作表区域变动的影响，那如何能够确保最终作品不受影响呢？具体操作步骤如下：

1　选中图表。

2　单击【格式】选项卡，在【大小】组中单击对话框启动器，打开【大小和属性】对话框。

3　单击【属性】选项卡，选中【大小和位置均固定】单选按钮，如图4.109所示。

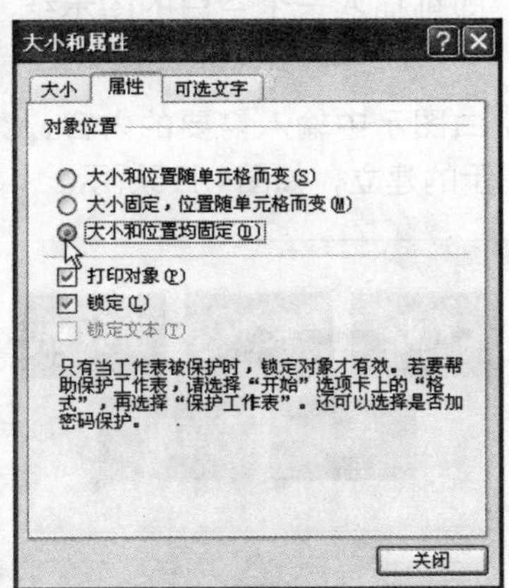

★ 图4.109

该选项使得图表独立于下面的工作表区域，不受工作表区域变化的影响。

将图表转化为图片

在Excel 2007中做好了一个图表，如何将它转化成图片呢？具体操作如下：

1　选中图表。

2　在【开始】选项卡的【剪贴板】组中单击【粘贴】下拉按钮，从其下拉菜单中选择【以图片格式】选项，再选择【复制为图片】选项，如图4.110所示。

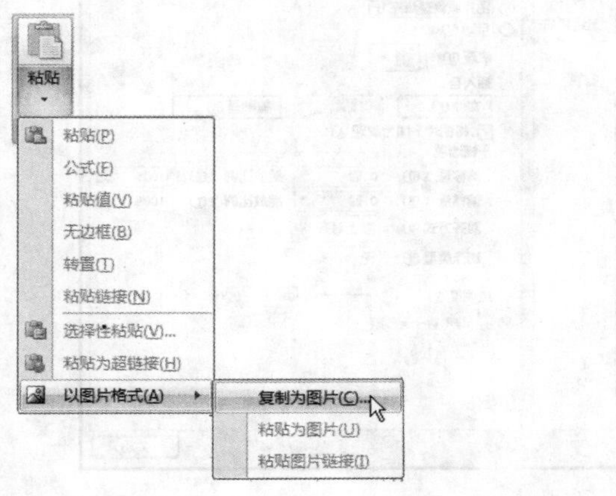

★ 图4.110

3　打开【复制图片】对话框，使用默认选项即可，如图4.111所示。

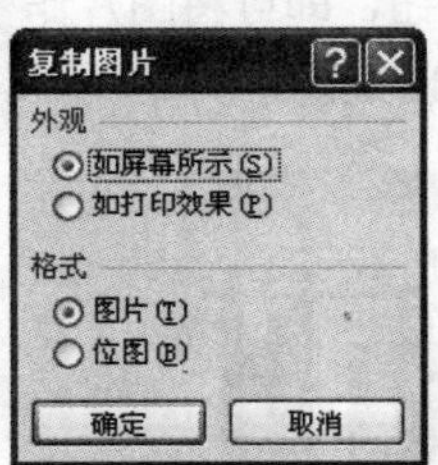

★ 图4.111

4　选中任意单元格区域，按下【Ctrl+C】组合键即可得到图片。

将图片作为图表背景

在Excel中插入图表后，还可以根据需要修改图表区域的背景效果。这里不仅可以使用颜色作为图表背景，还可以将图片作为图表的背景，具体操作方法如下：

1　右键单击图表的绘图区，在弹出的快捷菜单中选择【设置图表区格式】选项，打开【设置图表区格式】对话框。

2　选中【图片或纹理填充】单选按钮，如图4.112所示。

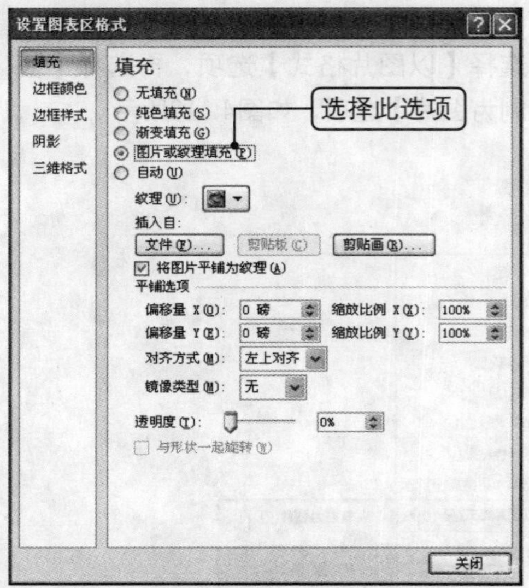

★ 图4.112

3 单击【文件】按钮，在弹出的对话框中选择需要作为背景的图片，单击【插入】按钮，再单击【关闭】按钮，即可将图片作为图表的背景，如图4.113所示。

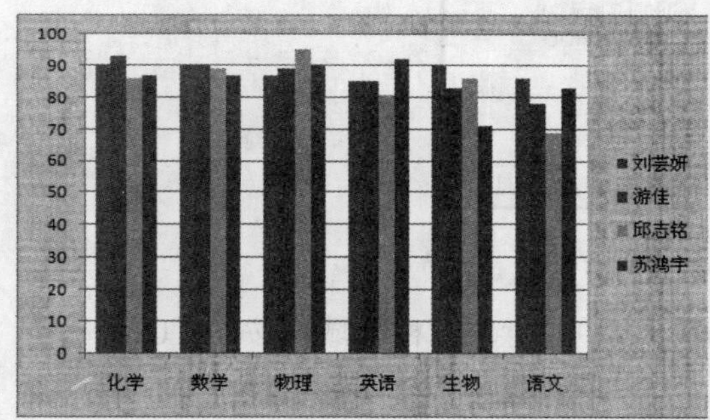

★ 图4.113

插入图示

在文档中使用图示能更清楚地说明抽象的概念，使文档更显生动。在Excel中提供了列表图、流程图、循环图、层次结构图、关系图、矩阵图和棱锥图7种图示。在Excel中插入图示的方法如下：

1 单击【插入】选项卡，在【插图】组中单击【SmartArt】命令按钮，如图4.114所示，打开【选择SmartAlt图形】对话框，如图4.115。

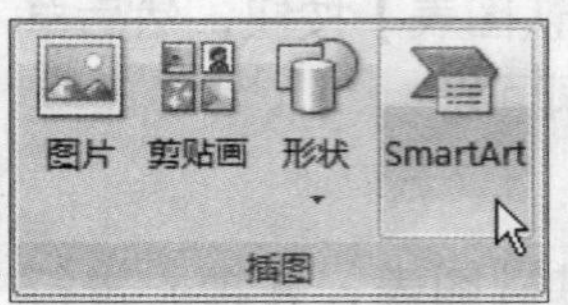

★ 图4.114

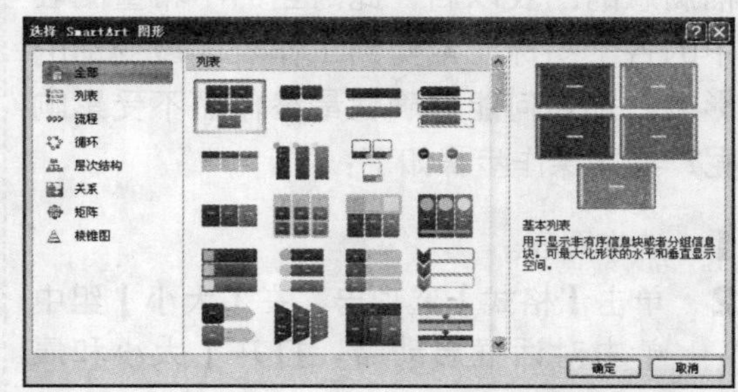

★ 图4.115

2 选择好需要的图示类型后，单击【确定】按钮，即可插入一个空白的图示结构。

3 在插入的空白图示中输入需要的内容，即可完成图示的建立，如图4.116所示。

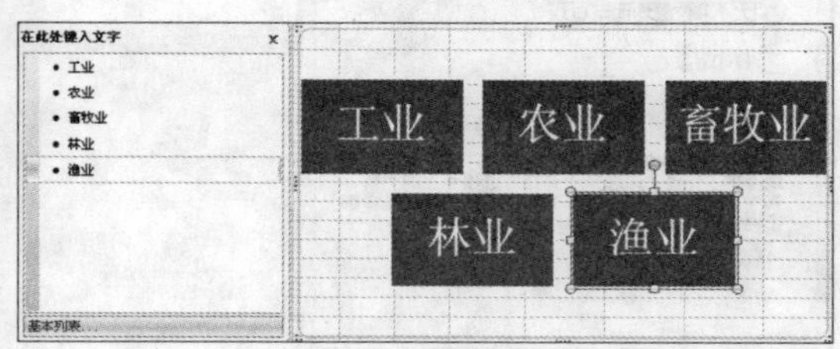

★ 图4.116

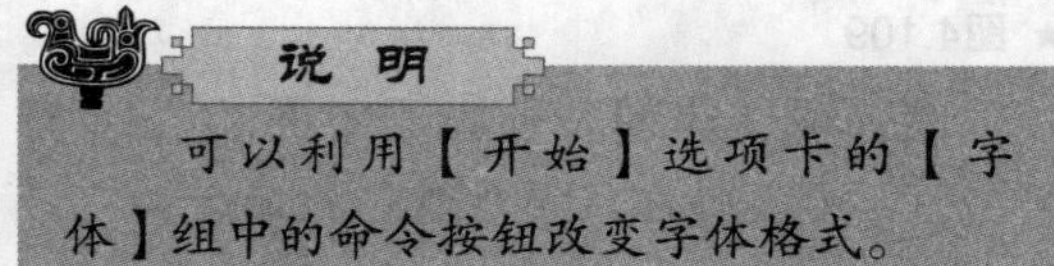

说 明

可以利用【开始】选项卡的【字体】组中的命令按钮改变字体格式。

在图表中添加数据系列

在实际工作中，用户可能随时需要向工作表中添加新的数据，此时就需要将添加的数据在图表中同步地显示出来。下面

就介绍如何在图表中添加数据系列。

具体操作步骤如下：

1 在工作表中增加一行新的数据（最后一行），如图4.117所示。

	A	B	C	D	E	F	G
1	姓名	化学	数学	物理	英语	生物	语文
2	刘芸妍	90	90	87	85	90	86
3	游佳	93	90	89	85	83	78
4	邱志铭	86	89	95	81	86	69
5	苏鸿宇	87	87	90	92	71	83
6	周和	64	89	77	96	69	89

★ 图4.117

2 选中图表，出现了【图表工具】的【设计】选项卡。在【设计】选项卡的【数据】组中，单击【选择数据】命令按钮，打开如图4.118所示的【选择数据源】对话框。

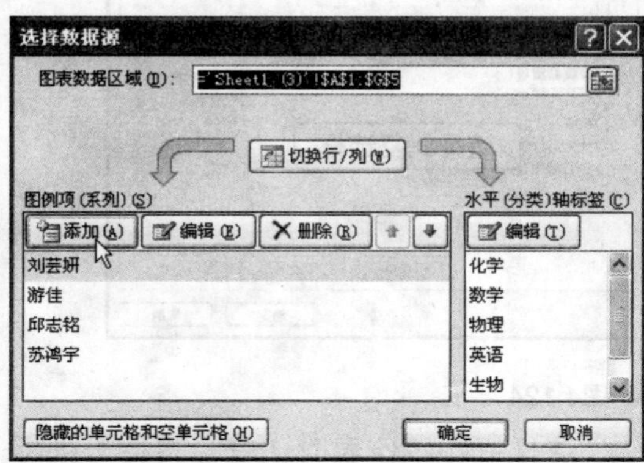

★ 图4.118

3 单击【添加】按钮，打开【编辑数据系列】对话框。

4 单击【系列名称】右侧的按钮，选择“周和”所在的单元格。

5 选择完数据后单击按钮，返回到【编辑数据系列】对话框。

6 单击【系列值】右侧的按钮，选择“B6:G6”所在的单元格。

7 然后单击按钮，返回到【编辑数据系列】对话框，如图4.119所示。

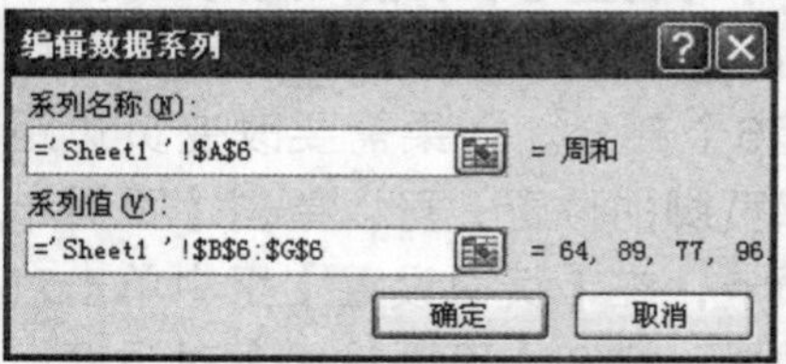

★ 图4.119

8 单击【确定】按钮，返回到【选择数据源】对话框，如图4.120所示。

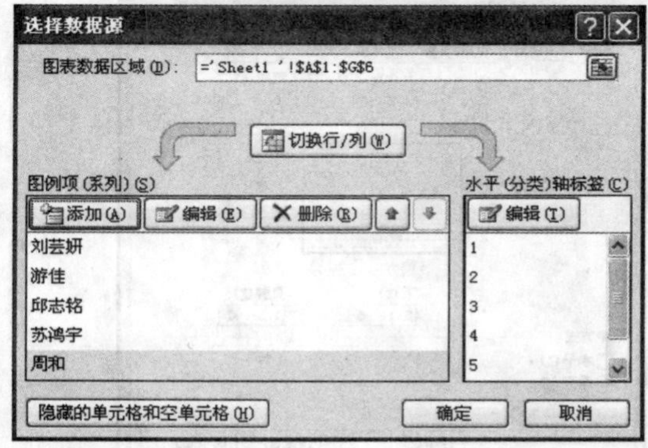

★ 图4.120

9 设置完成后，单击【确定】按钮，这时在图表中将添加一个新的数据系列，如图4.121所示。

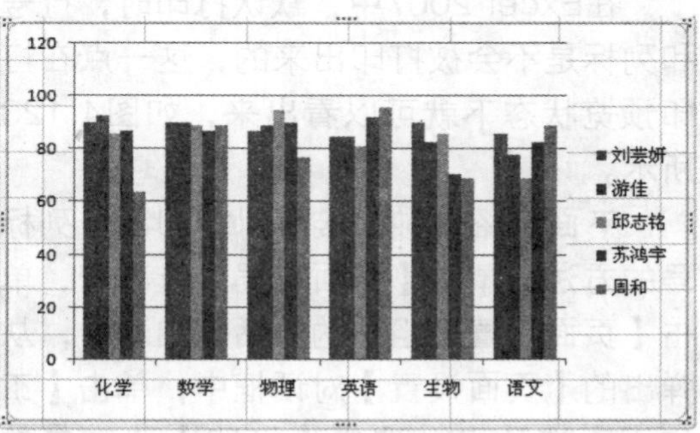

★ 图4.121

4.5 打印与文档安全操作技巧

在打印时调整电子表格四周的空间

Excel表格的四周包括页边距、页眉和页脚等6个部分。如果需要改变页边距或页眉和页脚的位置，可以单击【页面布局】选项卡，在【页面设置】组中单击对话框启动器，打开【页面设置】对话框。单击【页边距】选项卡，改变【上】、【下】、【左】、【右】、【页眉】和【页脚】项的数值即可，如图4.122所示。

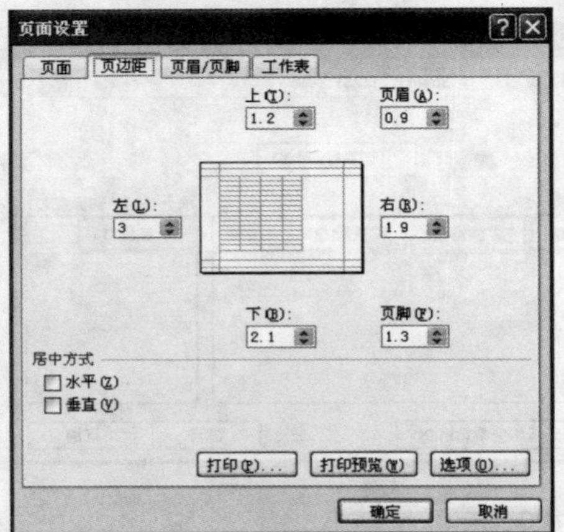

★ 图4.122

打印工作表中的行号和列标

在Excel 2007中，默认打印时，行号和列标是不会被打印出来的，这一点在打印预览状态下就可以看出来，如图4.123所示。

下面介绍一种直接可以打印出行列标号的方法。单击【页面布局】选项卡，单击【页面设置】组中的对话框启动器，从弹出的【页面设置】对话框中，单击【工作表】选项卡，选中【打印】选区中的【行号列标】复选框，如图4.124所示。

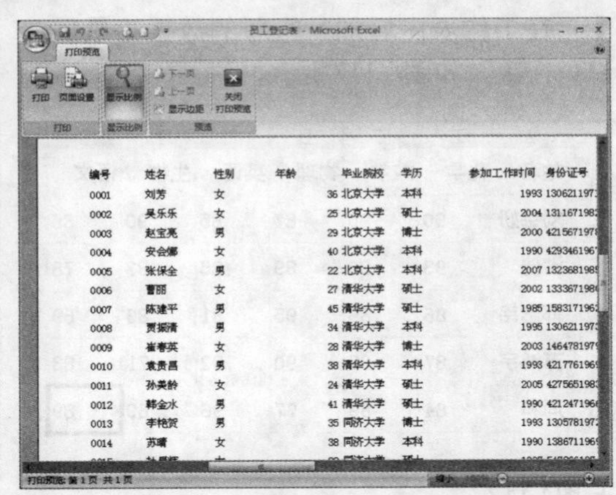

★ 图4.123

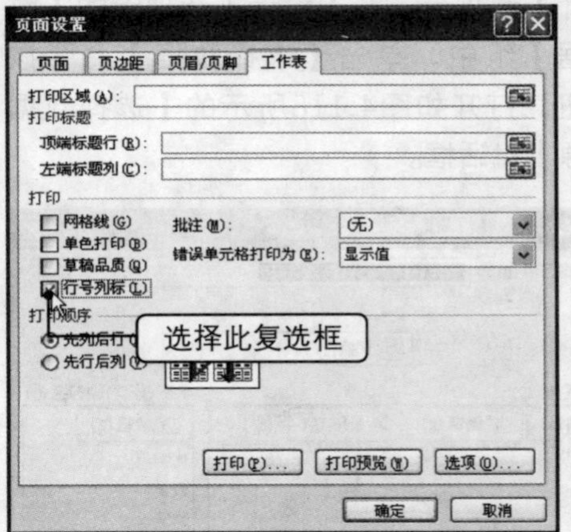

★ 图4.124

这样打印工作表时，就会将行号列标打印出来了，效果如图4.125所示。

打印工作表中的公式

单元格中显示的都是公式计算的结果，那如果想将单元格中的公式打印出来，该怎么办呢？看起来很复杂，其实操作方法很简单：在工作表中按【Ctrl+、】组合键，将显示出工作表中所有的公式。

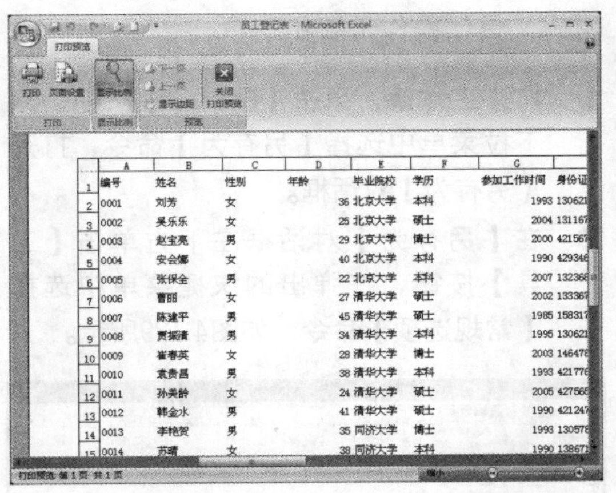

★ 图4.125

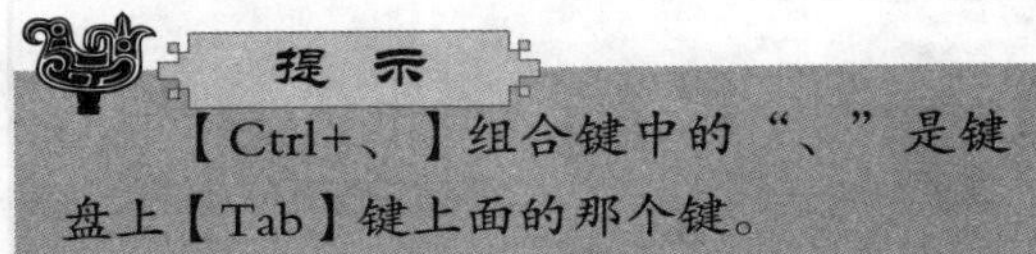

【Ctrl+、】组合键中的“、”是键盘上【Tab】键上面的那个键。

再按一下【Ctrl+、】组合键，就会切换到计算结果状态。在处于显示公式的状态下进行打印，就可把工作表中的公式打印出来。

在打印时让每页都显示标题

在Excel中制作一个很长的表格以后，默认打印时，并不是每页都会显示出顶端标题行和左侧标题列，它只会在第一页上显示，那如何能让表格打印出来时，每页都带有标题栏呢？可以这样设置：单击【页面布局】选项卡，单击【页面设置】组中的对话框启动器，从弹出的【页面设置】对话框中，单击【工作表】选项卡，在【打印标题】栏中的【顶端标题行】项和【左端标题列】项中设置好要显示的标题单元格，如图4.126所示。

单击【确定】按钮。这样在打印长表格时，每页就都会显示出标题的内容了。

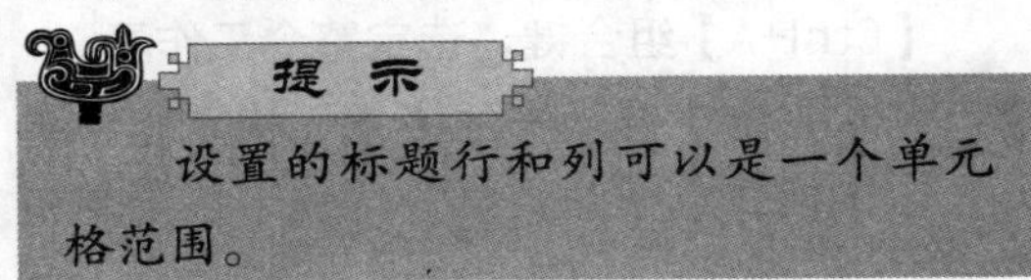

设置的标题行和列可以是一个单元格范围。

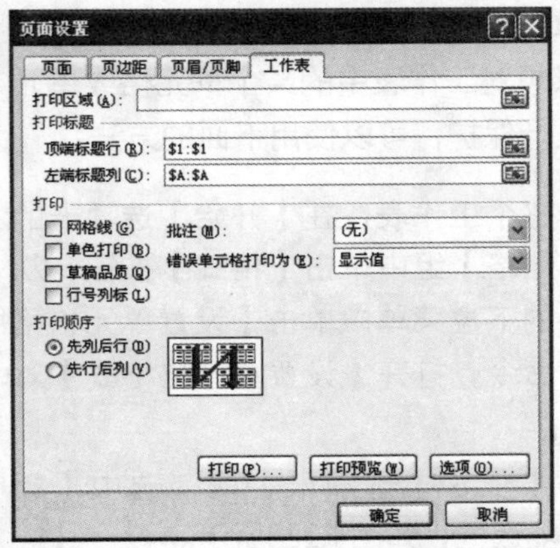

★ 图4.126

使工作表打印在纸张的正中

当需要打印的数据比较少时，如果直接打印，就会使打印的数据偏在页面的一侧而影响美观。这时，可以通过设置将数据打印在纸张的正中，操作方法如下：

单击【页面布局】选项卡，单击【页面设置】组中的对话框启动器，从弹出的【页面设置】对话框中单击【页边距】选项卡。

如果要使工作表中的数据在左右页边距之间水平居中显示，则选中【水平】复选框；如果要使工作表中的数据在上下页边距之间垂直居中显示，则选中【垂直】复选框，如图4.127所示。

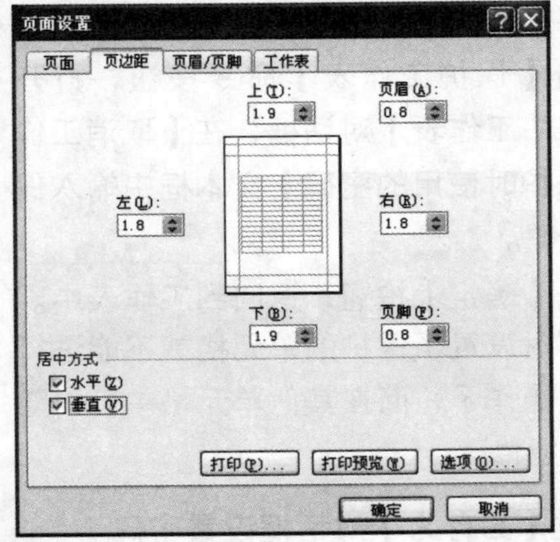

★ 图4.127

对单元格进行写保护

若只想对工作表中的某个单元格或单元格区域进行保护，可以使用下面的方法：

1 选中整个工作表，在【开始】选项卡的【单元格】组中单击【格式】按钮，从打开的下拉菜单中单击【设置单元格格式】命令，打开【设置单元格格式】对话框。

2 单击【保护】选项卡，取消选中【锁定】复选框，如图4.128所示。

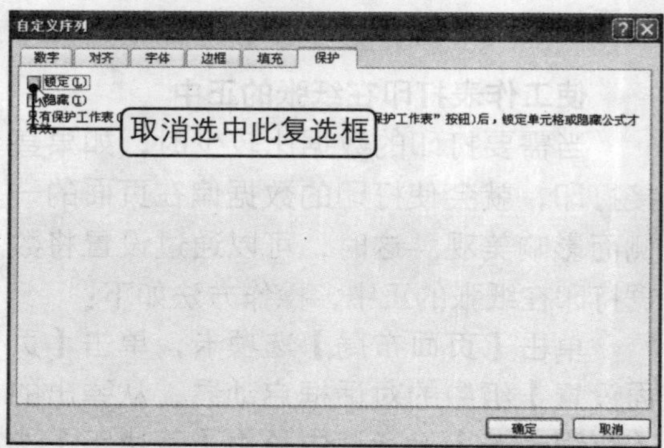

★ 图4.128

3 单击【确定】按钮，然后选取需要保护的单元格或单元格区域，再次按前边讲解的方法打开【设置单元格格式】对话框。在【保护】选项卡中选中【锁定】复选框，单击【确定】按钮。

4 单击【审阅】选项卡，在【更改】组中单击【保护工作表】命令按钮，打开【保护工作表】对话框，在【取消工作表保护时使用的密码】文本框中输入保护密码。

5 单击【确定】按钮，返回到工作表中。这样对设置了保护的单元格就不能进行改写操作了，而在其他单元格中可以随意进行修改。

通过【另存为】对话框设置密码

下面我们通过【另存为】对话框设置密码，具体操作步骤如下：

1 打开工作簿，单击【Office】按钮，从下拉菜单中选择【另存为】命令，打开【另存为】对话框。

2 在【另存为】对话框左下方单击【工具】按钮，在弹出的快捷菜单中选择【常规选项】命令，如图4.129所示。

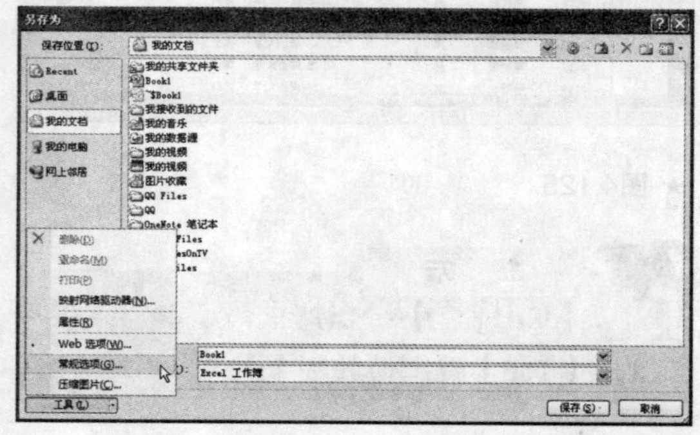

★ 图4.129

3 打开【常规选项】对话框，在【打开权限密码】和【修改权限密码】文本框中分别进行密码输入设置。两种密码最好不要设置为相同。

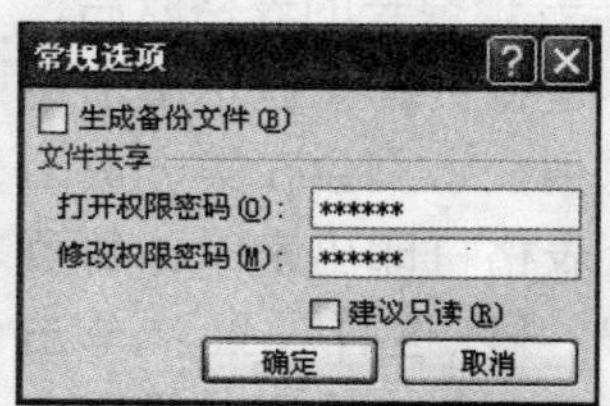

★ 图4.130

4 单击【确定】按钮，重复输入密码。

保护公式不被随意修改

如果只需将工作表中有公式的单元格保护起来，可以执行下面的操作：

1 打开要对公式进行保护的工作表，按【Ctrl+A】组合键，选定整个工作表。

2 在【开始】选项卡的【单元格】组中单击【格式】按钮，从打开的下拉菜单中

单击【设置单元格格式】命令，打开【设置单元格格式】对话框。

3 单击【保护】选项卡，取消选中【锁定】复选框，单击【确定】按钮。

4 在【开始】选项卡的【编辑】组中单击【查找和选择】按钮，从打开的下拉菜单中选择【定位条件】命令，打开【定位条件】对话框。选中【公式】单选按钮，如图4.131所示。

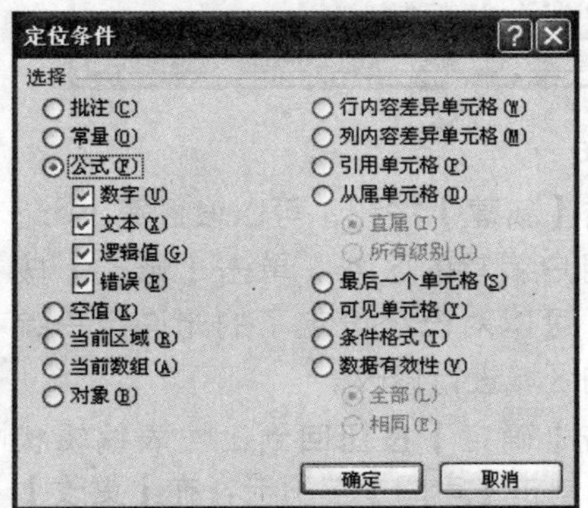

★ 图4.131

5 单击【确定】按钮回到文档编辑状态，工作表中所有包含公式的单元格全部被选中。

6 再次进入【设置单元格格式】对话框的【保护】选项卡，选中【锁定】复选框。

7 单击【审阅】选项卡，在【更改】组中单击【保护工作表】命令按钮，打开【保护工作表】对话框。

8 输入密码后，单击【确定】按钮退出，公式即被锁定不能修改了。

如果自己需要修改公式，需要先单击【审阅】选项卡，在【更改】组中单击【取消保护工作表】命令按钮，解除对工作表的保护。

使文件更安全

用户可能会遇到这样的问题，有时不知道因为什么故障，系统瘫痪了，重装系统后，发现原先保存在系统盘中的文件都消失了，造成非常大的损失。按照如下办法操作会使用户的文件更加安全。

单击【Office】按钮，从打开的下拉菜单中单击【Excel选项】按钮，打开【Excel选项】对话框。从左栏中单击【保存】选项，在右栏中更改【自动恢复文件位置】和【默认文件位置】的路径，如图4.132所示。（注意，不要把文件放在C盘。）这样只要硬盘不坏，以后系统瘫痪了，文件也不会丢失。

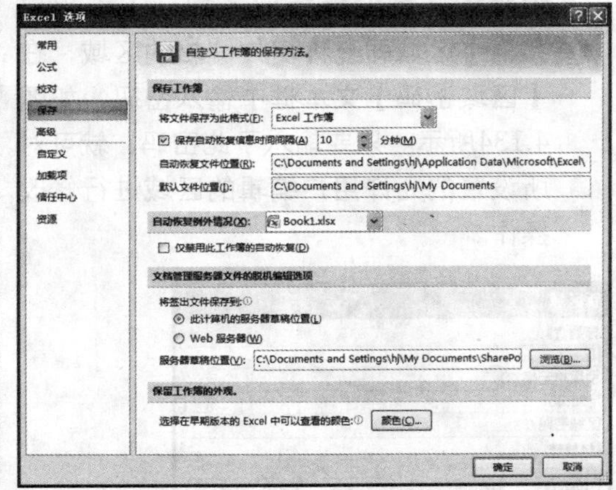

★ 图4.132

指定可编辑区域

工作表编辑完成之后，如果只有某一个特定的区域经常需要修改，可以将该区域指定为工作表中的可编辑区域，然后再对工作表进行保护。当需要修改这个特定区域时，只需在弹出的提示框中输入正确的密码即可进行编辑，具体操作方法如下：

1 选中经常需要修改的单元格区域，单击【审阅】选项卡，在【更改】组中单击【允许用户编辑区域】命令按钮，打开【允许用户编辑区域】对话框，如图4.133所示。

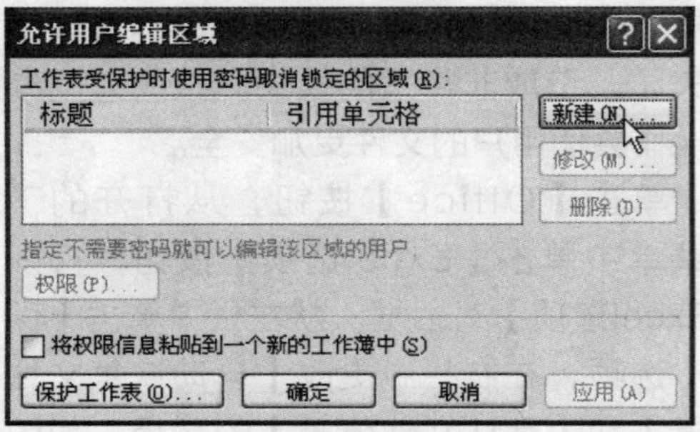

★ 图4.133

2 单击【新建】按钮，弹出【新区域】对话框。在【标题】文本框中为允许用户编辑的区域设置标题名称，【引用单元格】区域即允许用户编辑的区域，在【区域密码】文本框中输入密码，如图4.134所示。只要输入了此密码，就可对所设置的允许用户编辑的区域进行修改操作。

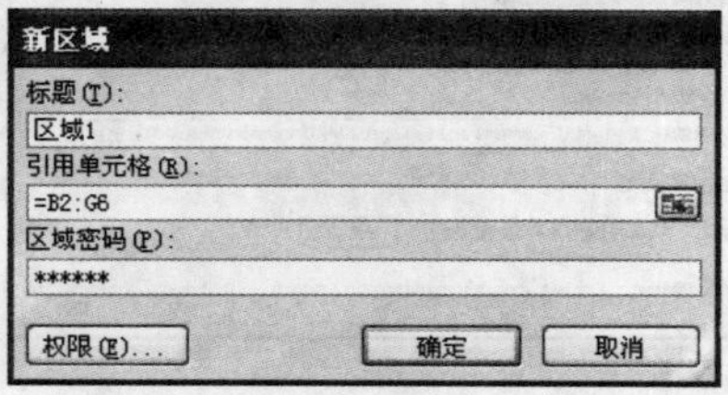

★ 图4.134

3 设置完成后，单击【确定】按钮，进入【确认密码】对话框，重新输入密码，如图4.135所示。

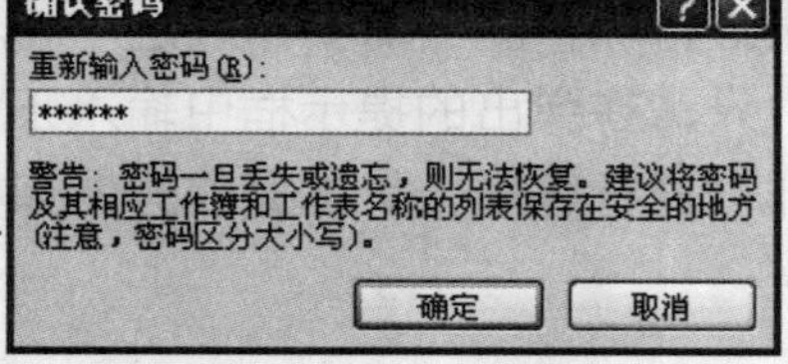

★ 图4.135

4 单击【确定】按钮再次进入【允许用户编辑区域】对话框，第一个允许编辑的区域就设置完成了，如图4.136所示。

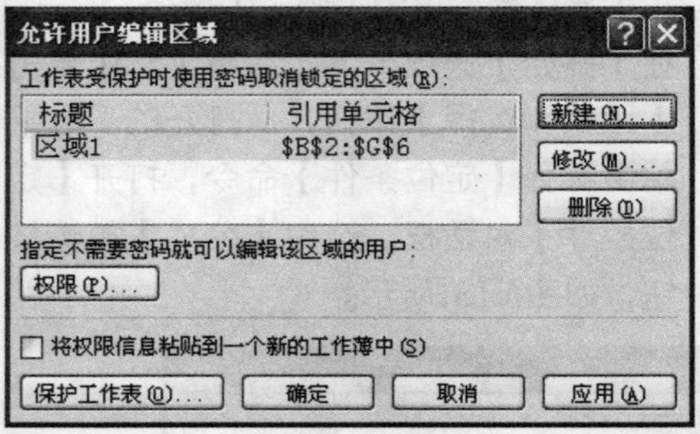

★ 图4.136

单击【新建】按钮，可以设置第2个允许用户编辑的区域。单击【修改】按钮，可以对已经设定了的允许用户编辑的区域进行修改。

5 单击【确定】按钮回到工作表编辑状态，单击【审阅】选项卡，在【更改】组中单击【允许用户编辑区域】命令按钮，打开【允许用户编辑区域】对话框，输入密码保护工作表。

设置完成后，当对之前选定的单元格区域进行任意操作时，就会弹出一个提示对话框，如图4.137所示。提示只有输入密码后才能对单元格进行编辑操作。

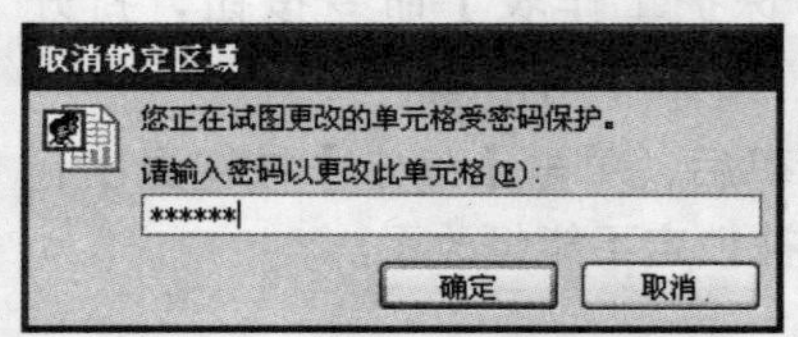

★ 图4.137

Chapter 05

第5章　PowerPoint应用技巧

本章要点

- *基本设置技巧*
- *图片操作技巧*
- *高级设置与幻灯片放映技巧*
- *安全与打印技巧*

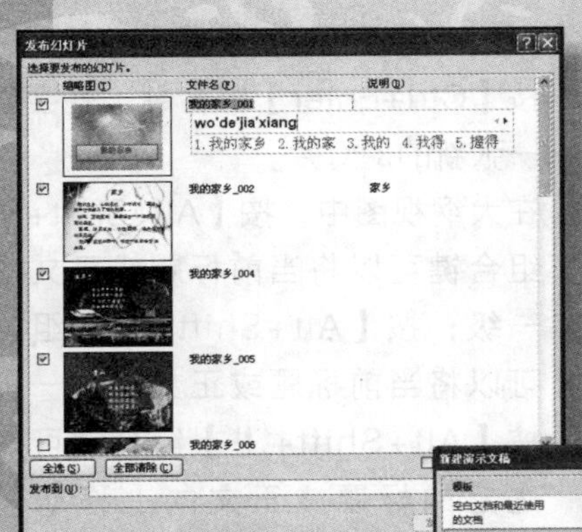

PowerPoint 2007是目前最流行的幻灯片制作软件之一。由它创作出的演示文稿可以集文字、图形、图像、声音以及视频剪辑等多媒体元素于一体。在一组图文并茂的画面中表达出用户的想法，并且PowerPoint 2007可以将演示文稿打印成标准的幻灯片，在投影仪上使用。另外，也可以在计算机上进行演示，并且可以加上动画、特殊效果、声音等多种效果。

由PowerPoint 2007制作的演示文稿可以广泛地应用在会议、教学、产品演示等场合。另外，网络大潮的冲击使得该软件还具有面向Internet的诸多功能，如在网上发布演示文稿，与用户一起举行联机会议等。熟练地掌握一些制作技巧，可以为你的幻灯片作品锦上添花，使你的作品更具专业水准。

说 明

本章的技巧除特殊说明外，都是以PowerPoint 2007版本进行讲解的。

要 点

在讲解PowerPoint的应用技巧之前，先要明确一下演示文稿和幻灯片的概念，每一个PowerPoint文件都是一个演示文稿文件，一个演示文稿由多张幻灯片组成。

5.1 基本设置技巧

PowerPoint键盘操作技巧

在PowerPoint中，若能熟练掌握键盘操作，就可以更方便地使用它。下面列出了一些键盘操作技巧。

- PowerPoint中有三个母版视图，它们是幻灯片母版视图、讲义母版视图和备注母版视图。按住【Shift】键并单击左下角的各视图按钮即可进入相应的母版视图。
- 在各个视图中，按【Ctrl+M】组合键可以快速地插入一张新幻灯片。
- 在大纲视图中，如果要在当前正文下面输入它的下一级正文，只需按下回车键后，再按一下【Tab】键即可进行下一级正文的输入。
- 在大纲视图中，按【Ctrl+Home】组合键可以移至页面对象的开始处，按【Ctrl+End】组合键可以移至页面对象的结束处。
- 按【Alt+Shift+1】组合键可以显示第一层标题，按【Alt+Shift++】组合键可以展开某个标题下的正文，按【Alt+Shift+ –】组合键可以折叠某个标题下的正文，按【Alt+Shift+A】组合键将显示所有的标题和正文。
- 在大纲视图中，在任何一张幻灯片标题结束处按回车键，或者在正文后面按【Ctrl+Enter】组合键，就会创建一张新的幻灯片。
- 在大纲视图中，按【Alt+Shift+←】组合键可以将当前标题或正文提升一级；按【Alt+Shift+→】组合键可以将当前标题或正文降低一级；按【Alt+Shift+↑】组合键可以将选定的标题或正文向上移动；按【Alt+Shift+↓】组合键可以将选定的标题或正文向下移动。
- 按【Ctrl+↑】组合键可以快速地向上移动，按【Ctrl+↓】组合键可以快速地向下移动。
- 按【Shift+←】组合键，将选中左边的文字；按【Shift+→】组

合键，将选中右边的文字；按【Ctrl+Shift+←】组合键，可以选中英文单词的第一个字符；按【Ctrl+Shift+→】组合键，可以选中英文单词的最后一个字符。

- 在对文本做了一定美化处理之后，如果对所做的结果感到不满意，可以按【Ctrl+Shift+Z】组合键取消对该文本所做的任何格式处理。
- 按【Ctrl+E】组合键可以使正文居中对齐，按【Ctrl+J】组合键可以使正文两端对齐，按【Ctrl+L】组合键可以使正文左对齐，按【Ctrl+R】组合键可以使正文右对齐。

使用模板创建演示文稿

若希望新建的演示文稿能自动套用某一模板，可执行下面的操作：

1 单击【Office】按钮，从打开的下拉菜单中选择【新建】选项，打开【新建演示文稿】对话框。

2 在左侧窗格中选择【已安装的模板】选项，从中间窗格中选择【现代型相册】模板，如图5.1所示。

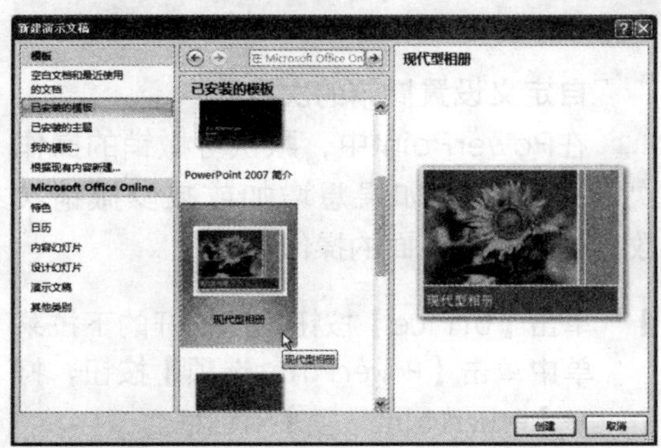

★ 图5.1

3 单击【创建】按钮，一个利用模板创建的演示文稿就生成了，如图5.2所示。

★ 图5.2

统计演示文稿中的字数和段落

在PowerPoint中也可以像在Word中那样统计段落数和字数，具体操作步骤如下：

1 单击【Office】按钮，在其下拉菜单中选择【准备】选项，然后选择【属性】选项，在窗口中出现【属性】窗格，如图5.3所示。

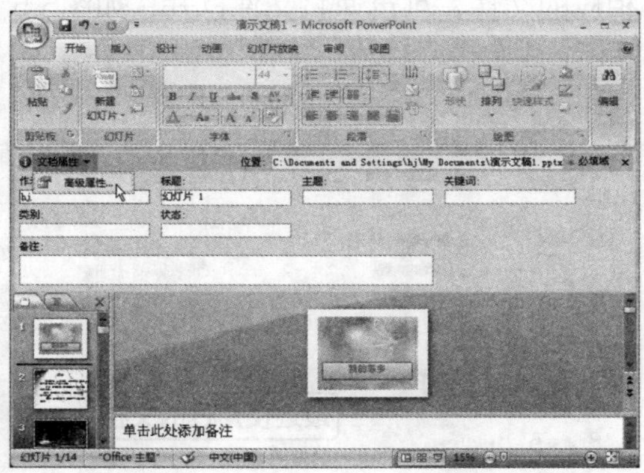

★ 图5.3

2 单击【文档属性】按钮，选择【高级属性】选项，打开属性窗口。

3 切换至【统计】选项卡，在【统计信息】右侧的列表框中列出了这个演示文稿中的字数、段落等信息，如图5.4所示。

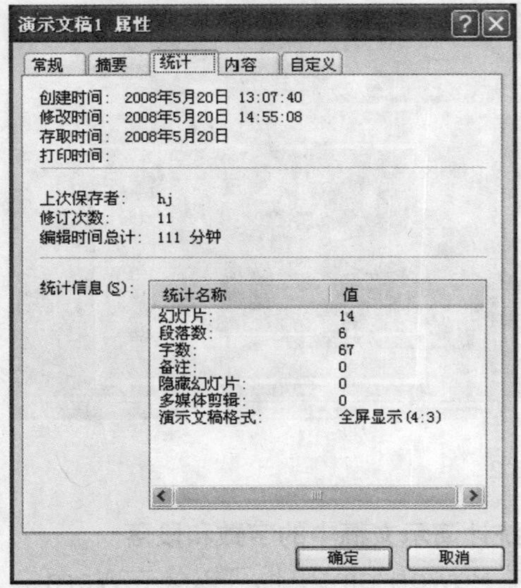

★ 图5.4

列出更多最近使用过的文件

打开某个PowerPoint文档或新建一个PowerPoint演示文稿后，单击【Office】按钮，在打开的下拉菜单中的右侧总是能列出最近打开过的几个文件，在这里单击相应的文件，可迅速将文件打开，如图5.5所示。

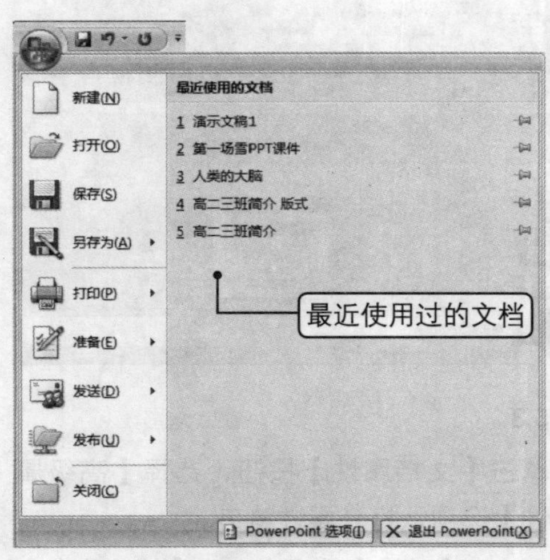

★ 图5.5

这里默认最多列出最近打开的17个文件，可以通过下面的设置，在这里显示更多的文件。

1 单击【Office】按钮，从打开的下拉菜单中单击【PowerPoint选项】按钮，打开【PowerPoint选项】对话框。

2 从左栏中单击【高级】选项，在右侧的【显示】区中，调整【显示此数目的“最近使用的文档”】项中的数字就可设置菜单中列出的文件数，如图5.6所示。

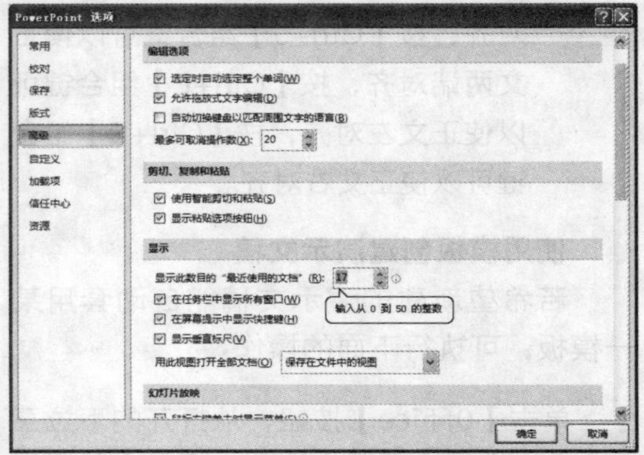

★ 图5.6

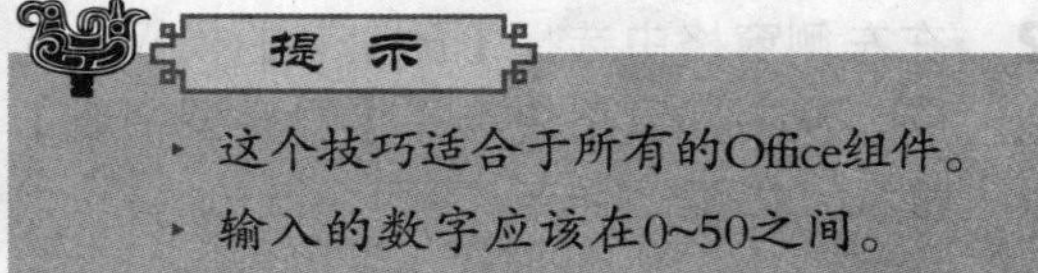

- 这个技巧适合于所有的Office组件。
- 输入的数字应该在0~50之间。

自定义设置撤销的次数

在PowerPoint中，默认可撤销的操作次数是20次。如果想增加或减少撤销次数，可以执行下面的操作：

1 单击【Office】按钮，从打开的下拉菜单中单击【PowerPoint选项】按钮，打开【PowerPoint选项】对话框。

2 在左栏中单击【高级】选项卡，在右侧的【编辑选项】区中，调整【最多可取消操作数】项中的数字就可设置可取消操作的次数，如图5.7所示。

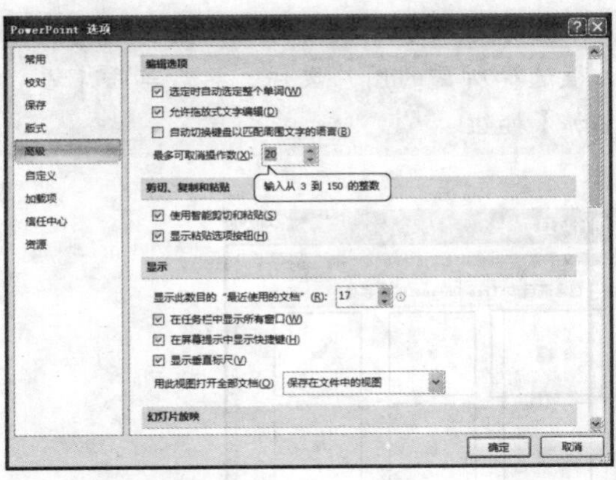

★ 图5.7

快速让多个对象整齐排列

在PowerPoint中，如果要选择叠放在一起的多个对象时不太容易，特别是当要选择的对象处于最底层时，选择起来有一定难度，不过通过使用选择多个对象功能即可轻松解决这个问题。具体操作步骤如下：

1 单击【Office】按钮，从打开的下拉菜单中单击【PowerPoint选项】按钮，打开【PowerPoint选项】对话框。

2 从左栏中选择【自定义】选项，右侧单击【从下列位置选择命令】下拉按钮，在其下拉列表中选择【所有命令】选项，然后从下面的列表框中选择【选择多个对象】选项，如图5.8所示。

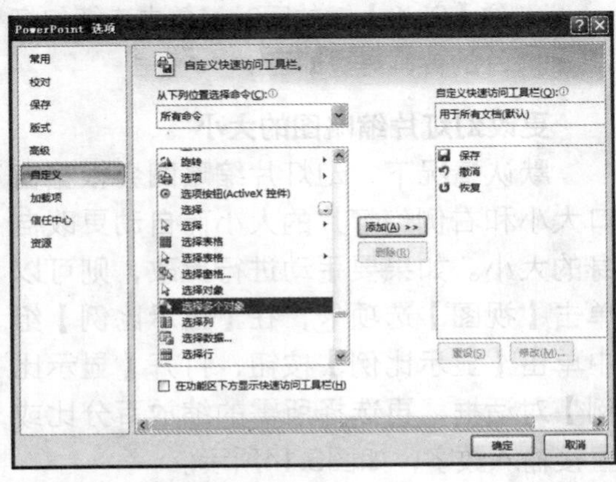

★ 图5.8

3 单击【添加】按钮，然后单击【确定】按钮，就把【选择多个对象】命令添加到快速访问工具栏中了。

4 现在要选中编辑区域中的多个对象时，单击【选择多个对象】按钮，即可打开【选择多个对象】对话框，如图5.9所示。

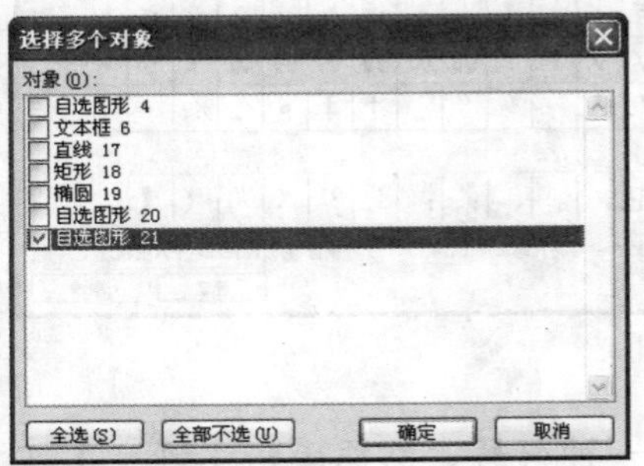

★ 图5.9

5 在对话框中选中一个或多个元素前的复选框，单击【确定】按钮即可将这些元素精确地选中。

使用更多的项目符号

为了丰富幻灯片效果，在PowerPoint中可以通过下面的方法使用更多的项目符号。

1 在【开始】选项卡的【段落】组中，单击【项目符号】命令按钮，从打开的下拉菜单中选择【项目符号和编号】选项，打开【项目符号和编号】对话框，如图5.10所示。

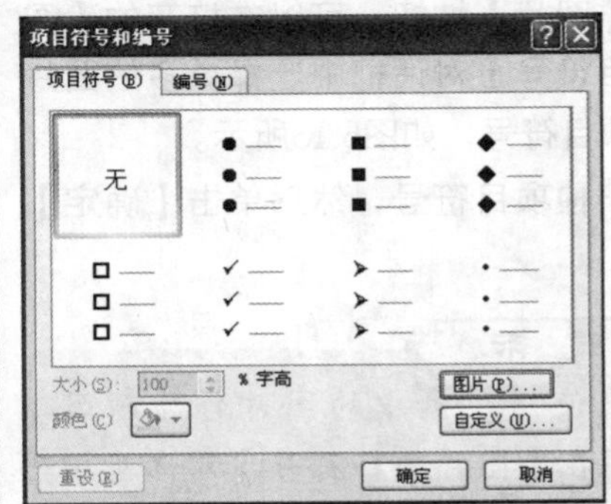

★ 图5.10

2 单击其中的【自定义】按钮，可以在打开的【符号】对话框中使用更多符号作为项目符号，如图5.11所示。

★ 图5.11

3 选中一种符号，然后单击【确定】按钮，所选符号就添加到【项目符号和编号】对话框中了，如图5.12所示。

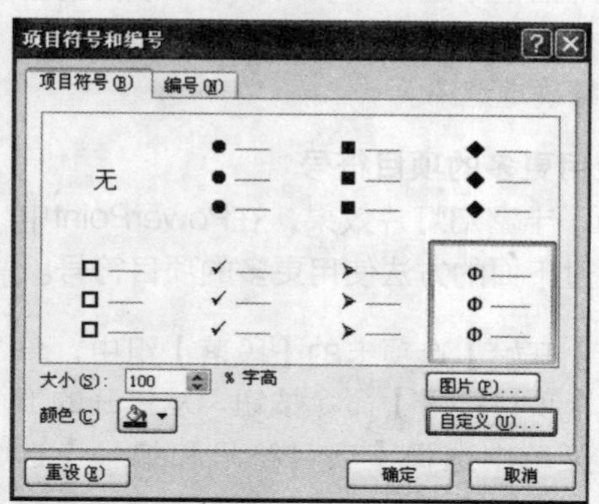

★ 图5.12

4 单击【图片】按钮，可以在打开的【图片项目符号】对话框中选择更多的图片作为项目符号，如图5.13所示。

5 选中一种项目符号，然后单击【确定】按钮。

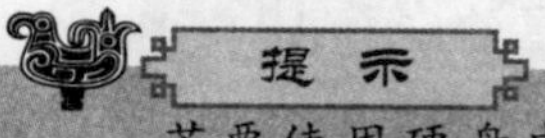

若要使用硬盘中的图片作为项目符号，则在【图片项目符号】对话框中单击【导入】按钮，再通过打开的对话框选择所需的图片文件，然后单击【添加】按钮。

★ 图5.13

快速选定多个幻灯片

在用PowerPoint编辑幻灯片的过程中，当文件中幻灯片的数目过多时，怎样能快速选定多张幻灯片呢？主要有如下两种方法：

- 如果是选定多张不连续的幻灯片，则在按住【Ctrl】键的同时，单击要选定的各张幻灯片即可。
- 如果选定多张连续的幻灯片，则在按住【Shift】键的同时，单击连续幻灯片的首、尾页即可。

更改幻灯片缩略图的大小

默认情况下，幻灯片缩略图会根据窗口大小和右侧幻灯片的大小而自动更改自身的大小。如果要手动进行更改，则可以单击【视图】选项卡，在【显示比例】组中单击【显示比例】按钮，打开【显示比例】对话框，再选择所需的缩放百分比或直接输入数字，如图5.14所示。

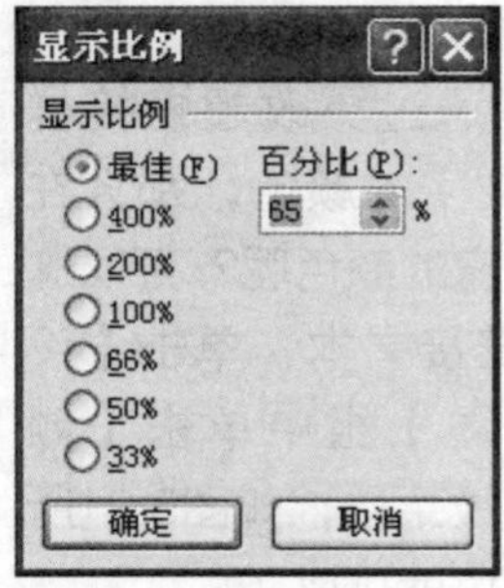

★ 图5.14

或者在普通视图状态下，拖动窗口右下角的显示比例滑块来增加或减小缩略图的大小，如图5.15所示。

★ 图5.15

用现有的演示文稿新建演示文稿

如果只是需要在以前设计好的演示文稿上进行某些修改而变为另外一个演示文稿，则可以使用现有的演示文稿新建另一个演示文稿，具体操作步骤如下：

1 单击【Office】按钮，从打开的下拉菜单中单击【新建】选项，打开【新建演示文稿】对话框。

2 在左侧窗格中单击【根据现有内容创建】选项，打开【根据现有演示文稿新建】对话框，如图5.16所示。

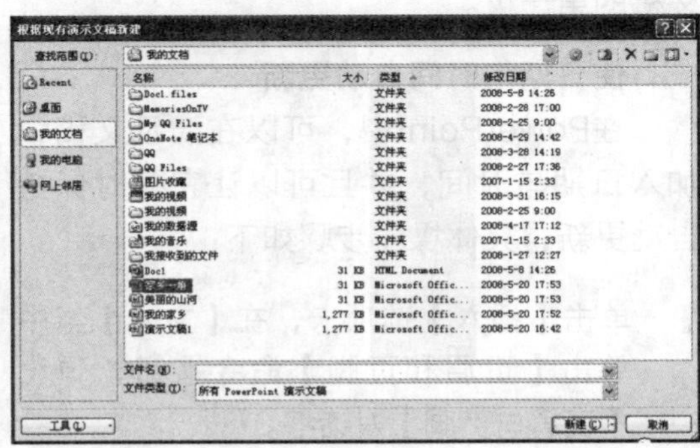

★ 图5.16

3 选择一个需要更改的演示文稿，然后单击【新建】按钮，即可打开演示文稿，编辑完成后保存即可。

在一张幻灯片中插入多个演示文稿

在PowerPoint中，可以在一张幻灯片中插入其他的演示文稿文件。这样做的目的是在一张幻灯片中插入几个演示文稿，这样在一张幻灯片中就可分别进行放映。操作方法如下：

1 新建一个演示文稿，单击【插入】选项卡，在【文本】组中单击【对象】命令按钮，打开【插入对象】对话框。

2 选中【由文件创建】单选按钮，然后单击【浏览】按钮，选择要插入到幻灯片中的其他PowerPoint文件，单击【确定】按钮，返回【插入对象】对话框，如图5.17所示。

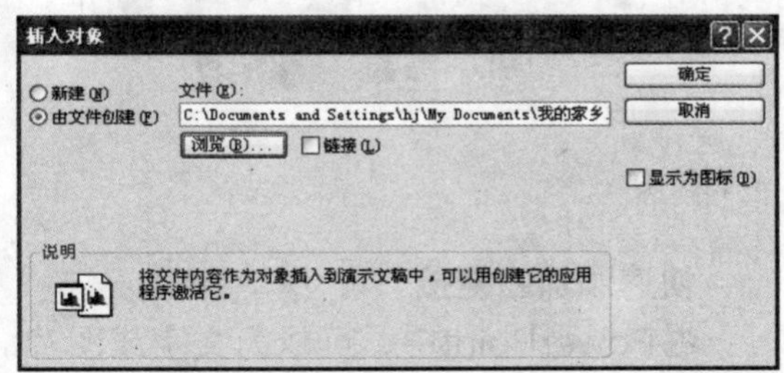

★ 图5.17

3 单击【确定】按钮，回到编辑状态，调整好演示文稿的位置，重复前面的操作，再插入其他演示文稿，插入多个演示文稿文件后的幻灯片如图5.18所示。

4 按【F5】键，即可进入放映状态，如图5.19所示。

此时不会开始播放任何演示文稿文件，想播放哪一个单击它即可，这个演示文稿播放完后会自动返回图5.19所示的幻灯片，可以继续单击另一个演示文稿进行放映。

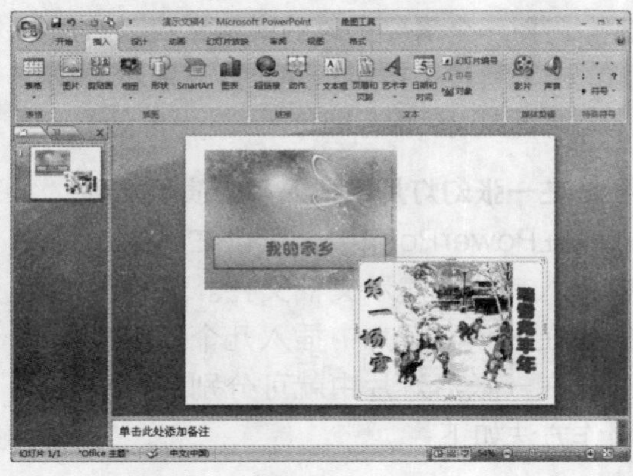

★ 图5.18

★ 图5.19

快速添加超链接

在PowerPoint中，可以为文字或图片等页面元素添加超链接，创建或编辑超链接的组合键是【Ctrl+K】。选中要添加超链接的元素，按【Ctrl+K】组合键，可快速弹出【插入超链接】对话框，在这个对话框中可以进行文件链接以及修改超链接的操作，如图5.20所示。

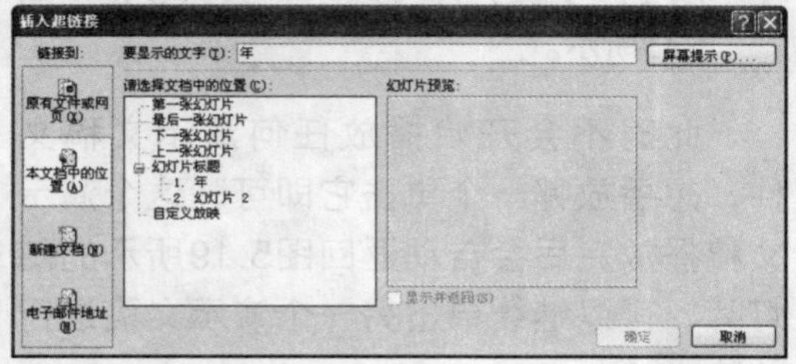

★ 图5.20

更改超链接文字的颜色

在Word中，可以通过更改超链接样式的属性更改超链接文字的颜色，那么在PowerPoint中如何更改它的颜色呢？可以这样操作：选择一个超链接文本，单击【设计】选项卡，在【主题】组中单击【颜色】命令按钮，打开下拉菜单，如图5.21所示。选择要更改为的颜色就可以了。

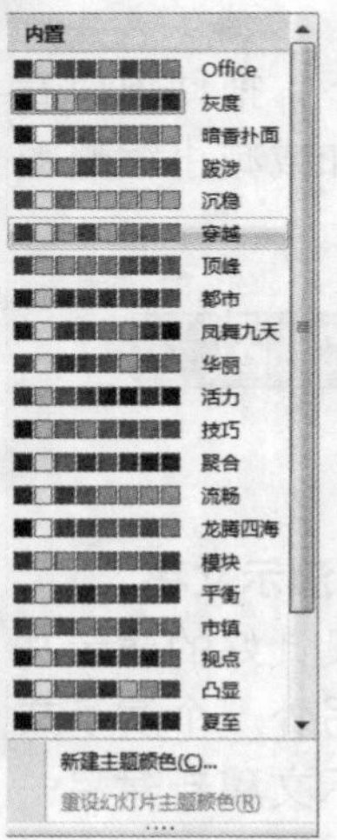

★ 图5.21

以后在页面中凡是出现的超链接文字都会变为刚才所设置的颜色。

快速返回第一页

在播放演示文稿的时候，同时按住鼠标的左键和右键两秒钟，即可返回此演示文稿的第一页。

使日期与时间自动更新

在PowerPoint中，可以在演示文稿中加入日期与时间，并且可以让它随时保持自动更新，具体操作步骤如下：

1 单击【插入】选项卡，在【文本】组中单击【页眉和页脚】命令按钮，弹出【页眉与页脚】对话框。

2 在【幻灯片】选项卡中，选中【日期和

时间】复选框，另外再选中【自动更新】单选按钮，这样就可以实现演示文稿中的时间和日期随时更新了，如图5.22所示。

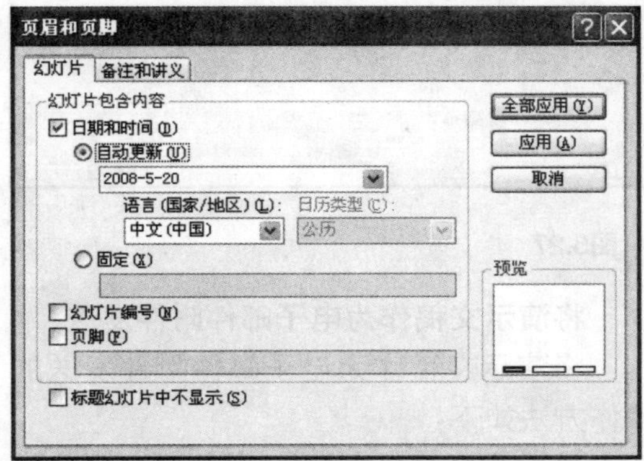

★ 图5.22

将幻灯片发布到幻灯片库

将幻灯片保存到幻灯片库或者其他位置，操作步骤如下：单击【Office】按钮，在其下拉菜单中选择【发布】选项，然后在其级联菜单中选择【发布幻灯片】选项，弹出【发布幻灯片】对话框，选中需要发布到幻灯片库的幻灯片旁边的复选框，如图5.23所示。

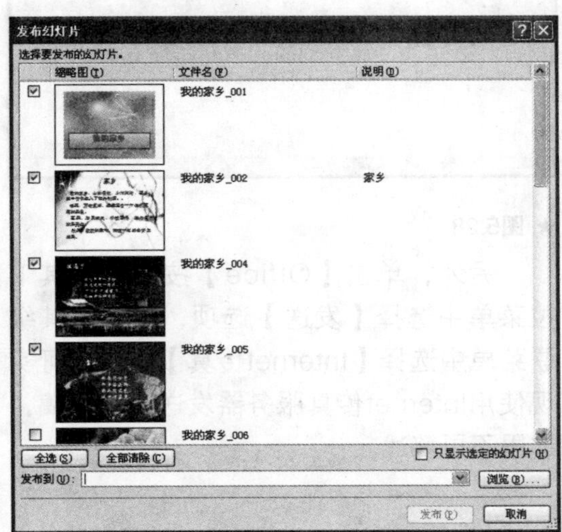

★ 图5.23

若要重命名一个或多个幻灯片文件，就单击现有文件名，删除原有名称，然后键入新的名称，如图5.24所示。

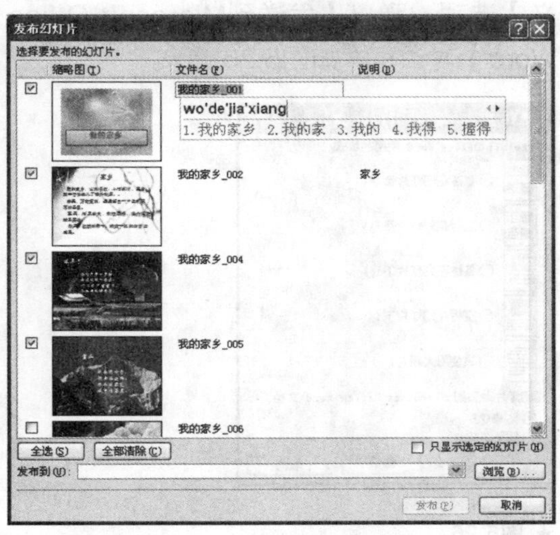

★ 图5.24

在【说明】栏中键入对幻灯片文件的说明，然后单击【浏览】按钮，出现如图5.25所示的对话框，选择幻灯片要发布存储的文件夹。

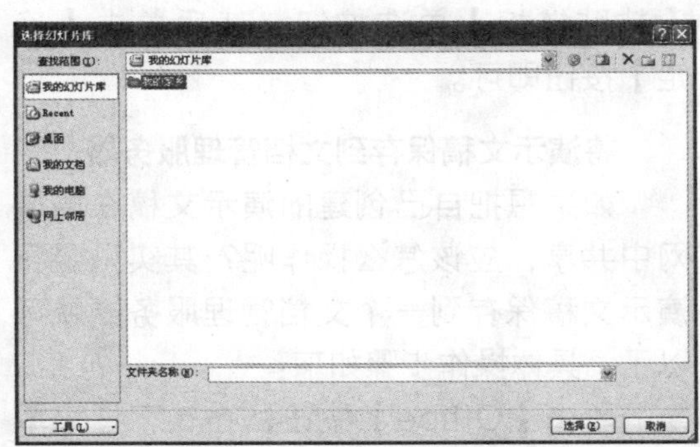

★ 图5.25

然后单击【选择】按钮，返回【发布幻灯片】对话框，再单击【发布】按钮即可发布。

将演示文稿创建成Word讲义

在PowerPoint 2007中，可以将演示文稿创建成Word讲义，具体操作如下：

单击【Office】按钮，在其下拉菜单中选择【发布】选项，然后在其级联菜单中选择【使用Microsoft Office Word创建讲义】选项，弹出【发送到Microsoft Office Word】对话框，如图5.26所示。

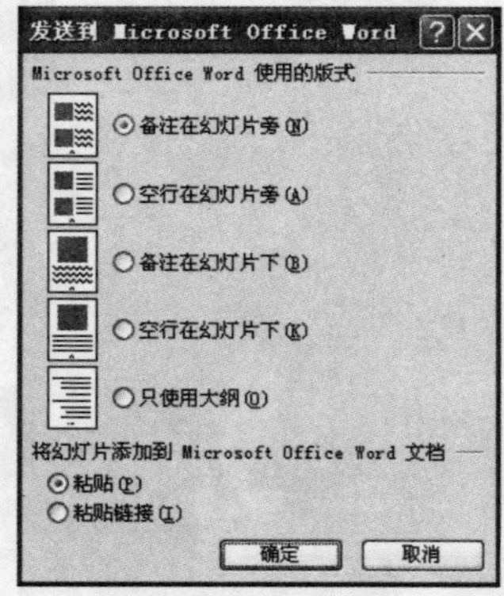

★ 图5.26

在【Microsoft Office Word使用的版式】栏中选择需要发送到Word中的版式，然后在【将幻灯片添加到Microsoft Office Word文档】栏中选择粘贴方式，如果需要将链接粘贴到Word中，则选中【粘贴链接】单选按钮，然后单击【确定】按钮即可。

将演示文稿保存到文档管理服务器

如果想把自己创建的演示文稿在局域网中共享，应该怎么操作呢？其实只要将演示文稿保存到一个文档管理服务器就可以了，具体操作步骤如下：

单击【Office】按钮，在其下拉菜单中选择【发布】选项，然后在其级联菜单中选择【文档管理服务器】选项，弹出【另存为】对话框，如图5.27所示，设置文件需要保存的地址后，单击【保存】按钮。

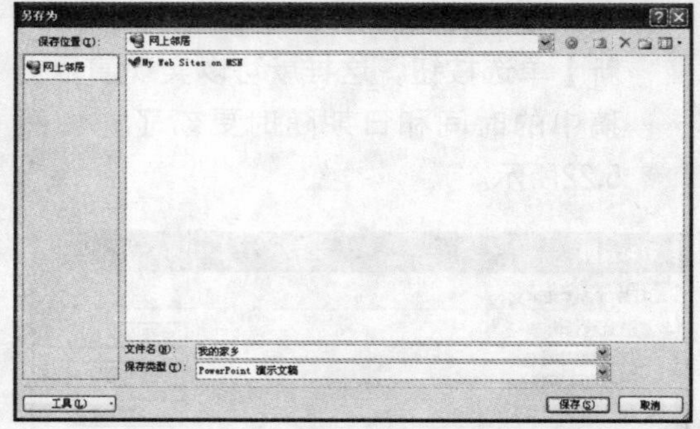

★ 图5.27

将演示文稿作为电子邮件附件发送

将演示文稿作为电子邮件附件发送的操作方法如下：

单击【Office】按钮，在其下拉菜单中选择【发送】选项，然后在其级联菜单中选择【电子邮件】选项，弹出发送邮件窗口，如图5.28所示，在其中填写邮件的相关内容，然后单击【发送】按钮即可。

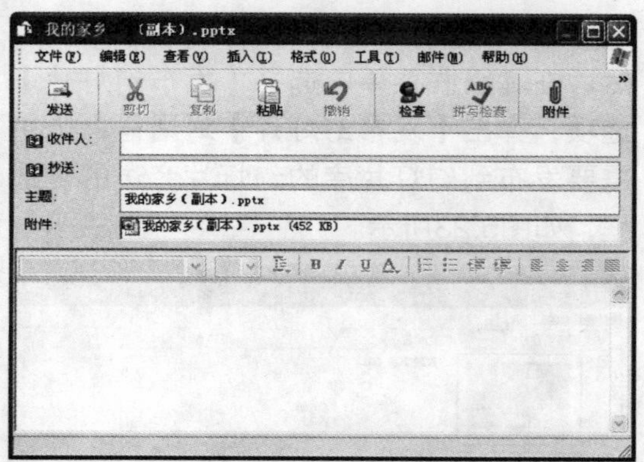

★ 图5.28

另外，单击【Office】按钮，在其下拉菜单中选择【发送】选项，然后在其级联菜单中选择【Internet传真】选项，可实现使用Internet传真服务器发送演示文稿，这里不再赘述。

将演示文稿转换成网页

将演示文稿转换成网页，就可以在IE浏览器中浏览幻灯片了，具体操作步骤如下：

1 打开要转换成网页的演示文稿。

2 单击【Office】按钮，在其下拉菜单中选择【另存为】选项，弹出【另存为】对话框。

3 单击【保存类型】下拉箭头，在其下拉列表中选择【单个文件网页】选项，如图5.29所示。

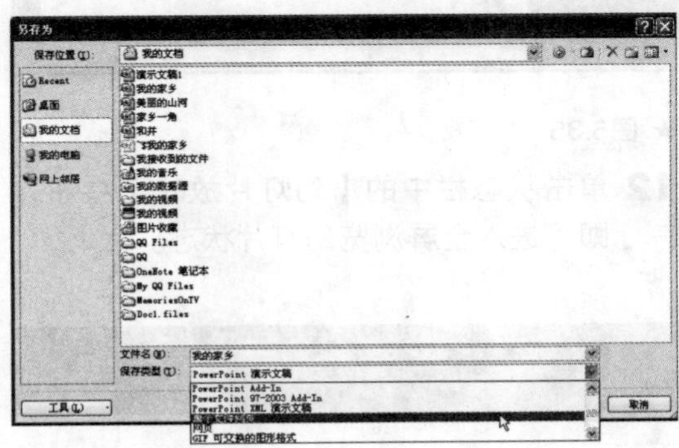

★ 图5.29

4 选择【单个文件网页】选项后，【另存为】对话框的下方将出现转换成网页的一些设置选项，如图5.30所示。

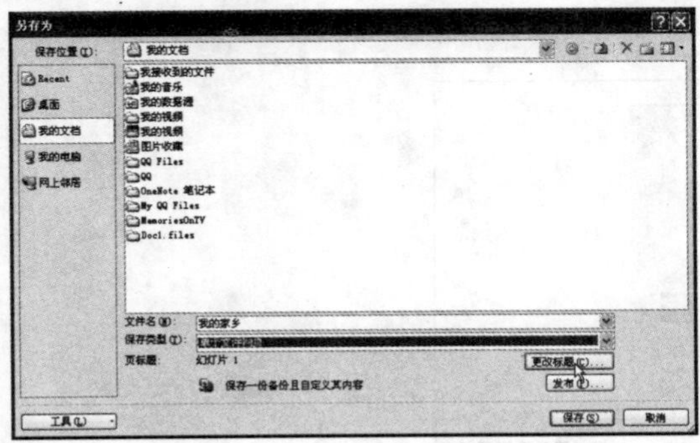

★ 图5.30

5 单击【更改标题】按钮，在弹出的【设置页标题】对话框中键入页标题名称，如图5.31所示。

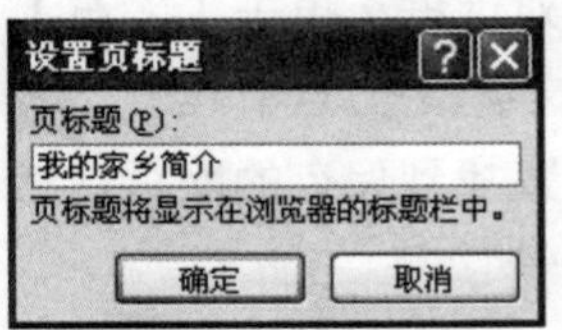

★ 图5.31

6 单击【确定】按钮返回，然后单击【发布】按钮，弹出【发布为网页】对话框，在其中进行相关的设置，如图5.32所示。

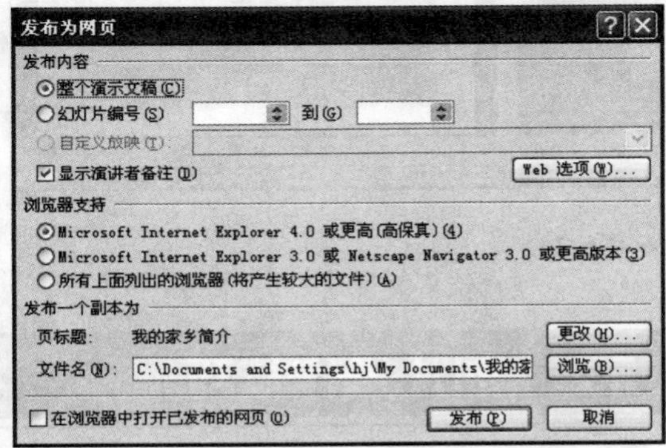

★ 图5.32

7 设置相关的选项后，单击其中的【浏览】按钮，确定网页保存的位置，并输入一个名称，然后单击【确定】按钮返回【发布为网页】对话框。

8 单击【Web选项】按钮，在【Web选项】对话框中进行设置，如图5.33所示。

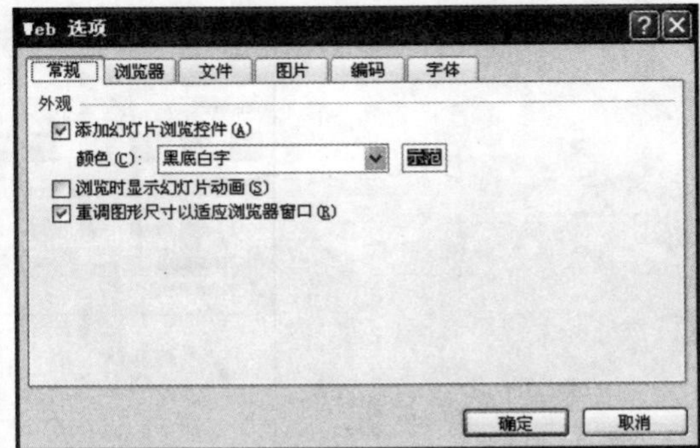

★ 图5.33

9 设置完成以后单击【确定】按钮，返回【发布为网页】对话框。单击【发布】按钮即可将演示文稿发布成网页。

10 在保存网页的位置找到保存的网页，然后打开，如图5.34所示。

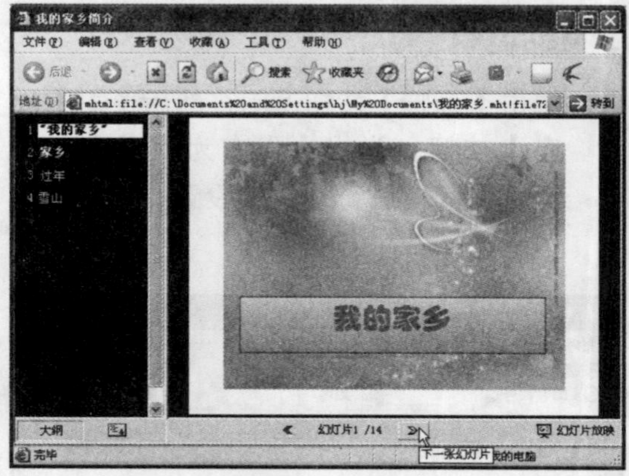

★ 图5.34

11 单击状态栏中的【下一张幻灯片】按钮，可浏览下一张幻灯片，如图5.35所示。

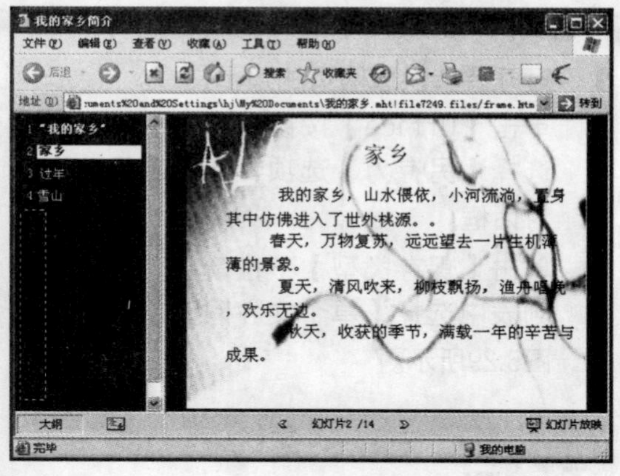

★ 图5.35

12 单击状态栏中的【幻灯片放映】按钮，即可进入全屏浏览幻灯片状态。

5.2 图片操作技巧

为剪贴画重新着色

如果对插入的剪贴画颜色不满意，可以通过下面的方法对剪贴画进行重新着色，具体操作步骤如下：

在幻灯片中插入需要的剪贴画后选中它，在【格式】选项卡的【调整】组中单击【重新着色】命令按钮，从打开的下拉菜单中选择【其他变体】选项，从随后出现的颜色列表中选择一种颜色即可，如图5.36所示。

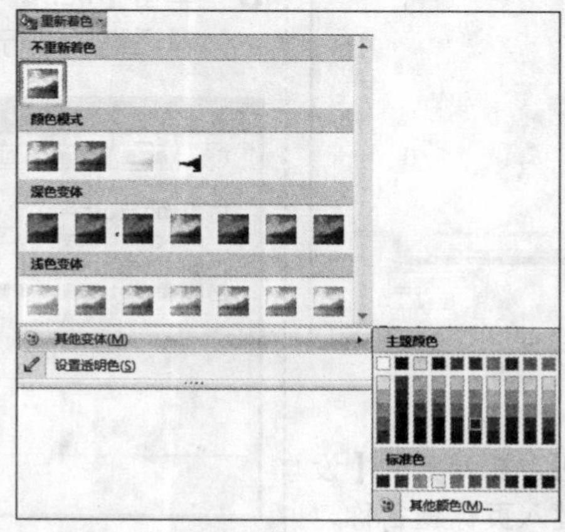

★ 图5.36

巧妙改变剪贴画的颜色

Office自带的剪贴画为我们在制作幻灯片的过程中提供了丰富的素材，但有时剪贴画的颜色与幻灯片的背景不太搭配，实在是太遗憾了！其实剪贴画的颜色是可以灵活改变的，操作步骤如下：

1 新建一个演示文稿，在页面中插入一幅剪贴画。

2 选中这幅图片，单击鼠标右键，在弹出的快捷菜单中选择【组合】项子菜单中的【取消组合】选项，会弹出一个提示框，询问是否将图片转换为Microsoft Office的图形，如图5.37所示。

★ 图5.37

3 单击【是】按钮返回编辑窗口。

4 确认图片处于选中状态，再次单击鼠标右键，仍然从快捷菜单中选择【组合】项子菜单中的【取消组合】选项，这时图片被分解为很多小部分，如图5.38所示。

5 现在就可以单独更改每一小部分的颜色了。选中要改变颜色的部分，单击鼠标右键，从快捷菜单中选择【设置形状格式】选项，弹出【设置形状格式】对话框，如图5.39所示。在此对话框中可以设置填充色及线条的颜色。

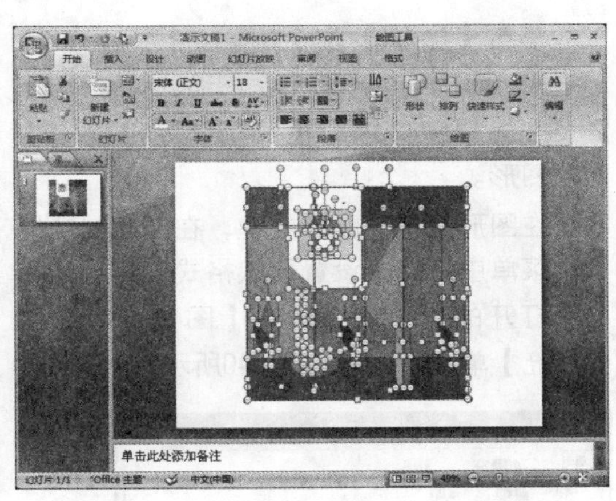

★ 图5.38

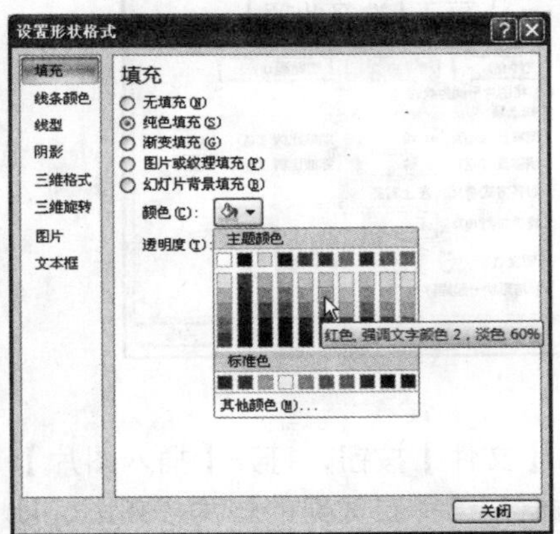

★ 图5.39

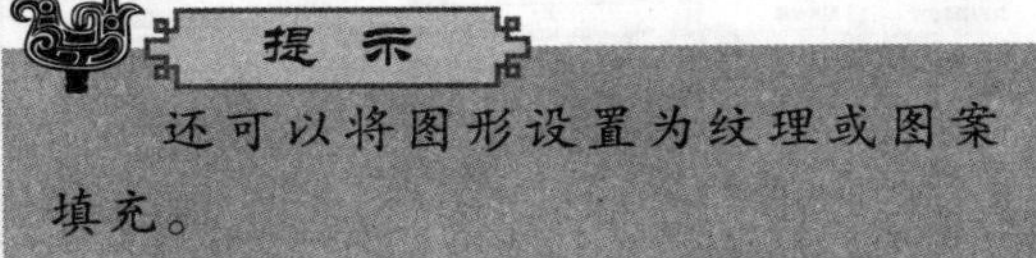

还可以将图形设置为纹理或图案填充。

把图片裁剪成任意形状

使用PowerPoint制作幻灯片时，经常需要对图片进行裁剪，但使用常规的方法只能对图片进行矩形裁剪，要想制作出圆形或三角形等特殊形状的图片就不太容易了，下面就给大家介绍将图片裁剪为其他形状的技巧，具体操作步骤如下：

1 单击【插入】选项卡，在【插图】组中

单击【形状】命令按钮，打开下拉菜单，选择【上凸带形】图形。

2 在编辑窗口中单击鼠标并拖动出一个图形。

3 在图形上单击鼠标右键，在弹出的快捷菜单中选择【设置形状格式】选项，在打开的对话框中选中【图片或纹理填充】单选按钮，如图5.40所示。

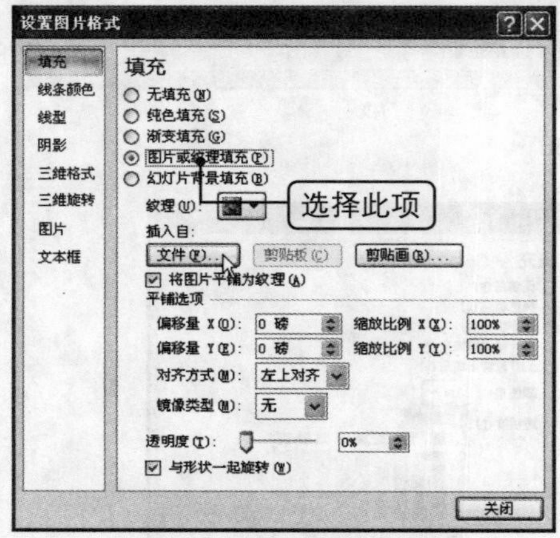

★ 图5.40

4 单击【文件】按钮，打开【插入图片】对话框，选择要裁剪的图片，如图5.41所示。

★ 图5.41

5 单击【插入】按钮，回到设置对话框，单击【关闭】按钮，回到PowerPoint编辑窗口中，即可看到图片已经被裁剪为设定的图形了，效果如图5.42所示。

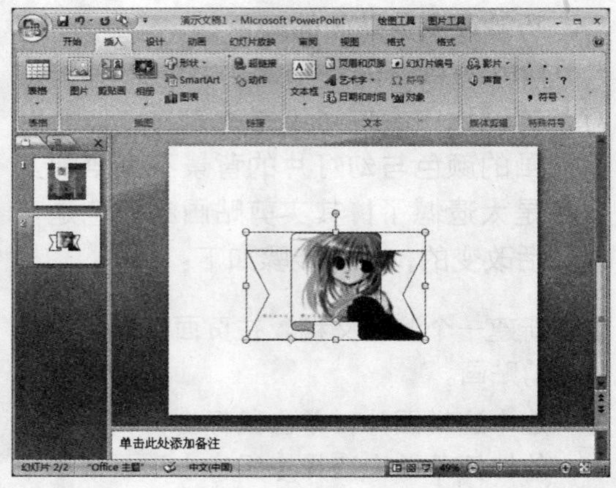

★ 图5.42

将幻灯片保存为图片

如果想要将演示文稿中的某张幻灯片保存为图片，可使用【另存为】命令将幻灯片保存为图片格式，具体操作方法如下：

1 选定要保存的幻灯片，把其他无须保存为图片格式的文字或对象都删除掉。

2 单击【Office】按钮，从打开的下拉菜单中选择【另存为】选项，打开【另存为】对话框。

3 输入新的文件名，并且把【保存类型】设置为“JPEG文件交换格式”或“GIF可转换的图形格式”，单击【保存】按钮即可，如图5.43所示。

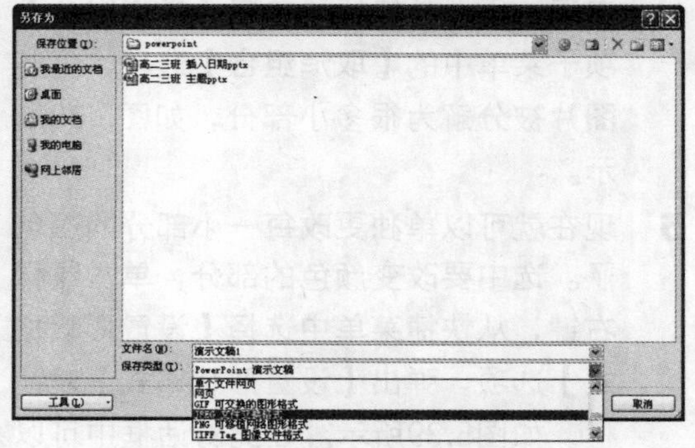

★ 图5.43

图5.44所示为保存为JPEG文件交换格

式的一张幻灯片。

★ 图5.44

去掉图片的背景

在PowerPoint中，有时需要将资料中的图片插入到当前的演示文稿中。图片的背景色一般都与当前演示文稿的背景颜色不同，这种图片又不能像绘制的图形那样可以很方便地更换背景色，怎么办呢?

选中图片，单击【图片工具】的【格式】选项卡，在【调整】组中单击【重新着色】命令按钮，从打开的下拉菜单中选择【设置透明色】命令，如图5.45所示。

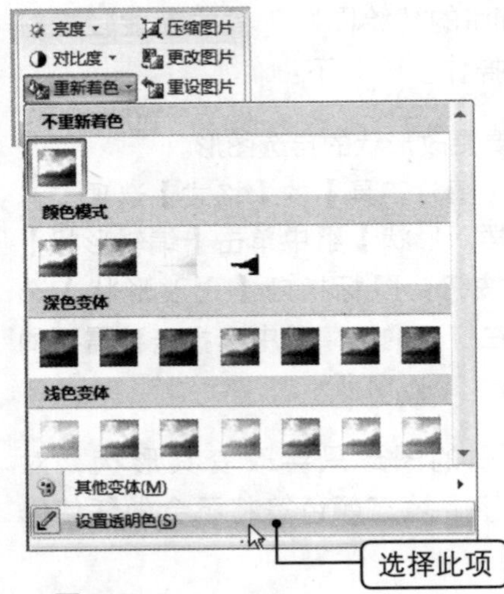

★ 图5.45

当鼠标指针变成一支笔的形状时，用它单击该图片中的背景区域，图片背景即可变为透明，图片设置前后的效果如图5.46所示。

★ 图5.46（a）

★ 图5.46（b）

压缩插入的图片

为了美化PowerPoint演示文稿，往往会在其中添加大量图片，致使文件变得非常大。有什么办法可以让演示文稿既保持原有的风格，又能变得小巧呢？其实，由于演示文稿主要用于屏幕演示而不作为打印输出，所以可以利用PowerPoint的压缩图片功能将演示文稿变得小巧，具体操作步骤如下：

1 选中需要压缩的图片，单击【图片工具】的【格式】选项卡，在【调整】组中单击【压缩图片】命令按钮。

2 打开如图5.47所示的【压缩图片】对话框。

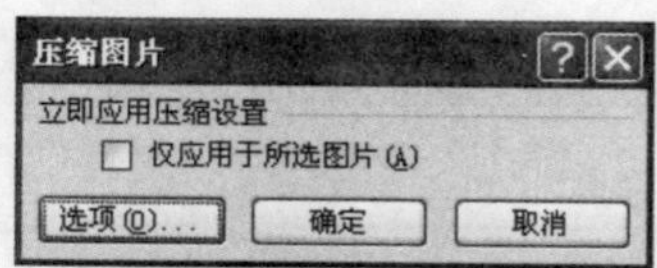

★ 图5.47

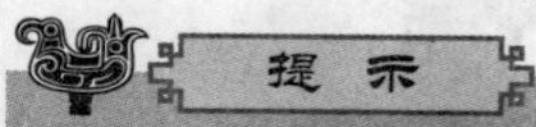

若是只想压缩所选图片，则选中【仅应用于所选图片】复选框。

3 单击【选项】按钮，打开【压缩设置】对话框，如果希望压缩的图片尽可能小，可以选择【删除图片的剪裁区域】复选框，如图5.48所示。

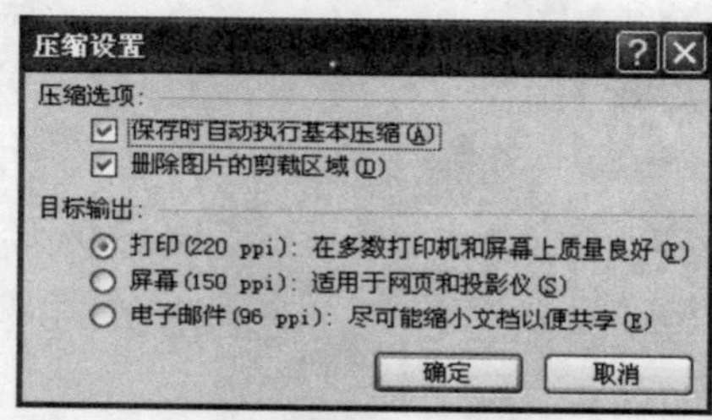

★ 图5.48

旋转或翻转图形

如果想对图形进行旋转或翻转操作，可以在选定该图形后，单击【图片工具】的【格式】选项卡，在【排列】组中单击【旋转】命令按钮，打开其下拉菜单，如图5.49所示，选择相应的选项即可。

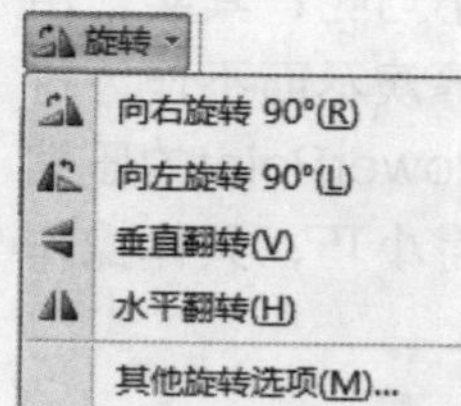

★ 图5.49

以上方法只能旋转固定的角度，如果想输入旋转的度数，则在图5.49所示的下拉菜单中选择【其他旋转选项】命令，打开【大小和位置】对话框，如图5.50所示，在【旋转】文本框中输入数值即可。

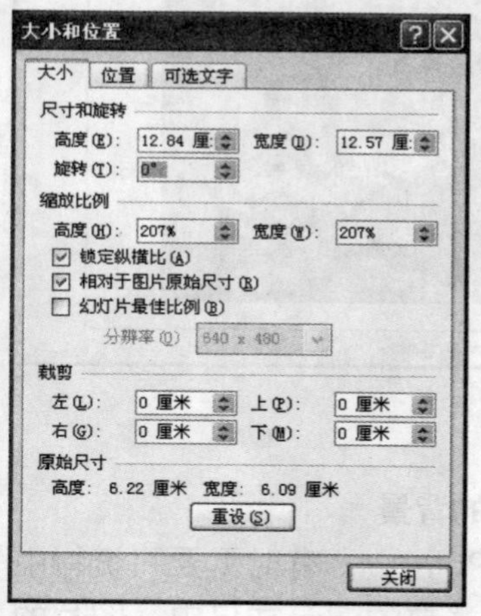

★ 图5.50

快速改变自选图形的形状

在幻灯片中绘制好自选图形、设置好颜色效果并在其中添加好文字后，发现需要改变一下自选图形的形状，通常的做法是重新插入想要的自选图形，然后进行修改。其实大可不必一切重头再来，使用PowerPoint的“绘图”工具栏就能轻松解决，具体操作步骤如下：

1 选中要更改形状的自选图形。

2 单击【图片工具】的【格式】选项卡，在【插入形状】组中单击【编辑形状】命令按钮，鼠标指向【更改形状】选项，在打开的子菜单中选择一种需要的形状，如图5.51所示。

更改后的图形只会改变其形状，对其中的文字、填充颜色等将不会做任何修改。

插入图表

在PowerPoint中，除了可以插入图片外，还可以插入图表，具体操作步骤如下：

★ 图5.51

1 打开一个演示文稿，用鼠标单击要在其后插入新幻灯片的那张幻灯片。

2 在【开始】选项卡的【幻灯片】组中，单击【新建幻灯片】命令按钮，选择其下拉菜单中的【标题和内容】选项。

3 单击【单击此处添加标题】后，输入标题内容。

4 单击【单击此处添加文本】后，在【插入】选项卡的【插图】组中，单击【图表】命令按钮，则出现如图5.52所示的【插入图表】对话框。

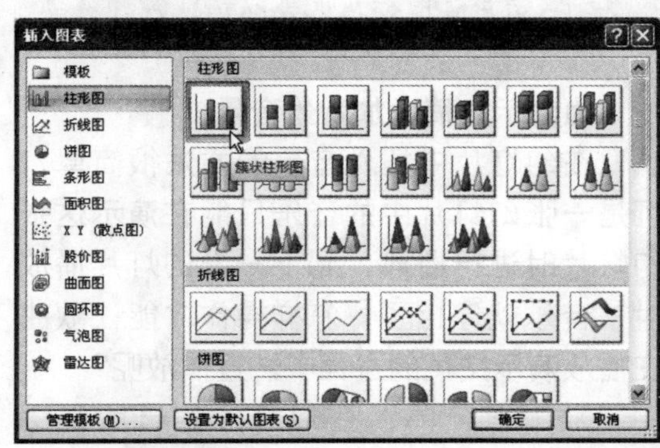

★ 图5.52

5 选择其中的【簇状柱形图】选项，单击【确定】按钮，打开一个Excel文档，如图5.53所示。

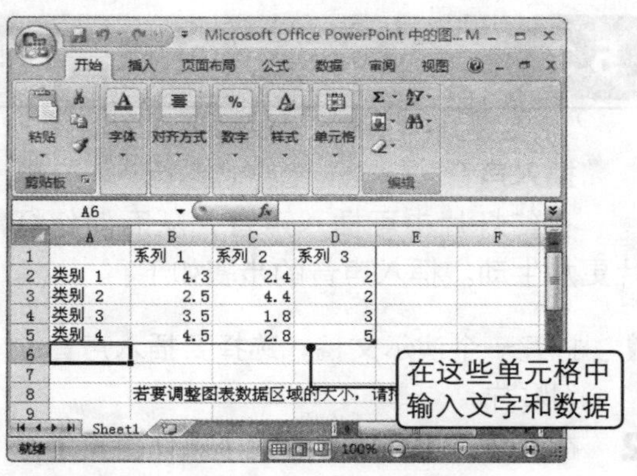

★ 图5.53

6 单击数据表中的各单元格，然后分别输入数据，输入的数据如图5.54所示。

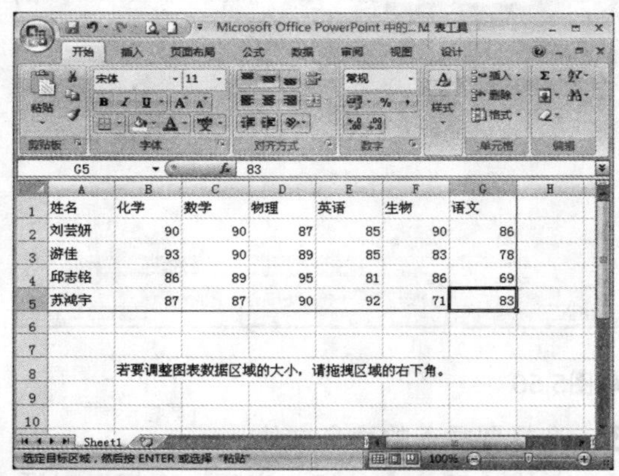

姓名	化学	数学	物理	英语	生物	语文
刘芸妍	90	90	87	85	90	86
游佳	93	90	89	85	83	78
邱志铭	86	89	95	81	86	69
苏鸿宇	87	87	90	92	71	83

★ 图5.54

7 输入完毕后，关闭Excel文档，图表就插入到PowerPoint中了，如图5.55所示。

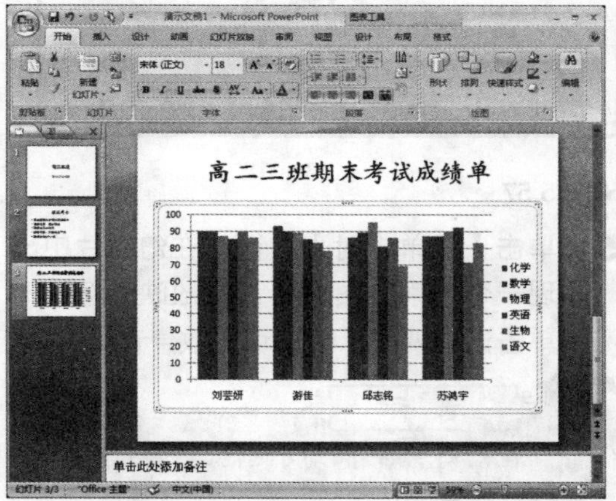

★ 图5.55

5.3 高级设置与幻灯片放映技巧

插入声音

在幻灯片中可插入声音，从而使幻灯片更加生动。插入声音的步骤如下：

1 打开一个演示文稿，选择要插入声音的幻灯片。

2 在【插入】选项卡中的【媒体剪辑】组中，单击【声音】命令按钮，出现【插入声音】对话框，如图5.56所示。

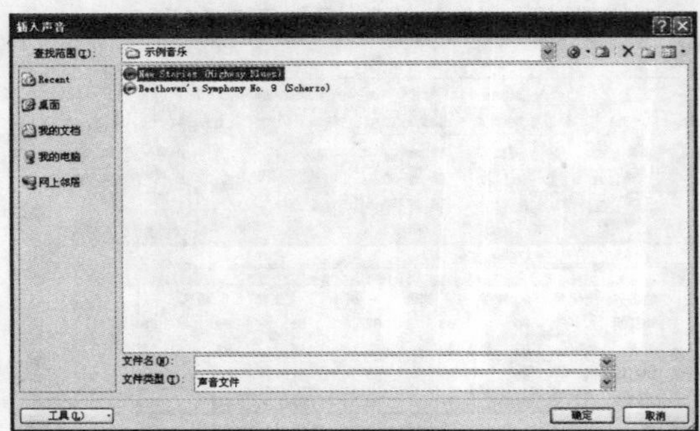

★ 图5.56

3 选择要插入的声音文件。

4 单击【确定】按钮，出现一个提示对话框，如图5.57所示。

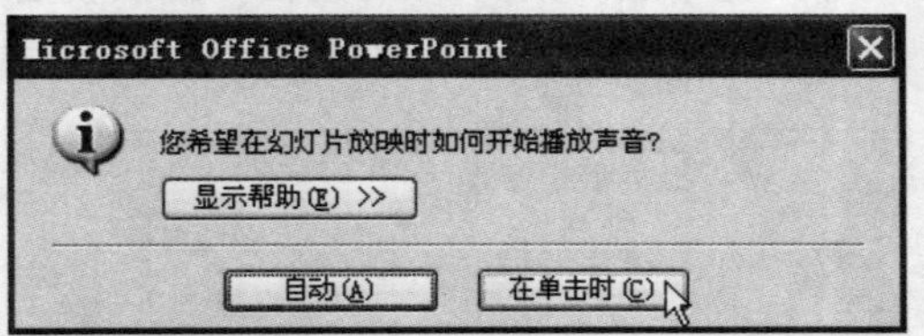

★ 图5.57

5 单击【在单击时】按钮，在幻灯片中出现一个小喇叭图标。在放映幻灯片时单击该喇叭图标即可播放声音。

在幻灯片中拖动小喇叭图标可改变它的位置。

说 明

如果添加了多个声音，则会重叠在一起，并按照添加顺序依次播放。如果希望每个声音都在单击时播放，则在插入声音后拖动声音图标，使它们互相分开。

提 示

为防止可能出现的链接问题，最好在添加到演示文稿之前将这些声音复制到演示文稿所在的文件夹中。

预览声音或旁白

在幻灯片内添加的声音也可以进行播放预览，具体步骤如下：

1 在幻灯片中，单击声音图标。

2 单击【声音工具】下的【选项】选项卡，在【播放】组中单击【预览】命令按钮，即可播放声音。

提 示

双击声音图标，也可以预览声音。

为演示文稿添加背景音乐

在幻灯片中插入音乐的方法很简单，可是一张幻灯片中的音乐只能在演示这张幻灯片时进行播放，到下一张幻灯片播放时，音乐就停止了，怎样操作才能让歌曲在播放演示文稿的过程中一直播放呢？

方法很简单，在幻灯片的母版视图中插入音乐，就可以在整个演示文稿的演示过程中播放了。单击【视图】选项卡，在【演示文稿视图】组中单击【幻灯片母版】命令按钮，进入到母版编辑视图中。

单击【插入】选项卡，在【媒体剪辑】组中单击【声音】命令按钮，在弹出的【插入声音】对话框中找到要作为背景音乐的文件。

提 示

从PowerPoint 2002开始，在【插入声音】对话框中可以直接插入MP3文件。

单击【确定】按钮，播放一下试试看吧!

提 示

不要忘了将"小喇叭"的声音图标拖到演示区域外，否则它会总出现在演示区域中。

在单张幻灯片中录制声音或语音注释

如果想要在幻灯片中添加自己的语音注释，可以执行下面的操作：

1 选中要添加声音或语音注释的幻灯片。
2 单击【插入】选项卡，在【媒体剪辑】组中单击【声音】下拉按钮，从打开的下拉菜单中选择【录制声音】命令，打开【录音】对话框。
3 单击圆形的【录制】按钮开始录制。
4 完成后单击【停止】按钮，在【名称】文本框中键入此声音的名称，如图5.58所示。

★ 图5.58

5 完成以上操作后单击【确定】按钮，在幻灯片中就会出现一个声音图标。用户可以像编辑其他声音文件属性一样对录制的声音进行设置。

插入MP3音乐

在演示文稿中插入MP3音乐，可以使演示文稿变得更加丰富多彩，下面介绍在演示文稿中插入MP3的具体操作步骤。

1 打开PowerPoint 2007应用程序，单击【插入】选项卡，在【文本】组中单击【对象】命令按钮，打开【插入对象】对话框。
2 选中【由文件创建】单选按钮，然后单击【浏览】按钮，找到并选取要插入的MP3音乐，单击【确定】按钮，返回【插入对象】对话框，如图5.59所示。

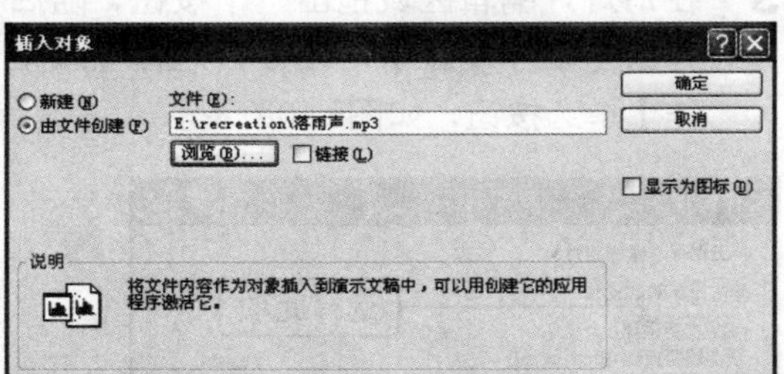

★ 图5.59

3 单击【确定】按钮，返回编辑窗口。单击【动画】选项卡，在【动画】组中单击【自定义动画】命令按钮，打开【自定义动画】任务窗格。
4 单击【添加效果】按钮，执行【对象动作】→【激活内容】命令，在【开始】下拉列表框中选择【之前】选项，单击【幻灯片放映】按钮即可。

提 示

播放时会出现一个病毒警告窗口，单击【是】按钮，播放器和歌曲就会一起出现。

用播放按钮控制声音的播放

在制作教学课件时，如果在课件中加上一段背景音乐，想让它在适当的时候停止，又能在适当的时候重新播放，可以使用下面的方法来实现。

1 单击【插入】选项卡，在【媒体剪辑】组中单击【声音】命令按钮，在打开的【插入声音】对话框中将需要的声音文件导入，然后在弹出的提示框中单击【在单击时】按钮。

2 单击【插入】选项卡，在【插图】组中单击【形状】命令按钮，在【动作按钮】区域中选择【动作按钮：自定义】图形。

3 在幻灯片编辑区域拖出一个按钮，随后弹出【动作设置】对话框，选择【无动作】单选按钮，如图5.60所示。

★ 图5.60

4 然后将上述按钮再复制两个，分别选中这三个按钮，单击鼠标右键，从弹出的快捷菜单中选择【编辑文字】命令，为三个按钮加上“播放”、“暂停”和“停止”文字。

5 选中幻灯片中的“小喇叭”图标，单击【动画】选项卡，在【动画】组中单击【自定义动画】命令按钮，打开【自定义动画】任务窗格，删除【在单击时播放】动作。

6 单击【添加效果】按钮，执行【声音操作】→【播放】命令，给声音加入一个播放的动作，如图5.61所示。

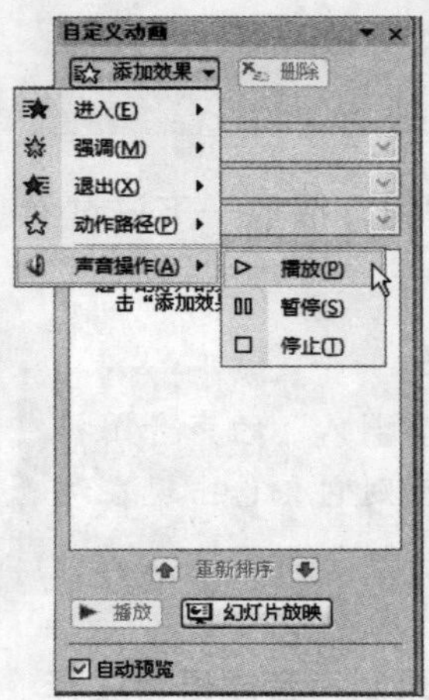

★ 图5.61

7 双击加入的播放动作，打开【播放 声音】对话框，切换到【计时】选项卡。选中【单击下列对象时启动效果】单选按钮，然后在右边的下拉列表中选择触发对象为刚才插入的播放按钮，如图5.62所示，然后单击【确定】按钮。

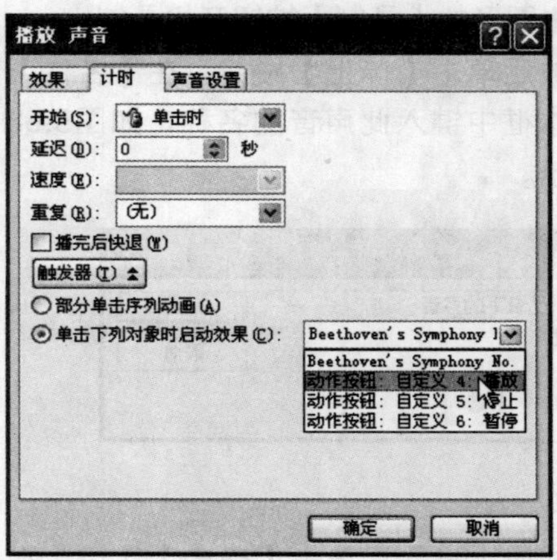

★ 图5.62

8 再次选中声音文件图标，单击【添加效果】按钮，执行【声音操作】→【暂停】命令，加入一个暂停的动作。双击加入的暂停动作，打开【暂停声音】对话框，切换到【计时】选项卡，单击打开【单击下列对象时启动效果】下拉列表框，选择触发对象为暂停按钮，然后单击【确定】按钮。

9 单击【添加效果】按钮，执行【声音操作】→【停止】命令，给声音加入一个停止的动作。双击加入的停止动作，打开【停止声音】对话框，切换到【计时】选项卡，在【单击下列对象时启动效果】下拉列表框中选择触发对象为停止按钮，然后单击【确定】按钮。

实现滚动字幕效果

在PowerPoint中，可以直接使用自定义动画的功能，实现滚动字幕的效果，具体设置方法如下：

1 打开【自定义动画】任务窗格，在幻灯片中选中要作为滚动字幕显示的对象。

2 执行【添加效果】→【进入】→【其他效果】命令，打开【添加进入效果】对话框。在【华丽型】区域中选择【字幕式】选项，然后单击【确定】按钮，将【字幕式】动画添加到选中对象上。

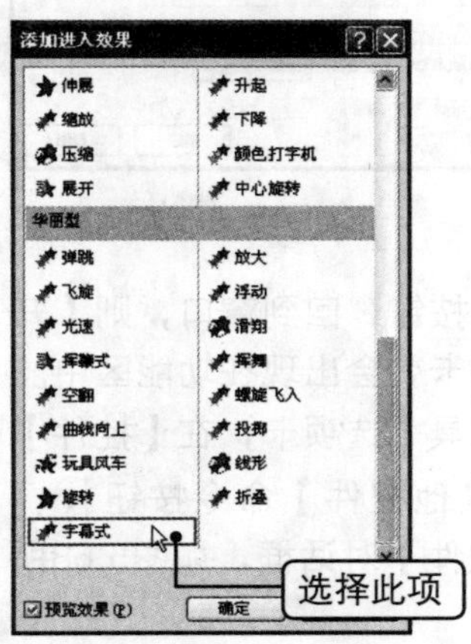

★ 图5.63

3 在【自定义动画】任务窗格中选中添加的动作，在【开始】下拉列表框中选择【之后】选项。

单击任务窗格底部的【播放】按钮，可以预览播放效果。

让对象随心所欲地动起来

在PowerPoint中，不仅可以选择内置的自定义动画路径，还可以根据需要随意地绘制出运动路径，使对象随心所欲地移动。具体绘制方法如下：

1 选中需绘制自定义路径的对象。

2 打开【自定义动画】任务窗格，单击【添加效果】按钮，选择【动作路径】→【绘制自定义路径】命令，打开如图5.64所示的子菜单。

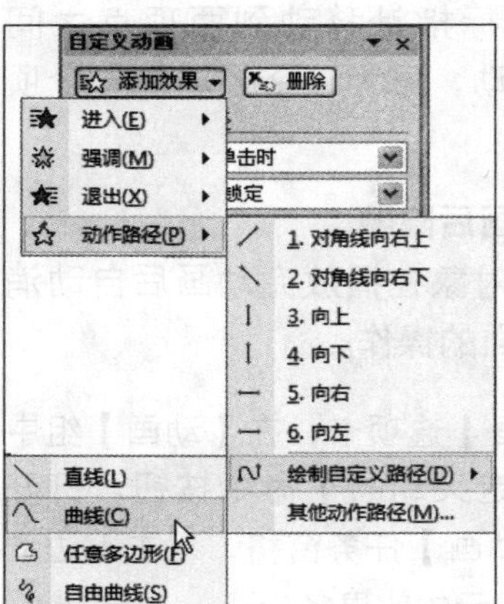

★ 图5.64

3 选择想要绘制的路径的形状，在幻灯片编辑区中绘制出动画运动的路径。绘制完成后，选定的对象将沿绘制路径运动。

在绘制后的路径上还可以对其顶点进行编辑，以达到改变路径形状的目的。具体操作方法如下：

1 选择【路径】下拉列表框中的【编辑顶点】命令，如图5.65所示。

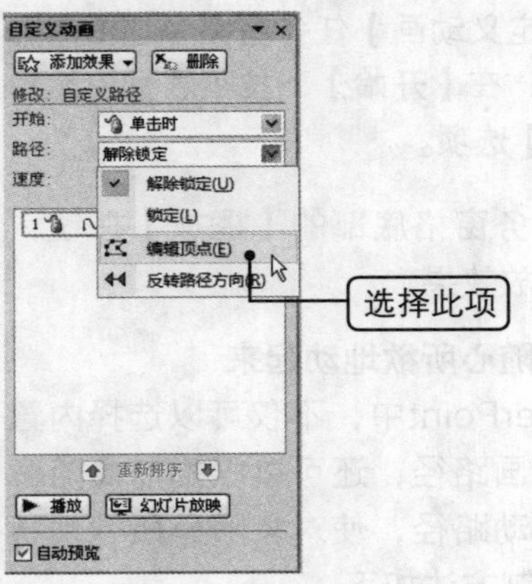

★ 图5.65

2 此时，在绘制的路径上会出现黑色小方块顶点。将鼠标移到该方块上，当鼠标指针变为✣形状时拖动鼠标，即可改变路径的顶点。

如果将鼠标指针移动到两顶点之间的线段上并拖动，可为该路径添加一个顶点。

播放完动画后隐藏

如果想让对象在播放完动画后自动消失，可执行下面的操作。

1 单击【动画】选项卡，在【动画】组中单击【自定义动画】命令按钮，打开【自定义动画】任务窗格，双击下边动画列表中显示的效果名。

2 在弹出的对话框中选择【效果】选项卡，单击【动画播放后】右边的下拉按钮，在打开的菜单中选择【播放动画后隐藏】选项，单击【确定】按钮即可，如图5.66所示。

插入Flash动画

现在的Flash这么绚丽耀眼，如果不能将它插入到幻灯片中，实在有些遗憾！在PowerPoint中插入Flash的方法不像插入图片那么简单，具体操作步骤如下：

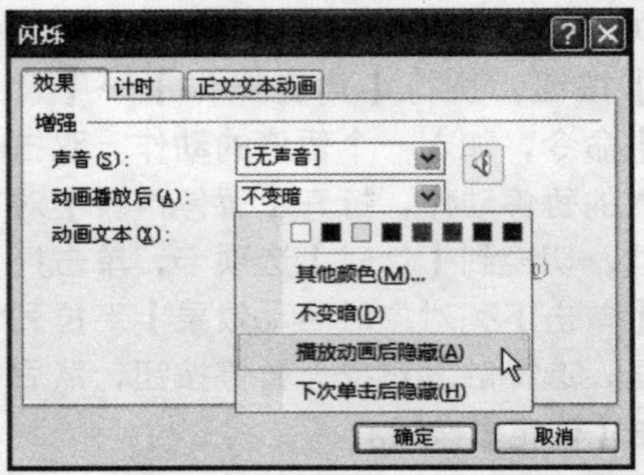

★ 图5.66

1 在PowerPoint中打开一个新文件并将它保存起来。

2 单击【Office】按钮，从打开的下拉菜单中单击【PowerPoint选项】按钮，打开【PowerPoint选项】对话框。

3 在【常用】选项卡下的【PowerPoint首选使用选项】区中，选中【在功能区显示“开发工具”选项卡】复选框，如图5.67所示。

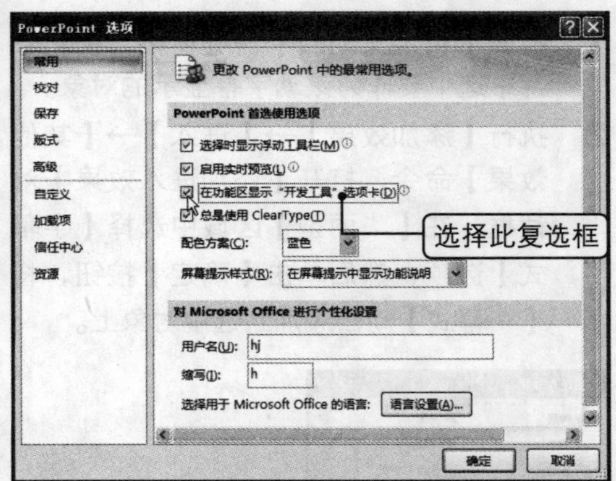

★ 图5.67

4 单击【确定】按钮，回到窗口，则【开发工具】选项卡就会出现在功能区中。单击【开发工具】选项卡，在【控件】组中单击【其他控件】命令按钮，打开【其他控件】对话框，如图5.68所示。

★ 图5.68

5 选择【Shockwave Flash Object】选项，然后单击【确定】按钮，这时鼠标光标变为十字形。按住鼠标左键，在幻灯片中拖出一个范围，在页面中会出现一个十字方框，这就是要演示Flash动画的窗口，如图5.69所示。

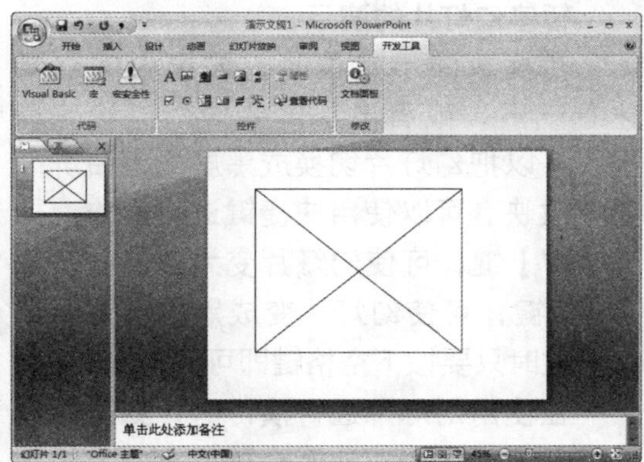

★ 图5.69

6 在这个十字方框上单击鼠标右键，从弹出的快捷菜单中选择【属性】命令，弹出【属性】窗口，单击【自定义】属性，在其后的属性值框中出现一个按钮，如图5.70所示。

7 单击...按钮，弹出【属性页】对话框，在【影片URL】栏中输入要插入的SWF文件的绝对路径和文件名。其他项保持默认设置就可以了，单击【确定】按钮。设置如图5.71所示。

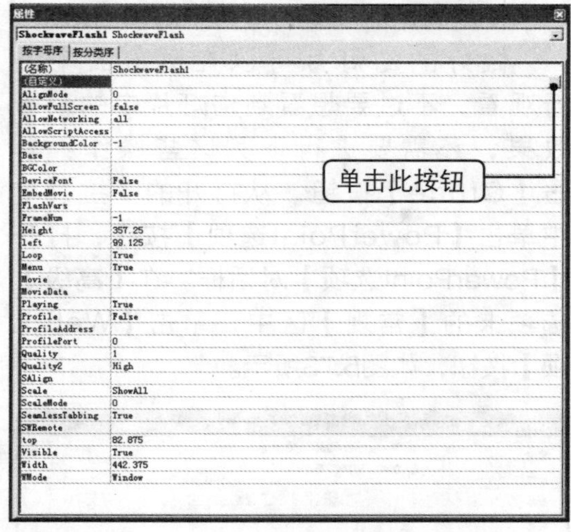

★ 图5.70

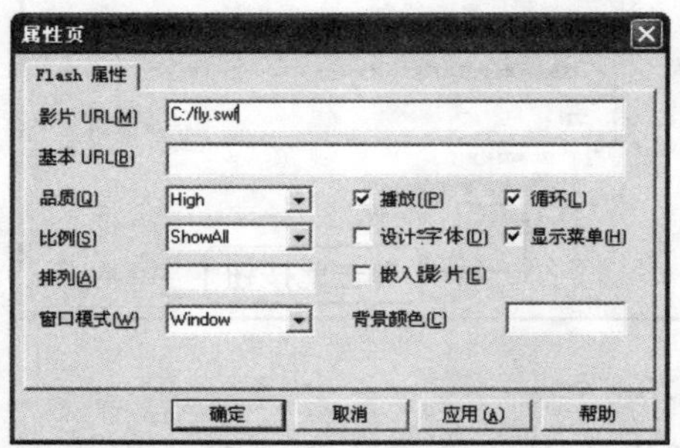

★ 图5.71

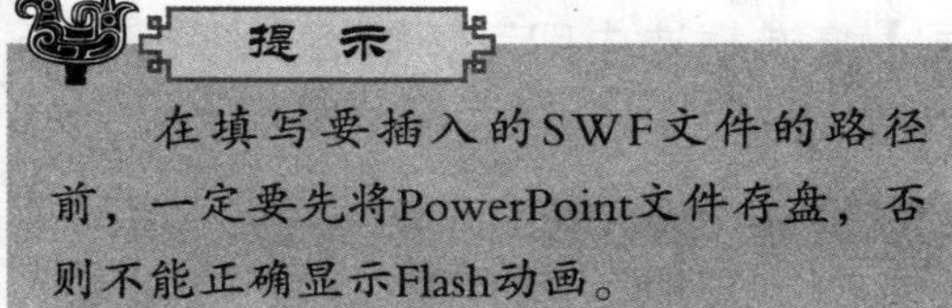

提 示

在填写要插入的SWF文件的路径前，一定要先将PowerPoint文件存盘，否则不能正确显示Flash动画。

8 插入后，在编辑状态并不能显示出Flash动画，按【F5】键进行播放，就可以看到插入的Flash了，如图5.72所示。

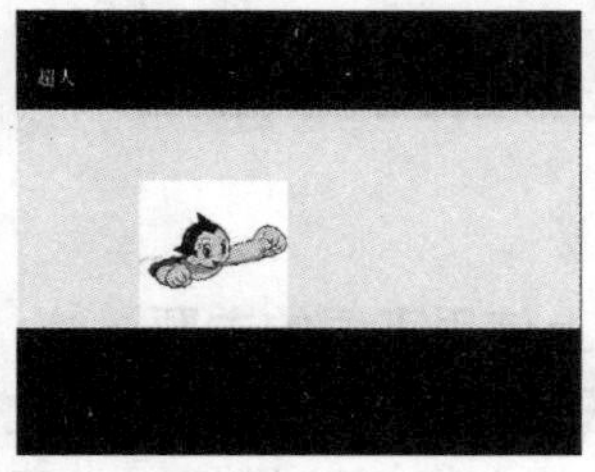

★ 图5.72

使用浏览器观看幻灯片中的动画效果

做好的幻灯片可以在浏览器中进行观看，不过要想看到幻灯片中的动画效果，还需要进行下列这些操作：单击【Office】按钮，从打开的下拉菜单中单击【PowerPoint选项】按钮，打开【PowerPoint选项】对话框。在【高级】选项卡的【常规】区中，单击【Web选项】按钮，如图5.73所示。

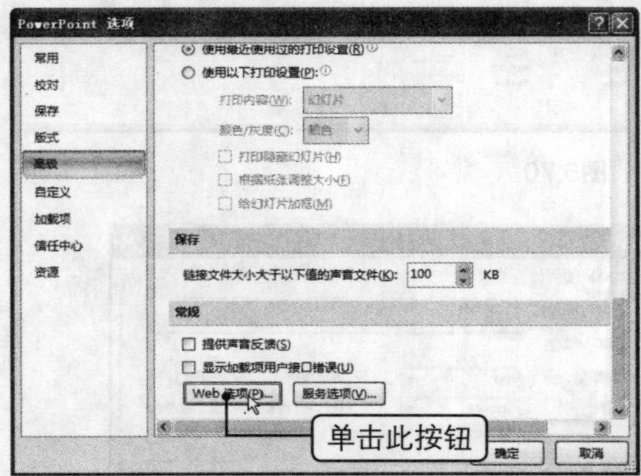

★ 图5.73

弹出【Web选项】对话框，将【常规】选项卡中的【浏览时显示幻灯片动画】复选框选中即可，设置如图5.74所示。

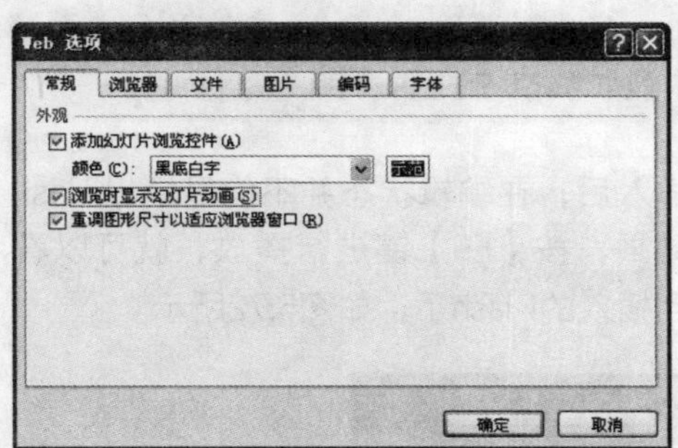

★ 图5.74

在每张幻灯片上使用不同的主题

当使用某个设计模板后，该演示文稿中的所有幻灯片都会应用该模板，如果需要在不同的幻灯片中应用不同的设计模板，可以执行下面的操作。

1 选中一张幻灯片。

2 单击【设计】选项卡，在【主题】组的某一种主题上单击鼠标右键，从弹出的快捷菜单中选择【应用于选定幻灯片】选项，如图5.75所示。

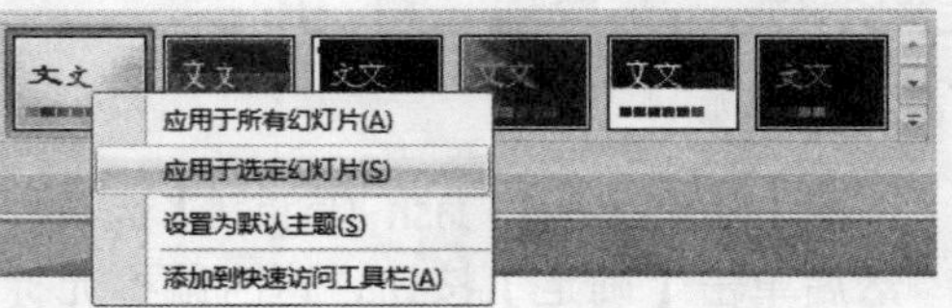

★ 图5.75

重复该操作，即可在每张幻灯片上使用不同的模板。

暂停幻灯片的演示

在播放演示文稿时，如果中间需要休息一下，或者出现需要插入讨论等情况，可以把幻灯片切换成黑屏或者白屏而暂停放映。可以使用快捷键进行操作，按下【W】键，可使幻灯片变为白屏；按下【B】键，可使幻灯片变成黑屏；需要继续播放时只要按下空格键即可。

在使用幻灯片进行演讲时，如果想让幻灯片暂时停止，让听众的注意力集中到演讲上时，可以让屏幕暂时以白屏或黑屏显示，设置方法如下：

- 在播放时按下【W】键，可以让屏幕以白屏显示。
- 在播放时按下【B】键，可以让屏幕以黑屏显示。
- 按下【S】键或是数字键盘上的【+】键，都可以暂停演示文稿的播放，再按一下又可继续播放。

隐藏暂时不想播放的幻灯片

有时并不想播放整个演示文稿中的

全部幻灯片，那么可以将暂时不想播放的幻灯片隐藏起来。在屏幕左侧的幻灯片显示栏中，选定要隐藏的幻灯片，单击【幻灯片放映】选项卡，在【设置】组中单击【隐藏幻灯片】命令按钮，即可将这张幻灯片隐藏起来。从屏幕左边的幻灯片显示栏中的【幻灯片】选项卡中可以看到被隐藏的幻灯片的序号上有一条斜线。

也可以在屏幕左侧的【幻灯片】选项卡中选中多张幻灯片，单击鼠标右键，从快捷菜单中选择【隐藏幻灯片】命令，将选中的幻灯片一起都隐藏起来。

在幻灯片放映中进行切换

在幻灯片放映状态下，要实现幻灯片间的自由切换，可通过下面的方法来实现。

- 如果要转到下一张幻灯片，可以单击鼠标、按回车键，或用鼠标右键单击并选择【下一张】命令。
- 如果是要转到上一张幻灯片，可以按【Backspace】键，或用鼠标右键单击并选择【上一张】命令。
- 若要转到指定的幻灯片，可以键入幻灯片的编号，再按回车键；或者用鼠标右键单击并选择【定位至幻灯片】菜单项下的相应幻灯片标题。
- 如果想观看上一次查看过的幻灯片，可以用鼠标右键单击并选择【上次查看过的】选项。
- 若要返回到第一张幻灯片，则先键入数字键“1”，再按回车键即可。
- 按【A】键或【=】键，可以显示或隐藏鼠标指针。
- 按【Ctrl+P】组合键，将重新显示隐藏的指针或将指针改变成绘图笔。
- 按【Ctrl+M】组合键，将显示或隐藏墨迹标记。
- 要转到下一张隐藏的幻灯片，则按【H】键即可。
- 要结束幻灯片的放映，按【Esc】键、【Ctrl+PauseBreak】组合键或连字符键均可。

让演示文稿自动循环播放

通常情况下，放映完幻灯片后会自动结束退出。如果想要实现演示文稿的循环播放，可以通过下面的方法进行设置。

1 单击【幻灯片放映】选项卡，在【设置】组中单击【设置放映方式】命令按钮，打开【设置放映方式】对话框。

2 选中【演讲者放映（全屏幕）】单选按钮，再选中【循环放映，按ESC键终止】复选框，如图5.76所示。这样就可以在播放中随时按【Esc】键终止演示了。

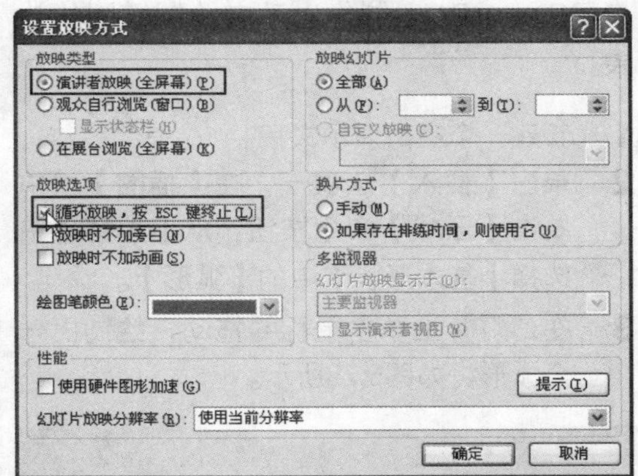

★ 图5.76

调整演示文稿的播放窗口

在播放演示文稿时，按【F5】键，可以进入到全屏播放模式。在这种模式下与其他运行的应用程序进行切换时很不方便，你可以尝试一下这样放映演示文稿：在演示文稿的编辑状态，按住【Alt】键，再连续按下【D】键和【V】键，这时同样可以进入幻灯片放映模式，但是这时的屏幕中是一个带标题栏以及状态栏的窗口，在窗口下面会把桌面的任务栏显示出来，大大方便了与其他打开的应用程序进行切换操作，效果如图5.77所示。

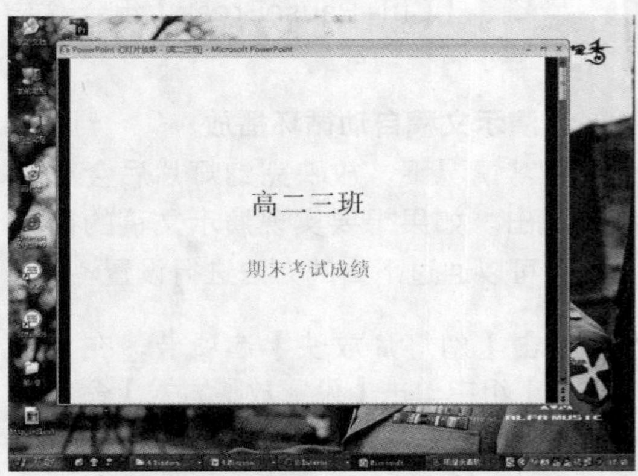

★ 图5.77

动态绘制椭圆

动画功能是演示文稿的精髓，本例将用PowerPoint制作出动态绘制椭圆的效果。

1 新建一个空白演示文稿。

2 单击【插入】选项卡，在【插图】组中单击【形状】命令按钮，从下拉菜单中选择【基本形状】中的【弧形】。

3 在幻灯片上单击鼠标并拖动，绘制出一个弧形，如图5.78所示。

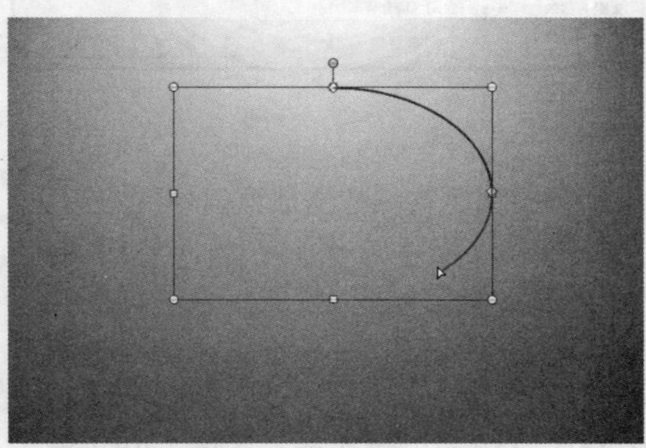

★ 图5.78

4 选中该弧形，按住其中一个黄色控制柄拖拉，将四分之一的弧形调整为半圆形。

5 为上述半圆设置一个“自顶部”、“慢速”的擦除效果。

6 将上述半圆复制一份。

7 在【格式】选项卡的【排列】组中，利用【旋转】命令按钮将复制的半圆进行【水平翻转】。

8 将翻转后的半圆与前面的半圆拼接成一个圆，并在【自定义动画】窗格中，将动画的【开始】、【方向】选项分别设置为【之后】、【自底部】，如图5.79所示。

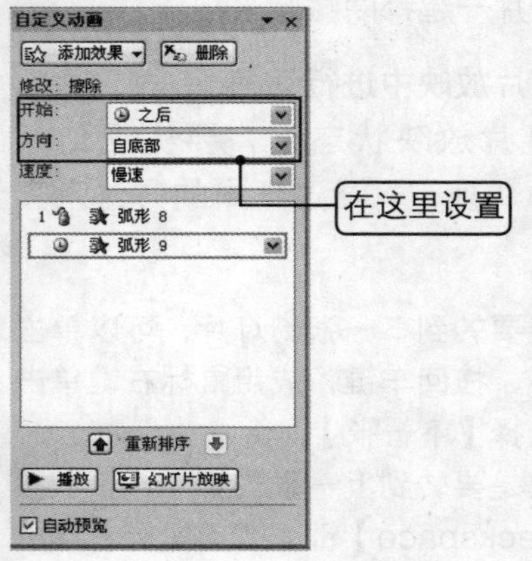

★ 图5.79

至此，动态绘制椭圆的动画制作完成，放映效果如图5.80所示。

★ 图5.80

5.4 安全与打印技巧

为演示文稿设置密码

有时不想让登录到自己计算机上的用户访问自己的演示文稿，可以为演示文稿设置密码。具体操作步骤如下：

1 单击【Office】按钮，然后在其下拉菜单中选择【另存为】选项，打开【另存为】对话框，如图5.81所示。

★ 图5.81

2 单击【工具】按钮，从打开的下拉菜单中选择【常规选项】选项，弹出【常规选项】对话框。

3 根据需要在【打开权限密码】框或【修改权限密码】框中键入密码，也可都键入密码，如图5.82所示。

★ 图5.82

> **提 示**
>
> 1. 最好使用由大写字母、小写字母、数字和符号组合而成的强密码。弱密码不混合使用这些元素。例如，Y6dh!et5 是强密码，House27 是弱密码。密码长度应大于或等于8个字符，最好使用包括14个或更多个字符的密码。
>
> 2. 记住密码很重要。如果忘记了密码将无法找回。最好将密码记录下来，保存在一个安全的地方，这个地方应该尽量远离密码所要保护的信息。

4 单击【确定】按钮，弹出【确认密码】对话框，出现打开权限密码的对话框，如图5.83所示。

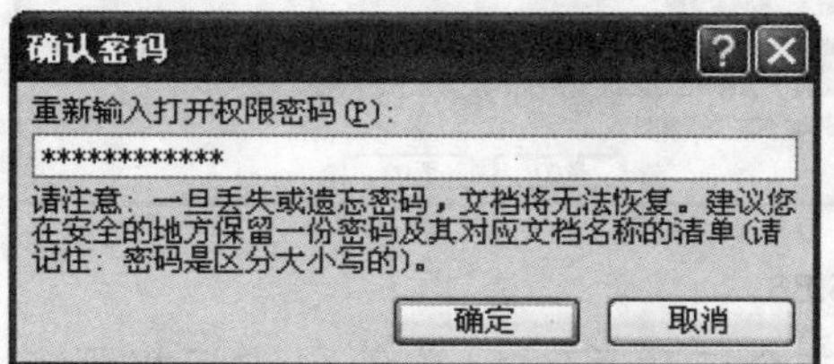

★ 图5.83

5 输入设置的打开权限密码，单击【确定】按钮，出现确认修改权限密码的对话框，如图5.84所示。

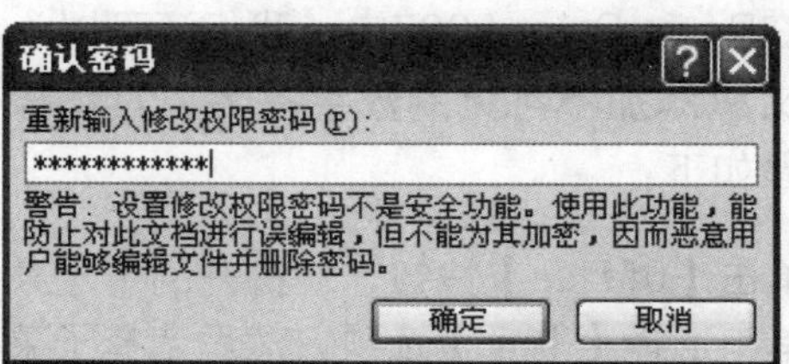

★ 图5.84

6 输入设置的修改权限密码，单击【确定】按钮返回【另存为】对话框。单击

【保存】按钮，出现提示保存对话框，如图5.85所示。单击【是】按钮即可替换已有的演示文稿。

★ 图5.85

设置演示文稿的访问权限

在PowerPoint 2007中还可以设置演示文稿的访问权限，操作步骤如下：

单击【Office】按钮，从下拉菜单中选择【准备】项中的【限制权限】选项，再选择【限制权限】项中的【限制访问】命令，弹出服务注册对话框，如图5.86所示。

★ 图5.86

这个选项可以授予用户访问权限，同时显示其编辑、复制和打印能力。通过Internet网上注册或者试用IRM服务，可以享受限制权限的服务。

为演示文稿添加数字签名

在PowerPoint 2007中，我们还可以为演示文稿添加不可见的数字签名，具体操作步骤如下：

1 单击【Office】按钮，从打开的下拉菜单中选择【准备】选项，然后选择子菜单中的【添加数字签名】选项，弹出信息提示框，如图5.87所示。

★ 图5.87

2 如果需要自己添加数字签名，则直接单击【确定】按钮，进入【获取数字标识】对话框，如图5.88所示。

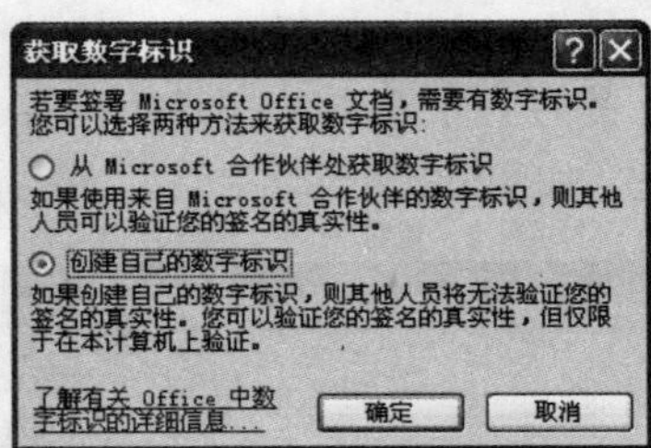

★ 图5.88

3 选中【创建自己的数字标识】单选按钮，然后单击【确定】按钮，弹出【创建数字标识】对话框，在其中输入相关的信息，如图5.89所示。

★ 图5.89

4 单击【创建】按钮，弹出【签名】对话框，如图5.90所示。

签名
查看有关要签署的内容的其他信息...
将要在此文档中添加数字签名。此签名在此文档的内容中不可见。
签署此文档的目的(P):
保密
签署为: hj
更改(H)...
签名(S)
取消

★ 图5.90

5 如果要说明签署文档的目的，则在【签名】对话框中的【签署此文档的目的】文本框中键入此信息。单击【签名】按钮，系统弹出【签名确认】对话框，如图5.91所示，显示签名的信息。

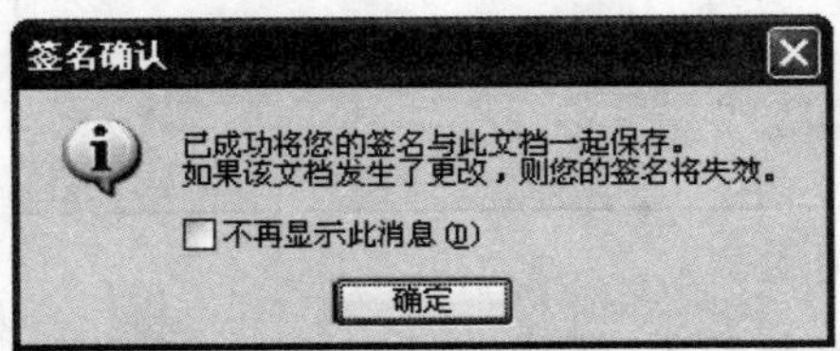

★ 图5.91

6 单击【确定】按钮会在状态栏中显示数字签名符号，如图5.92所示。单击可以查询数字签名或者删除数字签名。

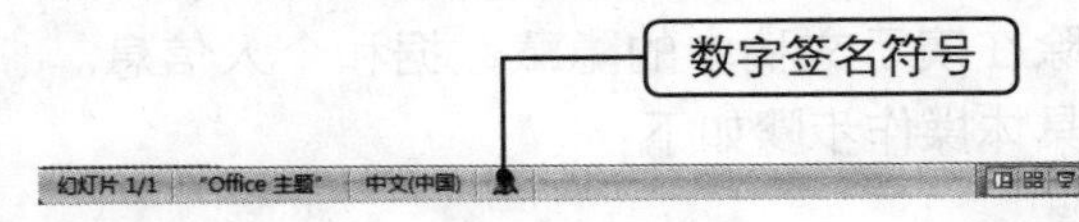

★ 图5.92

根据需要设置打印内容

默认情况下执行的打印操作只能打印出幻灯片本身的内容，讲义与备注是不能打印出来的。如果需要打印讲义或备注，则可以通过如下设置来实现。

1 单击【Office】按钮，在其下拉菜单中选择【打印】命令，打开【打印】对话框。

2 如果要打印讲义，则在【打印内容】下拉列表框中选择【讲义】选项。选择此选项后，右侧的【讲义】设置区域将被激活，可以设置每页打印几张幻灯片及幻灯片的编号是【水平】还是【垂直】，如图5.93所示。

3 如果需要打印备注，则在【打印内容】下拉列表框中选择【备注页】选项，然后单击【确定】按钮，每张幻灯片即将会连同下面的备注页一起打印。

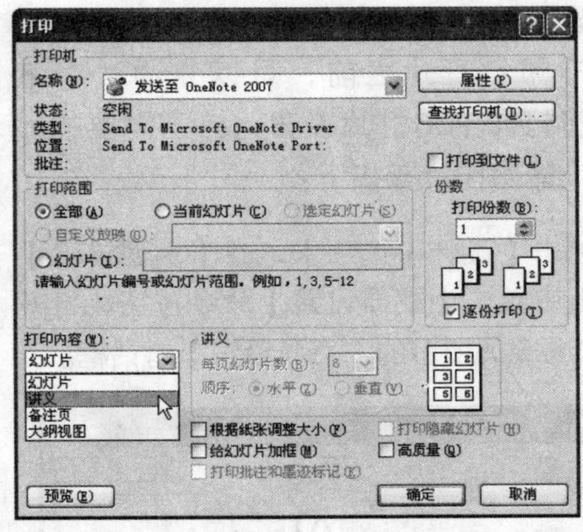

★ 图5.93

4 如果需要打印大纲视图，则在【打印内容】下拉列表框中选择【大纲视图】选项。该选项只能打印幻灯片中的文字内容，不能打印图片。

一次性打印多篇演示文稿

当需要打印多个演示文稿时，常规的方法是依次打开每一个演示文稿文件，再执行打印操作，这样太麻烦。其实只需执行一次命令，就可以将演示文稿按顺序打印出来。

1 单击【Office】按钮，在其下拉菜单中选择【打开】命令，弹出【打开】对话框。

2 将所有需要打印的PowerPoint文件全部选中，单击【工具】按钮，在打开的下拉菜单中选择【打印】命令即可，如图5.94所示。

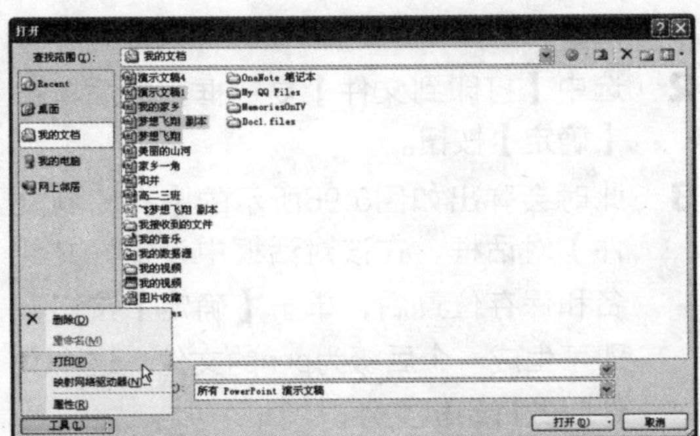

★ 图5.94

设置打印幻灯片的尺寸

打印幻灯片之前，可以先通过以下设置将打印的幻灯片设置为自己需要的大小，具体操作步骤如下：

1 单击【设计】选项卡，在【页面设置】组中单击【页面设置】命令按钮，打开如图5.95所示的【页面设置】对话框。

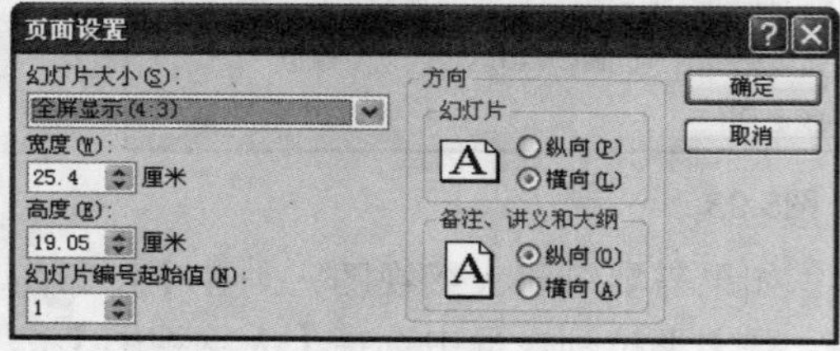

★ 图5.95

2 在【幻灯片大小】下拉列表框中选择打印需要的大小，或者在【宽度】和【高度】设置框中自定义所需的尺寸。

3 单击【确定】按钮即可。

在未安装PowerPoint的电脑中打印演示文稿

如果在自己电脑中制作好演示文稿后需要打印出来，但此电脑没有配备打印机，这时可以先将演示文稿转换成打印机文件，然后带到有打印机的电脑中再执行打印操作，具体实现步骤如下：

1 单击【Office】按钮，在其下拉菜单中选择【打印】命令，打开【打印】对话框。

2 选中【打印到文件】复选框，然后单击【确定】按钮。

3 此时会弹出如图5.96所示的【打印到文件】对话框，在该对话框中设置好文件名和保存位置后，单击【确定】按钮，即可生成一个后缀为prn的文件，这个文件叫做打印机文件。

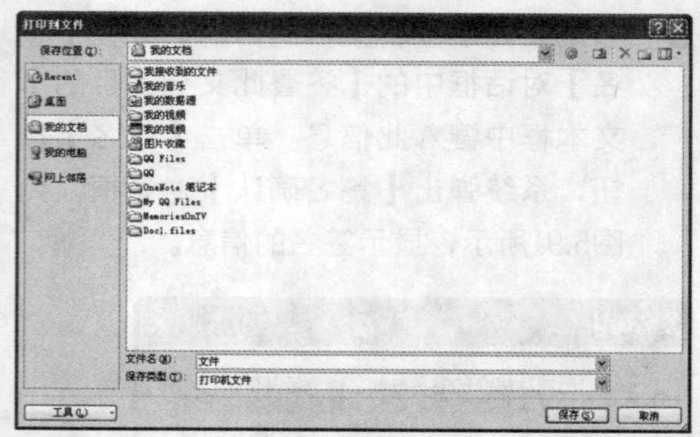

★ 图5.96

4 在其他配备打印机的电脑中打开这个打印机文件，即可对文档进行打印（即使这台电脑中没有安装PowerPoint）。

检查隐藏的数据和个人信息

在PowerPoint 2007中，可以查找并删除在演示文稿中的隐藏数据和个人信息。具体操作步骤如下：

1 打开要检查是否存在隐藏数据和个人信息的演示文稿。

2 单击【Office】按钮，在其下拉菜单中选择【另存为】选项，然后在【文件名】输入框中键入一个名称以保存原始演示文稿的副本，如图5.97所示。

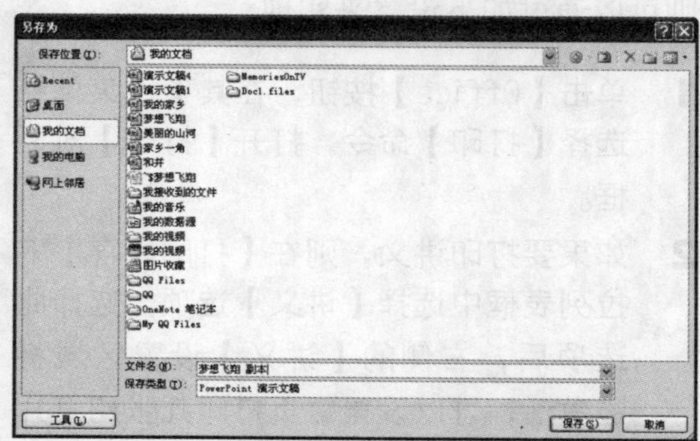

★ 图5.97

最好对原始文档的副本使用文档检查器，因为有时可能无法恢复文档检查器删除的数据。

3 单击【保存】按钮保存文件。在原始演示文稿的副本中，单击【Office】按钮，在其下拉菜单中选择【准备】选项，然后单击【检查文档】命令，弹出【文档检查器】对话框。

4 选中相应的复选框以选择要检查的隐藏内容的类型，如图5.98所示。

★ 图5.98

5 然后单击【检查】按钮，开始对文档进行检查，执行过程如图5.99所示。

★ 图5.99

6 随后在【文档检查器】对话框中审阅检查结果，如图5.100所示。

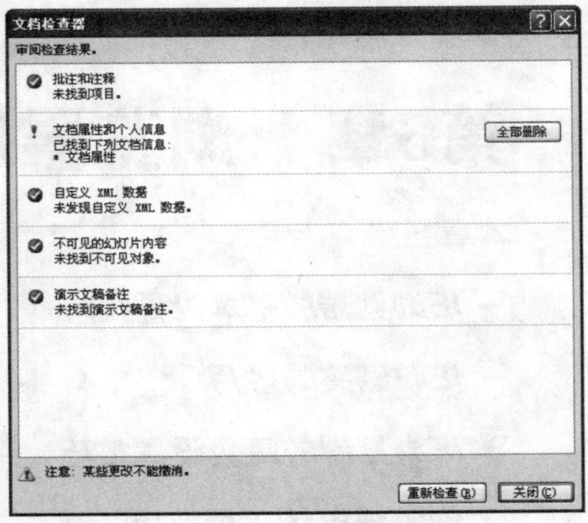

★ 图5.100

若要从文档中删除隐藏的内容，单击其检查结果旁边的【全部删除】按钮。

如果从演示文稿中删除了隐藏内容，则可能无法通过单击【撤销】按钮来恢复删除的内容。

Chapter 06

第6章　浏览器应用技巧

本章要点

- IE浏览器的基本设置技巧
- IE收藏夹的妙用
- IE浏览器的高级设置技巧
- 傲游浏览器应用技巧

在信息技术高速发展的今天，使用浏览器上网浏览网页早已不是什么新鲜的事情。不过要想熟练快捷地进行操作，没有一些技巧，就会很不方便，有时甚至影响工作进度，降低工作效率。本章专门介绍浏览器的一些使用技巧，希望能为您的网上之行扫除一些障碍，增添一些快乐。

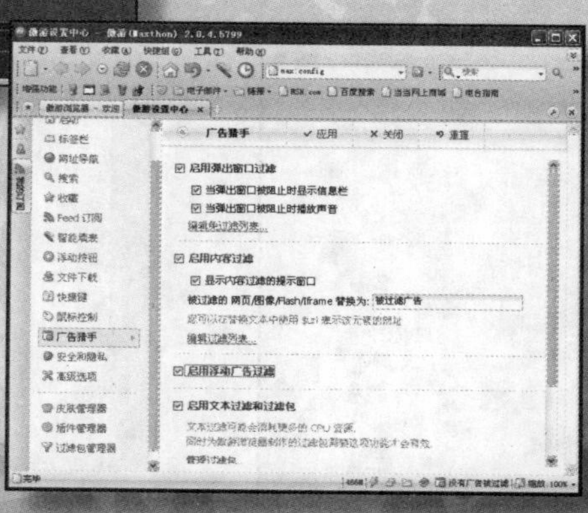

6.1　IE浏览器的基本设置技巧

让浏览页面全屏显示

下面介绍一下让浏览页面全屏显示的几种方法，以方便用户日后自由选择使用。

直接单击键盘上的【F11】功能键，就可以让当前浏览页面全屏显示，这种方法可以说是最简单的，如图6.1所示。

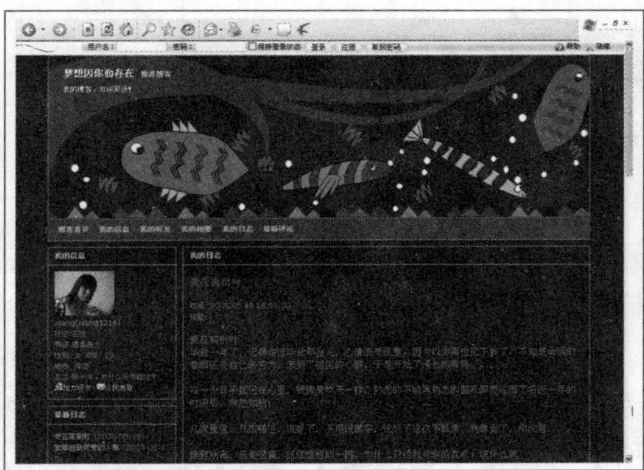

★ 图6.1

如果喜欢使用鼠标的话，可以在浏览界面中，依次单击菜单栏中的【查看】→【全屏显示】命令就可以了。

第三种方法是在桌面上建立一个能让浏览页面全屏显示的快捷方式，以后只要用鼠标双击该快捷方式就能达到全屏显示的目的了。

改变IE窗口的默认大小

不知你是否遇到过新打开一个链接后，IE窗口变得特别小的情况，如图6.2所示。出现这种现象是因为IE对窗口大小具有记忆功能，它会自动将最后关闭的IE窗口的大小记忆下来，下次就会自动按照这个尺寸重新打开窗口。

知道了它的原理，解决起来也就非常容易了。只要保证要调整的是当前打开的唯一IE窗口后，将它的尺寸调整至合适大小，然后正常关闭它。这样，下次无论是从链接还是从快捷方式打开的IE浏览器都是您所设定的窗口大小了。

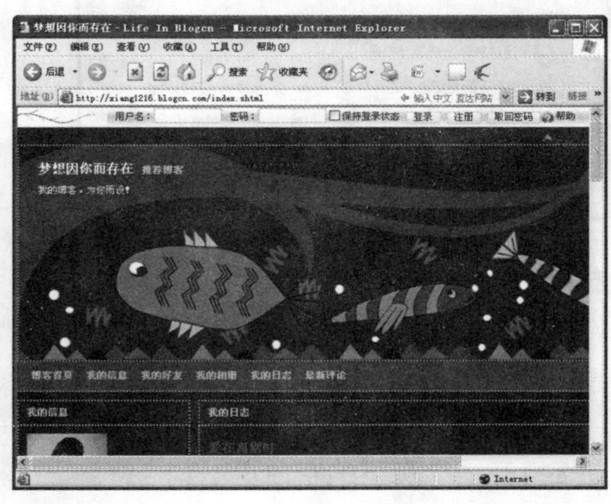

★ 图6.2

提　示

使用这种方法，必须保证当前已经打开了一个正常的网页后才生效。

加快IE的开启速度

为了加快IE浏览器的开启速度，可以将主页修改为空白页，具体操作方法如下：

1　打开IE浏览器窗口，执行【工具】→【Internet选项】命令，打开【Internet选项】对话框。

2　在【常规】选项卡下的【主页】栏中单击【使用空白页】按钮，即可将主页修改为空白页，如图6.3所示。

3　单击【确定】按钮保存设置，以后重新开启IE时就不会搜索默认的主页，从而加快了IE的开启速度。

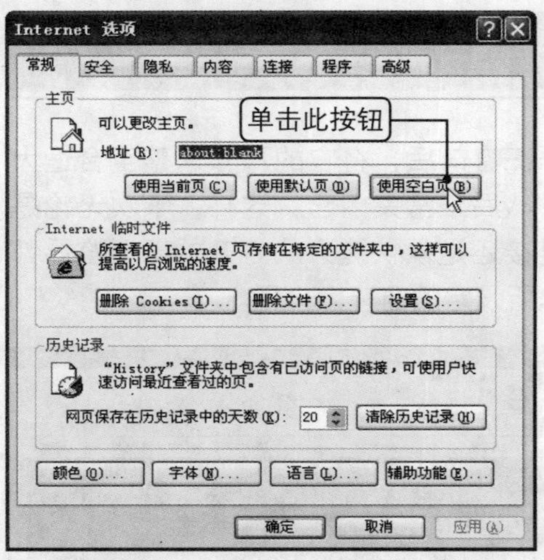

★ 图6.3

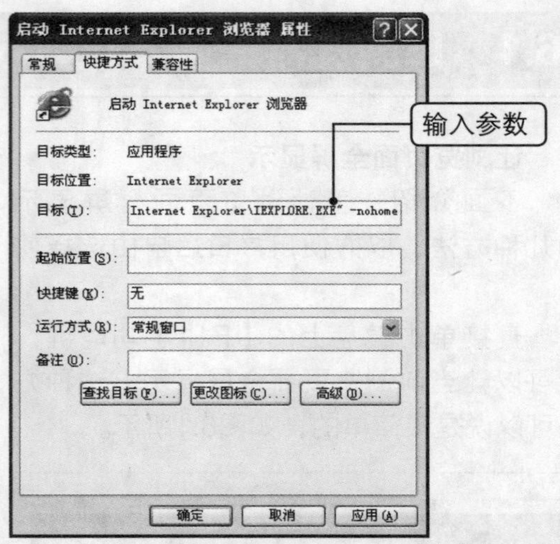

★ 图6.4

通过上述设置后打开的IE窗口虽然是一个空白页，但在地址栏中仍会显示“about:blank”字样，通过下述方法可以使IE打开一个真正的空白页。

1 在“C:\Program Files\Internet Explorer”文件夹中为IEXPLORE.EXE文件创建一个桌面快捷方式。

2 用鼠标右键单击该快捷方式，在弹出的快捷菜单中选择【属性】命令，打开其属性窗口。

3 切换到【快捷方式】选项卡，在【目标】文本框中的内容后加上“-nohome”参数，如图6.4所示。

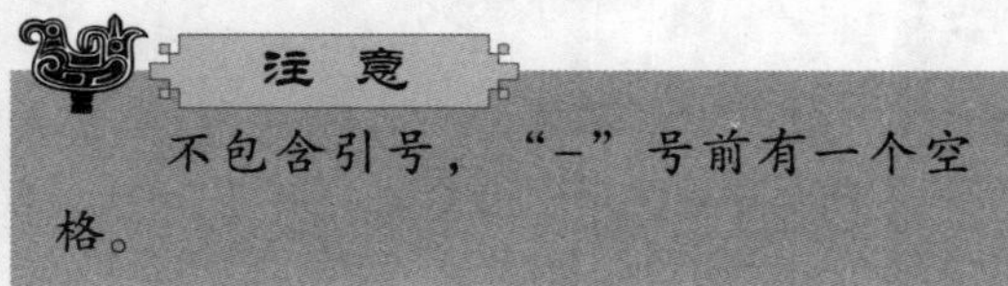

注 意

不包含引号，“-”号前有一个空格。

4 单击【确定】按钮保存设置，以后通过新建的快捷方式打开的即是一个真正的空白页。

加快打开网页的速度

现在很多网页中都加入了一些多媒体元素，例如Flash动画、背景音乐、广告视频等。在网速较慢的情况下，建议禁止打开网页时播放网页中的多媒体音视频，这样能大大提高打开网页的打开速度。

在IE窗口中执行【工具】→【Internet选项】命令，然后在打开的【Internet选项】对话框中切换到【高级】选项卡。

拖动【设置】列表框中右侧的滚动条，在【多媒体】选区中取消对播放动画、声音、视频和联机媒体等内容选项的选择，如图6.5所示。

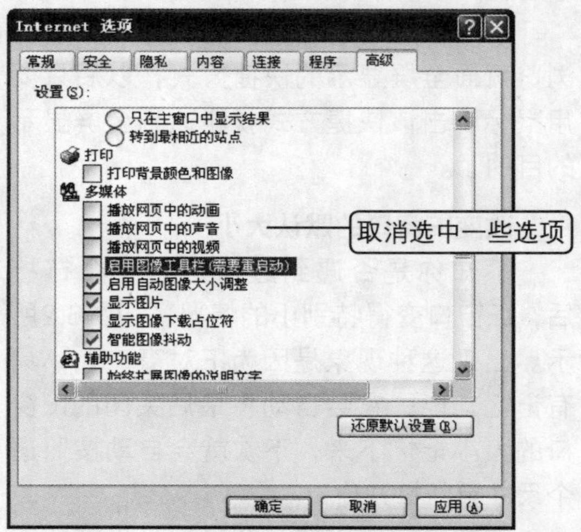

★ 图6.5

单击【确定】按钮保存设置即可。

提　示

如果要恢复默认设置，可直接在【Internet选项】对话框中的【高级】选项卡中单击【还原默认设置】按钮。

在网页中快速查找需要的信息

在Windows系统中可以通过搜索功能快速查找需要的文件，在Word中可以通过查找功能快速找到需要的信息，在IE浏览器中是否有类似的功能呢？回答是肯定的。

在浏览网页时按下【Ctrl+F】组合键，将弹出【查找】对话框。在【查找内容】后的文本框中输入需要查找的内容，如图6.6所示。

★ 图6.6

然后单击【查找下一个】按钮开始查找，找到需要的信息后默认会将该内容选中。

设置IE窗口的动感效果

如果希望在打开或者关闭IE窗口时，被打开的窗口有动感效果，可以按照下面的步骤来修改注册表。

首先在【开始】菜单中选择【运行】选项，打开【运行】对话框，在【运行】对话框的【打开】输入框中键入"regedit"，按回车键后打开注册表编辑器窗口。在左侧窗口中依次展开【HKEY_CURRENT_USER\Control Panel\ Desktop\WindowMetrics】目录并在右边的窗口中新建字符串值类型的项【MinAnimat】与【MaxAnimat】，并将其值分别设置为"0"和"1"，如图6.7（a）和图6.7（b）所示。

★ 图6.7（a）

★ 图6.7（b）

这样在IE窗口最大化与最小化切换时有渐变的效果。

更改临时文件的保存路径

IE在上网的过程中会在系统盘内自动把浏览过的图片、动画、Cookies文本等数据信息保留在"C:\Documents and Settings\用户名\Local Settings\Temporary Internet Files"文件夹中，这样做的目的是为了便于下次访问该网页时迅速调用已保存在硬盘中的文件，从而加快上网的速度。

然而，上网的时间一长，你会发现临时文件夹的容量越来越大，这样容易导致磁盘碎片的产生，影响系统的正常运行。因此，可以考虑把临时文件的路径进行移位操作，这样一来可减轻系统的负担，二来可在系统重装后快速恢复临时文件。

方法是打开IE浏览器，依次执行【工具】→【Internet选项】命令，打开【Internet选项】对话框。在【Internet临时文件】区中单击【设置】按钮，打开

【设置】对话框，如图6.8所示。

★ 图6.8

选择【移动文件夹】按钮，打开【浏览文件夹】对话框，如图6.9所示。然后自己设定保存的路径，并依据硬盘空间的大小来设定临时文件夹的容量大小。

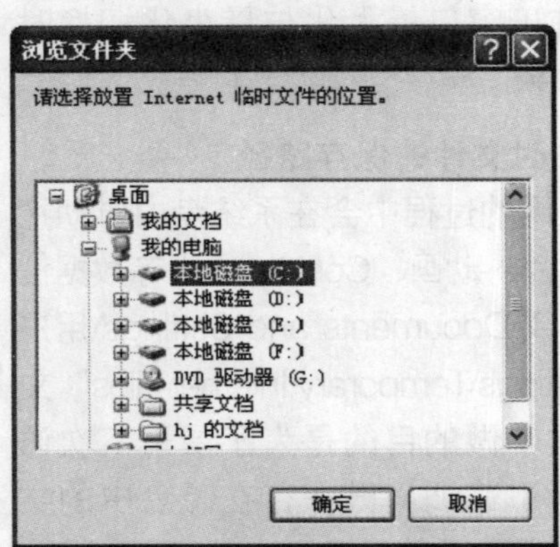

★ 图6.9

禁止修改IE浏览器的首页

怎样将IE浏览器的首页保护起来不被别人修改呢？方法很简单，就是自己将IE浏览器的首页设置为不可设置，使其他人不能更改。打开【注册表编辑器】窗口，从左栏中依次展开【HKEY_CURRENT_USER\Software\Policies\Microsoft\Internet Explorer\Control Panel】子项，在右栏中右击【HomePage】项，从弹出的快捷菜单中选择【修改】命令，在弹出的对话框中将【数值数据】项的值改为1，单击【确定】按钮，设置如图6.10所示。

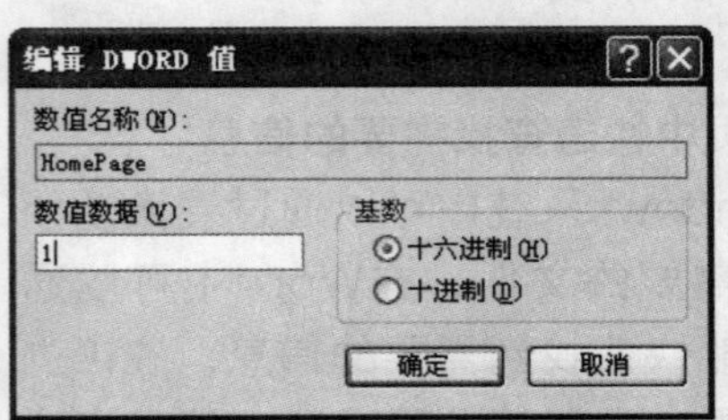

★ 图6.10

关闭【注册表编辑器】窗口，现在IE的主页设置就变为灰色不可更改了。

不在IE浏览器的地址栏中保存网址

在IE地址栏中输入网页地址后，这些网址将自动被记录下来。IE的此项功能是为了下次访问相同的网址时省去重新输入的麻烦，只需在地址栏的下拉列表中选择需要访问的网址即可打开相应的页面，但此项功能却严重暴露了我们的隐私，别人打开地址栏的下拉菜单，即可知道我们曾经访问过哪些网站。

为了保护个人隐私，可以通过下面的方法让打开的网页不被保存到IE的地址栏中。

方法一：打开IE浏览器后按【Ctrl+O】组合键，在弹出的【打开】对话框中输入要访问的网址，然后单击【确定】按钮即可，如图6.11所示。

方法二：执行【开始】→【运行】命令，在打开的【运行】对话框的【打开】输入框中输入网址，然后单击【确定】按钮即可，如图6.12所示。

★ 图6.11

★ 图6.12

提 示

通过【运行】对话框打开网页时，必须输入完整的URL地址，例如要进入腾讯网的首页，必须输入“http:// www.qq.com”，而不能省略“http://”部分。在【打开】对话框中输入网址时不存在此限制。

巧妙破解网页中的右键限制

你是否遇到过这种情况：在浏览网页时，需要使用右键菜单中的命令时，经常会弹出警告框或要求添加到收藏夹等的限制而不能使用右键菜单。遇到这种情况时，可按下列方法进行解决：

当在网页某个目标位置上单击鼠标右键，出现带有【确定】按钮的警告框时，这时不要松开右键，将鼠标移到警告框的【确定】按钮上，同时按下鼠标左键。然后松开鼠标左键，限制窗口就会被关闭，再将鼠标移到目标上松开鼠标右键，右键菜单就弹出来了。

出现限制窗口时，不要松开鼠标右键，用左手按键盘上的【Alt+F4】组合键，窗口就会被关闭，松开鼠标右键，右键菜单就会出现了。

当在网页中某个目标位置上单击鼠标右键，出现【添加到收藏夹】对话框时，这时不要松开右键，也不要移动鼠标，使用【Tab】键，将焦点移到对话框的【取消】按钮上，按下空格键，此时窗口就消失了，再松开鼠标右键，右键菜单就出现了。

当单击一个超链接，使用右键菜单中的【在新窗口中打开】命令弹出提示框禁止使用时，可以这样操作：在超链接上单击鼠标右键，弹出窗口，不要松开右键，按键盘上的空格键，窗口就会消失，现在松开右键，右键菜单就会出现，再选择其中的【在新窗口中打开】命令就可以了。

最后，还可以试一下这两种方法：按下【Shift+F10】组合键或是按下键盘上右侧【Ctrl】键左边的【右键菜单】键都是可以打开右键菜单的。

快速保存网页中的图片

上网浏览时，看到漂亮的图片，我们通常都是在图片上单击鼠标右键，从快捷菜单中选择【图片另存为】选项将图片保存下来。不过在IE浏览器中还有一种更方便快捷保存图片的方法：单击浏览器中的【查看】菜单，选择【浏览器栏】项子菜单中的【文件夹】选项，在浏览器的左边将打开文件夹列表，在网页中按住要下载的图片将它拖动到左侧的文件夹中，这张图片就被保存在这个文件夹中了，操作过程如图6.13所示。

提 示

不过使用此方法保存图片时，所要保存的图片必须是不带有超链接的，否则只能保存图片中所包含的链接地址的快捷方式。

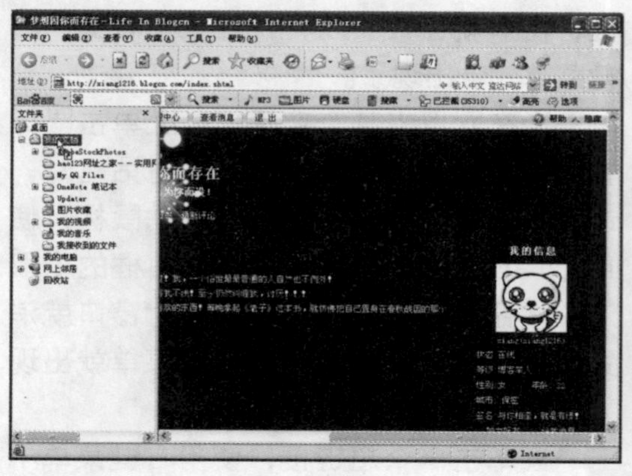

★ 图6.13

更改IE浏览器的默认下载目录

从网上下载资料时，会弹出对话框要求选择将文件保存在哪里，每次IE浏览器都会自动打开一个默认的文件夹。为了有效地管理这些下载的文件，可以通过修改注册表改变默认文件夹的位置。打开【注册表编辑器】窗口，在左侧栏中依次展开【HKEY_CURRENT_USER\Software\Microsoft\Internet Explorer】子项，在右侧栏中找到【Download Directory】项。双击它，在弹出的【编辑字符串】对话框中可以看到当前默认的下载目录，如图6.14所示。

★ 图6.14

在【数值数据】文本框中将它改为要指定的目录就可以了。如要放在E盘的TDDOWNLOAD目录中，就将其改为【E:\TDDOWNLOAD】，参数设置如图6.15所示。

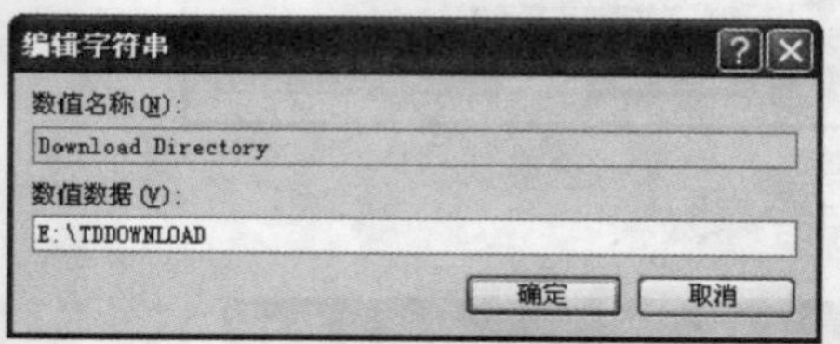

★ 图6.15

直接使用IE浏览器发送网页

如果在网上看到一张漂亮的网页想将它发送给朋友的话，不用先将这个网页保存为文件，再把这个文件作为邮件的附件发送出去。在IE浏览器中就可将网页文件直接发送到对方那里。在IE浏览器的工具栏中单击【邮件】下拉按钮，从弹出的下拉菜单中选择【发送网页】选项，如图6.16所示。

★ 图6.16

这时会弹出电脑中默认的邮件收发软件，通常为Outlook Express，在弹出的写邮件窗口中，可以看到要发送的网页已经出现在邮件的正文位置了，如图6.17所示。

在【收件人】栏中填写好对方的电子邮件地址，就可以发送了。

这样发送的网页不能发送网页中的图片，如果想同时发送图片，要在写邮件的窗口中单击【格式】菜单，将【将

图片与邮件一起发送】项选中，就可以发送网页中的图片了。

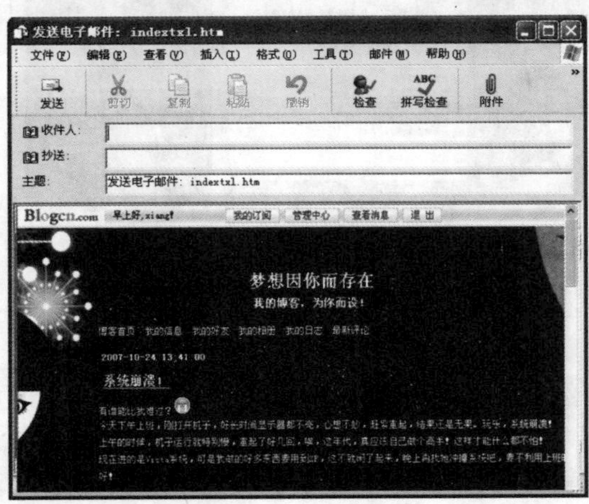

★ 图6.17

将IE浏览器中的URL地址放到快速启动栏中

如果把常用的网址放到桌面任务栏的快速启动栏中会更加方便。下面就介绍具体操作步骤：

首先在IE浏览器中登录到这个网站上，在浏览器地址栏的网址前面有一个IE的图标，按住鼠标左键将它一直拖动到快速启动栏中，当光标在快速启动栏中变为一个大的“I”形时，松开按键，这个网址就被加到快速启动栏中了。操作过程如图6.18所示。

★ 图6.18

将网址放到快速启动栏后的效果如图6.19所示。

★ 图6.19

说　明

有的网站自己做了图标，其网址前显示的就不是IE浏览器的图标了。

以后需要访问这个网址时，直接单击快速启动栏中的图标就可以了。

如果电脑的状态栏中没有显示出快速启动栏，可以这样操作将快速启动栏调出：在桌面的任务栏上单击鼠标右键，在弹出的快捷菜单中选择【属性】选项，弹出【任务栏和「开始」菜单属性】对话框，将【任务栏】选项卡中的【显示快速启动】项的复选框选中，就可以在桌面上显示出快速启动栏了。设置如图6.20所示。

使用IE浏览器中的各种拖放操作

前面一个技巧，介绍了将网址添加到快速启动栏中的方法，其实IE浏览器中的很多操作都可以通过拖动来快速完成。

如果看到一个网页很好，想将它设为主页，那么单击地址栏中网址前的IE图标，将它拖动到IE工具栏的【主页】图标上即可，操作如图6.21所示。

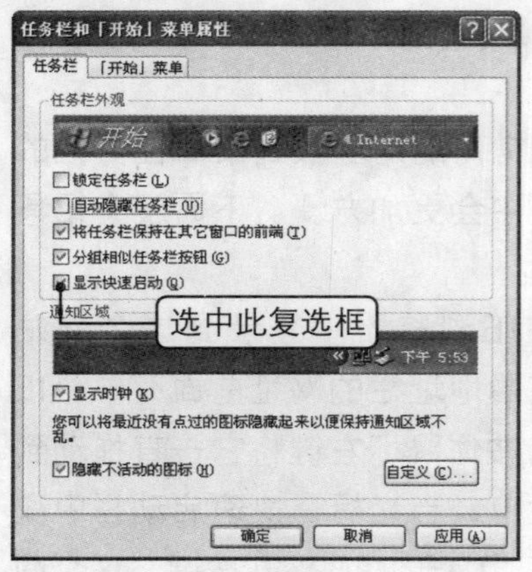

★ 图6.20

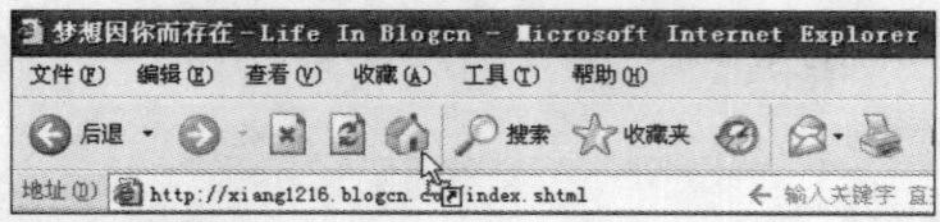

★ 图6.21

松开鼠标按键后立刻会弹出提示框，询问是否要将这个网页设为首页，单击【是】按钮就可以了，如图6.22所示。

★ 图6.22

将一个网址添加到【收藏夹】中的操作类似，拖动地址栏中网址前的IE图标，将它拖到【收藏夹】图标上即可。如果将地址栏中网址前的IE图标直接拖动到【收藏】菜单上时，可以自动打开这个菜单，这时还可以选择存放的目录。操作过程如图6.23所示。

如果打开了多个IE浏览器的窗口，将一个窗口中的超链接拖动到另一个浏览器窗口中后，可以在后一个窗口中打开链接内容。

如果将网页中的超链接拖放到桌面上，可以快速建立一个指向这个链接的快捷方式。

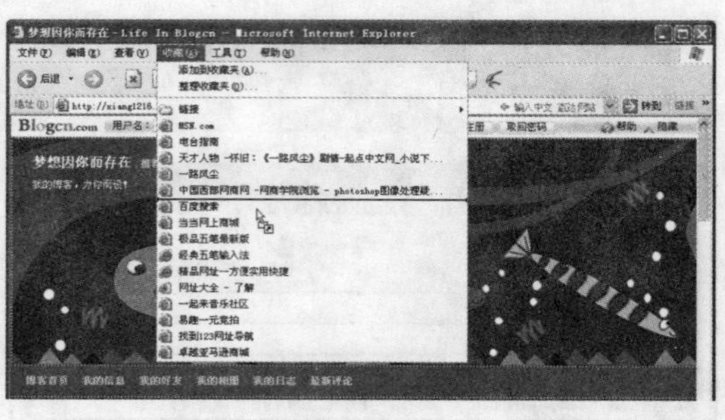

★ 图6.23

改变IE浏览器中超链接文字的颜色

在IE浏览器中可以很容易地改变超链接文字的颜色。打开IE浏览器，打开【工具】菜单，选择【Internet选项】选项，在弹出的【Internet选项】对话框中选择【常规】选项卡，如图6.24所示。

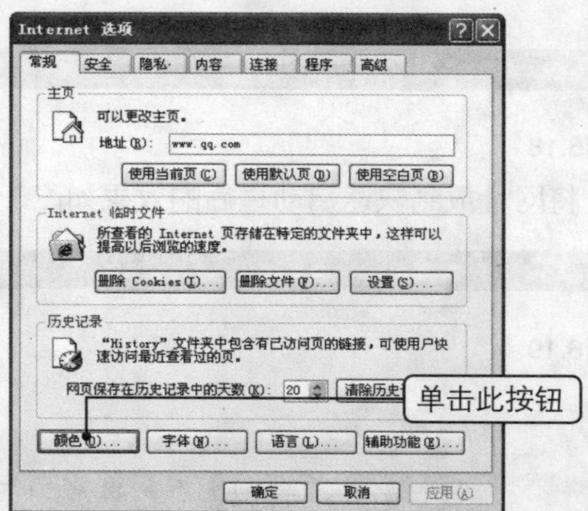

★ 图6.24

单击其中的【颜色】按钮，会弹出【颜色】对话框，分别单击【访问过的】和【未访问的】项后的颜色块就可以更改超链接文字在不同状态时的颜色了，设置对话框如图6.25所示。

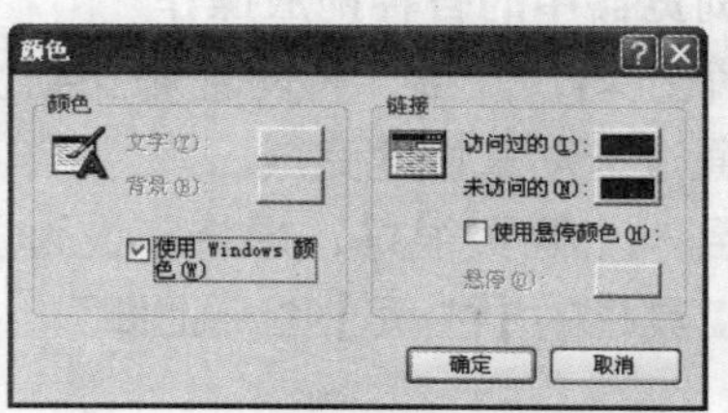

★ 图6.25

另外选中【使用悬停颜色】复选框还可以设置鼠标停留在超链接上时显示的颜色。

提　示

对于使用CSS语言控制超链接颜色的网页，这个功能不起作用。

将简体中文文件转换为繁体中文文件

在实际工作中，有时需要把写好的简体中文文件转换成繁体中文文件发给港台的朋友。要实现这个功能，使用IE的内码转换功能就可以。用“记事本”写好文件，存为扩展名为txt的文件，然后直接将文件的扩展名改为htm或html。用IE浏览器打开这个文件，打开【文件】菜单，选择【另存为】选项，打开【保存网页】对话框，在【编码】项的下拉列表中选择【繁体中文（Big5）】项，再在【保存类型】项的下拉列表中选择【文本文件（*.txt）】项，单击【保存】按钮就可以了，设置如图6.26所示。

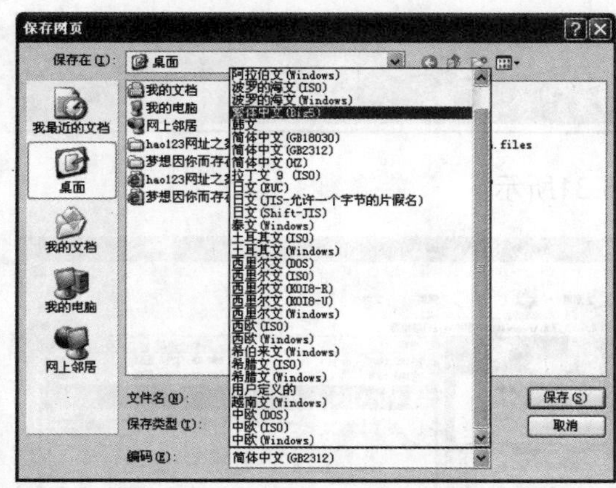

★ 图6.26

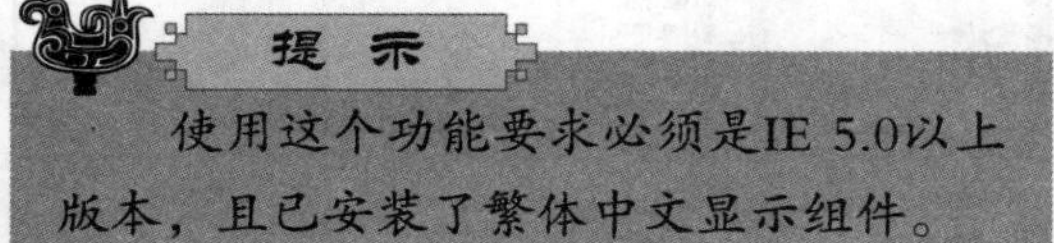

提　示

使用这个功能要求必须是IE 5.0以上版本，且已安装了繁体中文显示组件。

让IE窗口最大化

在使用IE浏览器的时候，有时不知怎么回事，IE的窗口就突然变小了，关闭后再打开还是小窗口，每次都要单击【最大化】按钮才行，怎么解决这个问题呢？这是由于IE浏览器的记忆功能导致的，它会自动记住上次关闭所有浏览器时最后一个浏览器窗口的大小。所以只要把鼠标光标放到窗口边框上，然后把它拖动到最大，然后关闭浏览器，下次再打开IE时就会是上次关闭时的状态了。但有一点一定要注意，那就是拉大的窗口必须是最后一个关闭的窗口，这样记忆功能才能生效。

如果这种方法对你的浏览器不凑效，还可以尝试一下这种方法：打开【注册表编辑器】窗口，在左侧栏中依次展开【HKEY_CURRENT_USER\Software\Microsoft\Internet Explorer\Main】子项，设置如图6.27所示。

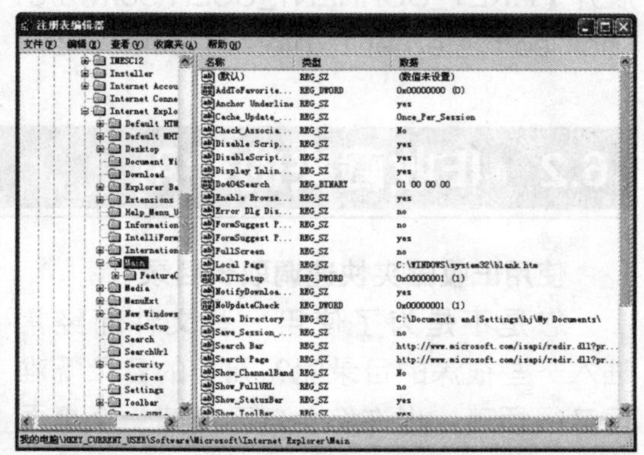

★ 图6.27

在右栏中找到【Window_Placement】项，双击它，弹出【编辑二进制数值】对话框，如图6.28所示。

将【数值数据】文本框中的数据删除，设置如图6.29所示。

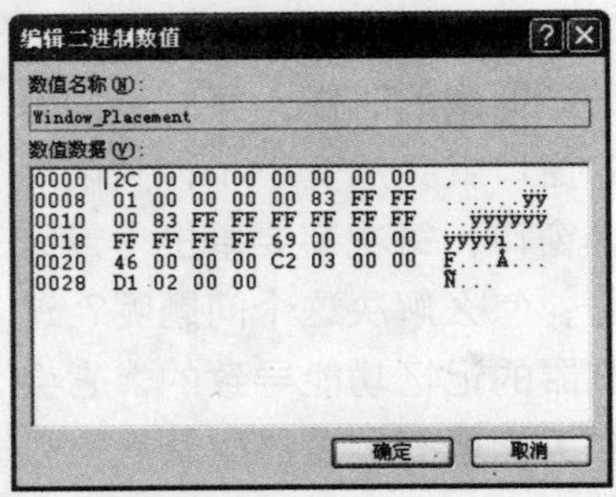

★ 图6.28

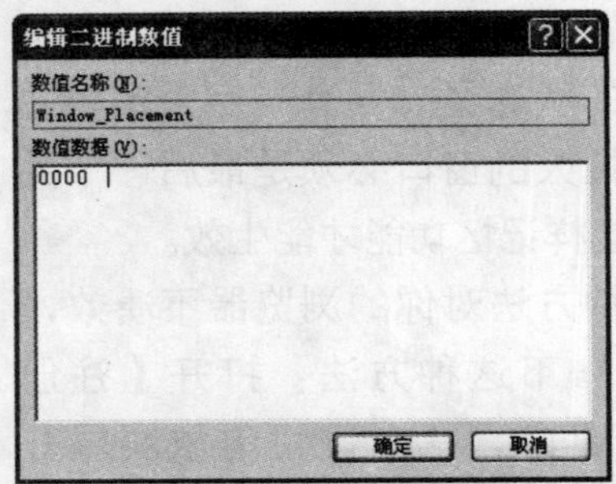

★ 图6.29

再从【注册表编辑器】窗口的左栏中展开【HKEY_CURRENT_USER\Software\Microsoft\Internet Explorer\Desktop\Old WorkAreas】子项，在右栏中找到【OldWorkAreaRects】项，如图6.30所示，然后将其删除即可。

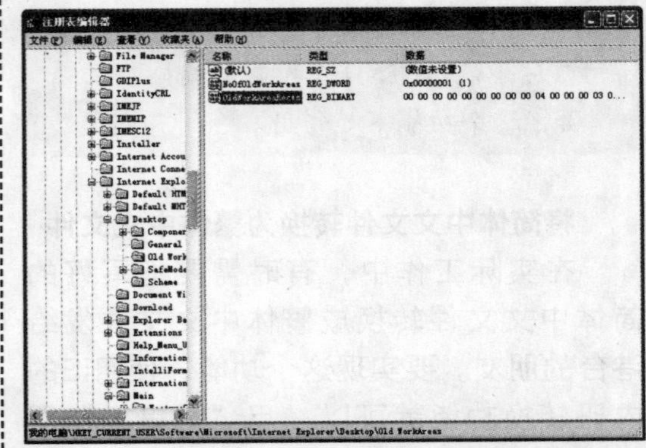

★ 图6.30

关闭注册表编辑器并重新启动计算机。然后打开IE浏览器，单击窗口右上角的【最大化】按钮，再单击【还原】按钮，然后再单击【最大化】按钮，最后关闭IE浏览器，再次启动计算机。下次再打开IE浏览器时，浏览器窗口就会最大化显示了。

6.2 IE收藏夹的妙用

使用IE收藏夹快速调取长目录

您是不是为了使用一些文件而经常进入一些很深的目录呢？冗长的目录既难记又很烦琐。也许您会自己创建一个桌面快捷方式来解决这个问题。但当打开了一堆窗口后，再去执行远在桌面的快捷方式时，是不是也感觉不那么快捷了。其实，使用IE的收藏夹功能就能轻松地解决这个问题。

在【我的电脑】中浏览到目标目录，然后执行【收藏】→【添加到收藏夹】命令，最后再给它起个名字就行了，如图6.31所示。

★ 图6.31

需要进入这个目录时，只要再单击【收藏夹】菜单，从打开的下拉菜单中选择刚才存储的名字就可以了。

备份收藏夹

在日常的上网冲浪过程中，在碰到自己感兴趣的网站时，往往都是将相应网站的网址添加到系统的收藏夹中（IE称之为收藏，Nestcape称之为书签），从而免去再次浏览相同网站时手工输入网址的步骤，简化了用户的操作。不过重装系统时经常因为忘记备份而使这些精心收藏的网址信息“付之东流”，因此我们一般都希望在重装系统之前能够将这些网址信息备份下来。别着急，对于IE而言，收藏夹里的信息全部保存在“C:\Documents and Settings\用户名\Favorites”目录下，如图6.32所示。一个文件记录一个网址，只要将该文件夹下的所有文件备份下来即可达到目的。

★ 图6.32

提 示

对于Nestcape而言，其书签保存在“C:\Program Files\Netscape\USER”目录中的“bookmark.htm”文件中，我们只要备份该文件即可实现备份Nestcape书签的目的。

将收藏夹设为首页

利用下面的方法可以将收藏夹中收藏的网址设置为IE浏览器的首页，具体操作步骤如下：

1 在IE浏览器窗口的菜单栏中执行【文件】→【导入和导出】命令，弹出【导入/导出向导】对话框，如图6.33所示。

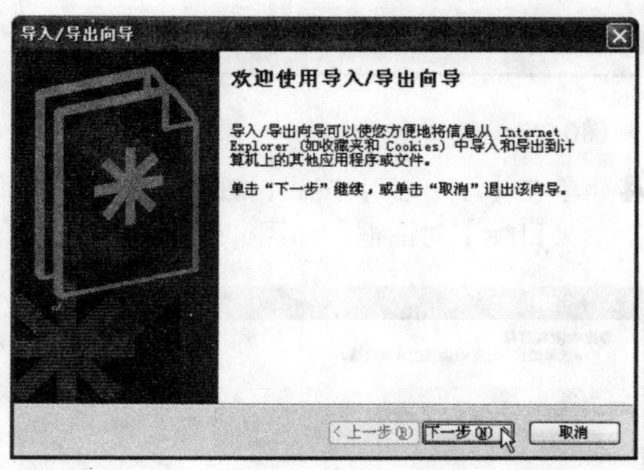

★ 图6.33

2 单击【下一步】按钮，打开如图6.34所示的界面，在列表中选择【导出收藏夹】选项。

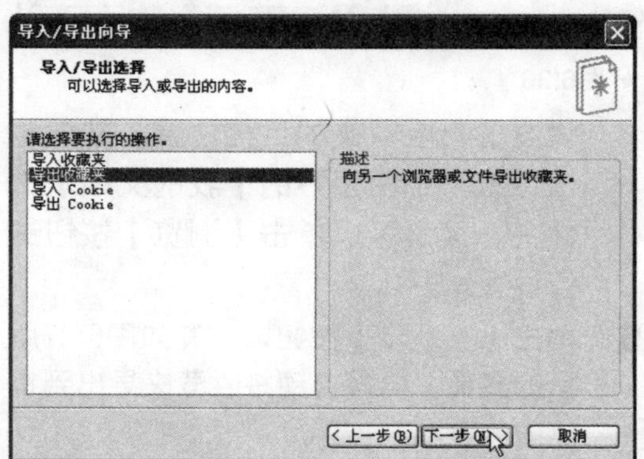

★ 图6.34

3 单击【下一步】按钮，进入【导出收藏夹源文件夹】对话框，选择要导出的源文件夹，如图6.35所示。

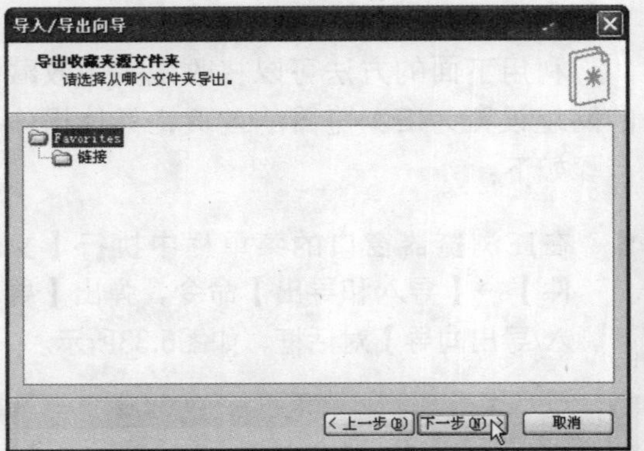

★ 图6.35

4 单击【下一步】按钮，进入【导出收藏夹目标】对话框，如图6.36所示。

★ 图6.36

设置导出收藏夹的目标位置。默认导出位置为当前用户的【我的文档】文件夹，读者可以单击【浏览】按钮进行设置。

5 单击【下一步】按钮，打开如图6.37所示的界面，向导自动将收藏夹导出到指定的位置。

6 单击【完成】按钮，弹出如图6.38所示的【导出收藏夹】对话框。

7 单击【确定】按钮即可。

8 在IE浏览器的菜单栏中执行【工具】→【Internet选项】命令，打开【Internet选项】对话框。然后在【常规】选项卡的地址栏中输入刚才所导出的收藏夹文件的完整路径和文件名，如图6.39所示。

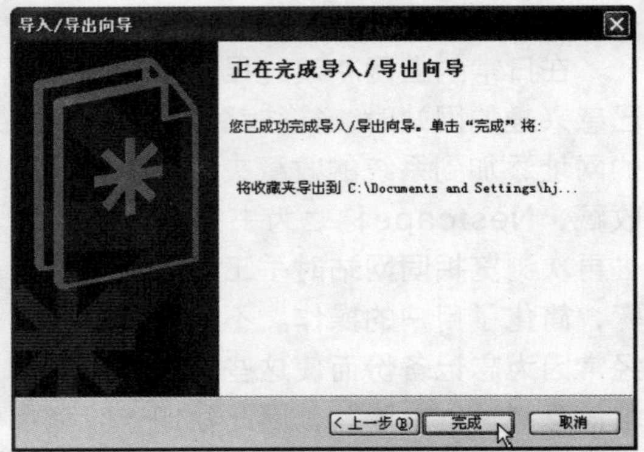

★ 图6.37

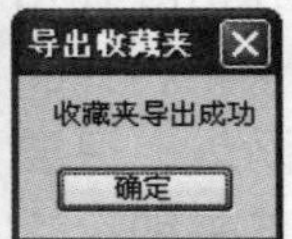

★ 图6.38

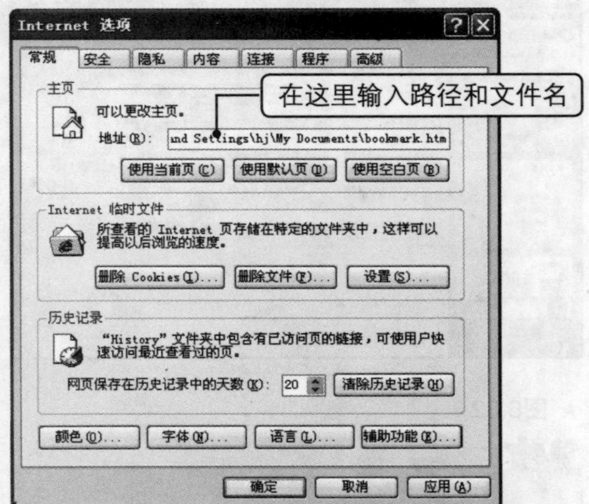

★ 图6.39

9 单击【确定】按钮保存设置。

这样，以后每次打开IE浏览器时，就可以看到收藏夹以网页的形式出现在IE窗口中了，如图6.40所示。

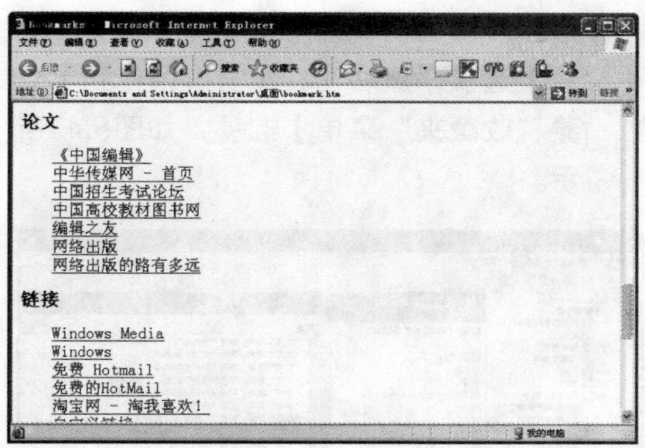

★ 图6.40

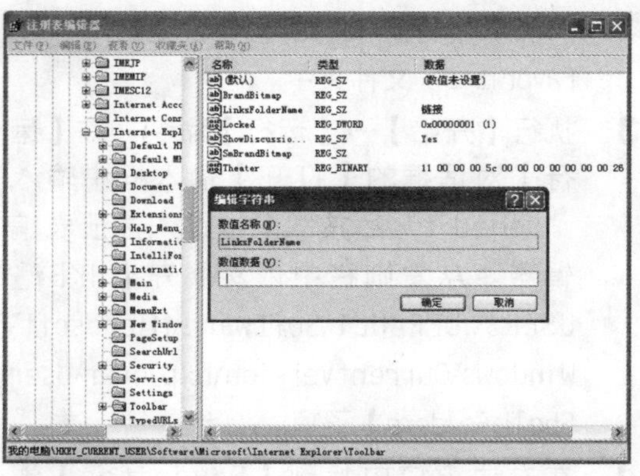

★ 图6.41

删除收藏夹中的“链接”文件夹

“链接”文件夹是IE收藏夹中的默认文件夹，使用一般方法将其删除后在下次启动IE时又会自动生成，很多人对此感到烦恼不已。这里介绍一个彻底删除IE收藏夹中“链接”文件夹的方法。

1 打开IE浏览器窗口，在收藏夹中删除【链接】文件夹，然后将IE窗口关闭。
2 执行【开始】→【运行】命令，在【运行】对话框的【打开】输入框中输入“regedit”后按回车键，打开注册表编辑器。
3 从左侧栏中依次展开【HKEY_CURRENT_USER\Software\Microsoft\Internet Explorer\Toolbar】子项，在右侧窗口中找到【LinksFolderName】键值项。
4 双击【LinksFolderName】键值项，在【数值数据】文本框中将【链接】改为一个空格（注意，如果把【LinksFolderName】的值清空没有作用），如图6.41所示。

关闭注册表编辑器，再次打开IE窗口，此时【链接】文件夹已经被彻底删除了。

提 示

修改注册表对于初学者来说是一件比较困难的事情，并且如果改错了键值，还可能导致系统不正常。因此建议初学者直接将【链接】文件夹隐藏，具体方法为：在IE收藏夹中找到【链接】文件夹，用鼠标右键单击后选择【属性】命令，然后在【属性】对话框的常规选项卡中选中【隐藏】复选框，最后单击【确定】按钮即可。

更改收藏夹的路径

默认情况下IE收藏夹中的内容保存在系统盘的“Documents and Settings\User\Favorites”文件夹中，其中“User”为登录的用户名。如果需要重装系统时，必须将收藏夹中的内容备份到其他分区。其实我们可以通过修改注册表，将收藏夹的路径改到其他位置。具体操作如下：

1 建立一个用于存储收藏夹内容的文件夹，例如在E盘根目录下建立一个名为“Favorites”的目录。
2 进入“C:\Documents and Settings\ User\Favorites”目录（“User”为登录的用

户名），将其中的所有内容复制到“E:\Favorites”文件夹中。

3 执行【开始】→【运行】命令，在【运行】对话框的【打开】输入框中输入“regedit”后按回车键进入注册表编辑器。从左则栏中依次展开【HKEY_USERS\.DEFAULT\Software\Microsoft\Windows\CurrentVersion\Explorer\User Shell Folders】子项。

4 在右边窗口中找到【Favorites】键值项，双击该键值项后在【数值数据】文本框中将默认值修改为“E:\Favorites”，如图6.42所示。

★ 图6.42

关闭注册表编辑器，然后注销当前用户或重新启动电脑即可生效。

隐藏IE收藏夹

如果不希望IE收藏夹中的内容被别人看到，可以将其隐藏起来，具体操作方法如下：

1 执行【开始】→【运行】命令，在打开的【运行】对话框的【打开】输入框中输入“gpedit.msc”后回车，进入【组策略】窗口。

2 在左侧窗口中依次展开【用户配置】→【管理模板】→【Windows组件】→【Internet Explorer】→【浏览器菜单】选项，然后在右侧窗口中找到【隐藏“收藏夹”菜单】选项，如图6.43所示。

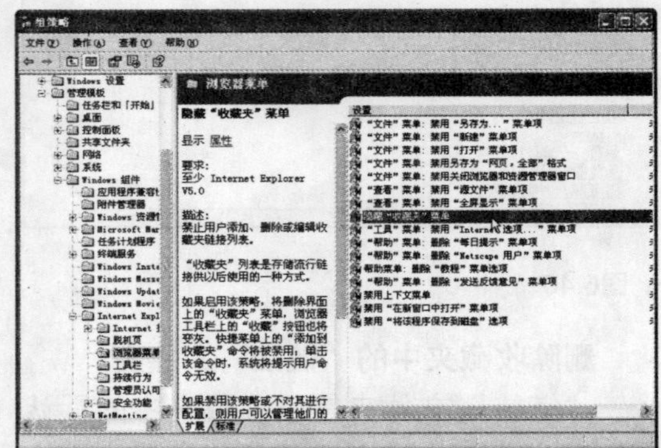

★ 图6.43

3 双击该选项，在弹出的属性对话框中选择【已启用】单选按钮，然后单击【确定】按钮即可，如图6.44所示。

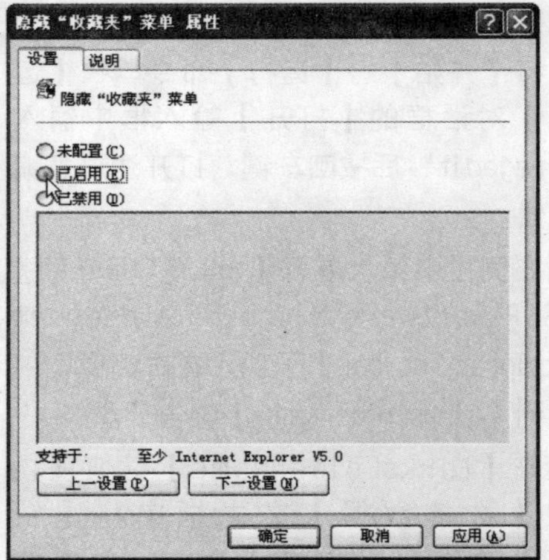

★ 图6.44

使用收藏夹保存电子邮件地址

浏览器的收藏夹除了可以保存网址外，还可以收藏电子邮件地址。具体操作步骤如下：

1 在资源管理器窗口中找到IE浏览器的收

藏夹文件夹“Favorites”目录。这个文件夹在各种操作系统中的位置有所不同，在资源管理器窗口中搜索一下即可。

说　明

如果你的电脑中建有多个用户，那么要在相应用户的文件夹下查找“Favorites”文件夹。

2 在这个文件夹中新建一个目录，名字随意，例如“电子邮件”，设置如图6.45所示。

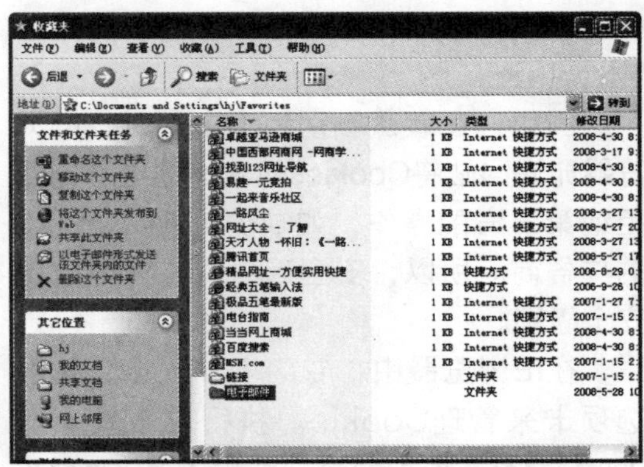

★ 图6.45

3 进入这个新建的文件夹，单击鼠标右键，在弹出的快捷菜单中选择【新建】→【快捷方式】命令，弹出【创建快捷方式】对话框。

4 在【请键入项目的位置】输入栏中输入要添加的电子邮件地址，注意要这样写：mailto:电子邮件地址，邮件地址前面一定要有“mailto:”，设置样本如图6.46所示。

5 填好后，单击【下一步】按钮，为这个快捷方式取一个名字，可以使用朋友的名字，这样一目了然，便于查找，对话框如图6.47所示。

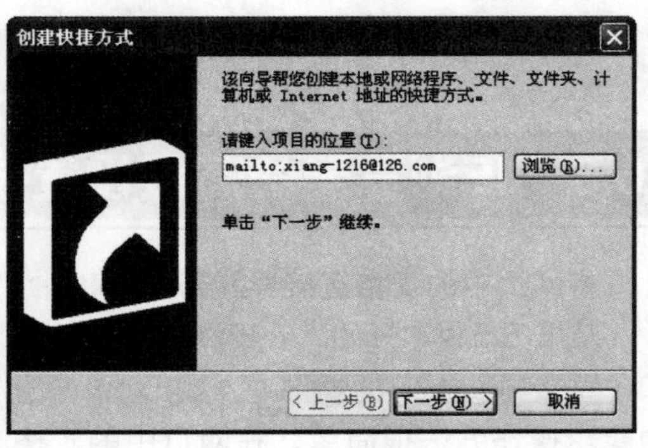

★ 图6.46

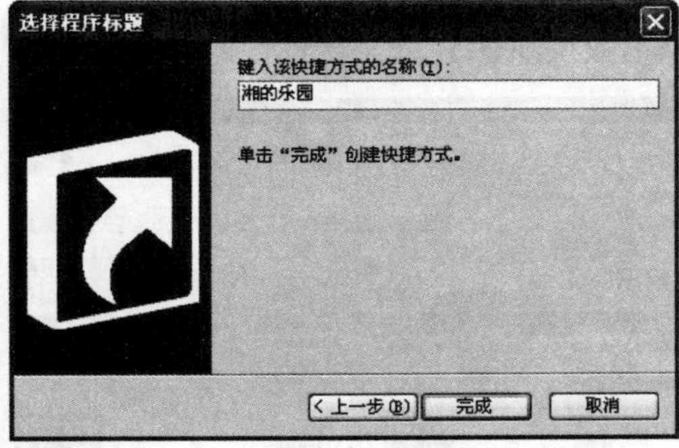

★ 图6.47

6 单击【完成】按钮，这样就在这个文件夹中建立了一个电子邮件的快捷方式。

7 回到IE浏览器中，打开【收藏】菜单，找到新建的文件夹，从它的下一级子菜单中就可看到添加的电子邮件名称了，效果如图6.48所示。

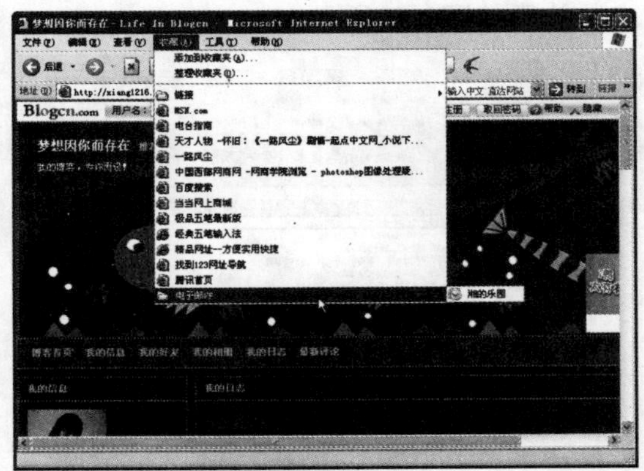

★ 图6.48

8 单击这个电子邮件名称，可弹出电脑中默认的邮件收发软件，然后就可发送电子邮件了。

6.3 IE浏览器的高级设置技巧

将网页中的表格直接导入到Excel中

从IE 5.5版本开始，在IE浏览器中新增加了直接将网页中的表格导入到Excel中的功能。操作方法很简单，在网页中的表格上单击鼠标右键，在弹出的快捷菜单中有【导出到Microsoft Office Excel】选项，如图6.49所示。

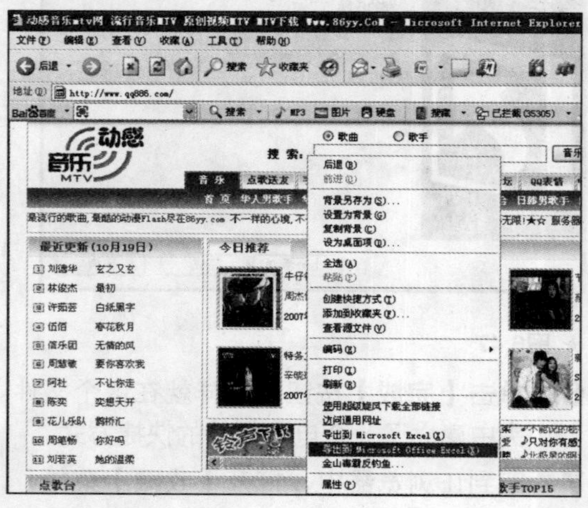

★ 图6.49

选择这个选项，系统会自动打开Excel，并将网页中的表格导入到Excel中，效果如图6.50所示。

★ 图6.50

> **提　示**
>
> 注意一定要在表格上单击鼠标右键，否则在Excel中是不会导入任何内容的。

管理Cookie的技巧

通过IE浏览器的Cookie策略，可以个性化地设定浏览网页时的Cookie规则，更好地保护自己的信息，增加使用IE的安全性。

例如，在默认级别为【中】时，IE浏览器允许网站将Cookies放入你的电脑，但拒绝第三方的操作，如缺少P3P安全协议的广告商。所以，安全选项能方便地控制安全级别。

在IE浏览器中，专门增加了【隐私】选项卡来管理Cookie。执行【工具】→【Internet选项】命令，弹出【Internet选项】对话框，切换到【隐私】选项卡，拖动滑块可以看到Cookie策略设定有【阻止所有Cookie】、【高】、【中高】、【中】、【低】、【接受所有Cookie】等6个级别（默认级别为【中】），分别对应从严到松的Cookie策略，可以很方便地根据需要进行设定，如图6.51所示。

在IE浏览器中实现多线程下载

使用IE浏览器可以实现多线程下载，具体操作步骤如下：

1 执行【开始】→【运行】命令，在打开的【运行】对话框的【打开】输入框中输入“regedit”后按回车键，打开【注册表编辑器】窗口，在左栏中依次

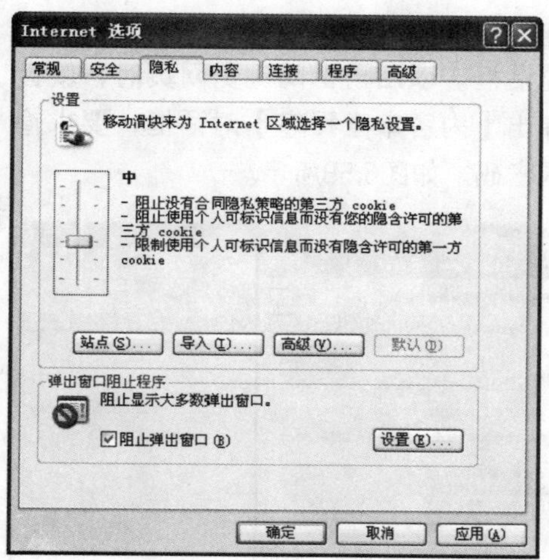

★ 图6.51

展开【HKEY_CURRENT_USER\Software\Microsoft\Windows\CurrentVersion\Internet Settings】子项，在右栏中找到或新建一个DWORD值类型的名为【MaxConnectionsPerServer】的项。

2 双击该项，在【编辑DWORD值】对话框中将【数值数据】文本框中的值改为5～8中的一个数字，即5～8个线程，设置如图6.52所示。

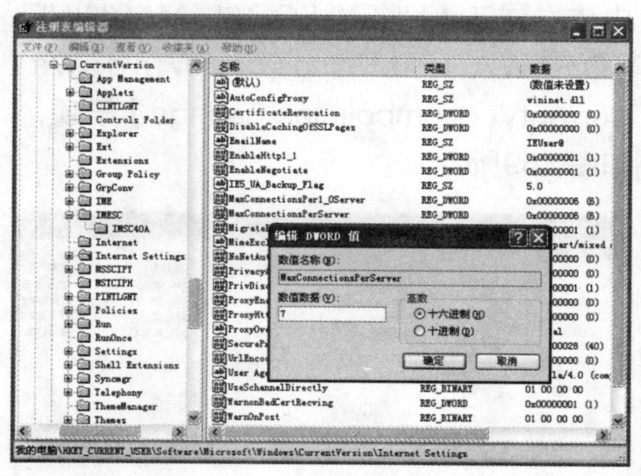

★ 图6.52

用同样的方法，找到或新建一个DWORD值类型的项，将其命名为“MaxConnectionsPerl_OServe”，将其值改为2～5中的一个数字，参数设置如图6.53所示。

★ 图6.53

重新启动系统，再试一下下载速度，会发现下载速度有很大程度的提高。

禁止别人使用你的浏览器

很多情况下，可能不希望其他人使用你的IE浏览器上网，有没有办法可以实现这个目的呢？按照下面的步骤进行操作即可：

1 打开IE浏览器，执行【工具】→【Internet选项】命令，打开【Internet选项】对话框。

2 切换至【内容】选项卡，单击【分级审查】栏中的【启用】按钮，如图6.54所示。

★ 图6.54

3 打开【内容审查程序】对话框，选择【常规】选项卡，如图6.55所示。单击【监督人密码】栏中的【创建密码】按钮，弹出【创建监督人密码】对话框。

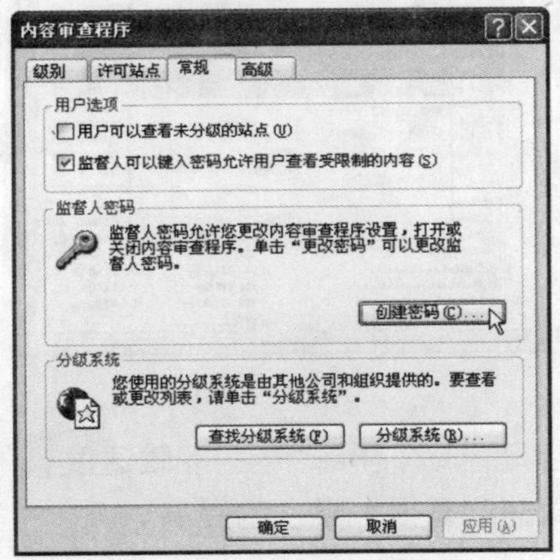

★ 图6.55

4 在【密码】文本框中输入密码，并在【确认密码】文本框中再次输入密码，还可以在下面的【提示】文本框中输入一些密码的提示信息，设置如图6.56所示。

★ 图6.56

5 单击【确定】按钮，随后会弹出【内容审查程序】提示框，如图6.57所示。

★ 图6.57

6 连续单击【确定】按钮，关闭屏幕上的对话框。以后再上网浏览网页时，就会弹出【内容审查程序】对话框，要求输入密码，如图6.58所示。

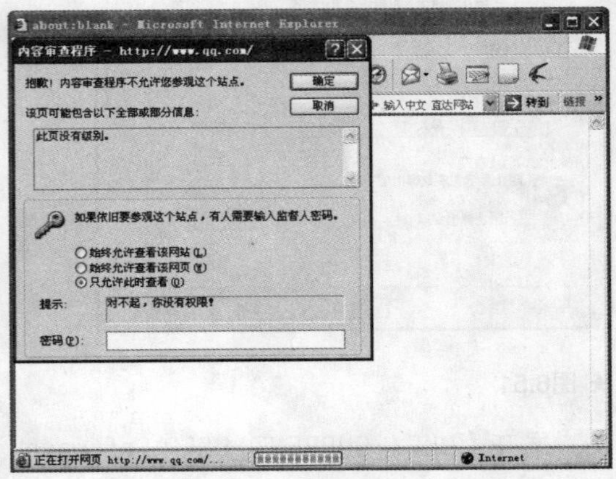

★ 图6.58

输入的密码不正确是不能浏览网页的。

破解IE浏览器的分级审查密码

上面一个技巧介绍了如何设置IE浏览器的分级审查密码，可如果将这个密码遗忘了，该怎么办呢？

打开【注册表编辑器】窗口，在左栏中依次展开【HKEY_LOCAL_MACHINE\SOFTWARE\Microsoft\Windows\CurrentVersion\policies\Ratings】子项，如图6.59所示。

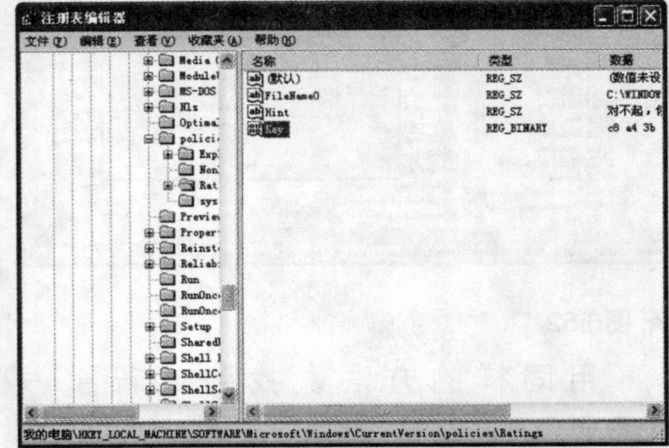

★ 图6.59

在右栏中找到【Key】项，按【Delete】键将其删除即可。关闭【注册表编辑器】窗口，再使用IE浏览器浏览网页时，先前设置的分级审查密码就被删除了。

限制不良信息

网络中的信息无奇不有，这从另一个侧面也促使我们使用IE浏览器来屏蔽掉有些与年龄和性别都不符合的站点。

方法是进入【Internet选项】对话框，然后选择【内容】选项卡，单击【分级审查】栏中的【启用】按钮，打开【内容审查程序】对话框。随后在【暴力】，【裸体】，【性】，【语言】等4个选项中根据自己和家人的情况用鼠标滑动滑块进行相关设置，如图6.60所示。

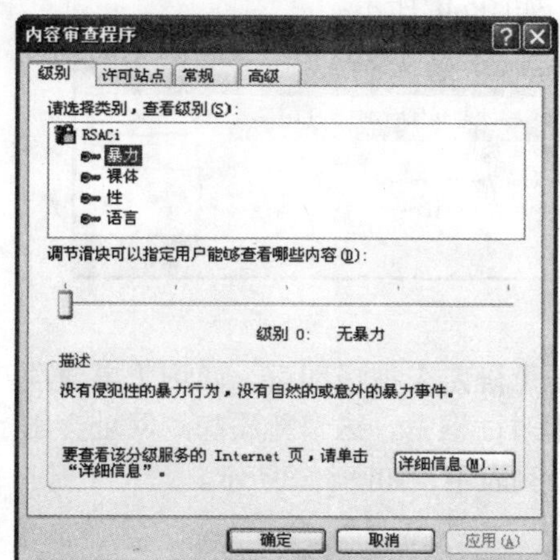

★ 图6.60

使用浏览器制作桌面背景

使用IE浏览器也可以制作桌面的背景，首先准备好一张漂亮的图片。打开IE浏览器，打开【文件】菜单，选择【打开】选项，弹出【打开】对话框。单击【浏览】按钮，弹出【Microsoft Internet Explorer】对话框。在【文件类型】下拉列表中选择你要使用的图片类型，并找到要选用的图片，单击【打开】按钮。回到【打开】对话框中，将【以Web文件夹方式打开】项的复选框选中，设置如图6.61所示。

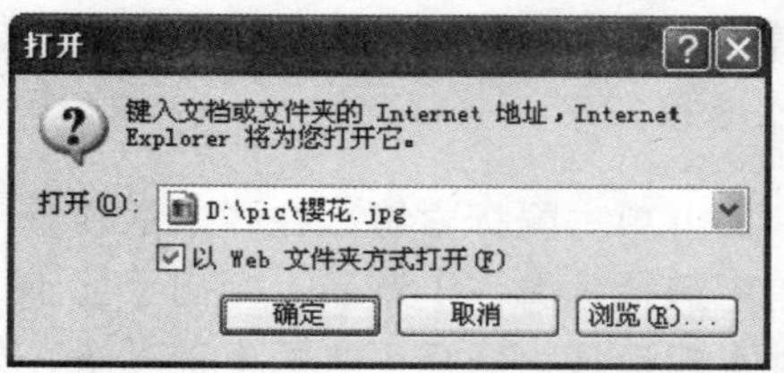

★ 图6.61

单击【确定】按钮，系统会弹出【打开文件夹】提示框询问你是否按默认方式查看，如图6.62所示。

★ 图6.62

单击【是】按钮，图片会以合适的大小显示在浏览器中，在图片上单击鼠标右键，从快捷菜单中选择【设置为背景】选项，操作如图6.63所示。

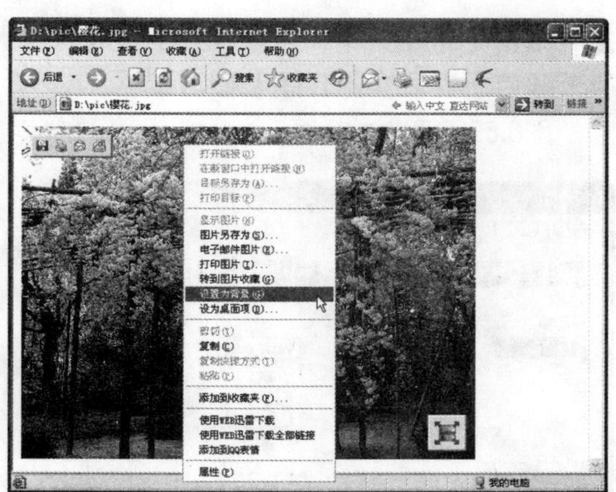

★ 图6.63

切换到桌面可以看到图片已经应用到桌面上了。如果在上网浏览网页时，看到漂亮的图片，可使用上述方法快速将图片应用为桌面背景。

在桌面上建立可随时更新的网页

如果你有每天必去的网站，那么可将它放到桌面上，并可随时看到它的更新情况。操作步骤如下：

1 在桌面上单击鼠标右键，在弹出的快捷菜单中选择【属性】选项，弹出【显示属性】对话框，选择【桌面】选项卡，如图6.64所示。

★ 图6.64

2 单击【自定义桌面】按钮，打开【桌面项目】对话框，选择【Web】选项卡，如图6.65所示。

★ 图6.65

3 单击【新建】按钮，弹出【新建桌面项目】对话框，如图6.66所示。在【位置】输入框中输入要在桌面上显示的网站的网址。

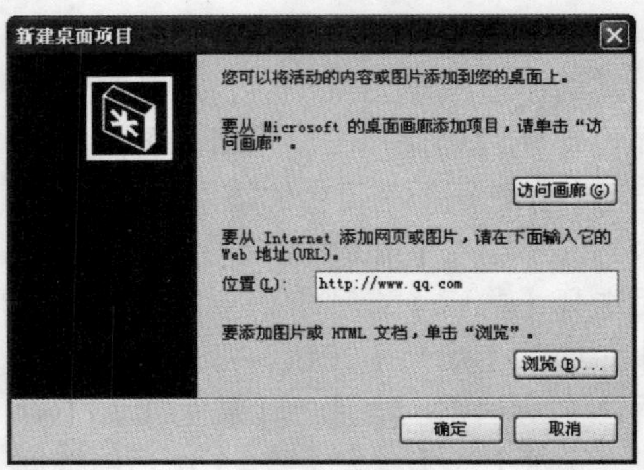

★ 图6.66

4 单击【确定】按钮，会弹出一个提示框，如图6.67所示。

★ 图6.67

5 单击【确定】按钮即可。回到【桌面项目】对话框中，这个新添加的网址会出现在列表中，如图6.68所示。

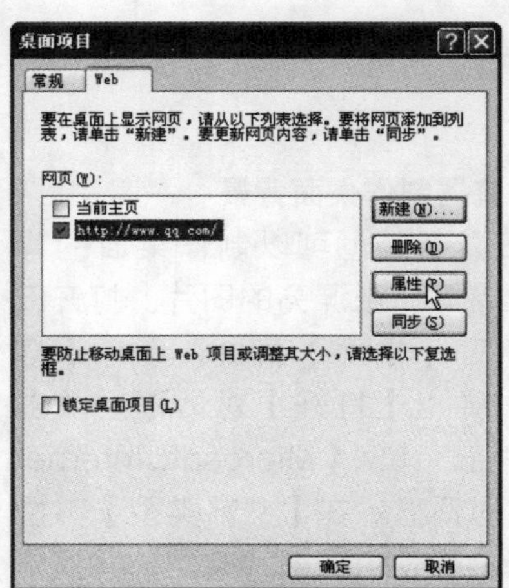

★ 图6.68

6 选中新添加的网址，单击【属性】按钮，出现关于这个网址的属性对话框，选择【计划】选项卡，如图6.69所示。

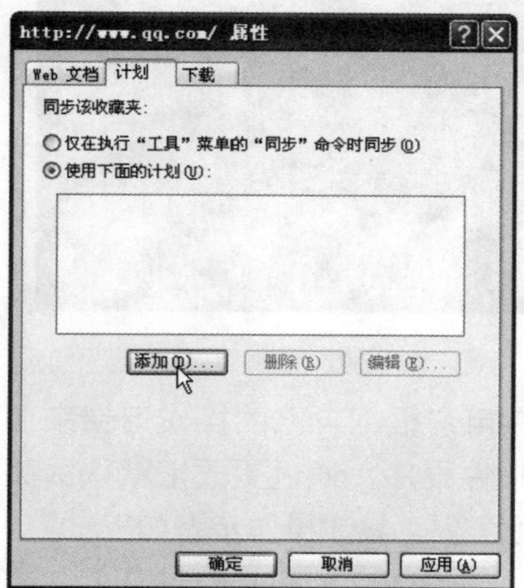

★ 图6.69

7 选中【使用下面的计划】单选按钮，然后单击【添加】按钮，在弹出的【新计划】对话框中可以设置网页更新的时间，设置如图6.70所示。

新计划

请为新计划指定设置。

每(E) 1 天的(A) 16:23

名称(N): 计划中的更新

如果在计划的同步开始时，计算机还没有连接上，请自动连接(I)

确定　取消

★ 图6.70

8 设置好后，连续单击【确定】按钮，返回到桌面上。桌面上会出现这个网站的小窗口，拖动小窗口的边框可将窗口变大，效果如图6.71所示。

好了，现在只要切换到桌面上就可以浏览这个网站了，而且它还可以自动更新呢！

可按照同样的方法，在桌面上添加多个可以更新的网站，只要你的桌面上放得下就可以。

★ 图6.71

把网页文件设置为桌面

如果能把网页文件设置为桌面就好了。这样只要切换回桌面，单击相应网站的链接就可以直接访问该网站了。不过在此之前要先准备好一个列有网站链接的网页文件，如图6.72所示。

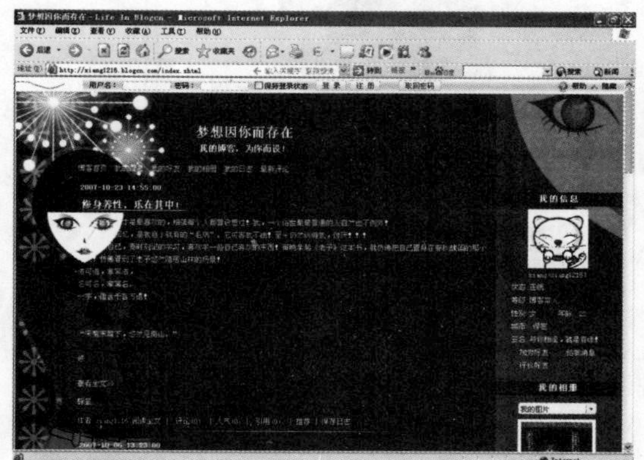

★ 图6.72

之后的操作就很简单了：在桌面上单击鼠标右键，在弹出的快捷菜单中选择【属性】选项，弹出【显示 属性】对话框，单击【桌面】选项卡，如图6.73所示。

单击【桌面】选项卡中的【浏览】按钮，从弹出的【打开】对话框中选择做好的网页文件，单击【打开】按钮。在上部的预览栏中就可以看到这个网页，如图6.74所示。

★ 图6.73

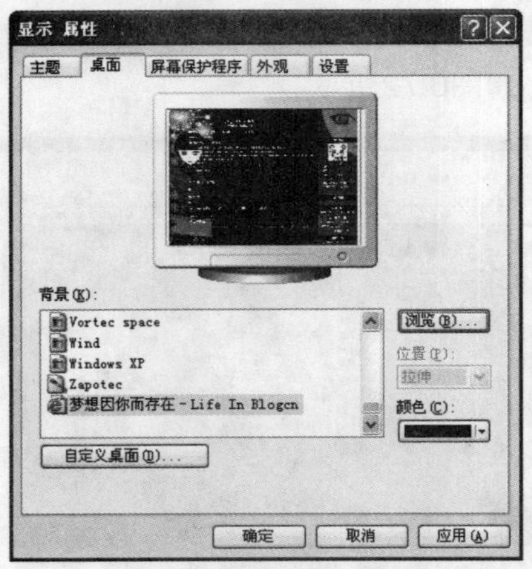

★ 图6.74

单击【确定】按钮，这个网页现在就变为桌面了，效果如图6.75所示。

更改默认的邮件程序

使用IE浏览网页时，每次单击邮件地址后就会自动启动Outlook Express电子邮件程序，而平时收发邮件都使用的是Foxmail，如何才能单击一个邮件地址后启动Foxmail呢?

★ 图6.75

IE允许用户根据自己的操作习惯来调用所需的邮件程序，通过更改IE默认的关联程序即可实现。具体操作步骤如下：

1. 在IE窗口中执行【工具】→【Internet选项】命令，打开【Internet选项】对话框。
2. 单击【程序】选项卡，可以看到【HTML编辑器】、【电子邮件】、【新闻组】、【Internet电话】、【日历】、【联系人列表】等选项设置框，它们就是分别用于设置IE默认启动相应关联程序的选项。
3. 单击【电子邮件】下拉列表，所安装的所有电子邮件程序就会显示出来，从中选择【Foxmail】作为默认电子邮件程序，如图6.76所示。

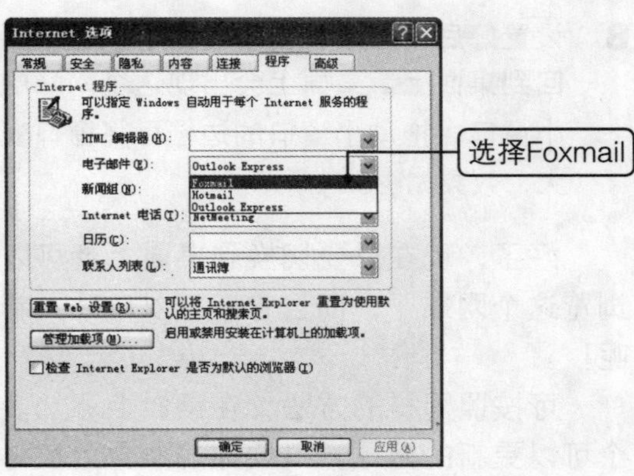

★ 图6.76

4 单击【确定】按钮关闭【Internet选项】对话框即可。

设置Google为IE浏览器的默认搜索引擎

Google是大家公认的最好的搜索引擎，它以内容全面、速度快等优点而被广大用户青睐。可以修改注册表将它设为IE浏览器的默认搜索引擎。方法是：打开【注册表编辑器】窗口，从窗口的左栏中依次展开【HKEY_CURRENT_USER\Software\Microsoft\Internet Explorer\Search】子项，在右栏中双击【SearchAssistant】项，弹出【编辑字符串】对话框，在【数值数据】文本框中输入“http://www.google.com”，单击【确定】按钮，设置如图6.77所示。

★ 图6.77

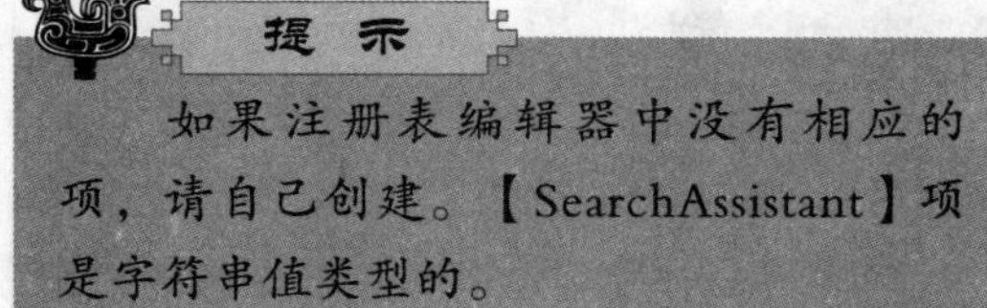

提 示

如果注册表编辑器中没有相应的项，请自己创建。【SearchAssistant】项是字符串值类型的。

这样就设置好了，以后在IE浏览器中单击工具栏中的【搜索】按钮时，激活的将是Google搜索引擎，效果如图6.78所示。

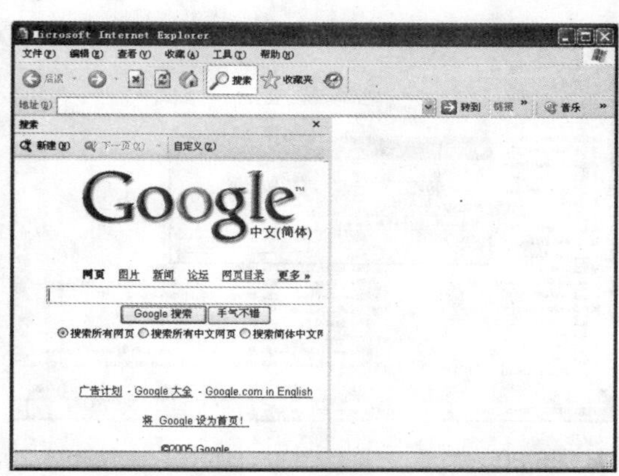

★ 图6.78

自定义IE浏览器的标题栏

不知你注意过没有，IE浏览器的标题栏在网页的标题后总显示有“Microsoft Internet Explorer”字样（参见图6.79），如果你觉得不好看可以通过修改注册表将其换为其他文字或将其删去。

★ 图6.79

打开【注册表编辑器】窗口，从窗口的左栏中依次展开【HKEY_CURRENT_USER\Software\Microsoft\Internet Explorer\Main】子项，在右栏中找到或新建字符串值类型的名为【Window Title】的项，双击它，弹出【编辑字符串】对话框，在【数值数据】文本框中列出的内容就是在IE浏览器标题栏中显示的文字，如图6.80所示。

如果不想在标题栏中显示任何文字，将文本框中的文字删掉即可；如果想在标题栏中显示其他文字，在输入框中输入相应的文字即可。修改后单击【确定】按钮，再打开IE浏览器，就会看到标题栏中的文字已经改变了，如图6.81所示。

★ 图6.80

★ 图6.81

提 示

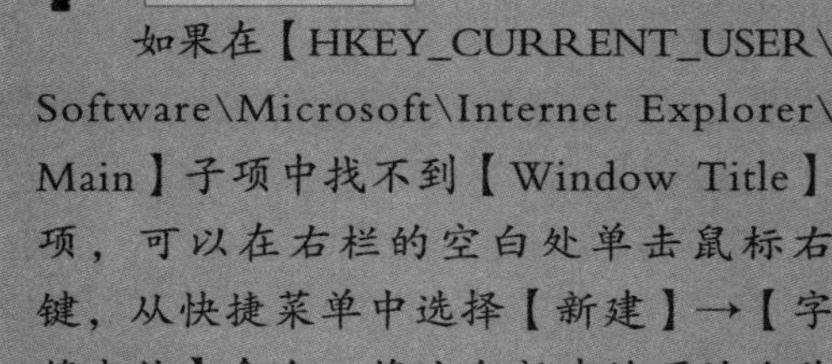

如果在【HKEY_CURRENT_USER\Software\Microsoft\Internet Explorer\Main】子项中找不到【Window Title】项，可以在右栏的空白处单击鼠标右键，从快捷菜单中选择【新建】→【字符串值】命令，将这个新建的项的名称改为【Window Title】，再设置其值就可以了。

为IE浏览器换装

每天都要使用IE浏览器上网浏览网页，可不可以把自己喜欢的图片作为浏览器的背景呢？首先准备好一张BMP格式的图片。

注 意

一定要是BMP格式的图片，否则不能成功。

然后打开【注册表编辑器】窗口，在左栏中依次展开【HKEY_CURRENT_USER\Software\Microsoft\Internet Explorer\Toolbar】项。在右栏的空白处单击鼠标右键，执行【新建】→【字符串值】命令，将其命名为“BackBitmap”，双击这个键值项，在【编辑字符串】对话框的【数值数据】文本框中输入作为背景图片文件的完整路径，设置如图6.82所示。

★ 图6.82

单击【确定】按钮，退出注册表编辑器，再打开IE浏览器时你会发现它的背景已经发生了变化，效果如图6.83所示。

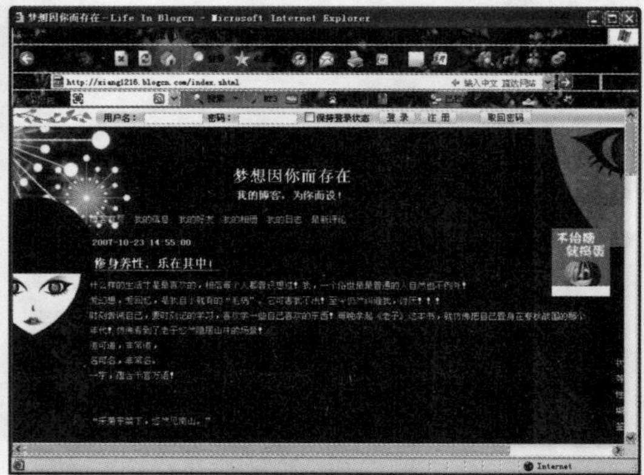

★ 图6.83

提 示

如果在【注册表编辑器】窗口中没有相应的子项，请自己创建。

破解无法选择文字的网页

经常在网上冲浪的朋友们都遇到过网页文字无法选择的情况，这是由于网站的制作者为了避免读者将网页内容私自复制而做的技术处理。而这些技术一般都是基于Java运行的，而在IE中恰好就有关闭Java脚本的功能。因此，使用IE就能破解那些无法选择文字的网页。

在有些网页中，使用鼠标拖动的方法不能选中文字，当然也就不能复制网页中的文字。这时可以按照下面的方法进行操作：

1　在IE浏览器中，执行【工具】→【Internet选项】命令，在打开的【Internet选项】对话框中单击【安全】选项卡，如图6.84所示。

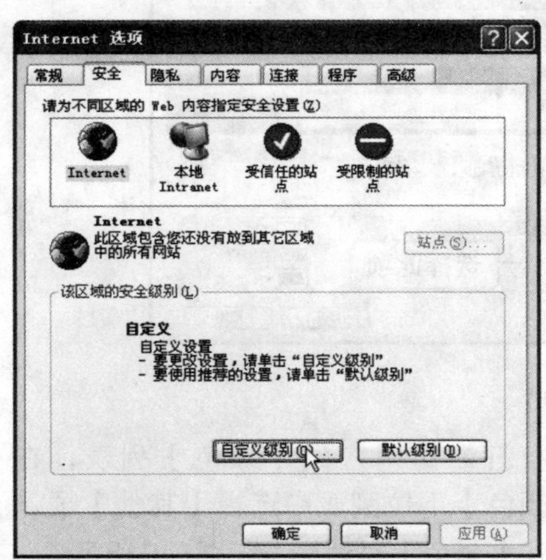

★ 图6.84

2　单击【自定义级别】按钮，打开【安全设置】对话框，如图6.85所示。将所有脚本全部禁用，然后按【F5】键刷新网页，这时网页中那些无法选取的文字就都可以选取了。

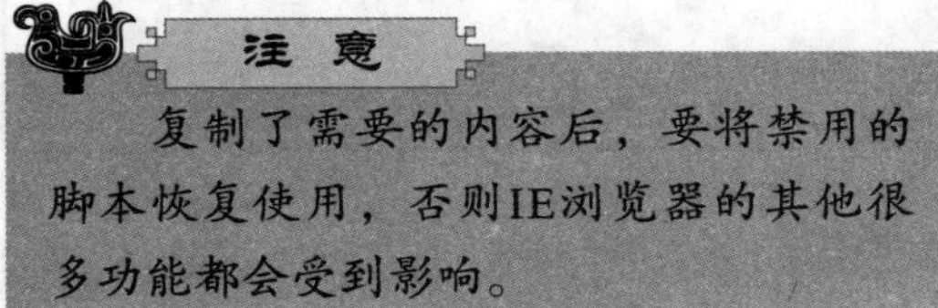

注　意

复制了需要的内容后，要将禁用的脚本恢复使用，否则IE浏览器的其他很多功能都会受到影响。

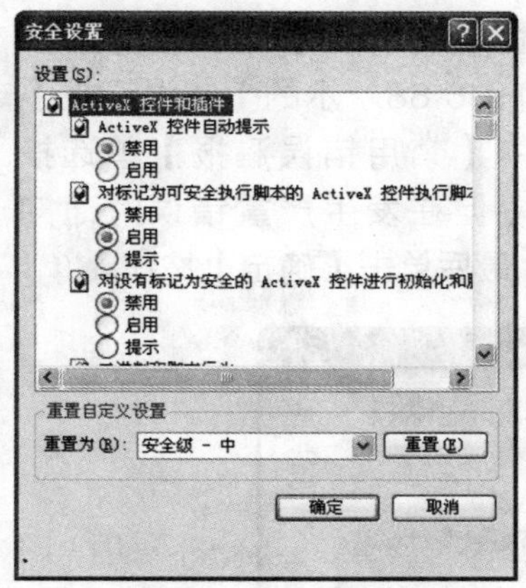

★ 图6.85

禁止IE发送错误报告

有时在使用IE浏览器时，会弹出错误报告，如图6.86所示。

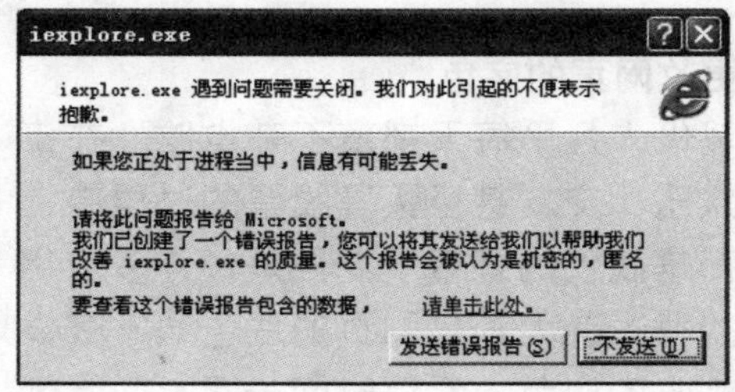

★ 图6.86

如果不想发送错误报告可以在控制面板中进行设置。打开【控制面板】窗口，双击【系统】图标，打开【系统属性】对话框，单击【高级】选项卡，如图6.87所示。

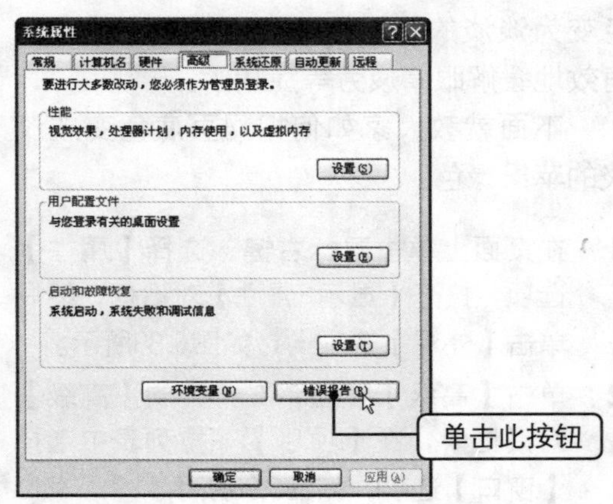

★ 图6.87

单击对话框下端的【错误报告】按钮，将会打开图6.88所示的【错误汇报】对话框。选中【禁用错误汇报】单选按钮，并选中【但在发生严重错误时通知我】复选框，最后单击【确定】按钮。

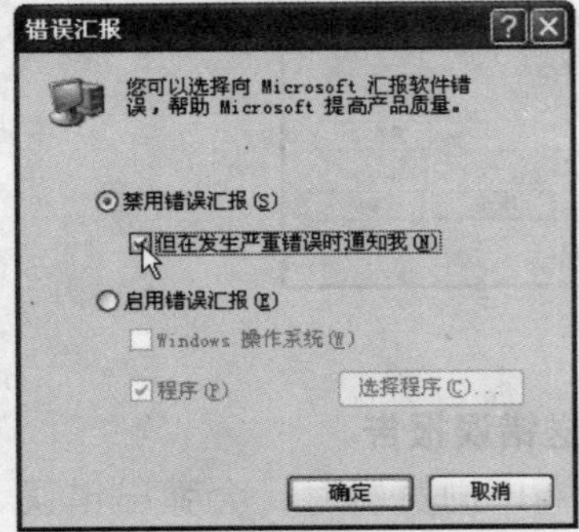

★ 图6.88

更改网页的底色

现代人几乎每天都离不开电脑。在工作、娱乐、交友甚至买卖股票的过程中，电脑都是我们的好帮手。但是，许多应用软件的背景，尤其是网页的底色通常被设定为刺眼的白色，看得时间长了，眼睛就会出现疲劳、酸涩，甚至流泪的现象。

绿色和蓝色对眼睛最好，建议大家在长时间使用电脑后，经常看看蓝天、绿地，就能在一定程度上缓解视疲劳。同样的道理，如果我们把电脑屏幕和网页的底色变为淡淡的苹果绿，也可在一定程度上有效地缓解眼睛疲劳等症状了。

下面就教大家如何把网页底色变成淡淡的苹果绿色：

1 在桌面上单击鼠标右键，选择【属性】选项，打开【显示 属性】对话框，然后单击【外观】选项卡，如图6.89所示。

2 单击【高级】按钮，在打开的【高级】对话框中，在【项目】下拉列表中选择【窗口】选项，如图6.90所示。

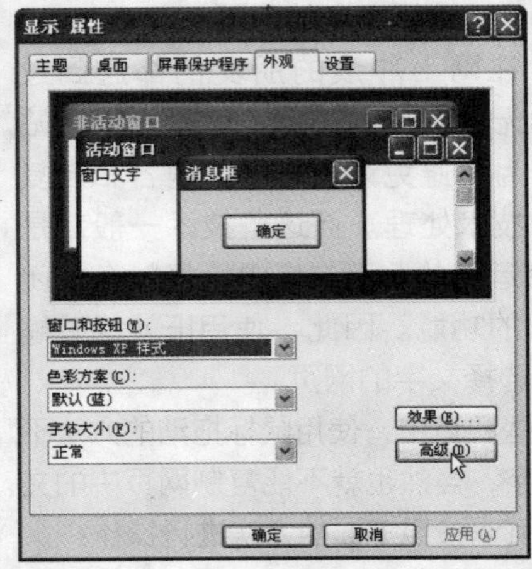

★ 图6.89

★ 图6.90

3 再打开右边对应的【颜色】列表，在【颜色】下拉列表中选择【其他】项，打开【颜色】对话框，如图6.91所示。

★ 图6.91

4 把【色调】的参数设置为“85”，把【饱和度】的参数设置为“90”，把【亮度】的参数设置为“205”，再单击【确定】按钮退出设置。

5 打开IE浏览器，执行【工具】→【Internet选项】命令，打开【Internet选项】对话框，如图6.92所示。

★ 图6.92

6 单击【辅助功能】按钮，打开【辅助功能】对话框，选中【不使用网页中指定的颜色】复选框，如图6.93所示。

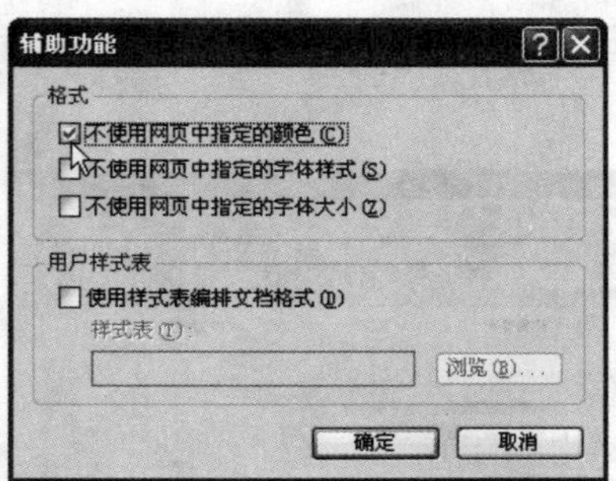

★ 图6.93

全部步骤完成后，网页、文件夹、文本文档里的背景颜色都变成了绿色，效果如图6.94所示。

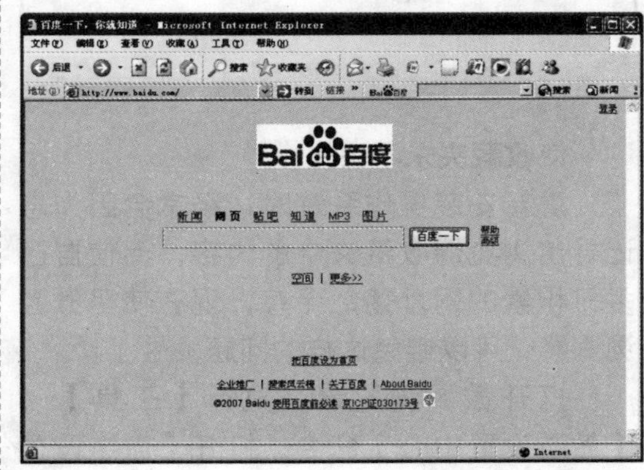

★ 图6.94

其中，色调、饱和度和亮度的参数值，还可以根据个人的喜好进行修改，使自己使用电脑的时候最舒服。

红色是最刺激眼睛的颜色，看得时间长了，就容易产生眼干、眼涩等症状，加重眼睛疲劳，所以建议大家不要使用红色作为电脑屏幕和网页的底色。

6.4 傲游浏览器应用技巧

使用傲游浏览器过滤网页中的内容

傲游浏览器的功能十分强大，使用它可以轻松地过滤掉网页中的广告、Flash动画等占用带宽较多的内容。

具体操作如下：打开傲游浏览器，从【工具】菜单中选择【傲游设置中心】选项，打开【傲游设置中心】选项卡，如图6.95所示。从对话框的左侧列表框中选择【广告猎手】项，在右侧栏中即可选择需要过滤的项目。

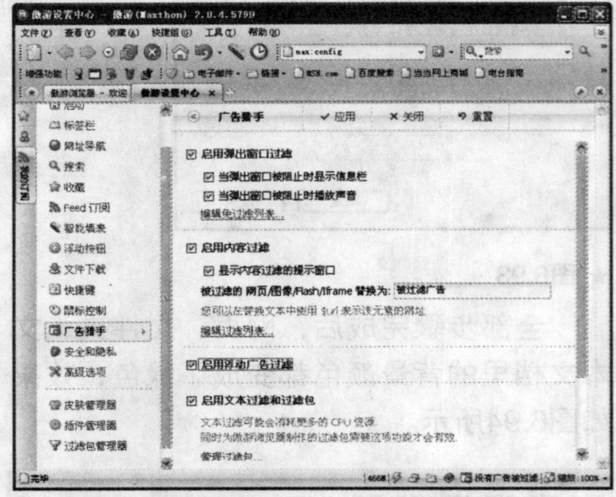

★ 图6.95

使收藏夹永不丢失

重新安装操作系统时，经常会因为忘记导出浏览器收藏夹中的内容，而使自己多日积累的网址荡然无存，现在使用傲游浏览器就可以避免这样的问题发生了。

打开傲游浏览器，执行【工具】→【傲游设置中心】命令，打开【傲游设置中心】选项卡，从左侧列表框中选择【收藏】项，如图6.96所示。

★ 图6.96

单击右侧栏中的【收藏夹目录】项后的【浏览】按钮，在【选择收藏目录】对话框中将收藏夹的保存位置更改到非系统盘中即可，这样重装系统时就不用导出收藏夹中的内容了，如图6.97所示。

★ 图6.97

巧妙使用傲游浏览器的鼠标功能

在傲游浏览器中通过简单地移动鼠标执行相应的动作，可大大提高工作效率。

傲游浏览器中默认开启了鼠标动作功能，并设置了一些常用指令。在浏览器的主窗口中，按下鼠标右键按照设定的方向和次序进行移动，就可以执行相应功能。

例如，在窗口中按下鼠标右键，然后向下并拐向右移动，即可将当前标签关闭；按下右键向上并拐向左移动，即可切换到前一个页面；按下鼠标右键向左移动，即可向前翻看曾经浏览过的页面；按下鼠标右键向右移动，即可向后翻看曾经浏览过的页面。

查看或者创建傲游浏览器的鼠标动作的具体操作步骤如下：选择【工具】菜单，在下拉菜单中选择【傲游设置中心】选项，随后打开【傲游设置中心】选项卡，在左侧的列表框中选择【鼠标控制】选项，切换到【鼠标控制】页面，如图6.98所示。

在该列表中显示了所有程序预定义的鼠标动作，通过拖动滚动条可以查看鼠标手势，如图6.99所示。

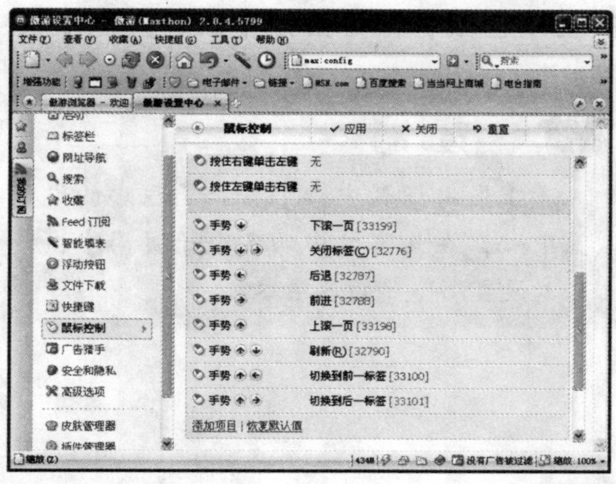

★ 图6.98

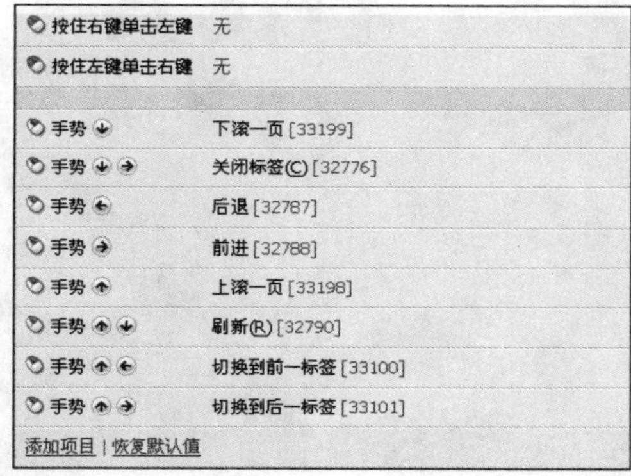

★ 图6.99

拖动滚动条，找到【添加项目】超链接，单击它，在窗口中会添加一个新的鼠标手势，如图6.100所示。

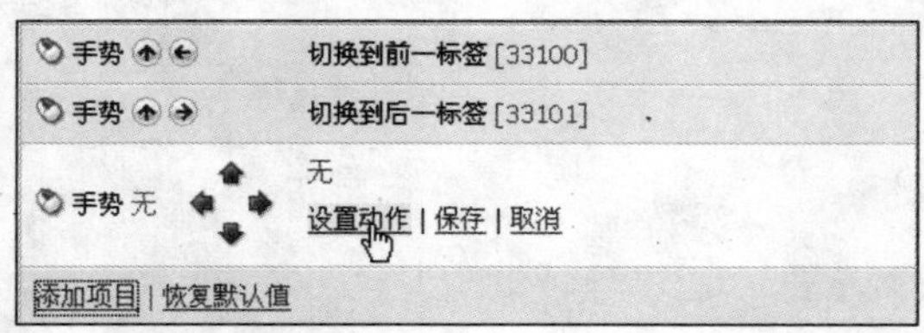

★ 图6.100

在新的鼠标手势中单击【设置动作】超链接，打开【选择命令】对话框。在左侧的【分类】列表框中选择鼠标动作的类型，例如选择【浏览】。在右侧的【命令】列表框中选择鼠标的动作命令，例如选择【刷新】命令，如图6.101所示。

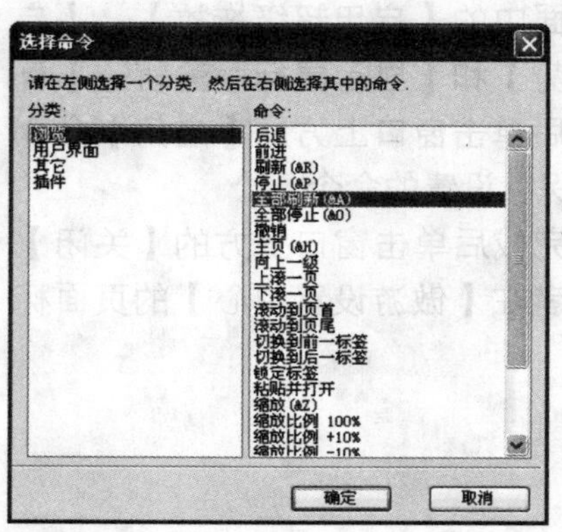

★ 图6.101

单击【确定】按钮，返回到【鼠标控制】页面。通过单击各个方向的箭头设置鼠标手势，如图6.102所示。

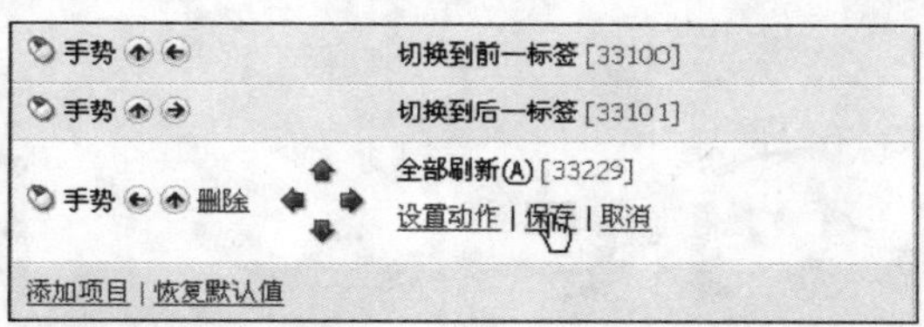

★ 图6.102

注　意

所设置的手势不能与已有的手势重复。

单击【保存】超链接，完成新手势的设置，如图6.103所示。

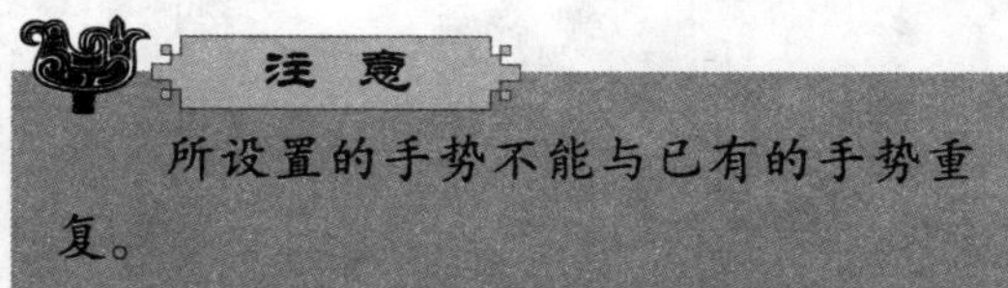

★ 图6.103

如果用户要取消某一个鼠标手势的设置，可以单击【删除】命令，随后弹出提示对话框，单击【确定】按钮即可删除该鼠标手势。

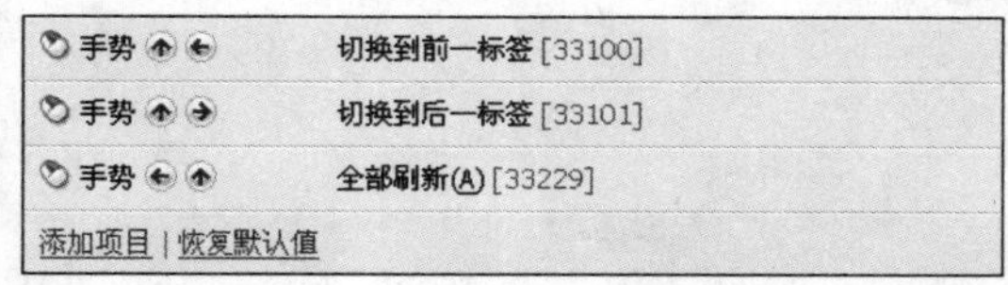

用户可以根据需要选中或取消【鼠标控制】页面中的【启用超级拖放】、【启用鼠标手势】和【显示鼠标手势轨迹】复选框，然后单击窗口上方的【应用】命令按钮，可保存设置的命令。

设置完成后单击窗口上方的【关闭】命令，或者在【傲游设置中心】的页面标签上双击鼠标即可关闭【鼠标控制】页面。

注 意

【傲游设置中心】窗口是程序的设置中心，在此窗口中的各个子页面中，可以设置浏览器的各项参数。

Chapter 07

第7章　邮件收发软件应用技巧

本章要点

- *Microsoft Office Outlook应用技巧*
- *Foxmail应用技巧*

使用电子邮件进行联络现在已经成为人们最常使用的通信方式了，本章就介绍一些有关邮件收发软件的常用操作技巧。通过使用这些小技巧，可以解决一些在邮件收发过程中遇到的疑难问题并可对邮件收发软件进行一些优化设置。

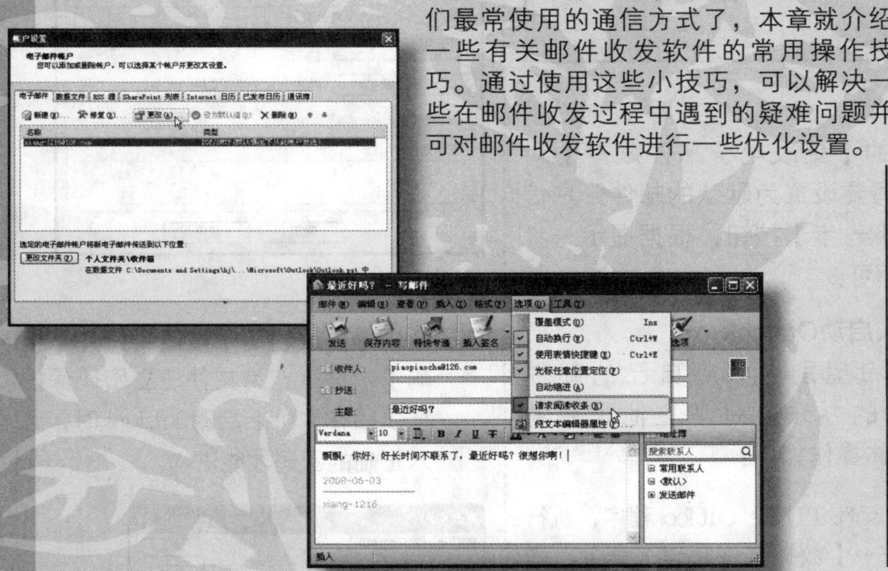

7.1 Microsoft Office Outlook应用技巧

设置系统的默认邮件账户

系统一般将第一个建立的账户设为默认邮件账户，所以像新建邮件这样的操作，就直接使用默认账户作为发件人了，如何将其他邮件账户更改为默认账户呢?

1 启动Microsoft Office Outlook程序，执行【工具】→【账户设置】命令，打开【账户设置】对话框，单击【更改】按钮，如图7.1所示。

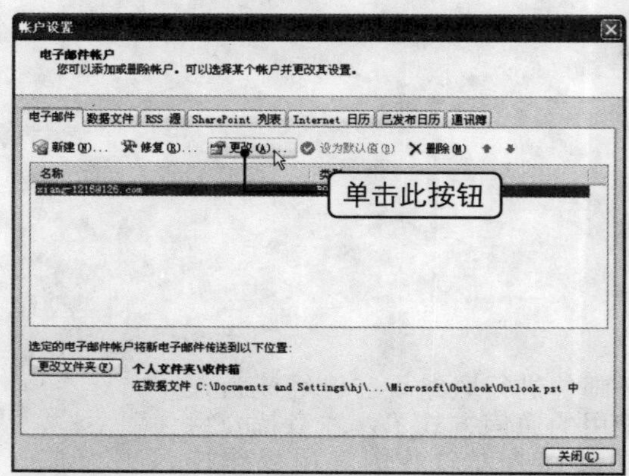

★ 图7.1

在弹出的【更改电子邮件账户】对话框中，填写要设置为默认的邮件账户信息，单击【下一步】按钮，根据提示一步步完成设置即可。

禁止他人启动Outlook

如果不希望别人看到自己的邮件内容，最好的办法就是禁止他人启动Outlook。具体操作如下：

1 启动Microsoft Office Outlook程序，执行【文件】→【数据文件管理】命令，弹出【账户设置】对话框，如图7.2所示。

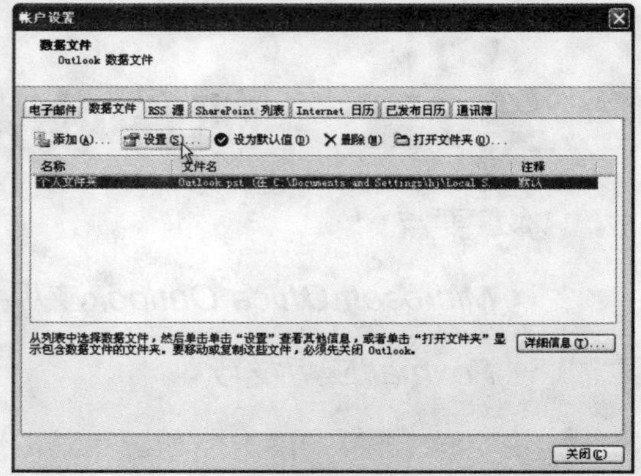

★ 图7.2

2 选择【数据文件】选项卡，单击【设置】按钮，打开【个人文件夹】对话框，如图7.3所示。

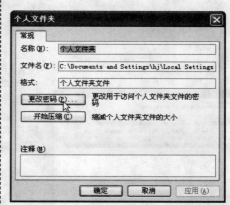

★ 图7.3

3 单击【更改密码】按钮，打开【更改密码】对话框，为文件建立密码保护。这样以后在本机上启动Outlook时，必须输入正确的密码才能进入。

★ 图7.4

拒收不良邮件

你一定被乱七八糟的垃圾邮件骚扰过，这些邮件都是通过群发功能发送的邮件，那么能不能拒收收件人不是自己的邮件呢？当然可以，在Microsoft Office Outlook中就可轻松实现。具体操作如下：

1 启动Microsoft Office Outlook程序，执行【工具】→【规则和通知】命令，弹出【规则和通知】对话框，如图7.5所示。

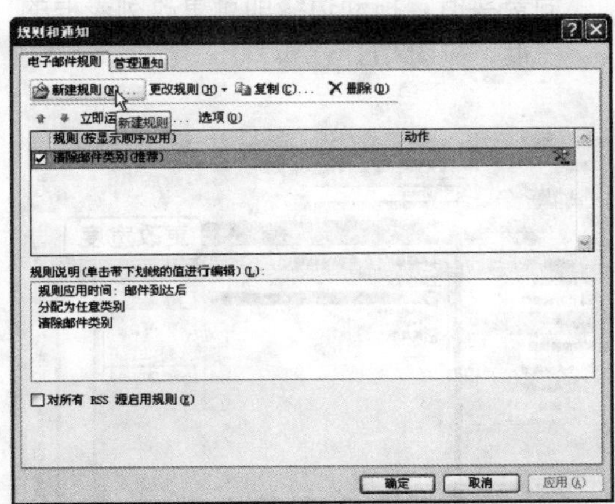

★ 图7.5

2 选中【清除邮件类别（推荐）】选项，单击【新建规则】按钮，打开【规则向导】对话框，如图7.6所示。

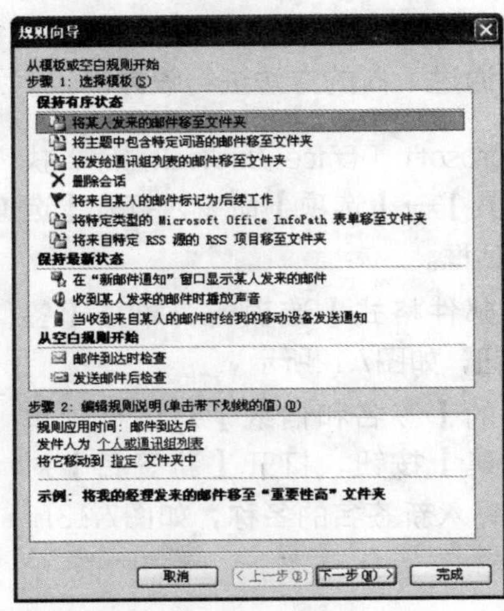

★ 图7.6

3 保持默认设置，单击【下一步】按钮，打开如图7.7所示的对话框。

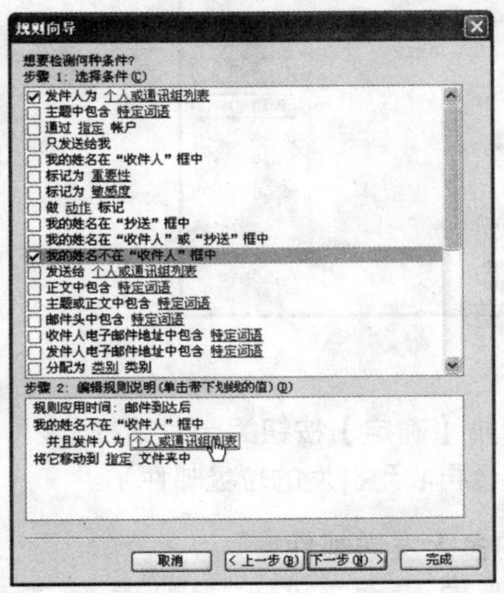

★ 图7.7

4 在【步骤1.选择条件】列表框中选中【我的姓名不在“收件人”框中】项，在【步骤2.编辑规则说明】列表框中单击【个人或通讯组列表】文字链接，弹出【规则地址】对话框，在【发件人】后面的输入框中可以输入你的电子邮件地址，如图7.8所示。

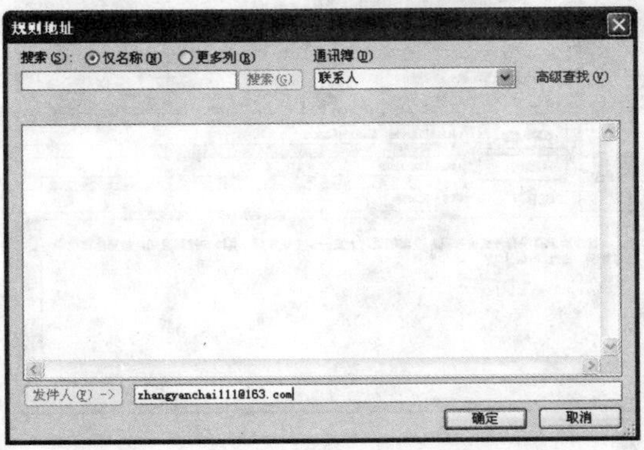

★ 图7.8

4 单击【确定】按钮，返回【规则向导】对话框，在【2.编辑规则说明】列表框中单击【指定】文字链接，弹出【规则和通知】对话框，选择【垃圾邮件】文件夹，如图7.9所示。

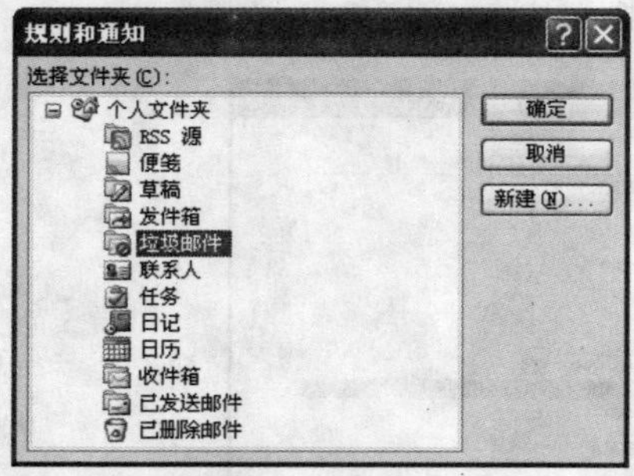

★ 图7.9

5 连续单击【确定】按钮关闭对话框，以后就不会再收到群发的垃圾邮件了。

同时向多人发送邮件

好东西要和朋友们一起分享，在Microsoft Office Outlook中可以同时向多个人发送电子邮件。方法是：在【新邮件】窗口的【收件人】或【抄送】输入框中，输入每个收件人的电子邮件地址，多个邮件地址用英文逗号或分号隔开，就可以将一个邮件同时发送给多个人了，如图7.10所示。

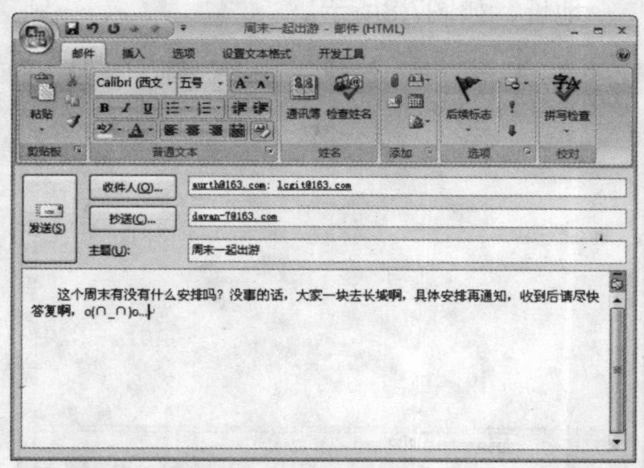

★ 图7.10

更改工具栏的下拉列表框的宽度

如果在某个工具栏中输入的文字内容超过了列表框的宽度，就会出现只能看到一部分文字的情况。其实工具栏中的下拉列表框的宽度是可以改变的，具体实现步骤如下：

1 启动Microsoft Office Outlook程序，执行【工具】→【自定义】命令，打开【自定义】对话框。

2 在【自定义】对话框打开的情况下，选中要更改的列表框，用鼠标指向列表框的左边缘或右边缘，当指针变成一个双向箭头时，拖动边缘即可更改列表框的宽度，如图7.11所示。

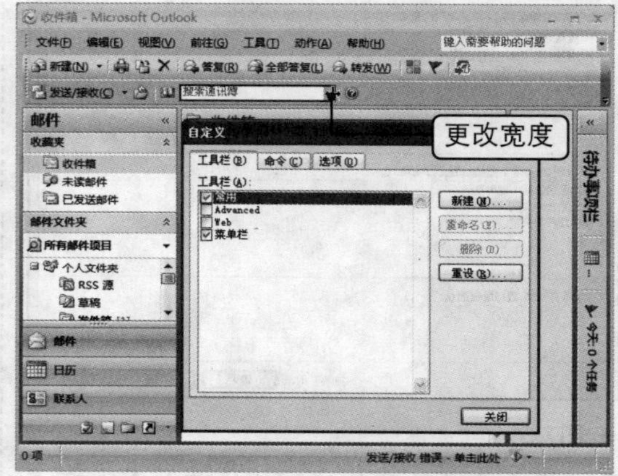

★ 图7.11

设置在新建邮件时自动使用签名

如果需要在发送邮件时自动应用签名效果，可以通过下面的方法进行设置。

1 启动Microsoft Office Outlook程序，执行【工具】→【选项】命令，打开【选项】对话框。

2 单击【邮件格式】选项卡，单击【签名】按钮，如图7.12所示。

3 在打开的【签名和信纸】对话框中单击【新建】按钮，打开【新签名】对话框，输入新签名的名称，如图7.13所示。

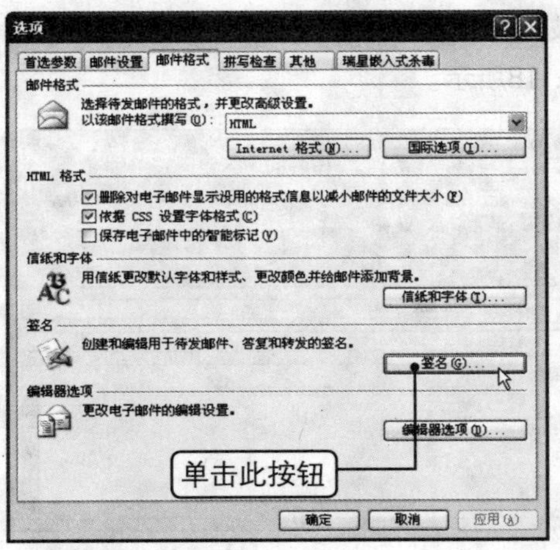

★ 图7.12

★ 图7.13

4 单击【确定】按钮返回【签名和信纸】对话框，在【编辑签名】区域中输入签名信息并对格式进行设置，如图7.14所示。

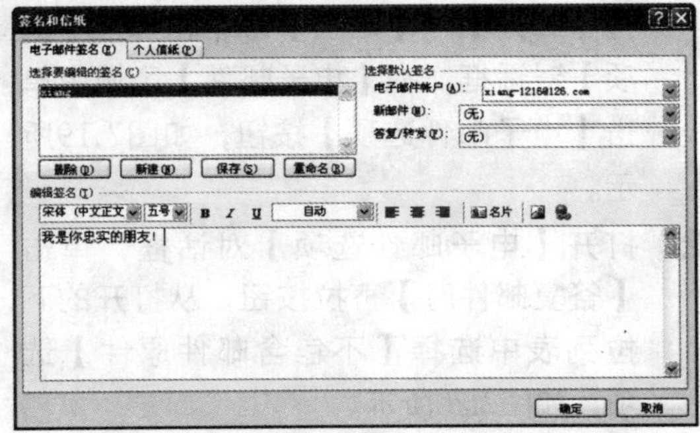

★ 图7.14

5 如果对签名效果不满意，可对签名进行修改。连续单击【确定】按钮即可完成签名的设置。

在Microsoft Office Outlook中快速添加多个联系人

如果经常需要将邮件发送给固定的一群人，在Microsoft Office Outlook中，可以将这些人添加到一个组中，发信时在【收件人】的输入框中直接输入组名即可。要想实现这个功能，首先要创建联系人组，操作方法如下：

1 启动Microsoft Office Outlook程序，单击窗口左侧的【联系人】按钮，然后单击工具栏上的【新建】下拉按钮，从打开的下拉列表中选择【通讯组列表】选项，打开【通讯组列表】选项卡。

2 在【名称】文本框中为这个组输入名字，然后在【成员】组中单击【选择成员】按钮，如图7.15所示。

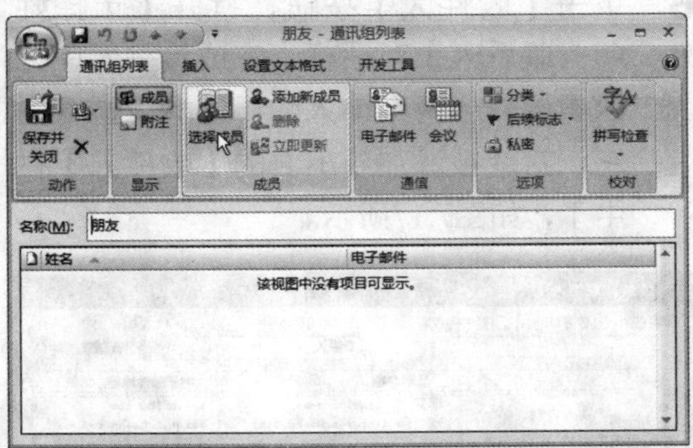

★ 图7.15

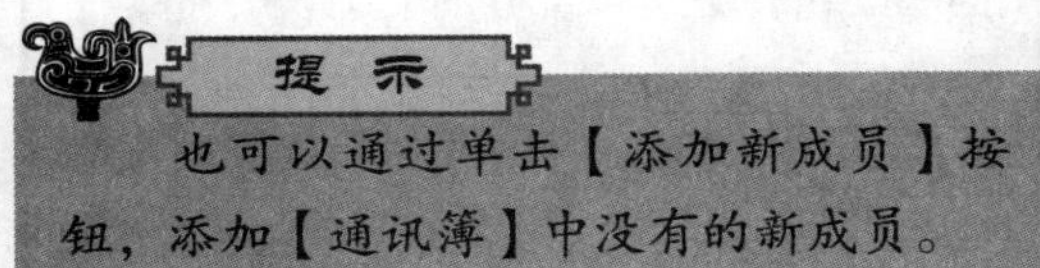

也可以通过单击【添加新成员】按钮，添加【通讯簿】中没有的新成员。

3 打开【选择成员：联系人】对话框，选择要添加的联系人，然后单击【成员】按钮，所选的联系人就被添加到【成员】列表框中了，如图7.16所示。

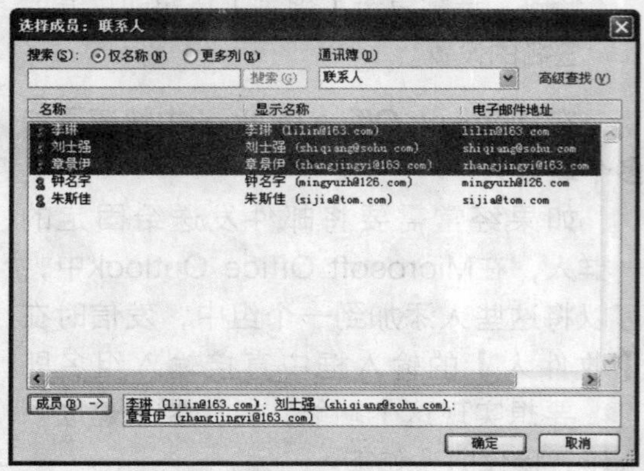

★ 图7.16

4 单击【确定】按钮，返回【通讯组列表】选项卡，单击【动作】组中的【保存并关闭】按钮，保存创建的通讯组，返回Microsoft Office Outlook主界面。

5 单击窗口左侧的【邮件】按钮，单击【新建】按钮，打开【未命名-新建】窗口。

6 单击【收件人】按钮，打开【选择姓名：联系人】对话框，在成员列表中可以看到一个两个小人图标的标识，双击它，它就被添加到下面的【收件人】栏中了，如图7.17所示。

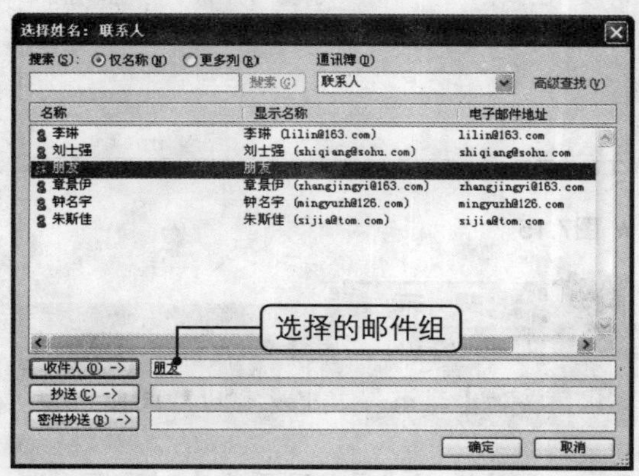

★ 图7.17

7 单击【确定】按钮，可以看到这个组名被添加到【收件人】输入框中了，如图7. 18所示。

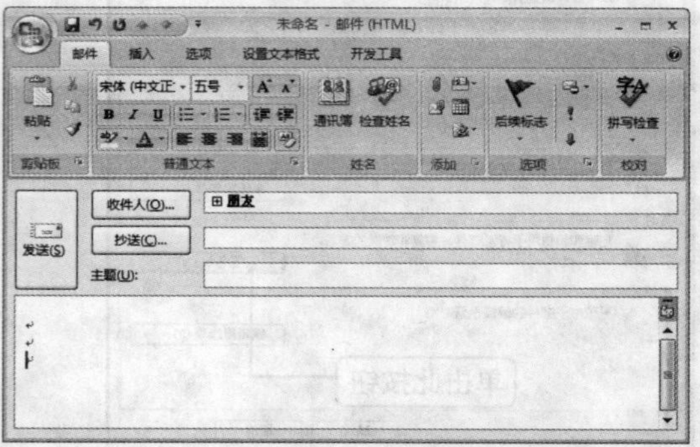

★ 图7.18

单击【发送】按钮，就可将此邮件发送到每个组成员的信箱中了。

提 示

虽然建立通讯组时麻烦了一些，但是对以后多次使用是很方便的，不用一个联系人一个联系人地添加。

将原邮件添加到回复邮件中

使用Microsoft Office Outlook的用户可能都发现了，每当回复一封收到的来信时，邮件的原始内容都会自动添加到邮件正文中。如何在回复邮件时不显示原文内容呢？使用如下方法就可以做到。

1 启动Microsoft Office Outlook程序，执行【工具】→【选项】命令，打开【选项】对话框。在【电子邮件】区域中单击【电子邮件选项】按钮，如图7.19所示。

2 打开【电子邮件选项】对话框，单击【答复邮件时】下拉按钮，从打开的下拉列表中选择【不包含邮件原件】选项，如图7.20所示。

3 连续单击【确定】按钮，下次就不会将邮件原件添加到回复邮件中了。

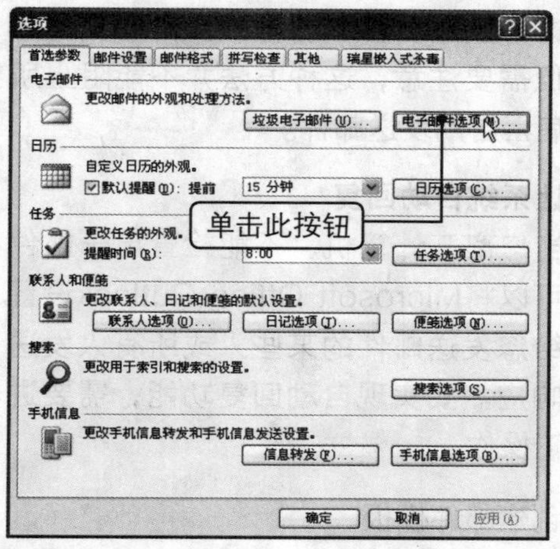

★ 图7.19

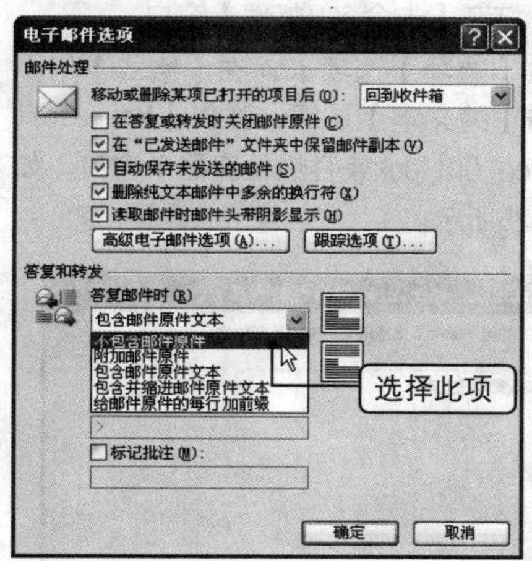

★ 图7.20

从Microsoft Office Outlook中一次导出多封邮件

在Microsoft Office Outlook中导出邮件时，可以将多封邮件一起导出，具体操作步骤如下：

1 首先选中要导出的多封邮件，单击工具栏中的【转发】按钮，打开【未命名-新建】窗口，这些选中的邮件会作为这封邮件的附件，如图7.21所示。

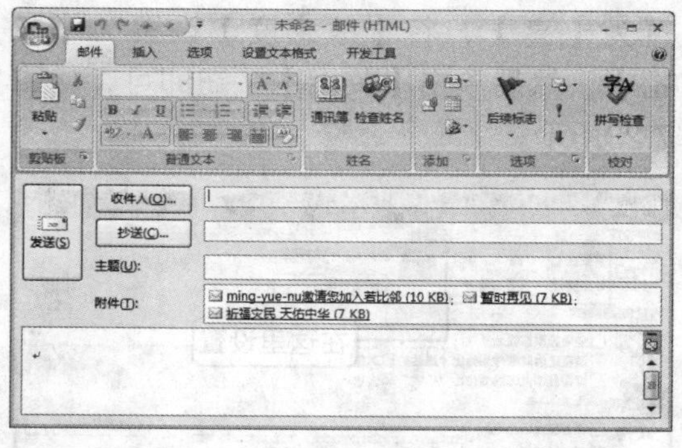

★ 图7.21

2 单击【Office】按钮，在其下拉菜单中选择【另存为】选项，打开【另存为】对话框。

3 在【文件名】文本框中输入文件名，在保存类型下拉列表框中选择【Outlook邮件格式】选项，如图7.22所示。

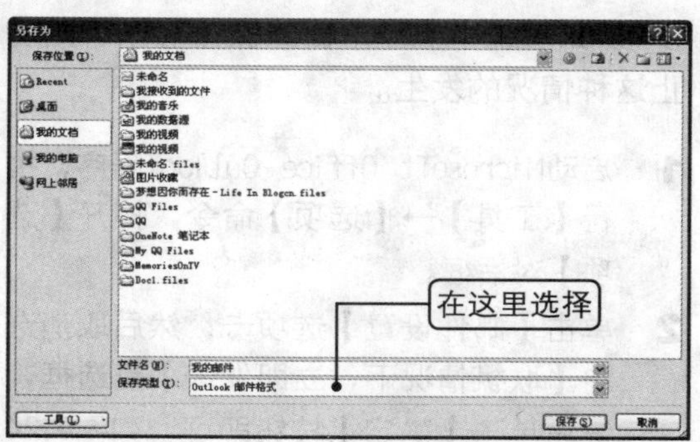

★ 图7.22

4 单击【保存】按钮，将这个带有很多附件的邮件保存。以后需要用时，找到刚才保存的文件，双击它即可使用Microsoft Office Outlook将其打开。

防止邮件的私人属性被他人篡改

只要将邮件属性设置为私密性质，就可以有效地防止被他人篡改。

在件书写新邮的窗口中，单击【选项】选项卡中的对话框启动器，打开【邮件选项】对话框，将邮件的【重要性】设置为【高】，将【敏感度】设置为【私密】，然后单击【关闭】按钮即可，如图7.23所示。

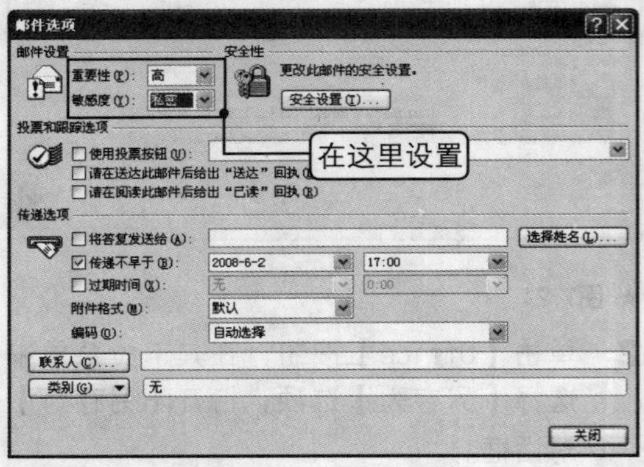

★ 图7.23

取消系统自动发送邮件的功能

许多病毒都能自动向外发送邮件。在Outlook系统中执行下面的操作可以有效防止这种情况的发生。

1 启动Microsoft Office Outlook程序，执行【工具】→【选项】命令，打开【选项】对话框。

2 单击【邮件设置】选项卡，然后取消选中【联机情况下，立即发送】复选框，最后单击【确定】按钮即可，如图7.24所示。

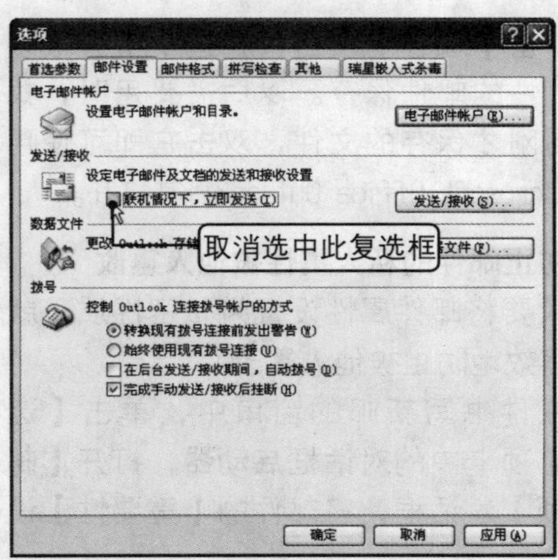

★ 图7.24

这样设置后，系统将不会自动发送邮件。但需要注意，这种方法并不能阻止所有的病毒自动发送邮件。

让系统自动回复

当您离开计算机、不能检查电子邮件时，可以将Microsoft Office Outlook设置成向给您发送邮件的某些人或所有人发送自动响应。要实现自动回复功能，需要进行如下操作。

创建邮件模板

1 启动Microsoft Office Outlook程序，执行【文件】→【新建】→【邮件】命令，打开【未命名-邮件】窗口。

2 单击【选项】选项卡，在【格式】组中单击【纯文本】按钮，弹出【Microsoft Office Outlook兼容性检查器】窗口，如图7.25所示。

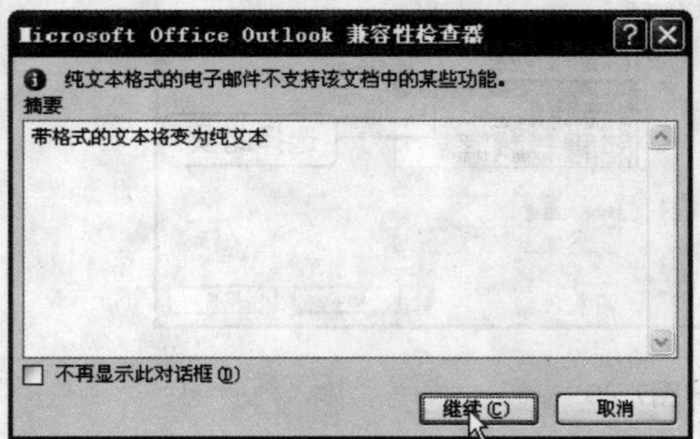

★ 图7.25

3 单击【继续】按钮，返回邮件编辑窗口。在邮件正文中，键入要作为自动答复发送的邮件，如图7.26所示。

4 执行【Office按钮】→【另存为】命令，在【另存为】对话框中的【保存类型】下拉列表中，选择【Outlook模板(*.oft)】选项，在【文件名】输入框中键入邮件模板的名称，如图7.27所示。

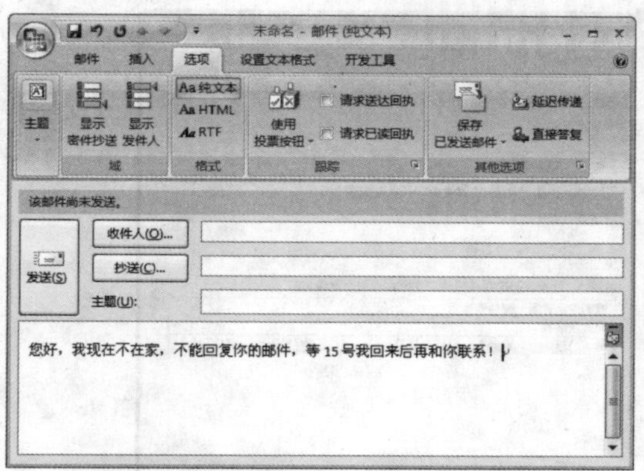

★ 图7.26

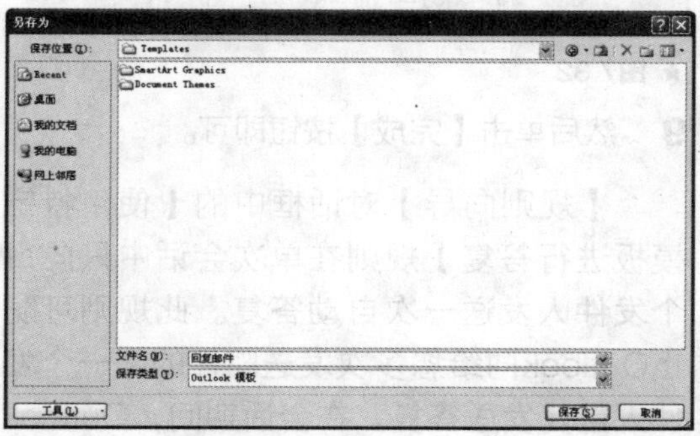

★ 图7.27

5 单击【保存】按钮，保存文件。

创建规则以自动答复电子邮件

1 启动Microsoft Office Outlook程序，执行【工具】→【规则和通知】命令，打开【规则和通知】对话框。

2 单击【新建规则】按钮，打开【规则向导】对话框，如图7.28所示。

3 在【步骤1：选择模板】列表框中单击【邮件到达时检查】选项，然后单击【下一步】按钮。

4 在【想要检测何种条件？】区域中选中【只发送给我】复选框，如图7.29所示，然后单击【下一步】按钮。

5 在【步骤1：选择条件】区域中选中【用特定模板答复】复选框，如图7.30所示。

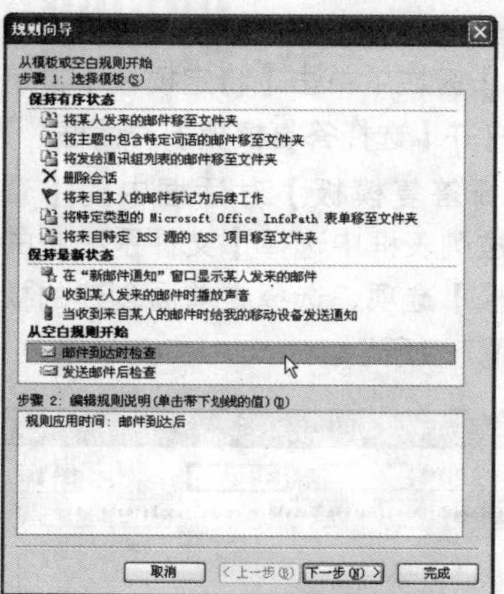

★ 图7.28

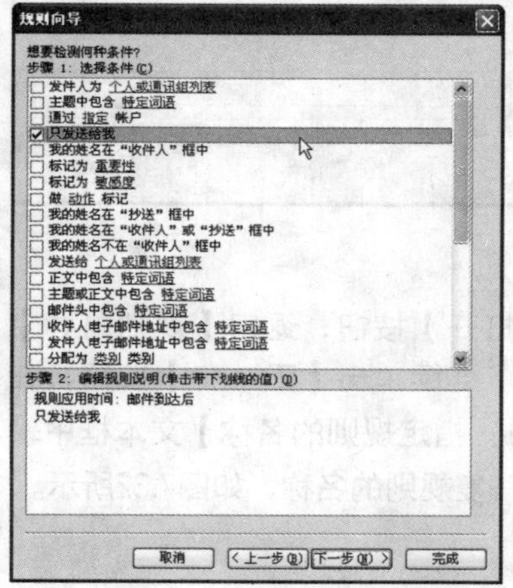

★ 图7.29

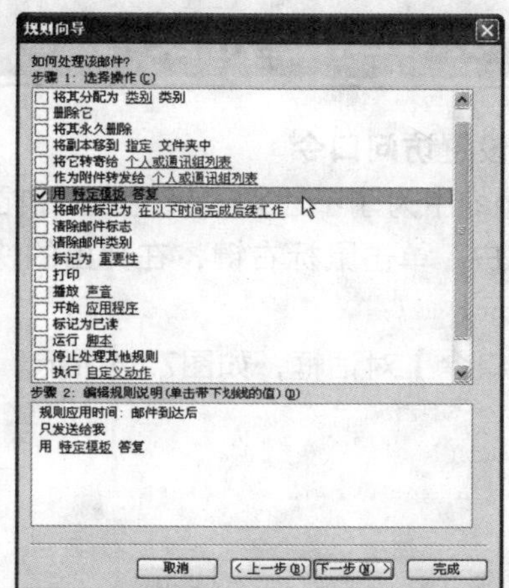

★ 图7.30

6 在【步骤 2：编辑规则说明(单击带下划线的值)】区域中单击【特定模板】文字链接，打开【选择答复模板】对话框。

7 在【选择答复模板】对话框中的【查找】下拉列表框中选择【文件系统中的用户模板】选项，选择在前面创建的模板，如图7.31所示。

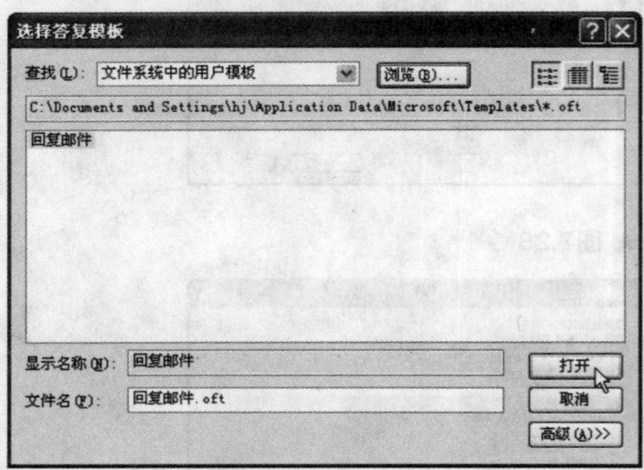

★ 图7.31

8 单击【打开】按钮，返回【规则向导】对话框。连续单击【下一步】按钮，在【步骤1：指定规则的名称】文本框中输入自动答复规则的名称，如图7.32所示。

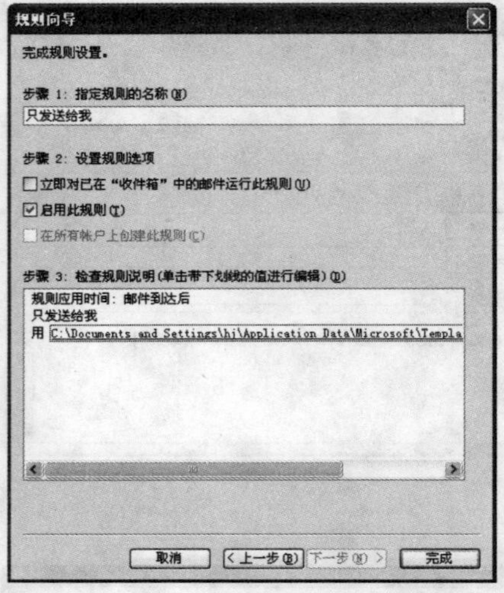

★ 图7.32

9 然后单击【完成】按钮即可。

【规则向导】对话框中的【使用特定模板进行答复】规则在单次会话中只向每个发件人发送一次自动答复。此规则可防止Outlook向给您多次发送邮件的同一个发件人重复发送答复。在会话期间，Outlook会对它所响应过的用户的列表保持跟踪。但如果您退出Outlook后又重新启动，则会重置已接收到自动答复的收件人的列表。

7.2 Foxmail应用技巧

为邮箱设置访问口令

在Foxmail中为了不让别人轻易进入自己的邮箱，可以给邮箱设置访问口令，方法是选中一个账户，单击鼠标右键，在弹出的快捷菜单中选择【设置账户访问口令】选项，如图7.33所示。

打开【口令】对话框，如图7.34所示。输入口令，单击【确定】按钮即可。

★ 图7.33

★ 图7.34

当再次进入这个邮箱时，就会出现如图7.35所示的【账户】窗口，只有输入密码才能进入邮箱。

★ 图7.35

绕过Foxmail账户口令进入邮箱

上一个技巧讲解了如何为账户设置口令，但有时忘了邮箱访问口令怎么办呢？别着急，按照如下步骤操作就能解决这个问题。

1 在Foxmail中执行【邮箱】→【新建邮箱账户】命令，弹出注册向导，如图7.36所示。

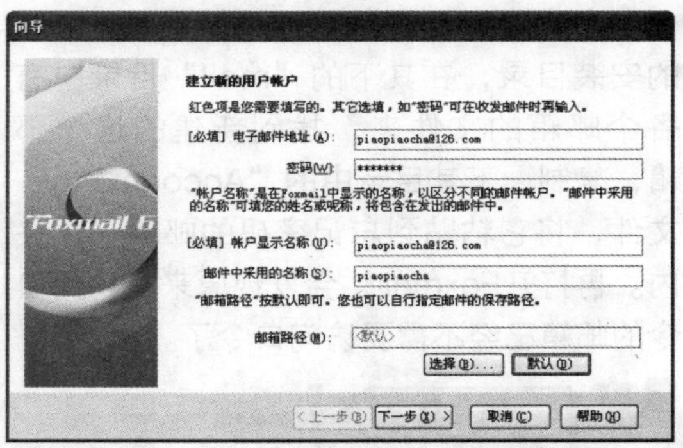

★ 图7.36

2 按照提示进行相关设置，然后单击【下一步】按钮，打开如图7.37所示的【指定邮件服务器】窗口。

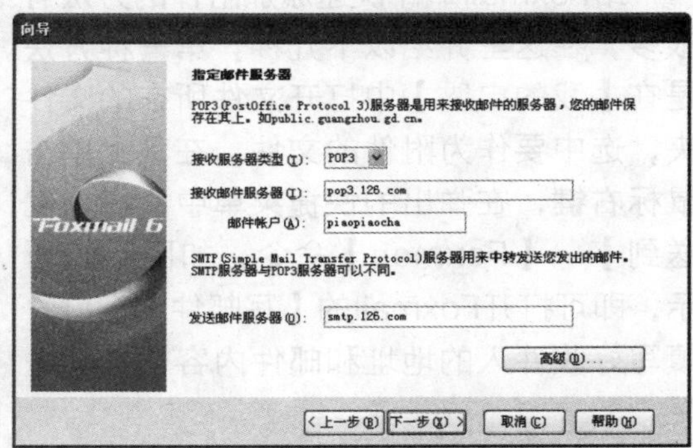

★ 图7.37

3 填写相关内容，【接收邮件服务器】和【发送邮件服务器】项的内容要与忘记口令的邮箱的这两项内容填写一致。

4 单击【下一步】按钮，打开如图7.38所示的完成窗口，单击【完成】按钮即可。

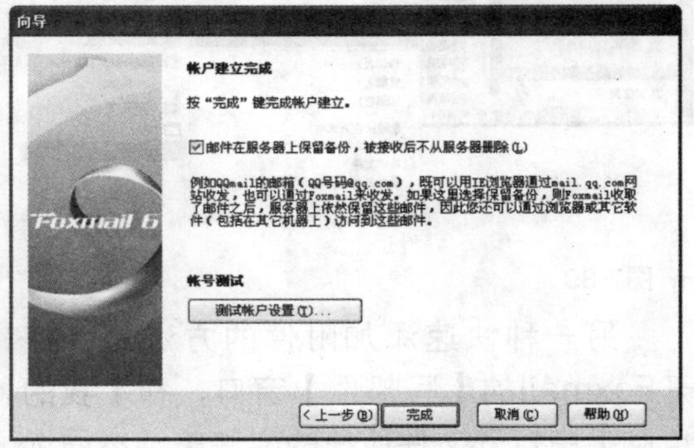

★ 图7.38

完成这个账户的建立后找到Foxmail的安装目录，在其下的“mail”目录中有各个邮箱的文件夹，找到新建的这个邮箱，复制一下其目录中的“Account.stg”文件，将它粘贴到忘记密码的邮箱文件夹内。再打开Foxmail，会发现原来有访问口令的邮箱已经不需要访问口令了。

提示

Foxmail的安装目录一般在“C:\Program Files\Foxmail”。

快速给Foxmail邮件添加附件

给Foxmail邮件快速添加附件的方法有很多，在这里介绍以下几种：第一种方法是在【我的电脑】中打开文件所在的文件夹，选中要作为附件的文件，在其上单击鼠标右键，在弹出的快捷菜单中执行【发送到】→【Foxmail】命令，如图7.39所示，即可打开Foxmail的【写邮件】窗口，填写好收件人的地址和邮件内容就可发送了。

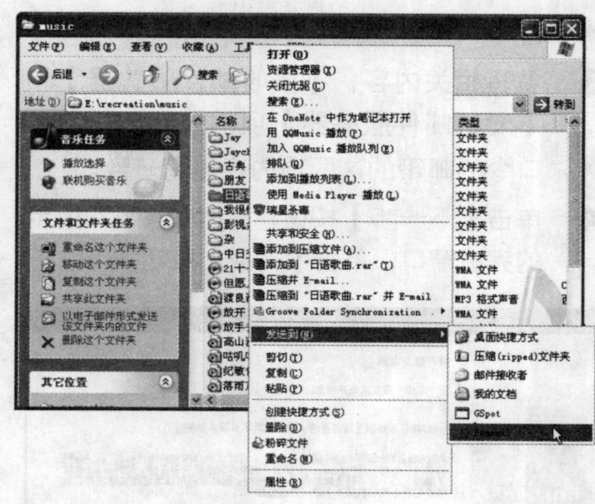

★ 图7.39

另一种快速添加附件的方法是，打开Foxmail的【写邮件】窗口，在【我的电脑】中打开文件所在的文件夹，然后选中要作为附件的文件，将它拖动到【写邮件】窗口中即可。

删除邮件中的附件

Foxmail不允许单独删除邮件中的附件，当需要保留带有附件的邮件时，要将附件一起保留，这样不仅降低了Foxmail的运行效率，也浪费了硬盘空间。在保存带附件的邮件时，可以这样操作：双击打开需要备份的邮件，单击工具栏中的【转发】按钮，打开【写邮件】窗口，在这个窗口中将附件删除，再发送一次就可以了，操作如图7.40所示。

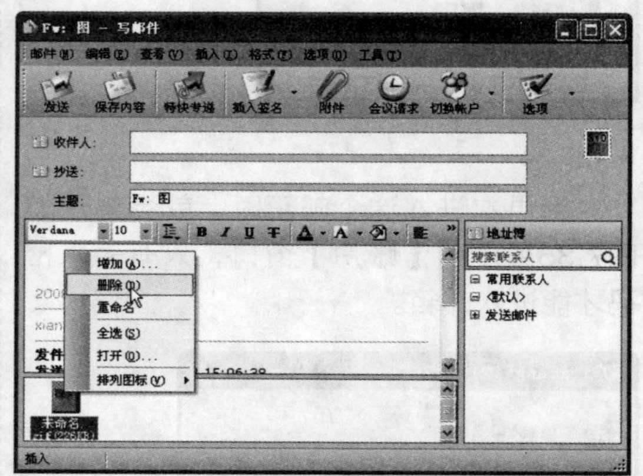

★ 图7.40

去掉Foxmail收取邮件的进度窗口

为了让Foxmail能自动收取邮件，我们通常都设置让Foxmail每隔多长时间自动收取邮件，但每次收取邮件时，都会弹出邮件收取进度窗口，会给当前的工作带来烦扰。其实这个收取邮件的进度窗口是可以隐藏起来的，这样就不会打扰正常的工作了。

在Foxmail中，执行【工具】→【系统设置】命令，打开【设置】对话框，在【常规】选项卡中，取消选中【自动收取邮件时显示进度窗口】复选框，这样以后进行自动收取邮件时，就不会弹出进度窗

口了，设置如图7.41所示。

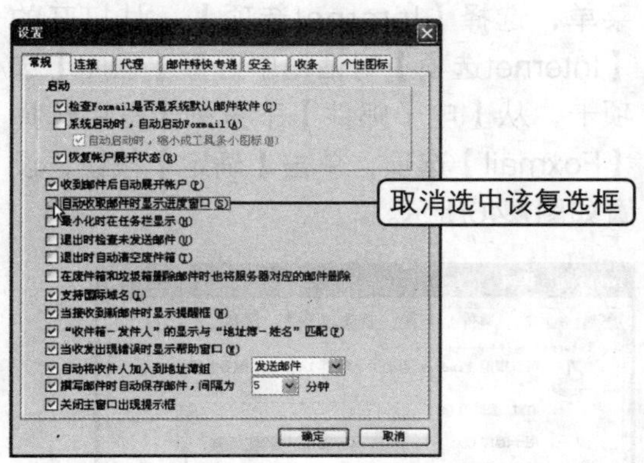

★ 图7.41

使用Foxmail定时收取邮件

使用Foxmail可以定时收取某个邮箱中的信件。启用该功能后，每隔一段时间Foxmail就会自动检查邮件服务器上有无新邮件。

设置方法如下：首先在Foxmail主窗口中右键单击一个账户的邮箱，在弹出的快捷菜单中选择【属性】命令，打开【邮箱账户设置】对话框。从左侧栏中选择【接收邮件】项，选中右侧的【每隔**分钟自动收取新邮件】复选框，并在输入框中输入间隔时间，设置如图7.42所示。

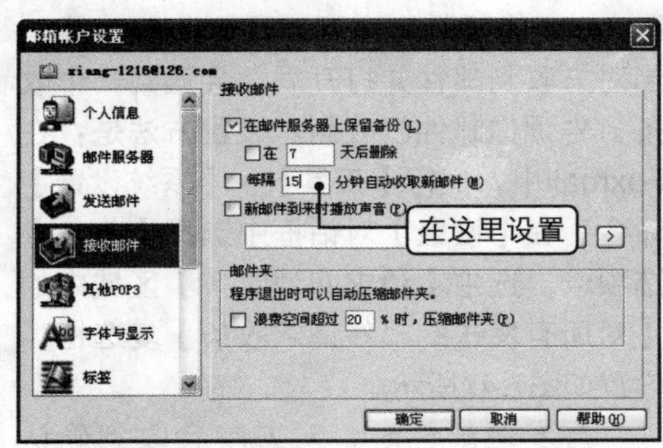

★ 图7.42

设置好后，单击【确定】按钮，以后每隔设定的时间，Foxmail就会自动收取邮件。

在Foxmail中恢复误删的邮件

大家都知道，从【收件箱】中将邮件删除到【废件箱】后，还可以再恢复回来。可从【废件箱】中再将邮件删除后就找不回来了。其实在Foxmail中从【废件箱】中删除的邮件，实际上也并没有被立刻真正的删除，只是打上了一个删除标记，所以删错了文件也不要惊慌，马上进行下面的操作很容易就可将它们再找回来。

1 在Foxmail中右键单击【收件箱】项，从打开的快捷菜单中选择【属性】选项，打开【邮件夹】对话框，如图7.43所示。

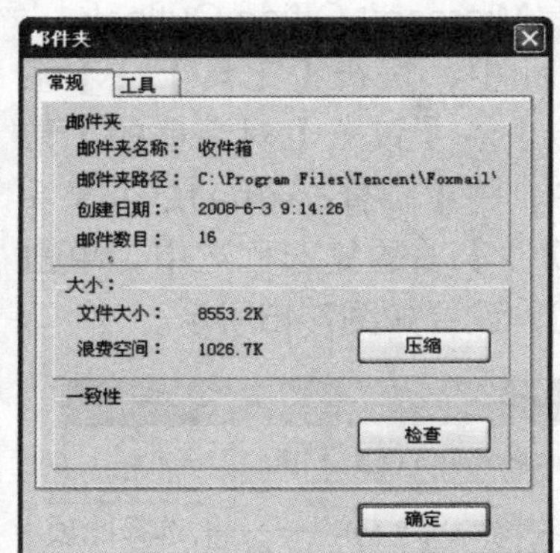

★ 图7.43

2 选择【工具】选项卡，然后单击【开始修复】按钮，Foxmail即可恢复所有找到的邮件，对话框如图7.44所示。

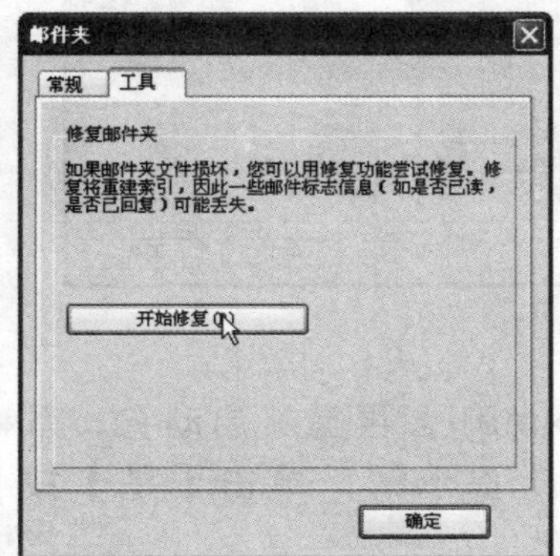

★ 图7.44

3 修复完成后单击【确定】按钮，关闭对话框。

> **提 示**
>
> 如果删除邮件后，使用过【邮件夹】对话框中的【压缩】命令后，则邮件不可恢复。

将Foxmail设置为默认的邮件收发软件

安装了Foxmail后，单击IE浏览器工具栏上的【邮件】按钮时，通常会直接打开Microsoft Office Outlook的窗口，而不是Foxmail的窗口，这是怎么回事呢？这是因为当前系统的默认邮件收发软件不是Foxmail，而是Microsoft Office Outlook。

在Foxmail中，执行【工具】→【系统设置】命令，在【设置】对话框的【常规】选项卡中，将【检查Foxmail是否是系统默认邮件软件】项的复选框选中，单击【确定】按钮，设置如图7.45所示。

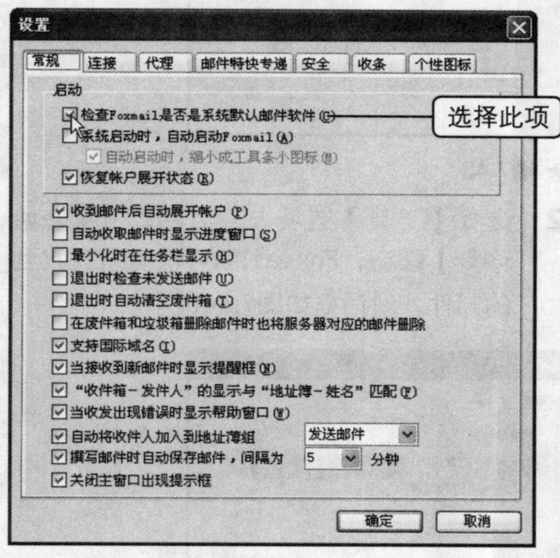

★ 图7.45

关闭Foxmail，再重新启动它，系统会弹出一个提示框，单击【是】按钮。再次进入IE浏览器中打开【工具】菜单，选择【Internet选项】，从打开的【Internet选项】对话框中选择【程序】选项卡，从【电子邮件】下拉列表框中选择【Foxmail】选项，单击【确定】按钮，设置如图7.46所示。

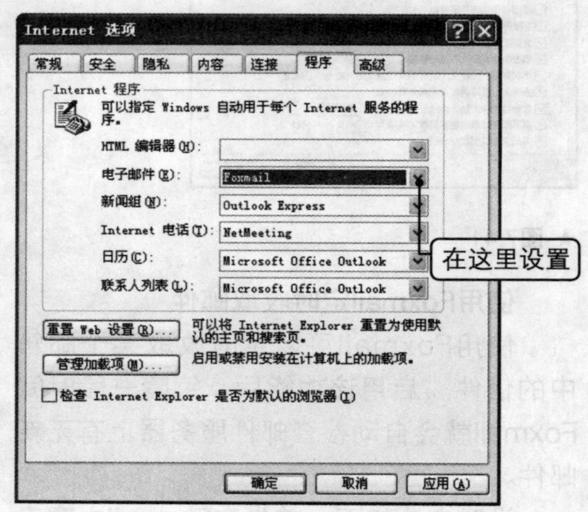

★ 图7.46

以后再单击浏览器中的【邮件】按钮时，就会弹出Foxmail窗口了。

如何知道对方收到了你发出的邮件

在Foxmail中向对方发送邮件后，怎么知道对方收到了你发送的邮件呢？在Foxmail的新版本中可以添加收条功能，当对方收到邮件并打开后，会返回一个收条，告诉你邮件已收到。设置方法是：在Foxmail中，执行【工具】→【系统设置】命令，在【设置】对话框中选择【收条】选项卡，选中【请求阅读收条】区域中的【对所有发送的邮件请求收条】复选框，设置如图7.47所示。

再发送邮件时，对方就会收到确认收条请求了，对方收到的收条如图7.48所示。

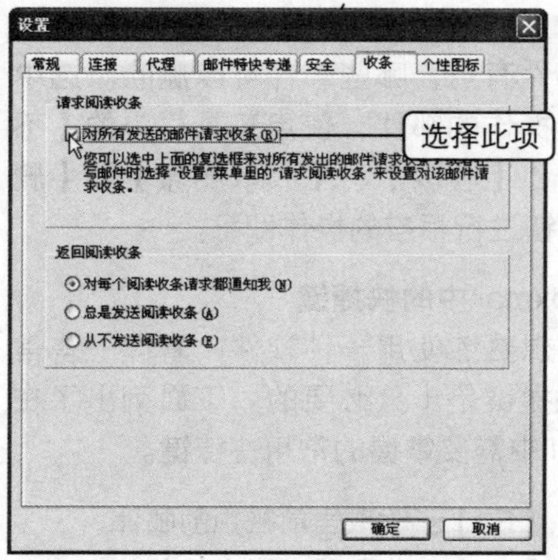

★ 图7.47

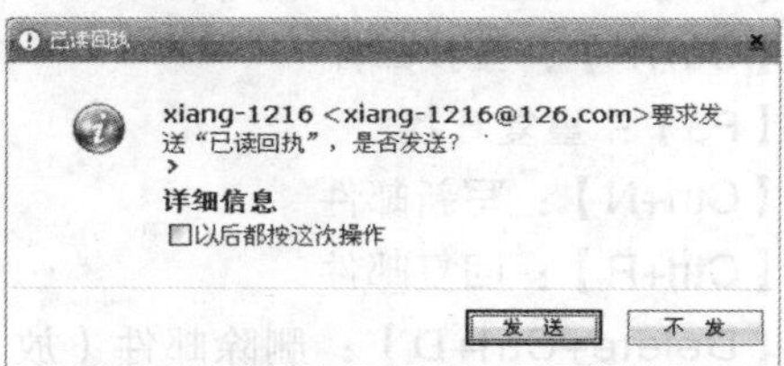

★ 图7.48

如果对方同意发送收条后，你还会收到一封对方收到邮件的确认信。

按照以上方法进行设置后，每一封发出的邮件都将带有收条功能，如果只想让某一封邮件带有这个功能，可以在发送新邮件时进行设置。单击【撰写】按钮，弹出【写邮件】窗口，打开【选项】菜单，将【请求阅读收条】项选中，这封邮件就带有发送收条的功能了，菜单如图7.49所示。

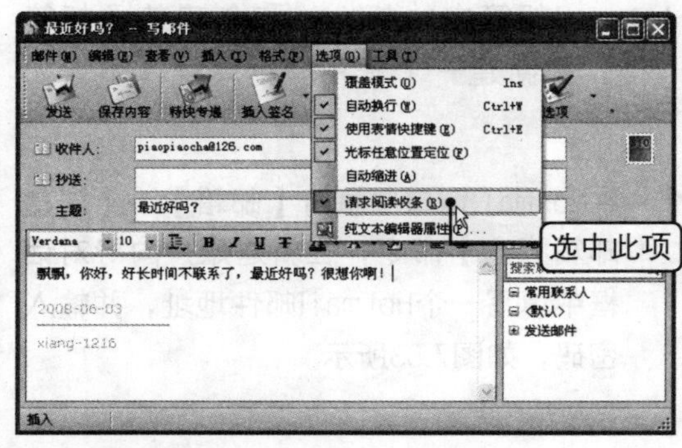

★ 图7.49

提 示

在Microsoft Office Outlook中也可以设置收条功能，方法是：打开【工具】菜单，选择【选项】选项，在【选项】对话框中选择【回执】选项卡，选中【所有发送的邮件都要求提供阅读回执】复选框，这样发出去的邮件就都带有发送回执收条功能了。

使用Foxmail暗送邮件

Foxmail也提供了暗送邮件的功能，但默认情况下并没有显示出来。新建一个邮件，在【写邮件】窗口中执行【查看】→【邮件头】→【暗送地址】命令，在窗口中就会多出【暗送】输入框，在输入框中输入要暗送到的电子邮件地址即可，如图7.50所示。

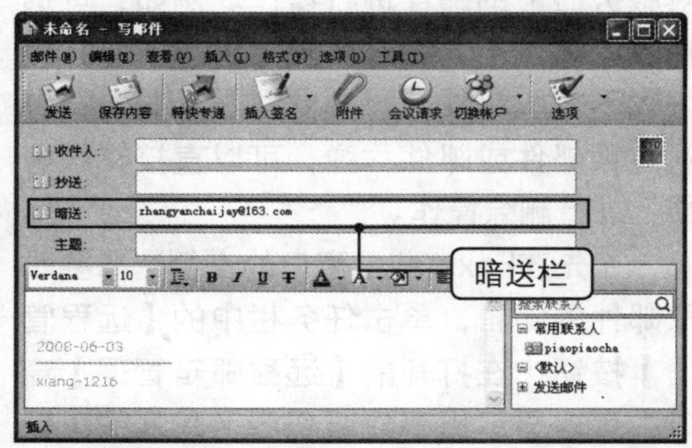

★ 图7.50

自动拨号上网和挂断

用Foxmail收发邮件时，可让它自动拨号上网收发邮件，然后自动断线。

操作方法如下：启动Foxmail程序，执行【工具】→【系统设置】命令，打开【设置】对话框。单击【连接】选项卡，选中【自动拨号上网】单选按钮，并在【使用连接】下拉列表中选择适当的连接。并将下面的【收发邮件后自动断线】和【使用任何一个已上网的拨号连接】复选项选中，可以达到收信结束后自动断开网络的目的，设置如图7.51所示。

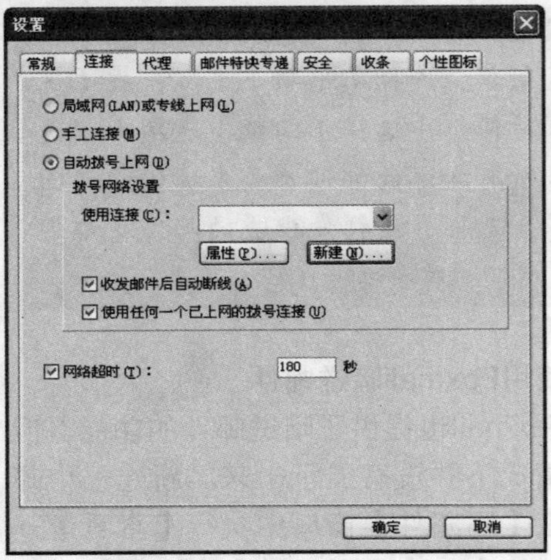

★ 图7.51

在远端服务器上将没用的邮件删掉

在下载服务器上的邮件之前，可直接对服务器上的邮件进行操作。例如，可选择收取邮件、并在服务器上留有备份；也可以不收取邮件，让其留在服务器上；针对垃圾邮件或邮件炸弹，可以直接在服务器上进行删除操作。

首先在Foxmail主窗口的左侧选择要收取邮件的邮箱，单击任务栏中的【远程管理】按钮，在打开的【远程邮箱管理】窗口中可以显示出邮件服务器上邮件的主题信息，如图7.52所示。

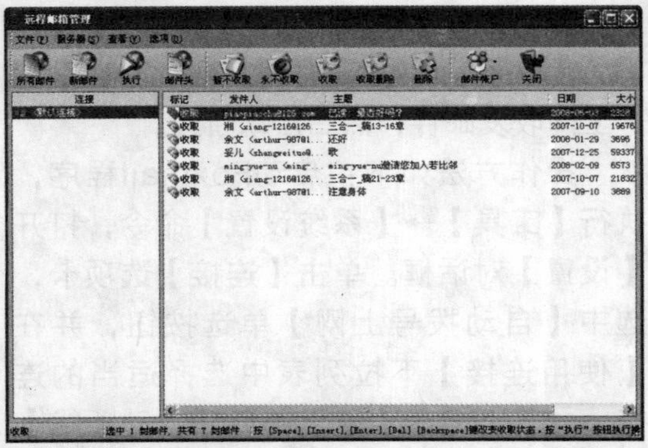

★ 图7.52

通过邮件的主题信息，可以判断出哪些邮件有用，哪些邮件可以删除。选中要进行操作的邮件，使用工具栏中的【不收取】、【收取】、【收取删除】和【删除】按钮进行相应的操作即可。

Foxmail中的快捷键

要想熟练使用一种软件，掌握一些常用的快捷键是十分必要的。下面列出了在Foxmail中需要掌握的常用快捷键。

- 【F2】：收取当前账户的邮件
- 【F4】：收取所有账户的邮件
- 【F5】：发送所有账户的邮件
- 【Ctrl+F】：查找邮件
- 【F3】：重复查找
- 【Ctrl+N】：写新邮件
- 【Ctrl+R】：回复邮件
- 【Delete+Ctrl+D】：删除邮件（放到废件箱）
- 【Shift+Delelte】：删除邮件（不放到废件箱）
- 【Ctrl+K】：打开地址簿
- 空格：把选中的邮件标记为已读
- 【Ctrl+U】：把选中的邮件标记为未读
- 【Ctrl+Enter+E】：立即发送
- 【Ctrl+S】：保存邮件

收取Hotmail邮箱中的邮件

使用Foxmail可以很方便地接收Hotmail邮箱中的邮件，和创建普通邮箱一样，需新建一个账户。具体操作步骤如下：

1 在Foxmail窗口中执行【邮箱】→【新建邮箱账户】命令，在新建账户向导对话框中填写一个Hotmail邮件地址，并输入密码，如图7.53所示。

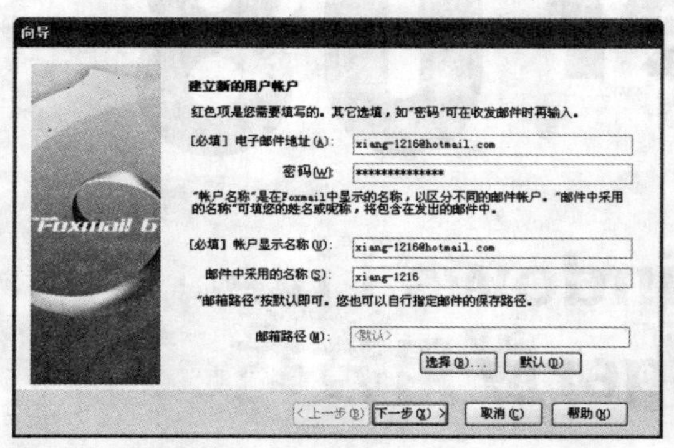

★ 图7.53

2 单击【下一步】按钮，在图7.54所示的对话框中的【接收邮件服务器】和【发送邮件服务器】输入框中会自动填入"localhost"，如图7.54所示。

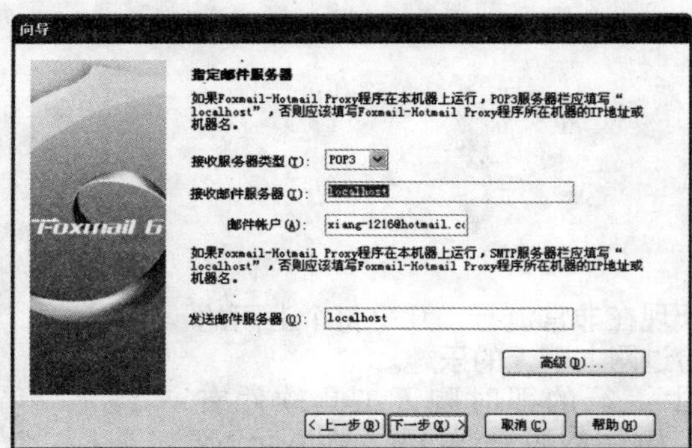

★ 图7.54

3 单击【下一步】按钮，打开如图7.55所示的账户建立完成窗口。

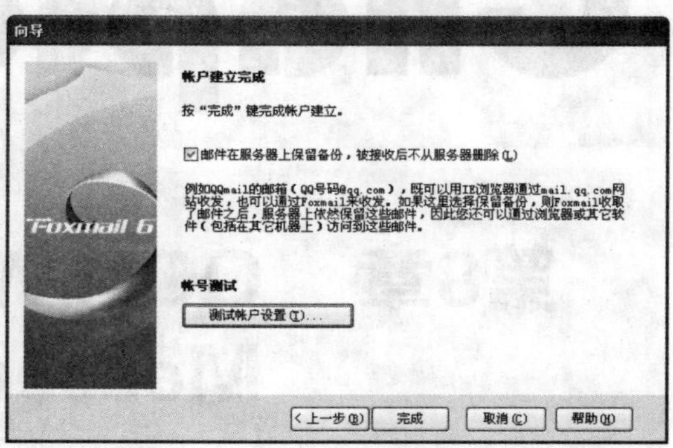

★ 图7.55

账户建立完成后，右击该账户，从打开的快捷菜单中选择【属性】选项，打开【邮箱账户设置】对话框，从左侧栏中选择【邮件服务器】选项，确认右侧栏中的【自动启动Foxmail-Hotmail Proxy】复选框处于选中状态，如图7.56所示。

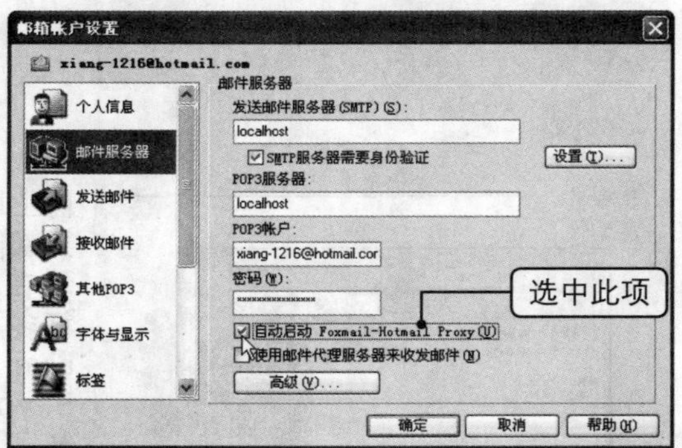

★ 图7.56

这样一个Hotmail的邮箱就创建好了。

Chapter 08

第8章　QQ和Windows Live Messenger应用技巧

本章要点

- *QQ应用技巧*
- *Windows Live Messenger应用技巧*

网上聊天现在非常流行，几乎每个上网的人都体验过网上聊天的乐趣。

现在网上流行的即时聊天工具软件有许多种，常用的有腾讯QQ、Windows Live Messenger、新浪UC、网易泡泡、Skype等。这些聊天软件大多同时支持文字、语音和视频聊天。不同的聊天工具拥有不同的用户群，用户可以根据自己的使用习惯、爱好或工作需要选择合适的聊天软件。

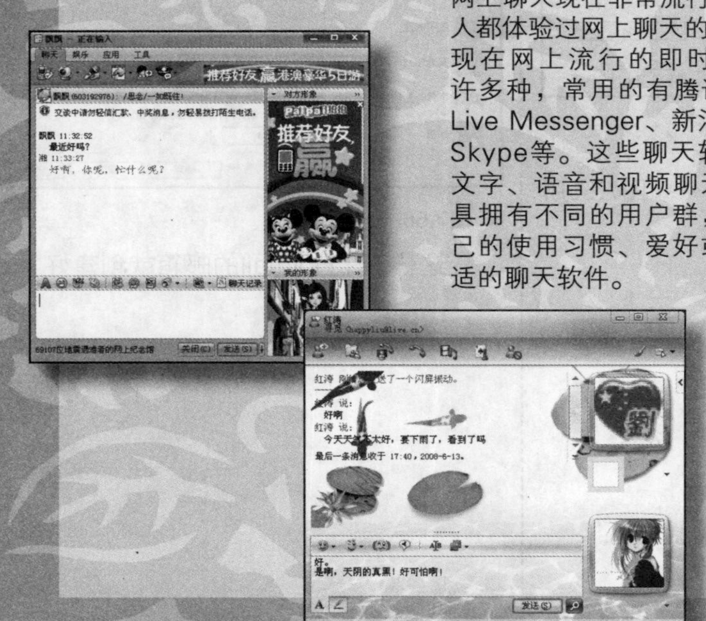

8.1 QQ应用技巧

QQ是腾讯公司开发的一款基于互联网的即时通信软件。用户可以使用QQ和好友进行实时交流、即时发送和接收信息、通过语音与视频进行聊天，功能非常全面。此外，QQ还具有与手机聊天、聊天室、文件传输、共享文件、QQ邮箱、备忘录、网络收藏夹、发送贺卡等功能。QQ是在国内出现较早的，也是目前国内最流行的即时通信软件。本节将介绍QQ的应用技巧。

隐藏任务栏中的QQ图标

当你登录QQ后，在任务栏中会出现一个企鹅图标，按下面的步骤进行操作就可以将它隐藏起来。

1 在QQ面板上单击【系统菜单】按钮，依次执行【设置】→【系统设置】命令，打开【QQ2008设置】对话框。

2 选择左侧的【基本设置】选项，然后取消选中【在任务栏显示图标】复选框，如图8.1所示。

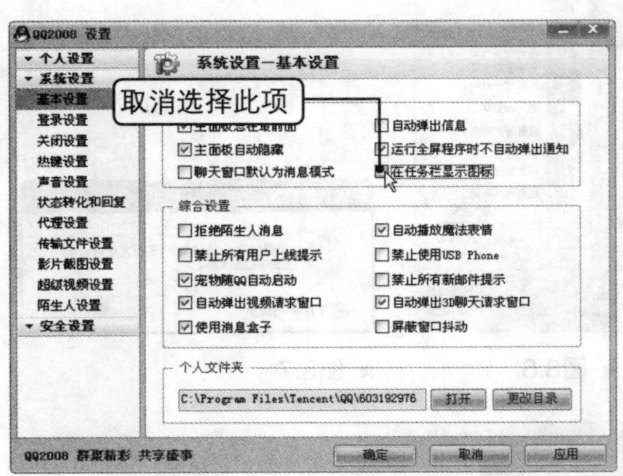

★ 图8.1

3 单击【确定】按钮，这时再看任务栏，就会发现企鹅图标不见了。

巧妙隐藏QQ面板

不知你发现了没有，把QQ面板移动到屏幕边缘（其实是屏幕内）松开鼠标，QQ面板就跑到屏幕里面去了，仔细看还是会发现在屏幕边缘有一丝痕迹，要使它再次显示只需将鼠标指针移到痕迹处。

怎么做才能达到完美呢？很简单，就是将QQ面板隐藏到任务栏下面，这个时候还是可以看到痕迹，但你再点一下任务栏，QQ面板就完全消失了，无论你将鼠标箭头移动到屏幕哪个位置，面板也不可能出现了（因为箭头并没有接触到条形框）。

QQ面板迅速隐身

有的时候不希望别人看见你在使用QQ，怎么办呢？我们可以这样来设置。

单击主面板右上方加号所示的【颜色改变】按钮，在弹出菜单中选择【界面隐藏】选项即可，如图8.2所示。

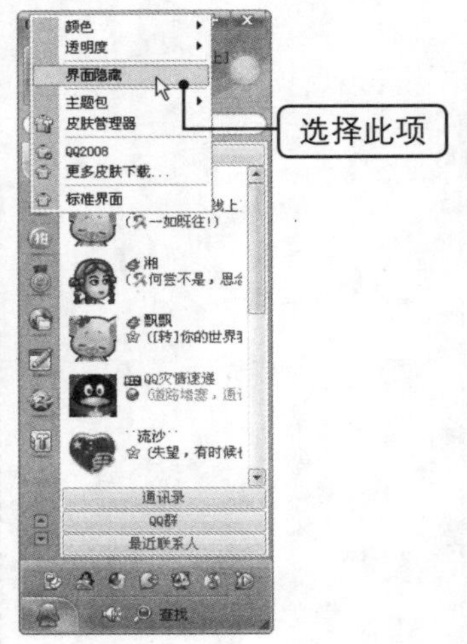

★ 图8.2

另外也可以在弹出菜单中选择【透明度】选项，在打开的级联菜单中选择【自定义】选项，如图8.3所示。

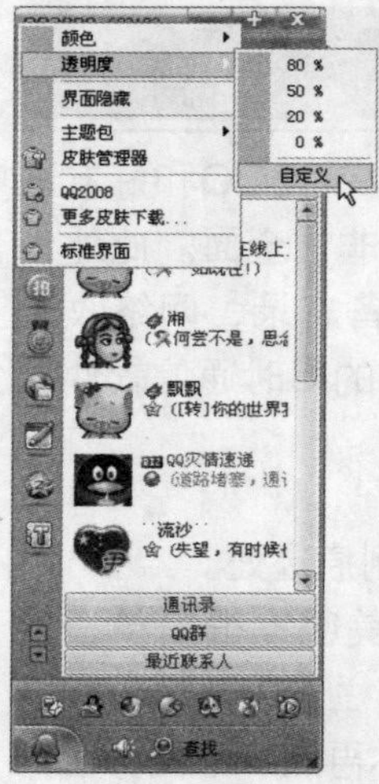

★ 图8.3

打开【透明度设置】对话框，拖动滑块，调节面板的透明度，如图8.3所示。单击【确定】按钮，此时的面板如图8.5所示。

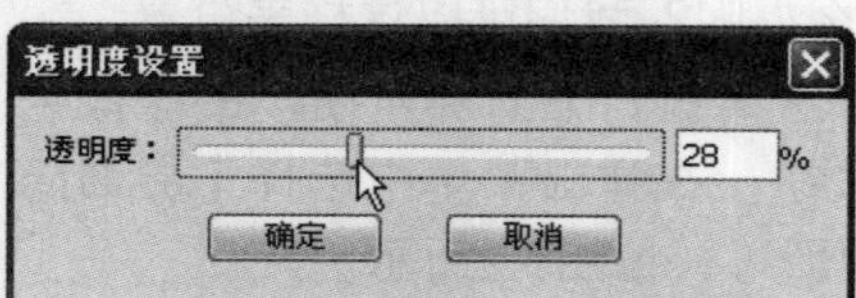

★ 图8.4

★ 图8.5

设置隐身时对某人可见

QQ具有隐身在线的功能，但是有时隐身时想要对某人可见，怎么办呢？按照下面的方法操作就可以实现。

1 首先在QQ面板的上部单击【更改状态】按钮，从打开的下拉菜单中选择【隐身】选项，将自己的状态设置为隐身。

2 右击要对其可见的QQ好友，从打开的快捷菜单中选择【隐身对其可见】选项，如图8.6所示。

3 打开【在线状态设置】提示窗口，如图8.7所示。单击【确定】按钮，完成操作。此时对方头像在你的QQ面板上的显示如图8.8所示。

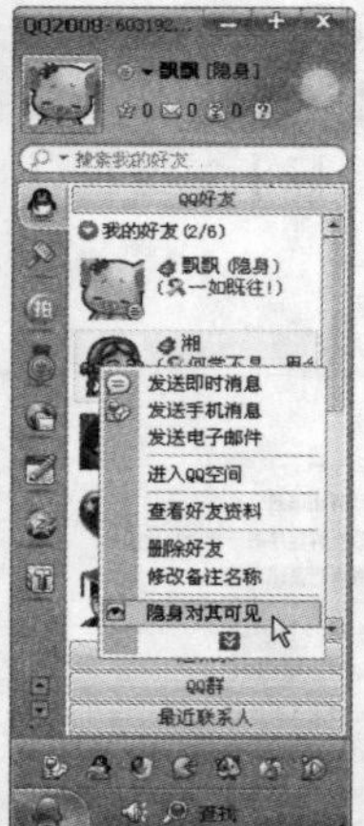

★ 图8.6

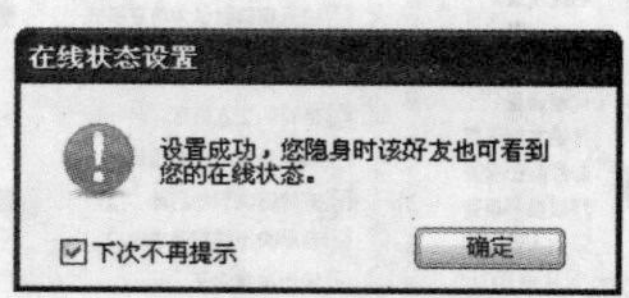

★ 图8.7

★ 图8.8

怎样让对方知道你正在输入信息

在和QQ好友聊天的时候，如果对方同时在和好几个好友聊天，怎样让对方知道你正在输入信息，以便及时地做出答复呢？操作方法如下：

1 在QQ主面板上，单击【系统菜单】按钮，依次执行【设置】→【个人设置】命令，打开【QQ2008设置】对话框。

2 从左侧栏中选择【状态显示】选项，在右侧栏中选中【显示我的输入状态】复选框，如图8.9所示。

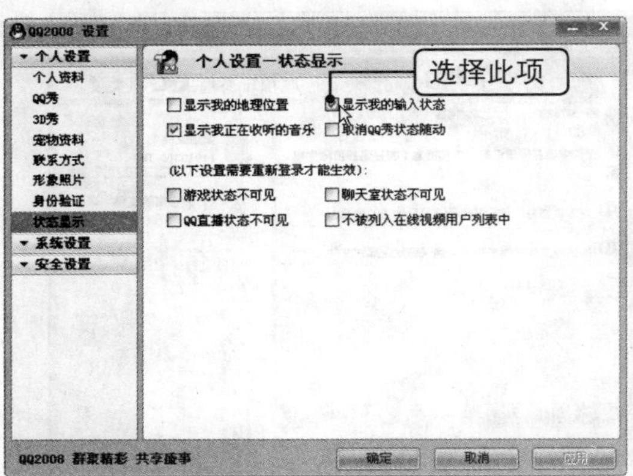

★ 图8.9

3 这样你在输入消息时，对方的聊天窗口中也会有显示，如图8.10所示。

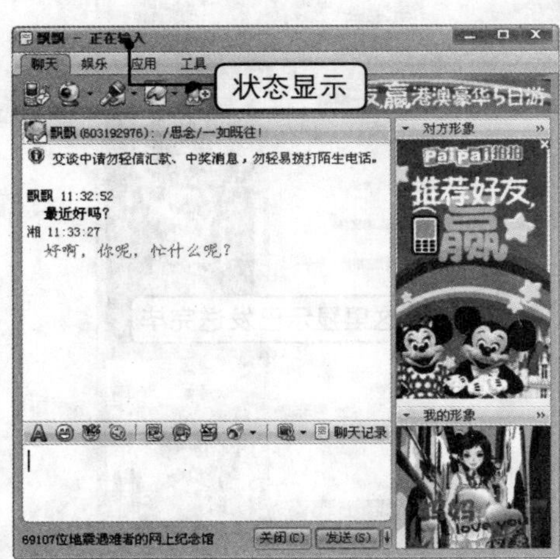

★ 图8.10

在QQ中快速转发信息

在和QQ好友聊天的时候，如果一个好友发送过来一段有趣的文字，想将它转发给另一个好友，可以直接在聊天窗口中选中这段文字，打开要发送到的好友的聊天窗口，直接将这段选中的文字拖动到与另一个好友的聊天窗口的发送消息框中即可。

查看聊天记录

在QQ中用户可以查看和管理与好友的聊天记录，具体操作步骤如下：

1 在QQ主面板中，右键单击好友的头像，在弹出的快捷菜单中选择【聊天记录】选项，在打开的子菜单中选择【查看聊天记录】命令，如图8.11所示。

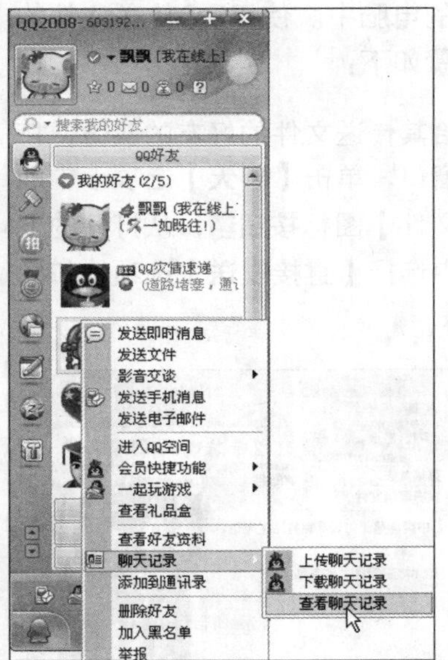

★ 图8.11

2 打开【信息管理器】对话框，在这里可以看到与网友的聊天记录，如图8.12所示。

在左侧的列表框中选择好友，可以查看与其他好友的聊天记录。

★ 图8.12

使用QQ传送文件

一般利用电子邮件的附件发送文件时，都会限制文件的大小，而用QQ传送文件则不存在这个问题。只要网速允许，好友又在线，在聊天的同时，就可以将文件传送到好友的电脑中。使用QQ传送文件的具体操作步骤如下：

1 双击要给其传送文件的好友的头像，打开聊天窗口，单击【聊天】选项卡中的【传送文件】图标按钮，从打开的下拉菜单中选择【直接发送】选项，如图8.13所示。

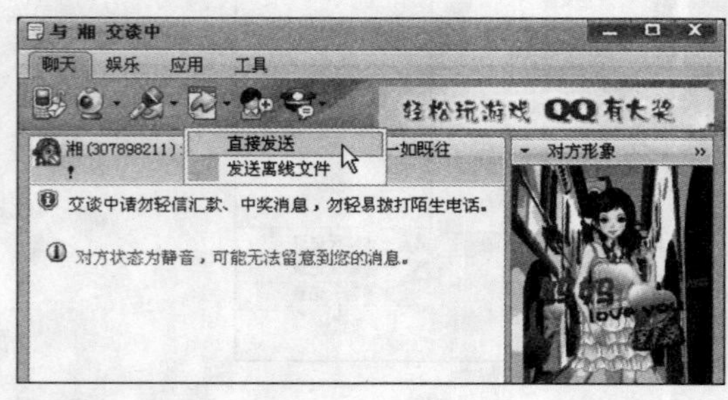

★ 图8.13

2 打开【打开】对话框，选择要传送的文件，如图8.14所示。

3 单击【打开】按钮，等待对方接收文件，如图8.15所示。

4 对方同意接收文件，接收完毕，如图8.16所示。

★ 图8.14

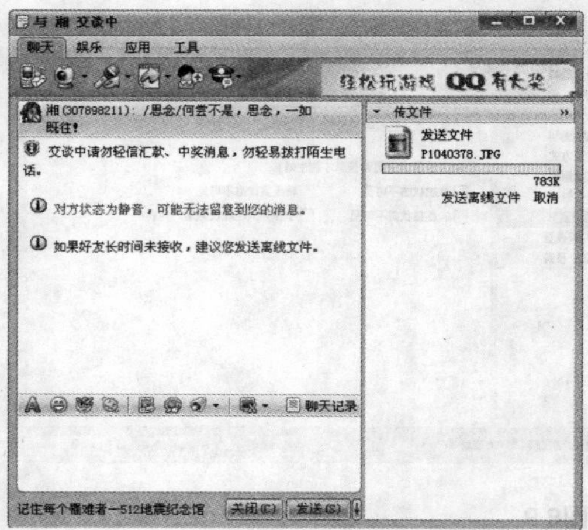

★ 图8.15

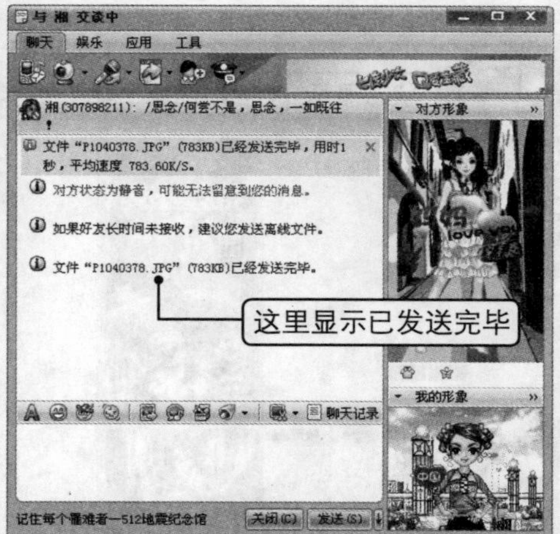

★ 图8.16

定时查杀木马程序

为了防止木马程序窃取QQ密码，在QQ程序中提供了定时查杀木马程序的功能，具体操作步骤如下：

1 在QQ主面板上，单击【系统菜单】按钮，依次执行【安全中心】→【安全设置】命令，打开【QQ2008设置】对话框。

2 在左侧栏中单击【查杀木马】选项，在右侧栏中选中【每天查杀一次】单选按钮，如图8.17所示。

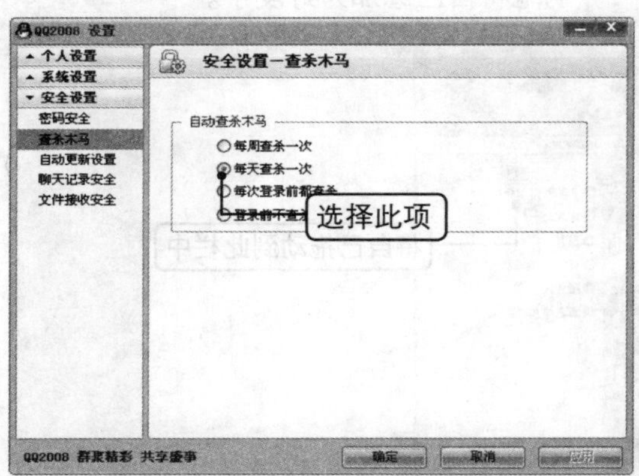

★ 图8.17

3 单击【确定】按钮，则每天第一次启动QQ程序时查杀木马程序。

使用QQ进行音频和视频聊天

在QQ中，用户可以通过语音与视频与好友聊天。具体操作步骤如下：

1 单击QQ聊天窗口中的好友图标右下角的摄像头图标，选择【视频电话】选项，如图8.18所示。

2 打开与好友聊天的对话框，右下角正在建立视频连接，如图8.19所示。连接建立以后，如图8.20所示。

★ 图8.18

★ 图8.19

★ 图8.20

在窗口的右上方可以看到对方，在窗口的右下方可以看到自己。

现在就可以和好友进行视频聊天了。

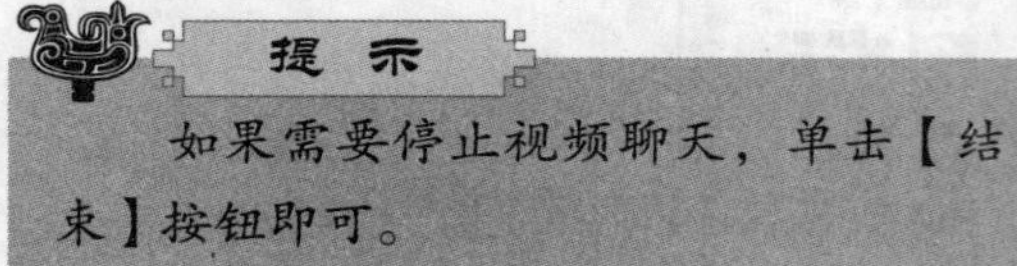

提示

如果需要停止视频聊天，单击【结束】按钮即可。

让对方上线后第一眼看到自己的留言

要想在QQ中使对方一上线第一眼就看到你的留言，可以在留言之前，先给对方发送一个视频聊天请求，随后立即取消，然后再写上留言的文字就可以了。这样一来，对方上线后，首先跳出来的将是你的留言窗口。

将自己加为好友

要想在QQ中将自己加为好友，可以执行下列操作：

1 在QQ面板中右击【黑名单】选项，从弹出的快捷菜单中选择【添加坏人名单】选项，在弹出的输入框中输入自己的QQ号码，如图8.21所示。

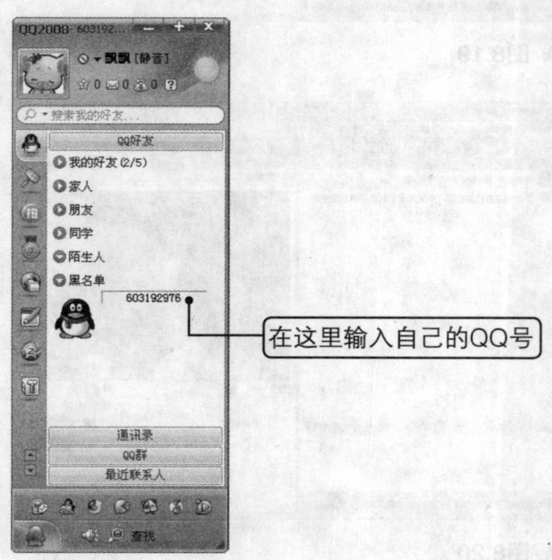

★ 图8.21

2 打开如图8.22所示的【删除好友】对话框，单击【确定】按钮，就会将自己添加到黑名单中。

★ 图8.22

3 再将自己从【黑名单】栏中拖动到【我的好友】栏中，如图8.23所示。随后服务器会处理相应的请求，然后就可以成功地将自己添加为好友了。

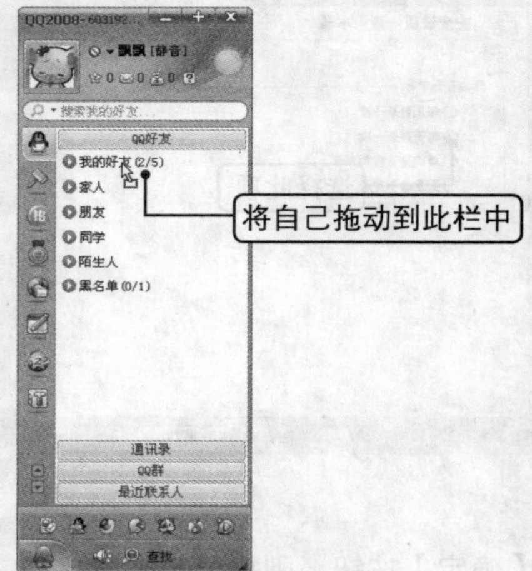

★ 图8.23

彻底隐藏QQ的IP地址

现在有关QQ的插件有很多，好友使用插件可以很容易地看到你的IP地址，有时甚至连你在哪个网吧的哪个机位都可以知道得清清楚楚。不过也可以很容易地设置让对方看不到你的IP地址。具体操作如下：

1 在QQ主面板上，单击【系统菜单】按钮，执行【设置】→【系统设置】命令，打开【QQ2008设置】对话框。

2 从左侧栏中选择【登录设置】项，在右侧栏的【高级选项】栏中，将【设置您需要登录到的服务器的类型】项设置为

【TCP类型】，可以有效地增强安全性，如图8.24所示。

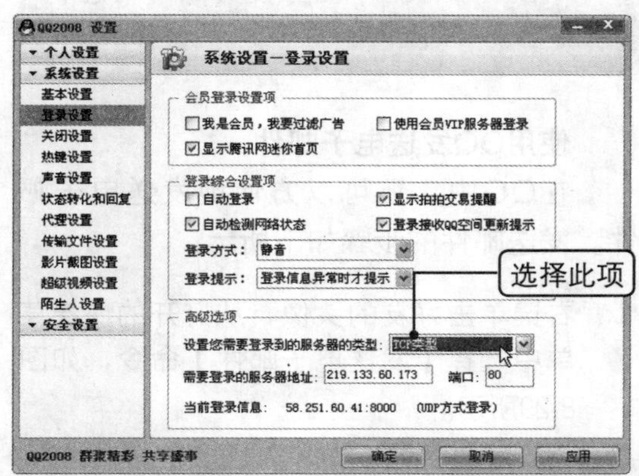

★ 图8.24

这样对方就不能看见你的IP地址了，同时你也不能看见对方的IP地址，这样聊天的安全性就大大增加了。

将网页上的图片添加到QQ表情

使用QQ 2008，所有网页上的精彩图片都可立即收藏到QQ表情中。在网页中只需在你喜爱的图片上单击鼠标右键，在弹出菜单中选择【添加到QQ表情】选项即可，如图8.25所示。还可以为其分组，以便更好地管理自定义表情。

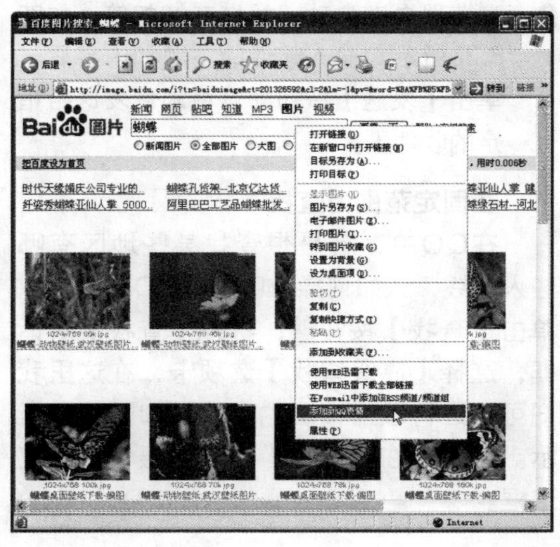

★ 图8.25

批量删除QQ好友

大家都知道在QQ主面板中，在好友的头像上单击鼠标右键，在弹出的快捷菜单中选择【从该组删除】选项，即可将该好友删除，但要想一次删除多个好友，该怎么操作呢？方法如下：

1 在QQ主面板上，单击【系统菜单】按钮，执行【好友与资料】→【好友管理器】命令，打开【信息管理器】对话框。

2 在这个窗口中，从左侧栏中选择好友所在的组，按住【Ctrl】键，在右侧栏中选择要删除的好友，单击鼠标右键，在弹出的快捷菜单中选择【删除好友】选项，如图8.26所示，即可将选中的多个好友一起删除。

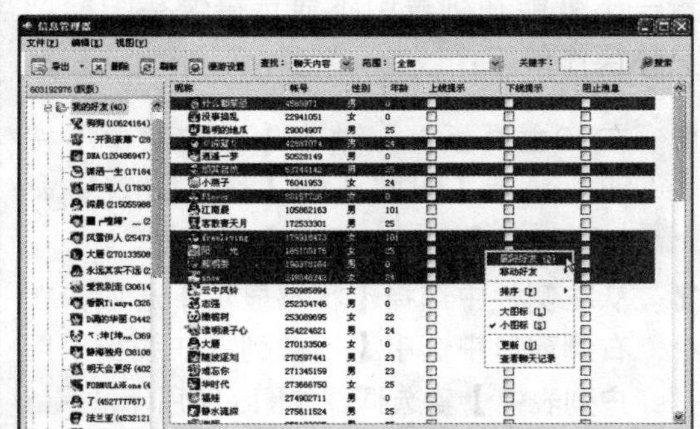

★ 图8.26

选择聊天模式

在QQ中，可以根据使用习惯选择聊天模式。若偏爱消息模式，只需执行【系统菜单】→【设置】→【系统设置】命令，打开【QQ2008设置】对话框。

在【基本设置】栏的【窗口设置】区中，选中【聊天窗口默认为消息模式】复选框即可，如图8.27所示。当对某个好友改变了窗口设置时，系统会自动保存你的设置。

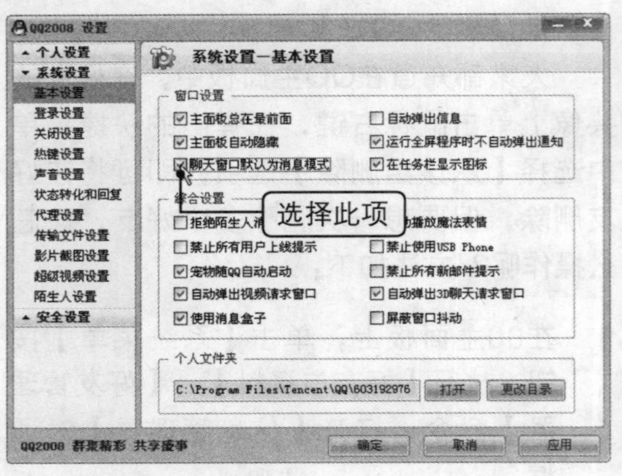

★ 图8.27

在昵称后面不显示摄像头图标

在QQ中，在好友的头像和昵称后如果出现一个摄像头的图标，就说明这个好友的电脑中安装有摄像头。但有时会遇到某些恶意视频请求的骚扰，现在只需简单设置一下就能在列表中不显示摄像头图标。具体操作如下：

1 在QQ主面板上，单击【系统菜单】按钮，执行【设置】→【个人设置】命令，打开【QQ2008设置】对话框。

2 从左侧栏中选择【状态显示】选项，在右侧窗口中选中【不被列入在线视频用户列表中】复选框，如图8.28所示。

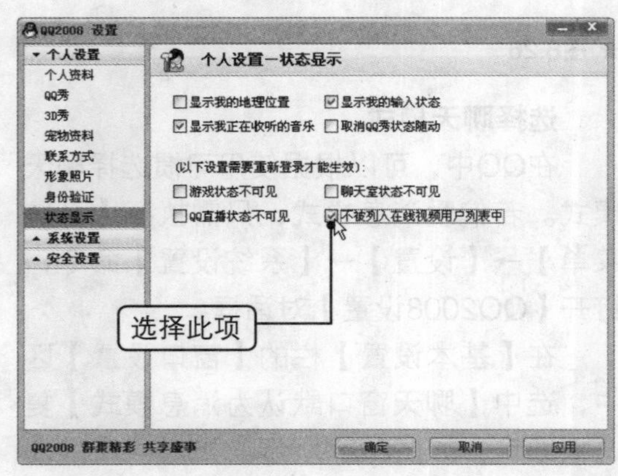

★ 图8.28

注 意

在该对话框中还可设置游戏状态和聊天室状态不可见。

使用QQ发送电子邮件

在QQ中，还可以方便地发送电子邮件。发送邮件的步骤如下所示：

1 右键单击好友的头像，从打开的快捷菜单中选择【发送电子邮件】命令，如图8.29所示。

★ 图8.29

2 浏览器自动启动，并打开QQ邮箱，如图8.30所示。输入邮件的主题和内容后，单击【发送】按钮即可将邮件发送给指定的收件人。

在固定范围内查找

在QQ中，若是想查找某些地区有哪些人在线，该如何操作呢？从QQ面板上，单击【查找】按钮，打开【查找】对话框，选择【高级查找】选项卡，在这里我们可以进行较为精确的查找，如图8.31所示。选中【在线用户】和【有摄像头】复选框。

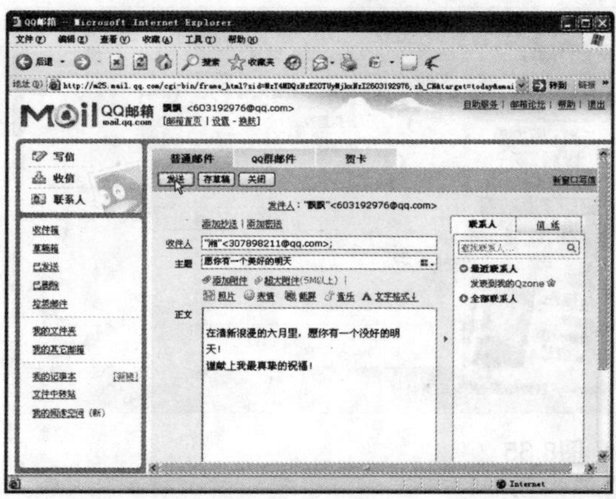

★ 图8.30

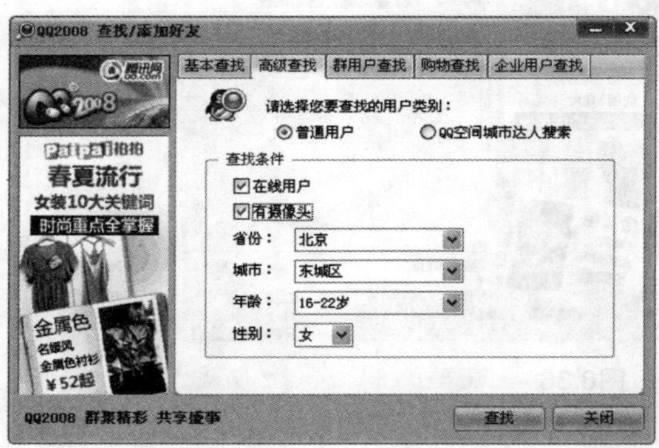

★ 图8.31

还可以在【省份】、【城市】、【年龄】、【性别】下拉列表框中进行设置，然后单击【查找】按钮，即可得到相应的信息。查找结果如图8.32所示。

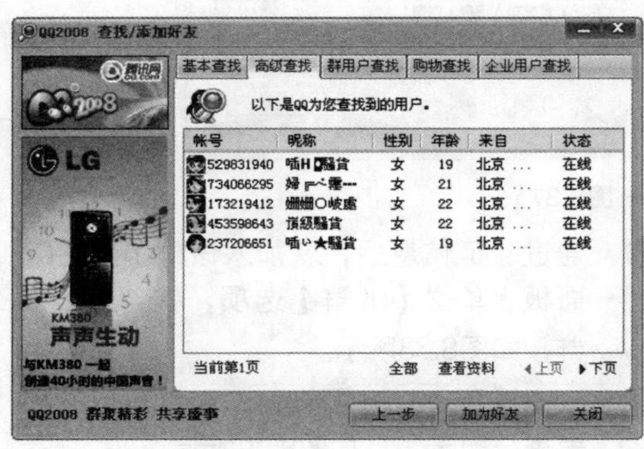

★ 图8.32

使用QQ截屏抓图

利用QQ可以随意地捕捉图片。不过对于抓级联菜单、下拉菜单及右键弹出菜单图，QQ就显得无能为力了。菜单弹出后，鼠标就得“守”在那儿不动，没有丝毫机会去按捕捉按钮，这时必须用到QQ定义的热键【Ctrl+Alt+A】。可当按下其中的【Alt】键的时候，发现菜单消失了，没办法捕捉。

其实遇到这种情况，大可不必灰心，请先按下【Ctrl+Alt+Shift+A】组合键保持不动。虽说操作有些不方便，不过这4个键都在一处，实现起来也比较方便。然后用鼠标右击弹出快捷菜单后松开【Shift】键，便激活了QQ的捕捉功能，菜单也没有消失，已经被QQ暂时冻结处于待抓捕状态。此时就可以随心所欲地切割菜单中需要的画面了，如图8.33所示。

★ 图8.33

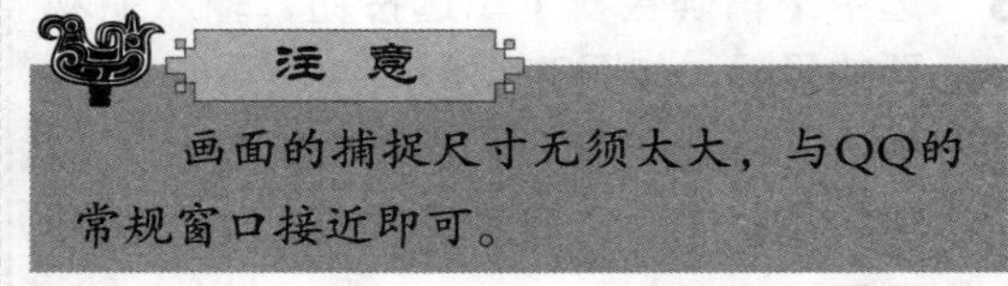

注 意

画面的捕捉尺寸无须太大，与QQ的常规窗口接近即可。

自由设计QQ秀

使用QQ秀可以设置自己的形象，体现

自己的风格和个性。在QQ秀这个虚拟的世界中用户可以买衣服、饰品等，还可以与好友合影。具体的使用方法可以到show.qq.com网站上进行查看。

在QQ秀中买衣服、照合影等需要使用Q币才能进行，Q币可以通过手机充值、Q币卡充值以及固定电话充值等方式获得，具体操作细节请登录腾讯公司的网站（www.qq.com）进行查询，不过有的商品是免费赠送的，有兴趣的用户可以试着设计符合自己风格的QQ秀形象。

与众多好友进行群聊

在QQ中，大家还可以和同班同学或者有共同兴趣的朋友进行群聊，进行群聊的具体的操作步骤如下：

1 单击QQ界面上的【查找】按钮。

2 然后打开【QQ2008 查找/添加好友】对话框，单击【群用户查找】选项卡，如图8.34所示。

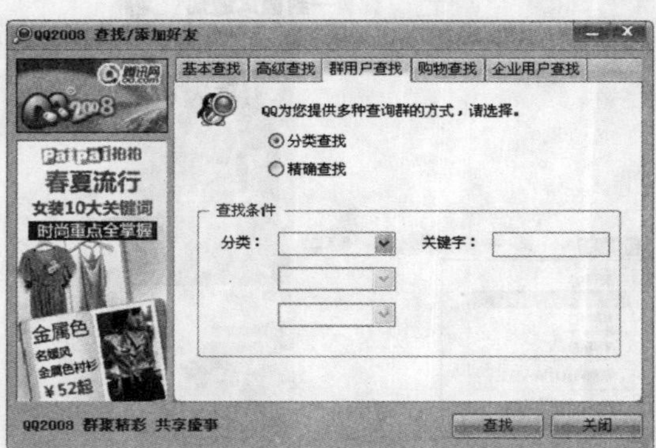

★ 图8.34

3 选中【精确查找】单选按钮，输入朋友群的号码，如图8.35所示。

4 单击【查找】按钮，选择想要加入的群，单击【加入该群】按钮，如图8.36所示。

5 输入验证信息，单击【发送】按钮，如图8.37所示。

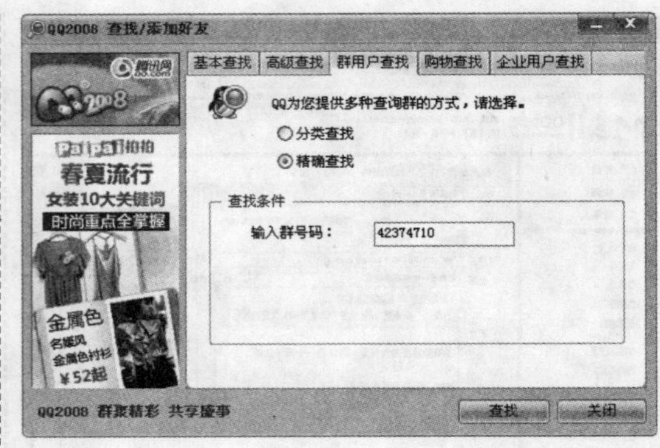

★ 图8.35

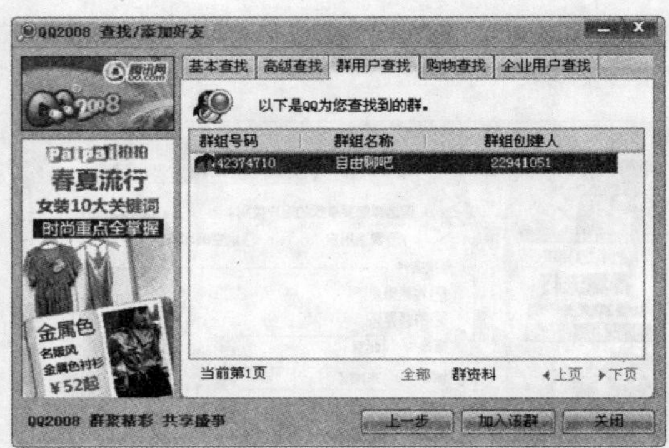

★ 图8.36

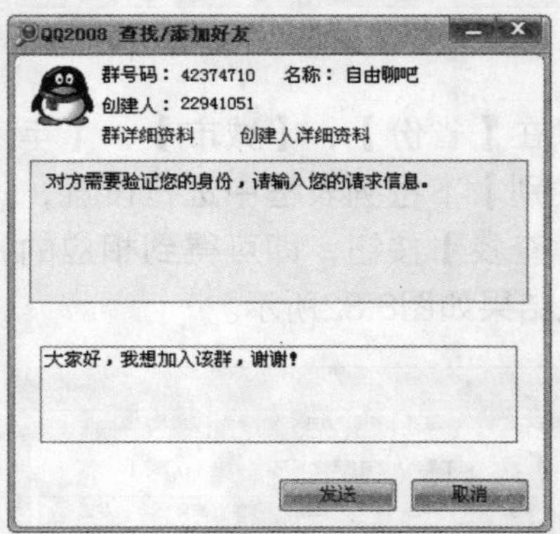

★ 图8.37

6 通过验证信息后，就加入该群了。在QQ面板上单击【QQ群】选项，就会看到该群，如图8.38所示。

7 双击该群，打开聊天窗口，就可以在群里进行聊天了，如图8.39所示。

★ 图8.38

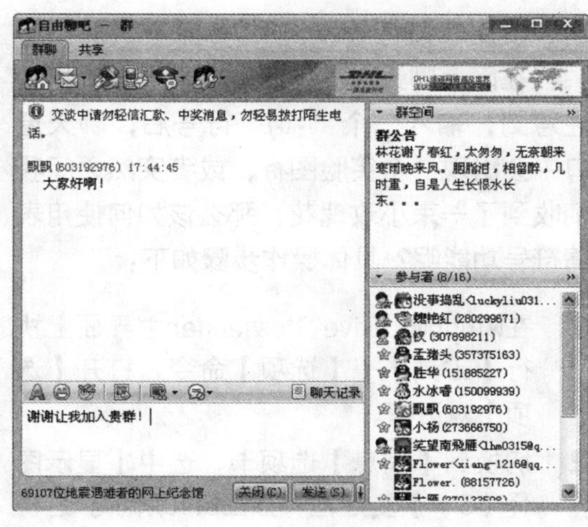

★ 图8.39

8.2 Windows Live Messenger应用技巧

Windows Live Messenger是微软公司推出的一款即时通信软件。它是微软Windows Live服务的一个组成部分，功能与QQ类似。Windows Live Messenger的前身是MSN Messenger，自进入中国以来，用户数量一直在高速增长。本节将介绍Windows Live Messenger的使用技巧。

键盘快捷方式

- 【Tab】键：移动到 Messenger 窗口中的其他区域
- 【Enter】键：激活选中的项目或打开选中的链接
- 【F10】键：选择【文件】菜单
- 【↓】键：打开【文件】菜单
- 【→】键或【←】键：在菜单之间进行移动
- 【Shift+F10】组合键：打开一个上下文相关菜单（类似于用鼠标右键单击）
- 【↑】键：在联系人名单中向上移动
- 【↓】键：在联系人名单中向下移动
- 【Home】键：移动到名单中的第一个项目
- 【End】键：移动到名单中的最后一个项目
- 【Enter】键：为选择的名称打开一个对话窗口
- 【Shift+Enter】键或【Ctrl+Enter】键：在消息中新开始一行，但并不发送该消息
- 【Ctrl+Tab】键：选择下一个标签
- 【Ctrl+Shift+Tab】键：选择上一个标签
- 【Esc】键：关闭对话框或【对话】窗口

使用表情符号

在网上聊天时离不开表情符号。我们会注意到，输入一个“：)”符号后，聊天窗口中会出现一个笑脸图标，或者突然之间我们收到了一束小玫瑰花，那么该如何使用表情符号功能呢？具体操作步骤如下：

1 在Windows Live Messenger主界面上执行【工具】→【选项】命令，打开【选项】对话框。

2 切换到【消息】选项卡，选中【显示图释（S）】复选框，如图8.40所示。这样我们再次返回聊天信息窗口时，再次输入图释的代表符号，就可以看到笑脸和花束了。

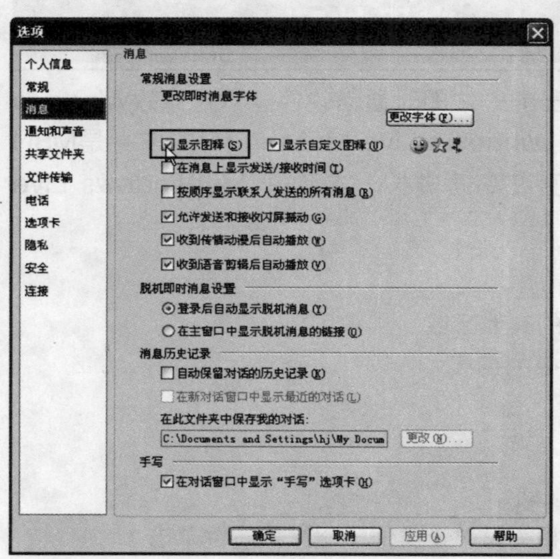

★ 图8.40

智能进入离开状态

在Windows Live Messenger中，可以自动设置为【离开】状态。具体操作如下：

1 在Windows Live Messenger主界面上执行【工具】→【选项】命令，打开【选项】对话框。

2 在【个人信息】选项卡的【状态】区中，在【如果我在（W）**分钟内为非活动状态，则显示‘离开’】项中键入数值，如图8.41所示。

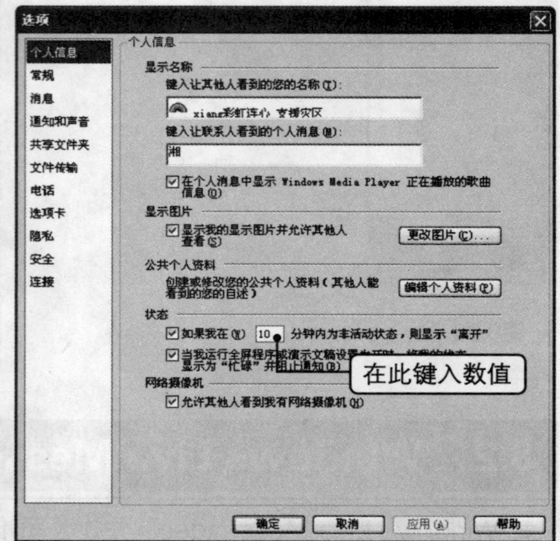

★ 图8.41

让聊天记录“永葆青春”

让聊天记录能够永久保存起来，如同我们日常生活中习惯使用照相机将一些具有纪念意义的场景照下来一样，在适当的时候我们可以翻看以前的一些“只言片语”。在Windows Live Messenger中就可以实现这项功能。不过Windows Live Messenger默认设置是没有开启这项服务的，需要我们去手动开启。操作方法如下：

1 在Windows Live Messenger主界面中执行【工具】→【选项】命令，打开【选项】对话框。

2 在【消息】选项卡的【清除历史记录】区中选中【自动保留对话的历史记录】复选框，如图8.42所示。

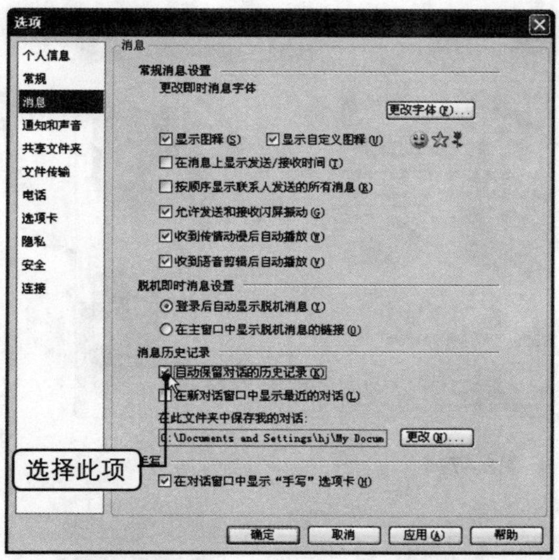

★ 图8.42

系统默认将其保存于【我的文档】中的一个文件夹中，单击【更改】按钮，打开【浏览文件夹】对话框，将其移动到喜欢的目录，如图8.43所示。经过这样设置后，Windows Live Messenger就会自动记住曾经和每位好友说过的每句话。

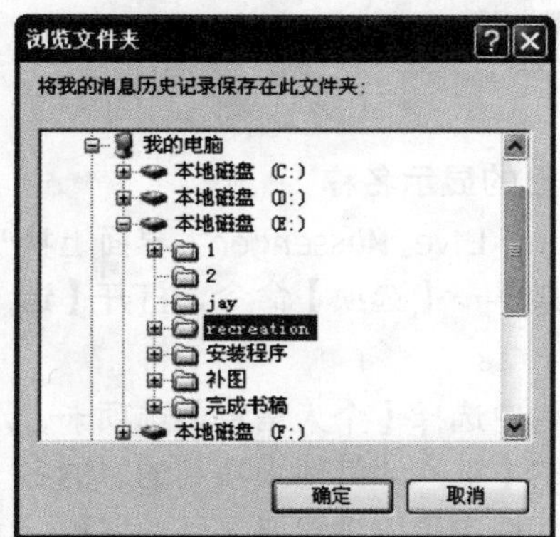

★ 图8.43

阻止联系人名单中的某人看到您并和您联系

在主窗口中，若要阻止某人看到您，可以右键单击要阻止的人的名字，然后单击【阻止联系人】选项，如图8.44所示。

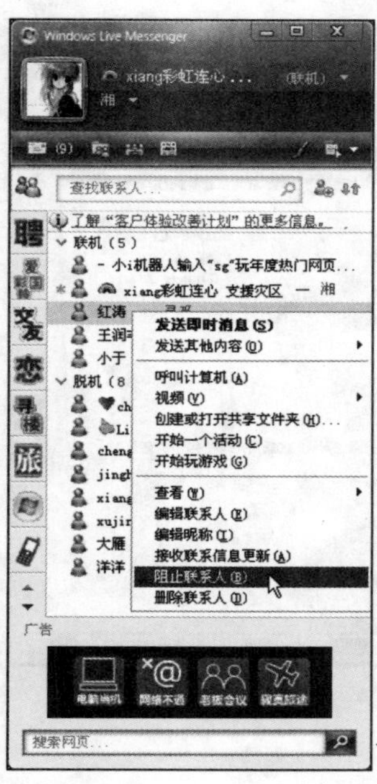

★ 图8.44

若要阻止正在与您进行对话的某人，请右击【对话】窗口顶部附近的联系人图片，从打开的快捷菜单中选择【阻止此联系人】选项，如图8.31所示 。

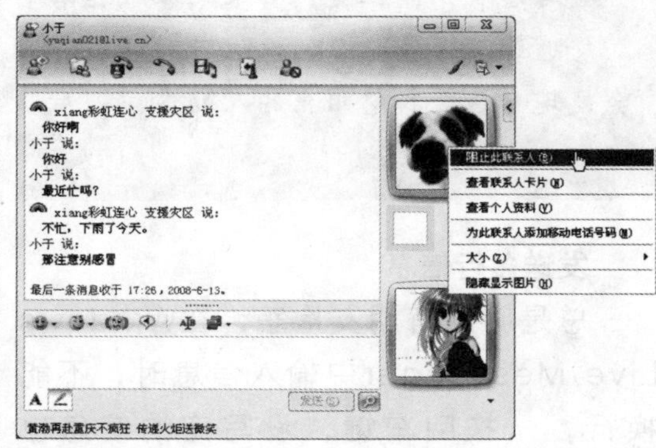

★ 图8.45

若要查看已阻止人员的名单，执行【工具】→【选项】命令，然后单击【隐私】选项卡。在【允许列表】中选中要阻止的联系人，单击【阻止】按钮，就把该联系人添加到【阻止列表】中了，如图8.46所示。

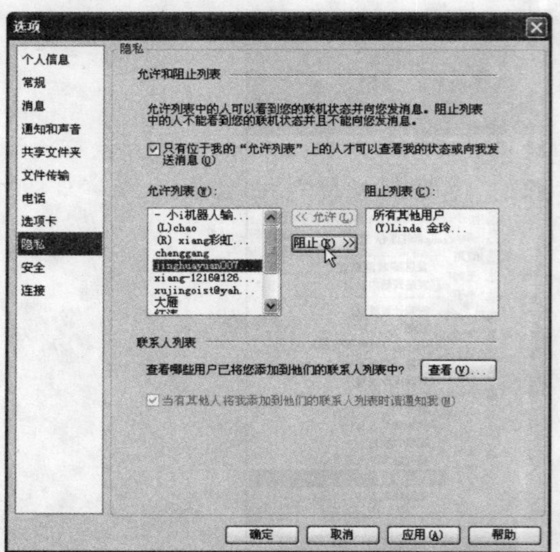

★ 图8.46

注意

被阻止的联系人并不知道自己已被阻止。对于他们来说，您只是显示为脱机状态。从联系人名单中删除被阻止的人员不会删除该阻止。您阻止的人不能直接与您联系；但是，如果某人既邀请了您也邀请了您阻止的人进行对话，您会发现自己会和您阻止的人处在同一对话中。

发送多行信息

总是听到有朋友抱怨，在Windows Live Messenger中输入信息时，不能换行，一按回车键，没写完的信息也被发送出去了。其实在Windows Live Messenger中实现换行的操作很简单，那就是在要换行的地方按【Shift+Enter】或【Ctrl+Enter】组合键实现消息输入框中的换行操作。效果如图8.47和图8.48所示。

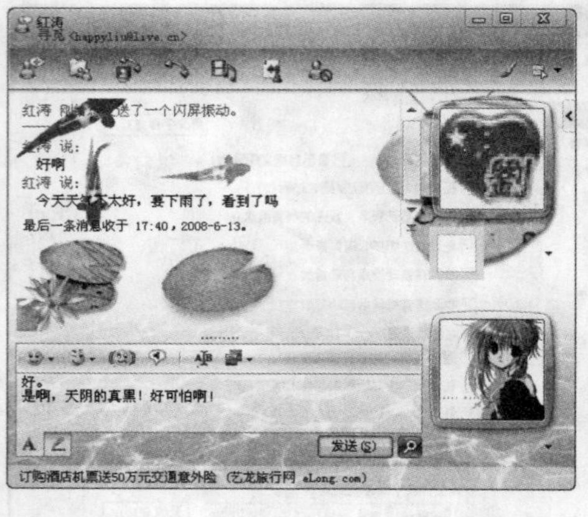

★ 图8.47

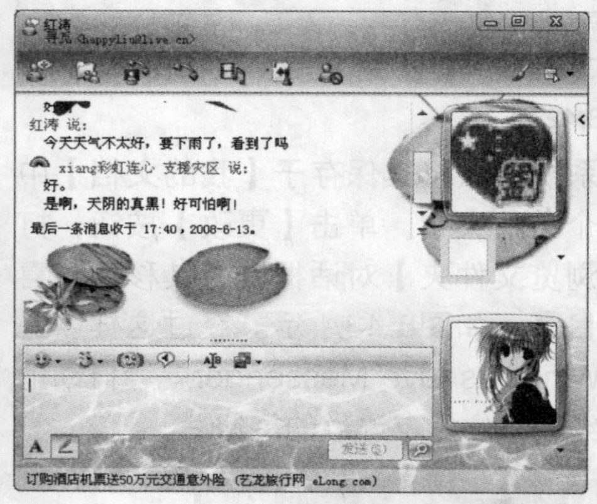

★ 图8.48

设置自己的显示名称

1 在Windows Live Messenger主界面上执行【工具】→【选项】命令，打开【选项】对话框。

2 从左侧栏中选择【个人信息】选项卡，在右侧的【键入让其他人看到的您的名称】输入框中可以设置要显示的名称，如图8.49所示。

提示

如果在【键入让其他人看到的您的名称】栏中没有设置任何字符或者以空格键代替的话，那么将会显示出邮箱地址。

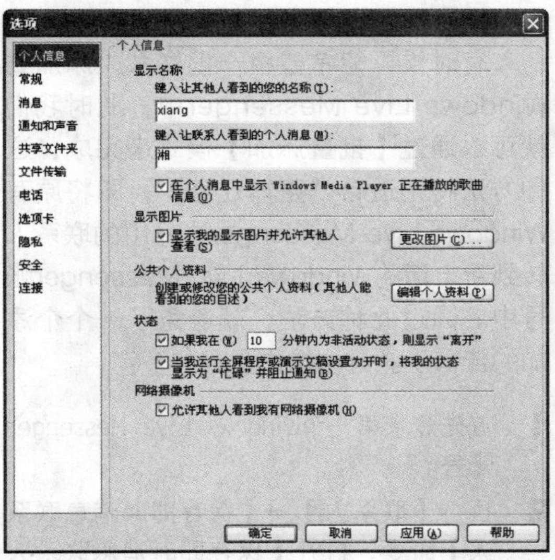

★ 图8.49

更改自己的显示图片

在Windows Live Messenger中，如果想把自己喜欢的图片作为显示图片该怎样操作呢？方法如下：

1 执行【工具】→【更改显示图片】命令，打开【显示图片】窗口，如图8.50所示。

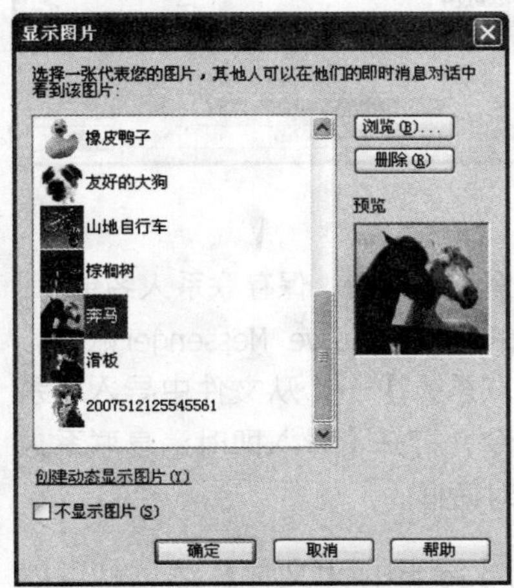

★ 图8.50

2 在这个窗口中可以选择想要显示的图片，也可以单击【浏览】按钮，打开【选择显示图片】对话框，如图8.51所示，选择电脑中存储的图片。

★ 图8.51

使用图释作为自己的显示名称

在QQ中，可以将自己的显示名称设置为图释，在Windows Live Messenger中同样可以使用那些可爱的图形符号作为名字。操作方法如下：

1 在Windows Live Messenger面板中，双击一个联系人，打开【对话】窗口。

2 单击发送消息框上面的【选择图释】下拉箭头，会弹出列表显示出所有的图释，如图8.52所示。

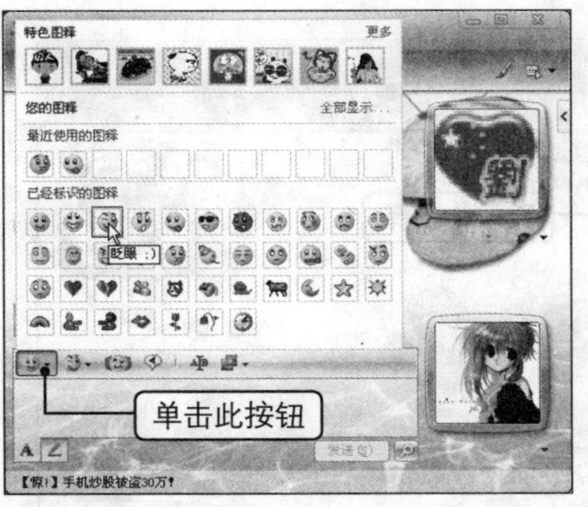

★ 图8.52

3 将鼠标移到一个图释上时，会显示出这个图释的解释和符号代号，如“眨眼:)”图释的符号代号是【:)】。

4 回到Windows Live Messenger主窗口中，执行【工具】→【选项】命令，打开【选项】对话框。

5 单击【个人信息】选项卡，在【键入让其他人看到的您的名称】输入框中输入这个代号，如图8.53所示。

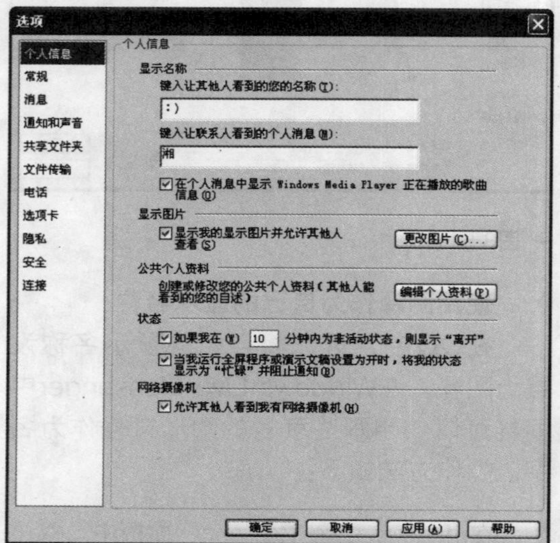

★ 图8.53

6 单击【确定】按钮，再去给你的朋友发一条信息，显示的名称效果如图8.54所示。

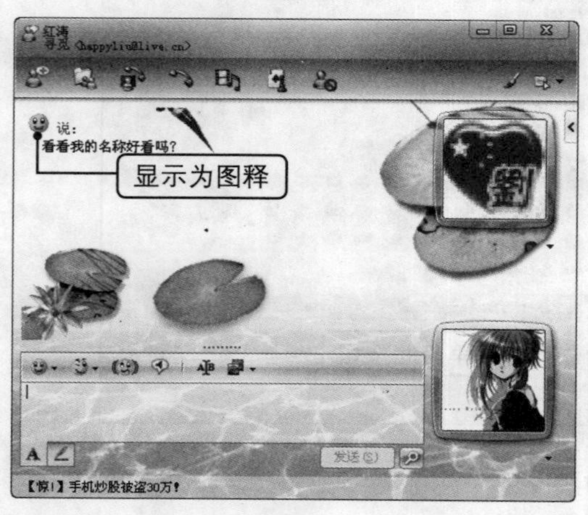

★ 图8.54

批量添加好友

有时候可能希望将一批联系人添加到Windows Live Messenger中，此时我们就可以通过【批量添加】模式来完成，这种方法特别适合“整体迁移”，即将原有Windows Live Messenger账号中的联系人转到新申请的Windows Live Messenger账号中。通过此种方法，就避免了一个个添加的苦恼了。具体操作步骤如下：

1 首先登录第一个Windows Live Messenger账号。

2 执行【联系人】→【保存即时消息联系人】命令，打开【保存即时消息联系人列表】对话框，如图8.55所示。将当前账户中的联系人列表导出为一个扩展名为ctt的文件。

★ 图8.55

3 单击【保存】按钮，保存联系人名单。

4 登录新的Windows Live Messenger账号，执行【联系人】→【从文件中导入联系人】命令，打开【导入即时消息联系人列表】对话框。

导入刚才导出的ctt文件，然后就可以看到第一个账户中的联系人已经出现在第二个账户中了。

阻止弹出Windows Live Messenger的各种通知窗口

很多人都抱怨在运行全屏程序时，Windows Live Messenger弹出的各种通知十分影响工作，可以使用如下方法禁止Windows Live Messenger弹出消息通知。操作方法如下：

1 在Windows Live Messenger主界面上执行【工具】→【选项】命令，打开【选项】对话框。

2 单击【个人信息】选项卡，在右侧【状态】区中选中【当我运行全屏程序或演示文稿设置为开时，将我的状态显示为“忙碌”并阻止通知（B）】复选框即可，如图8.56所示。

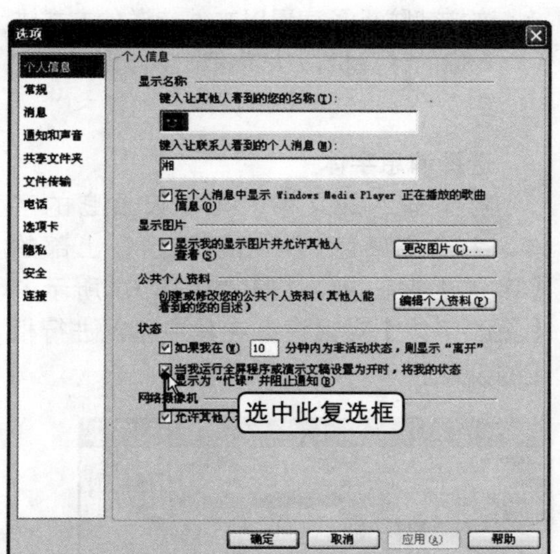

★ 图8.56

向联系人名单外的人发送即时消息

在Windows Live Messenger中除了可以向联系人发送即时消息外，还可以向联系人名单外的人发送信息，具体操作如下：

1 在Windows Live Messenger主窗口中执行【操作】→【发送即时消息】命令，打开【单击一个联系人以选择】对话框，如图8.57所示。

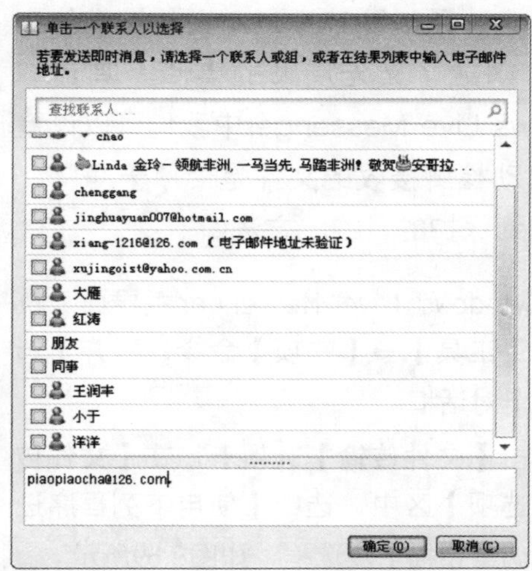

★ 图8.57

2 在底部的文本框中输入联系人的完整电子邮件地址，单击【确定】按钮，打开如图8.58所示的聊天窗口。

★ 图8.58

提 示

使用这种方式发送即时消息的联系人必须安装了某个版本的Windows Live Messenger或MSN Messenger。

让Messenger“百毒不侵”

使用Windows Live Messenger来发送即时文件给用户带来了极大的方便，可是与此同时，文件在传送过程中会把病毒带入计算机，因此也为病毒的传播带来了新的机会，所以防范被传送文件携带的病毒感染则成了义无反顾的事情。其实在Windows Live Messenger中我们可以设置让它自动检测接收的文件是否“干净”，从而达到保护的目的。方法如下：

1 在Windows Live Messenger主界面上执行【工具】→【选项】命令，打开【选项】对话框。

2 单击【文件传输】选项卡，在【文件传输选项】区中，选中【使用下列程序进行病毒扫描】复选框，如图8.59所示。

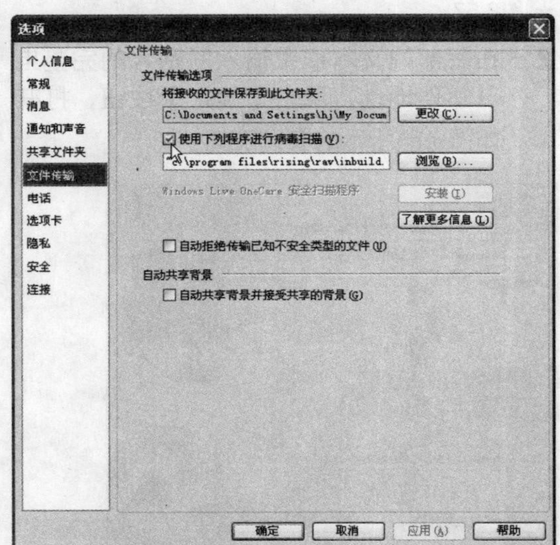

★ 图8.59

3 单击【浏览】按钮，打开【使用下列程序进行病毒扫描】对话框，如图8.60所示。

4 选择你的计算机中安装的杀毒软件的执行程序，单击【确定】按钮，信息栏里就会以路径的方式显示杀毒执行程序了。

★ 图 8.60

5 单击【确定】按钮，退出设置，这样用Windows Live Messenger接收对方发送过来的文件时，系统会自动调用设置的杀毒程序对此文件进行扫描和杀毒工作，这样就防止了病毒以文件传送的方式进入你的计算机，从而保证了计算机的安全。

选择消息字体

对于输入的文字，可以设置它的字体、大小和颜色。单击聊天窗口上部的【字体】按钮，打开如图8.61所示的【更改字体】对话框，在其中可以进行相应的设置。

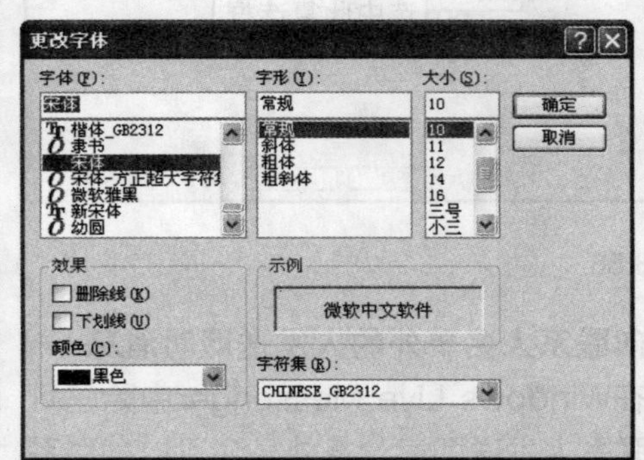

★ 图8.61

发送手写文字

在Windows Live Messenger聊天窗口

中，不仅可以发送普通的文字消息，还可以发送手写文字。许多用户使用Windows Live Messenger的这一功能在聊天窗口中尽享涂鸦的乐趣。下面介绍发送手写文字的具体方法：

1 单击Windows Live Messenger聊天窗口右下方的【以手写方式书写和发送消息】按钮。此时聊天窗口的发送文字框将变为手写输入模式。

提 示

如果要切换回发送普通文字的模式，单击该按钮右侧的【以文本方式输入和发送消息】按钮A。

2 使用鼠标或其他手写设备书写文字，如图8.62所示。

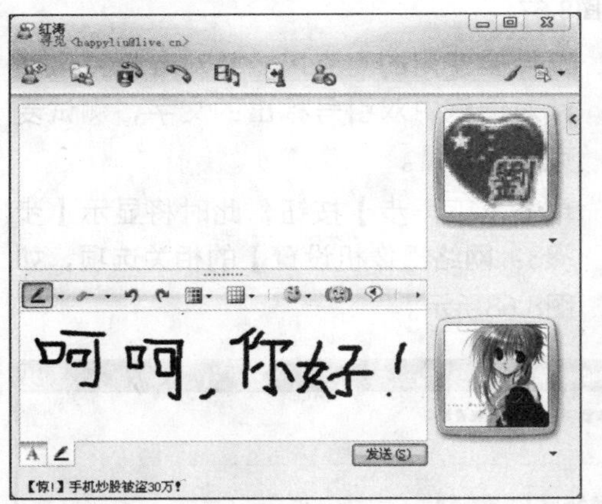

★ 图8.62

3 书写完毕单击【发送】按钮，即可发送手写文字。

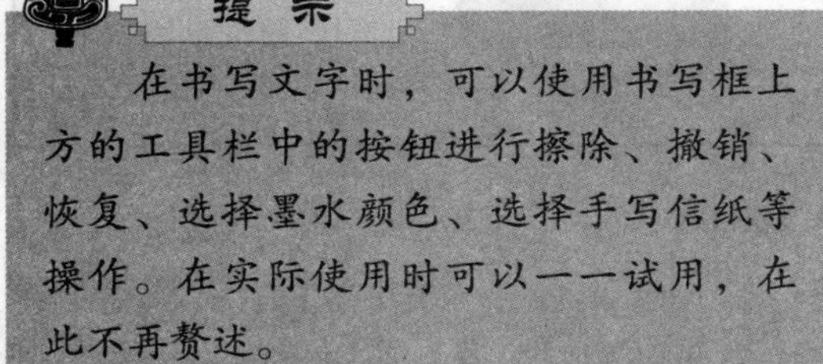

提 示

在书写文字时，可以使用书写框上方的工具栏中的按钮进行擦除、撤销、恢复、选择墨水颜色、选择手写信纸等操作。在实际使用时可以一一试用，在此不再赘述。

邀请他人加入对话

Windows Live Messenger可以邀请多人到同一个即时对话中（但只有两个人可以得到语音和视频内容）。要邀请某人加入你的聊天，操作方法如下：

1 单击聊天窗口上方工具栏中的【邀请某人到此对话】按钮，此时会弹出【单击一个联系人以选择】对话框，如图8.63所示。

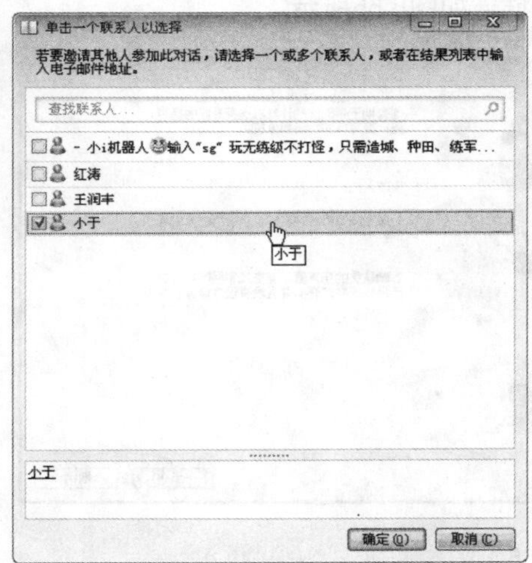

★ 图8.63

2 选择一个联系人，然后单击【确定】按钮，就可以将此人添加到对话中，如图8.64所示。

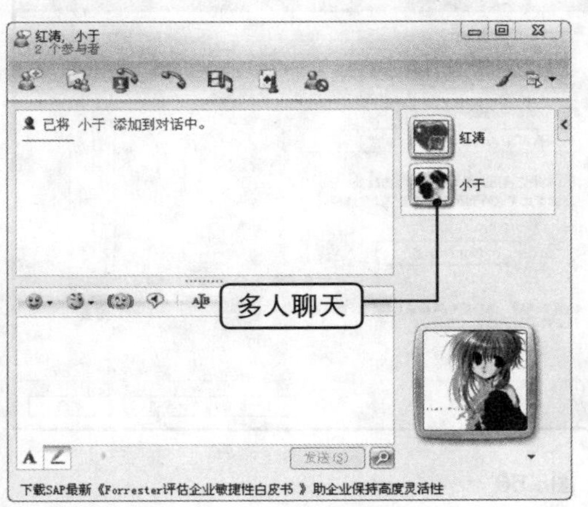

★ 图8.64

音频和视频设置

在使用Windows Live Messenger进行语音与视频聊天之前，要进行音频和视频设置。下面介绍具体操作步骤：

1. 单击Windows Live Messenger主窗口工具栏中的【显示菜单】按钮，此时将会弹出菜单。
2. 执行【工具】→【音频和视频设置】命令，此时将打开【音频和视频设置】对话框，如图8.65所示。

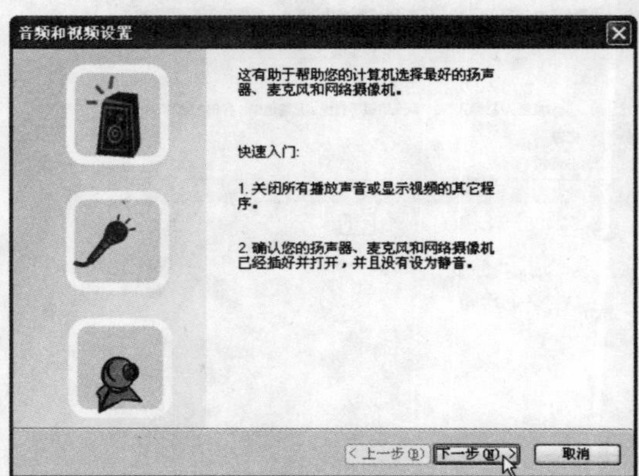

★ 图8.65

3. 单击【下一步】按钮，此时将显示【步骤1：扬声器设置】的相关选项，如图8.66所示。

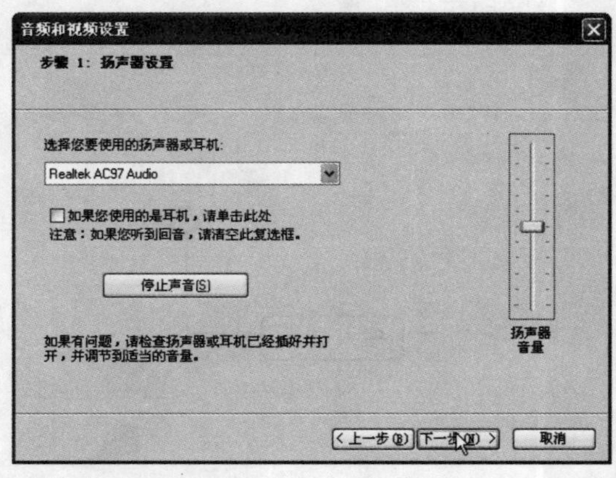

★ 图8.66

4. 选择自己使用的扬声器或耳机，并单击【播放声音】按钮测试声音的质量，将音量调节到合适大小。
5. 单击【下一步】按钮，此时将显示【步骤2：麦克风设置】的相关选项，如图8.67所示。

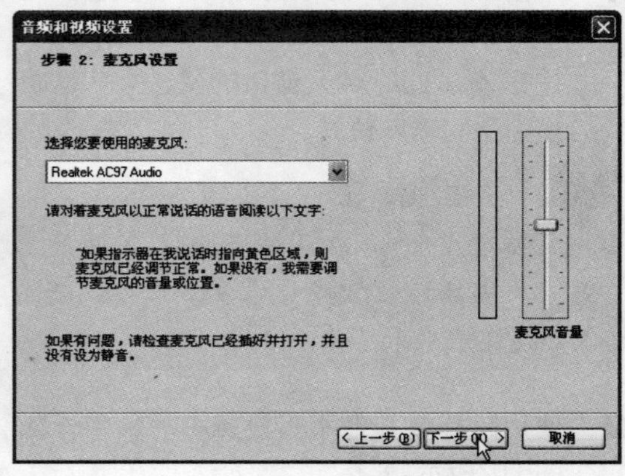

★ 图8.67

6. 选择要使用的麦克风，并对准麦克风阅读对话框中双引号标出的文字，测试麦克风的音量。
7. 单击【下一步】按钮，此时将显示【步骤3：网络摄像机设置】的相关选项，如图8.68所示。

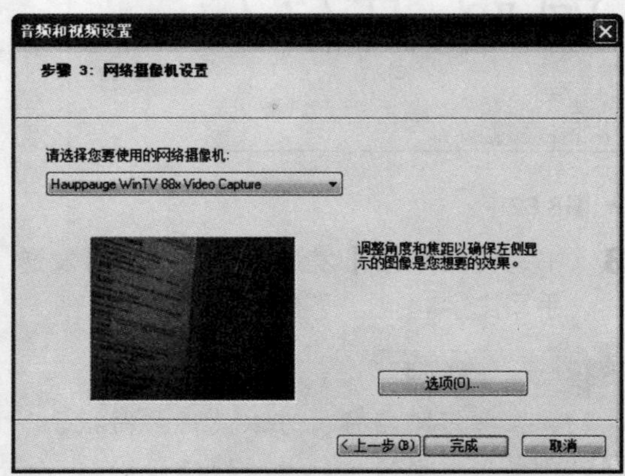

★ 图8.68

8. 选择要使用的网络摄像机，并观察画面效果。如有必要，可以单击【选项】按

钮对摄像头进行更多的设置，如调节亮度、对比度等。

9 单击【完成】按钮结束音频和视频的设置。

进行语音和视频聊天

使用Windows Live Messenger可以与使用QQ一样方便地与好友进行语音与视频聊天。下面介绍进行语音与视频聊天的具体方法。

1 右击Windows Live Messenger窗口中的联系人头像，此时将会弹出快捷菜单。

2 执行【视频】→【开始视频通话】命令。打开与联系人的聊天窗口，并开始呼叫联系人，同时显示等待联系人响应的信息，如图8.69所示。

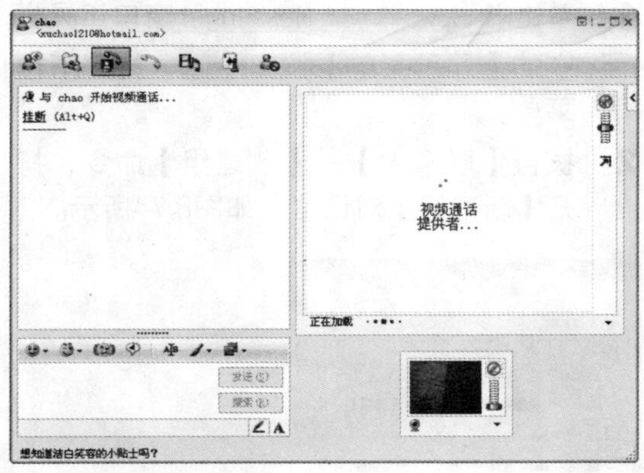

★ 图8.69

3 如果联系人接受了视频通话的请求，则稍后即可看到对方的视频画面，如图8.70所示，此时即可开始视频与语音通话了。

传送文件

在跟某人聊天的过程中，可以给对方发送文件，发送文件的大小没有限制。当然文件越大，传输的时间也就越长。

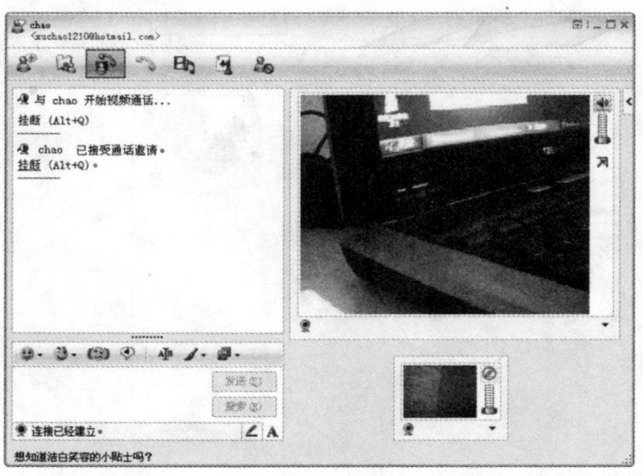

★ 图8.70

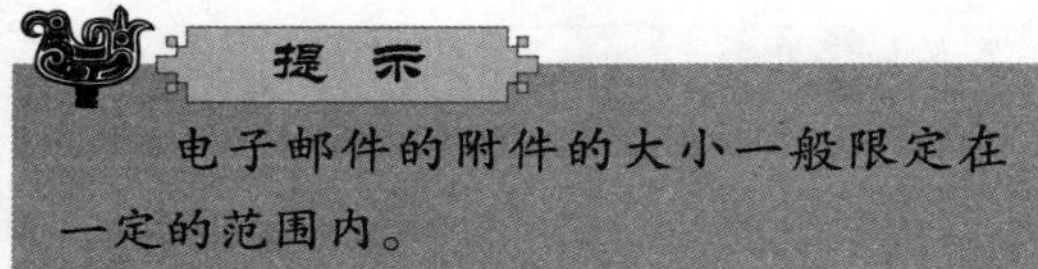

提 示

电子邮件的附件的大小一般限定在一定的范围内。

聊天过程中传送文件的具体操作步骤如下：

1 首先与要给其发送文件的人开始对话。

2 单击【对话】窗口工具栏中的【显示菜单】按钮，执行【文件】→【发送一个文件】命令。

3 出现【发送一个文件给XXX】对话框，与【打开】对话框基本相同。找到要发送的文件所在的文件夹。

4 双击要发送的文件。

5 对方将看到接收文件的邀请。若对方单击【接受】命令，文件将开始传输，并显示传输的进度，如图8.71所示。

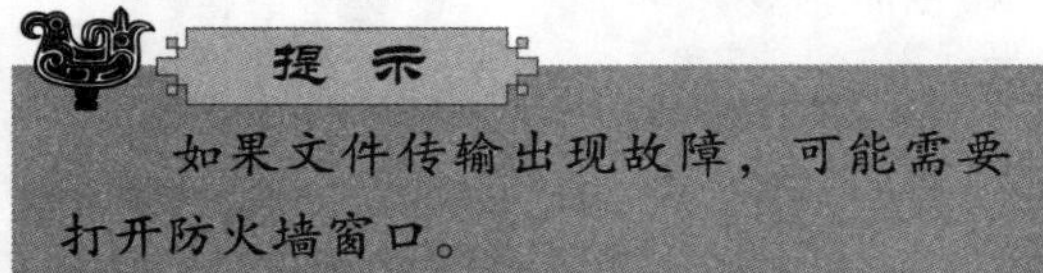

提 示

如果文件传输出现故障，可能需要打开防火墙窗口。

如果是别人使用这种方法给你发送文件，你会看到“接受”、“另存为”或是“拒绝”传输的选项，如图8.72所示。

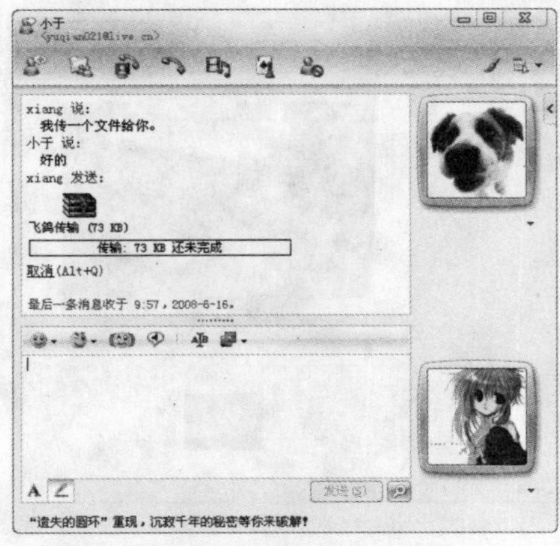

★ 图8.71

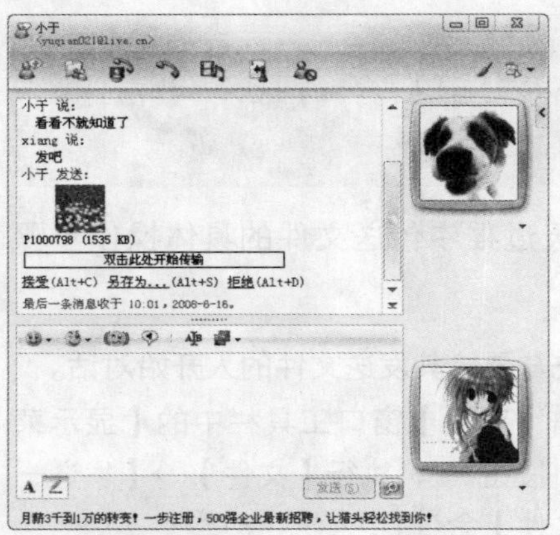

★ 图8.72

如果选择【接受】命令，文件将复制到你的计算机中，然后将看到如图8.73所示的窗口。

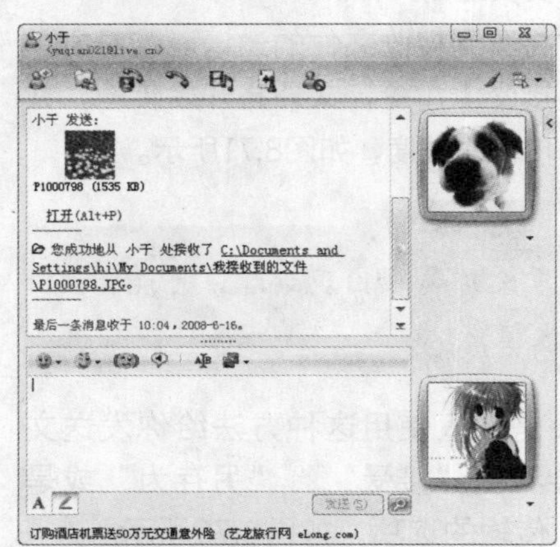

★ 图8.73

带蓝色下划线的文件就是传输的文件的路径。整个路径是一个超链接，所以，如果单击它，文件将在相应的程序中打开。

提 示

如果当时没有单击消息中的链接，也可以单击【对话】窗口工具栏中的【显示菜单】按钮，执行【文件】→【打开接收的文件】命令，打开保存文件的文件夹。

创建组

除了Windows Live Messenger默认提供的几个组外，还可以自由创建新的组。具体操作步骤如下：

1 单击Windows Live Messenger窗口工具栏中的【显示菜单】按钮，打开下拉菜单。

2 执行【联系人】→【创建组】命令，打开【新建组】对话框，如图8.74所示。

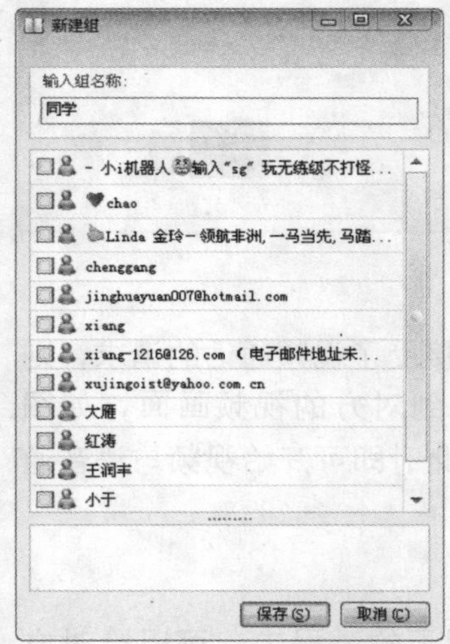

图8.74

3 输入组的名称，然后单击【保存】按钮，就会在主窗口中添加一个新组。创建一个新组后，就可以在窗口中右击联

系人，从弹出的快捷菜单中执行【组选项】→【将联系人复制到】命令，从出现的列表中选择一项，即可把该联系人添加到所选的组中，如图8.75所示。

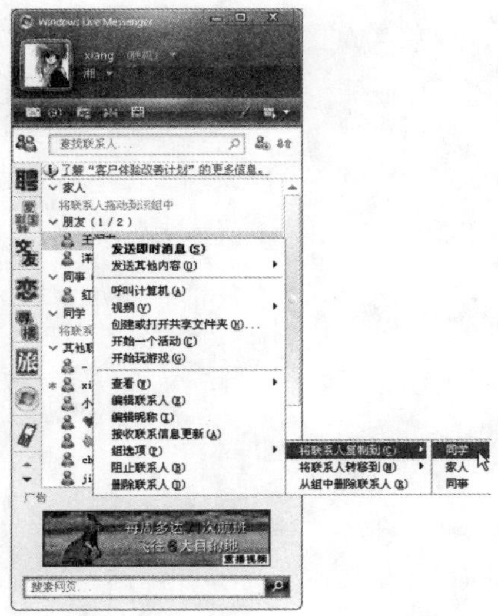

★ 图8.75

直接发布网络日志

如果用户安装了Office 2007，就可以在Word 2007中将撰写完成的日志直接发布到Windows Live Spaces中，而无须登录空间，具体操作步骤如下：

1 在网络连接的情况下，单击Word 2007中的【Office】按钮，在弹出的下拉菜单中选择【新建】命令，打开【新建文档】对话框。

2 选择【已安装的模板】选项卡中的【新博客文章】选项，如图8.76所示。

3 单击【确定】按钮，打开【注册博客账户】对话框，如图8.77所示。

4 单击【立即注册】按钮，打开【新建博客账户】对话框。单击【博客】后的下拉按钮，在其下拉列表框中选择【Windows Live Spaces】选项，如图8.78所示。

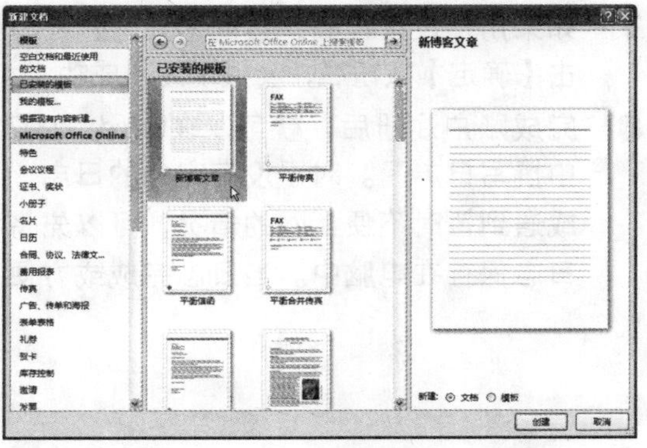

★ 图8.76

★ 图8.77

★ 图8.78

5 单击【下一步】按钮，打开【新建Windows Live Spaces账户】对话框。

6 由于我们已经在Windows Live Spaces中启用了电子邮件发布功能，所以在该对话框中，可以直接进入到第2步输入账户信息的设置，输入【空间名称】和【机密字】，如图8.79所示。

★ 图8.79

7 如果用户设置正确，且网络通畅，在单击【确定】按钮后，会提示注册成功。

8 完成账户注册后，就可以在Word 2007中撰写日志了。对于没有完成的日志，或遇到暂时不便上网的情况，可以先将日志保存在电脑中。当日志完成或方便上网时，只要打开文章，单击【博客】组中的【发布】按钮，就可将日志直接发布到Windows Live Spaces中。如果发布成功，会在文章的标题上方出现成功提示。

Chapter 09

第9章　常用工具软件应用技巧

本章要点

- *Windows优化大师应用技术*
- *超级兔子应用技术*
- *图片浏览工具应用技术*
- *压缩软件WinRAR应用技术*

在日常办公中，除了使用系统自带的软件外，还会经常安装一些实用的、流行的软件。这些软件可以使我们的工作和生活变得更加方便和轻松。本章将介绍几个常用的软件，包括Windows优化大师、超级兔子、ACDSee以及压缩软件。

9.1 Windows优化大师应用技巧

Windows优化大师是一个优秀的系统优化、清理及检测软件，使用这个软件可以对桌面菜单、磁盘缓存、文件系统、开机速度、网络、系统安全、后台服务等各方面进行优化设置。

Windows优化大师的主要功能如下所述。

- **全面的系统优化功能：**对计算机的方方面面进行优化，并向用户提供简便的自动优化向导。
- **详尽准确的系统检测功能：**深入系统底层分析用户的计算机，提供详细准确的硬件、软件信息并提供优化建议。
- **强大的清理功能：**可快速安全地清理注册表、清理磁盘中的垃圾文件。
- **有效的系统维护功能：**可进行系统备份、修复系统软件的错误以及为文件加密等。

查看处理器和主板信息

Windows优化大师软件可以对计算机系统信息进行检测及测试，其中包括对计算机的硬件部分和软件部分进行检测。

首先执行【开始】→【所有程序】→【Wopti Utilities】→【Windows优化大师】命令，打开Windows优化大师的主操作界面，如图9.1所示。

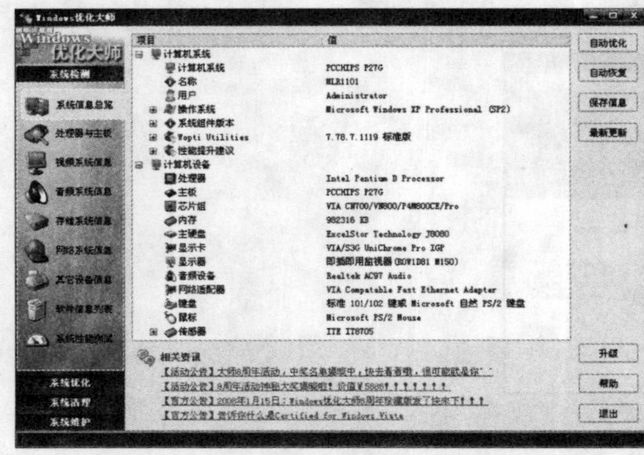

★ 图9.1

单击左侧栏中【系统检测】项下的【处理器与主板】按钮，在右侧窗口中就会出现用户计算机的处理器和主板型号，以及其他一些相关信息，如图9.2所示。

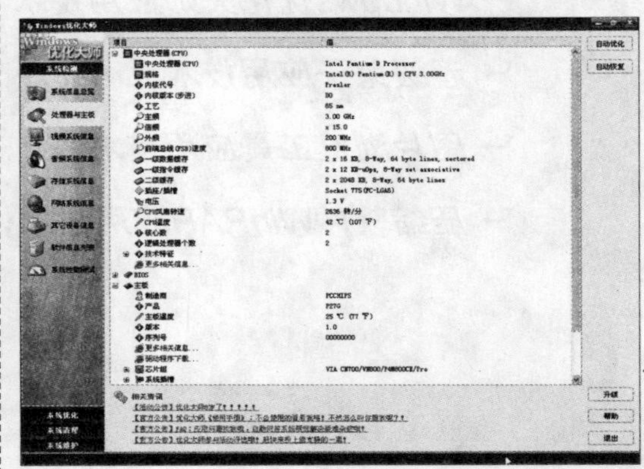

★ 图9.2

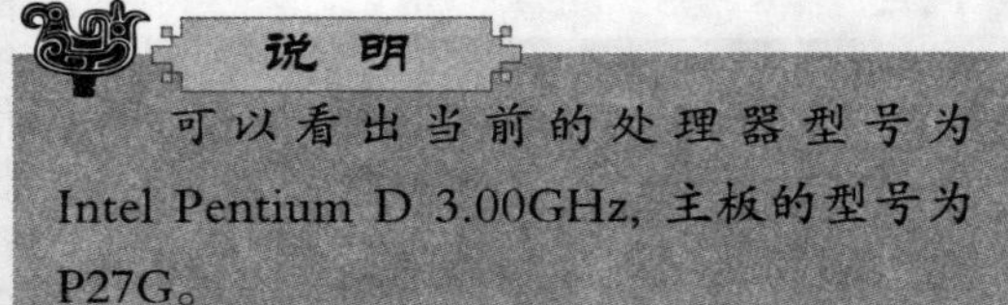

说 明

可以看出当前的处理器型号为Intel Pentium D 3.00GHz，主板的型号为P27G。

加快系统启动速度

Windows优化大师可以对系统启动速度进行优化，通过该设置可以缩短计算机的启动时间。

1 单击主操作界面左侧栏中的【系统优化】按钮，在打开的工具列表中单击【开机速度优化】按钮，右侧的窗口中就会出现开机速度优化选项，如图9.3所示。

2 单击【预读方式】下拉按钮，从中选择【应用程序加载预读（推荐）】选项。

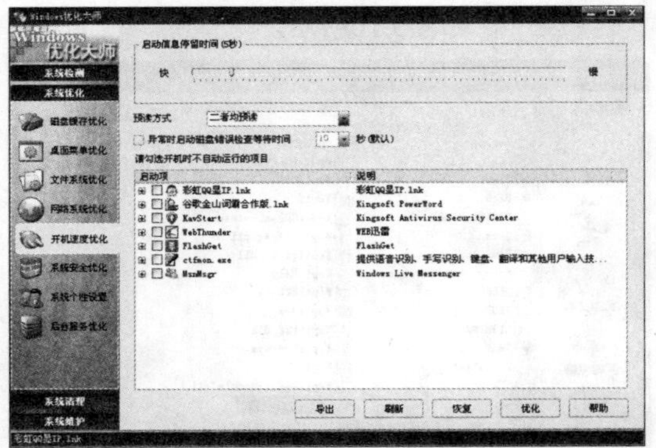

★ 图9.3

3　选中【异常时启动磁盘错误检查等待时间】单选按钮，保持默认的时间为10秒。

4　在【请勾选开机时不自动运行的项目】选取列表中选择【FlashGet】应用程序，如图9.4所示。

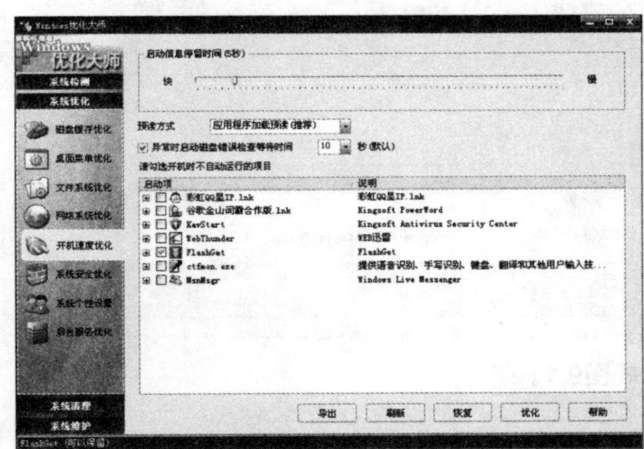

★ 图9.4

5　单击【优化】按钮，返回主操作界面后，发现【FlashGet】应用程序的图标已经从列表中消失了。

恢复开机自运行程序

Windows优化大师在清除自启动项目时，对于清除的项目进行了备份，用户可以单击【恢复】按钮，打开【备份与恢复管理】对话框，如图9.5所示。

选中【FlashGet】选项，然后单击【恢复】按钮，弹出如图9.6所示的提示框。

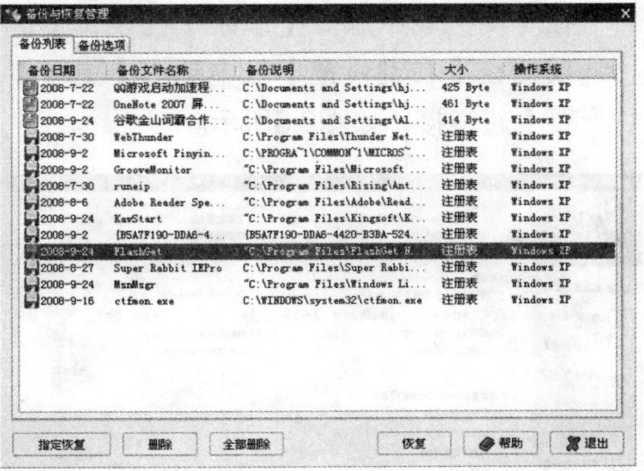

★ 图9.5

★ 图9.6

单击【确定】按钮，弹出完成提示框，如图9.7所示。

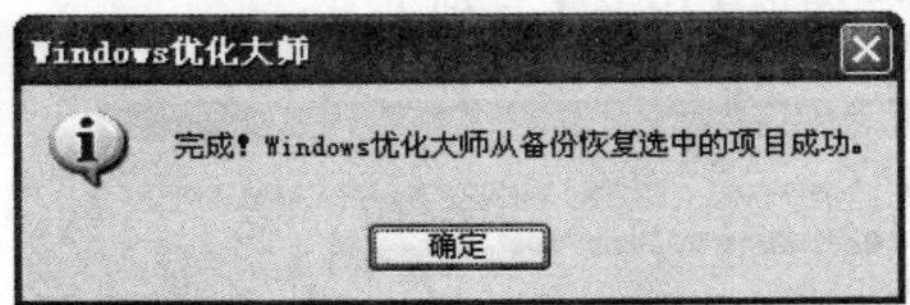

★ 图9.7

单击【确定】按钮返回主操作界面，会发现FlashGet应用程序的图标又出现在列表中了。

个性化右键菜单设置

所谓右键菜单设置，是指设置鼠标的右键菜单。包括在右键菜单中加入“清空回收站”命令，在右键菜单中加入“关闭计算机”和“重新启动计算机”的命令以及在右键菜单中加入“DOS快速通道”（该项仅对文件夹右键有效）等设置项目。

操作步骤如下：

1　启动Windows优化大师程序，单击主操作界面左侧栏中的【系统优化】按钮，在左侧列表中选择【系统个性设置】选项，在【右键设置】区中单击【更多设置】超链接，如图9.8所示。

★ 图9.8

2 打开【右键菜单设置】对话框，如图9.9所示。用户可在此整理和设置鼠标右键菜单，包括【“新建”菜单】、【“发送到”菜单】、【IE浏览器】、【文件和文件夹】以及【其他】等。

★ 图9.9

3 用户可在【自定义右键】选项卡中定义自己的右键菜单。例如，要在右键菜单中加入Windows优化大师，首先进入【自定义右键】选项卡，在【右键名称】中输入【Windows优化大师】，单击【右键执行命令】右边的图标，选择Windows优化大师的执行文件“WoptiUtilities.exe”，如图9.10所示。

★ 图9.10

4 单击【打开】按钮，返回如图9.11所示的界面，然后单击【增加】按钮即可。

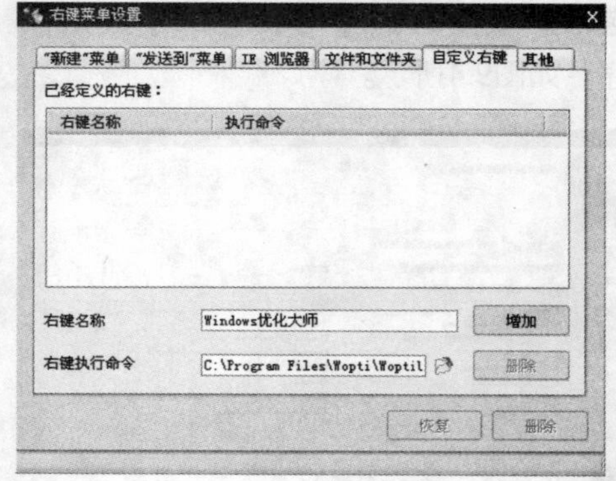

★ 图9.11

软件智能卸载

用户在使用自己的电脑时都会或多或少地安装一些应用软件。软件安装比较容易，部分软件甚至是所谓的绿色软件（绿色软件，指无须安装即可使用的应用程序）。然而在卸载应用程序时，可能会碰到以下几种情况：一是软件的卸载程序已被损坏导致反安装失败，用户不得不直接删除该应用程序；二是对于部分绿色软件由于其在运行过程中动态生成了部分临时文件或更改了用户的注册表，直接删除会在系统中留下冗余信息。长此以往，这两种情况会导致使用者的系统越来越臃肿，

降低运行速度。

Windows优化大师针对上述情况，向用户提供了“软件智能卸载”功能。它能够自动分析指定软件在硬盘中关联的文件以及在注册表中登记的相关信息，并在压缩备份后予以清除。用户在卸载完毕后如果需要重新使用或碰到问题可以随时从Windows优化大师自带的备份与恢复管理器中将已经卸载的软件恢复。

1 进入【软件智能卸载】页面，Windows优化大师在该页面的上方的程序列表中向用户提供了Windows“开始”菜单中的全部应用程序列表，如图9.12所示。

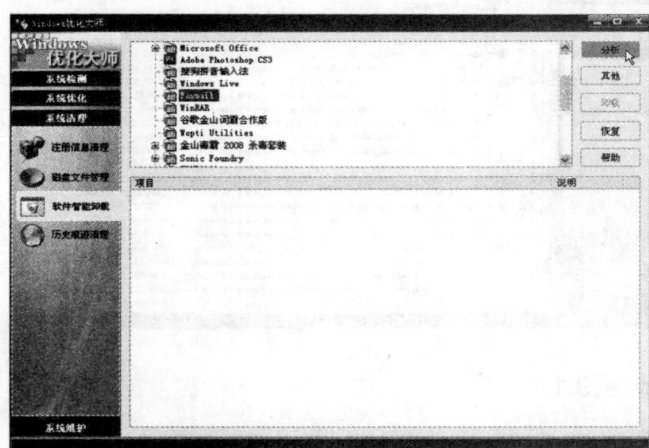

★ 图9.12

2 用户可以在列表中选择要分析的软件。选中一个软件，例如【Foxmail】，然后单击【分析】按钮，Windows优化大师就开始智能分析与该软件相关的信息了。

3 在分析过程中，Windows优化大师首先会检测需卸载的程序是否自带反安装程序，若发现有，则会提示用户是否用自带的反安装程序进行卸载，如图9.13所示。

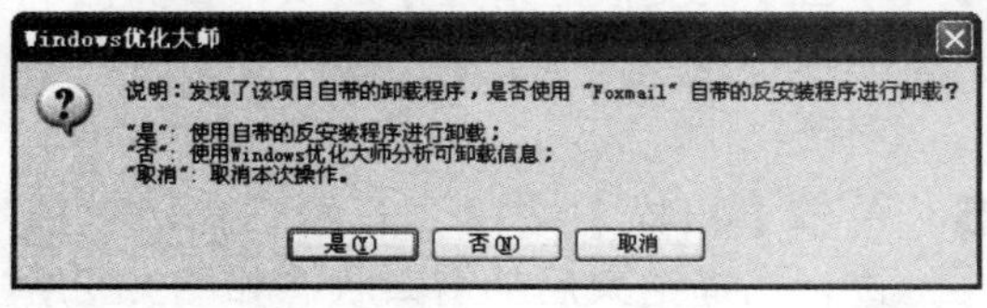

★ 图9.13

4 单击【确定】按钮，弹出提示框，询问是否要完全删除Foxmail及其全部组件，如图9.14所示。

★ 图9.14

5 单击【是】按钮，等待一段时间后，提示删除成功，单击【确定】按钮即可，如图9.15所示。

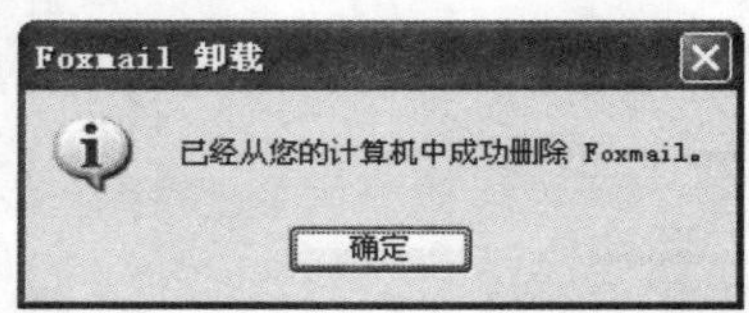

★ 图9.15

系统磁盘医生

由于死机、非正常关机等原因，Windows可能会出现一些系统故障。对此，Windows优化大师向Windows 2000/XP/2003/Vista用户提供了系统磁盘医生功能。它不仅能帮助使用者检查和修复由于系统死机、非正常关机等原因引起的文件分配表、目录结构、文件系统等系统故障，更能自动快速检测系统是否需要做以上的检查工作，以帮助用户节约大量的时间。

该功能的用法非常简单，选择左侧栏中的【系统维护】选项，然后单击【系统磁盘医生】按钮，进入系统磁盘医生界面。选择要检查的磁盘，单击【检查】按钮开始检查系统，如图9.16所示。

检查完毕后，窗口显示如图9.17所示。显示磁盘信息、磁盘空间、不正确的扇区以及更正结果等。

★ 图9.16

★ 图9.17

定期清理垃圾文件

随着Windows的使用，会产生越来越多的垃圾文件。垃圾文件不仅占用系统空间，还会消耗系统资源，降低系统运行效率，所以定期清除垃圾文件十分重要。请读者根据下面的提示，练习使用Windows优化大师清理系统。具体操作步骤如下：

1 单击主操作界面左侧栏中的【系统清理】按钮，在打开的工具列表中单击【磁盘文件管理】选项，右侧栏中的内容如图9.18所示。选择【本地磁盘（F：）】作为扫描对象。

2 单击【扫描】按钮，Windows优化大师开始对指定磁盘上的文件进行扫描，扫描结束后的窗口状态如图9.19所示。

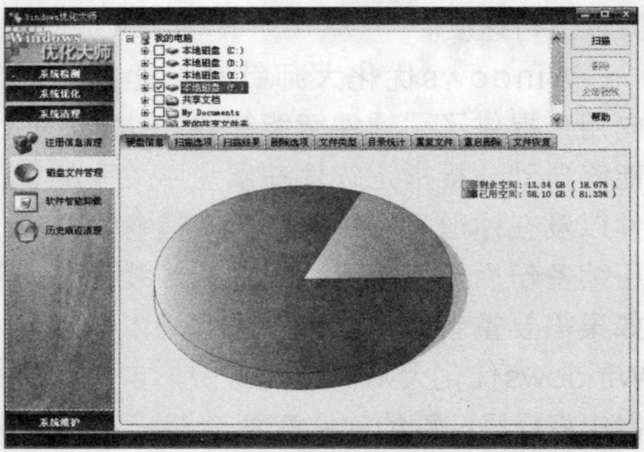

★ 图9.18

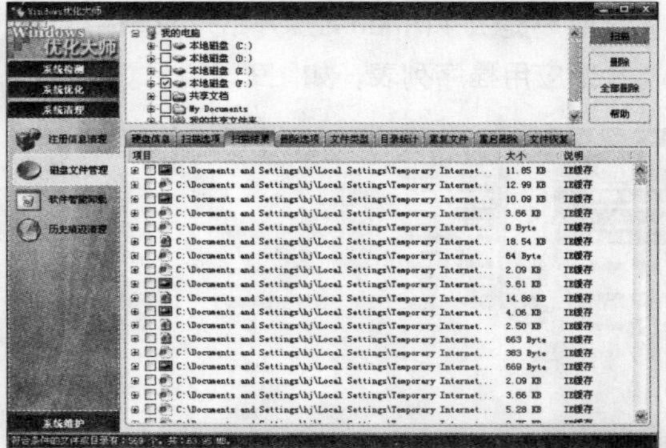

★ 图9.19

3 选中需要删除的垃圾文件前面的复选框，然后单击【删除】按钮，Windows优化大师将再次提醒用户对该文件进行何种操作，如图9.20所示。单击【确定】按钮，删除当前选中的文件。

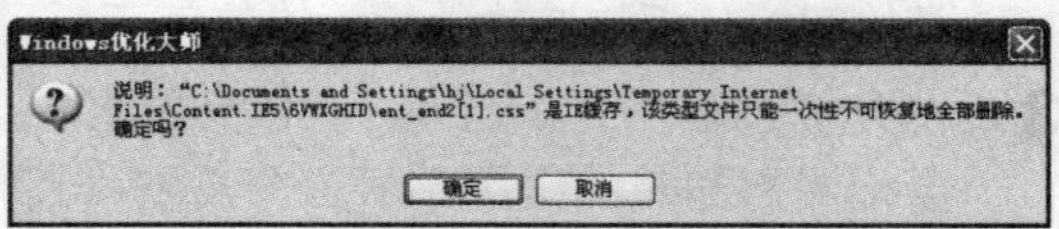

★ 图9.20

4 单击【历史痕迹清理】选项，右侧栏中的内容如图9.21所示。选择好要清理的项目。

5 单击【扫描】按钮，开始扫描历史痕迹，扫描结束后的窗口状态如图9.22所示。

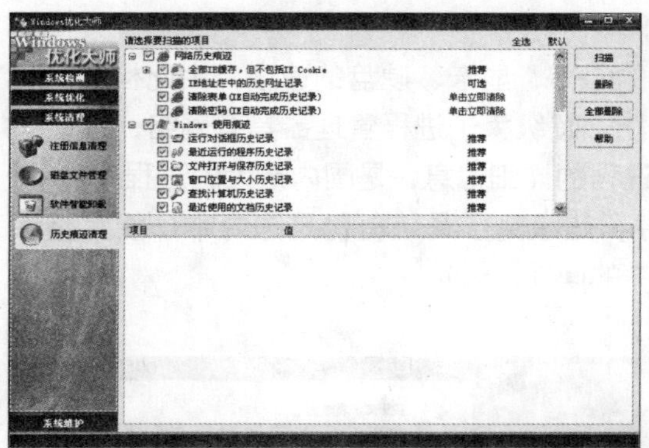

★ 图9.21

★ 图9.22

6 选中需要删除的垃圾文件前面的复选框，然后单击【删除】按钮，Windows优化大师将再次提醒用户对该文件进行何种操作，如图9.23所示。单击【确定】按钮，删除当前选中的文件。

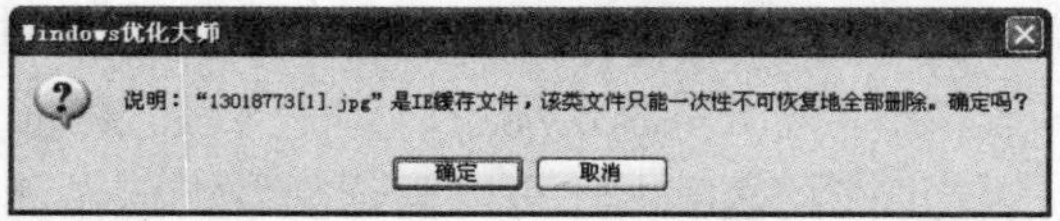

★ 图9.23

以上描述了Windows优化大师提供的清理系统中垃圾文件的功能。建议用户定期通过Windows优化大师对系统进行清理工作。Windows优化大师提供的系统清理维护功能如表9.1所示。

表9.1　系统清理维护一览表

功能名称	功能描述
注册信息清理	扫描并且删除系统注册表中的冗余信息
磁盘文件管理	对硬盘中的垃圾文件进行扫描和管理
冗余DLL清理	清除冗余动态链接库（DLL）
ActiveX清理	清理ActiveX/COM组件
软件智能卸载	自动分析指定软件在硬盘中关联的文件，以及注册表中登记的相关信息，并且在压缩备份后清除
历史痕迹清理	清除用户的操作历史，包括网络历史痕迹、Windows使用痕迹、应用软件历史记录等
安装补丁清理	帮助用户清除掉安装程序时残留在用户的磁盘中的文件

Windows优化大师可以帮助用户对Windows进行全面设置，免去了用户通过Windows的控制面板对Windows参数进行设置。

9.2　超级兔子应用技巧

超级兔子是一款完整的系统维护工具，可清理注册表中的垃圾，同时还有强力的软件卸载功能，专业的卸载可以清理一个软件在电脑内的所有记录。

超级兔子共有8大组件，可以优化、设置系统中大多数的选项，打造一个属于自己的Windows系统。

超级兔子上网精灵具有IE修复、IE保护、恶意程序检测及清除功能，还能防止其他人浏览网站，阻挡色情网站，以及端口的过滤等。

超级兔子系统检测可以诊断一台电脑系统的CPU、显卡、硬盘的速度，由此检测电脑的稳定性及速度，还有磁盘修复及键盘检测功能。超级兔子进程管理器具有网络、进程、窗口查看方式，同时超级兔子网站提供大多数进程的详细信息，是国内最大的进程库。

超级兔子安全助手可隐藏磁盘、加密文件，超级兔子系统备份是国内唯一能完整保存Windows XP注册表的软件，彻底解决系统中的问题。

快速优化系统

超级兔子中包含了对系统进行优化的功能，用户可以通过该功能对系统进行优化。

1 执行【开始】→【所有程序】→【超级兔子】→【超级兔子】命令，打开超级兔子的主操作界面，如图9.24所示。

★ 图9.24

2 单击【清理垃圾，卸载软件】选项，弹出超级兔子清理王的程序窗口，如图9.25所示。

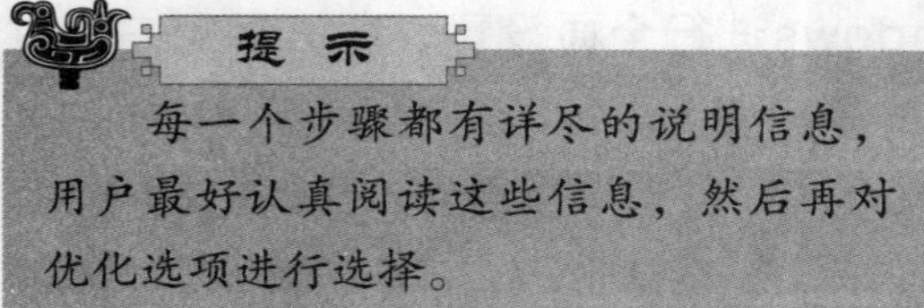

提 示
每一个步骤都有详尽的说明信息，用户最好认真阅读这些信息，然后再对优化选项进行选择。

3 选择左侧栏中清理方式列表中的【优化系统及软件】命令，在右侧栏中单击【自动优化】选项卡，可以查看自动优化的项目，如图9.26所示。

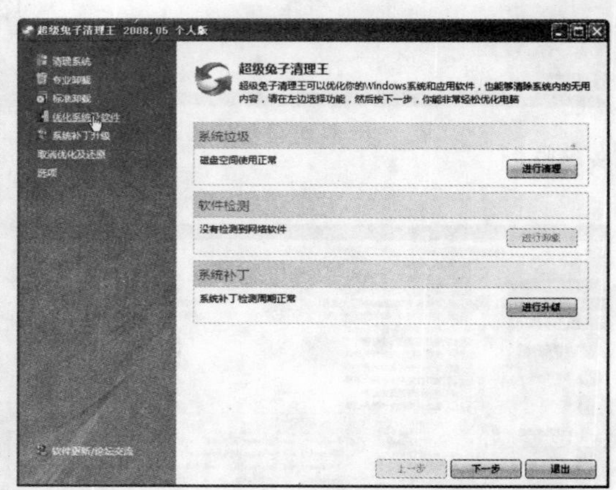

★ 图9.25

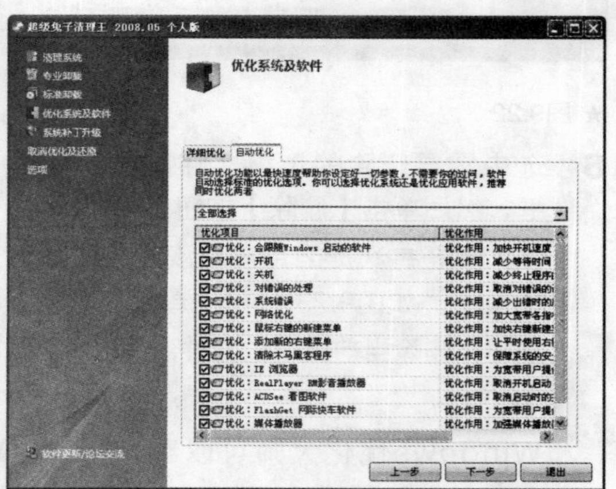

★ 图9.26

4 单击【下一步】按钮，提示优化完毕，如图9.27所示。超级兔子建议用户重新启动计算机，单击【完成】按钮，之后可以对系统的其他方面进行优化。

超级兔子清理王提供的全部优化功能如表9.2所示。

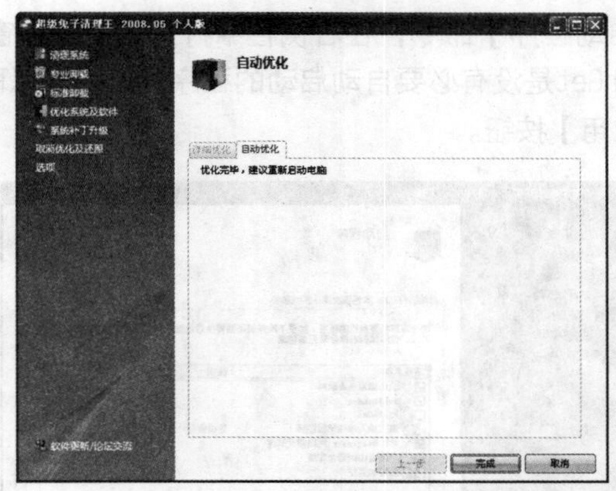

★ 图9.27

表9.2　超级兔子清理王提供的优化功能

功能名称	功能描述
清理系统	能够清理系统的垃圾文件、注册表、IE浏览器的网址等，既能释放硬盘空间，又能使系统更加稳定，减少出错的可能性
专业卸载	有些软件没有卸载功能，利用专业卸载功能就可以轻松将它们卸载
标准卸载	将不再使用的软件卸载，可以让系统节省空间。采用的卸载方法为该软件自带的卸载程序，是最安全的卸载方式
优化系统及软件	对系统的启动服务、网络和常用软件的设置进行优化，提高运行速度
系统补丁升级	打开【超级兔子升级天使】窗口，可以进行升级检测、下载补丁等操作

删除启动过程中自动运行的软件

很多用户都抱怨Windows的启动速度越来越慢，导致这种情况发生的原因之一就是在Windows启动过程中自动启动的软件过多。通过超级兔子魔法设置提供的功能，可以帮助用户删除在启动中自动运行的软件。具体操作步骤如下：

1　单击主操作界面中的【打造属于自己的系统】选项，弹出超级兔子魔法设置的程序窗口，如图9.28所示。

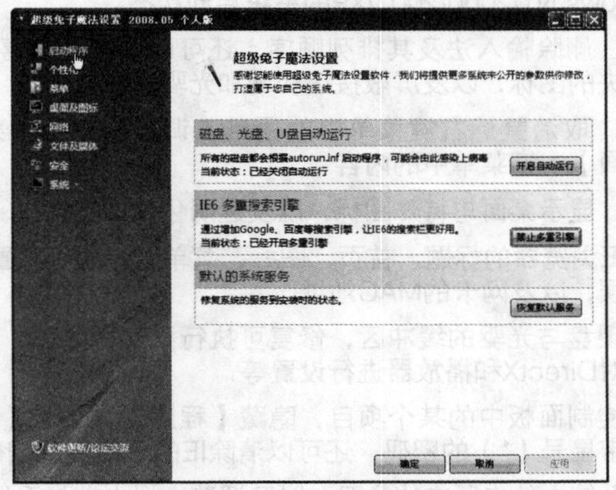

★ 图9.28

2 选择左侧栏中的【启动程序】命令，在右侧栏中打开启动程序窗口，如图9.29所示。用户发现应用程序FlashGet是没有必要自动启动的程序，所以可以取消选中【FlashGet】复选框，然后单击【应用】按钮。

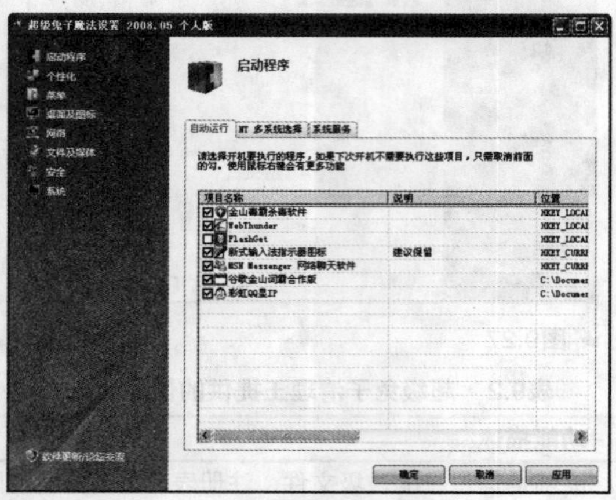

★ 图9.29

提 示

如果用户安装了多个操作系统，则可以通过【NT多系统选择】选项卡对多个系统的启动进行设置。

3 单击【确定】按钮，应用所有更改。

超级兔子魔法设置可以对系统中的各项设置进行调整和优化，帮助用户打造出一个个性化的系统。表9.3介绍了超级兔子魔法设置所提供的设置功能。

表9.3 超级兔子魔法设置所提供的设置功能

功能名称	功能描述
启动程序	可以修改Windows启动时需要加载的软件，开机时多系统的选择，以及修改Windows NT/2000/2003/XP的系统启动状态
个性化	添加、删除输入法及其排列顺序，还可以根据用户喜好修改计算机属性标志及文件夹的图标，以及屏蔽按钮和增加光驱的音效
菜单	删除、取消鼠标右键菜单中的项目，调整【开始】菜单、【发送到】菜单和【桌面】右键菜单中的内容
桌面及图标	更换、显示桌面与特殊图标，以及透明化桌面图标
网络	修改IE浏览器的标题、首页、图标、菜单、选项等设置，还能修复IE错误、IE关联错误，以及网卡的MAC地址
文件及媒体	调整硬盘与光驱的缓冲区，修复可执行程序的关联，取消开机自动检测软驱功能，对DirectX和播放器进行设置等
安全	关闭控制面板中的某个项目，隐藏【程序】菜单和【收藏夹】中的某个项目，查看带星号（*）的密码，还可以清除IE的分级审查密码
系统	更改系统文件夹所在的位置，以及调整虚拟内存与系统的参数

IE综合设置

超级兔子上网精灵可以对IE进行设置，以保证用户能够安全浏览网页。

1 单击主操作界面中的【保护IE、清除IE广告】选项，弹出超级兔子上网精灵的程序窗口，如图9.30所示。

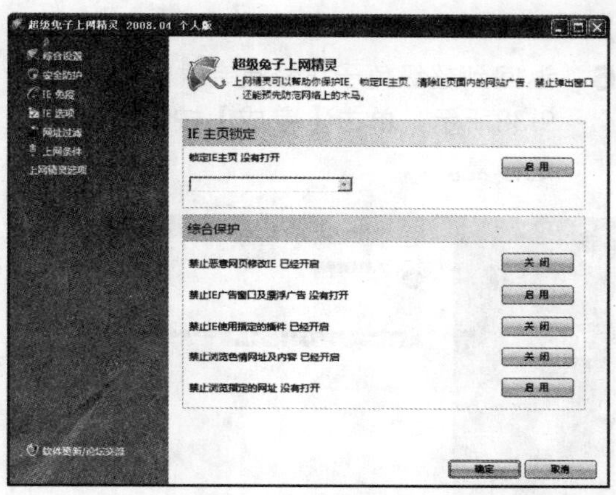

★ 图9.30

2 单击选择【锁定IE主页 没有打开】设置项，在下拉列表中选择【about：blank（空白页面）】选项，如图9.31所示。

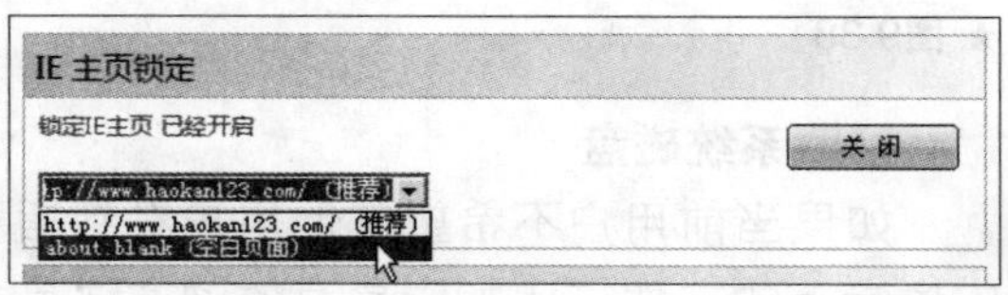

★ 图9.31

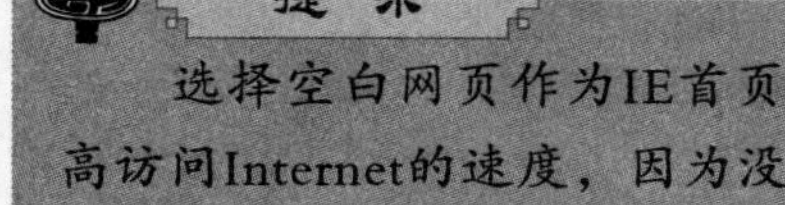

选择空白网页作为IE首页，可以提高访问Internet的速度，因为没有必要每次打开浏览器的时候都访问某一个特定的网站。

3 单击选择【禁止浏览色情网址及内容 没有打开】设置项，将此功能打开，如图9.32所示。然后单击【确定】按钮，完成对IE的综合设置。

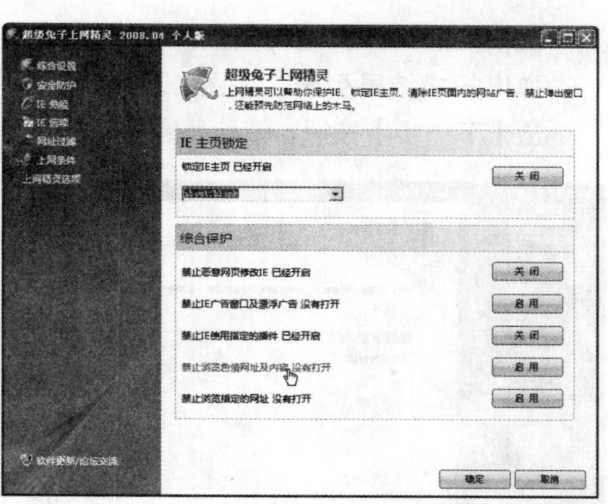

★ 图9.32

超级兔子上网精灵可以全面保护IE，禁止IE弹出广告窗口和飘浮广告，并可以对网站内容进行过滤。

巧妙修复IE

如果用户经常访问Internet，往往会遇到一些恶意页面对用户的浏览器进行篡改，给用户访问Internet带来很大麻烦。此时，可以使用超级兔子IE修复专家来修复IE。

1 单击主操作界面中的【修复IE、检测木马】图标，弹出超级兔子IE修复专家的程序窗口，如图9.33所示。

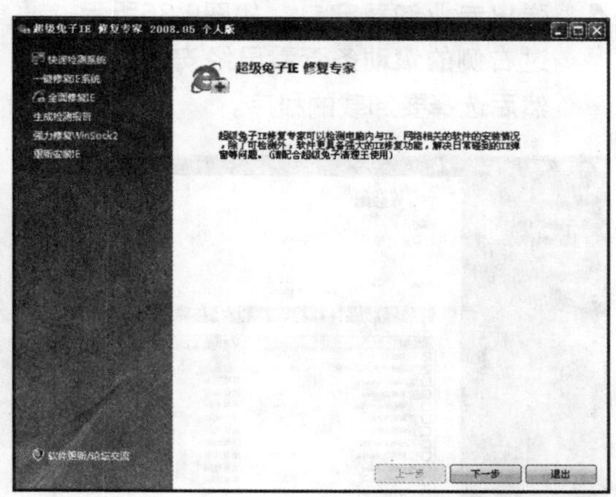

★ 图9.33

2 单击【下一步】按钮，超级兔子将对与

IE相关的文件夹进行扫描。扫描结束后弹出扫描结果列表，如图9.34所示，单击【下一步】按钮，清除恶意程序。

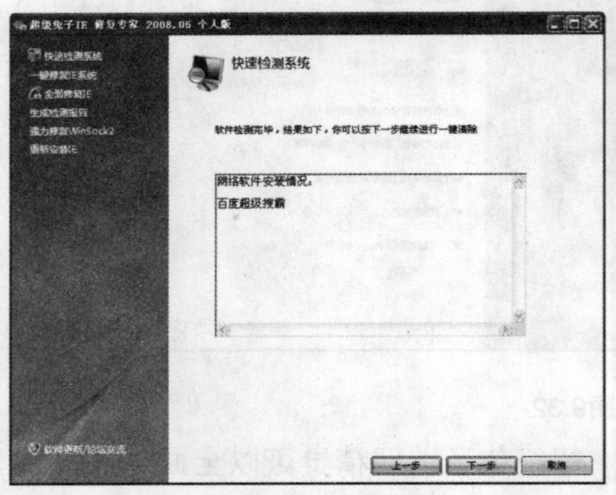

★ 图9.34

3 超级兔子删除恶意程序之前，弹出警告对话框，提示用户某些软件需要使用超级兔子清理王才能卸载，并询问是否现在立即卸载，单击【是】按钮，如图9.35所示。

★ 图9.35

4 弹出专业卸载窗口，如图9.36所示。通过右侧的滚动条查看已经安装的程序，然后选择要卸载的程序。

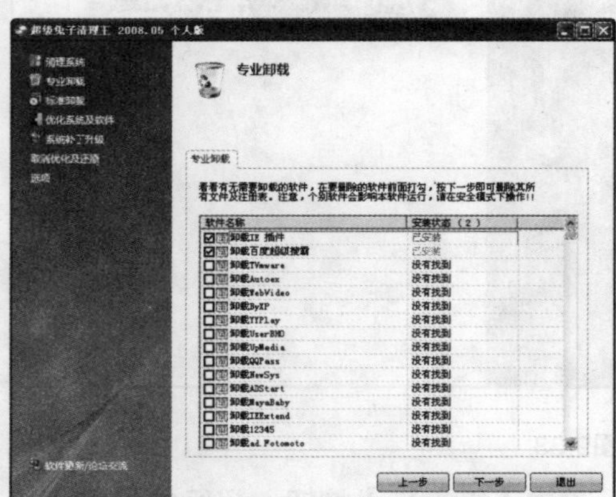

★ 图9.36

5 单击【下一步】按钮，超级兔子将卸载恶意程序。等待一会儿，弹出如图9.37所示的提示框，单击【确定】按钮。

★ 图9.37

6 返回到超级兔子IE修复专家窗口，如图9.38所示，单击【完成】按钮完成对IE的修复。

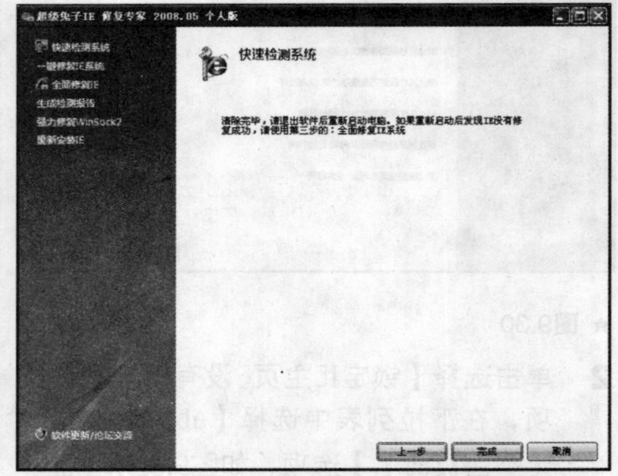

★ 图9.38

隐藏系统磁盘

如果当前用户不希望其他用户看到指定磁盘上的文件，比加密更有效的方法是直接隐藏该磁盘，超级兔子安全助手就可以帮助用户完成这个任务。

1 单击主操作界面中的【隐藏磁盘、文件加密】图标，弹出超级兔子安全助手的程序窗口，如图9.39所示。

2 选择左侧栏中的【隐藏磁盘】命令，在右侧栏中选中【磁盘E】复选框，如图9.40所示，单击【下一步】按钮。

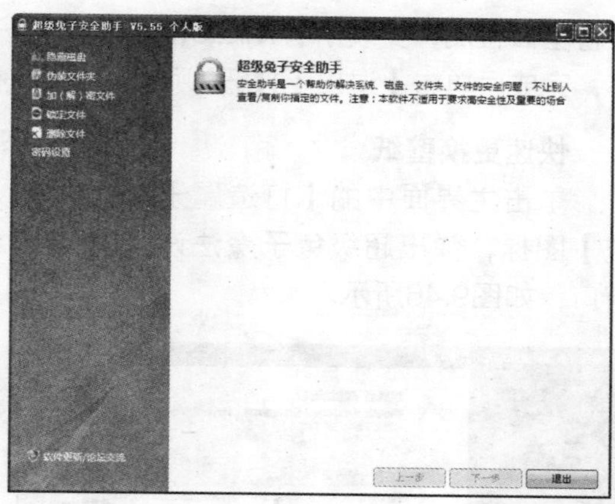

★ 图9.39

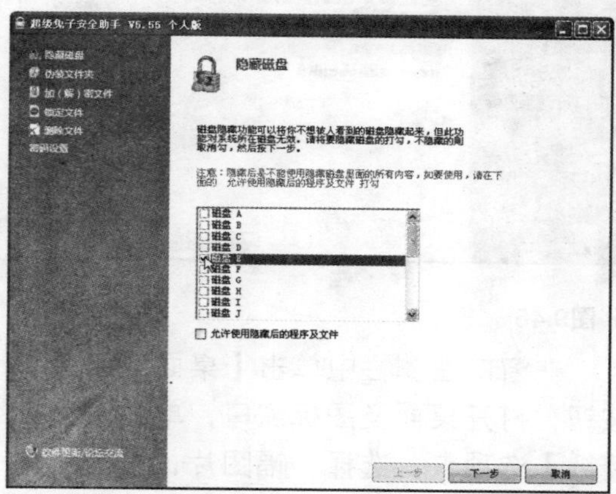

★ 图9.40

3　打开如图9.41所示的窗口，单击【完成】按钮，完成隐藏工作。单击【退出】按钮，返回超级兔子主操作界面。

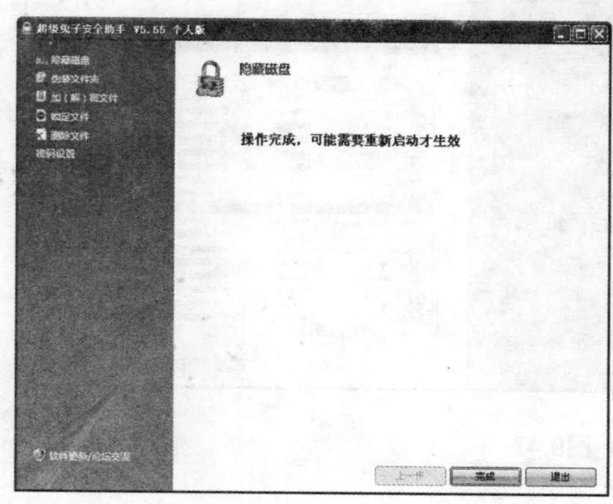

★ 图9.41

检测显示器

用户每天都要面对显示器，所以对自己显示器的质量自然很关心，超级兔子系统检测提供了对显示器的检测功能。具体操作步骤如下：

1　单击主操作界面中的【查看硬件、测试电脑速度】图标，弹出超级兔子系统检测的程序窗口，如图9.42所示。

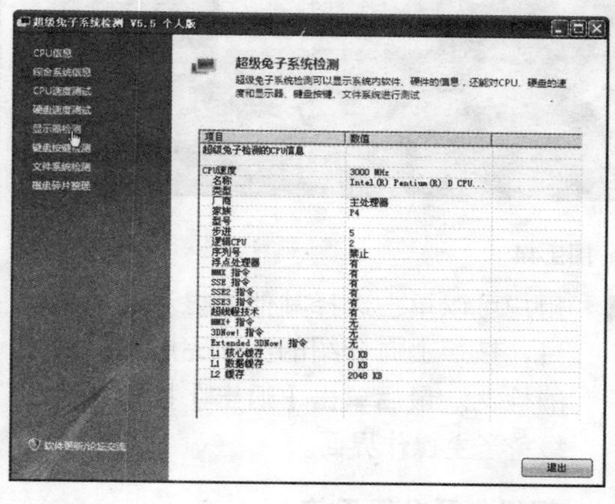

★ 图9.42

2　在左侧栏中选择【显示器检测】命令，打开右侧窗口。单击打开【开始测试】按钮左侧的下拉列表，选择【几何测试】选项，如图9.43所示，然后单击【开始测试】按钮。

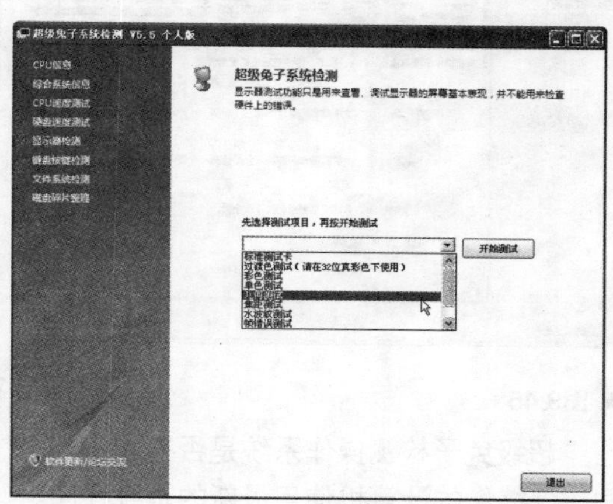

★ 图9.43

3 此时开始可以测试显示器对几何图形的显示能力，如图9.44所示，单击【返回】按钮可以返回测试项目的选择窗口。

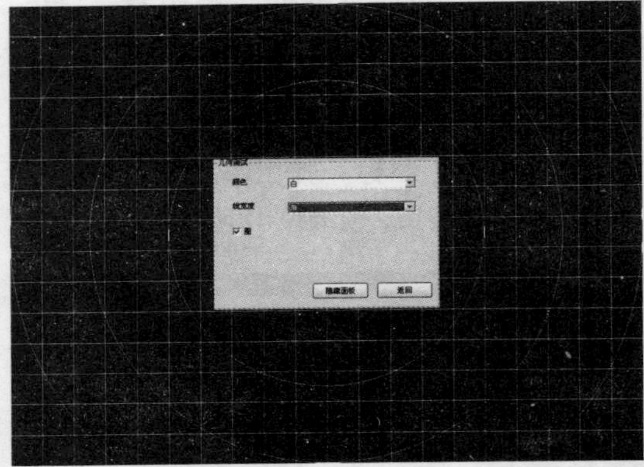

★ 图9.44

4 用户可以单击选择其他的显示器测试项目，按照上面介绍的步骤完成对显示器的检测。最后单击【退出】按钮返回超级兔子主操作界面。

超级兔子升级天使

单击主界面中【最快地下载安装补丁】图标，弹出超级兔子升级天使程序窗口，如图9.45所示。

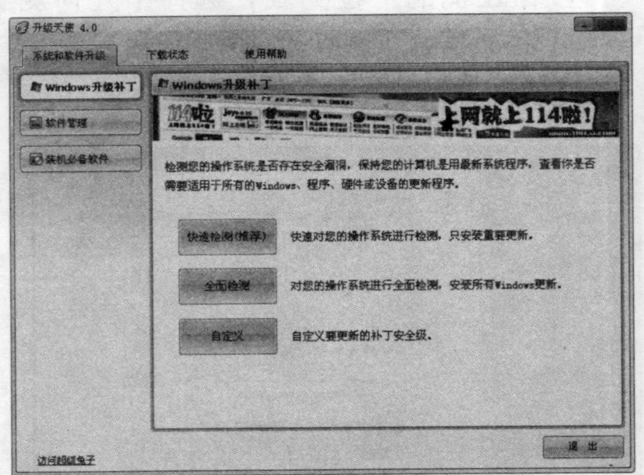

★ 图9.45

超级兔子检测操作系统是否存在安全漏洞，保持您的计算机使用最新的系统程序。单击【全面检测】按钮，软件将自动对系统进行全面检测，安装所有Windows的更新程序，完成后单击【退出】按钮即可。

快速更换壁纸

单击主界面中的【打造属于自己的系统】图标，弹出超级兔子魔法设置的程序窗口，如图9.46所示。

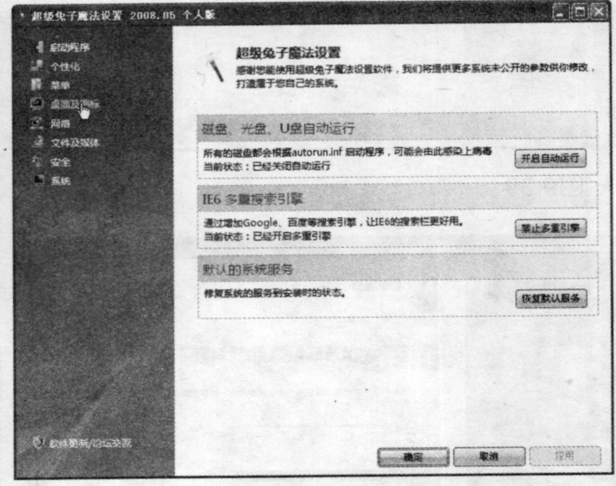

★ 图9.46

在窗口左侧栏中单击【桌面及图标】按钮，打开桌面及图标窗口，单击【桌面墙纸】选项卡，选择一幅图片，单击【确定】按钮即可更改Windows的桌面背景，如图9.47所示。

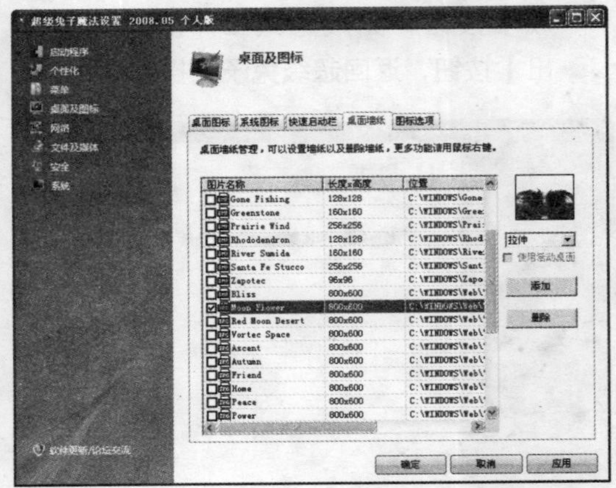

★ 图9.47

对系统进行备份和还原

使用超级兔子可以对系统进行备份和还原，具体操作步骤如下：

1 单击主操作界面中的【备份还原注册表、驱动程序】图标，弹出超级兔子系统备份的程序窗口，如图9.48所示。

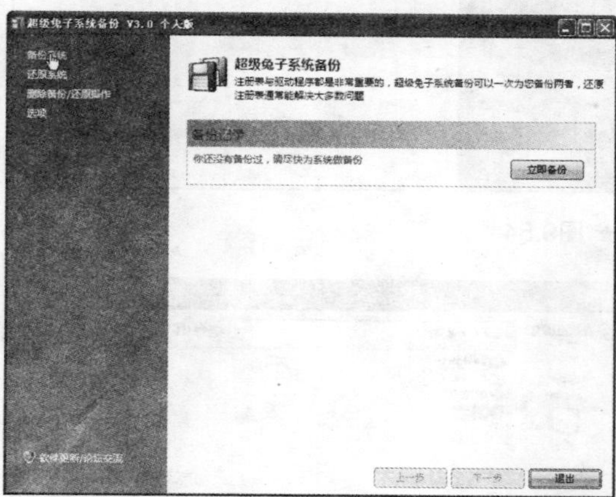

★ 图9.48

2 选择左侧栏中的【备份系统】命令，打开右侧的内容窗口。在【请输入此次备份的名称（随便填写）】文本框中输入备份的名称，如图9.49所示。

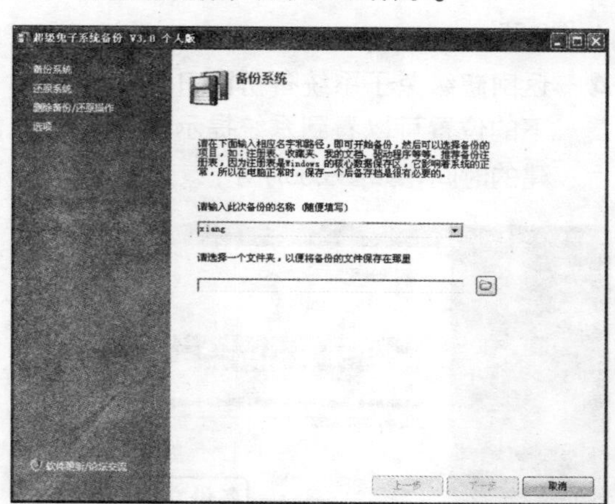

★ 图9.49

3 单击【请选择一个文件夹，以便将备份的文件保存在那里】文本框右侧的文件夹图标，在弹出的【浏览文件夹】对话框中选择备份文件的存放位置，如图9.50所示。然后单击【确定】按钮，返回上一级窗口，如图9.51所示。

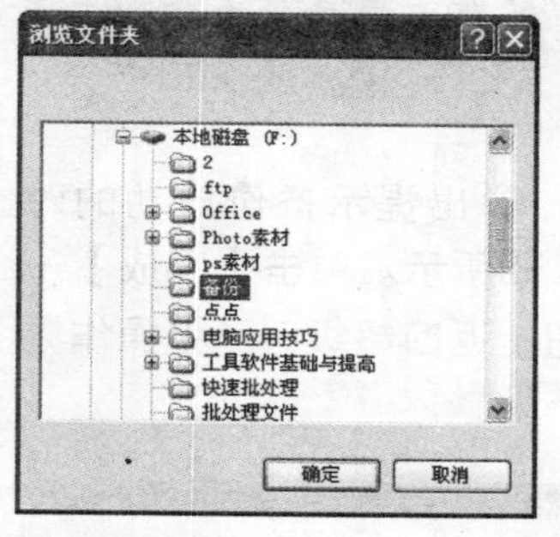

★ 图9.50

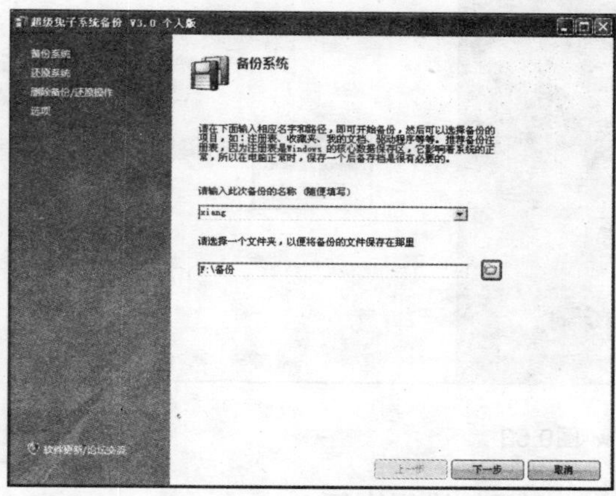

★ 图9.51

4 单击【下一步】按钮，选择需要备份的项目。选择相应项目，单击【下一步】按钮，如图9.52所示。

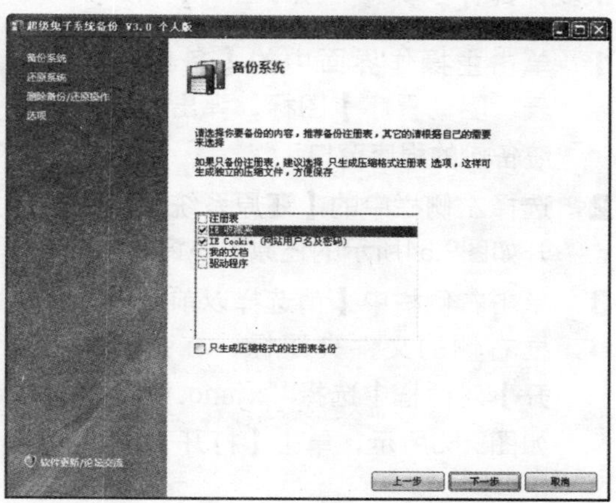

★ 图9.52

提 示

内容窗口中的所有项目对系统和用户而言都是非常重要的，建议全部选中。

5 操作完成后，弹出提示备份成功的对话框，如图9.53所示。单击【完成】→【退出】按钮，返回超级兔子主操作界面。

★ 图9.53

对系统进行恢复

用户还可以将该备份文件保存到光盘或者其他安全的位置。在系统崩溃的时候，可以使用超级兔子系统备份工具进行恢复，操作步骤如下所示：

1 单击主操作界面中的【备份还原注册表、驱动程序】图标，弹出超级兔子系统备份的程序窗口。

2 选择左侧栏中的【还原系统】命令，打开如图9.54所示的还原系统窗口。

3 单击右侧栏中【请选择以前备份】文本框右侧的文件夹图标，在弹出的【打开】对话框中选择“xiang.ini”文件，如图9.55所示，单击【打开】按钮。

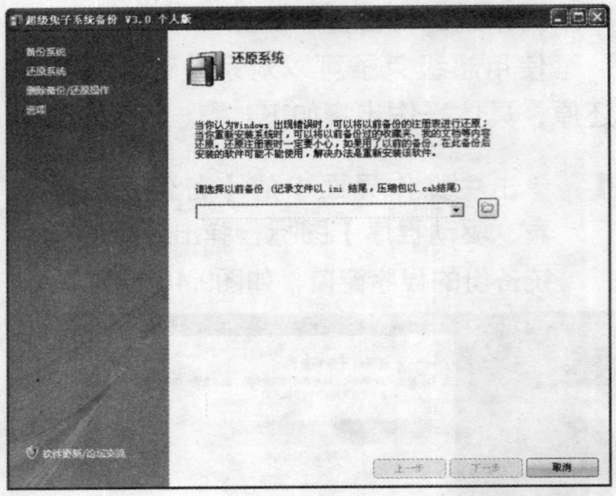

★ 图9.54

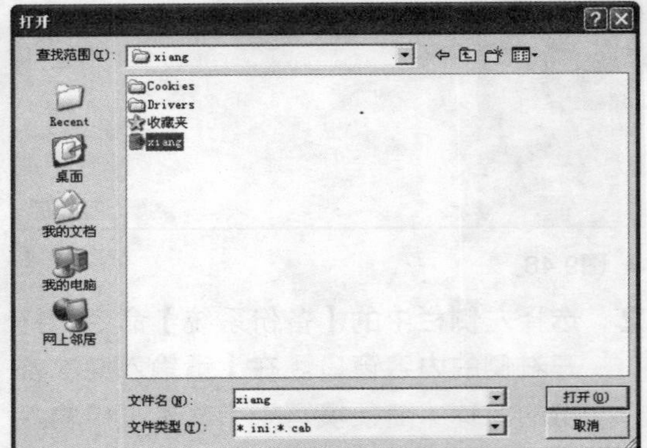

★ 图9.55

4 返回超级兔子系统备份窗口，在窗口靠下的位置可以看到系统提示备份文件创建的时间，如图9.56所示。

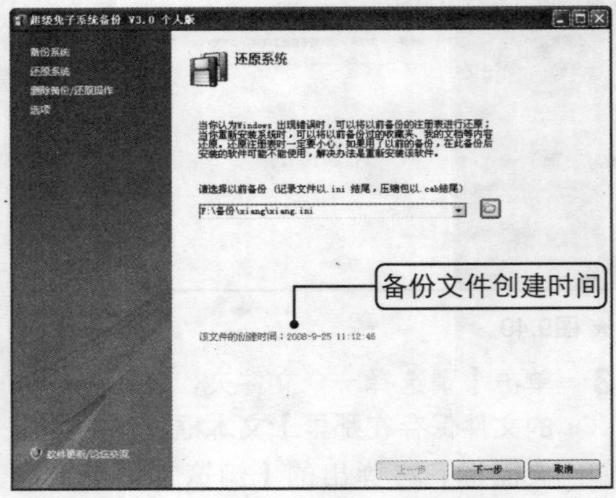

★ 图9.56

5 单击【下一步】按钮，选择需要还原的项目，如图9.57所示。

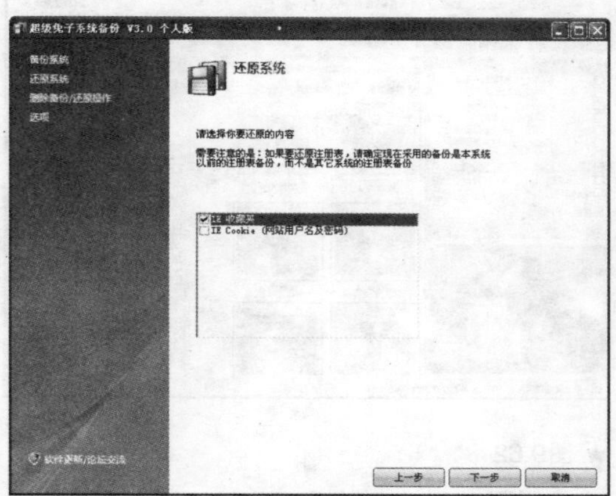

★ 图9.57

6 单击【下一步】按钮，完成还原工作，如图9.58所示。

7 单击【完成】→【退出】按钮，返回超级兔子主操作界面，系统恢复工作完毕。

★ 图9.58

超级兔子系统备份工具好可以对注册表、收藏夹、驱动程序等重要信息进行备份，功能描述如表9.4所示。

表9.4 超级兔子系统备份工具提供的功能

功能名称	功能描述
备份系统/还原系统	备份和还原系统的注册表、收藏夹等重要资料
选项	可以根据实际情况对备份和还原功能进行设置

9.3 图片浏览工具应用技巧

ACDSee是一款专业的图形浏览软件，它的功能非常强大，几乎支持目前所有的图形文件格式，是目前最流行的图形浏览工具之一。

用ACDSee对图片进行批量重命名

用户拥有的图片的名称大多是杂乱无章的，将这些杂乱无章的图片名称重命名为有序的名称，会更有利于用户快速查找所需图片。具体操作步骤如下：

1 打开ACDSee图片浏览器，在左侧目录树中选择要进行批量转换文件名的图片所在的文件夹，如图9.59所示。

★ 图9.59

2 选择缩略图显示区域中要进行批量重命名的图片文件，或者按下【Ctrl+A】组合键选择当前目录中的所有文件。然后选择【工具】→【批量重命名】命令，打开【批量重命名】对话框，如图9.60所示。

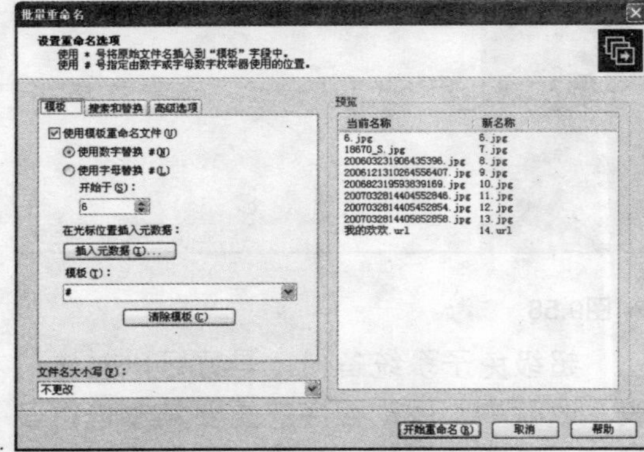

★ 图9.60

3 在【开始于】文本框中输入“1”，即编号从1开始。然后单击【清除模板】按钮，在【模板】文本框中输入“蝴蝶犬_#”，其中符号“#”为变量，即从1开始的自然数，此时在预览框中可以看到重命名文件的预期效果，如图9.61所示。

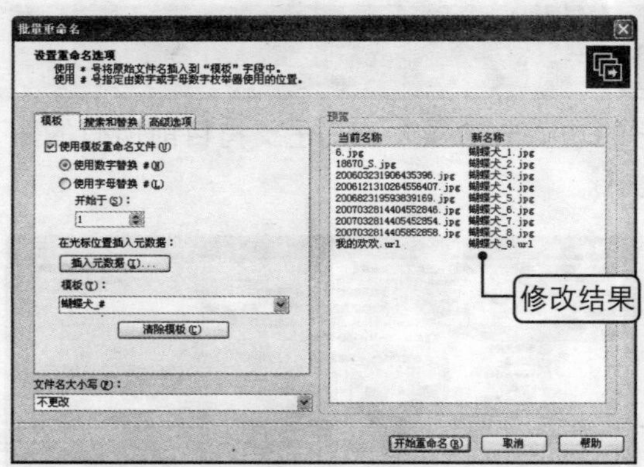

★ 图9.61

4 单击【开始重命名】按钮，ACDSee将对文件进行重新命名，然后单击【完成】按钮，返回ACDSee浏览器，此时可以看到图片文件的名称被修改了，如图9.62所示。

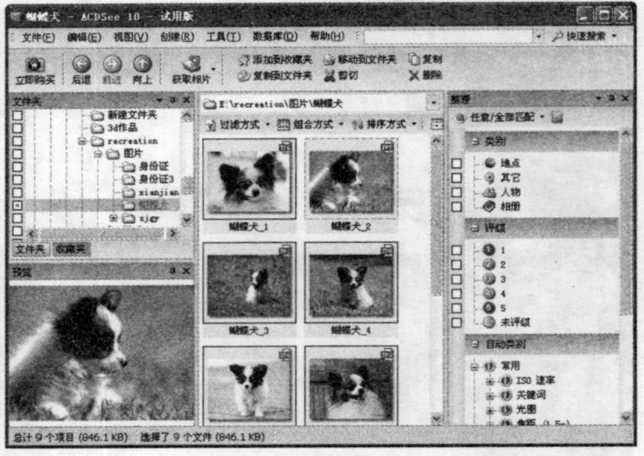

★ 图9.62

批量修改图片名称可以为用户节省大量查找图片的时间，而且不会出现任何错误。

用ACDSee抓图

用户可以使用ACDSee的屏幕截图工具从屏幕的不同区域创建图像。可以选择截取哪些区域、如何截取，以及将截取的图像保存在何处。具体操作如下：

1 打开ACDSee图片浏览器，执行【工具】→【屏幕截图】命令，打开【屏幕截图】对话框，如图9.63所示。

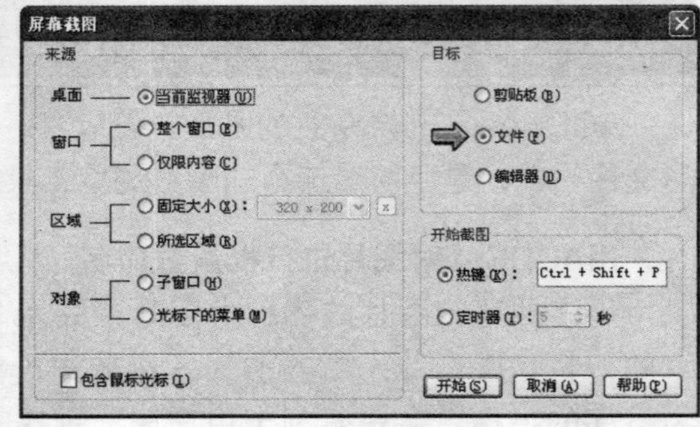

★ 图9.63

2 选中【区域】中的【所选区域】单选按钮。

3 单击【开始】按钮，启动屏幕截图工具。此时有个按钮出现在任务栏的通知区域中。

4　准备好屏幕来显示希望截取的区域，然后按【Ctrl+Shift+P】组合键，进入抓图状态。

5　单击鼠标左键确定起始点，然后拖动鼠标至右下角，释放鼠标截取所选区域，并弹出如图9.64所示的对话框，提示保存图像。

★ 图9.64

6　输入文件名，然后单击【保存】按钮即可。

创建屏幕保护程序

用户可以使用自己的图像来创建桌面屏幕保护程序。通过设置屏幕保护程序选项，可以调整每个图像显示的时间长度、设置背景颜色、应用转场效果，以及添加页眉或页脚文本。

要创建屏幕保护程序，具体操作步骤如下：

1　打开ACDSee图片浏览器，执行【工具】→【配置屏幕保护程序】命令，打开【ACDSee屏幕保护程序】对话框，如图9.65所示。

2　单击【添加】按钮，打开【选择项目】对话框，在左侧栏中选择要添加的图片所在的文件夹。

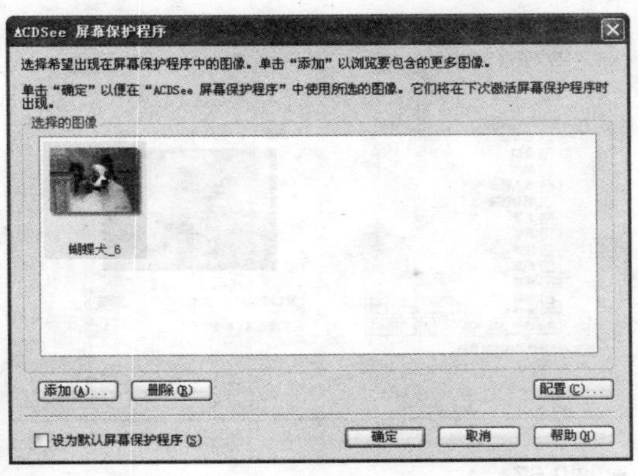

★ 图9.65

3　在右侧栏中选择要添加的图片，如图9.66所示。

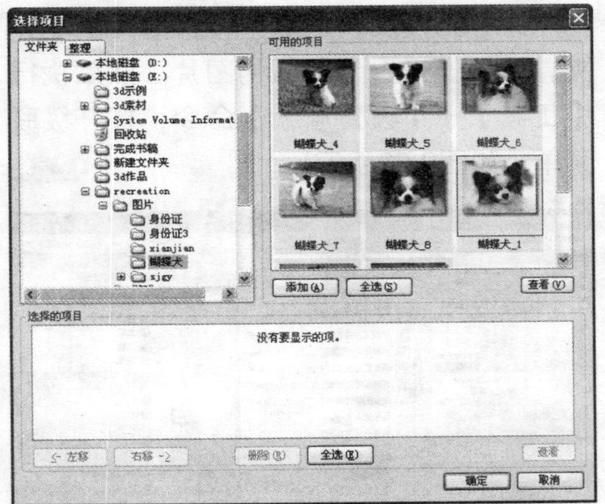

★ 图9.66

4　单击【添加】按钮，然后单击【确定】按钮，返回【ACDSee屏幕保护程序】对话框。

5　单击【配置】按钮，打开如图9.67所示的窗口。在左侧栏中选中转场效果，右侧的预览窗口中会显示效果。

6　单击【确定】按钮，返回【ACDSee屏幕保护程序】对话框。

7　选择【设为默认屏幕保护程序】复选框，单击【确定】按钮即可。

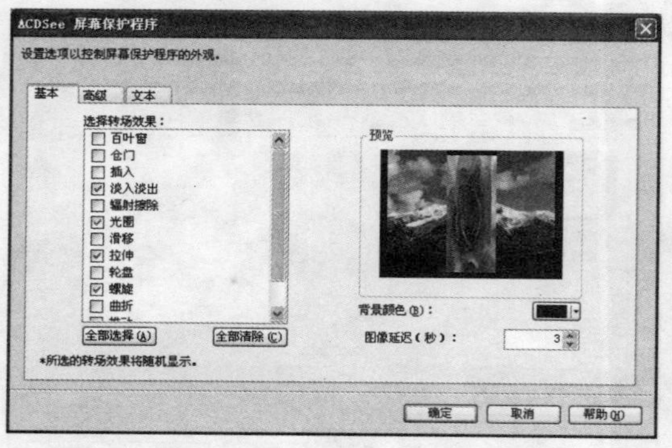

★ 图9.67

设置桌面墙纸

使用ACDSee可以方便地把喜爱的图片设置为Windows桌面墙纸。首先启动ACDSee程序，浏览至包含图片的文件夹，选中要设置为墙纸的图片。然后执行【工具】→【设置墙纸】命令，打开级联菜单，如图9.68所示。

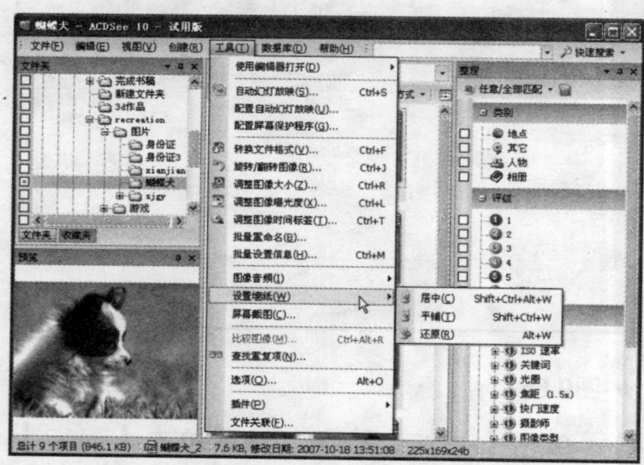

★ 图9.68

选择【居中】命令可以将图片居中放置在桌面上，选择【平铺】命令可以将图片平铺在桌面上，选择【还原】命令可以恢复初始设置。

幻灯片放映

在ACDSee中，还提供了一个幻灯片放映的功能，操作方法如下：首先启动ACDSee程序，在文件夹浏览界面中选中一个文件夹。然后执行【工具】→【配置自动幻灯放映】命令，打开【幻灯放映属性】对话框，如图9.69所示。

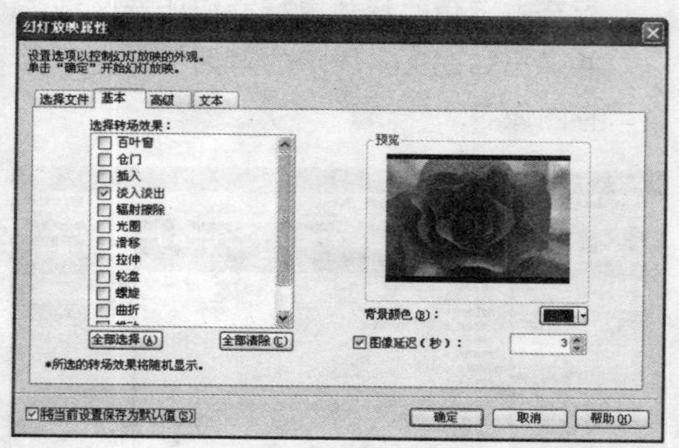

★ 图9.69

在对话框中设置有关幻灯片播放的选项，指定图片的切换方式以及每张图片的显示时间等。单击【确定】按钮，ACDSee将以定义的时间间隔逐幅全屏显示当前文件夹中的所有图片。

快速转换文件格式

Internet上最经常使用的是JPG和GIF格式的图片文件，当用户希望把图片发布到Internet上的时候，就需要把图片转换为这两种格式之一。如果有成百上千张图片需要进行这样的转换，使用ACDSee就可以轻松完成这个任务。具体操作如下：

1 打开ACDSee图片浏览器，选择需要进行批量转换格式的图片所在的文件夹。

2 用鼠标选择缩略图显示区域中的要进行批量转换格式的图片文件，或者按下【Ctrl+A】组合键选择当前目录中的所有文件。

3 执行【工具】→【转换文件格式】命令，打开【批量转换文件格式】对话框，如图9.70所示。

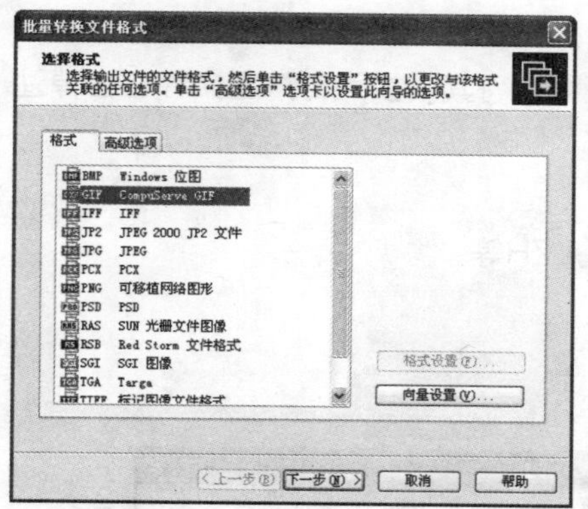

★ 图9.70

4 在【格式】选项卡的列表中选择【GIF】选项，单击【下一步】按钮，弹出如图9.71所示的对话框。

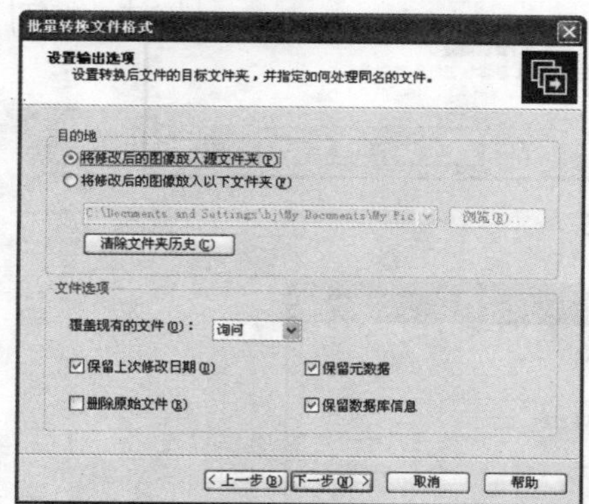

★ 图9.71

5 单击【下一步】按钮，弹出如图9.72所示的对话框。单击【开始转换】按钮，转换工作开始。

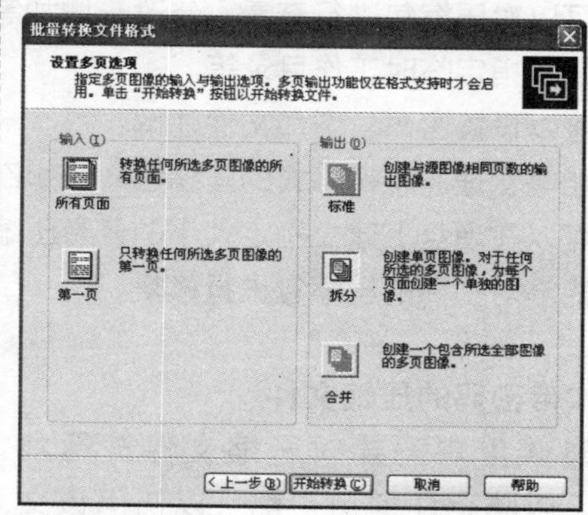

★ 图9.72

6 在转换结束后单击【完成】按钮，可以看到在当前文件夹中出现了文件名相同，但扩展名为gif的文件，如图9.73所示。

★ 图9.73

9.4 压缩软件WinRAR应用技巧

由于工作和学习的需要，经常需要将文件从一台电脑传送到另一台电脑中，当文件太大时，就会影响文件的传输速度，这时就需要将文件压缩。将文件压缩后，既可以节约磁盘空间，提高电脑的运行速度，也会使传输时间缩短。

WinRAR是32位Windows版本的RAR压缩文件管理器。WinRAR的特点是压缩率大、用户界面友好、操作简单方便。另外，WinRAR还提供了创建自解压文件、分卷压缩等功能。

WinRAR的主要特点如下所述：

- 采用了十分有效的压缩算法，具有较高的压缩率，特别是对可执行文件、目标库、大文本文件等，压缩效果更加明显。

- 可以对压缩包进行查看、修改、增加等操作，还可以将其转换为自解压文件、去掉注解和指定临时工作目录等。
- 可以设置密码、增加文件注解。
- 能够管理非RAR格式的压缩包，例如ZIP，ARJ，LZH等。
- 可以在硬盘上建立指定大小的分卷压缩文件。
- 能够对损坏的压缩包进行修复。

制作带密码的压缩文件

有时候用户需要对压缩文件进行加密操作，以防止任何用户都可以访问该文件。WinRAR提供了对压缩文件进行加密的功能。具体操作步骤如下：

1 启动WinRAR程序，选择需要被压缩的文件夹，如图9.74所示。

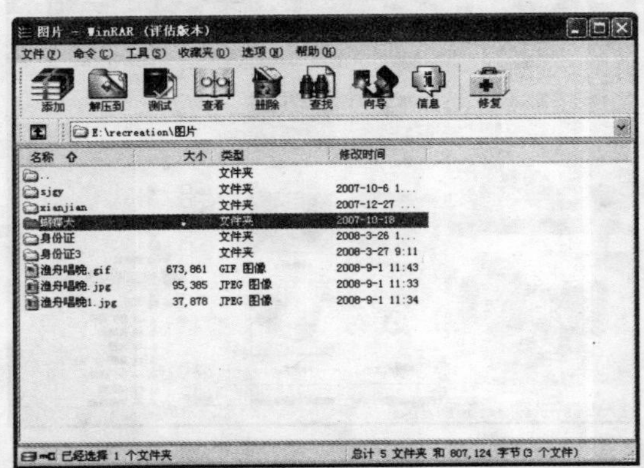

★ 图9.74

2 单击【添加】按钮，打开【压缩文件名和参数】对话框。单击【高级】选项卡，如图9.75所示。

3 单击【设置密码】按钮，弹出【带密码压缩】对话框，输入密码，如图9.76所示。

4 单击【确定】按钮，返回【压缩文件名和参数】对话框，再单击【确定】按钮，开始对文件进行压缩。

5 双击被加密的RAR文件，展开其中的文件，可以看到每个文件名的后面跟着一个星号，如图9.77所示。

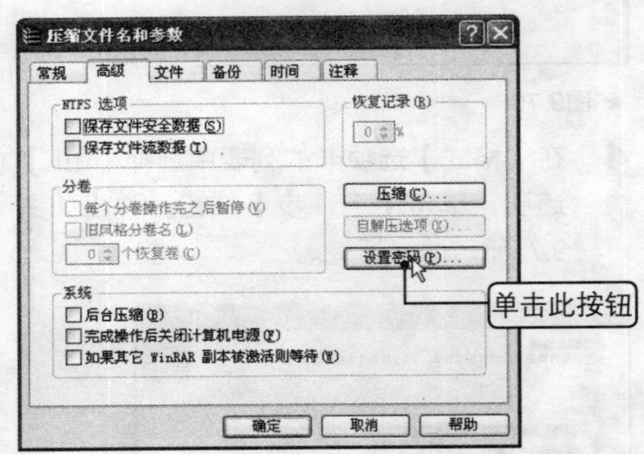

★ 图9.75

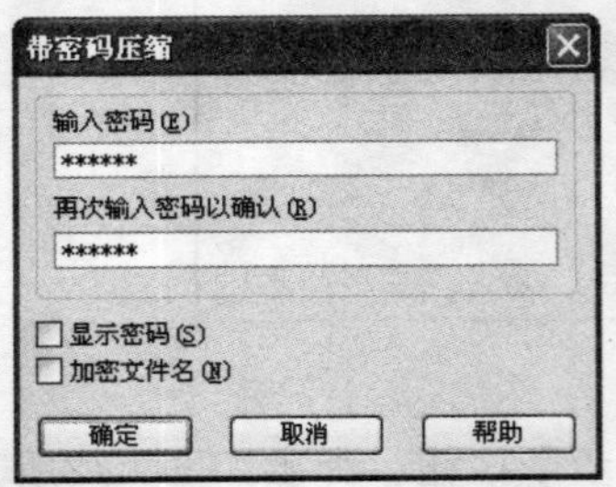

★ 图9.76

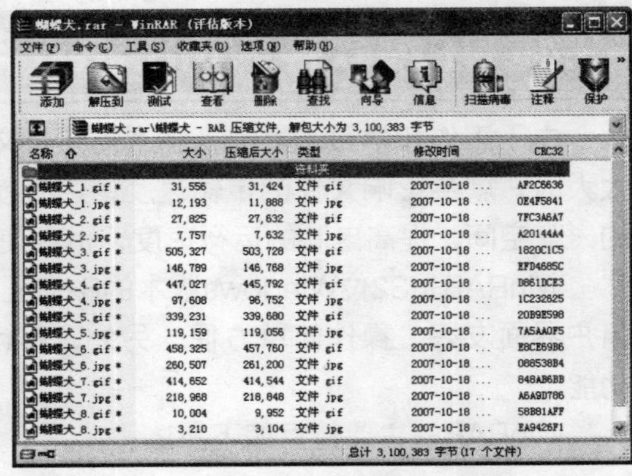

★ 图9.77

6 单击工具栏上的【解压到】按钮，弹出【压缩路径和选项】对话框。然后单击【确定】按钮，弹出【输入密码】对话框，如图9.78所示。

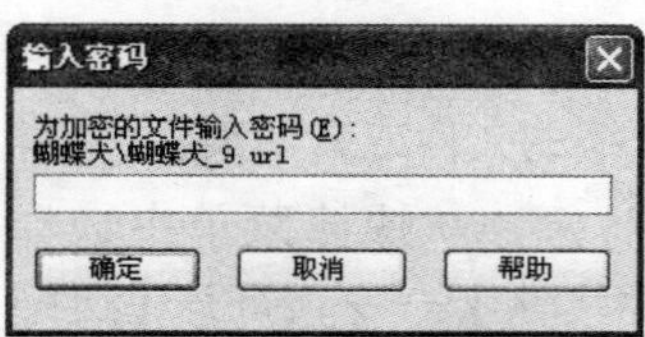

★ 图9.78

7 输入密码，然后单击【确定】按钮即可。

利用WinRAR制作ZIP压缩文件

利用WinRAR压缩文件时默认将文件压缩为RAR格式，用户还可以将文件压缩为ZIP格式的压缩文件。下面就介绍利用WinRAR制作ZIP文件的方法。

1 打开【我的电脑】或者Windows资源管理器，找到需要制作成ZIP格式压缩文件的文件所在的文件夹。

2 在需要压缩的一个文件、多个文件或文件夹图标上单击鼠标右键，从弹出的快捷菜单中选择【添加到压缩文件】命令，打开【压缩文件名和参数】对话框。

3 在【压缩文件格式】栏中选中【ZIP】单选项，如图9.79所示。

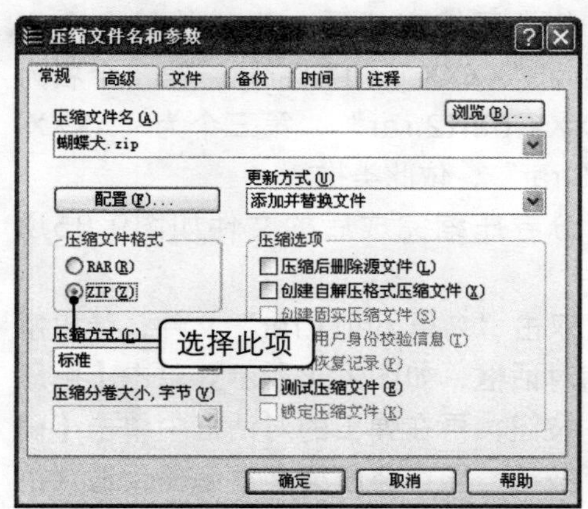

★ 图9.79

4 单击【确定】按钮，即可进行压缩。压缩完成后，将在指定位置显示压缩的ZIP文件，如图9.80所示。

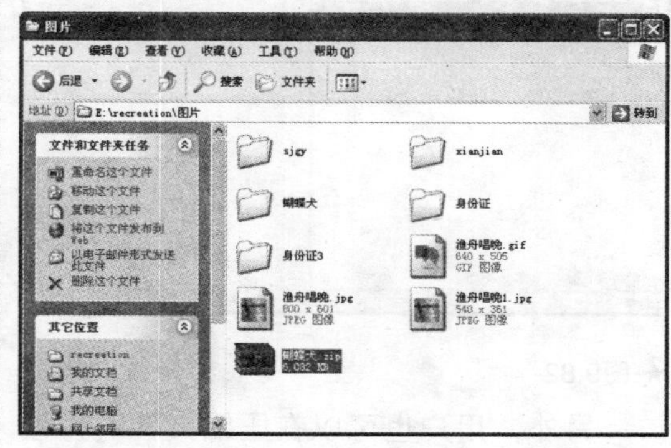

★ 图9.80

为压缩包添加注释

在WinRAR程序中，用户可以选择性地添加文本信息到 RAR或ZIP压缩文件中，这些信息叫做压缩文件注释。要添加时，首先制作好一个WinRAR压缩文件，然后选中它，执行【命令】→【添加压缩文件注释】命令，打开【压缩文件】对话框。输入注释信息，如图9.81所示。

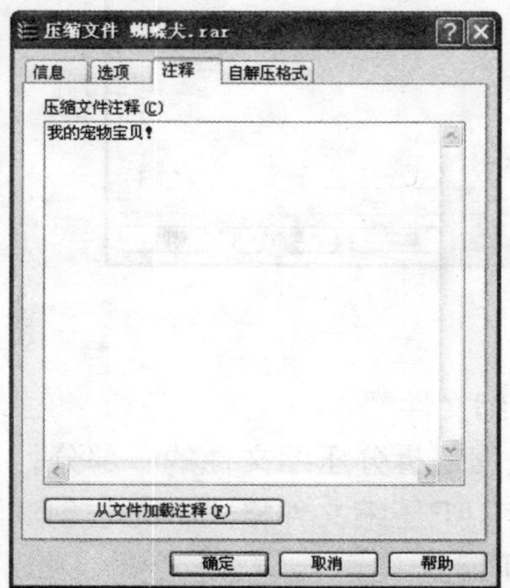

★ 图9.81

双击添加了注释的RAR文件，展开其中的文件，注释窗口将会显示在文件列表的右边，如图9.82所示。

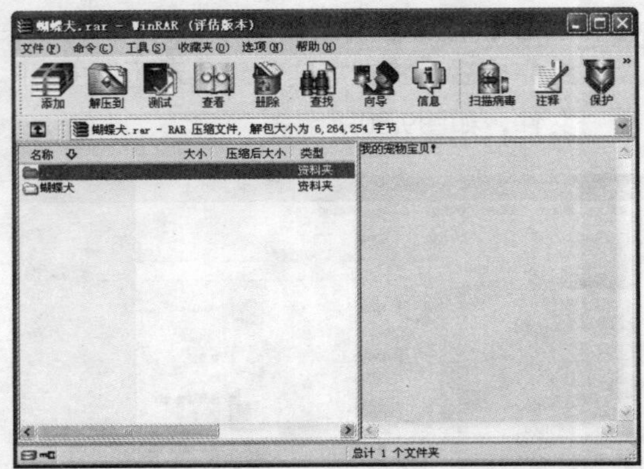

★ 图9.82

另外，用户也可以在压缩文件时直接添加压缩文件的注释，方法是选择需要被压缩的文件夹，然后单击【添加】按钮，打开【压缩文件名和参数】对话框。单击【注释】选项卡，然后输入注释即可，如图9.83所示。

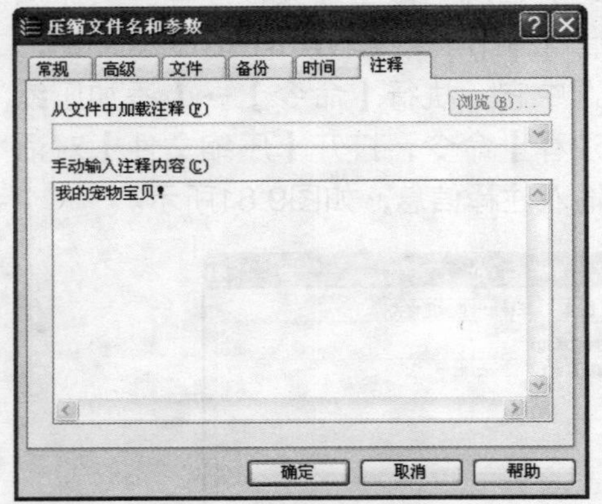

★ 图9.83

分卷压缩文件

分卷压缩是拆分压缩文件的一部分，并且仅支持RAR压缩文件格式，无法创建ZIP的分卷压缩。

分卷压缩通常是在将大型的压缩文件保存到数个磁盘或是可移动磁盘时使用。在进行数据备份或大文件交换时，有时需要采用分卷压缩的方法将文件拆分成多个小压缩文件，以便于存储设备携带，或附加到多个电子邮件中传送。

使用WinRAR进行分卷压缩的具体操作方法如下：

1 打开【我的电脑】或Windows资源管理器，选择要压缩的文件或文件夹。

2 右击选择的对象，从快捷菜单中选择【添加到压缩文件】命令，打开【压缩文件名和参数】对话框。

3 在【压缩文件名】栏中指定文件名和保存路径。

4 在【压缩分卷大小，字节】文本框中输入“50MB”，如图9.84所示。

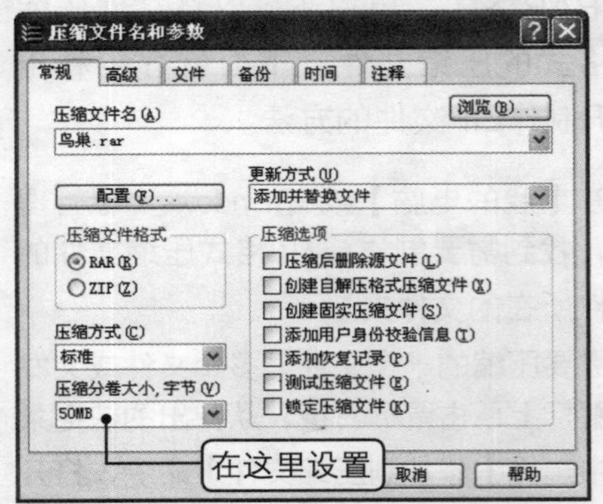

★ 图9.84

5 单击【确定】按钮，开始进行分卷压缩。

分卷压缩完成后，生成的第一个文件名为“XXXX.part1.rar”，第二个名为“XXXX.part2.rar”，第三个为“XXXX.part3.rar”，依此类推。

分卷压缩完成后的文件如图9.85所示。

双击“鸟巢.part1.rar”文件，弹出解压缩对话框，如图9.86所示。单击【解压到】按钮，再在弹出的对话框中单击【确定】按钮，即可将压缩文件解压到适当的文件夹中了。

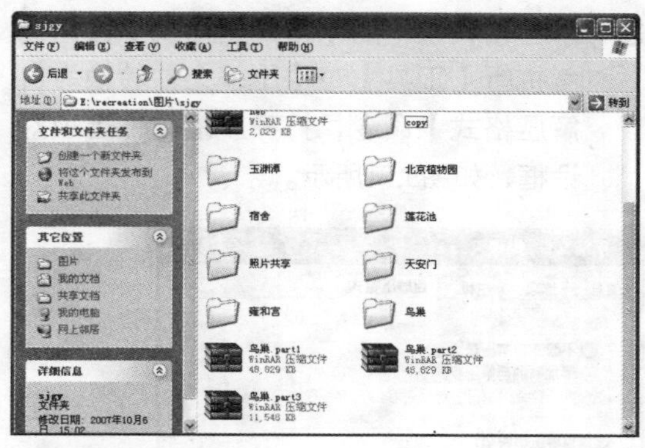

★ 图9.85

★ 图9.86

使用WinRAR创建自解压文件

自解压文件是压缩文件的一种，它结合了可执行文件模块，是一种从压缩文件解压文件的模块。这样的压缩文件不需要外部程序来解压压缩文件中的内容，它自己就可以运行该项操作。简而言之即自解压文件可以在没有安装压缩软件的电脑中独立解压缩文件。

自解压文件是很方便的，如果用户想要将压缩文件传给其他人，但却不知道对方是否有该压缩程序可以解压文件的时候，就可以将文件制作成自解压文件。另外，用户也可以使用自解压文件来发布自己制作的软件。自解压文件与其他可执行文件一样都有exe的扩展名。

使用WinRAR可以创建自解压文件，也可以将已存在的压缩文件转换成自解压文件。具体操作步骤如下：

1 打开【我的电脑】或者Windows资源管理器，找到需要压缩的文件所在的文件夹。

2 在需要压缩的一个文件、多个文件或文件夹图标上单击鼠标右键，从弹出的快捷菜单中选择【添加到压缩文件】命令，打开【压缩文件名和参数】对话框。

3 在该对话框中的【压缩文件名】栏中输入文件的保存路径和压缩文件名。

4 在【压缩选项】栏中选中【创建自解压格式压缩文件】复选项，如图9.87所示。

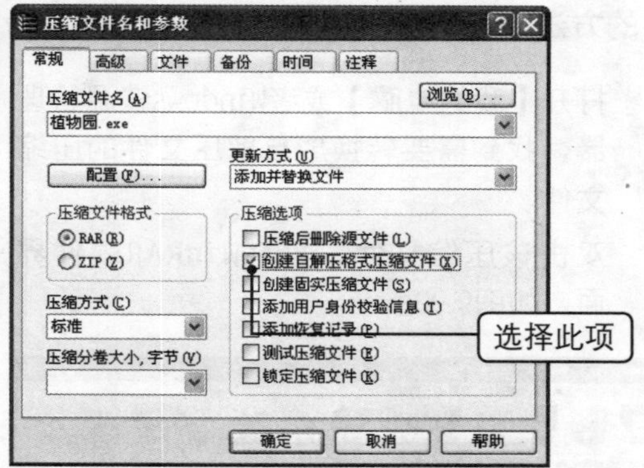

★ 图9.87

5 单击【确定】按钮，开始压缩文件，会出现压缩进度条显示压缩进度、所用的时间以及剩余时间，如图9.88所示。

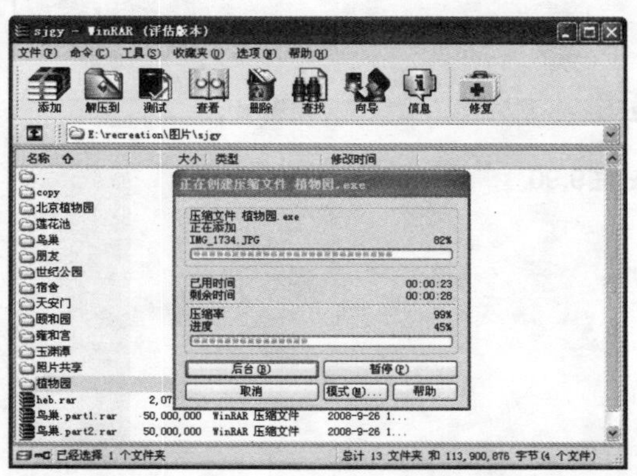

★ 图9.88

压缩完成后，将会在指定的路径中显示自解压的可执行文件，如图9.89所示。

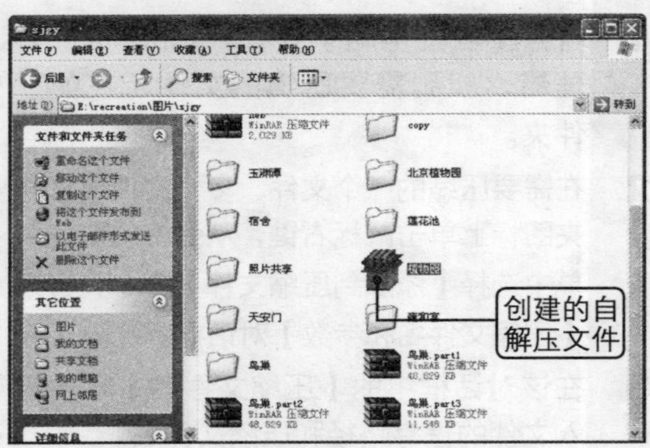

★ 图9.89

将已存在的压缩文件转换成自解压文件的方法如下：

1 打开【我的电脑】或者Windows资源管理器，找到需要转换成自解压文件的压缩文件。

2 双击该压缩文件，打开WinRAR软件界面，如图9.90所示。

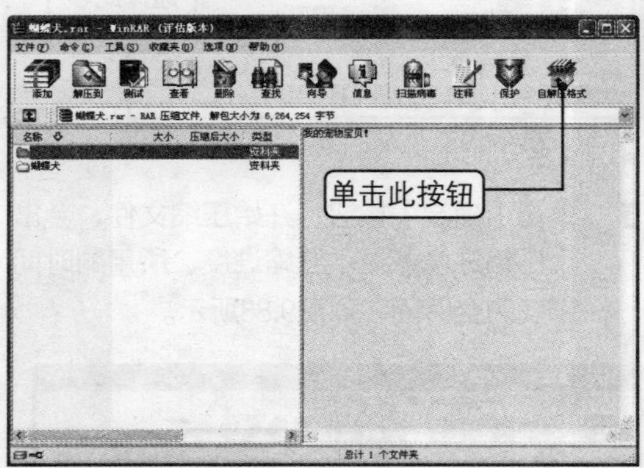

★ 图9.90

3 单击工具栏中的【自解压格式】按钮或者执行【工具】→【压缩文件转换为自解压格式】命令，打开压缩文件选项对话框，如图9.91所示。

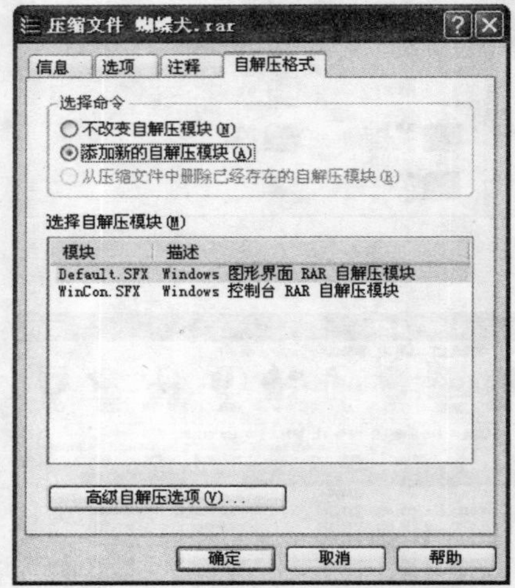

★ 图9.91

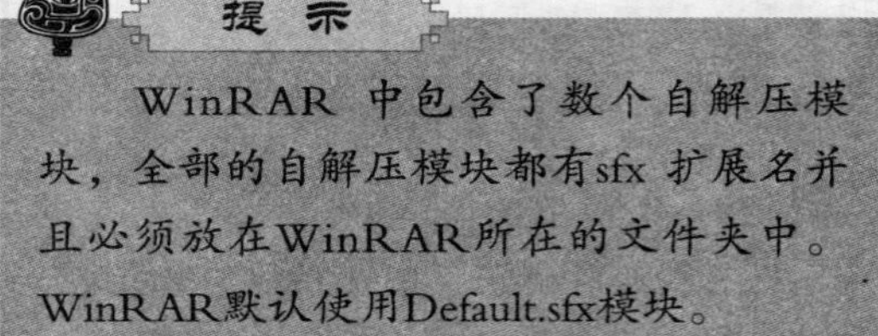
提 示

WinRAR中包含了数个自解压模块，全部的自解压模块都有sfx扩展名并且必须放在WinRAR所在的文件夹中。WinRAR默认使用Default.sfx模块。

4 单击【确定】按钮，开始转换，转换完成后即可生成自解压文件。

反侵权盗版声明

举报电话：(010)88254396；（010）88258888

传　　真：(010)88254397

E - mail：dbqq@phei.com.cn

通信地址：北京市万寿路173信箱

电子工业出版社总编办公室

邮　　编：100036